DE GRUYTER

惯性导航系统
在大地测量学中的应用
（第二版）

Inertial Navigation Systems
with Geodetic Applications，2nd Edition

[美] 克里斯托弗·杰克利（Christopher Jekeli） 著
李海兵 邢奥成 向 芸 刘铸元
韩若曦 刘静晓 罗建刚 译

中国宇航出版社
·北京·

著作权合同登记号：图字：01－2024－4022 号

图书在版编目（CIP）数据
惯性导航系统在大地测量学中的应用 ： 第二版 = Inertial Navigation Systems with Geodetic Applications, 2nd Edition / （美） 克里斯托弗·杰克利 (Christopher Jekeli) 著 ； 李海兵等译. -- 北京 ： 中国宇航出版社, 2025. 4. -- ISBN 978-7-5159-2529-5
Ⅰ. P22
中国国家版本馆CIP数据核字第2025ZQ5776号

责任编辑　舒承东　　　**封面设计**　王晓武

出版发行	中国宇航出版社		
社　址	北京市阜成路 8 号　邮　编　100830 (010)68768548	版　次	2025 年 4 月第 1 版 2025 年 4 月第 1 次印刷
网　址	www.caphbook.com	规　格	787×1092
经　销	新华书店	开　本	1/16
发行部	(010)68767386　(010)68371900 (010)68767382　(010)88100613（传真）	印　张	19.75
		字　数	481 千字
零售店	读者服务部　(010)68371105	书　号	ISBN 978-7-5159-2529-5
承　印	北京厚诚则铭印刷科技有限公司	定　价	180.00 元

本书如有印装质量问题，可与发行部联系调换

译者序

地球重力场是重要的地球物理场，它能有效地反映地球内部物质分布、运动及变化情况，确定地球重力场信息是大地测量学、地球物理学、海洋学、空间科学、地球动力学等学科的重要基础。人类认识地球重力场的水平，很大程度上受限于重力场信息测量技术的发展。惯性技术的蓬勃发展和卫星导航系统技术的广泛应用使得惯性技术在大地测量领域，尤其是动态重力测量领域具有广泛的应用。动态重力测量技术利用重力仪和 GNSS 技术组合进行相对重力测量，是解决全球高覆盖率和高分辨率重力测量的有效手段。

本书的作者克里斯托弗·杰克利是美国俄亥俄州立大学教授，早年曾参与动态重力仪、重力梯度仪的项目管理、系统测试、数据处理和评估方法研究，在惯性系统和重力测量方面具有丰富的经验，现在仍在从事动态重力测量技术的研究工作，尤其是以惯性系统为基础的矢量重力测量技术。本书是第二版，相较第一版更加完善，增加了关于微型振动陀螺仪的新章节；完善了随机变量及测量值的使用示例；对发生重大进展和变化的领域进行了补充，尤其是坐标系、GPS 和动基座重力测量等；对第一版的疏漏和错误进行了订正。

本书建立在读者精通微积分、向量和矩阵代数的基础上，基于第一性原理深入浅出地说明了坐标系与坐标变换、常微分方程、系统误差动态方程、随机过程和误差模型、线性估计等数学基础理论，初步构建了惯性导航和重力测量的理论基础，深入地介绍了惯性测量单元、惯性导航系统、卫星导航系统三个系统的工作原理、主要误差项和典型误差源及典型值，最后给出了惯性导航系统、卫星导航系统在大地测量学中的应用实例，重点介绍了动基座重力测量方法。本书特别适合从事测绘、导航、控制等技术领域的研究生、工程技术人员研读，以快速了解惯性导航系统在大地测量学中的应用。

在翻译本书过程中，得到了王巍院士的悉心指导，在此表示诚挚的感谢。在本书的出版过程中，得到了中国宇航出版社的大力支持，在此表示由衷的感谢。也由衷地感谢北京航天控制仪器研究所、崂山国家实验室的大力支持和帮助，以及国家重点研发计划的支持，使本书得以顺利出版。

鉴于译者水平有限，虽然在翻译过程中力求做到忠于原文、概念准确，但仍难免存在纰漏之处，恳请读者批评指正。

译　者

2025 年 2 月

第一版前言

陀螺仪的性能如此完美，令人惊叹！

Wallace E. Vander Velde，MIT，1983

这是对机械陀螺仪在20世纪后半叶取得的工程成就的肯定和赞扬。

机械陀螺仪是传统惯性导航系统的一个重要组成部分。随着当今激光技术和数字电子技术的发展，惯性传感器性能也随之提升，对惯性器件性能的要求也逐步提升；然而，高精度的导航和制导系统仍然依赖于现代光学陀螺的上一代——机械陀螺仪。此外，新一代传感器的稳健性、可靠性、高效性、低成本，将为商业、工业及科学事业中的更深入和更广泛的应用提供机会。与技术创新同时出现的是新的分析工具，特别是卡尔曼滤波器，专门用于惯性导航系统的分析、标定和融合。在过去的20年中，全球定位系统（GPS）已在定位和导航应用中占据主导地位，新的惯性传感器技术使这些先进设备的利用率得以持续增长，并推动了大地测量方法、全球定位系统融合等许多不同方法的迭代。

大地测量学是一门测量和确定地球表面的科学，现在依赖于全球定位系统的精度，同样也要认识到惯性导航系统在多种应用中的优势和机遇。尽管本书最终致力于这一目标，但对于那些非从事大地测量学、希望全面了解惯性导航系统的数学原理及精确导航和定位机制的读者，本书也具有相应价值。特别是本书尝试将惯性技术基本原理与估计理论相结合，不仅适用于理解传感器动态及其误差，还适用于惯性导航系统与其他系统（如全球定位系统）的融合。我是一位热爱数学应用的大地测量学家，对这些主题的理解最好从第一性原理导出的说明性公式入手。因此，相当多的工作体现在建立坐标系、线性微分方程和随机过程的初步概念中，这些数学理论也可以在其他著作中找到，但本书通过将这些内容融汇贯通于惯性导航系统在大地测量相关应用中，使得本书独具特色。通过数学细节和部分数值分析，我也希望读者能够欣赏Vander Velde的上述名言，这将很好地扩展到导航系统，进而扩展到其整个技术发展，惯性技术的成就确实令人惊叹。

本书建立在读者精通微积分，以及基本向量和矩阵代数的基础上。因此，微积分的本科课程，包括传统的高级微积分和线性代数，是理解本书的前提。此外，复变量、微分方程、数值和统计分析的知识虽非必需，但这些知识将为读者提供更多的数学知识拓展，以便充分理解和掌握本书的内容。本书可作为大学本科高年级或研究生阶段的教材。尽管本书给出了详细的数学推导，但严谨的读者应该谨记一句老话，即数学不是一项观赏性运动。

如果没有空军和俄亥俄州立大学同事们的启发，本书将难以完成。我要特别感谢：Warren Heller，Jim White，Jacob Goldstein，Robert Shipp（TASC）；Triveni Upadhyay，Jorge Galdos（Mayflower Communications，Inc.）；David Gleason，Gerald Shaw（空军地球物理实验室）；Jim Huddle（Litton 制导与控制公司）；Alyson Brown（NAVSYS 公司）；Klaus－Peter Schwarz（卡尔加里大学）；Clyde Goad，Burkhard Schaffrin，Dorota Grejner Brzezinska，C. K. Shum，Ren Da，Jin Wang 和 Jay Kwon（俄亥俄州立大学）。此外，W. Vander Velde 和 A. Willsky（均在麻省理工学院）的几期长篇讲稿成为本书中数学理解的关键。

克里斯托弗·杰克利

哥伦比亚，俄亥俄州

2000 年 7 月

第二版前言

21 世纪前 20 年见证了一个令人难以置信的技术进步，尤其是在地理定位和导航领域，这得益于全球导航卫星系统（GNSS），其中全球定位系统（GPS）仍然是领先者。随着微型、坚固、低成本和低功耗固态设备（尽管精度较低）的发展，惯性仪表技术的进步集中在消费领域和工业应用。与此同时，用于精确导航的更高精度的惯性测量单元（IMU）仍有潜力，继续为卫星导航和大地运动定位提供服务。当然，惯性测量设备的基本物理原理没有改变，在第二版中，大多数变化虽然总是比上一版有所改进，但更多的是完善性的，而不是变革性的。与以前一样，本书重点是全面介绍陀螺仪和加速度计，以及它们的数据如何在大地测量学中深入使用。相对于第一版，重要的修改首先是增加了关于微型振动陀螺仪的新章节。尽管这些器件还没有成为高精度的惯性测量单元，但它们的工作原理不同于基于角动量或赛格奈克效应的惯性测量单元。其次，关于统计估计，现在数学上有更为严格的标记法，可以更清楚地区分随机变量及其测量值。第三，通过更多更明确的细节，用数值示例说明了扩展卡尔曼滤波器和平滑器。最后，在一些发生重大变化的领域进行了更新，特别是坐标参考系、GPS（也包括其他 GNSS）、动基座重力测量。第二版还对第一版的一些概念错误、排版错误进行了订正。

如果没有出版商的鼓励，没有我亲爱的妻子持续的支持，这部作品将难以面世。

克里斯托弗·杰克利

布伦瑞克，缅因州

2022 年 11 月

摘 要

本书涵盖了惯性导航系统（INS）的各个方面，包括传感器技术和仪器误差估计，以及它们与全球导航卫星系统（GNSS）的集成，特别是应用于大地测量的全球定位系统（GPS）。

本书的读者对象包括：大地测量学家，如测量师、制图师和摄影测量师；航空、导航、制导、运输和机器人领域的工程师；以及从事航空地球物理学和遥感研究的科学家。

第二版涵盖了最新的发展，其中还对经典材料进行了更新处理。

· 稳定和捷联系统惯性测量单元的测量和数据处理原理的详细数学推导。

· 从统计角度完整处理误差动态，包括卡尔曼滤波器。

· 对 GPS 的专门描述，重点是运动学应用。

· 插图和数字示例支持的关键概念。

关于作者

克里斯托弗·杰克利是俄亥俄州立大学的名誉教授，他在那里教授几何和物理大地测量学以及惯性导航系统课程。他发表的研究成果大多侧重于大地测量应用中的地球重力场。

目 录

第 1 章　坐标系与坐标变换

1.1　介绍

描述地球表面附近点的位置时，我们会自然地使用坐标系。尽管人们可以设计一个综合数据库来描述物体的位置，但如果我们不仅希望获得位置信息，还想获得距离、面积、体积和方向的测量值，那么非常有必要指定一个坐标系。同样，对于导航，需要定义一个坐标系，在这个系统中可以测量（载体的）运动并确定轨迹和目的地。有几种坐标系可供我们选择，每种坐标系均有特定的应用，这取决于特定学科的不同需求。在大地测量学中，涉及位置确定、地图投影、运载体的导航、沿着既定路线的制导等，每种应用场景都需定义特定的坐标系。

我们重点讲一下笛卡儿坐标系或直角坐标系，笛卡儿坐标系的坐标轴相互垂直，3 个坐标轴可以实现空间中多个方向的表示，如图 1 - 1 所示。在直角坐标系中，坐标轴通常按顺序定义 1 轴、2 轴和 3 轴，坐标系被定义为右手坐标系，即绕 1 轴逆时针旋转 90°，从 1 轴指向原点方向来看，2 轴旋转到 3 轴的位置。同样，绕 2 轴逆时针旋转 90°，3 轴旋转到 1 轴的位置；绕 3 轴逆时针旋转 90°，1 轴旋转到 2 轴的位置。

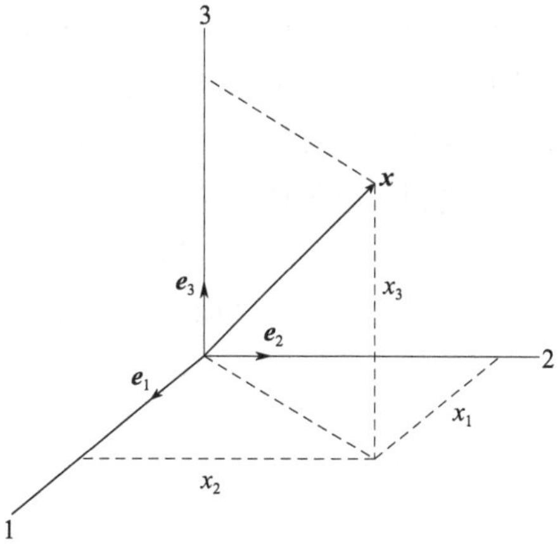

图 1 - 1　向量 $\boldsymbol{x}$ 的笛卡儿坐标和单位向量 $\boldsymbol{e}_j$

我们以带下标的小写字母表示笛卡儿坐标轴，例如 x_j，$j=1$，2，3。相应的粗体字母 $\boldsymbol{x}$ 代表以 x_j 作为分量的向量（见图 1 - 1）。同样，图 1 - 1 中给出了一组单位向量，由 $\boldsymbol{e}_j$ 表示。每个单位向量仅有一个非零元素，即单位向量中第 j 个元素的值等于 1，其余元素为零；也就是说，$\boldsymbol{e}_j$ 的方向是沿着它相对应的坐标轴，并且具有单位长度。

$\boldsymbol{x}$ 向量表示为

$$\boldsymbol{x}=\begin{bmatrix}x_1\\x_2\\x_3\end{bmatrix} \tag{1-1}$$

也可以使用单位向量表示为

$$\boldsymbol{x}=x_1\boldsymbol{e}_1+x_2\boldsymbol{e}_2+x_3\boldsymbol{e}_3 \tag{1-2}$$

式中，显然坐标 x_j 是向量 $\boldsymbol{x}$ 在对应坐标轴上的正交投影。我们假设读者熟悉向量（和矩阵）代数，包括向量的加法、减法和乘法（如标量的点积，向量的叉乘，也包括矩阵乘法和倒置）等基本运算。对于这些向量代数运算的回顾，可参考 Lang（1971）。

上面给出了几个概念的介绍。接下来，将首先讨论大地测量学/天文学中使用的典型术语：坐标系统和坐标系（可参见 Moritz 和 Mueller，1987）。坐标系统包括物理理论以及它们的近似和模型，这将用于定义 3 个坐标轴；坐标系表示通过一组点实现坐标系统，这些点的坐标可以与坐标系对应起来。确定一个坐标系统的基本原理和方法超出了本书范围，对于当下目标而言，只要知道表示一个坐标系的每组坐标轴的定义就足够了。在导航的相关文献中通常使坐标系代替坐标系统，在本书中仍然坚持这个惯例，也就是我们要清楚在每个坐标系后都有一个坐标系统。

我们将使用的坐标系是全球坐标系或当地坐标系，这在很大程度上是通过使用的精度和期望达到的精度来确定。全球笛卡儿坐标系固联于旋转的地球或固联于恒星；当地笛卡儿坐标系是通过当地方向来定义的，例如北、东和地。此外，曲线坐标也可以描述空间的点——我们不用曲线坐标来描述表面的固有特性，它们更多地用于数学（微分几何学）应用；它们的应用是基于以下条件，即运动和位置通常是在球或椭球表面。曲线坐标仍然是三维坐标，主要为了方便计算和推导。曲线坐标可以是球极坐标，或者是更适合的测地学坐标，如经度、纬度和高度（这些将在第 1.2 节中进行精确的定义）。

研究惯性导航系统时，就会遇到其他各种坐标系。例如，导航仪器坐标系，安装导航仪器的平台坐标系，承载平台的载体坐标系。每一种坐标系都是一个笛卡儿坐标系。显而易见，主要问题就是将每个坐标系与其他相关坐标系关联起来，这样在一个坐标系下的测量值就能够在另外一个最适合提供信息的坐标系中传递或表示，这需要用到坐标变换的知识（见第 1.3 节）。首先，我们需要更加明确地定义每个坐标系。

1.2 坐标系

大地测量学是一门测量、确定和绘制地球表面点坐标的科学，我们使用的坐标系以大地测量学为背景。我们扩展了 F. R. Helmert（1880）对大地测量学简短正式的定义，它还包括一个点沿着运动轨迹的动态定位，也就是导航。提到导航，我们通常认为是实时或瞬时定位；显然，导航系统可以用于定位的后续处理。在任何情况下，根据我们的需求，我们会引用特定的物理学定律；我们将看到，引力加速度将起到关键作用。

1.2.1　惯性坐标系

我们从大地测量学中最基本的坐标系统讲起，即惯性系统，其经典定义为牛顿运动定律成立的系统。牛顿定义的惯性系统符合欧几里德（伽利略）系统，即一个坐标满足欧几里德几何的系统。此系统中，在不施加外力的情况下，一个静止（或者匀速直线运动）的物体将保持静止（或者匀速直线运动）。这就是牛顿第一运动定律。

此外，这个系统中运动的动力学可以根据牛顿第二运动定律和第三运动定律公式来表达。特别是牛顿第二运动定律（可参见 Goldstein，1950），阐述了施加在这一点上的力 $\boldsymbol{F}$ 等于这个点动量的时间变化率

$$\boldsymbol{F}=\frac{\mathrm{d}}{\mathrm{d}t}(m_i\dot{\boldsymbol{x}}) \tag{1-3}$$

式中，$m_i\dot{\boldsymbol{x}}$ 为质点的动量，即质点速度 $\dot{\boldsymbol{x}}$ 和惯性质量 m_i 的乘积。变量上方的圆点表示对时间的导数——一次导数用一个圆点，二次导数用两个圆点，以此类推。如果没有力施加在质点上，那么它的动量为一个常数（动量守恒定律）。

假定这个点的质量是一个恒量，我们有一个简化的牛顿第二运动定律的表达式

$$m_i\ddot{\boldsymbol{x}}=\boldsymbol{F} \tag{1-4}$$

式（1-4）表明在惯性系统中一个质点的加速度 $\ddot{\boldsymbol{x}}$ 正比于施加在这一质点上的力 $\boldsymbol{F}$ 。这些经典的牛顿定律奠定了惯性坐标系的基础，也描述了惯性测量单元（第 3 章）的动力学特性。

在这种观点中，人们可能会说惯性坐标系中的引力是作用在物体上的力，因此在这个坐标系下，自由落体遵循牛顿定律，物体的加速度是由力引起的。然而，在爱因斯坦提出的现代观点中，引力是空间的内在属性，这是由质量引起的。物体运动是因为它们存在于这种空间中，而不是因为它们受到力的作用，其产生的加速度取决于物体的惯性质量。也就是说，引力加速度与向心加速度或者科里奥利加速度一样，不是由于式（1-3）中外部施加的物理作用力 $\boldsymbol{F}$ 所产生的，而是一个引力场的结果。在这种情况下，引力场属于运动力的范畴（可参见 Martin，1988），引起的加速度不依赖被加速的物体。

那么，为了使用牛顿经典力学方法进行下一步推导，有必要修正牛顿第二运动定律（正如在一个旋转坐标系中修正以解释向心加速度和科里奥利加速度）。修正式（1-4），其目的是为了说明由于一个周围的引力场产生了加速度

$$m_i\ddot{\boldsymbol{x}}=\boldsymbol{F}+m_g\boldsymbol{g} \tag{1-5}$$

上式认为，引力加速度向量 $\boldsymbol{g}$ 是引力质量 m_g 和引力 $\boldsymbol{F}_g$ 之间的“比例系数”，可通过牛顿万有引力定律（反平方定律）来表示

$$\boldsymbol{F}_g=k\,\frac{m_gM}{l^2}\boldsymbol{e}_l=m_g\boldsymbol{g} \tag{1-6}$$

式中，引力场是由质点质量 M 产生的，质量 m_g 与 M 之间的距离为 l，$\boldsymbol{e}_l$ 是两个质点连线的单位向量，k 为常数（牛顿引力常数），这个常数符合量纲要求。

根据（弱）等效原理，对于相同质量，$m_i = m_g = m$，可得

$$\ddot{\boldsymbol{x}} = \boldsymbol{a} + \boldsymbol{g} \tag{1-7}$$

式中，$\boldsymbol{a} = \boldsymbol{F}/m$ 是由施加力产生的加速度；$\boldsymbol{a}$ 也被称为比力（每单位质量的力）或惯性加速度。例如，比力包括大气阻力、机翼提供的升力和“反作用力”，反作用力是地球表面施加在物体上以防向地球中心下落的力。

在此，给出相关的专业术语。准惯性坐标系是出现在测地学文献（可参见 Moritz 和 Mueller，1987）的名称，这个坐标系不旋转但正在加速，这与牛顿关于坐标系静止或匀速直线运动的定律相反。我们放弃了“准”概念，引用爱因斯坦关于惯性坐标系的观点，即惯性坐标系不旋转，但在宇宙中所有质量产生的引力场中加速。这与引力是一个表征空间并产生一种与作用力根本不同的力的场的认识是一致的。在惯性坐标系中，施加在落体上的重力加速度（如潮汐加速度），它是由宇宙中所有质量引起的加速度和坐标系本身的加速度的差。我们采纳了爱因斯坦的引力观点，我们不需要进一步研究广义相对论的理论，尽管该理论也涉及速度和质量的关系。太阳系的引力场相对较弱，时间和空间的曲率非常小，因此经典牛顿动力学适用于我们的研究。在这些前提下，我们将继续应用惯性坐标系下的牛顿运动定律。这个坐标系不旋转，也不是自由加速（取决于它所依附的宇宙物体），其中的力被看作两种截然不同的类型的组合，即作用力和引力。幸运的是，由于等效原则，这很容易做到。本质上，我们考虑了这样一个事实，即我们所处的空间存在引力场，引力加速度和运动加速度必须分别体现在牛顿运动定律中。在惯性导航中，加速度计作为基本传感器仅敏感比力，引力加速度和运动加速度的区别对于理解惯性导航至关重要。

我们将惯性坐标系（i 坐标系）定义为与地球中心固联，处于自由落体状态，但并不旋转。惯性坐标系在太阳、月球和行星产生的引力场中自由下落。在这个坐标系下，修改的牛顿运动定律式（1-7）成立，其中 $\boldsymbol{g}$ 包括地球的引力加速度，以及太阳、月球和行星（潮汐加速度）相对于地心的引力加速度。这个坐标系的方向固定于天球，同样通过类星体的观测方向来实现，类星体是极遥远的天体，它们的相对方向被认为没有任何改变。在 i 坐标系中一点的坐标是指定向量 $\boldsymbol{x}^i$ 中的组成部分，这个上标表示坐标的坐标系。

国际地球自转服务委员会（International Earth Rotation Service，IERS）使用一组稳定类星体建立了惯性坐标系统［国际天体参考系（ICRS）］，这些类星体儒略历 J2000.0 的动态春分点和北天极，分别定义 1 轴和 3 轴，正如基本星表 FK5 的建立那样，FK5 在 1997 年之前正式用于定义惯性坐标系统（可参见 McCarthy，1996；Moritz 和 Mueller 1987；McCarthy 和 Petit 2003；Petit 和 Luzum 2010）。该系统首先是通过类星体的球面坐标（方向）来实现，更实际的是，发布了与它们相关的各种恒星星表，例如依巴谷星表（ESA 2007）和盖亚星表（SciNews 2020）。为了与行星运动理论中的动态时间定义保持一致，ICRS 的原点是太阳系的质量中心。本书中，i 坐标系坐标原点的差异没有实际影响。

1.2.2　地心地固坐标系

接下来，我们讨论固联于地球并随之旋转的坐标系。相对应的坐标系也由国际地球自转服务委员会建立，它被称为国际地球参考系。这个国际地球参考坐标系（ITRF）是通过卫星激光测距系统、全球定位系统及其他卫星系统来建立的。因此，国际地球参考系被定义为以地球为中心的，相对于 1984 年国际时间局（Bureau International de l'Heure，BIH）定义的坐标系，该坐标系没有旋转。这个坐标系会根据新的、更好的观测值定期更新，并指定一个历元。国际地球自转服务委员会发布的当前（2022 年）坐标系，被确定为 ITRF2014（可参见 Altamimi 等，2017），而 ITRF2020 正在建立中。坐标轴按照惯例确定，3 轴是一个固定的平均极轴，1 轴定义为赤道面上经度为 0°确定的位置。平均极轴与地球表面在传统国际原点处（Conventional International Origin，CIO）相交，平均极轴接近旋转轴，这是地极运动的结果（可参见 Mortiz 和 Mueller，1987；Dehant 等，2015）。1 轴定义了国际参考子午线（也就是 ITRF 的零子午线），它靠近格林尼治子午线（以东约 100 m 处）（可参见 Malys 等，2015）。

在地心地固坐标系（Earth - centered - Earth - fixed，ECEF）或 e 坐标系中，指定的坐标向量是 $\boldsymbol{x}^e$。在历史上，地球固定坐标系使用测地学数据（可参见 Torge，1991；Jekeli，2016）的定义来实现，也就是通过采用地球表面一个或多个点的坐标来确定原点。现在，坐标系总是与 ITRF 联系在一起，即使它们是由 IERS 以外的数据收集机构完成，例如美国国家地理测量局（国家空间参考系统，NSRS）和美国国防部（世界大地测量系统，WGS）。

1.2.3　导航坐标系

导航坐标系是通常用于描述载体导航的当地坐标系。为了定义这个坐标系，我们首先考虑全球大地测量参考系。传统的大地测量参考系由曲线坐标（ϕ，λ）组成，这组坐标定义了相对于改进旋转椭球的法线方向（也就是垂直方向）（见图 1 - 2）。通过定义比例和形状，选择椭球的参数，使它也接近地球的零海拔水平面（大地水准面）。

一个点的测地学纬度 ϕ 是通过在子午线平面内这个点的法线与赤道的夹角来表示的，正值表示指向北，负值表示指向南。测地学经度 λ 是格林尼治子午线（包含 1^e 轴）与这个点的子午线平面在赤道平面内的夹角。椭球高度 h 是沿着法线从椭球面到这一点的距离。坐标（ϕ，λ，h）等同于一组相互正交的坐标。假设确定了以地球为中心的椭球（即原点在地球质量中心上），它们能够代替笛卡儿坐标系来使用，$\boldsymbol{x}^e$ 表示在 e 坐标系中的位置。（ϕ，λ，h）和（x_1^e，x_2^e，x_3^e）之间的变换由第 1.5 节给出。

当地坐标系可以定义为一组笛卡儿坐标轴，其中第三轴与椭球上通过该点的法线方向一致，指向“地”，第一轴指向真北（平行于子午线的切线），第二个轴指向东（见图 1 - 3）。北-东-地坐标系（NED）的另一个选择是南-东-天坐标系，其中 3 轴正向指向天，坐标系也是右手坐标系。相反，测地学家通常将当地北-东-天坐标系用于天文-测地学观测，这

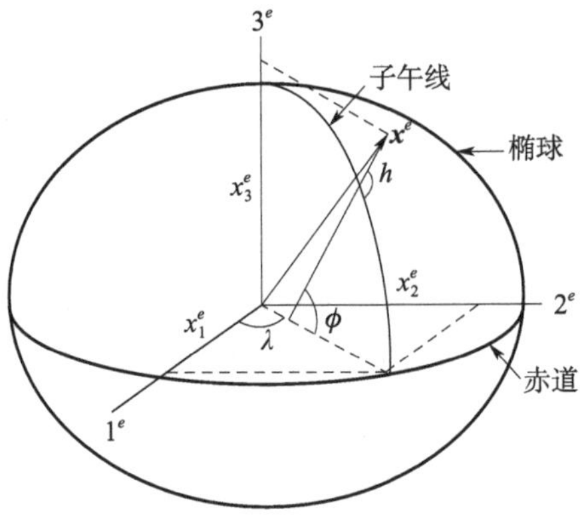

图 1-2 地心地固坐标和地球椭球的测地学坐标

个坐标系是左手坐标系，此处不在考虑范围之内。这里采用惯性导航领域传统使用的北-东-地坐标系作为导航坐标系，或 n 坐标系。n 坐标系的原点在椭球面上，或在导航系统当地位置上（见图 1-3）。

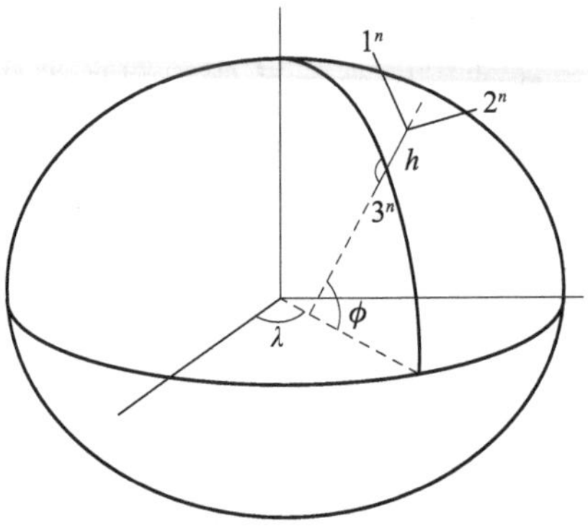

图 1-3 当地北-东-地坐标系

注意，n 坐标系的 3 轴不通过地球的质量中心，这使得坐标在 n 坐标系和 e 坐标系之间的变换更加复杂。但更重要的是，n 坐标系通常不以坐标的形式表示运载体的位置。相反，应当对 n 坐标系进行可视化，这样 3 轴就总是与承载导航系统的载体同时运动。n 坐标系主要是提供当地北-东-地三个方向，载体的速度可以沿着这三个方向来表示。在传感器机械编排与水平方向和垂向相一致的导航系统中，这将十分有用。对任意机械编排的系统，可以通过计算的方式来获得 n 坐标系下的导航参数。此外，n 坐标系也经常作为平台坐标系和仪器坐标系相关的常用参考坐标系。

对 n 坐标系来说，它相对于 e 坐标系和 i 坐标系的相对方向是最重要的。除非在正式情况下，向量 $\boldsymbol{x}^n$ 不用于表示载体位置的坐标，因为根据定义仅有第三个分量是非零的。

除了这些基本的坐标系，可以将前述的笛卡儿（垂直）坐标系和测量系统及其运载体的不同分量联系起来（可参见 AFSC，1992）。载体坐标系通常涉及的是被导航的载体，或称为 b 坐标系。根据惯例，坐标轴沿着前、右和向下的方向来定义（见图 1-4，图 1-

8)。传感器坐标系仅是用于表示和分析导航系统的坐标系。例如，在进行滤波分析时，传感器坐标系通常作为一个统一的坐标系，在此坐标系下对仪器误差进行建模和识别。在捷联系统中（见第 4.2.3 节），传感器坐标系可以与载体坐标系一致，而在当地水平的稳定平台系统中（见第 4.2.2 节），传感器坐标系通常与导航坐标系相对应。

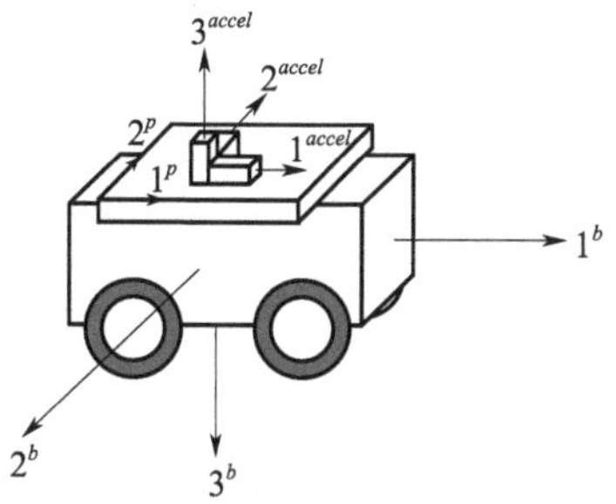

图 1－4 载体坐标系、平台坐标系和 IMU 坐标系之间的典型关系

惯性导航系统的仪器是加速度计和陀螺仪；加速度计测量加速度，通过对加速度进行积分得到位置，陀螺仪提供加速度计的方向信息（见第 3 章）。每组加速度计和陀螺仪都有其自身的坐标系统。加速度计坐标系通常取为正交坐标系，但现实情况中仅有一个加速度计敏感轴与坐标系的一个坐标轴（1 轴）平行，其他加速度计敏感轴可能与相对应的坐标轴不平行。仪器的非正交性可以通过特殊的标定程序来确定。加速度计坐标系的原点是加速度计比力的计算点。同样，陀螺仪坐标系也是正交的，仅有一个输入轴与坐标系轴（1 轴）一致。陀螺仪坐标系的原点与加速度计坐标系的原点是相同的。为了理解每个仪器的工作原理，引入仪器坐标系，这个坐标系用来定义每个加速度计和陀螺仪的输入轴和输出轴。最后，平台坐标系（或壳体坐标系）提供了一组物理基准轴，这组基准轴可以给仪器提供共同的原点。

在任何情况下，点坐标在各自坐标系中是具有合适上标向量的元素。为了实现惯性导航，必须将仪器坐标系下测量值变换成地球固联坐标系下的有用数据。首先需要研究坐标系之间的变换。

1.3 坐标变换

从一个坐标系到另外一个坐标系的坐标变换存在几种可能，最重要的就是它们的相对方向。不同坐标系相对应原点之间可能也有变换，但这可以简单地通过坐标向量的差值来表示，它们对同一坐标系内的点均适用。通常没有必要来考虑不同的刻度，这些刻度一般通过国际计量局（BIPM，1991）的惯例对所有的系统进行定义（一个特殊类型的传感器可能产生与另一个传感器不同刻度的数据，但不是赋予每个坐标系本身的刻度，而数据通过一个刻度系数联系起来）。

假设坐标系是直角坐标系，3 个角足以描述坐标系之间的相对位置。坐标变换是线性变换，并且可以通过方向余弦、旋转（欧拉）角或者四元数（使用了 4 个非独立的参数）

来获得。本章讨论四元数的一些细节，并将在第 4 章中应用，惯性大地测量学中的分析和研究将重点关注方向余弦和旋转角的应用，因为在动态良好的环境中，它们在这些重要条件下是适用的。

1.3.1 方向余弦

考虑 s 系和 t 系两个同心的坐标系，它们的相对方向是任意的（见图 1－5）。令一个点在 s 系的坐标表示为向量 $\boldsymbol{x}^s$，在 t 系的坐标表示为向量 $\boldsymbol{x}^t$，可得

$$\boldsymbol{x}^s=\begin{bmatrix}x_1^s\\x_2^s\\x_3^s\end{bmatrix},\quad \boldsymbol{x}^t=\begin{bmatrix}x_1^t\\x_2^t\\x_3^t\end{bmatrix} \tag{1-8}$$

在任意坐标系中，点的坐标是向量在坐标系相应坐标轴上的正交投影，如式（1－2）中所示

$$\boldsymbol{x}^s=x_1^s\boldsymbol{e}_1^s+x_2^s\boldsymbol{e}_2^s+x_3^s\boldsymbol{e}_3^s \tag{1-9}$$

$$\boldsymbol{x}^t=x_1^t\boldsymbol{e}_1^t+x_2^t\boldsymbol{e}_2^t+x_3^t\boldsymbol{e}_3^t \tag{1-10}$$

式中，$x_j^s=\boldsymbol{e}_j^s\cdot\boldsymbol{x}^s$，$j=1,2,3$，是在 s 系中的坐标；$\boldsymbol{e}_j^s$，$j=1,2,3$，是沿着坐标轴对应的单位向量；对于 t 系，同样如此。

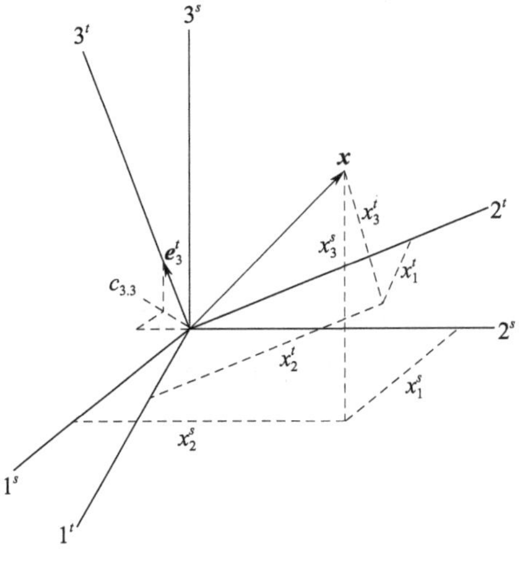

图 1－5　s 坐标系和 t 坐标系。$c_{3,3}$ 是 $\boldsymbol{e}_3^t$ 在 s 系中的第 3 个坐标

类似地，t 系单位向量的坐标 $\boldsymbol{e}_k^t$ 在 s 系中的坐标表示为

$$c_{j,k}=\boldsymbol{e}_j^s\cdot\boldsymbol{e}_k^t \tag{1-11}$$

因此

$$\boldsymbol{e}_k^t=c_{1,k}\boldsymbol{e}_1^s+c_{2,k}\boldsymbol{e}_2^s+c_{3,k}\boldsymbol{e}_3^s \tag{1-12}$$

如果将式（1－12）中的每个 k 代入式（1－10），然后将这个结果与式（1－9）比较，可以获得坐标之间的变换，以向量的形式写为

$$\boldsymbol{x}^s=\boldsymbol{C}_t^s\boldsymbol{x}^t \tag{1-13}$$

其中变换矩阵可以通过下式给出

$$C_t^s = \begin{bmatrix} c_{1,1} & c_{1,2} & c_{1,3} \\ c_{2,1} & c_{2,2} & c_{2,3} \\ c_{3,1} & c_{3,2} & c_{3,3} \end{bmatrix} \tag{1-14}$$

注意，标记符号 $\boldsymbol{C}_t^s$ 是如何表示初始坐标系（下标）和变换后的坐标系（上标）的。我们认为，$\boldsymbol{C}_t^s$ 是式（1-13）右边部分消去了下标，上标取代了向量的坐标。

从式（1-11）和向量标量积的特性可知，系数 $c_{j,k}$ 是 s 系第 j 个坐标轴和 t 系第 k 个坐标轴之间夹角的余弦，$\boldsymbol{C}_t^s$ 被称为方向余弦矩阵。要注意，$\boldsymbol{C}_t^s$ 的第 k 列表示单位向量 $\boldsymbol{e}_k^t$ 在 s 坐标系中的值；$\boldsymbol{C}_t^s$ 的第 j 行表示单位向量 $\boldsymbol{e}_j^s$ 在 t 坐标系中的值。因此，矩阵的列是相互正交的，行也是相互正交的；矩阵 $\boldsymbol{C}_t^s$ 是一个正交矩阵

$$\boldsymbol{C}_t^s(\boldsymbol{C}_t^s)^{\mathrm{T}} = \boldsymbol{I} \Rightarrow \boldsymbol{C}_s^t \equiv (\boldsymbol{C}_t^s)^{-1} = (\boldsymbol{C}_t^s)^{\mathrm{T}} \tag{1-15}$$

式中，$\boldsymbol{I}$ 是单位矩阵。矩阵的正交性表明矩阵 $\boldsymbol{C}$ 的9个元素均是独立的，也就是说，它们的相对方向仅取决于3个自由度。

任意3×3矩阵 $\boldsymbol{A}$ 在正交坐标变换下的变换矩阵推导如下。在 t 坐标系中，令 $\boldsymbol{y}^t = \boldsymbol{A}^t\boldsymbol{x}^t$，那么使用式（1-13）和式（1-15），可得

$$\boldsymbol{y}^t = \boldsymbol{A}^t\boldsymbol{x}^t \Rightarrow \boldsymbol{C}_s^t\boldsymbol{y}^s = \boldsymbol{A}^t\boldsymbol{C}_s^t\boldsymbol{x}^s \Rightarrow \boldsymbol{y}^s = \boldsymbol{C}_t^s\boldsymbol{A}^t\boldsymbol{C}_s^t\boldsymbol{x}^s \tag{1-16}$$

可知它遵循下式

$$\boldsymbol{A}^s = \boldsymbol{C}_t^s\boldsymbol{A}^t\boldsymbol{C}_s^t \tag{1-17}$$

1.3.2　欧拉角

s 系和 t 系的相对方向也可以通过按顺序的旋转来描述。所以，对于方向余弦矩阵变换的一个选择就是连续应用绕特定坐标轴的旋转矩阵。每个轴的旋转矩阵如下

$$\boldsymbol{R}_1(\theta) = \begin{bmatrix} 1 & 0 & 0 \\ 0 & \cos\theta & \sin\theta \\ 0 & -\sin\theta & \cos\theta \end{bmatrix}$$

$$\boldsymbol{R}_2(\theta) = \begin{bmatrix} \cos\theta & 0 & -\sin\theta \\ 0 & 1 & 0 \\ \sin\theta & 0 & \cos\theta \end{bmatrix}$$

$$\boldsymbol{R}_3(\theta) = \begin{bmatrix} \cos\theta & \sin\theta & 0 \\ -\sin\theta & \cos\theta & 0 \\ 0 & 0 & 1 \end{bmatrix} \tag{1-18}$$

$\boldsymbol{R}_j(\theta)$ 表示绕第 j 个坐标轴旋转角度为 θ，沿着坐标轴指向原点（右手规则）方向看逆时针方向为正。显然，每个 $\boldsymbol{R}_j(\theta)$ 是一个特殊的方向余弦矩阵。它是正交矩阵，$\boldsymbol{R}_j^{-1}(\theta) = \boldsymbol{R}_j^{\mathrm{T}}(\theta)$；并且，逆矩阵也是"逆向旋转"，$\boldsymbol{R}_j^{-1}(\theta) = \boldsymbol{R}_j(-\theta)$。例如，如果旋转 t 系得到 s 系，首先绕1轴旋转角度为 α，然后绕第一次旋转后的2轴旋转角度 β，最后绕第二次旋转后的3轴旋转角度 γ，那么从 t 系到 s 系的变换矩阵为 $\boldsymbol{R}_3(\gamma)\boldsymbol{R}_2(\beta)\boldsymbol{R}_1(\alpha)$；并且

$$\boldsymbol{x}^{s} = \boldsymbol{R}_3(\gamma)\boldsymbol{R}_2(\beta)\boldsymbol{R}_1(\alpha)\boldsymbol{x}^{t} \tag{1-19}$$

因为每个旋转矩阵均为正交矩阵，所以总的变换矩阵也是正交矩阵

$$\begin{aligned}[\boldsymbol{R}_3(\gamma)\boldsymbol{R}_2(\beta)\boldsymbol{R}_1(\alpha)]^{-1} &= [\boldsymbol{R}_3(\gamma)\boldsymbol{R}_2(\beta)\boldsymbol{R}_1(\alpha)]^{\mathrm{T}} \\ &= \boldsymbol{R}_1(-\alpha)\boldsymbol{R}_2(-\beta)\boldsymbol{R}_3(-\gamma)\end{aligned} \tag{1-20}$$

需要特别注意的是，旋转顺序不同所得到的变换矩阵也不同，这一点尤其重要。这很容易通过一个例子来证明，例如 $\boldsymbol{R}_1(\alpha)\boldsymbol{R}_2(\beta) \neq \boldsymbol{R}_2(\beta)\boldsymbol{R}_1(\alpha)$ 。

选择绕哪个坐标轴进行旋转完全取决于需要解决的问题。不同的（旋转）顺序可以产生最终相同的变换，但是一个变换的方便性可能要超过另外一个。在群论、物理学和相关领域中常用的旋转顺序为 $\boldsymbol{R}_3\boldsymbol{R}_2\boldsymbol{R}_3$，相应的角通常也就是已知的欧拉角（也有许多作者定义的顺序为 $\boldsymbol{R}_3\boldsymbol{R}_1\boldsymbol{R}_3$）。实际上，如 O'Donnell（1964）和 Arfken（1970）书中所述，这些角的术语总是不与任何顺序的旋转联系起来，在这种情况下，我们提到的旋转角通常是指欧拉角。由于它的角通常与绕三个独立坐标轴的旋转一致，因此在惯性导航系统的文献中采用式（1-19）给出的顺序。这反映了稳定平台系统的组成（见第 4.2 节）和由飞机施加的旋转类型（横滚、俯仰、偏航，见第 1.5 节）。

最后，不管我们使用方向余弦还是使用欧拉角，一个给定（坐标）变换最终结果一定是一致的；也就是说，在这种情况下

$$\boldsymbol{C}_t^s = \boldsymbol{R}_3(\gamma)\boldsymbol{R}_2(\beta)\boldsymbol{R}_1(\alpha) \tag{1-21}$$

显然，我们有

$$\begin{aligned}&\boldsymbol{R}_3(\gamma)\boldsymbol{R}_2(\beta)\boldsymbol{R}_1(\alpha) \\ &= \begin{bmatrix} \cos\gamma\cos\beta & \cos\gamma\sin\beta\sin\alpha + \sin\gamma\cos\alpha & -\cos\gamma\sin\beta\cos\alpha + \sin\gamma\sin\alpha \\ -\sin\gamma\cos\beta & -\sin\gamma\sin\beta\sin\alpha + \cos\gamma\cos\alpha & \sin\gamma\sin\beta\cos\alpha + \cos\gamma\sin\alpha \\ \sin\beta & -\cos\beta\sin\alpha & \cos\beta\cos\alpha \end{bmatrix}\end{aligned} \tag{1-22}$$

这清晰地表明了欧拉角和方向余弦之间的关系，这种变换取决于所选择的欧拉角和旋转顺序。在这种情况下，根据式（1-19）中给出欧拉角的坐标变换，方向余弦 $c_{j,k}$ 显然是式（1-22）中的元素。反过来，给出方向余弦，在这种情况下可以给出欧拉角

$$\alpha = \tan^{-1}\left(\frac{-c_{3,2}}{c_{3,3}}\right);\ \beta = \sin^{-1}(c_{3,1});\ \gamma = \tan^{-1}\left(\frac{-c_{2,1}}{c_{1,1}}\right) \tag{1-23}$$

对于小角度 α，β，γ 来说，我们取近似值：$\cos\alpha \approx 1$，$\sin\alpha \approx \alpha$ 等；并且，仅保留一阶项，式（1-22）变成

$$\begin{aligned}\boldsymbol{R}_3(\gamma)\boldsymbol{R}_2(\beta)\boldsymbol{R}_1(\alpha) &\approx \begin{bmatrix} 1 & \gamma & -\beta \\ -\gamma & 1 & \alpha \\ \beta & -\alpha & 1 \end{bmatrix} \\ &= \begin{bmatrix} 1 & 0 & 0 \\ 0 & 1 & 0 \\ 0 & 0 & 1 \end{bmatrix} - \begin{bmatrix} 0 & -\gamma & \beta \\ \gamma & 0 & -\alpha \\ -\beta & \alpha & 0 \end{bmatrix} = \boldsymbol{I} - \boldsymbol{\Psi}\end{aligned} \tag{1-24}$$

式中，定义的 $\boldsymbol{\Psi}$ 是一个小旋转角度的斜对称矩阵。从式（1－21）我们也有（对于小角度 α，β，γ）

$$\boldsymbol{C}_t^s \approx \boldsymbol{I} - \boldsymbol{\Psi} = \begin{bmatrix} 1 & \gamma & -\beta \\ -\gamma & 1 & \alpha \\ \beta & -\alpha & 1 \end{bmatrix} \tag{1-25}$$

由于小旋转角是 s 系和 t 系各自的轴之间的夹角，显然这种近似与绕坐标轴的旋转顺序是无关的；结果也总是式（1－25）。因此，也给出逆变换

$$\begin{aligned}\boldsymbol{C}_s^t &\approx \begin{bmatrix} 1 & \gamma & -\beta \\ -\gamma & 1 & \alpha \\ \beta & -\alpha & 1 \end{bmatrix}^{\mathrm{T}} = \begin{bmatrix} 1 & 0 & 0 \\ 0 & 1 & 0 \\ 0 & 0 & 1 \end{bmatrix} - \begin{bmatrix} 0 & \gamma & -\beta \\ -\gamma & 0 & \alpha \\ \beta & -\alpha & 0 \end{bmatrix} \\ &= \boldsymbol{I} - \boldsymbol{\Psi}^{\mathrm{T}} \qquad (\alpha,\beta,\gamma \text{ 为小角度})\end{aligned} \tag{1-26}$$

1.3.3　四元数

在某种意义上讲，四元数是复数的推广。这并没有反映出代数中需要这种新发明的数（就像求解任意多项式的所有根需要复数的方式）。相反，正如复数可以用于表示一个二维向量，四元数是可以表示四维向量的数［一般认为四元数由汉密尔顿所创，并且形成了一套向量操作符的集合（可参见 Morse 和 Feschbach，1953），尽管它们在现代物理学中仅仅具有历史意义］。

复数 z 是实部和虚部的和

$$z = x + \mathrm{i}y \tag{1-27}$$

式中，x 和 y 是实数，i 代表虚数单位（x 项前暗含的 1 表示实数单位）。虚数单位满足方程 $\mathrm{i}^2 = -1$。使用复数表示二维向量是通过定义 1 和 i 为沿着两个相互垂直轴的单位，因此 x 和 y 是向量的坐标，类似于式（1－2）。复数的一个等效形式为

$$z = \rho \mathrm{e}^{\mathrm{i}\theta} \tag{1-28}$$

式中，ρ 表示向量的幅值，而 θ 表示向量与 1 轴的夹角。通过代入欧拉方程，则式（1－27）和式（1－28）的等效式表示为

$$\mathrm{e}^{\mathrm{i}\theta} = \cos\theta + \mathrm{i}\sin\theta \tag{1-29}$$

可以证明，这个方程可以依次使用 $\mathrm{e}^{\mathrm{i}\theta}$ 、$\cos\theta$ 和 $\sin\theta$ 的级数展开式来表示

$$\begin{aligned}\mathrm{e}^p &= 1 + \frac{1}{1!}p + \frac{1}{2!}p^2 + \frac{1}{3!}p^3 + \cdots \\ \cos p &= 1 - \frac{1}{2!}p^2 + \frac{1}{4!}p^4 - \frac{1}{6!}p^6 + \cdots \\ \sin p &= p - \frac{1}{3!}p^3 + \frac{1}{5!}p^5 - \frac{1}{7!}p^7 + \cdots\end{aligned} \tag{1-30}$$

对于任意 p 均成立。

对于四元数，我们介绍两个附加的“虚数单位”j 和 k，它们和 i 表示沿着 3 个相互垂直轴的单位。单位 1 表示沿着第 4 个轴的单位，在某种意义上可以认为它垂直于其他 3 个

轴。j 和 k 的定义如 i 一样

$$i^2=-1;\quad j^2=-1;\quad k^2=-1 \tag{1-31}$$

此外，我们定义（它们的）积

$$ij=-ji=k;\quad jk=-kj=i;\quad ki=-ik=j \tag{1-32}$$

式中，我们要注意区别不同单位的非交换性（例如 $ij\neq ji$）。

那么，一个四元数通过和的形式给出

$$q=a+ib+jc+kd \tag{1-33}$$

式中，a，b，c，d 是实数。q 的共轭（像 z 的共轭复数）可以通过对所有虚部的符号求反来获得

$$q^*=a-ib-jc-kd \tag{1-34}$$

使用式（1-31）和式（1-32），容易给出 q 幅值的平方，类似于复数

$$qq^*=a^2+b^2+c^2+d^2 \tag{1-35}$$

一般来说，两个四元数的积、和仍是四元数。然而，由于式（1-32）中乘积的不可交换性，也就是说，如果 q_1 和 q_2 是两个任意的四元数，通常

$$q_1q_2\neq q_2q_1 \tag{1-36}$$

当它乘以任意一个复数 $z=\rho e^{i\phi}$（表示一个二维向量），复数 $e^{i\theta}$ 将向量旋转的角度为 θ

$$w=e^{i\theta}z=e^{i\theta}\rho e^{i\phi}=\rho e^{i(\theta+\phi)} \tag{1-37}$$

因此，w 和 1 轴的夹角为 $\theta+\phi$ 。同样，一个特定类型的四元数可以用来描述三维向量的旋转。令四元数为

$$q_\zeta=\cos\frac{\zeta}{2}+\sin\frac{\zeta}{2}(ib+jc+kd)=a_\zeta+b_\zeta+c_\zeta+d_\zeta \tag{1-38}$$

式中，b，c，d 的数值满足约束条件

$$b^2+c^2+d^2=1 \tag{1-39}$$

当然，a_ζ，b_ζ，c_ζ，d_ζ 的数值满足以下约束

$$a_\zeta^2+b_\zeta^2+c_\zeta^2+d_\zeta^2=1 \tag{1-40}$$

这个特殊的四元数也可以通过一个包括角 $\zeta/2$ 的指数表示为类似于欧拉方程（1-29）的形式

$$q_\zeta=e^{\frac{\zeta}{2}(ib+jc+kd)} \tag{1-41}$$

这个方程的正确性可以使用无穷级数的展开式来证明。

通过式（1-35）可知，四元数 q_ζ 的幅值为 1，式（1-41）中的指数 $\zeta/2(ib+jc+kd)$ 表示一个幅值为 $\zeta/2$ 和方向余弦为 b，c，d 的三维空间向量[$ib+jc+kd$ 是用坐标或对应式（1-12）的方向余弦 b，c，d 来表示单位向量]。四元数的三乘积

$$\boldsymbol{x}'=q_\zeta\boldsymbol{x}q_\zeta^* \tag{1-42}$$

（表示）绕 $ib+jc+kd$ 的方向旋转任意三维向量 $\boldsymbol{x}=ix_1+jx_2+kx_3$，转过的角度为 ζ（不是 $\zeta/2$），旋转后的向量为 $\boldsymbol{x}'$ 。这可以在研究常用旋转矩阵之后得到证明。

尽管旋转四元数的方程（1-41）非常有吸引力，类似于通过复数 $e^{i\theta}$ 获得的旋转，但

式（1－41）仅限于用作运算符号，因为它的指数在式（1－32）要求的条件下运算，不能像四元数一样进行加减等操作运算。例如，两个旋转四元数的积不能通过相加指数函数中它们对应的指数来获得（因为这将暗含着可交换性）。

我们使用更加直观的旋转矩阵（来实现向量旋转）替代式（1－42）所述实现向量旋转的方法。然而，旋转四元数在旋转速率的数值积分中非常有用，这将在第 1.4 节和第 1.5 节中看到。因此，发现旋转四元数的元素和方向余弦矩阵的元素之间的转换关系非常重要。我们首先假定坐标系之间任何的旋转都可以通过绕一个旋转向量的旋转来完成。这个（三维）旋转向量指定一个单轴，绕单轴旋转可以将一个坐标系变换为另外一个坐标系。这样的一个旋转向量总会存在，根据方向余弦来确定其组成。

考虑 s 系和 t 系两个坐标系，并且假定通过正交变换矩阵 $\boldsymbol{C}_t^s$ 联系起来，$\boldsymbol{C}_t^s$ 为绕坐标轴旋转获得。我们希望通过一个等效的转角为 ζ 的单轴旋转描述这个变换。令这个方向通过单位旋转向量 $\boldsymbol{e}_\zeta^t$ 来确定，它在 t 系的方向余弦（也就是坐标）为 b，c，d 。这可以用于定义与旋转四元数式（1－41）相关联的数值；不失一般性，它们也可以根据球极坐标（θ，λ）来表示为

$$\boldsymbol{e}_\zeta^t=\begin{bmatrix}b\\c\\d\end{bmatrix}=\begin{bmatrix}\sin\theta\cos\lambda\\\sin\theta\sin\lambda\\\cos\theta\end{bmatrix}\tag{1-43}$$

描述绕这个方向的旋转，首先定义一个新坐标系 ζ 系，新坐标系的 3 轴沿着 $\boldsymbol{e}_\zeta^t$ 的方向，1 轴在 $\boldsymbol{e}_\zeta^t$ 和 t 系的 3 轴形成的平面内（见图 1－6）。从 t 系到 ζ 系的变换给出如下

$$\boldsymbol{C}_t^\zeta=\boldsymbol{R}_2(-\theta)\boldsymbol{R}_3(-\pi+\lambda)=\begin{bmatrix}-\cos\theta\cos\lambda & \cos\theta\sin\lambda & \sin\theta\\\sin\lambda & -\cos\lambda & 0\\\sin\theta\cos\lambda & \sin\theta\sin\lambda & \cos\theta\end{bmatrix}\tag{1-44}$$

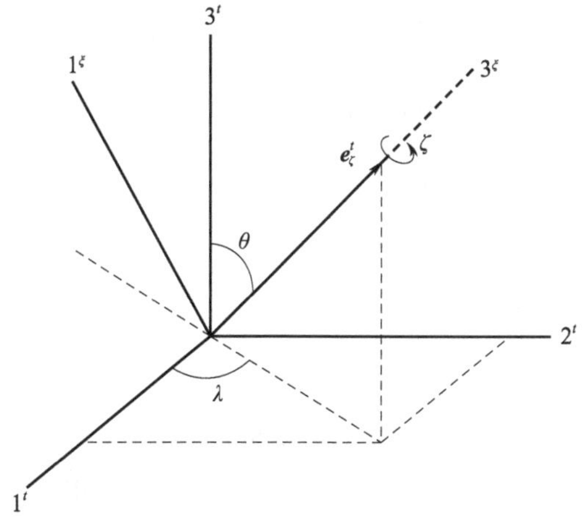

图 1－6　单位旋转向量 $\boldsymbol{e}_\zeta^t$；ζ 系和 t 系

在 ζ 系中实现 ζ 旋转的矩阵是 $\boldsymbol{R}_3(\zeta)$ 。根据式（1－17），在 t 系中这个旋转表示为 $\boldsymbol{C}_\zeta^t(\zeta)\boldsymbol{R}_3(\zeta)\boldsymbol{C}_t^\zeta$ 。随后，我们施加这个旋转是 $\boldsymbol{C}_t^s$ 的条件

$$\boldsymbol{C}_t^s = \boldsymbol{C}_\zeta^t \boldsymbol{R}_3(\zeta) \boldsymbol{C}_t^\zeta \tag{1-45}$$

我们可以根据四元数的元素使用式（1-43）和式（1-44）来写出变换矩阵 $\boldsymbol{C}_t^\zeta$

$$\boldsymbol{C}_t^\zeta = \begin{bmatrix} \dfrac{-db}{\sqrt{1-d^2}} & \dfrac{-dc}{\sqrt{1-d^2}} & \sqrt{1-d^2} \\ \dfrac{c}{\sqrt{1-d^2}} & \dfrac{-b}{\sqrt{1-d^2}} & 0 \\ b & c & d \end{bmatrix} \tag{1-46}$$

引入式（1-38）中定义的元素 a_ζ，b_ζ，c_ζ，d_ζ，从式（1-45）可得

$$\boldsymbol{C}_t^s = \begin{bmatrix} a_\zeta^2+b_\zeta^2-c_\zeta^2-d_\zeta^2 & 2(b_\zeta c_\zeta+d_\zeta a_\zeta) & 2(b_\zeta d_\zeta-c_\zeta a_\zeta) \\ 2(b_\zeta c_\zeta-d_\zeta a_\zeta) & a_\zeta^2+c_\zeta^2-b_\zeta^2-d_\zeta^2 & 2(c_\zeta d_\zeta+a_\zeta b_\zeta) \\ 2(b_\zeta d_\zeta+c_\zeta a_\zeta) & 2(c_\zeta d_\zeta-a_\zeta b_\zeta) & a_\zeta^2+d_\zeta^2-b_\zeta^2-c_\zeta^2 \end{bmatrix} \tag{1-47}$$

这表明了式（1-14）变换方向余弦和式（1-38）四元数的元素之间的关系。使用式（1-31）和式（1-32）进行前向代数运算，可以证明式（1-42）可以产生相同的结果。确定一个正交变换最多需要3个独立元素；然而，旋转四元数有4个元素，通过约束条件式（1-39）可以消除一个自由度。在约束条件式（1-40）下，式（1-47）中的 $\boldsymbol{C}_t^s$ 可以通过式（1-44）和式（1-45）展开为正交矩阵。逆变换也成立，即给出一个按照式（1-47）中元素排列的正交矩阵，那么约束条件式（1-40）也成立。这部分留给读者自己去证明约束条件式（1-40）是式（1-47）正交性的充分必要条件。

可以获得从方向余弦到四元数的逆变换，首先通过式（1-47）表示变换矩阵 $\boldsymbol{C}_t^s$ 的迹（矩阵对角线元素的和），结合式（1-40）给出矩阵的迹

$$\mathrm{tr}\boldsymbol{C}_t^s = 4a_\zeta^2 - 1 \tag{1-48}$$

因此

$$a_\zeta = \frac{1}{2}\sqrt{1+c_{1,1}+c_{2,2}+c_{3,3}} \tag{1-49}$$

式中 $c_{j,j}$ 是方向余弦，见式（1-14）。减去式（1-47）中相应的非对角线元素，可得

$$b_\zeta = \frac{1}{4a_\zeta}(c_{2,3}-c_{3,2}) \tag{1-50}$$

$$c_\zeta = \frac{1}{4a_\zeta}(c_{3,1}-c_{1,3}) \tag{1-51}$$

$$d_\zeta = \frac{1}{4a_\zeta}(c_{1,2}-c_{2,1}) \tag{1-52}$$

给定一组方向余弦，相应的旋转四元数就可以通过式（1-49）～式（1-52）来计算；反过来，也可以通过式（1-14）和式（1-47）来计算相应的方向余弦。

1.3.4 轴向量

惯性测量单元提供的旋转角度信息与仪器坐标系或者载体坐标系的角速率相关，因此需要在导航坐标系中推导测量角速率的方程。这些方程是微分方程，通过积分可以获得任

意时刻在导航坐标系下的角度值。

为了研究微分方程，有必要首先定义轴向量。轴向量（也被称为伪向量）由顺序排列的3个欧拉角（α，β，γ）给出。除非在特殊情况下，它通常不是一个真正的向量。通常这样两个轴"向量"不满足向量可交换性的特征

$$\begin{bmatrix}\alpha_1\\\beta_1\\\gamma_1\end{bmatrix}+\begin{bmatrix}\alpha_2\\\beta_2\\\gamma_2\end{bmatrix}\neq\begin{bmatrix}\alpha_1+\alpha_2\\\beta_1+\beta_2\\\gamma_1+\gamma_2\end{bmatrix} \tag{1-53}$$

这是由于旋转变换与坐标轴旋转的顺序有关。另外，如果α，β，γ是小角度，那么$\boldsymbol{\psi}=(\alpha,\ \beta,\ \gamma)^{\mathrm{T}}$更像一个向量，至少一阶近似满足可交换性。一个向量是否是真正向量是看它在任意正交变换下是否满足向量的条件。可以证明（可参见Goldstein，1950），如果$\boldsymbol{\psi}$是小角度，在一个合适旋转的变换下，它是一个向量，也就是说，如果没有轴变换，就允许从左手坐标系变到右手坐标系。对于我们来说，总是假定$\boldsymbol{\psi}=(\alpha,\ \beta,\ \gamma)^{\mathrm{T}}$是小角度，满足所有向量的特征，被视为一个向量（小量显然是在观察者中的小量，一个向量的特征成立要求角度为无穷小量）。这种向量被称为伪向量，也称为轴向量，因为它们描述了围绕一个方向（"轴"）的旋转。事实上，它类似于上一节中引入的与四元数相关的旋转向量。

在小角度旋转情况下，从t系到s系的变换可以结合式（1-25）写为

$$\begin{aligned}\boldsymbol{x}^s&=\boldsymbol{C}_t^s\boldsymbol{x}^t=(\boldsymbol{I}-\boldsymbol{\Psi})\boldsymbol{x}^t=\boldsymbol{x}^t-\boldsymbol{\Psi}\boldsymbol{x}^t\\&=\boldsymbol{x}^t-\boldsymbol{\psi}\times\boldsymbol{x}^t\end{aligned} \tag{1-54}$$

$\boldsymbol{\Psi}$的矩阵等于$\boldsymbol{\psi}$的叉乘，可以通过式（1-24）中对$\boldsymbol{\Psi}$的定义来证明。可以写为

$$[\boldsymbol{\psi}\times]=\boldsymbol{\Psi}\text{ 或 }\left[\begin{bmatrix}\alpha\\\beta\\\gamma\end{bmatrix}\times\right]=\begin{bmatrix}0&-\gamma&\beta\\\gamma&0&-\alpha\\-\beta&\alpha&0\end{bmatrix} \tag{1-55}$$

在这种约束条件下，轴向量$\boldsymbol{\psi}$"坐标"在旋转变换下就像一个向量。令$\boldsymbol{\psi}^t$是t系的小量旋转。如果这两个坐标系是通过任意旋转变换$\boldsymbol{C}_t^s$联系起来的，那么相对应的s系的小量旋转是向量$\boldsymbol{\psi}^s$，按照式（1-13）来变换

$$\boldsymbol{\psi}^s=\boldsymbol{C}_t^s\boldsymbol{\psi}^t \tag{1-56}$$

根据式（1-17），式（1-56）可以表示为

$$\boldsymbol{\Psi}^s=\boldsymbol{C}_t^s\boldsymbol{\Psi}^t\boldsymbol{C}_s^t \tag{1-57}$$

根据式（1-55），式（1-56）与式（1-57）是等效的。

1.3.5　角速率

角速率的表述，符合Britting（1971）使用的符号规则。我们认为坐标系绕彼此旋转，且旋转是时间的函数。也就是说，角度有与旋转相关的速度（和加速度）。令$\boldsymbol{\omega}=(\omega_1\quad\omega_2\quad\omega_3)^{\mathrm{T}}$是绕坐标系三个轴的瞬时旋转速率向量。这些角速率不需要是小量，通过定义可知，速率是无穷小角度与无穷小时间增量的比值。但严格来说，$\boldsymbol{\omega}$仍然仅是一个轴

向量，仅在合适的旋转条件下，它才能作为一个向量进行变换。例如，与地球旋转相关的旋转向量，如果 3 轴是与地球的旋转轴一致的，那么 $\boldsymbol{\omega} = (0 \quad 0 \quad \omega_e)^{\mathrm{T}}$ ，其中 ω_e 是地球旋转的角速率。

通常考虑 t 系相对于 s 系旋转。我们表示为

$$\boldsymbol{\omega}_{st}^{t} = t \text{ 系相对于 } s \text{ 系的角速率在 } t \text{ 系内的坐标} \tag{1-58}$$

s 系相对于 t 系的角速率在 s 系内的坐标是 $\boldsymbol{\omega}_{ts}^{s}$ 。此外，角速率被认为是向量，因此在不同坐标系中，它们可以通过相对应的变换矩阵（其元素也依赖于时间）联系起来。我们有

$$\boldsymbol{\omega}_{st}^{t} = \boldsymbol{C}_s^t \boldsymbol{\omega}_{st}^{s} = -\boldsymbol{C}_s^t \boldsymbol{\omega}_{ts}^{s} \tag{1-59}$$

这是因为

$$\boldsymbol{\omega}_{st}^{s} = -\boldsymbol{\omega}_{ts}^{s} \tag{1-60}$$

作为向量，相对角速率可以通过分量相加（满足可交换性）

$$\boldsymbol{\omega}_{st}^{t} = \boldsymbol{\omega}_{su}^{t} + \boldsymbol{\omega}_{ut}^{t} \tag{1-61}$$

需要注意的是，一定要在同一个坐标系中进行相对角速率求和。使用反对称矩阵的表达式为

$$[\boldsymbol{\omega}_{st}^{t} \times] = \boldsymbol{\Omega}_{st}^{t} \tag{1-62}$$

其中

$$\boldsymbol{\Omega}_{st}^{t} = \begin{bmatrix} 0 & -\omega_3 & \omega_2 \\ \omega_3 & 0 & -\omega_1 \\ -\omega_2 & \omega_1 & 0 \end{bmatrix}$$

此外，需要强调的是，$\boldsymbol{\psi}$ 向量是小旋转角时，$\boldsymbol{\omega}$ 通常写为反对称矩阵的形式，但 $\boldsymbol{\omega} = [\omega_1 \quad \omega_2 \quad \omega_3]^{\mathrm{T}}$ 的元素可以是任意值。

1.4　坐标变换的微分方程

通常，我们认为两个坐标系彼此相互旋转，也就是说，它们的相对方向随时间发生变化。为了使用旋转变换来描述这个过程，有必要找到一个变换对时间的导数表达式，即 $\dot{\boldsymbol{C}}_t^s$ 。通常，如果坐标系是彼此相互旋转的，确定时间差分的坐标系就非常重要。除非有特别说明，时间微分的坐标系由变量的上标来指定。

旋转变换矩阵 $\boldsymbol{C}_t^s$ 的时间导数可以认为是一个时间 τ 的函数，通过以下形式给出

$$\dot{\boldsymbol{C}}_t^s = \lim_{\delta\tau \to 0} \frac{\boldsymbol{C}_t^s(\tau + \delta\tau) - \boldsymbol{C}_t^s(\tau)}{\delta\tau} \tag{1-63}$$

s 系中在微小的时间间隔 $\delta\tau$ 内，可以得到 $\tau + \delta\tau$ 时刻相对于 τ 时刻的变换，这可以表示为

$$\boldsymbol{C}_t^s(\tau + \delta\tau) = \delta\boldsymbol{C}^s \boldsymbol{C}_t^s(\tau) \tag{1-64}$$

小角度变换也可以写为［见式（1-25）］

$$\delta\boldsymbol{C}^s = \boldsymbol{I} - \boldsymbol{\Psi}^s \tag{1-65}$$

将式（1－64）和式（1－65）代入式（1－63）可得

$$\begin{aligned}\dot{\boldsymbol{C}}_t^s &= \lim_{\delta\tau\to 0}\frac{(\boldsymbol{I}-\boldsymbol{\Psi}^s)\boldsymbol{C}_t^s(\tau)-\boldsymbol{C}_t^s(\tau)}{\delta\tau}\\ &= \lim_{\delta\tau\to 0}\frac{-\boldsymbol{\Psi}^s\boldsymbol{C}_t^s(\tau)}{\delta\tau} = -\left(\lim_{\delta\tau\to 0}\frac{\boldsymbol{\Psi}^s}{\delta\tau}\right)\boldsymbol{C}_t^s(\tau)\\ &= -\boldsymbol{\Omega}_{ts}^s\boldsymbol{C}_t^s\end{aligned}\tag{1-66}$$

式中，最后一个等式遵循这样一个事实，即 s 系对时间 $\delta\tau$ 的微小旋转的极限值表示 s 系对于 t 系的角速率在 s 系中的坐标［见式（1－58）］。使用式（1－17）和式（1－60），可得

$$\Omega_{ts}^s = -\Omega_{st}^s = -\boldsymbol{C}_t^s\Omega_{st}^t\boldsymbol{C}_s^t \tag{1-67}$$

因此，给出变换矩阵的时间导数

$$\dot{\boldsymbol{C}}_t^s = \boldsymbol{C}_t^s\Omega_{st}^t \tag{1-68}$$

对式（1－13）以时间为变量求导可得

$$\begin{aligned}\dot{\boldsymbol{x}}^s &= \boldsymbol{C}_t^s\dot{\boldsymbol{x}}^t + \dot{\boldsymbol{C}}_t^s\boldsymbol{x}^t\\ &= \boldsymbol{C}_t^s(\dot{\boldsymbol{x}}^t + \boldsymbol{\Omega}_{st}^t\boldsymbol{x}^t)\end{aligned}\tag{1-69}$$

或

$$\boldsymbol{C}_s^t\dot{\boldsymbol{x}}^s = \dot{\boldsymbol{x}}^t + \boldsymbol{\omega}_{st}^t\times\boldsymbol{x}^t \tag{1-70}$$

这就是科里奥利定理［以 Gaspard G. de Coriolis（1792 — 1843）命名］。等号左边是在 t 系中的向量，但是时间微分却发生在 s 系中；等号右边是在 t 系中对时间求微分计算获得。这个重要方程清楚地表明需要注意定义时间微分的坐标系。

类似于式（1－70），可以推导出四元数元素的微分方程。对 a_ζ^2 求解式（1－48），并且微分

$$2a_\zeta\dot{a}_\zeta = \frac{1}{4}\mathrm{tr}\dot{\boldsymbol{C}}_t^s = \frac{1}{4}\mathrm{tr}(\boldsymbol{C}_t^s\boldsymbol{\Omega}_{st}^t) \tag{1-71}$$

代入式（1－47）和式（1－62）之后，可得

$$\dot{a}_\zeta = \frac{1}{2}(b_\zeta\omega_1 + c_\zeta\omega_2 + d_\zeta\omega_3) \tag{1-72}$$

式中，$\boldsymbol{\omega}_{st}^t = (\omega_1,\ \omega_2,\ \omega_3)^{\mathrm{T}}$。

同样，我们从式（1－50）可得

$$\begin{aligned}&4a_\zeta b_\zeta = c_{2,3} - c_{3,2}\\ &\quad\Rightarrow 4(\dot{a}_\zeta b_\zeta + a_\zeta\dot{b}_\zeta) = \dot{c}_{2,3} - \dot{c}_{3,2} = c_{2,1}\omega_2 - c_{2,2}\omega_1 + c_{3,1}\omega_3 - c_{3,3}\omega_1\\ &\quad\Rightarrow \dot{b}_\zeta = \frac{1}{2}(-a_\zeta\omega_1 - d_\zeta\omega_2 + c_\zeta\omega_3)\end{aligned}\tag{1-73}$$

同理，对于 $\dot{c}_\zeta$ 和 $\dot{d}_\zeta$ 的微分方程容易从式（1－51）和式（1－52）中得到。将所有的项列写在一起，我们有

$$\begin{aligned}\dot{a}_{\zeta} &= \frac{1}{2}(b_{\zeta}\omega_1 + c_{\zeta}\omega_2 + d_{\zeta}\omega_3) \\ \dot{b}_{\zeta} &= \frac{1}{2}(-a_{\zeta}\omega_1 - d_{\zeta}\omega_2 + c_{\zeta}\omega_3) \\ \dot{c}_{\zeta} &= \frac{1}{2}(d_{\zeta}\omega_1 - a_{\zeta}\omega_2 - b_{\zeta}\omega_3) \\ \dot{d}_{\zeta} &= \frac{1}{2}(-c_{\zeta}\omega_1 + b_{\zeta}\omega_2 - a_{\zeta}\omega_3)\end{aligned} \tag{1-74}$$

或表示为

$$\dot{q}_{\zeta} = \frac{1}{2}\boldsymbol{A}q_{\zeta} \tag{1-75}$$

式中，$\boldsymbol{A}$ 是一个 4×4 的反对称矩阵

$$\boldsymbol{A} = \begin{bmatrix} 0 & \omega_1 & \omega_2 & \omega_3 \\ -\omega_1 & 0 & \omega_3 & -\omega_2 \\ -\omega_2 & -\omega_3 & 0 & \omega_1 \\ -\omega_3 & \omega_2 & -\omega_1 & 0 \end{bmatrix} \tag{1-76}$$

1.5 特定坐标变换

本节详细给出外部坐标系（i 坐标系和 e 坐标系）和载体坐标系之间的变换关系。坐标系内部对于导航系统的变换及第 3 章惯性仪器中相应的变换在此一起给出。

图 1－7 表明了 i 系和 e 系中坐标之间的关系，给出相对于旋转对称椭球体的测地学坐标。假设 e 系和 i 系仅是 x_3 轴旋转不同；这样两极运动、地球自转轴的进动和章动都忽略了。如果 ω_e（基本为匀速的）是地球自转的速率，那么 $\omega_e t$ 是从 i 系到 e 系旋转的角度，其中 t 代表时间；可得［参见式（1－58）］

$$\boldsymbol{\omega}_{ie}^{e} = (0 \quad 0 \quad \omega_e)^{\mathrm{T}} \tag{1-77}$$

从 i 系到 e 系的变换矩阵是一个绕 3 轴简单的旋转

$$\boldsymbol{C}_i^e = \begin{bmatrix} \cos\omega_e t & \sin\omega_e t & 0 \\ -\sin\omega_e t & \cos\omega_e t & 0 \\ 0 & 0 & 1 \end{bmatrix} \tag{1-78}$$

由此可得

$$\boldsymbol{\omega}_{ie}^{e} = \boldsymbol{\omega}_{ie}^{i} \tag{1-79}$$

对于旋转对称的椭球体，点 P 的测地学坐标是确定的，已知长半轴 a 和扁率 f，其中 $f=(a-b)/a$，b 为短半轴。P 点的坐标是测地学经度、测地学纬度和椭球体上的高度（参见第 1.2.3 节）。$\boldsymbol{x}^e=(x_1^e,\ x_2^e,\ x_3^e)^{\mathrm{T}}$ 和 $(\phi,\ \lambda,\ h)$ 坐标之间的关系［更加详细的内容参见 Torge（1991）和 Jekeli（2016）］为

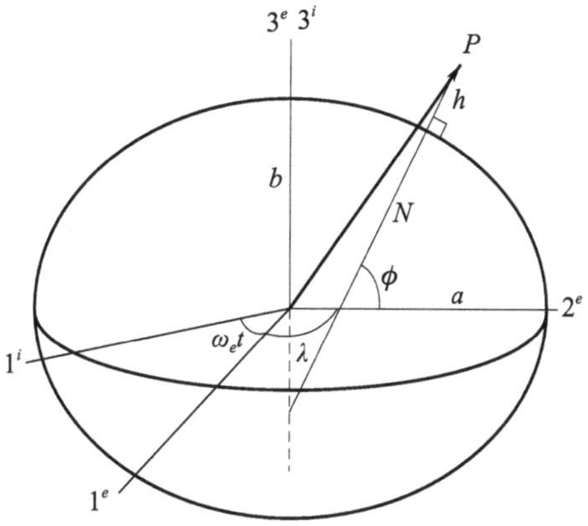

图 1-7 e 系、i 系和测地学坐标。N 是从极轴到椭球面的距离，是与子午线平面正交椭球截面的曲率半径

$$\begin{bmatrix} x_1^e \\ x_2^e \\ x_3^e \end{bmatrix} = \begin{bmatrix} (N+h)\cos\phi\cos\lambda \\ (N+h)\cos\phi\sin\lambda \\ (N(1-e^2)+h)\sin\phi \end{bmatrix} \tag{1-80}$$

其中，N 是在主垂线平面（包含过 P 点法线和垂直于子午线的平面）内椭球体的曲率半径

$$N = \frac{a}{\sqrt{1-e^2\sin^2\phi}} \tag{1-81}$$

并且，$e^2 = 2f - f^2$ 是椭球体第一离心率的平方。为方便下一步的推导，给出子午线内的曲率半径 M

$$M = \frac{a(1-e^2)}{(1-e^2\sin^2\phi)^{3/2}} \tag{1-82}$$

N 和 M 都是沿着椭球法线通过 P 点的距离，N 是从椭球体到极轴（短轴）的距离。

在测地学的历史上，地球经常近似为椭球体，其中参数（a，f）的值是以观测数据为基础的。我们将使用目前国际上采用的大地测量参考系 1980（Geodetic Reference System 1980，GRS80）（Moritz，1992；IAG，2021）

$$\begin{aligned} a &= 6\ 378\ 137\ \text{m} \\ f &= 1/298.257\ 222\ 101 \end{aligned} \tag{1-83}$$

这些值基本上与美国国防部 1984 年世界大地测量坐标系（WGS84）（NIMA，1997）建立的 GPS 参考椭球体的参数一致。对于椭球体，给定测地学坐标，可以使用式（1-80）和式（1-81）直接计算相应的笛卡儿坐标。

尽管从 $\boldsymbol{x}^e = (x_1^e，x_2^e，x_3^e)^{\mathrm{T}}$ 到（ϕ，λ，h）坐标的逆变换近似表达式存在（计算不一定更有效），但是通常以迭代的形式给出。很容易证明

$$
\begin{aligned}
\phi &= \tan^{-1}\left[\frac{x_3^e}{\sqrt{(x_1^e)^2+(x_2^e)^2}}\left(1+\frac{e^2 N\sin\phi}{x_3^e}\right)\right] \\
\lambda &= \tan^{-1}\left(\frac{x_2^e}{x_1^e}\right) \\
h &= \sqrt{(x_1^e)^2+(x_2^e)^2}\cos\phi + x_3^e\sin\phi - a\sqrt{1-e^2\sin^2\phi}
\end{aligned}
\tag{1-84}
$$

从 $h=0$ 的初始假定条件开始迭代，以 ϕ 为参数的方程迭代到收敛，在这种情况下，从式（1－84）和式（1－80）可得

$$
\phi^{(0)} \equiv \phi(h=0) = \tan^{-1}\left[\frac{x_3^e}{\sqrt{(x_1^e)^2+(x_2^e)^2}}\left(\frac{1}{1-e^2}\right)\right] \tag{1-85}
$$

这种逆变换存在其他迭代方程，并且可能收敛更快或者更加稳定。然而，对于大多数实际情况来说，式（1－84）的鲁棒性非常好，其中的第一个方程经过两步之后，ϕ 可以收敛到优于 10^{-3}（角）秒。非迭代解可以由 Borkowski（1989）获得。

由于 n 坐标系（NED）和 e 坐标系不是同心坐标系，因此两个坐标系之间的坐标变换非常复杂。然而，我们可以使用欧拉角（见图 1－3）推导它们的相对方向。首先，围绕当地的东轴旋转角度（$\pi/2+\phi$），然后绕第一次旋转后新的 3 轴旋转角度 $-\lambda$ 可得

$$
\boldsymbol{C}_n^e = \boldsymbol{R}_3(-\lambda)\boldsymbol{R}_2(\pi/2+\phi) \tag{1-86}
$$

结果是

$$
\boldsymbol{C}_n^e = \begin{bmatrix} -\sin\phi\cos\lambda & -\sin\lambda & -\cos\phi\cos\lambda \\ -\sin\phi\sin\lambda & \cos\lambda & -\cos\phi\sin\lambda \\ \cos\phi & 0 & -\sin\phi \end{bmatrix} \tag{1-87}
$$

从式（1－68）可以推导出角速率 $\boldsymbol{\Omega}_{en}^n = \boldsymbol{C}_e^n\dot{\boldsymbol{C}}_n^e$，使用式（1－62）可得

$$
\boldsymbol{\omega}_{en}^n = (\dot{\lambda}\cos\phi \quad -\dot{\phi} \quad -\dot{\lambda}\sin\phi)^{\mathrm{T}} \tag{1-88}
$$

一个运载体沿着椭球体表面平行运动，运载体的角速率 $\dot{\phi}$ 和 $\dot{\lambda}$ 是纬度和经度的时间变化率。使用椭球体当地的曲率半径（参见第 4 章）可以将这些角速率转换成北向速度和东向速度。为后续推导应用，我们给出 n 坐标系相对于 i 坐标系的角速率，根据式（1－88）和简单的几何关系（见图 1－7），可得

$$
\boldsymbol{\omega}_{in}^n = [(\dot{\lambda}+\omega_e)\cos\phi \quad -\dot{\phi} \quad -(\dot{\lambda}+\omega_e)\sin\phi]^{\mathrm{T}} \tag{1-89}
$$

在导航中，b 系到 n 系的变换特别重要，其中 b 系中的壳体就是运载体［实际应用中，还需要从仪器（加速度计和陀螺仪）坐标系到 b 坐标系的变换矩阵］。b 系的坐标轴与运载体固联，通过运载体的几何特点可以定义坐标轴分别指向前方、右侧和向下。此外，通过欧拉角定义坐标变换，3 个角分别是滚动角（或者倾斜转弯角）、俯仰角（或者是仰角）和偏航角（或者是航向角），由载体坐标轴相对于 NED 坐标轴的欧拉角分别表示为 η，χ，α，如图 1－8 所示。

例如，从 b 系到 n 系的变换矩阵由三个旋转获得：绕 1 轴旋转负的滚动角 $-\eta$，接着绕 2 轴旋转负的俯仰角 $-\chi$，最后，绕 3 轴旋转负的偏航角 $-\alpha$。注意这个旋转顺序是通

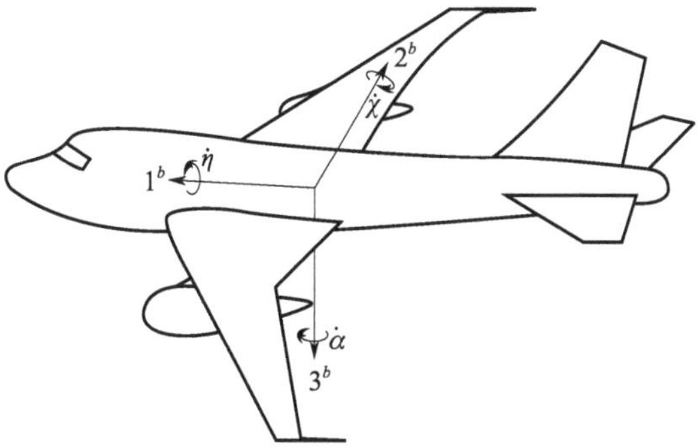

图 1-8　载体坐标系和对于 n 系的角速率

过定义来完成的，在实际情况中取决于陀螺仪的机械编排。可得

$$\boldsymbol{C}_b^n=\boldsymbol{R}_3(-\alpha)\boldsymbol{R}_2(-\chi)\boldsymbol{R}_1(-\eta) \tag{1-90}$$

如前所计算，可以使用式（1-68）和式（1-90）的时间导数来获得角速率 $\boldsymbol{\omega}_{nb}^n$ 和姿态速率 $\dot{\eta}$，$\dot{\chi}$，$\dot{\alpha}$ 之间的关系。式（1-90）通常可以写为以下更加简单的形式

$$\boldsymbol{C}_b^n=\boldsymbol{R}_3(-\alpha)\boldsymbol{R}_2(-\chi)\boldsymbol{R}_1(-\eta)=\boldsymbol{C}_{b_2}^n\boldsymbol{C}_{b_1}^{b_2}\boldsymbol{C}_b^{b_1} \tag{1-91}$$

其中，坐标系 b_1 和 b_2 是通过 η 和 χ 旋转建立起来的中间坐标系。所有坐标系 b、b_1 和 b_2 同时相互旋转，并且对于 n 坐标系旋转。因此，可以从式（1-61）和式（1-59）得到

$$\begin{aligned}\boldsymbol{\omega}_{nb}^b&=\boldsymbol{\omega}_{nb_2}^b+\boldsymbol{\omega}_{b_2b_1}^b+\boldsymbol{\omega}_{b_1b}^b\\&=\boldsymbol{C}_{b_1}^b\boldsymbol{C}_{b_2}^{b_1}\boldsymbol{\omega}_{nb_2}^{b_2}+\boldsymbol{C}_{b_1}^b\boldsymbol{\omega}_{b_2b_1}^{b_1}+\boldsymbol{\omega}_{b_1b}^b\end{aligned} \tag{1-92}$$

第二个等式遵守向量的常用变换。引用式（1-58），可得

$$\boldsymbol{\omega}_{b_1b}^b=\begin{bmatrix}\dot{\eta}\\0\\0\end{bmatrix};\boldsymbol{\omega}_{b_2b_1}^{b_1}=\begin{bmatrix}0\\\dot{\chi}\\0\end{bmatrix};\boldsymbol{\omega}_{nb_2}^{b_2}=\begin{bmatrix}0\\0\\\dot{\alpha}\end{bmatrix} \tag{1-93}$$

最后，将式（1-91）代入，式（1-92）变为

$$\begin{aligned}\boldsymbol{\omega}_{nb}^b&=\boldsymbol{R}_1(\eta)\boldsymbol{R}_2(\chi)\begin{bmatrix}0\\0\\\dot{\alpha}\end{bmatrix}+\boldsymbol{R}_1(\eta)\begin{bmatrix}0\\\dot{\chi}\\0\end{bmatrix}+\begin{bmatrix}\dot{\eta}\\0\\0\end{bmatrix}\\&=\begin{bmatrix}1&0&-\sin\chi\\0&\cos\eta&\cos\chi\sin\eta\\0&-\sin\eta&\cos\chi\cos\eta\end{bmatrix}\begin{bmatrix}\dot{\eta}\\\dot{\chi}\\\dot{\alpha}\end{bmatrix}\end{aligned} \tag{1-94}$$

通过求解姿态速率，可以得到

$$\begin{bmatrix}\dot{\eta}\\\dot{\chi}\\\dot{\alpha}\end{bmatrix}=\begin{bmatrix}1&\sin\eta\tan\chi&\cos\eta\tan\chi\\0&\cos\eta&-\sin\eta\\0&\sin\eta\sec\chi&\cos\eta\sec\chi\end{bmatrix}\boldsymbol{\omega}_{nb}^b \tag{1-95}$$

这些微分方程是时间的函数，给定载体坐标系到导航坐标系的速率 $\boldsymbol{\omega}_{nb}^b$。注意，陀螺

仪并不能直接敏感这个角速率，但是它们能够通过陀螺仪的数据来计算这个角速率（参见第 4 章），通过积分可以获得载体的姿态角。显然，由于 $\tan\chi$ 和 $\sec\chi$ 项存在，当俯仰角为 $\pm 90°$ 时，这些方程变成奇异方程。

式（1-74）或者式（1-75）给出的四元数的微分方程也是一个选择。相比于式（1-95）来说，它们在进行数值求解时相对简单，可以避免积分过程中的所有奇异性。对于惯性导航系统来说，四元数的微分方程是优选方案，将在第 4 章给出式（1-75）的数值积分。

1.6 傅里叶变换

式（1-1）将向量表示为一组坐标，也可以解释为将向量从一种类型的表达（一个有向的幅值）变换为另外一种类型的表达（一组坐标）。这个变换是通过标量积来完成的

$$x_j = \boldsymbol{e}_j \cdot \boldsymbol{x} \tag{1-96}$$

显然，这种类型的变换不同于先前我们讨论的变换（即旋转）。这就是傅里叶变换暗含的概念，应用于函数而不是向量，在此我们将一个函数分解为由一些基本项组成的方程。这与向量类似，唯一的不同在于向量是有限维的，然而这种函数被认为是无限维的。由于我们仅仅使用傅里叶变换部分功能，现在给出的处理虽然是粗略的计算，但足够用于后续的讨论。对于更加严谨的运算，感兴趣的读者可以参考经典著作 Papoulis（1962）和 Bracewell（2000），以及最近的文献 Stein 和 Shakarchi（2003），或傅里叶变化相关的一些特定应用的文献，例如 Percival 和 Walden（1993）及 Jekeli（2017）。

假定一个定义在实数上的函数是可积分的，这表明积分将不产生奇点，或函数是分段连续的。这个函数可以是周期函数，也可以是非周期函数。对于这两种情况，傅里叶变换有两种不同的形式。假定 $\tilde{g}(t)$ 是独立变量 t 的函数，并且是以 T 为周期的周期函数。那么，这个函数在单个闭区间 $[0, T]$ 内的值就完全确定，并且 $\tilde{g}(t+T)=\tilde{g}(t)$ 。将 $\tilde{g}(t)$ 表示为正弦函数（基本函数）和的形式

$$\tilde{g}(t) = a_0 + 2\sum_{k=1}^{\infty} a_k \cos\left(\frac{2\pi}{T}kt\right) + 2\sum_{k=1}^{\infty} b_k \sin\left(\frac{2\pi}{T}kt\right) \tag{1-97}$$

式中，a_k 和 b_k 是常数。每个正弦曲线有一个周期为 T 的积分分数，那么，$\tilde{g}(t)$ 就分解为在不同频率振荡波的和。对于确定的正弦曲线，一个相对大的系数表明函数在这个频率上的幅值相对大；就像一个向量有相对大的坐标，表明这个向量在指向的坐标轴方向上的值更大。

对于旋转和计算高效性，使用欧拉方程（1-29）会更好，使用复指数来表示正弦曲线的级数

$$\tilde{g}(t) = \frac{1}{T}\sum_{k=-\infty}^{\infty} G_k e^{i\left(\frac{2\pi}{T}\right)kt} \tag{1-98}$$

式中，系数 G_k 通常是一个复数，式（1-97）中的系数集 $\{a_k, b_k\}$ 和 $\{G_k\}$ 之间的关系通过下式给出

$$G_k = \begin{cases} (a_k - \mathrm{i}b_k), & k > 0 \\ a_0, & k = 0 \\ (a_{-k} + \mathrm{i}b_{-k}), & k < 0 \end{cases} \tag{1-99}$$

逆变换之间的关系留给读者自行研习。

级数式（1-98）或式（1-97）称为傅里叶级数。正弦函数参数中的 k/T 是函数的谐波频率。实际上，由于假定函数的（分段）连续性——在这个函数中固有无限可能频率的振动。基本频率是 $1/T(k=1)$，频率是波长的倒数——高频（k 非常大时）表示短波长；低频（k 非常小时）表示长波长。通常来说，频率是时间的倒数，尽管也用于指波数（指整数 k），即使 t 是任意其他的独立变量，但我们保留频率这个术语。当与时间联系起来，频率的单位就变成周/时间单位，例如周/每秒或 Hz。通常，频率的单位是每个时间单位 t 内的周期数。

系数集 $\{G_k\}$ 是 $\tilde{g}$ 的傅里叶（级数）变换，或是 $\tilde{g}$ 的（傅里叶）频谱。给定 $\tilde{g}$，就可以使用正弦和余弦在区间 $[0, T]$ 上的正交性计算傅里叶变换。对于复指数，有以下的正交关系

$$\begin{aligned} \int_0^T \mathrm{e}^{\mathrm{i}(2\pi/T)kt}\,\mathrm{e}^{-\mathrm{i}(2\pi/T)\ell t}\,\mathrm{d}t &= \int_0^T \mathrm{e}^{\mathrm{i}(2\pi/T)(k-\ell)t}\,\mathrm{d}t \\ &= \int_0^T \cos((2\pi/T)(k-\ell)t)\,\mathrm{d}t + \mathrm{i}\int_0^T \sin((2\pi/T)(k-\ell)t)\,\mathrm{d}t \\ &= \begin{cases} 0, & k \neq \ell \\ T, & k = \ell \end{cases} \end{aligned} \tag{1-100}$$

所以，在等式（1-98）两边乘以 $\mathrm{e}^{-\mathrm{i}(2\pi/T)\ell t}$，然后根据式（1-100）进行积分，可得

$$G_k = \int_0^T \tilde{g}(t)\,\mathrm{e}^{-\mathrm{i}\left(\frac{2\pi}{T}\right)kt}\,\mathrm{d}t \tag{1-101}$$

同理，向量的计算也显而易见。基本函数 $\mathrm{e}^{-\mathrm{i}\left(\frac{2\pi}{T}\right)kt}$ 类似于单位向量，而其系数 G_k 就像坐标值。它们可以通过式（1-101）来获得，完全类似于式（1-96）。

函数及其傅里叶变换是同一信息的两种表示，只要函数是连续的，那么函数等效于其傅里叶变换。函数的变换是在频域表示了同样信息，频域比时域具有更加深刻的内容。式（1-98）和式（1-101）构成了周期函数的一对傅里叶变换。傅里叶级数 $\tilde{g}$ 也可以称为 G_k 的傅里叶反变换。需要注意，经常遇到的快速傅里叶变换仅用于定义独立变量值在有限集上的离散变换。

对于非周期、分段连续的函数，在平方可积的条件下，傅里叶变换也可以采用同样的方法定义。对于在实数域定义的函数 g，表示为

$$\int_{-\infty}^{\infty} [g(t)]^2\,\mathrm{d}t < \infty \tag{1-102}$$

通常来说，当 $|t| \to \infty$ 时函数一定趋近于零。那么，其傅里叶变换也是一个平方可积的函数，定义如下

$$\mathscr{F}(g) \equiv G(f) = \int_{-\infty}^{\infty} g(t) \mathrm{e}^{-\mathrm{i}2\pi ft} \mathrm{d}t \tag{1-103}$$

这里不包括非周期函数，因为它们不是平方可积的。此外，傅里叶反变换给出如下

$$\mathscr{F}^{-1}(G) \equiv g(t) = \int_{-\infty}^{\infty} G(f) \mathrm{e}^{\mathrm{i}2\pi ft} \mathrm{d}f \tag{1-104}$$

$G(f)$ 是频率 f 的复函数，也就是 g 的频谱（或谱密度）。$G(f)$ 的单位是每单位频率上 g 的单位，其别名就是谱密度。

假定 g 是连续函数，式（1－103）和式（1－104）的变换是统一的。每一个函数都提供了另外一个函数同样多的信息。如果 $g(t)$ 是一个实数，它等于自己的复共轭值，那么从式（1－103）我们可以发现 $G(f)$ 是厄密共轭（其实部是偶对称，或关于 $f=0$ 对称，并且其虚部是奇对称或反对称）

$$g(t) = g^{*}(t) \Leftrightarrow G(-f) = G^{*}(f) \tag{1-105}$$

式中，* 代表复共轭。此外，如果 $g(t)$ 是实偶函数，那么它的频谱也是实偶数

$$\left.\begin{cases} g(t) = g^{*}(t) \\ g(t) = g(-t) \end{cases}\right\} \Leftrightarrow \left\{\begin{matrix} G(f) = G^{*}(f) \\ G(f) = G^{*}(-f) \end{matrix}\right\} \tag{1-106}$$

这很容易通过式（1－103）来证明。式（1－105）和式（1－106）只是傅里叶分析中许多特殊情况下的两种。

第 2 章　常微分方程

2.1　介绍

惯性导航系统通过测量加速度获得位置向量 $\boldsymbol{x}$ 和速度向量 $\dot{\boldsymbol{x}}$ ，本质上是根据式（1－7）来计算。微分方程是描述函数的导数、独立变量和函数本身之间关系的方程。一般 m 阶微分方程可以写为

$$F(t,y,\dot{y},\ddot{y},\cdots,y^{(m)})=0 \qquad (2-1)$$

其中，首先，我们考虑任意的一维函数 $y(t)$ 是 m 阶可微分的情况。为了不失一般性及考虑惯性导航系统（INS），自变量 t 为时间。导数运算符用函数上面的一个点来表示，或者由圆括号上标来表示。因为这种情况下的函数仅仅取决于一个自变量，所以这里的导数是全导数而不是偏导数，式（2－1）被认为是一个常微分方程，不同于涉及多元函数的偏微分方程。由于我们的应用主要是关于时间的函数，我们限定讨论前者（即常微分方程）。

给定微分方程（2－1），希望通过求解来得到函数 $y(t)$，这就涉及对时间 t 进行积分。某些类型的微分方程可以通过不同的解法和公式获得解析解，而其他的微分方程则没有解析解。在一般情况下，对于任意方程，如果一个解析解存在，一定可以推断出来并且可以通过回代的方法来检验（也就是说，一个假定解一定可以满足微分方程）。随着现代计算能力的发展，数值方法比过去更加常用，而且往往也是唯一可行的应用方法。

求解一个微分方程，在本质上涉及到积分，因此要注意，在没有积分常数的情况下，解是不完整的。求解一个 m 阶微分方程需要 m 次的积分，意味着必须要确定 m 个常数。这些常数也被称为初始条件，我们考虑这些常数是因为它们表明了函数及其 $m-1$ 阶导数在初始时间 t_0 的值。因此，式（2－1）就包括

$$y^{j}(t_0)=\mu_j,\ j=1,\cdots,m-1 \qquad (2-2)$$

其中，μ_j 为具有给定值的常数。

从传感器的动态方程到导航解的确定及相关误差的分析，微分方程贯穿于惯性导航系统的研究之中。特别是，与坐标变换相关的微分方程在导航求解中起着非常重要的作用，这部分已经在第 1.4 节论述。然而，这里的目的不是为了全面研究微分方程的理论，只是给出对阐述惯性导航系统及其应用有用的结果。这包括对线性常微分方程的一般处理，讨论解析解和一种数值求解方法。

2.2　线性微分方程

线性微分方程就是式（2－1）中的关系 F 在函数 y 及其所有的导数中均是线性的，

式（2-1）可以写为

$$y^{(m)}(t)+a_{m-1}(t)y^{(m-1)}(t)+\cdots+a_1(t)\dot{y}(t)+a_0(t)y(t)=c(t) \tag{2-3}$$

式中，$a_j(t)$ 和 $c(t)$ 是 t 的函数。

不失一般性，假设 $y^{(m)}(t)$ 的比例前项系数 $a_0(t)=1$，因为任何非零系数都能被除，改变其他项的系数但是不改变方程的形式。不能表示为式（2-2）的微分方程是非线性的，当然初始条件（2-2）还必须与式（2-3）同时成立。

将微分方程很自然地推广到向量函数，其中在向量函数中的 m 阶线性微分方程 $y(t)$ 可以写为

$$\boldsymbol{y}^{(m)}(t)+\boldsymbol{A}_{m-1}(t)\boldsymbol{y}^{(m-1)}(t)+\cdots+\boldsymbol{A}_1(t)\dot{\boldsymbol{y}}(t)+\boldsymbol{A}_0(t)\boldsymbol{y}(t)=\boldsymbol{c}(t) \tag{2-4}$$

并且初始值为

$$\boldsymbol{y}^j(t_0)=\boldsymbol{\mu}_j,\ j=1,\cdots,m-1 \tag{2-5}$$

式中，$\boldsymbol{A}_j(t)$ 为方阵，并且矩阵的所有元素均为 t 的函数；$\boldsymbol{\mu}_j$ 为给定值的常数向量。此外，为了不失一般性，$\boldsymbol{A}_0(t)=\boldsymbol{I}$ 。方程（2-4）构成向量 $\boldsymbol{y}(t)$ 分量函数的 m 阶线性微分方程组。表达式可以写为

$$\boldsymbol{y}(t)=\begin{bmatrix} y_1(t) \\ \vdots \\ y_n(t) \end{bmatrix} \tag{2-6}$$

由此推导

$$\dot{\boldsymbol{y}}(t)=\begin{bmatrix} \dot{y}_1(t) \\ \vdots \\ \dot{y}_n(t) \end{bmatrix} \tag{2-7}$$

并且式（2-4）能展开为 n 个耦合集的标量线性微分方程，这些函数为 $y_1(t)$，…，$y_n(t)$ 。耦合集的示例就是一个用于四元数的一阶方程（1-74）集合，也就是向量等效为式（1-75）。值得注意的是，对于滚动角、俯仰角和偏航角相应的微分方程是非线性的。

一个任意 m 阶标量线性微分方程，如式（2-3），可以写为 m 个一阶线性微分方程组

$$y_j(t)=y^j(t),\ j=1,\cdots,m-1 \tag{2-8}$$

据上述定义，很容易确定式（2-3）等于

$$\frac{\mathrm{d}}{\mathrm{d}t}\begin{bmatrix} y_1(t) \\ y_2(t) \\ \vdots \\ y_{m-1}(t) \\ y_m(t) \end{bmatrix}+\begin{bmatrix} 0 & -1 & 0 & \cdots & 0 \\ 0 & 0 & -1 & \cdots & 0 \\ \vdots & \vdots & \vdots & \ddots & \vdots \\ 0 & 0 & 0 & \cdots & -1 \\ a_m(t) & a_{m-1}(t) & a_{m-2}(t) & \cdots & a_1(t) \end{bmatrix}\begin{bmatrix} y_1(t) \\ y_2(t) \\ \vdots \\ y_{m-1}(t) \\ y_m(t) \end{bmatrix}=\begin{bmatrix} 0 \\ 0 \\ \vdots \\ 0 \\ c(t) \end{bmatrix} \tag{2-9}$$

这恰好是 $m=1$ 时，式（2-4）表示的类型。读者可以证明线性微分方程的任何高阶（$m>1$）系统，例如式（2-4），使用如式（2-8）的技巧可以降阶为一阶系统。

可以考虑线性微分方程的进一步推广。假定微分方程用于一个矩阵函数，而不是向量函数，如用于旋转变换矩阵的式（1－66）。用于 $n\times p$ 维矩阵函数 $\boldsymbol{Y}(t)$ 的一般方程

$$\boldsymbol{Y}^{(m)}(t)+\boldsymbol{A}_{m-1}(t)\boldsymbol{Y}^{(m-1)}(t)+\cdots+\boldsymbol{A}_1(t)\dot{\boldsymbol{Y}}(t)+\boldsymbol{A}_0(t)\boldsymbol{Y}(t)=\boldsymbol{C}(t) \tag{2-10}$$

式中，$\boldsymbol{C}(t)$ 是一个 $n\times p$ 维矩阵，矩阵所有元素均是 t 的函数，可以认为是式（2－4）类型微分方程的一个可分的集，因为我们可以将 $\boldsymbol{Y}(t)$ 写为一个列向量的集

$$\boldsymbol{Y}(t)=[\boldsymbol{y}_1(t),\cdots,\boldsymbol{y}_p(t)] \tag{2-11}$$

单个向量 $\boldsymbol{y}_k(t)$，$k=1$，…，p 的解是相似的，差异是由 $\boldsymbol{C}(t)$ 不同列而造成的。

基于以上的讨论，我们能够将任意阶线性微分方程（标量、向量和矩阵）的一般处理归纳为线性一阶的向量微分方程的研究。因此，线性微分方程系统可以简明地表示如下，其中包括初始值

$$\dot{\boldsymbol{y}}(t)+\boldsymbol{A}(t)\boldsymbol{y}(t)=\boldsymbol{c}(t) \tag{2-12}$$

$$\boldsymbol{y}(t_0)=\boldsymbol{\mu} \tag{2-13}$$

式中，$\boldsymbol{A}(t)$ 是 t 的普通方阵函数。我们假定 $\boldsymbol{A}$ 为 $n\times n$ 的方阵，即在这个系统中有 n 个方程、$\boldsymbol{y}(t)$ 的 n 个分量和包含在向量 $\boldsymbol{\mu}$ 中的 n 个初始值。

2.3　线性微分方程的通解

从理论上来说，一个微分方程的解首先取决于两个重要的定理：存在性定理和唯一性定理。对于任何特定类型的微分方程的存在性定理都详细规定了所涉及函数的前提条件，以保证一个解的存在。通常，存在性定理并没有实际说明解是如何构建的，但是要知道它至少存在一个能够求得的解。如果能够证明这类微分方程的唯一性定理，那么对于一个具有初始条件的微分方程就有一个解，表明没有不同的解存在。

对于一阶线性微分方程组（2－12），实际上具备存在性和唯一性定理（Boyce 和 DiPrima，1969）。从本质上讲，它们描述了如果矩阵 $\boldsymbol{A}(t)$ 的分量函数和向量 $\boldsymbol{c}(t)$ 的函数在包含初始点 t_0 的区间内连续，那么存在一个唯一解 $\boldsymbol{y}(t)$，在那个区间上满足微分方程式（2－12）和初始条件（2－13）。

为了求式（2－12）的解，考虑第一个对应的微分方程而排除不依赖于函数 $\boldsymbol{y}(t)$ 的项，即向量 $\boldsymbol{c}(t)$，这被称为齐次微分方程

$$\dot{\boldsymbol{y}}(t)+\boldsymbol{A}(t)\boldsymbol{y}(t)=\boldsymbol{0} \tag{2-14}$$

其中，右侧为零向量。对于式（2－14）的解被称为齐次解。假定 $\boldsymbol{y}_H(t)$ 表示一个解，如果 $\boldsymbol{y}_p(t)$ 是原始的非齐次微分方程的任意解（通常称为特解），那么 $\boldsymbol{y}_H(t)+\boldsymbol{y}_p(t)$ 也是原方程的一个解。实际上

$$\begin{aligned}
&\frac{\mathrm{d}}{\mathrm{d}t}[\boldsymbol{y}_H(t)+\boldsymbol{y}_p(t)]+\boldsymbol{A}(t)[\boldsymbol{y}_H(t)+\boldsymbol{y}_p(t)]\\
&=[\dot{\boldsymbol{y}}_H(t)+\boldsymbol{A}(t)\boldsymbol{y}_H(t)]+[\dot{\boldsymbol{y}}_p(t)+\boldsymbol{A}(t)\boldsymbol{y}_p(t)]\\
&=\boldsymbol{0}+\boldsymbol{c}(t)\\
&=\boldsymbol{c}(t)
\end{aligned} \tag{2-15}$$

这表明齐次解和特解之和满足微分方程式（2－12）。此外，在不失一般性的情况下，我们能施加一个满足式（2－13）初始条件的齐次解

$$\boldsymbol{y}_H(t_0)=\boldsymbol{\mu} \tag{2-16}$$

$$\boldsymbol{y}_p(t_0)=\boldsymbol{0} \tag{2-17}$$

这指定了特解的初始条件。求包含初始条件的齐次方程的通解，通常比通用方法中非齐次部分的处理方式更容易。

在开始求解前，我们提到，求解这些微分方程的通用方法可以基于拉普拉斯变换研究得到。也就是说，微分方程首先被变换为相应的代数方程，其代数方程中的自变量在不同定义域中（类似于与傅里叶变换相关的频率域，参见第 1.6 节）。这种方法的优点是可以更清晰地区分在变换域中 $\boldsymbol{A}(t)$（即系统函数）和 $\boldsymbol{c}(t)$ 及 $\boldsymbol{\mu}$（即激励函数和初始条件）对求解的贡献。然而，这些运算有着相同的约束条件，我们必须在后面的说明中对 $\boldsymbol{A}(t)$ 限定这些条件。此处我们不使用拉普拉斯变换，并且感兴趣的读者可以参考（Thomson，1960），也可以参考关于微分方程的教科书来了解拉普拉斯变换的一般处理和应用。

2.3.1 齐次解

我们首先考虑齐次微分方程式（2－14），暂时忽略下标 H 。此外，我们做一个基本的假设：系数矩阵 $\boldsymbol{A}(t)$ 是一个常数矩阵。这将允许我们在一般意义上构造一个解。用于变量矩阵 $\boldsymbol{A}(t)$ 的标准解析解被限定在特定的情况下，例如周期函数（可参见 Wilson，1971），或被称为可化简的系统（可参见 Goursat，1945）。因此，假设

$$\dot{\boldsymbol{y}}(t)+\boldsymbol{A}\boldsymbol{y}(t)=\boldsymbol{0} \tag{2-18}$$

其解满足式（2－13）的初始条件。已知，式（2－18）的解有以下形式

$$\boldsymbol{y}(t)=\boldsymbol{\rho}\,\mathrm{e}^{-\lambda(t-t_0)} \tag{2-19}$$

式中，$\boldsymbol{\rho}$ 为一个常数向量；λ 为一个数（正数或者负数；实数或者复数）。我们可以认为式（2－19）是一个合理解的假设，那么通过代入法来证明这个猜想。实际可得出

$$\frac{\mathrm{d}}{\mathrm{d}t}(\boldsymbol{\rho}\,\mathrm{e}^{-\lambda(t-t_0)})+\boldsymbol{A}\boldsymbol{\rho}\,\mathrm{e}^{-\lambda(t-t_0)}=(\boldsymbol{A}-\lambda\boldsymbol{I})\boldsymbol{\rho}\,\mathrm{e}^{-\lambda(t-t_0)} \tag{2-20}$$

如果当且仅当式（2－20）为 0 时，函数式（2－19）是式（2－18）的解。那么

$$(\boldsymbol{A}-\lambda\boldsymbol{I})\boldsymbol{\rho}=\boldsymbol{0} \tag{2-21}$$

因为指数函数不能为零。如果我们仅仅要得到非零解，那么就需要令 $\boldsymbol{\rho}\neq\boldsymbol{0}$。为了使这种情况成立，矩阵 $(\boldsymbol{A}-\lambda\boldsymbol{I})$ 一定为不可逆矩阵。因为矩阵 $(\boldsymbol{A}-\lambda\boldsymbol{I})$ 若为可逆矩阵，那么在式（2－21）两侧乘以其可逆矩阵将使得 $\boldsymbol{\rho}=\boldsymbol{0}$，这与获得非零解不符。

$(\boldsymbol{A}-\lambda\boldsymbol{I})$ 的奇异性限定了 λ 的值，使得其行列式的值为 0

$$\det(\boldsymbol{A}-\lambda\boldsymbol{I})=0 \tag{2-22}$$

左侧是包含变量 λ 的 n 次多项式

$$\lambda^n+\alpha_{n-1}\lambda^{n-1}+\cdots+\alpha_0=0 \tag{2-23}$$

式中，α_j 为常数；λ 值是多项式（2－23）的根，满足方程（2－22）。由于矩阵 $\boldsymbol{A}$ 特征多项式是 n 次多项式，所以方程有 n 个根。这些根称为矩阵 $\boldsymbol{A}$ 的特征值，并且对于每个特征值

λ_j，都有一个特征向量 $\boldsymbol{\rho}_j$，由式（2 - 21）可知

$$\boldsymbol{A}\boldsymbol{\rho}_j = \lambda\boldsymbol{\rho}_j \tag{2-24}$$

综上所述，对于式（2 - 19）和常量 λ 和 $\boldsymbol{\rho}$ 的合理假设，我们在这些常量中导出式（2 - 24）的条件，因此更具体地给出式（2 - 18）的解

$$\boldsymbol{y}_j(t) = \boldsymbol{\rho}_j \mathrm{e}^{-\lambda_j(t-t_0)} \tag{2-25}$$

如果所有的特征值均不相同，那么可以证明特征向量全部独立（可参见 Lange，1971）。这些特征向量 $\boldsymbol{\rho}_j$ 可以通过求解式（2 - 21）的线性方程替换 λ_j 来确定。这样，我们可以假定特征值和特征向量已知，并且由式（2 - 25）解的线性组合给出式（2 - 18）的一个通解

$$\boldsymbol{y}(t) = \sum_{j=1}^{n} \eta_j \boldsymbol{y}_j(t) = \sum_{j=1}^{n} \eta_j \boldsymbol{\rho}_j \mathrm{e}^{-\lambda_j(t-t_0)} \tag{2-26}$$

式中，η_j 为任意数。令 $\boldsymbol{\eta} = [\eta_1, \cdots, \eta_n]^{\mathrm{T}}$ 并定义矩阵 $\boldsymbol{T} = [\boldsymbol{\rho}_1, \cdots, \boldsymbol{\rho}_n]$，上式可以写为

$$\boldsymbol{y}(t) = \boldsymbol{T}\mathrm{diag}\left[\mathrm{e}^{-\lambda_j(t-t_0)}\right]\boldsymbol{\eta} \tag{2-27}$$

式中，$\mathrm{diag}\left[\mathrm{e}^{-\lambda_j(t-t_0)}\right]$ 表示一个含有上述 j 个对角线元素的对角矩阵。

η_j 的数值由初始条件式（2 - 13）来确定。令 $t = t_0$，将式（2 - 27）代入式（2 - 13），可得

$$\boldsymbol{T}\eta = \boldsymbol{\mu} \tag{2-28}$$

那么，常数向量 $\boldsymbol{\eta}$ 可由下式来确定

$$\boldsymbol{\eta} = \boldsymbol{T}^{-1}\boldsymbol{\mu} \tag{2-29}$$

由于特征向量是相互独立的（假定不同的特征变量），因此矩阵 $\boldsymbol{T}$ 就为非奇异矩阵（满秩矩阵）。使用初始条件式（2 - 29）来替换，最终推导出解（2 - 27）

$$\boldsymbol{y}(t) = \boldsymbol{T}\mathrm{diag}(\mathrm{e}^{-\lambda_j(t-t_0)})\boldsymbol{T}^{-1}\boldsymbol{\mu} \tag{2-30}$$

这个解的另外一种形式可从指数的幂级数推导出来。将 $\rho = -\lambda_j(t-t_0)$ 和式（1 - 30）的第一个方程代入式（2 - 26），可得

$$\boldsymbol{y}(t) = \sum_{j=1}^{n} \eta_j \boldsymbol{\rho}_j \sum_{k=0}^{\infty} \frac{(-1)^k}{k!} \lambda_j^k (t-t_0)^k \tag{2-31}$$

现在，由式（2 - 24）容易证明，对于任意 $k \geqslant 0$，有

$$\lambda_j^k \boldsymbol{\rho}_j = \lambda_j^{k-1} \boldsymbol{A}\boldsymbol{\rho}_j = \lambda_j^{k-2} \boldsymbol{A}^2 \boldsymbol{\rho}_j = \cdots = \boldsymbol{A}^k \boldsymbol{\rho}_j \tag{2-32}$$

那么，变换式（2 - 31）中的求和并将式（2 - 32）代入可得

$$\boldsymbol{y}(t) = \sum_{k=0}^{\infty} \frac{(-1)^k}{k!} (t-t_0)^k \boldsymbol{A}^k \sum_{j=1}^{n} \eta_j \boldsymbol{\rho}_j \tag{2-33}$$

注意由式（2 - 28）可知 $\sum_{t_j} \boldsymbol{\rho}_j = \boldsymbol{\mu}$，那么

$$\boldsymbol{y}(t) = \sum_{k=0}^{\infty} \frac{(-1)^k}{k!} (t-t_0)^k \boldsymbol{A}^k \boldsymbol{\mu} \tag{2-34}$$

现在可以正式地写出矩阵 $\boldsymbol{A}$ 指数形式的幂级数

$$\mathrm{e}^{-\boldsymbol{A}(t-t_0)} = \sum_{k=0}^{\infty} \frac{(-1)^k}{k!} (t-t_0)^k \boldsymbol{A}^k \tag{2-35}$$

在具有式（2-16）的初始条件下，使用这种方便的表示方法，齐次非线性方程（2-18）的解可以写为

$$\boldsymbol{y}(t)=\mathrm{e}^{-\boldsymbol{A}(t-t_0)}\boldsymbol{\mu} \tag{2-36}$$

这种解的形式可以避免确定特征值和特征向量，但是在原则上，必须确定矩阵 **A** 的所有次幂并且要如式（2-35）所示进行求和。尽管这可能很难理解和更加复杂，但是一个解析形式（的解）通常都是由这种分析得到的，因为式（2-36）与式（2-30）是一致的。

根据第 2.2 节中的讨论，很容易得到矩阵微分方程的解

$$\dot{\boldsymbol{Y}}(t)+\boldsymbol{A}\boldsymbol{Y}(t)=\boldsymbol{0} \tag{2-37}$$

初始条件 $\boldsymbol{Y}(t_0)=\boldsymbol{M}$ 时，给出方程的解为

$$\boldsymbol{y}(t)=\mathrm{e}^{-\boldsymbol{A}(t-t_0)}\boldsymbol{M} \tag{2-38}$$

如果矩阵 **A** 的特征值并非完全不同，那么式（2-26）或者式（2-30）的通用形式就不再有效，但是式（2-36）仍然表示方程的解，因为从式（2-35）容易证明

$$\frac{\mathrm{d}}{\mathrm{d}t}\mathrm{e}^{-\boldsymbol{A}(t-t_0)}=-\boldsymbol{A}\mathrm{e}^{-\boldsymbol{A}(t-t_0)} \tag{2-39}$$

所以，式（2-36）也满足式（2-18）和初始条件式（2-16）。

现在，我们再回到基于特征值的解，并再次假定特征值均不相同。根据式（2-26）或者式（2-30），解向量 $\boldsymbol{y}(t)$ 的每个部分是指数函数 $\mathrm{e}^{-\lambda_j(t-t_0)}$ 的线性组合；因此，系数矩阵 **A** 的特征值 λ_j 决定了解的特性。尤其是，如果特征值为零，那么 $\boldsymbol{y}(t)$ 的分量就包含常数项，这是因为 $\mathrm{e}^0=1$。如果特征值是正实数，那么相对应的解以指数形式随 t 的增加而变为零；如果特征值为负实数，那么解（绝对值）以指数形式增加。

如果特征值是复数，$\lambda_j=\alpha_j+\mathrm{i}\beta_j$，其中 i 为虚数单位（$\mathrm{i}^2=-1$），$\alpha_j$，$\beta_j$ 为实数。那么，根据欧拉方程式（1-29），方程解的相应部分根据下式变化

$$\mathrm{e}^{-\lambda_j(t-t_0)}=\mathrm{e}^{-\alpha_j(t-t_0)}(\cos[\beta_j(t-t_0)]-\mathrm{i}\sin[\beta_j(t-t_0)]) \tag{2-40}$$

也就是说，解是以周期 $2\pi/\beta_j$ 和幅值 $\mathrm{e}^{-\alpha_j(t-t_0)}$ 振荡的。此外，振荡的幅值将根据 α_j 的符号（正值、零和负值）分别衰减为零、保持常数或发散。

如果矩阵 **A** 是实数（以我们的经验，通常是这种情况），那么对于每个复数特征值，均有对应的共轭复数，否则多项式（2-23）将不会为实数。此外，每对共轭特征值的振荡解组合将产生一个满足要求的实数解。

2.3.1.1 实例

为了说明线性齐次微分方程的求解过程，可以考虑具有常数系数的二阶微分方程

$$\ddot{y}+\beta y=0;\ y_1(0)=\mu_1;\ y_2(0)=\mu_2 \tag{2-41}$$

其中，β 和 μ_j 为实数，并且 $t_0=0$。首先，我们将这个微分方程改写为一阶微分方程，如式（2-9）的形式

$$\frac{\mathrm{d}}{\mathrm{d}t}\begin{bmatrix}y_1\\y_2\end{bmatrix}+\begin{bmatrix}0&-1\\\beta&0\end{bmatrix}\begin{bmatrix}y_1\\y_2\end{bmatrix}=\begin{bmatrix}0\\0\end{bmatrix};y_1(0)=\mu_1;y_2(0)=\mu_2 \tag{2-42}$$

式中，根据式（2-8），令 $y_1=y$ 和 $y_2=\dot{y}$ 。

使用式（2-22），系数矩阵的特征值为下式的根

$$\lambda^2+\beta=0 \tag{2-43}$$

它们为

$$\lambda_1=+\sqrt{-\beta}\,;\ \lambda_2=-\sqrt{-\beta} \tag{2-44}$$

使用式（2-20）可以证明相应的特征向量为

$$\boldsymbol{\rho}_1=\begin{bmatrix}1\\-\sqrt{-\beta}\end{bmatrix};\quad \boldsymbol{\rho}_2=\begin{bmatrix}1\\\sqrt{-\beta}\end{bmatrix} \tag{2-45}$$

根据式（2-30）给出式（2-42）的解

$$\begin{bmatrix}y_1(t)\\y_2(t)\end{bmatrix}=\frac{1}{2\sqrt{-\beta}}\begin{bmatrix}1 & 1\\-\sqrt{-\beta} & \sqrt{-\beta}\end{bmatrix}\begin{bmatrix}e^{-\sqrt{-\beta}t} & 0\\0 & e^{\sqrt{-\beta}t}\end{bmatrix}\begin{bmatrix}\sqrt{-\beta} & -1\\\sqrt{-\beta} & 1\end{bmatrix}\begin{bmatrix}\mu_1\\\mu_2\end{bmatrix} \tag{2-46}$$

由此，式（2-41）的解可以求取为

$$y(t)=\frac{1}{2\sqrt{-\beta}}\left[(\sqrt{-\beta}\mu_1+\mu_2)e^{\sqrt{-\beta}t}+(\sqrt{-\beta}\mu_1-\mu_2)e^{-\sqrt{-\beta}t}\right] \tag{2-47}$$

如果 $\beta<0$，那么特征值就是实数，可得

$$y(t)=\frac{1}{2\sqrt{|\beta|}}\left[(\sqrt{|\beta|}\mu_1+\mu_2)e^{\sqrt{|\beta|}t}+(\sqrt{|\beta|}\mu_1-\mu_2)e^{-\sqrt{|\beta|}t}\right] \tag{2-48}$$

上式证明方程的解随 $t\to\pm\infty$ 而无限增加。如果 $\beta>0$，那么特征值就为虚数；并且，根据式（1-29），我们将此解以正弦曲线的形式写出，可得

$$y(t)=\mu_1\cos(\sqrt{\beta}t)+\frac{\mu_2}{\sqrt{\beta}}\sin(\sqrt{\beta}t) \tag{2-49}$$

这就是周期为 $2\pi/\sqrt{\beta}$ 的标准正弦振荡器的解。如果 $\beta=0$，那么微分方程的解与式（2-30）的形式不同，因为在这种情况下特征值是不同的，正如推出式（2-26）时所假定的那样。然而，我们可得系数矩阵的幂，如下

$$\begin{bmatrix}0 & -1\\0 & 0\end{bmatrix}^k=\begin{bmatrix}0 & 0\\0 & 0\end{bmatrix};k\geqslant 2 \tag{2-50}$$

将此式代入式（2-35），我们容易确定式（2-36）形式的解，其中第一部分为我们期望的结果

$$y(t)=\mu_1+\mu_2(t-t_0) \tag{2-51}$$

这是一个对没有加速度（$\ddot{y}(t)=0$）的物体位置的常见的解。

这个例子最后一点表明了当一个特征值为重根时将发生的情况，也就是，当有大于一个重根的情况。一般来说，如果系数矩阵 **A** 对称，那么即使有些特征值重复，解的形式仍然由式（2-26）或者式（2-30）给出，因为可以找到 n 个线性独立的特征向量。对于特征值有 $q>1$ 重根的其他矩阵，可能找不到 q 个相应线性独立的特征向量。感兴趣的读者可以参考 Boyce 和 DiPrima（1969），使用矩阵理论深入研究这种方法。此外，需要注意的是，不管特征值的重根如何，式（2-36）都是成立的。

2.3.1.2 解的基本集

在系数矩阵 $\boldsymbol{A}$ 是常数值的情况下，齐次微分方程解的结构已经明确地展开。在系数矩阵是 t 的函数的情况下，仍然可以获得方程的解，然而没有适用于所有情况的标准方法。但是，可以证明（可参见 Boyce 和 DiPrima，1969）如果 $n\times n$ 矩阵 $\boldsymbol{A}(t)$ 的元素是连续函数，那么存在 n 个线性独立解的集合；令这些解以 $\boldsymbol{y}_1(t)$，…，$\boldsymbol{y}_n(t)$ 表示。此外，式（2－14）的任意解可以写为 $\boldsymbol{y}_j(t)$ 的线性组合

$$\boldsymbol{y}(t)=\sum_{j=1}^{n}\eta_j\boldsymbol{y}_j(t) \tag{2-52}$$

线性独立解的集被称为解的基本集。它们可以组合为基本矩阵列的形式，$\boldsymbol{\Psi}(t)=[\boldsymbol{y}_1(t),\ \cdots,\ \boldsymbol{y}_n(t)]$；并且解［式（2－52）］具有以下形式

$$y(t)=\boldsymbol{\Psi}(t)\boldsymbol{\eta} \tag{2-53}$$

式中，$\boldsymbol{\eta}$ 为常数 η_j 的向量。

由于其列是线性独立的，基本矩阵 $\boldsymbol{\Psi}(t)$ 是非奇异的（满秩的）。所以，使用初始条件式（2－16），我们有 $\boldsymbol{c}=\boldsymbol{\Psi}^{-1}(t_0)\boldsymbol{\mu}_0$，并且

$$\boldsymbol{y}(t)=\boldsymbol{\Phi}(t,t_0)\boldsymbol{\mu} \tag{2-54}$$

其中

$$\boldsymbol{\Phi}(t,t_0)=\boldsymbol{\Psi}(t)\boldsymbol{\Psi}^{-1}(t_0) \tag{2-55}$$

将式（2－54）代入式（2－14），我们可得

$$\left[\frac{\mathrm{d}}{\mathrm{d}t}\boldsymbol{\Phi}(t,t_0)+\boldsymbol{A}(t)\boldsymbol{\Phi}(t,t_0)\right]\boldsymbol{\mu}=0 \tag{2-56}$$

由于 $\boldsymbol{\mu}$ 的值没有施加限制条件（它是任意的），括号中的项一定为零矩阵。所以，$\boldsymbol{\Phi}(t,\ t_0)$ 满足下述的微分方程及初始条件

$$\frac{\mathrm{d}}{\mathrm{d}t}\boldsymbol{\Phi}(t,t_0)+\boldsymbol{A}(t)\boldsymbol{\Phi}(t,t_0)=\boldsymbol{0};\quad \boldsymbol{\Phi}(t_0,t_0)=\boldsymbol{I} \tag{2-57}$$

对于系数矩阵为常数的特殊情况，方程的解可以由式（2－38）给出

$$\boldsymbol{\Phi}(t,t_0)=\mathrm{e}^{-\boldsymbol{A}(t-t_0)} \tag{2-58}$$

当代入式（2－54），产生解 $\boldsymbol{y}(t)$，这与式（2－36）一致。

矩阵 $\boldsymbol{\Phi}(t,\ t_0)$ 又称为“过渡矩阵”，这个矩阵将从初始值求取的解转换到任意 t 值下的解。由于其递归性质，因此这种形式的解非常适用于卡尔曼滤波器（见第 7 章）。同样，式（2－54）是确定方程特解的起始点。

2.3.2 特解

尽管使用标准技术可能无法确定具有变系数矩阵 $\boldsymbol{A}(t)$ 的齐次线性微分方程的解，如果可以求取这个解，那么特解可以使用参数变分的方法来获得。所以，考虑非齐次的一阶线性微分方程（2－12）和初始条件式（2－13），为方便起见可重复求解

$$\dot{\boldsymbol{y}}(t)+\boldsymbol{A}(t)\boldsymbol{y}(t)=\boldsymbol{c}(t) \tag{2-59}$$

$$\boldsymbol{y}(t_0)=\boldsymbol{\mu} \tag{2-60}$$

假定包含在系数矩阵和向量 $\boldsymbol{c}(t)$ 中的函数是连续的。同样，我们假定相对应的齐次方程的解已知，如式（2－54）所示

$$\boldsymbol{y}_H(t)=\boldsymbol{\Phi}(t,t_0)\boldsymbol{\mu} \tag{2-61}$$

通过参数变分的方法求取一个特解的形式

$$\boldsymbol{y}_P(t)=\boldsymbol{\Phi}(t,t_0)\boldsymbol{v}(t) \tag{2-62}$$

$$\boldsymbol{y}_P(t_0)=\boldsymbol{0} \tag{2-63}$$

其中，$\boldsymbol{v}(t)$ 为需要确定的向量函数，并且初始条件与式（2－17）一致。

我们以顺向的方式进行，首先将式（2－62）给出的 $\boldsymbol{y}_P$ 代入方程（2－59），它应该是方程的一个解

$$\frac{\mathrm{d}}{\mathrm{d}t}\boldsymbol{\Phi}(t,t_0)\boldsymbol{v}(t)+\boldsymbol{\Phi}(t,t_0)\frac{\mathrm{d}}{\mathrm{d}t}\boldsymbol{v}(t)+\boldsymbol{A}(t)\boldsymbol{\Phi}(t,t_0)\boldsymbol{v}(t)=\boldsymbol{c}(t) \tag{2-64}$$

然后，使用式（2－57），我们发现

$$\boldsymbol{\Phi}(t,t_0)\frac{\mathrm{d}}{\mathrm{d}t}\boldsymbol{v}(t)=\boldsymbol{c}(t) \tag{2-65}$$

或者

$$\frac{\mathrm{d}}{\mathrm{d}t}\boldsymbol{v}(t)=\boldsymbol{\Phi}^{-1}(t,t_0)\boldsymbol{c}(t) \tag{2-66}$$

由于 $\boldsymbol{\Phi}(t,\ t_0)$ 与 $\boldsymbol{\Psi}(t)$ 一样是可逆的。式（2－66）的积分可得期望的向量函数 $\boldsymbol{v}(t)$

$$\boldsymbol{v}(t)=\int_{t_0}^{t}\boldsymbol{\Phi}^{-1}(\tau,t_0)\boldsymbol{c}(\tau)\mathrm{d}\tau \tag{2-67}$$

其中，选择相应的积分常数等于零以确保条件式（2－63）成立。

结合式（2－67）与式（2－62）和式（2－61）可以得到全解

$$\boldsymbol{y}(t)=\boldsymbol{\Phi}(t,t_0)\boldsymbol{\mu}+\boldsymbol{\Phi}(t,t_0)\int_{t_0}^{t}\boldsymbol{\Phi}^{-1}(\tau,t_0)\boldsymbol{c}(\tau)\mathrm{d}\tau \tag{2-68}$$

现在，使用式（2－55）可以推导出

$$\boldsymbol{\Phi}(t,t_0)\boldsymbol{\Phi}^{-1}(\tau,t_0)=\boldsymbol{\Psi}(t)\boldsymbol{\Psi}^{-1}(t_0)\boldsymbol{\Psi}(t_0)\boldsymbol{\Psi}^{-1}(\tau)=\boldsymbol{\Phi}(t,\tau) \tag{2-69}$$

使用此式，式（2－68）可以化简得到非齐次方程（2－59）解的最终形式

$$\boldsymbol{y}(t)=\boldsymbol{\Phi}(t,t_0)\boldsymbol{\mu}+\int_{t_0}^{t}\boldsymbol{\Phi}(t,\tau)\boldsymbol{c}(\tau)\mathrm{d}\tau \tag{2-70}$$

对于一阶矩阵微分方程

$$\dot{\boldsymbol{Y}}(t)+\boldsymbol{A}(t)\boldsymbol{Y}(t)=\boldsymbol{C}(t),\ \boldsymbol{Y}(t_0)=\boldsymbol{M} \tag{2-71}$$

相应的全解由式（2－70）直接扩展为

$$\boldsymbol{Y}(t)=\boldsymbol{\Phi}(t,t_0)\boldsymbol{M}+\int_{t_0}^{t}\boldsymbol{\Phi}(t,\tau)\boldsymbol{C}(\tau)\mathrm{d}\tau \tag{2-72}$$

在第 7 章，我们将遇到一个形式稍微不同的一阶线性矩阵微分方程

$$\dot{\boldsymbol{Y}}(t)+\boldsymbol{A}(t)\boldsymbol{Y}(t)+\boldsymbol{Y}(t)\boldsymbol{B}(t)=\boldsymbol{C}(t),\ \boldsymbol{Y}(t_0)=\boldsymbol{M} \tag{2-73}$$

它的解给出如下

$$\boldsymbol{Y}(t)=\boldsymbol{\Phi}(t,t_0)\boldsymbol{M}\boldsymbol{\Theta}(t,t_0)+\int_{t_0}^{t}\boldsymbol{\Phi}(t,\tau)\boldsymbol{C}(\tau)\boldsymbol{\Theta}(t,\tau)\mathrm{d}\tau \tag{2-74}$$

其中，与式（2－57）类似

$$\frac{\mathrm{d}}{\mathrm{d}t}\boldsymbol{\Theta}(t,t_0)+\boldsymbol{\Theta}(t,t_0)\boldsymbol{B}(t)=\boldsymbol{0};\ \boldsymbol{\Theta}(t_0,t_0)=I \tag{2-75}$$

我们通过回代来证明式（2－74）。也就是说，我们证明式（2－74）确实满足初始条件以及其导数满足微分方程（2－73）。

第一项证明很容易实现，因为 $\boldsymbol{\Phi}(t_0,\ t_0)=\boldsymbol{I}$ 和 $\boldsymbol{\Theta}(t_0,\ t_0)=\boldsymbol{I}$ 表明，当 $t=t_0$ 代入式（2－74），我们可得 $\boldsymbol{Y}(t_0)=\boldsymbol{M}$ 。对式（2－74）进行求导可得

$$\begin{aligned}\dot{\boldsymbol{Y}}(t)&=\dot{\boldsymbol{\Phi}}(t,t_0)\boldsymbol{M}\boldsymbol{\Theta}(t,t_0)+\boldsymbol{\Phi}(t,t_0)\boldsymbol{M}\dot{\boldsymbol{\Theta}}(t,t_0)+\\&\int_{t_0}^{t}\left[\frac{\mathrm{d}}{\mathrm{d}t}\boldsymbol{\Phi}(t,\tau)\boldsymbol{C}(\tau)\boldsymbol{\Theta}(t,\tau)+\boldsymbol{\Phi}(t,\tau)\boldsymbol{C}(\tau)\frac{\mathrm{d}}{\mathrm{d}t}\dot{\boldsymbol{\Theta}}(t,\tau)\right]\mathrm{d}\tau+\boldsymbol{\Phi}(t,\tau)\boldsymbol{C}(t)\boldsymbol{\Theta}(t,\tau)\frac{\mathrm{d}\tau}{\mathrm{d}t}\end{aligned} \tag{2-76}$$

适当应用莱布尼茨原理对积分来求微分。现在，替换式（2－57）和式（2－75）可得

$$\begin{aligned}\dot{\boldsymbol{Y}}(t)&=-\boldsymbol{A}(t)\boldsymbol{\Phi}(t,t_0)\boldsymbol{M}\boldsymbol{\Theta}(t,t_0)-\boldsymbol{\Phi}(t,t_0)\boldsymbol{M}\boldsymbol{\Theta}(t,t_0)\boldsymbol{B}(t)\\&-\boldsymbol{A}(t)\int_{t_0}^{t}\boldsymbol{\Phi}(t,\tau)\boldsymbol{C}(\tau)\boldsymbol{\Theta}(t,t_0)\mathrm{d}\tau-\int_{t_0}^{t}\boldsymbol{\Phi}(t,\tau)\boldsymbol{C}(\tau)\boldsymbol{\Theta}(t,\tau)\mathrm{d}\tau\boldsymbol{B}(t)+\boldsymbol{C}(t)\end{aligned} \tag{2-77}$$

上述每个积分项可以用式（2－74）中的 $\boldsymbol{Y}(t)-\boldsymbol{\Theta}(t,\ t_0)\boldsymbol{M}\boldsymbol{\Theta}(t,\ t_0)$ 替换；并且，结果就是式（2－73），如上所示。

2.3.2.1 示例（续）

使用方程（2－54）和式（2－58），我们获得了第 2.3.1.1 节中示例微分方程（2－42）相同的齐次解。将式（2－41）中的系数矩阵用 $\boldsymbol{A}$ 表示，很容易证明

$$\boldsymbol{A}^2=\begin{bmatrix}-\beta & 0\\ 0 & -\beta\end{bmatrix},\boldsymbol{A}^3=\begin{bmatrix}0 & \beta\\ -\beta^2 & 0\end{bmatrix},\boldsymbol{A}^4=\begin{bmatrix}\beta^2 & 0\\ 0 & \beta^2\end{bmatrix},\boldsymbol{A}^5=\begin{bmatrix}0 & -\beta^2\\ \beta^3 & 0\end{bmatrix},\cdots \tag{2-78}$$

所以，根据式（2－35），并令 $\Delta t=t-t_0$，那么

$$\mathrm{e}^{-\boldsymbol{A}\Delta t}=\begin{bmatrix}1-\frac{\beta}{2!}\Delta t^2+\frac{\beta^2}{4!}\Delta t^4-\frac{\beta^3}{6!}\Delta t^6+\cdots & \Delta t-\frac{\beta}{3!}\Delta t^3+\frac{\beta^2}{5!}\Delta t^5-\frac{\beta^3}{7!}\Delta t^7+\cdots\\ -\beta\Delta t+\frac{\beta^2}{3!}\Delta t^3-\frac{\beta^3}{5!}\Delta t^5+\cdots & 1-\frac{\beta}{2!}\Delta t^2+\frac{\beta^2}{4!}\Delta t^4-\frac{\beta^3}{6!}\Delta t^6+\cdots\end{bmatrix} \tag{2-79}$$

如果 $\beta>0$，那么根据式（1－30）可以求出过渡矩阵 $\boldsymbol{\Phi}(t,\ t_0)$

$$\boldsymbol{\Phi}(t,t_0)=\begin{bmatrix}\cos(\sqrt{\beta}\Delta t) & \frac{1}{\sqrt{\beta}}\sin(\sqrt{\beta}\Delta t)\\ -\sqrt{\beta}\sin(\sqrt{\beta}\Delta t) & \cos(\sqrt{\beta}\Delta t)\end{bmatrix} \tag{2-80}$$

这样，通过式（2－54），第一部分通用谐波振荡器解 y_1 及其导数 y_2 已在式（2－49）中证明。

如果 $\beta<0$，那么 $-\beta=|\beta|>0$；式（2－79）的级数累积为双曲正弦和双曲余弦

$$\boldsymbol{\Phi}(t,t_0)=\begin{bmatrix}\cosh(\sqrt{|\beta|}\Delta t) & \frac{1}{\sqrt{|\beta|}}\sinh(\sqrt{|\beta|}\Delta t)\\ \sqrt{|\beta|}\sinh(\sqrt{|\beta|}\Delta t) & \cosh(\sqrt{|\beta|}\Delta t)\end{bmatrix} \tag{2-81}$$

根据式（2－54），这可得出与式（2－48）一致的解。

现在，考虑非齐次微分方程，从式（2－41）归纳为

$$\ddot{y}(t)+\beta y(t)=c(t)\text{；}y(0)=\mu_1\text{；}\dot{y}(0)=\mu_2 \tag{2-82}$$

其中，$c(t)$ 被称为强迫函数，假定它是可积的。$\beta>0$ 时，这描述了强迫谐振器的动力学。式（2－82）可以被改写为非齐次一阶微分方程

$$\frac{\mathrm{d}}{\mathrm{d}t}\begin{bmatrix}y_1(t)\\ y_2(t)\end{bmatrix}+\begin{bmatrix}0 & -1\\ \beta & 0\end{bmatrix}\begin{bmatrix}y_1(t)\\ y_2(t)\end{bmatrix}=\begin{bmatrix}0\\ c(t)\end{bmatrix}\text{；}y_1(0)=\mu_1\text{；}y_2(0)=\mu_2 \tag{2-83}$$

它的全解（齐次解加特解部分）由式（2－70）给出。提取第一部分（$y\equiv y_1$），当 $\beta>0$ 时，我们得到

$$y(t)=\mu_1\cos[\sqrt{\beta}(t-t_0)]+\frac{\mu_2}{\sqrt{\beta}}\sin[\sqrt{\beta}(t-t_0)]+\frac{1}{\sqrt{\beta}}\int_{t_0}^{t}\sin[\sqrt{\beta}(t-\tau)]c(\tau)\mathrm{d}\tau \tag{2-84}$$

以及当 $\beta<0$ 时

$$y(t)=\mu_1\cosh(\sqrt{|\beta|}(t-t_0))+\frac{\mu_2}{\sqrt{|\beta|}}\sinh[\sqrt{|\beta|}(t-t_0)]+\frac{1}{\sqrt{|\beta|}}\int_{t_0}^{t}\sinh[\sqrt{|\beta|}(t-\tau)]c(\tau)\mathrm{d}\tau \tag{2-85}$$

我们注意到，如果 $c(\tau)$ 是一个具有相同频率 $\sqrt{\beta}$ 的正弦函数，那么式（2－84）中的积分导致了 t 中的线性项，并且随着 t 的增加方程的解变得无边界，这种情况下，强迫函数以其共振频率激励系统。

2.4　数值方法

当微分方程可以求取解析解时，它们不仅可以给出计算的公式，还可以直接认识解的特性。因此，相对于纯数值解来说它们通常更受青睐。但是，在很多情况下，例如当式（2－8）中的系数矩阵 $\boldsymbol{A}(t)$ 既不是常量，也不是允许解析解的特殊形式时，只能通过数值的方式来求解。也就是计算 t 的离散值和有限集时 $\boldsymbol{y}(t)$ 的近似值。数值方法能用公式表达为一个算法，但是结果通常是计算值的一个集，而且，必须注意相关的算法误差，这个误差通常是根据数量级来确定。

有许多数值方法来求解微分方程，例如式（2－1），我们将在单步执行的范围内进行讨论。也就是说，基于函数关系 F 在特定 t 下的一个估计值和由前一个 t 值获得的 $\boldsymbol{y}(t)$，

成功地获取每一个 t 值对应的解。这个方法尤其适合本章中确定初始值的类型。另一种方法就是大家熟悉的多步或者差分方法，虽然计算较快，但需要在一系列连续 t 下 F 的估计量。如果一个单步执行的方法获得求解所需要的部分值时，那么它们就能用于求解初始值问题。换句话说，它们不是自行开始计算，而是要使用具有足够精度的初始值。

在这种条件下，单步执行的方法假定（方程的）解可以通过简化的泰勒级数来近似。同样，也要假定（方程的）解及导数可微分的一般要求，数值解是足够稳定的。一般来说，这取决于在感兴趣的区间 t 上函数关系 F 的平滑性和正则性。这些稳定性和收敛性的问题就留给其他更加全面的关于微分方程和它们数值解的教科书（可参考 Gear，1971）。

值得注意的是，以下讨论既不限制在线性方程范围内，也不限制在一阶方程的范围内。然而，使用定义式（2-8），我们发现式（2-1）类型的任意常微分方程可以化简为一阶微分方程

$$\dot{\boldsymbol{y}}(t)=\boldsymbol{f}(t,\boldsymbol{y}(t)) \tag{2-86}$$

及初始条件式（2-13）。同样，高阶微分方程也可以这样化简。另外，对于向量方程（2-86）将要推导的数值算法没有本质差别，相应的标量方程为

$$\dot{y}(t)=f(t,y(t)) \tag{2-87}$$

因此，为了简化推导中的符号，我们从后者开始推导。

2.4.1 龙格-库塔法

龙格-库塔数值方法的一般概念是基于解的泰勒级数展开式

$$y(t)=y(t_0)+\dot{y}(t_0)(t-t_0)+\frac{1}{2!}\ddot{y}(t_0)(t-t_0)^2+\cdots+\frac{1}{m!}y^{(m-1)}(t_0)(t-t_0)^{(m-1)}+\cdots \tag{2-88}$$

其中，一阶导数已经由式（2-87）给出，y 随后的导数能够从给定的函数 f 解析得到。到第三阶导数，我们有

$$\begin{aligned}\dot{y}(t_0)&=f\\ \ddot{y}(t_0)&=f_t+f_yf\\ \dddot{y}(t_0)&=f_{tt}+2f_{ty}f+f_{yy}f^2+f_tf_y+f_y^2f\end{aligned} \tag{2-89}$$

式中，函数下标的变量表示偏微分；此外，这种情况下，在 $t=t_0$ 和 $y=y_0\equiv y(t_0)$ 时可以求 f 及其导数的值，例如

$$f_{ty}=\left.\frac{\partial^2 f}{\partial t\,\partial y}\right|_{t=t_0,\,y=y_0} \tag{2-90}$$

由于 $y(t_0)=y_0$ 是给定的值，所以能计算一阶导数 $f(t_0,\ y_0)$ 和随后所有的导数在 t_0 时的值。将式（2-89）代入式（2-88），如果级数在 t_0 的邻域收敛，那么可以得到 t 在 t_0 邻域时解的近似。

但是，为了避免这些高阶导数确定的困难，龙格-库塔方法寻求通过多项式 $(t-t_0)$ 来近似求解，这个多项式满足一定阶数的泰勒级数，但是可以由一个不同的几何自变量得

到。根据泰勒级数，基于在 t_0 邻域多个点斜率或者一阶导数合适权重的平均值的预测，在初始点由多阶导数的值代替预测 t 时解的值。

在一般的列方程求解中，迭代得到 t 一系列离散值的解，其中 t_n 时刻的解是基于已经获得的 t_{n-1} 时刻的解，同时又作为初始值来求取 t_{n+1} 时刻的解。尽管实践中通常要求步长为常数，t 连续步长之间的间隔不需要为常数。因此，令

$$h = t_{n+1} - t_n \tag{2-91}$$

为算法的步长（如果 h 不是常数，在下述的公式中使用一个适当定义的 h_{n+1} 来替换 h）。我们求取解的近似值有以下形式

$$y_{n+1} = y_n + h \cdot (a_1 k_1 + a_2 k_2 + \cdots + a_m k_m) \tag{2-92}$$

式中，每个 k_j 是在闭区间 $[t_n,\ t_{n+1}]$ 内一些点处 y 的一个斜率（也就是一阶导数 f）

$$\begin{aligned} k_1 &= f(t_n, y_n) \\ k_2 &= f(t_n + \beta_2 h, y_n + \xi_{2,1} h k_1) \\ k_3 &= f(t_n + \beta_3 h, y_n + \xi_{3,1} h k_1 + \xi_{3,2} h k_2) \\ &\vdots \end{aligned} \tag{2-93}$$

确定常数 α_j，β_j 和 $\xi_{j,\ p}$ 的值，一直达到 h 一定的幂时，近似值 y_{n+1} 与真值 $y(t_{n+1})$ 相一致。那么，对于一个 m 阶的龙格-库塔算法，它们的差值为

$$|y_{n+1} - y(t_{n+1})| = O(h^{m+1}) \tag{2-94}$$

在这种情况下，$O(h^{m+1})$ 代表“h^{m+1} 阶”的项。

使用我们的符号可知，在式（2-92）和式（2-93）中出现带有下标的值 y_n 都是式（2-94）意义上的对真实值 $y(t_n)$ 的近似。显然，算法式（2-92）、式（2-93）也仅需要一个初始值 $y_0 \equiv y(t_0)$。使用先前的斜率 k_p，$p < j$，定义 t_n 和 t_{n+1} 之间每个连续 k_j 为相应 y 值的传播。

一直到第四阶（$m \leqslant 4$）的情况，第 m 阶龙格-库塔法仅需要 m 个加权的斜率 k_j。但是，例如，六阶算法通过 8 个斜率的加权和（可参见 Babuska 等，1966）来近似解。阶数高于 $m=3$ 时，代数就变得非常复杂；我们只推导到三阶的算法，由此更高阶的推导也同理。所以，我们希望找到近似解的形式

$$y_{n+1} = y_n + h \cdot (a_1 k_1 + a_2 k_2 + a_3 k_3) \tag{2-95}$$

式中，函数 $k_j(j=1,\ 2,\ 3)$ 由式（2-93）给出，确定常数 α_j，β_j 和 $\xi_{j,\ p}$，因此近似值的误差为二阶、三阶和四阶。

假定函数 $f(t,\ y)$ 在 t_n 的邻域内是连续可微的，它可以展开为包含变量 t 和 y 的二元泰勒级数

$$\begin{aligned} f(t,y) = f(t_n, y_n) &+ [f_t(t - t_n) + f_y(y - y_n)] + \\ &\frac{1}{2!}[f_{tt}(t - t_n)^2 + 2f_{ty}(t - t_n)(y - y_n) + f_{yy}(y - y_n)^2] + \cdots \end{aligned} \tag{2-96}$$

式中，如前所述，下标函数为 $(t_n,\ y_n)$ 时的估计值。令 $t - t_n = \beta_2 h$，$y - y_n = \xi_{2,\ 1} h k_1$，

代入式（2-93）中的 k_2 后进行二元泰勒级数展开，并记下 $k_1=f$，得出

$$k_2=f+h(\beta_2 f_t+\xi_{2,1}f_y f)+\frac{h^2}{2!}(\beta_2^2 f_{tt}+\xi_{2,1}^2 f_{yy}f^2+2\beta_2\xi_{2,1}f_{ty}f)+O(h^3) \tag{2-97}$$

其中，$f=f(t_n,\ y_n)$ 并且最高仅包括 h 的二阶项。同样，令 $t-t_n=\beta_3 h$，$y-y_n=\xi_{3,1}hk_1+\xi_{3,2}hk_2$，对式（2-93）中的 k_3 再次使用式（2-96），很容易证明

$$\begin{aligned}k_3=&f+h\left[\beta_3 f_t+(\xi_{3,1}+\xi_{3,2})f_y f\right]\\&+\frac{h^2}{2}\left[\beta_3^2 f_{tt}+(\xi_{3,1}+\xi_{3,2})^2 f_{yy}f^2+2\beta_3(\xi_{3,1}+\xi_{3,2})f_{ty}f\right.\\&\left.+2\beta_2\xi_{3,2}f_t f_y+2\xi_{2,1}\xi_{3,2}f_y^2 f\right]+O(h^3)\end{aligned} \tag{2-98}$$

将式（2-97）和式（2-98）代入式（2-95），我们可得

$$\begin{aligned}y_{n+1}=&y_n+h(\alpha_1+\alpha_2+\alpha_3)f\\&+h^2\{\alpha_2(\beta_2 f_t+\xi_{2,1}f_y f)+\alpha_3\left[\beta_3 f_t+(\xi_{3,1}+\xi_{3,2})f_y f\right]\}\\&+\frac{h^3}{2}\{\alpha_2(\beta_2^2 f_{tt}+\xi_{2,1}^2 f_{yy}f^2+2\beta_2\xi_{2,1}f_{ty}f)\\&+\alpha_3\left[\beta_3^2 f_{tt}+(\xi_{3,1}+\xi_{3,2})^2 f_{yy}f^2+2\beta_3(\xi_{3,1}+\xi_{3,2})f_{ty}f\right.\\&\left.+2\beta_2\xi_{3,2}f_t f_y+2\xi_{2,1}\xi_{3,2}f_y^2 f\right]\}+O(h^4)\end{aligned} \tag{2-99}$$

现在通过式（2-88），t_{n+1} 时给出解的真值如下

$$y(t_{n+1})=y(t_n)+h\dot{y}(t_n)+\frac{h^2}{2!}\ddot{y}(t_n)+\frac{h^3}{3!}\dddot{y}(t_n)+O(h^4) \tag{2-100}$$

使用式（2-89）所示的推导结果，可得

$$\begin{aligned}y(t_{n+1})=&y(t_n)+hf+\frac{h^2}{2}(f_t+f_y f)\\&+\frac{h^3}{6}(f_{tt}+2f_{ty}f+f_{yy}f^2+f_t f_y+f_y^2 f)+O(h^4)\end{aligned} \tag{2-101}$$

比较式（2-99）和式（2-101）中 h 幂的相对应系数，我们发现参数满足以下条件

$$h:\quad \alpha_1+\alpha_2+\alpha_3=1 \tag{2-102}$$

$$\begin{aligned}h^2:\quad &2(\alpha_2\beta_2+\alpha_3\beta_3)=1\\&2\left[\alpha_2\xi_{2,1}+\alpha_3(\xi_{3,1}+\xi_{3,2})\right]=1\end{aligned} \tag{2-103}$$

$$\begin{aligned}h^3:\quad &3(\alpha_2\beta_2^2+\alpha_3\beta_3^2)=1\\&3\left[\alpha_2\beta_2\xi_{2,1}+\alpha_3\beta_3(\xi_{3,1}+\xi_{3,2})\right]=1\\&3\left[\alpha_2\xi_{2,1}^2+\alpha_3(\xi_{3,1}+\xi_{3,2})^2\right]=1\\&6\alpha_3\beta_2\xi_{3,2}=1\\&6\alpha_3\xi_{2,1}\xi_{3,2}=1\end{aligned} \tag{2-104}$$

这 8 组条件是不完全独立的，所以它们允许在一定程度上自由选择 8 个参数的值。

对于一阶方法，我们要求在积分区域 h 内，算法的估计值与真解在一次幂上一致。这样，我们就设定 $\alpha_2=0$ 和 $\alpha_3=0$；因此，从式（2-102）可得 $\alpha_1=1$。其他所有的参数是不

相关的；并且，算法（2－95）给出如下

$$y_{n+1}=y_n+hf(t_n,y_n) \tag{2-105}$$

这也就是著名的欧拉法。

对于二阶算法，我们考虑条件式（2－102）和式（2－103）并设定 $\alpha_3=0$，立即可得 $\beta_2=\xi_{2,1}$。如果选择 $\alpha_2=1/2$，那么 $\beta_2=\xi_{2,1}=1$，此时算法变为

$$\begin{aligned}y_{n+1}&=y_n+\frac{h}{2}(k_1+k_2)\\k_1&=f(t_n,y_n)\\k_2&=f(t_n+h,y_n+hk_1)\end{aligned} \tag{2-106}$$

三阶算法必须满足所有三组条件式（2－102）～式（2－104）。从式（2－104）中的后两个等式，我们再次发现 $\beta_2=\xi_{2,1}$，从式（2－103）中得到

$$\beta_3=\xi_{3,1}+\xi_{3,2} \tag{2-107}$$

与式（2－104）中的前三个条件是一致的，我们可以选择 $\alpha_1=1/6$，$\alpha_2=4/6$ 和 $\alpha_3=1/6$，满足式（2－102）。那么，式（2－103）和式（2－104）的第一个条件分别得到 $\beta_2=1/2$ 和 $\beta_3=1$。因此，$\xi_{2,1}=1/2$，式（2－104）的最后一个条件可得 $\xi_{3,2}=2$，进而可以从式（2－107）求得 $\xi_{3,1}=-1$。我们可以构建一种可能的三阶龙格-库塔算法

$$\begin{aligned}y_{n+1}&=y_n+\frac{h}{6}(k_1+4k_2+k_3)\\k_1&=f(t_n,y_n)\\k_2&=f(t_n+\frac{h}{2},y_n+\frac{h}{2}k_1)\\k_3&=f(t_n+h,y_n-hk_1+2hk_2)\end{aligned} \tag{2-108}$$

同样地，也可以推导出其他的可能性（例如，我们选择 $\alpha_1=1/4$，$\alpha_2=1/2$，$\alpha_3=1/4$）；只要满足条件式（2－102）～式（2－104），就是三阶算法。

我们不加证明地给出常用的四阶龙格-库塔算法

$$\begin{aligned}y_{n+1}&=y_n+\frac{h}{6}(k_1+2k_2+2k_3+k_4)\\k_1&=f(t_n,y_n)\\k_2&=f\left(t_n+\frac{h}{2},y_n+\frac{h}{2}k_1\right)\\k_3&=f\left(t_n+\frac{h}{2},y_n+\frac{h}{2}k_2\right)\\k_4&=f(t_n+h,y_n+hk_3)\end{aligned} \tag{2-109}$$

Babuska 等人（1966）给出了四阶算法和六阶算法的变体。

最后，这些数值方法的研究仅限于标量的情况，所有这些（结论）都能复制，如式（2－86）中 f 是向量函数的情况。事实上，使用向量 $\boldsymbol{y}_n$，$\boldsymbol{f}$ 和 $\boldsymbol{k}_m$ 替换相对应的标量 y_n，f 和 k_m，则算法相同。只有自变量 t 仍然是标量。例如，三阶龙格-库塔算法变为

$$
\begin{aligned}
&\boldsymbol{y}_{n+1}=\boldsymbol{y}_n+\frac{h}{6}(\boldsymbol{k}_1+4\boldsymbol{k}_2+\boldsymbol{k}_3)\\
&\boldsymbol{k}_1=\boldsymbol{f}(t_n,\boldsymbol{y}_n)\\
&\boldsymbol{k}_2=\boldsymbol{f}\left(t_n+\frac{h}{2},\boldsymbol{y}_n+\frac{h}{2}\boldsymbol{k}_1\right)\\
&\boldsymbol{k}_3=\boldsymbol{f}(t_n+h,\boldsymbol{y}_n-h\boldsymbol{k}_1+2h\boldsymbol{k}_2)
\end{aligned}
\tag{2-110}
$$

显然，$\boldsymbol{y}_n$ 和 $\boldsymbol{f}$ 是同维向量，因此 $\boldsymbol{k}_m$ 也是同维向量。

2.4.2 函数的数值积分

我们已经得出式（2-87）类型的线性一阶微分方程解的单步执行通用算法。直接对下式进行积分

$$\dot{y}(t)=f(t) \tag{2-111}$$

其中，函数 f 不取决于 $y(t)$。对应于一阶、二阶、三阶和四阶算法式（2-105）、式（2-106）、式（2-108）和式（2-109），相应阶数的积分规则可以通过忽略其右侧第二个变量的依赖性来获得：

一阶（矩形规则）

$$y_{n+1}=y_n+hf(t_n) \tag{2-112}$$

二阶（梯形规则）

$$y_{n+1}=y_n+\frac{h}{2}(f(t_n)+f(t_n+h)) \tag{2-113}$$

四阶（辛普森规则）

$$y_{n+1}=y_n+\frac{h}{6}(f(t_n)+4f(t_n+\frac{h}{2})+f(t_n+h)) \tag{2-114}$$

在这种情况下，三阶和四阶算法是一致的。在每种情况下，算法的误差是在积分步长 h 被忽略幂次的量级上。更明确的误差分析和其他规则在有关数值分析的基础书籍（例如 Conte 和 Boor，1965）中均有介绍。对向量函数的归纳是显而易见的，遵循示例式（2-110）给出的步骤。

第 3 章　惯性测量单元

3.1　介绍

惯性导航可以定义为使用基于牛顿定律的传感器，对移动载体的位置和速率进行实时显示。如第 1 章所述，牛顿定律所适用的坐标系为惯性坐标系（i 坐标系）。一个惯性导航系统通常包含惯性测量单元（IMU）；在 i 坐标系中定义它们的函数不仅合理而且在一定程度上也十分必要。运动主要有两种形式：平移（直线）和旋转运动；通常，惯性测量单元包括两种仪表：敏感线性加速度的加速度计和敏感角速率的陀螺仪。虽然存在角加速度计，但事实证明，在导航领域陀螺仪精度更高。从牛顿定律可知，陀螺仪仅敏感相对于惯性空间的转动，不敏感平移运动，例如绕地球轨道运行的卫星的曲线平移。

陀螺仪或者加速度计，都有与其自身相联系的三个轴：输入轴（1 轴），输出轴（2 轴）和某些方面对于特定仪器的第三轴。这三个轴相互垂直，共同组成仪器坐标系。输入轴通常是敏感轴；例如，加速度计的输入轴与仪器敏感加速度的方向成一条直线。输出轴通常由相对应的数据量确定。

尽管人们在传统上将陀螺仪与测量旋转质量反作用力（工作原理）联系起来，但这个名称已经被用于现代光学仪器，其工作原理与旋转质量单元无关，而是取决于光在一个旋转坐标系中的特性，这就是著名的赛格奈克效应（见第 3.2.2 节）。尽管在光学陀螺仪中不涉及动力学定律，但是 i 坐标系仍然是最重要的。陀螺仪基本技术是非常多样的，在一定程度上仍然在不断发展，例如，微机械仪表主要是基于振动机械单元（Burdess 等，1994；阿波斯托柳克，2006）。相反，加速度计的工作原理在很大程度上保持不变。主要基于惯性检测质量的线性动力学定律，尽管传感器的配置已经随着技术的进步发生了变化。

事实上，加速度计的设计在过去的几十年中蓬勃发展，这得益于新的制造技术，以及商业和制造系统中振动测定（可参见 Meydan，1997；Walter，1997）、汽车安全和控制（可参见 Kraft 和 White，2013）、军事和宇航系统的测试和评估（可参见 Walter，1999；Ruffin，2002；Kraft 和 White，2013）、地球物理和大地测量学的重力测量（可参考 Chapin，1998；Mustafazade 等，2020）等方面的广泛应用。人们已经设计出单轴或者多轴仪表；发明了一个基于低温学的六轴加速度计（可参见 Paik，1996），这个加速度计可以使用检测质量感测 3 个直线加速度和 3 个角加速度。同样，传感器技术的重大发展已经影响了陀螺仪的应用范围。最初，主要用于军事导航、制导和姿态确定，以及商业航空（可参见 Savet，1961；Stieler 和 Winter，1982；Greenspan，1995；Kayton 和 Fried，

1997；Barbour 和 Schmidt，1998)，现在它们广泛地应用于商业车辆和私家车（Titterton 和 Weston，2004)、多种多样的空间系统和科学实验中，例如广义相对论中的兰斯-帝林（坐标系拖曳）效应的精确测试（可参见 Everitt，1988；Lipa 和 Keiser，1988；Everitt 等，2011)。

最重要的是，机械系统中微机械加工的最新进展促进了小型化、低成本惯性传感器的发展和制造，这种惯性传感器广泛应用于任何需要线运动和角运动检测的领域，例如汽车中的安全和稳定装置、电子产品和其他消费产品中的运动传感器、稳定机械装置（如虚拟现实计算机系统和摄像机)、工业和建筑设备（机器人、起重机控制、振动确定等）的控制和涉及放射性检测的生物医学应用。这些基于微机电系统（MEMS）和微光机电系统的传感器的精度低于惯性导航要求的精度，但是设计和制造过程的持续进展正在生产出与传统的大传感器相媲美的仪表。若要回顾这些知识，读者可以直接参考 Yazdi 等（1998）和 Barbour 等（2010)；另请参考第 3.2.3 节关于 MEMS 陀螺仪的介绍。

惯性传感器具有三大类应用性能，其特性是输出固有偏置稳定性和标度系数稳定性。其中，偏置稳定性的度量：陀螺仪为（°）/h、加速度计为 m/s^2；标度系数稳定性的度量为百万分之一（ppm)。除了上述在科学方面取得的一些最新进展外，研发最高精度的陀螺仪和加速度计，则主要用于涉及军事战略的洲际弹道导弹制导。这些陀螺的偏置稳定性优于 0.000 1（°）/h，标度系数的稳定性优于 50 ppm，加速度计的偏置稳定性和标度系数稳定性分别优于 10^{-6} m/s^2（≈0.1 μg，此处 1 g＝9.8 m/s^2）和 2 ppm。下一类惯性导航测量单元主要属于导航级，其偏置稳定性覆盖了 0.001～0.1（°）/h 和（1～1 000）× 10^{-6} m/s^2，在此应用中这两种类型的传感器的标定系数稳定性大约为 1～100 ppm。最后，商业应用级（在军事应用中也称为战术级）包括为成本、重量、功耗或者短期精度的经济性而设计的传感器，相对应的偏置稳定性通常在 0.1～1 000（°）/h 和（50～10 000）× 10^{-6} m/s^2，标度系数稳定性通常大于 100 ppm。本章的讨论限定于导航及大地测量方面应用的现代经典惯性测量单元，并对这些装置进行详细的介绍。虽然主要用于商业和工业制造领域要求较低的应用，但 MEMS 振动陀螺仪的数学方面也包括在内，因为它们与更传统的传感器有很大不同，并且一些设备声称接近导航级陀螺仪的精度水平。

惯性导航的本质是对测量加速度进行时间积分获得速度，再对时间积分获得位置。加速度计的数量取决于与载体运动相关的自由度（通常至少两个水平加速度)，并且加速度计的输入轴要与运动方向一致。例如，一个载体在水平方向的导航将有两个加速度计，一个指向前方，一个指向侧面。为了获得三维运动（任意维度）体的位置，实际应用中需要 3 个输入轴相互垂直的加速度计。

对于大多数导航，在载体上简单地安装一组加速度计是不够的，因为加速度计不能与导航坐标系的主要方向（北、东、地）对准。此外，导航坐标系本身通常不是惯性坐标系，必须消除已知的由于地球相对于惯性坐标系旋转导致的向心加速度和科氏加速度。这两个方向变换（导航坐标系和载体坐标系及惯性坐标系之间）通过陀螺仪的测量来实施。在绝大多数情况下，3 个方向（或者积分角速率）足以确定加速度计的方向。因此，总共有 6 个惯性测量单元与最通用的惯性导航仪相关：3 个加速度计和 3 个陀螺仪（2 个自由度的陀螺仪也存在，这样需要陀螺的数量将减少到 2 个）。

我们从陀螺仪开始讨论，尤其是机械陀螺仪，尽管其动力学可能更加难以数字化描述，但其感知旋转的基本原理与现在的摆式加速度计相关（见第 3.3.2 节和第 3.3.3 节）。

3.2 陀螺仪

“陀螺仪”一词起源于 1850 年，傅科（1819—1868，法国物理学家）使用一个旋转圆盘来演示地球的旋转。他的演示是建立在没有外加力矩（常角动量）的情况下，圆盘旋转轴必须在惯性空间保持固定的基础上进行的，由于地球在它下面旋转，圆盘的方向相对于地球发生了变化。陀螺仪在许多应用中提供了一种确定相对姿态或者方向以及绝对方向的方法，当然包括惯性导航，其中传统上陀螺仪的主要应用是将运载体的运动从装有加速度计的平台上隔离出来。从测量角度或者角速度来看，陀螺仪可以在科学和工程试验中作为辅助设备应用，例如遥感和摄影测绘学（可参见 Schwarz 等，1993）、地球测绘（见第 10 章）和使用合成孔径雷达进行的地形断面绘图（可参见 Madsen 等，1993；Shan 和 Toth，2018）。陀螺仪在需要旋转稳定性或者高精度角度记录的场合发挥着重要作用，不仅用于导航或者定位，还用于运载体（地面车辆、飞机、舰船或者卫星）上仪器或装置的平台，或者用于军事、民用、商业、消费、科学和工程的便携式系统。

我们将关注陀螺仪在惯性导航系统及在大地测量学中的应用，这些分析可以很容易地用于其他领域。因此，陀螺仪被认为是平台的定向装置，该平台可能包含用于导航、定位、测量、重力测量的几个加速度计（后续章节将重点论述），或者一组用于摄影测量、遥感或地理信息科学的传感器。

尽管在惯性导航中陀螺仪的作用仅次于加速度计，但陀螺仪是相当复杂的传感器。第一类仪器是基于在惯性空间旋转质量的角动量保持不变的机械式仪表。为了便于实施（极小计算量、误差源最优控制和自标定），加速度计被安装在一个万向节平台上，也就是说，平台一般保持在当地水平坐标系内，因此加速度计可以自然确定在导航坐标系（北-东-地）的方向。当地水平面稳定由陀螺仪完成，陀螺仪相对于惯性空间方向可以随地球自转和载体运动而改变（见第 4 章）。机械陀螺和常平架系统的复杂性使惯性导航系统的成本很高。

使用捷联机械编排系统能够大幅降低成本，顾名思义，捷联惯性导航系统固定在被导航的载体坐标系上。这样，方向必须通过使用陀螺数据计算来完成，该计算将加速度计输出从传感器坐标系变换到导航坐标系。此外，（系统）标定需要载体特殊的操作或者外部参考信息，但是在载体上安装惯性导航系统时要注意避免特定误差源的耦合。随着光学陀螺和更高精度的加速度计以及更快速度的计算机的发明，这些主要的顾虑相对于节省成本就变为次要问题。

3.2.1 机械陀螺仪

机械陀螺仪是以快速旋转质量体为基础进行工作的，其角动量提供了惯性空间确定的方向。这种类型的陀螺仪工作原理的物理定律是物体旋转运动的恒定性，类似于牛顿第二运动定律。它表示为旋转物体角动量的时间变化率等于施加的扭矩

$$\boldsymbol{L}=\frac{\mathrm{d}}{\mathrm{d}t}(\boldsymbol{I\omega}) \tag{3-1}$$

式中，$\boldsymbol{L}$ 为扭矩；$\boldsymbol{\omega}$ 为角速率（根据前面的规定，两个均为轴向量，见第 1 章）；$\boldsymbol{I}$ 为惯性张量。$\boldsymbol{I}$ 和 $\boldsymbol{\omega}$ 的乘积定义为角动量向量 $\boldsymbol{H}$

$$\boldsymbol{H}=\boldsymbol{I\omega} \tag{3-2}$$

方程（3－1）与质点直线运动的式（1－3）完全类似；并且，它仅应用于惯性（即非旋转）坐标系。扭矩与外力 $\boldsymbol{F}$ 相关，通过“杠杆”公式可得

$$\boldsymbol{L}=\boldsymbol{r}\times\boldsymbol{F} \tag{3-3}$$

式中，$\boldsymbol{r}$ 是表示杠杆的向量。将力施加在杠杆一端产生绕另一端的转矩或者力矩，根据式（3－3），力矩垂直于 $\boldsymbol{r}$ 和 $\boldsymbol{F}$ 。

惯性张量 $\boldsymbol{I}$ 类似于式（1－3）中的（惯性）质量，其矩阵元素为 $I_{j,k}$ ，是一个物体相对于坐标轴质量分布的二阶力矩。具体来说，惯性力矩占据了矩阵的对角线，给出如下

$$I_{j,j}=\int_{\text{mass}}(r^2-x_j^2)\mathrm{d}m, j=1,2,3 \tag{3-4}$$

式中，$r^2=x_1^2+x_2^2+x_3^2$；惯性积为非对角线元素，表示为

$$I_{j,k}=-\int_{\text{mass}}x_jx_k\mathrm{d}m, j\neq k \tag{3-5}$$

对于载体来说，如果坐标轴与惯性主轴一致，惯性积就消失了。当坐标系有一个恰当的旋转时（假定原点在质心），根据式（1－17）使得惯性张量对角线化（译者：使得张量的非对角线元素为零），就会发生这种情况。事实上，张量是向量的推广（在我们需要的情形下，为二阶推广），与向量一样，根据其坐标旋转的转换特性来定义［在这种情况下，它应该根据式（1－17）来转换］。

结合式（3－1）和式（3－2），可以明确地写出在 i 坐标系下的公式，我们可得

$$\boldsymbol{L}^i=\dot{\boldsymbol{H}}^i \tag{3-6}$$

如果 $\boldsymbol{L}^i=\boldsymbol{0}$（没有施加力矩），那么角动量就是一个常量；也就是说，角动量保持守恒（角动量守恒定律），那么 $\boldsymbol{H}$ 的幅值和方向在 i 系中保持不变。

方程式（3－2）可以更明确地得出

$$\boldsymbol{H}^i=\boldsymbol{I}^i\boldsymbol{\omega}_{ia}^i \tag{3-7}$$

其中，$\boldsymbol{H}^i$ 是载体的角动量，其坐标在 i 系中。载体本身被赋予任意一个载体固联的坐标系，称为 a 系；$\boldsymbol{\omega}_{ia}^i$ 是 a 系（载体）相对于 i 系的角速度在 i 系中的坐标表示［见式（1－58）］。根据式（1－17）变换惯性张量，我们可得

$$\begin{aligned} \boldsymbol{H}^i &= \boldsymbol{C}_a^i \boldsymbol{I}^a \boldsymbol{C}_i^a \boldsymbol{\omega}_{ia}^i = \boldsymbol{C}_a^i \boldsymbol{I}^a \boldsymbol{\omega}_{ia}^a \\ &= \boldsymbol{C}_a^i \boldsymbol{H}^a \end{aligned} \tag{3-8}$$

式中，角动量向量在 a 系中的坐标表示通过下式给出

$$\boldsymbol{H}^a = \boldsymbol{I}^a \boldsymbol{\omega}_{ia}^a \tag{3-9}$$

应当注意，向量 $\boldsymbol{H}^a$ 和向量 $\boldsymbol{\omega}_{ia}^a$ 通常是不平行的。

由于它在旋转，a 系就不是惯性坐标系，根据科里奥利定律式（1－70），关于 a 系的旋转运动方程式（3－1）变为

$$\boldsymbol{L}^a = \boldsymbol{C}_i^a \boldsymbol{L}^i = \boldsymbol{C}_i^a \dot{\boldsymbol{H}}^i = \dot{\boldsymbol{H}}^a + \boldsymbol{\omega}_{ia}^a \times \boldsymbol{H}^a \tag{3-10}$$

在 a 系中求式（3－9）的时间微分，我们得到

$$\boldsymbol{L}^a = \boldsymbol{I}^a \dot{\boldsymbol{\omega}}_{ia}^a + \boldsymbol{\omega}_{ia}^a \times (\boldsymbol{I}^a \boldsymbol{\omega}_{ia}^a) \tag{3-11}$$

假定载体是刚性的，因此惯性张量 $\boldsymbol{I}^a$ 在载体固联的坐标系中是常量：$\boldsymbol{I}^a = \boldsymbol{0}$。从而进一步假定 a 坐标系中的惯量积为零（坐标轴就是惯性主轴），式（3－11）就是著名的刚体旋转运动欧拉公式。因此，矩阵 $\boldsymbol{I}^a$ 是对角矩阵，其矩阵元素是相对于每个坐标轴的惯性力矩，如式（3－4）。

3.2.1.1　单自由度陀螺仪

惯性单元（旋转质量）的旋转轴被限定在绕一个轴旋转的陀螺仪称为单自由度（SDF）陀螺仪，如图 3－1 所示。它包含一个通过常平架支撑的旋转检测质量（转子），这样检测质量可以绕外壳的一个轴旋转。假设，与这个仪器（壳体）相关的 3 个垂直坐标轴是输入轴、输出轴和旋转参考轴。第三个坐标轴名称源自它是确定马达的旋转轴的参考；对于其他坐标轴的命名非常容易理解。常平架提供了绕输出轴的旋转自由度，由角 η 表示。理论上，旋转马达和常平架的轴承是无摩擦的，在相应的坐标轴上是零柔量（没有位移）。常平架支撑系统的一端安装了信号发生器，用来敏感旋转的角度，另外一端安装了力矩器用来产生绕输出轴的力矩。信号发生器是一个电子检测装置，用于测量绕输出轴转过相应角度的电压值。力矩器是一台通过电流（正比于施加力矩量）驱动的马达。这些产生器需要结合性能方程一起讨论。

假定，陀螺仪壳体定义了一个坐标系（c 系），在惯性空间以 $\boldsymbol{\omega}_{ic}^c$ 的角速度旋转。同时考虑常平架坐标系（g 系），并且令常平架相对于壳体的角速率在 g 系中表示为 $\boldsymbol{\omega}_{cg}^g$。那么，根据式（1－61）给出常平架系统对于惯性空间角速率在 g 系中的坐标为

$$\boldsymbol{\omega}_{ig}^g = \boldsymbol{\omega}_{ic}^g + \boldsymbol{\omega}_{cg}^g \tag{3-12}$$

对于惯量，我们在常平架坐标系中考虑敏感单元（马达）的动态特性。随后使用式（3－12）将这些旋转和壳体相对于 i 系的旋转关联起来。

使用式（3－19）通过和的形式给出常平架/马达组件总的角动量

$$\begin{aligned} \boldsymbol{H}^g &= \boldsymbol{H}_{\text{gimbal}}^g + \boldsymbol{H}_{\text{rotor}}^g \\ &= \boldsymbol{I}_{\text{gimbal}}^g \boldsymbol{\omega}_{ig}^g + \boldsymbol{I}_{\text{rotor}}^g \boldsymbol{\omega}_{ir}^g \end{aligned} \tag{3-13}$$

式中，$\boldsymbol{\omega}_{ir}^g$ 是马达相对于惯性坐标系的角速率，但是用 g 系中的坐标表示。我们假定常平

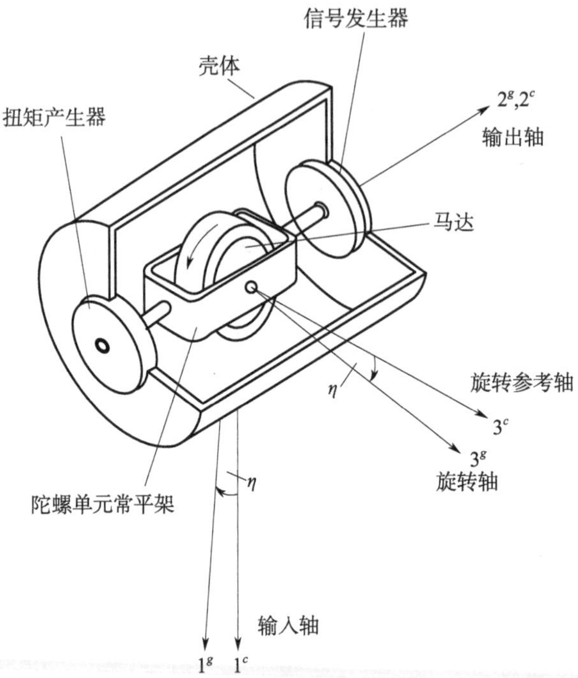

图 3-1　单自由度陀螺仪

架和马达质量对称线一致，从而定义常平架/马达组件惯性主轴。通过定义坐标轴，惯性张量 $\boldsymbol{I}^g_{\text{gimbal}}$ 和 $\boldsymbol{I}^g_{\text{rotor}}$ 都变为对角矩阵。此外，由于马达由常平架刚性地（假定）支撑，所以相对于 i 系，马达和常平架在 1 轴的角速率相同，在 2 轴上的角速率也相同；因此，这些转子相对于常平架没有关于轴线的相对旋转。因此，对于旋转转子的角速度，我们可得

$$\boldsymbol{\omega}^g_{ir}=\begin{bmatrix}(\omega^g_{ig})_1\\(\omega^g_{ig})_2\\(\omega^g_{ig})_3+(\omega^g_{gr})_3\end{bmatrix}\tag{3-14}$$

所以，式（3-13）可以变形为

$$\begin{aligned}\boldsymbol{H}^g&=\begin{bmatrix}(I^g_{\text{gimbal}})_1&0&0\\0&(I^g_{\text{gimbal}})_2&0\\0&0&(I^g_{\text{gimbal}})_3\end{bmatrix}\begin{bmatrix}(\omega^g_{ig})_1\\(\omega^g_{ig})_2\\(\omega^g_{ig})_3\end{bmatrix}+\\&\quad\begin{bmatrix}(I^g_{\text{rotor}})_1&0&0\\0&(I^g_{\text{rotor}})_2&0\\0&0&(I^g_{\text{rotor}})_3\end{bmatrix}\begin{bmatrix}(\omega^g_{ig})_1\\(\omega^g_{ig})_2\\(\omega^g_{ig})_3+(\omega^g_{gr})_3\end{bmatrix}\\&=\boldsymbol{I}^g\boldsymbol{\omega}^g_{ig}+\begin{bmatrix}0\\0\\I_s\omega_s\end{bmatrix}\end{aligned}\tag{3-15}$$

式中，$\boldsymbol{I}^g$ 是常平架/马达组件的惯性张量

$$\boldsymbol{I}^g = \begin{bmatrix} I_1^g & 0 & 0 \\ 0 & I_2^g & 0 \\ 0 & 0 & I_3^g \end{bmatrix} \tag{3-16}$$

即

$$I_j^g = (I_{\text{gimbal}}^g)_j + (I_{\text{rotor}}^g)_j \tag{3-17}$$

式中，$I_s \equiv (I_{\text{rotor}}^g)_3$ 是马达相对于马达旋转轴的惯性动量，并且马达的旋转角速率为 $\omega_s \equiv (\omega_{gr}^g)_3$。

我们在 g 系中使用旋转运动的方程式（3－10）和式（3－15），再次得到类似于欧拉方程的表达式

$$\boldsymbol{L}^g = \boldsymbol{I}^g \dot{\boldsymbol{\omega}}_{ig}^g + \begin{bmatrix} 0 \\ 0 \\ I_s \dot{\omega}_s \end{bmatrix} + \boldsymbol{\omega}_{ig}^g \times \left[\boldsymbol{I}^g \boldsymbol{\omega}_{ig}^g + \begin{pmatrix} 0 \\ 0 \\ I_s \omega_s \end{pmatrix} \right] \tag{3-18}$$

方程式（3－18）是施加力矩 $\boldsymbol{L}^g$ 和常平架在惯性空间的角速率 $\boldsymbol{\omega}_{ig}^g$ 之间的关系。我们注意到 ω_s 的数值很大，典型值为每秒数百转，并且假定为常量；这一定比 $\boldsymbol{\omega}_{ig}^g$ 的任何分量大得多。所以，为了分析方便，我们可以近似取

$$\boldsymbol{H}^g \approx \begin{bmatrix} 0 \\ 0 \\ I_s \omega_s \end{bmatrix} \quad \Rightarrow \quad \dot{\boldsymbol{H}}^g \approx \begin{bmatrix} 0 \\ 0 \\ 0 \end{bmatrix} \tag{3-19}$$

可得

$$\boldsymbol{L}^g \approx \boldsymbol{\omega}_{ig}^g \times \boldsymbol{H}^g \tag{3-20}$$

从式（3－19）可知，向量 $\boldsymbol{H}^g$ 大致地指向旋转轴。那么，如果 ω_{ig}^g 是一个沿着输入轴正方向的向量，根据式（3－20）向量 $\boldsymbol{L}^g$ 指向沿着输出轴的负方向（见图 3－1）。

根据陀螺壳体的角速率，$\boldsymbol{\omega}_{ig}^g$ 仍然表示常平架的角速率。为此，我们认为绕输出轴的常平架角度 η 为从 c 系到 g 系旋转的角度（见图 3－1）。通过施加在常平架上的扭矩（如下所示），这个角度被限制为一个小角度。那么，通过式（1－25），相应的旋转矩阵为

$$\boldsymbol{C}_c^g = \begin{bmatrix} 1 & 0 & -\eta \\ 0 & 1 & 0 \\ \eta & 0 & 1 \end{bmatrix} \tag{3-21}$$

并且，从式（3－12）和式（1－59）可得

$$\boldsymbol{\omega}_{ig}^g = \boldsymbol{C}_c^g \boldsymbol{\omega}_{ic}^c + \boldsymbol{\omega}_{cg}^g = \boldsymbol{C}_c^g \boldsymbol{\omega}_{ic}^c + \begin{bmatrix} 0 \\ \dot{\eta} \\ 0 \end{bmatrix} = \begin{bmatrix} \omega_1^c - \eta \omega_3^c \\ \omega_2^c + \dot{\eta} \\ \omega_3^c + \eta \omega_1^c \end{bmatrix} \tag{3-22}$$

式中，$\boldsymbol{\omega}_{cg}^g = (0 \quad \dot{\eta} \quad 0)^{\mathrm{T}}$ 是常平架对于壳体的角速率，我们已经定义过壳体相对于 i 坐标系的角速率

$$\boldsymbol{\omega}_{ic}^{c}=\begin{bmatrix}\omega_1^c\\ \omega_2^c\\ \omega_3^c\end{bmatrix} \tag{3-23}$$

那么，式（3－18）和式（3－22）表示壳体以式（3－23）给出的角速度旋转时的动力学（方程）。

我们仅对绕输出轴旋转的常平架动力学方程进行讨论；关于其他轴的动力学方程，对壳体的常平架支撑轴承或者对常平架的马达进行了约束。这对于理解陀螺仪的测量原理不那么重要，此处不再详细地论述（它们在仪器误差的综合分析时就特别的重要）。所以，不考虑矢量旋转，而仅考虑式（3－18）的第二项，理解其测量原理就比较简单。根据式（3－16）和式（3－22），并使用叉乘可得

$$L_2^g=I_2^g(\dot{\omega}_2^c+\ddot{\eta})+(\omega_3^c+\eta\omega_1^c)I_1^g(\omega_1^c-\eta\omega_3^c)-(\omega_1^c-\eta\omega_3^c)\left[I_3^g(\omega_3^c+\eta\omega_1^c)+I_s\omega_s\right] \tag{3-24}$$

整理式（3－24）中各项，可得

$$\begin{aligned}&I_2^g\ddot{\eta}+\{(I_3^g-I_1^g)\left[(\omega_3^c)^2-(\omega_1^c)^2\right]+I_s\omega_s\omega_3^c\}\eta+(I_3^g-I_1^g)\omega_1^c\omega_3^c\eta^2\\&=L_2^g+I_s\omega_s\omega_1^c-I_2^g\dot{\omega}_1^c+(I_3^g-I_1^g)\omega_3^c\omega_1^c\end{aligned} \tag{3-25}$$

由于 $|\boldsymbol{\omega}_{cg}^g|\ll\omega_s$，并且常平架的角度 η 是一个小角度，因此其平方值可以忽略［在式（3－21）中已经忽略了］，式（3－25）可以通过下式来近似

$$I_2^g\ddot{\eta}+H_s\omega_3^c\eta=L_2^g+H\omega_1^c-I_2^g\dot{\omega}_2^c+(I_3^g-I_1^g)\omega_3^c\omega_1^c \tag{3-26}$$

其中，马达的角动量为

$$H_s=I_s\omega_s \tag{3-27}$$

式（3－26）称为输出轴方程，是关于常平架角度的二阶非齐次微分方程。它指的是一个理想化的陀螺仪，并在普遍意义上描述了角度 η 的动态特性，方程右侧表示强迫函数。然而，常平架角度的动力学（方程）是受约束的，并且通过施加扭矩 L_2^g，角度本身以反馈的方式保持为一个小角度。因此，陀螺仪性能的分析可以限制在稳态的条件下进行，其中 η 的短期变化可以认为被平均消除，也就是，我们假定稳态时，$\ddot{\eta}\approx 0$。

此外，注意角速率 ω_1^c，ω_3^c 相对于旋转速率 ω_s 来说是小量，式（3－26）中的支配项是施加扭矩和输入角速率项 $H_s\omega_1^c$。根据上面的讨论，当 η 很小时，我们可以有近似表达式

$$L_2^g\approx -H_s\omega_1^c \tag{3-28}$$

式中，$H_s=I_s\omega_s\geqslant 0$。这个基本方程可以解释为两种不同的方式。第一种情况说明，绕输入轴的旋转速率 ω_1^c 引起了绕常平架输出轴的扭矩；也就是说，乘积 $H_s\omega_1^c$ 表示一个由于输入轴角速率引起的扭矩。但是，这个力矩在符号上与施加的扭矩相反，它是一个反作用扭矩

$$L_2^c=H_s\omega_1^c=-L_2^g \tag{3-29}$$

如果 $\omega_1^c>0$，那么 $L_2^c>0$ 是一个沿着输出轴正方向产生的反作用扭矩，并且产生了常平架对于壳体的角度 η。这就意味着，将沿输出轴正方向感测输入轴的旋转。

第二种情况，说明施加在常平架输出轴负方向的力矩 $L_2^g<0$ 产生一个壳体绕输入轴

的正向角速率 ω_1^c

$$\omega_1^c = \frac{-L_2^g}{H_s} \tag{3-30}$$

所以，也就是产生了自转基准轴（3 轴）的重定向。同样，正向的外加力矩（$L_2^g > 0$）产生一个壳体的输入轴方向的负旋转。这样，通过施加一个合适的扭矩，陀螺仪的自转基准轴对于惯性空间的指向就会发生改变。

常平架的角度 η 表示感测到的壳体的旋转角度，通过限制施加在常平架上的相对于壳体的扭矩，将其限制在较小的范围内。这是通过在常平架和外壳之间的弹簧提供反作用力来实现的，或者通过将常平架组件浸入粘性流体中，从而导致两者之间的相对旋转受到阻力。在任何一种情况下，所需的扭矩提供了测量输入旋转的手段。用刚度系数为 K_{tb} 的扭曲杆代替弹簧连接万向架和陀螺仪壳体，根据胡克定律 $L_2^c = K_{tb}\eta$ 给出其反力。由式（3-29）可知，生成的常平架进动角 η 表示绕输入轴的旋转速率

$$H_s\omega_1^c = L_2^c = K_{tb}\eta \Rightarrow \eta = \frac{H_s}{K_{tb}}\omega_1^c \tag{3-31}$$

其中，η 本身是用传感器测定的。这种类型的陀螺被恰当地称为速率陀螺。

如果约束力矩是由包裹的粘性流体的摩擦引起的，则反作用力力矩取决于常平架进动角的角速度，$-L_2^g = C\dot{\eta}$，其中 C 为粘性阻尼系数。用同样的近似得到式（3-28），由式（3-26）给出的 η 的动力学方程可以简化为

$$I_2^g\ddot{\eta} + C\dot{\eta} = H_s\omega_1^c \tag{3-32}$$

其稳态解（$\ddot{\eta} \approx 0$）通过下式给出

$$\eta = \frac{H_s}{C}\int \omega_1^c \mathrm{d}t \tag{3-33}$$

由此可知，所得的常平架进动角表示陀螺仪输入转速的积分。这种类型的陀螺仪称为速率积分陀螺仪。

值得注意的是，积分速率陀螺仪中的流体是为了产生中性浮力，因此也用于减轻常平架在其支承轴承上的重量，并防止由于冲击和振动而产生的退化效应。出于同样的原因，速率陀螺仪也可以利用常平架的漂浮，并被称为浮动速率陀螺仪。

最初人们使用速率积分陀螺仪来保持惯性导航系统平台的稳定。速率陀螺仪不适合此目的，因为所指示的速率首先需要集成到应用于平台万向节的伺服电机的角度。因为需要先将其所指示速率积分成角度后才能控制常平架伺服电机，速率陀螺仪并不适合此目的。然而，速率积分陀螺仪现在在捷联系统中也得到了广泛的应用（Savage，1978；Lawrence，1998；Titterton 和 Weston，2004）。

并不是通过测定常平架的进动角度，而是通过使用由正向输出轴（信号发生器）所产生的传感器电压来产生电流，由电流驱动扭矩马达，将所产生的扭矩加载到（反方向）输出轴上，来实现扭矩的平衡。这些施加的扭矩平衡了由壳体关于输入轴的旋转速率引起的反作用力扭矩。或者，如果陀螺仪是为了稳定一个平台，那么，通过一组常平架将其连接到运载体上。陀螺仪输出的信号被用来驱动这些常平架座上的伺服电机，从而使平台产生

扭矩。通过这种方式，平台保持在一个特定的方向，由陀螺的自旋参考轴指定。在这两种情况下，通过反馈消除常平架角度的机制被称为再平衡回路，它也属于更一般的一类闭环操作，在其他惯性仪器（本章中的加速度计和光学陀螺仪）以及分析方法（扩展卡尔曼滤波器，见第 7.5.2 节）的设计中会多次遇到。将测量装置获得的信号控制在较小的范围内，系统的传感动态尽可能地转移到其“线性”区域［参见式（3－21）］，这通常可以使其灵敏度和稳定性最大化。

除了再平衡扭矩外，式（3－26）中的总施加扭矩 L_2^g 也可以来自其他来源。总之，这些扭矩可以直接被应用于使用扭矩电机的常平架，被称为命令扭矩。特别是，它们可能包括补偿扭矩，试图抵消依赖于式（3－26）右侧惯性矩的外来强迫项。后者可以在实验室中进行一定程度的校准。这对于捷联式应用程序尤其重要。

对于速率陀螺，定义命令再平衡力矩为 L_{reb}，用 L_c 表示包含各种可计算漂移效应的误差补偿力矩，用 v_0 表示任意剩余力矩误差。总力矩为

$$L_2^g = L_{\text{reb}} + L_c + v_0 \tag{3-34}$$

在稳定状态下，$\ddot{\eta} \approx 0$，$\dot{\eta} \approx 0$，$\eta \approx 0$，速率陀螺仪绕输入轴的角速率可以通过式（3－26）给出

$$\omega_1^c = -\frac{1}{H_s}(L_{\text{reb}} + v_0) \tag{3-35}$$

施加的命令再平衡力矩 L_{reb}，通过信号发生器控制常平架角度的负值直接确定

$$L_{\text{reb}} = -K_t \eta \tag{3-36}$$

其中，K_t 是力矩器的标度系数。当其用于捷联机械编排（见第 4.2.4 节）时，运载体的全部旋转动力都施加在陀螺仪上，因此必须在大范围内精确测量所需的再平衡扭矩。注意式（3－25）中的一些项与式（3－33）中的力矩项相同，与 η 成正比。为了减小这些交叉耦合项对标度系数的影响，需要在再平衡回路上实现高增益。

为了捕获装有速率陀螺的运载体的高频旋转动力特性，这些扭矩通常在一个短时间间隔 δt 内通过数字相加来产生一个角度的变化值

$$\delta\theta = \int_{\delta t} \omega_1^c \, \mathrm{d}t \tag{3-37}$$

通过采用这种数字处理方式，采样间隔 δt 的设置相对较长（译者认为此处应为“较短”），这样不会丢失旋转动态特性的高频信息（带宽），这些信息累积为输出角度。

另外一个重要的命令力矩与当地水平面内（见第 4.2.4 节）稳定平台的机械编排有关。如上所述，常平架平台上装有陀螺仪，伺服电机根据陀螺仪确定的方向工作，从而确定常平架的方向。我们能够改变陀螺电机的方向，因此只需施加一个力矩给陀螺的常平架，就能改变平台相对于惯性空间的方向，如式（3－30）所示。例如，使用这种方式，平台就可以持续与当地水准面保持对准。

用于稳定平台壳体的施加力矩为

$$L_2^g = L_{\text{lev}} + L_c - C\dot{\eta} + v_0 \tag{3-38}$$

其中，L_{lev} 是命令扭矩，运载体在地固坐标系中运动时这个力矩保持（平台）水平；这是

再平衡（保持 $\eta \approx 0$）和保持传感器与导航框架的平行性的结合。L_c 是补偿误差项，包括动力学方程式（3-26）两边的项，因此可以推断出

$$I_2^g \ddot{\eta} + C\dot{\eta} = L_{\mathrm{lev}} + H_s \omega_1^c + v_0 \tag{3-39}$$

常平架角度的齐次解（见第 2.3.1 节）可由 $\eta_h = \mathrm{e}^{-(C/I_2^g)t}$ 给出，可以很容易地通过回代的方法验证（解的有效性）。这表明陀螺仪时间常数（在角度有很大衰减时需要的时间，即到达 1/e 的时间）是 $\frac{I_2^g}{C}$。为了提高再平衡回路的响应（减小时间常数），根据流体的粘性，通过设计使壳体和常平架之间的漂浮间隙变窄（通常为 0.02mm），从而使阻尼常数 C 增大，增益 $\frac{H_s}{C}$ 的值通常为 1。

3.2.1.2　主要误差项

现在，我们回到式（3-26）所表示的误差源。$\dot{\omega}_2^c$ 称为输出轴旋转误差，这是由于壳体相对于输出轴的角加速度引起的。涉及（$I_3^g - I_1^g$）的误差项称为各向异性惯性误差，此项是由于常平架/转子组件的转动惯量相对于输入轴和旋转轴的不均衡引起的。最后一项 $H_s\omega_3^c$ 称为交叉耦合误差，它是由于壳体绕旋转轴的旋转耦合到常平架角上所引起。这些系统性误差可以通过在实验室确定常平架/转子的惯性力矩或者其他（正交）陀螺仪测量的角速率，在一定程度上进行补偿。

误差项 v_0 包括零位漂移等其他影响；取决于加速度、温度变化和磁场的漂移；标度系数误差、非线性，以及在确定命令力矩 L_{reb}，L_{lev}，L_c 过程中的纯随机噪声。零位漂移是由与壳体相关的扭矩造成的，这些扭矩是由转子和常平架的支撑以及电子拾取装置施加的反作用力矩所导致。另外，运载体的振动也将在输出轴上产生力矩，这将导致振荡（为圆锥振荡的类型）。这有一种通过使用输入信号交叉耦合的校正作用。组合漂移具有常值分量和随机波动的分量。常值分量随陀螺仪逐次开机上电而变化。

取决于加速度的漂移是由于常平架和支撑结构的质量不均衡和不匹配引起的，与液浮陀螺中的浮力不均衡一样。沿着一个轴的质量不均衡和沿着另外一个轴的加速度会导致绕第三个轴的扭矩（见第 3.3.2 节的摆式加速度计）。所以，质量不均衡误差与加速度成正比。可以看出，转子或者常平架轴支撑轴承的不匹配（各向异性弹力）导致扭矩的差别，这个力矩与沿着相对应轴的加速度乘积（尤其是输入轴和旋转轴之间）成正比。

为了充分认识质量不均衡效应的严重性，我们认为转子质量中心精确地位于输出轴上。转子运动沿着旋转轴有一个微小的位移 Δl，导致其质量中心与输出轴有一个偏移。那么，沿着输入轴的加速度 a 导致沿着输出轴的施加扭矩（由于质量不均衡的惯性所致）为 $m \cdot a \cdot \Delta l$，其中 $m \cdot a$ 是与加速度相关的力，m 为转子的质量。这样，根据式（3-30），得到一个角速率（误差）

$$\delta\omega_1 = -\frac{m \cdot a \cdot \Delta l}{H_s} \tag{3-40}$$

如果 $H_s = 6 \times 10^5\ \mathrm{gm \cdot cm^2/s}$，$m = 100\ \mathrm{gm}$，可允许的漂移误差为 $\delta\omega_1 \leqslant 0.01°/\mathrm{h}$，在

$1g$ 下转子偏移质量中心最大位移 $\Delta l \leqslant 3 \times 10^{-7}$ cm，其中 $1g$ 表示重力加速度。类似的输出误差（但是符号相反）却来自于反向的过程：沿着输入轴的质量偏移和沿着旋转轴的加速度。为了减小质量不均衡误差，单自由度陀螺仪的输出轴通常指向垂直方向（方位陀螺仪除外），以避免大重力加速度的影响。

陀螺仪输出的其他误差由两部分所致：由再平衡回路电子系统引起的标度系数误差，见式（3-36）；转子和常平架对于壳体非正交安装引起的误差。与单个陀螺仪有关的误差项可以通过实验室标定功能来确定（可参见 Chatfield，1997）。那么，给定环境条件的近似值，例如加速度、温度、磁场等，就能计算出来适当的补偿，并且可以用于输出数据。这些标定数据随时间有效的程度决定了仪器的长期稳定性。定期重新标定可以实时进行，或者作为后续数据处理的一部分（见第 8 章）。

单个陀螺轴误差常用模型具有以下形式

$$\delta\omega = \delta\omega_d + \kappa_w \omega_1^c + v_w \tag{3-41}$$

式中，κ_w 为标度系数误差；v_w 为白噪声；$\delta\omega_d$ 表示漂移率。

标度系数误差本身包含线性和非线性项，具体取决于角速率的更高次幂。总漂移率的典型模型可通过下式给出

$$\begin{aligned}\delta\omega_d = {} & \delta\omega_0 + c_1 a_1 + c_2 a_2 + c_3 a_3 + c_4 a_1 a_3 + c_5 a_1 a_2 + c_6 a_2 a_3 + \\ & c_7 \delta T + c_8 B_1 + c_9 B_2 + c_{10} B_3\end{aligned} \tag{3-42}$$

其中，$\delta\omega_0$ 是漂移偏置（常数）；a_j 是沿着第 j 个壳体轴的加速度；δT 表示标定值时的温度变化；B_j 表示磁场的分量。Kayton 和 Fried（1997）给出了导航级陀螺标定参数值零位漂移（$\delta\omega_0$）、质量不均衡漂移系数（c_1，c_2，c_3）、各向异性弹性力漂移系数（c_4，c_5，c_6）、温度系数（c_7）、磁场系数（c_8，c_9，c_{10}）。

$$\begin{aligned}&\delta\omega_0 = 0.1°/\text{h}(\text{数周稳定度为 } 0.02°/\text{h})\\&c_1, c_2, c_3 = 0.5°/(\text{h} \cdot g)\,[\text{数周稳定度为 } 0.1°/(\text{h} \cdot g)]\\&c_4, c_5, c_6 = 0.1°/(\text{h} \cdot g^2)\\&c_7 = 0.02°/(\text{h} \cdot ℃)\\&c_8, c_9, c_{10} = 0.005°/(\text{h} \cdot \text{Gs})\end{aligned} \tag{3-43}$$

标度系数误差的范围一般为 1～100 ppm。任何未补偿的误差都可以根据特定陀螺仪及其应用环境来建模，如式（3-41）所示，增加不同的误差项。关于机械陀螺仪更加深入和详细的讨论和分析可以在 Stieler 和 Winter（1982），Kayton 和 Fried（1969，1997），Britting（1971）以及 Lawrence（1998）中查阅。

3.2.1.3 两自由度陀螺仪

单自由度陀螺仪的讨论可以扩展到转子有个两自由度（TDF）的陀螺。两自由度陀螺仪一个可能的设计就是单个常平架仪器的推广，如图 3-2 所示，其中第二个常平架支撑转子常平架，并且提供与壳体的连接。垂直于旋转轴的两个轴同时作为一个输入轴和一个输出轴。那么，一个三维参考系统仅需要两个陀螺仪（或者两个两自由度陀螺仪，有一个角度的指向处于冗余状态，或者一个两自由度陀螺仪和一个单自由度陀螺仪）。

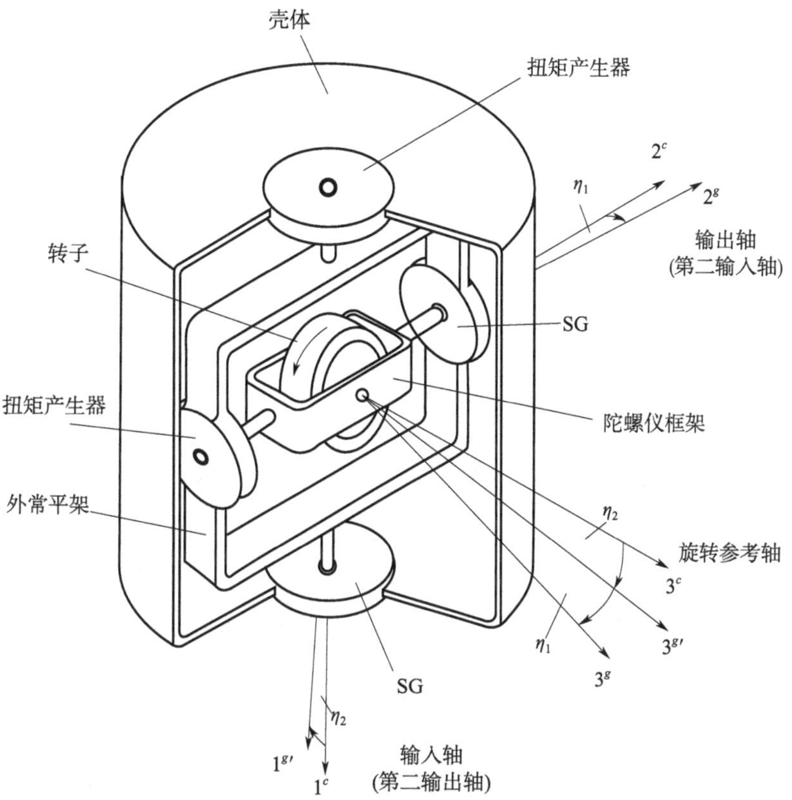

图 3-2　两自由度陀螺仪

另一种设计理念具有更优越的性能特点，这就是干式调谐陀螺仪。由其设计的本质来看，干式调谐陀螺仪是一款两自由度陀螺仪，其转子（惯性单元）通过一个万向接头连接到驱动转子的轴上，因此转子可以自由地围绕与轴相互垂直的两个坐标轴滚动，而提供旋转的转子固定于壳体上（见图 3-3）。因为转子不是悬浮在流体中，所以称为“干式”。万向节由两部分组成：与转子轴两个半轴向连接的常平架和与上述连接垂直且与转子连接的两个半轴向。附加的常平架，以类似的方法连接，为降低校正误差力矩的一部分。转子悬架的关键在于常平架的轴向连接，横梁与扭转弹簧相连接，取代了滚珠轴承（或者类似的悬架）的刚性支撑，扭转弹簧可以设定特定的回弹率。如果壳体在空间有一个微小的旋转，那么由于摩擦导致的常平架支撑连接中的反作用扭矩会使转子回到相对于壳体的初始姿态。这种动态产生的扭转，扭矩（的大小）取决于转子的角速度和惯量，并产生一个负向回弹效应，可以通过适当设定挠性杆的回弹率来抵消。在这种动态调谐下，转子变成一个在空间中对壳体的旋转不敏感的自由旋转单元。

常平架的角度决定了转子相对于轴的方向，就像单自由度陀螺仪速率一样，通过拾取信号产生施加在转子上反作用扭矩的再平衡回路使常平架的角度值接近零。调谐两自由度陀螺仪动力学方程的简单推导是基于与转子一致的坐标系（但不与转子一起旋转），转子对于壳体的方向通过两个小角度 η_1 和 η_2 来确定，如图 3-3 所示。首先考虑坐标系固联

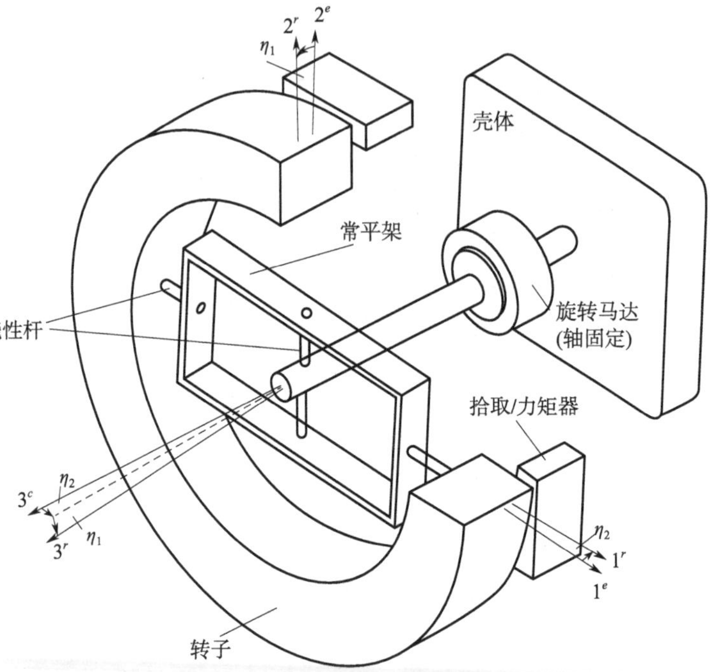

图 3-3　调谐转子陀螺仪示意图

于转子，3 轴沿着转子的旋转轴（不是电机轴），称之为 r' 坐标系。在这个坐标系中，根据式（3-9）给出了转子/常平架组件的角动量

$$\boldsymbol{H}^{r'}=\boldsymbol{I}^{r'}\boldsymbol{\omega}_{ir'}^{r'} \tag{3-44}$$

其中，我们假定惯性张量是对角的常量，并且关于 1 轴和 2 轴的惯性矩相等

$$\boldsymbol{I}^{r'}=\begin{bmatrix} I_1^{r'} & 0 & 0 \\ 0 & I_1^{r'} & 0 \\ 0 & 0 & I_3^{r'} \end{bmatrix} \tag{3-45}$$

也就是说，我们忽略常平架相对于转子的微小转动，也忽略挠性杆质量的非圆对称性。将式（3-44）变换到非旋转转子坐标系—— r 坐标系，变换涉及绕 3 轴角度 $\omega_s t$ 的旋转变换矩阵 $\boldsymbol{C}_{r'}^{r}$，其中 ω_s 是旋转速率，t 为时间，我们从式（1-17）中可得 $\boldsymbol{I}^r=\boldsymbol{I}^{r'}$。代入 $\boldsymbol{\omega}_{ir'}^{r}=\boldsymbol{\omega}_{ir}^{r}+\boldsymbol{\omega}_{rr'}^{r}$ 和 $\boldsymbol{\omega}_{rr'}^{r}=(0\quad 0\quad \omega_s)^{\mathrm{T}}$，角动量变为

$$\begin{aligned}\boldsymbol{H}^{r}&=\boldsymbol{C}_{r'}^{r}\boldsymbol{H}^{r'}\\&=\boldsymbol{C}_{r'}^{r}\boldsymbol{I}^{r'}\boldsymbol{C}_{r}^{r'}\boldsymbol{C}_{r'}^{r}\boldsymbol{\omega}_{ir'}^{r'}\\&=\boldsymbol{I}^{r}\boldsymbol{\omega}_{ir'}^{r}\\&=\boldsymbol{I}^{r}\boldsymbol{\omega}_{ir}^{r}+\begin{bmatrix}0\\0\\I_3^{r}\omega_s\end{bmatrix}\end{aligned} \tag{3-46}$$

转子系中转子相对于惯性系的角速率 $\boldsymbol{\omega}_{ir}^{r}$ 与壳体在惯性系中壳体对应的角速率 $\boldsymbol{\omega}_{ic}^{c}$ 之

间的关系为

$$\boldsymbol{\omega}_{ir}^{r}=\boldsymbol{\omega}_{ic}^{r}+\boldsymbol{\omega}_{cr}^{r}=\boldsymbol{C}_{c}^{r}\boldsymbol{\omega}_{ic}^{c}+\boldsymbol{\omega}_{cr}^{r} \tag{3-47}$$

如图 3-3 和式（1-25）所示，我们发现变换矩阵 $\boldsymbol{C}_{c}^{r}$ 对于转子相对于壳体的微小角位移可以写为

$$\boldsymbol{C}_{c}^{r}=\boldsymbol{R}_{2}(\eta_{2})\boldsymbol{R}_{1}(\eta_{1})\approx\begin{bmatrix}1 & 0 & -\eta_{2}\\ 0 & 1 & \eta_{1}\\ \eta_{2} & -\eta_{1} & 1\end{bmatrix} \tag{3-48}$$

式中忽略了二阶项。那么从式（1-68）我们得到

$$\boldsymbol{\Omega}_{cr}^{r}=\boldsymbol{C}_{c}^{r}\dot{\boldsymbol{C}}_{r}^{c} \tag{3-49}$$

根据式（1-62），再次忽略二阶项

$$\boldsymbol{\omega}_{cr}^{r}=\begin{bmatrix}\dot{\eta}_{1}\\ \dot{\eta}_{2}\\ 0\end{bmatrix} \tag{3-50}$$

将式（3-50）和式（3-48）代入式（3-47），则得到详细表达式

$$\boldsymbol{\omega}_{ir}^{r}=\begin{bmatrix}\omega_{1}^{c}-\eta_{2}\omega_{3}^{c}+\dot{\eta}_{1}\\ \omega_{2}^{c}+\eta_{1}\omega_{3}^{c}+\dot{\eta}_{2}\\ \omega_{3}^{c}+\eta_{2}\omega_{1}^{c}-\eta_{1}\omega_{2}^{c}\end{bmatrix} \tag{3-51}$$

其中，壳体的旋转通过式（3-23）定义。现在，我们将式（3-46）及其导数代入力矩方程式（3-10），可得

$$\begin{aligned}\begin{bmatrix}L_{1}^{r}\\ L_{2}^{r}\\ L_{3}^{r}\end{bmatrix}=&\begin{bmatrix}I_{1}^{r} & 0 & 0\\ 0 & I_{1}^{r} & 0\\ 0 & 0 & I_{3}^{r}\end{bmatrix}\begin{bmatrix}\dot{\omega}_{1}^{c}-\dot{\eta}_{2}\omega_{3}^{c}-\eta_{2}\dot{\omega}_{3}^{c}+\ddot{\eta}_{1}\\ \dot{\omega}_{2}^{c}+\dot{\eta}_{1}\omega_{3}^{c}+\eta_{1}\dot{\omega}_{3}^{c}+\ddot{\eta}_{2}\\ \dot{\omega}_{3}^{c}+\dot{\eta}_{2}\omega_{1}^{c}+\eta_{2}\dot{\omega}_{1}^{c}-\dot{\eta}_{1}\omega_{2}^{c}-\eta_{1}\dot{\omega}_{2}^{c}\end{bmatrix}\\ &+\begin{bmatrix}0\\ 0\\ I_{3}^{r}\dot{\omega}_{s}\end{bmatrix}+\begin{bmatrix}\omega_{1}^{c}-\dot{\eta}_{2}\omega_{3}^{c}+\dot{\eta}_{1}\\ \omega_{2}^{c}+\dot{\eta}_{1}\omega_{3}^{c}+\dot{\eta}_{2}\\ \omega_{3}^{c}+\eta_{2}\omega_{1}^{c}-\eta_{1}\omega_{2}^{c}\end{bmatrix}\\ &\times\left[\begin{pmatrix}I_{1}^{r} & 0 & 0\\ 0 & I_{1}^{r} & 0\\ 0 & 0 & I_{3}^{r}\end{pmatrix}\begin{pmatrix}\omega_{1}^{c}-\eta_{2}\omega_{3}^{c}+\dot{\eta}_{1}\\ \omega_{2}^{c}+\eta_{1}\omega_{3}^{c}+\dot{\eta}_{2}\\ \omega_{3}^{c}+\eta_{2}\omega_{1}^{c}-\eta_{1}\omega_{2}^{c}\end{pmatrix}+\begin{pmatrix}0\\ 0\\ I_{3}^{r}\dot{\omega}_{s}\end{pmatrix}\right]\end{aligned} \tag{3-52}$$

与常平架的角度分组同理，这个向量微分方程的前两个元素如下

$$\begin{aligned}L_{1}^{r}=&I_{1}^{r}\ddot{\eta}_{1}+[I_{3}^{r}(\omega_{3}^{c}+\omega_{s})-2I_{1}^{r}\omega_{3}^{c}]\dot{\eta}_{2}+[\omega_{1}^{c}(I_{3}^{r}-I_{1}^{r})(\omega_{2}^{c}+\eta_{1}\omega_{3}^{c}+\dot{\eta}_{2})-I_{1}^{r}\dot{\omega}_{3}^{c}]\eta_{2}\\ &+\{I_{3}^{r}\omega_{s}\omega_{3}^{c}-(I_{3}^{r}-I_{1}^{r})[(\omega_{2}^{c})^{2}-(\omega_{3}^{c})^{2}+\omega_{2}^{c}(\eta_{1}\omega_{3}^{c}+\dot{\eta}_{2})]\}\eta_{1}\\ &+I_{1}^{r}\dot{\omega}_{1}^{c}+(I_{3}^{r}-I_{1}^{r})\omega_{2}^{c}\omega_{3}^{c}+I_{3}^{r}\omega_{s}\omega_{2}^{c}\end{aligned} \tag{3-53}$$

和

$$L_2^r = I_1^r\ddot{\eta}_2 + [2I_1^r\omega_3^c - I_3^r(\omega_3^c + \omega_s)]\dot{\eta}_1 + [\omega_2^c(I_3^r - I_1^r)(\omega_1^c - \eta_2\omega_3^c + \dot{\eta}_1) + I_1^r\dot{\omega}_3^c]\eta_1 + \{I_3^r\omega_s\omega_3^c - (I_3^r - I_1^r)[(\omega_1^c)^2 - (\omega_3^c)^2 + \omega_1^c(\eta_2\omega_3^c - \dot{\eta}_1)]\}\eta_2 + I_1^r\dot{\omega}_2^c - (I_3^r - I_1^r)\omega_1^c\omega_3^c - I_3^r\omega_s\omega_1^c \tag{3-54}$$

现在，$\omega_3^c \ll \omega_s$，常平架小角度 η_1 和 η_2 的系数由转子旋转的角动量 $H_s = I_3^r\omega_s$ 所支配。那么，我们可以近似得到

$$L_1^r = I_1^r\ddot{\eta}_1 + H_s\dot{\eta}_2 + H_s\omega_3^c\eta_1 + I_1^r\dot{\omega}_1^c + (I_3^r - I_1^r)\omega_2^c\omega_3^c + H_s\omega_2^c \tag{3-55}$$

$$L_2^r = I_1^r\ddot{\eta}_2 - H_s\dot{\eta}_1 + H_s\omega_3^c\eta_2 + I_1^r\dot{\omega}_2^c - (I_3^r - I_1^r)\omega_1^c\omega_3^c - H_s\omega_1^c \tag{3-56}$$

这些常平架角度的二阶微分方程与单自由度陀螺仪的方程（3 - 26）近似，尽管它们通过右边的第二项相互交叉耦合。然而，在稳态下，当作为一个速率陀螺仪使用时，每个轴的指示输出类似于式（3 - 35）

$$\omega_1^c = -\frac{1}{H_s}(L_{\text{reb},2} + v_{0,2}) \tag{3-57}$$

$$\omega_2^c = \frac{1}{H_s}(L_{\text{reb},1} + v_{0,1}) \tag{3-58}$$

其中，$L_{\text{reb},1}$ 和 $L_{\text{reb},2}$ 是再平衡命令扭矩；$v_{0,1}$ 和 $v_{0,2}$ 是相对应的残留误差扭矩，适当定义的补偿扭矩包含在施加力矩 $L_{1,2}^r$ 中。双自由度陀螺仪呈现出与原自由度陀螺仪一样的旋转导致的误差，即由各项异性惯量、交叉耦合和输出轴旋转引起。

关于两自由度陀螺仪更加完整的动力学方程推导可以在 Craig（1972a）中查找，Mansour 和 Lacchini（1993）提供了很好的评论。这种陀螺仪可以用于捷联和稳定平台机械编排的系统中，所以可以作为速率陀螺和姿态、航向的参考装置。尽管两自由度陀螺仪的扭矩器回路更加复杂，并且缺少阻尼流体而需要其他附加的电子装置来稳定性能，但是它通常比液浮陀螺仪的性能更加可靠，并且设计更加简单。由于陀螺仪的动态调谐，绕轴的扭矩不会耦合到转子的 1 轴和 2 轴上，这样输出就不受轴支承轴承质量的影响。由于转子/常平架组件的转子旋转轴受到纵向轴等效影响，具有卓越的质量稳定性。式（3 - 41）和式（3 - 42）中给出的误差模型可以明确展示关于两自由度陀螺仪每个轴的误差模型。Stieler 和 Winter（1982）以及 Craig（1972b）论述了完整的误差分析。

静电陀螺仪采用的是另一种旋转质量悬浮方式。在这种情况下，转子是旋转速度非常快的球形，通过静电或者电磁场悬浮在真空腔中。转子和壳体是完全隔离的，没有任何类型的轴承，所以消除了相关的误差扭矩；角度通过电子或者光学拾取装置来感测。这种类型的两自由度陀螺仪因为没有使拾取角度保持在零附近的力矩装置，所以仅用于确定姿态，主要适合于捷联机械编排的系统（Titterton 和 Weston，2004）。

3.2.2 光学陀螺仪

光学陀螺仪是基于完全不同的检测原理，是运动学的而不是动力学的。尽管没有旋转检测质量，按照惯例还是保留了术语“陀螺仪”。在光学陀螺仪中，光为传感器部分，由

于它没有质量，所以不受陀螺仪所在环境运动特性的影响。因此，在非稳定机械编排应用上，它是机械式陀螺仪的一个自然替代品，即捷联式机械编排（见第 4.2.3 节）。另一方面，光学陀螺仪不能像机械陀螺仪那样被施加扭矩或者命令，所以它不适合给平台提供当地水平稳定。光学陀螺仪是一个单自由度装置，也就是说要测量所有 3 个角速率或者提供一个三维的参考姿态，需要 3 个敏感轴相互垂直的陀螺仪。

光学陀螺基于赛格奈克效应（可参见 Sagnac，1913；Post，1967）敏感旋转，即光在闭合回路中传播，而该回路相对于惯性坐标系旋转。假定光束在一个任意迂回的平面光路内传播，如图 3 - 4 所示，总路径长度为 L。假定光传播的平面光路绕垂直于平面的轴相对于惯性空间旋转；旋转角速率由 ω 表示。如果这个路径逆时针方向旋转（$\omega > 0$），光传播的起点和终点都在发射器处（在光路中传播），那么一束逆时针传输的光传输的距离为 $L + \Delta L$ ，其中 ΔL 为在光传播过程中传播路径明显延长的部分。也就是说，如果光在时间 t_0 时离开发射器 E，光束在时间 t' 时回到相同角度的惯性坐标系位置（发射器原来所在的位置），在这段时间中发射器由于旋转而移到 E' 处。到时间 $t_0 + \Delta t$ 时，光束已经赶上了发射器，此时光束在旋转框架中完成了全部传播路径，发射器在 E'' 处。在时间间隔 Δt 内额外的传播路径为 ΔL 。

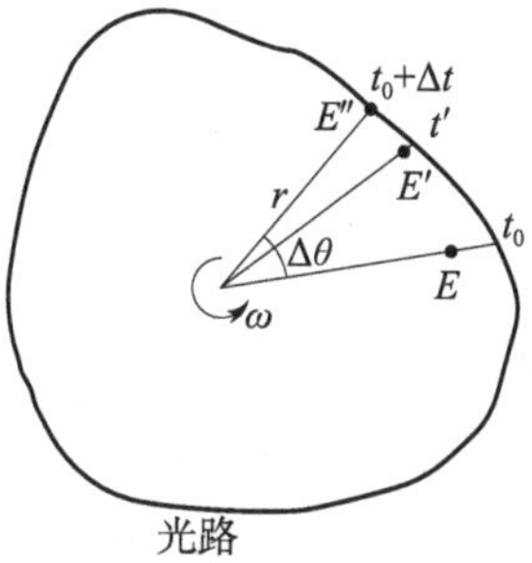

图 3 - 4　赛格奈克效应。在时间间隔 Δt 内，光在旋转框架中穿过一条完整的闭合路径，发射器从 E 到 E' 再到 E''

为了确定 ΔL ，考虑微分时间间隔 $\mathrm{d}t$ 内路径长度的微分变化。在这个时间间隔内，光传输的距离为 $r\mathrm{d}\theta$ ，因此

$$\mathrm{d}t = \frac{r\mathrm{d}\theta}{c} \tag{3-59}$$

其中，$\mathrm{d}\theta$ 是角增量的微分；c 为光速；(r,θ) 是极坐标（见图 3 - 4）。那么光路的旋转表示为

$$\mathrm{d}(\Delta l) = r\omega\,\mathrm{d}t \tag{3-60}$$

尽管光是从旋转坐标源中发射，但是光速 c 是恒定的常数，这是狭义相对论和广义相对论的基本原理。当光穿行的角度为 $2\pi + \Delta\theta$ 弧度时，显然延长了路径，其中 $\Delta\theta$ 是对应于时间间隔 Δt 的角度。所以，可以将式（3 - 59）代入式（3 - 60）求取积分获得

$$\Delta L = \int_{t_0}^{t_0+\Delta t} r\omega\,\mathrm{d}t = \int_0^{2\pi} \frac{r^2\omega}{c}\mathrm{d}\theta + \int_0^{\Delta\theta} \frac{r^2\omega}{c}\mathrm{d}\theta \tag{3-61}$$

左侧的积分描述了由于在时间间隔 Δt 内光路的旋转导致的路径长度在惯性空间的总变化。将时间变量变成角度变量 θ ，得到方程右侧的两个积分。

现在，可以进一步将积分变量角度变为光扫过的面积 A，假定旋转的速率远远小于光速（$\omega r \ll c$），因此可以忽略狭义相对论效应。根据面积微元的公式，可以得出变量的改变为

$$dA = \frac{1}{2}r \cdot r d\theta \tag{3-62}$$

所以，当光束回到 E 点时，由于总面积还没有被全部覆盖，仅在惯性空间内完成了 2π 弧度的角度，所以我们从式（3-61）可得

$$\begin{aligned}\Delta L &= \int_{A-\Delta A} \frac{2\omega}{c} dA + \int_{\Delta A} \frac{2\omega}{c} dA \\ &= \frac{2\omega}{c} A\end{aligned} \tag{3-63}$$

因此可以肯定，我们假定在时间间隔 Δt（通常为 10^{-9} s）内，角速率 ω 是一个恒值。面积 A 表示光束的传播路径闭合的面积，直接确定了长度的变化 ΔL 。

同样，可以推导出光束沿着相同光路顺时针方向传播时，光路路径缩短的长度为

$$\begin{aligned}\Delta l &= \int_{t_0}^{t_0+\Delta t} r\omega \, dt = \int_0^{2\pi-\Delta\theta} \frac{r^2\omega}{c}(-d\theta) = -\int_A \frac{2\omega}{c} dA \\ &= -\frac{2\omega}{c} A\end{aligned} \tag{3-64}$$

负号表示顺时针（负方向）积分和路径长度的变化为负数。

在这两种情况下，（传播）路径明显的变化是直接与（传播）路径所包围的面积成正比的；并且，光学陀螺仪的灵敏度在一定程度上取决于它的尺寸，而不依赖于路径的形状。此外，旋转中心（或者是坐标系原点）是在前文推导的路径平面内的任意一点，这表明只要垂直于旋转平面，输入轴的位置也是任意的。所以，赛格奈克效应仅敏感相对于惯性空间的固有旋转，而对其他任何变换均不敏感。如在本章开始所述，理想的陀螺仪（机械陀螺仪或者光学陀螺仪）仅感测相对于惯性空间的旋转。例如，绕地轨道卫星上的陀螺仪对轨道运动（自由落体加速度）不敏感，但是对于卫星的任何相对于定义惯性坐标系的固定恒星（类星体）的旋转是很敏感的。

假定光路由半径为 10 cm 旋转的圆，以 2π/s（每秒钟一圈）的速度旋转。光速 $c \approx 3\times10^8$ m/s，从式（3-63）可以计算光路增长为 $\Delta L \approx 1.3\times10^{-9}$ m，大约比可见光的波长（$\lambda_{\text{light}} \approx 3\times10^{-7} \sim 3\times10^{-6}$ m）小 1 000 倍。

3.2.2.1 环形激光陀螺仪

如上所举数值的示例，使用长度测量仪器，通过测量波长增加的部分也就是光在闭合回路中的相位来测量旋转（所用数值的分数）是十分困难的（见第 3.2.2.2 节光纤陀螺仪）。另外，即使在旋转的情况下，可以利用这种情况下回路中波长数保持不变的基本属性，使闭合回路成为激光束的光学谐振腔，如果回路长度有明显变化则光束的频率就一定

发生变化。那么，由于频率不同，两路相对传播的光束将产生干涉条纹图案。对干涉条纹进行计数就直接指示了输入角速率。这就是环形激光陀螺仪（RLG）的基本原理。

闭合回路的典型结构包括 3 个镜面和 4 个镜面环形谐振器，如图 3-5（Honeywell 公司使用的设计）和图 3-6（Litton 导航和控制系统公司使用的设计）所示。气体放电（氦-氖，$\lambda_{\text{light}} \approx 0.66\ \mu\text{m}$）的激光效应产生两束反方向传播的同频激光束。气体电离是通过在阳极-阴极电极对上施加一个高压（例如 1 000～1 500 V）来实现的。激光束被镜面反射，因此每束光在闭合回路中的光程相同。除了一个确定的区域外，光束在所有的镜面中反射，在这个区域内部分反射镜面允许每束光的一部分可以通过棱镜组件后到达检测器，棱镜使光组合在一起。在检测过程中，光束相互干涉产生条纹图案。

除了基本的组成部分，环形激光陀螺仪还包含多种用于补偿或者消除主要误差源的光学和机械电子装置。对于一束激光最关键的是长度为 L 的谐振腔内波长为 λ、波数为 N，其中 N 总为整数

$$L = N\lambda \tag{3-65}$$

不管长度为何值，光的激射确保谐振腔内波数是一个常整数。这表明谐振腔长度的变化，也就是赛格奈克效应（或者光路长度实际变化，例如由于热膨胀引起的变化），只能是由波长变化引起

$$\Delta L = N\Delta\lambda \tag{3-66}$$

使用频率和波长之间的关系，波长的变化转换为频率的变化

$$f = \frac{c}{\lambda} \tag{3-67}$$

根据广义相对论，光速在真空中是一个常数。此处及以下的讨论中，我们忽略气体放电介质中的光速取决于折射率的事实，但是如果介质是均匀且各向同性的（常数折射率），以下的讨论仍然适用。特别地，我们近似（忽略非线性项）可得

$$\Delta f\lambda + f\Delta\lambda = \Delta c = 0 \tag{3-68}$$

这将得出

$$\begin{aligned} \Delta f &= -\frac{f}{\lambda}\Delta\lambda = -\frac{f}{N\lambda}\Delta L \\ &= -\frac{f}{L}\Delta L \end{aligned} \tag{3-69}$$

式（3-69）对于长度变化 ΔL 为正或负均成立。光路长度的变化（由于旋转造成）直接表明传播光的频率变化。为了测量光的频率变化，使用两个反向传播光束，将传播通道设置为一个干涉仪。

令 $f_1 = f_0 + \Delta f_1$ 和 $f_2 = f_0 + \Delta f_2$ 分别表示逆时针和顺时针传播两束光的频率，f_0 表示光路非旋转时光的频率。也就是说，频率变化 Δf_1 和 Δf_2 是由旋转引起的。根据式（3-69）、式（3-63）和式（3-64），反向传播光束频率的差值为

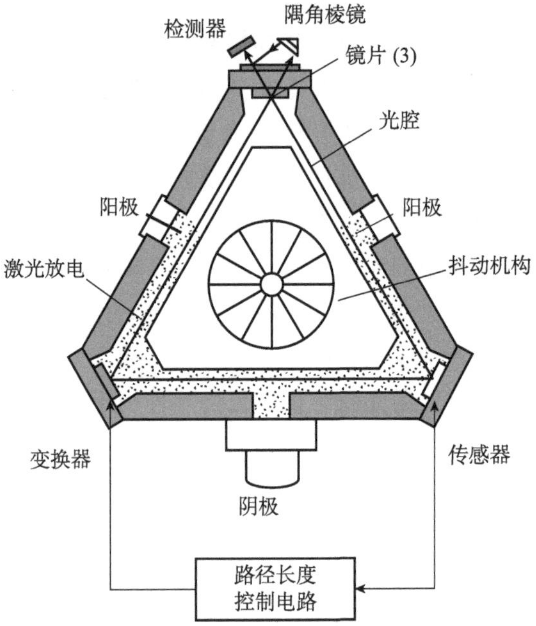

图 3-5　3 镜面环形激光陀螺仪的示意图

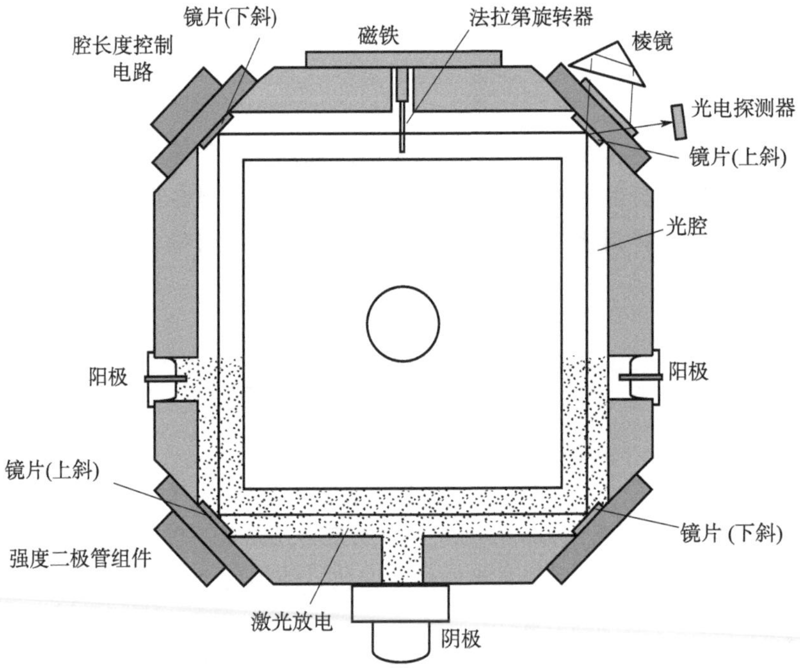

图 3-6　具有平面外光路的多振荡器环形激光陀螺仪的示意图

$$\delta f = f_2 - f_1 = \Delta f_2 - \Delta f_1 = -\frac{f_0}{L}\Delta l + \frac{f_0}{L}\Delta L = \frac{4Af_0}{Lc}\omega$$
$$= \frac{4A}{\lambda L}\omega \tag{3-70}$$

式中，λ 是与 f_0 相对应的标称波长。对此式进行时间积分可以获得相位变化（因为相位的时间导数是频率）

$$\delta\phi = \int_{\delta t}\delta f\,\mathrm{d}t = \frac{4A}{\lambda L}\int_{\delta t}\omega\,\mathrm{d}t$$
$$= \frac{4A}{\lambda L}\delta\theta \tag{3-71}$$

式中，$\delta\phi$ 是以圆周为单位；角度的变化 $\delta\theta$（以弧度为单位），是由时间间隔 δt 内旋转引起的

$$\delta\theta = \int_{\delta t}\omega\,\mathrm{d}t \tag{3-72}$$

相位的变化直接取决于路径包围的面积，但是反过来也取决于路径的长度，也就是说环形激光陀螺仪的灵敏度与它的外形尺寸呈线性关系。

环形激光陀螺仪结合光产生的干涉条纹，通过两个光电二极管的检测器检测出来。相位变化 $\delta\phi$ 是通过检测条纹从亮到暗的变化检测出来的。如果在惯性空间内没有旋转，条纹图案是静止的（$\delta\phi=0$），但是如果存在旋转时它就发生迁移，这样，对通过检测器的干涉条纹进行计数可提供单位时间内角度变化的数字化测量。

相距 1/4 个圆的两个检测器对通过的干涉条纹进行计数，这样，$\delta\phi$ 就被量化为 1/4 个周期（见图 3－7），这就是仪器的分辨率。在检测器二者均变化、其中一个变化、两个都不变化等情况下，相位变化的 1/4 个周期被检测出来。这种两个检测器的配置提供了确定旋转方向的方法。例如，假定一个三角形的环形激光陀螺仪，边长为 10 cm。那么我们可知 $L=0.3$ m，$A=0.0043$ m^2；使用波长为 $\lambda=0.6$ μm/cy 氦-氖激光，单位时间的角度分辨率是

$$\delta\theta = \frac{\lambda L}{4A}\delta\phi = \frac{(0.6\times10^{-6}\,\mathrm{m/cy})(0.3\,\mathrm{m})}{4\times(0.0043\,\mathrm{m}^2)}\left(\frac{1}{4}\mathrm{cy}\right) = 2.6\times10^{-6}\,\mathrm{rad} = 0.5'' \tag{3-73}$$

环形激光陀螺仪实际输出是特定频率的脉冲数，例如 256 Hz，表明单位时间为 $\delta t=0.00390625$ s，这样，输出就表示在这个时间间隔内，仪器相对于惯性空间内旋转的累积 $\delta\theta$。由于每个时间间隔仅能对一组脉冲进行计数，输出就受到量化误差的影响，在时间间隔 δt 内旋转的剩余量没有包含在输出中。剩余量不会丢失，因为它是下一个时间间隔内脉冲计数的组成部分，但是每个时间间隔的输出值都有一个微小的误差，这个误差叠加的噪声将影响测量（的精度）。

3.2.2.1.1　环形激光陀螺仪的误差源

如前所述，像环形激光陀螺仪这样的光学陀螺仪不受与机械式陀螺仪相关动态误差源的影响。不过，必须研究综合技术，将旋转的敏感与其他多种多样的效应隔离开来，而这些效应使得光路偏离理想的路径或者使得两束反向传播激光的光路长度（不可逆性）不相

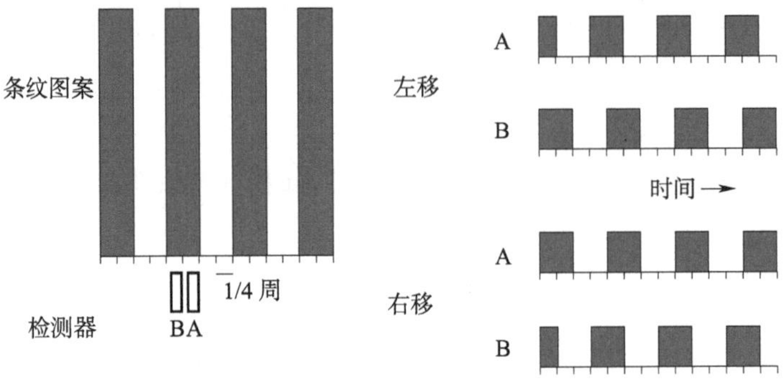

图 3-7　检测器 A 和 B 观测 RLG 的条纹图案

等。过去，虽然环形激光陀螺仪在成本、可靠性、可维护性方面远优于机械式陀螺仪，但是这些技术难题使得环形激光陀螺仪没有机械式陀螺仪精度高。虽然机械式陀螺仪仍然是精度最高的陀螺仪，但光学陀螺仪现在已经在商业、非战略军事导航和姿态定位中得到广泛应用。

首先，环形激光陀螺仪的精度取决于光路长度稳定性。因此，基本结构组成材料的热膨胀系数必须很低；通常使用玻璃/陶瓷材料。此外，路径稳定性通过光路长度控制回路来获得，通过一个压电传感器来调整其中的一个镜面，如此检测的激光束强度就被最大化（强度随着光路的长度而变化，强度峰值出现在自由光谱范围的频率间隔内，c/L），这就保证了最大的输出能量。

在阳极-阴极对上施加高压建立的电场使得气体在激光腔内流动（朗缪尔流动）。这导致了两束反向传播激光折射率的变化，会有一个频率偏移，这被认为是角度输入速率（因而它是一个误差源）。为了应对这种现象，使用两个阳极和一个阴极（或者使用两个阴极一个阳极）来实现两路气体放电，从而实现两路相关气体流动的平衡。

环形激光陀螺仪的一个重要问题是频率锁死的易感性现象，频率锁死使得环形激光陀螺仪对低角速率输入不敏感。谐振腔各个组成部分的缺陷，包括气体介质，尤其是镜面导致光的散射，两束反向传播的光在频率接近时振荡，相互作用，在一定的输入旋转范围内频率相同时锁频，典型值可以达到每小时数百度。因此，即使当实际输入不是零，输出指示的旋转也为 0。例如，地球自转速率为 15°/h，此时将检测不到地球旋转。图 3-8 给出了环形激光陀螺仪对旋转频率的响应，当 $|\omega| < \omega_L$ 时，干涉条纹是静止的。

频率锁死的问题可以通过主动设计仪器的不对称性来解决，这种不对称性使一束光与另外一束光不同（相反）。这产生了在敏感的角速率中包含人为但是已知的偏置。为了获得真实的角速率，必须通过设计的不对称效应来校正敏感的角速率。和光学技术一样，引入这些偏置的选项包括机械运动和磁场引起的偏差，这些偏置或者是单调的或者是周期的。施加一个单调的速率，以一个恒定的角速率使环形激光陀螺仪绕它的敏感轴旋转，这样使得敏感的角速率不在频率锁死范围内，此时敏感的角速率包含了这个偏置。为了捕获两个方向的所有旋转，偏置角速率必须足够大才能超过惯性速率最大范围，可能为

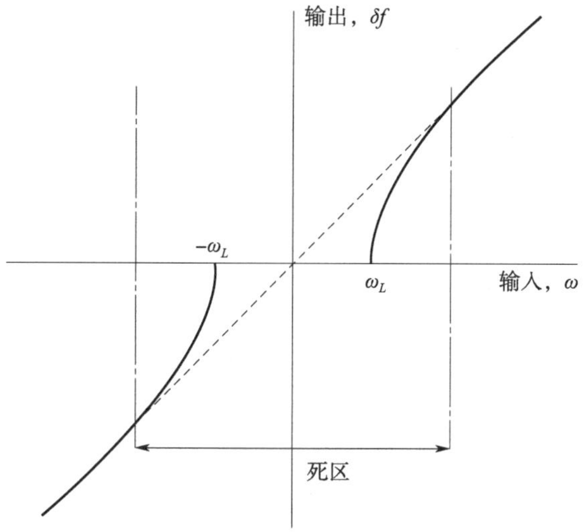

图 3－8　环形激光陀螺仪对输入角速率的响应

±100°/s 。这在技术上变得不可行，因为这个偏置的稳定性不可能控制到很高的精度。

可替代的方法是在交替旋转形式中叠加偏置，即陀螺仪绕敏感轴抖动或者振荡（数十到数百 Hz）（见图 3－5）。采用这种方式，精确获得偏置的幅度并不是非常重要，因为输出［见式（3－72）］对任何均匀振荡积分的平均值为 0。另一方面，当偏置从顺时针变为逆时针或者由逆时针变为顺时针时，陀螺仪将有一小段时间（即两倍的抖动周期）在频率锁死的范围内。在这段时间内，环形激光陀螺仪将不能敏感实际的旋转，这将产生一个被定性为随机游走的误差。现在仪器的精度取决于抖动轴和环形激光陀螺仪敏感轴相互对准的精度。此外，抖动弹簧自身受到加速度时，会导致与敏感轴的偏差。

解决频率锁死问题的其他方法涉及磁场或者光学/磁场组合产生的偏置，这些都消除了陀螺仪的运动部件。这避免在敏感角速率时自身产生的振动、非对准误差和在加速度计上交叉耦合振动有关的效应，并减小了系统的随机噪声。

这些技术使用了法拉第效应，磁力线与光束传播方向平行的磁场使偏振光的偏振平面旋转。由于这种旋转，圆偏振光的相位超前或者滞后取决于磁场磁力线的方向（平行或者非平行），或者取决于在给定场中的传播方向。而且，由于每束光在磁力线的方向上传播，左圆偏振光的相位超前，而右圆偏振光的相位滞后。两个反向传播偏振光束的相位差表明光路长度的差值，只有两束共振光的频率差使光路长度发生变化。所以，在偏振光束传播路径上安置被称为法拉第室或法拉第旋光器，给通过赛格奈克效应产生的信号增加了一个频率偏置，使得敏感旋转的范围不在频率锁死的区域内。使用交替磁场的方向，这个偏置是周期性的，但是相对于磁场的切换时间，在频率锁死范围内的时间则更短。

磁场的另外一个作用就是在其中的一个镜面上施加铁磁薄膜，交替变换的磁场在两束光之间产生相对的相移（科尔效应）。相对于法拉第室，这种技术更不容易受杂散磁场的影响。这两种情况下的切换时间是有限制的，因为需要很大的磁场，这也限制了输出带宽。

已经取得成功的一个商业应用方案是多振荡器环形激光陀螺仪或四频差动激光陀螺仪(DILAG)。四束激光取代了两束激光，在同一个激光腔内谐振，两束左圆偏振光（lcp）按相反的方向传播，两束右圆偏振光（rcp）按相反的方向传播。四束激光使用同一个法拉第旋光器，每组偏振光束均设置了偏置而不在频率锁死区内，这些偏置幅度大小相等，但是因为极化方向相反，偏置的符号相反。如果 δf_{lcp} 和 δf_{rcp} 代表两对激光束的频率差，那么从式（3－70）可得

$$\begin{aligned}\delta f_{\mathrm{lcp}} &= K\omega + f_F \\ \delta f_{\mathrm{rcp}} &= K\omega - f_F\end{aligned} \tag{3-74}$$

式中，f_F 是法拉第偏置，$K = 4A/(\lambda L)$ 是标度系数。二者相加，我们可得

$$\Delta f = \delta f_{\mathrm{lcp}} + \delta f_{\mathrm{rcp}} = 2K\omega \tag{3-75}$$

表明偏置（和相关的误差）抵消了，而输出值（和灵敏度）变成了双倍。

实践中，沿着光路的各向异性、镜面处的差损失、后向散射导致相位旋转。圆偏振光容易受到许多相位旋转的影响，这将产生消除偏置的效应而使得频率差进入频率锁死区域。为了规避这种类型的频率锁死，两个偏振反向传播的光束在频率上分割，即通过一半自由光谱范围加上左圆偏振光和右圆偏振光之间的相位相对旋转 180°：$\delta f_{\mathrm{rcp}} = \delta f_{\mathrm{lcp}} + c/(2L)$。为了避免在光束的传播路径上放置另外一个光学单元（单向偏振旋光器），由于新单元附加的后向散射和热膨胀导致光损，偏振光束相位的相对旋转可以通过适当的倾斜镜面来实现，这样全部的光路就不在一个平面内（但是非常接近）。这种需要超过 3 个镜面，且不在同一个平面内的配置（如图 3－6 所示），已经在利顿公司的“零锁死陀螺仪”中成功应用。更多的细节及其他偏置的方法可以参考 Chow 等（1985），Lawrence（1998），Titterton 和 Weston（2004），以及 Lee 等（2021）。

除直接取决于检测质量的动力学特性外，环形激光陀螺仪的未补偿误差模型包含与单自由度机械式陀螺仪误差模型类似的项。通用的模型如式（3－41）所表示，主要包括漂移误差、标度系数误差和随机（白）噪声 v_ω，为了方便起见此处重复一下

$$\delta\omega = \delta\omega_d + \kappa\omega + v_m \tag{3-76}$$

系数 κ 可能包含常量和线性变化部分，它取决于输入角速率的符号。未补偿的漂移偏置可能包含残留温度和磁场敏感项，以及由于介质流向和光学后向散射效应、频率锁死（死区）及该单元热循环产生的滞后导致的常量

$$\delta\omega_d = \delta\omega_0 + c_T\delta T + c_1B_1 + c_2B_2 + c_3B_3 \tag{3-77}$$

与式（3－42）类似。也可以添加其他项来说明未补偿的对准误差（对于机械抖动的环形激光陀螺仪）和时间相关误差。一个经过良好设计的环形激光陀螺仪对于未补偿误差有如下示例（Kayton 和 Fried，1997；Titterton 和 Weston，2004）。

$$
\begin{aligned}
&\text{陀螺仪偏置}=0.005^{\circ}/\mathrm{h}\\
&\text{随机游走}=0.001^{\circ}/\sqrt{\mathrm{h}}\\
&\text{残留死区}=0.003^{\circ}/\mathrm{h}\\
&\text{热滞后}=0.003^{\circ}/\mathrm{h}\\
&\text{偏置热灵敏度}=5\times10^{-5}\,{}^{\circ}/(\mathrm{h}\cdot{}^{\circ}\mathrm{C})\\
&\text{标度系数误差}(\kappa)=2\times10^{-6}\\
&\text{对准误差}=5\times10^{-6}\ \mathrm{rad}\\
&\text{磁灵敏度}=0.002^{\circ}/(\mathrm{h}\cdot\mathrm{Gs})
\end{aligned}
\tag{3-78}
$$

3.2.2.2　光纤陀螺

另一类光学陀螺是光纤陀螺，其光波导是光纤。光纤陀螺是固态装置（没有活动部件），功耗低、坚固耐用，非常适合恶劣的动态环境，光纤本身不用保养，成本低、保质期长。此外，光纤陀螺的漂移理论上可以和高精度环形激光陀螺（0.001°/h）一样低。目前，正在开发在商业生产和运营中采用的干涉型新概念光纤陀螺仪。与 GPS 卫星测距（第 9 章）类似，干涉型光纤陀螺测量在光纤中传播两束光的相位差，在理想情况下，根据赛格奈克效应，相位差是由于回路所在平面的旋转引起的。其他类型的光纤陀螺也都应用了赛格奈克效应，或者是基于在光纤波导内激光诱导的布里渊散射。Chow 等（1985），Lefvre（1993），Hotate（1997），以及 Titterton 和 Weston（2004）对此进行了更加详细的论述。

我们在干涉型光纤陀螺（见图 3－9）范围内进行讨论，其中从广谱源（超发光二极管）发出的光经过一个耦合器到达一个偏光镜后，被分成在光纤回路中反向传播的两束光。在离开光纤回路后，这两个光波又重新组合在一起，新的光波到达一个光电探测器，产生正比于光功率的电压信号。图 3－10 给出了 Fibersense 技术公司于 20 世纪 90 年代制造的干涉型光纤陀螺外形图。现在市场上有大量类似或更小尺寸的光纤陀螺，用于各种应用，主要是角速率测定。

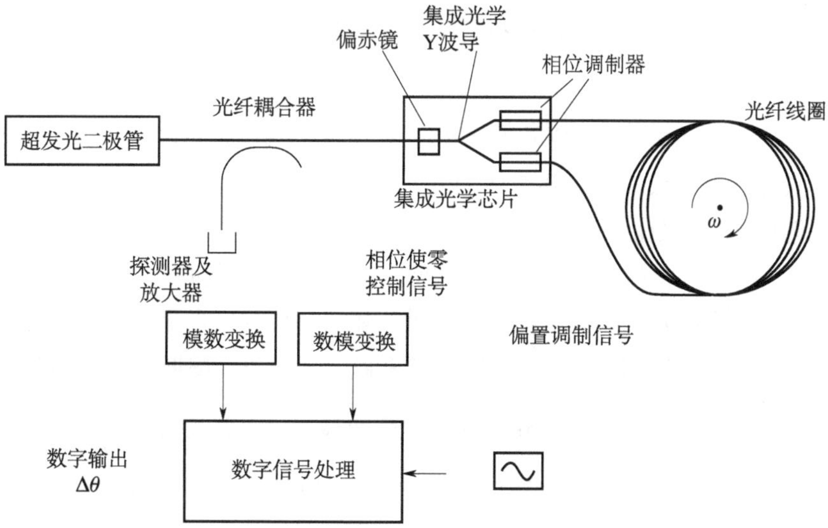

图 3－9　干涉型光纤陀螺的示意图

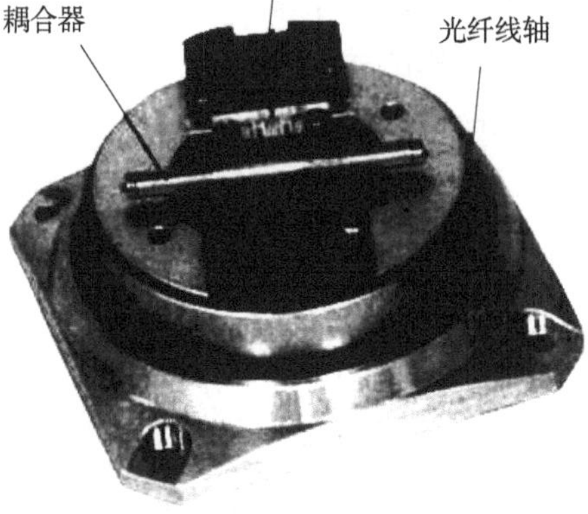

图 3-10 FOG 200/45 的内部结构（Fibersense 公司）

由于赛格奈克效应，回路绕垂直于回路平面的轴旋转使得光束传播的距离多出 ΔL，由式（3-63）给出；光路路径缩短长度为 Δl，由式（3-64）给出，对于两个传播的光束，相对距离是其二者的差值

$$\Delta L - \Delta l = \frac{4\omega}{c}A \tag{3-79}$$

赛格奈克效应独立于光路的形状。所以，将光纤盘绕起来增加回路围绕的实际面积 A，这样对于给定的旋转增加了相位差，并提高了陀螺的灵敏度。令 n 是光纤线圈绕组数，光束覆盖的总有效面积是

$$A = n\pi\frac{d^2}{4} = \frac{1}{4}Ld \tag{3-80}$$

式中，d 是线圈的直径；L 是光纤的总长度。将式（3-80）代入式（3-79）并将其转换为相位差 $\Delta\phi$，我们可以发现由于旋转引起的相位变化（以弧度为单位）

$$\Delta\phi = 2\pi\frac{\Delta L - \Delta l}{\lambda} = 2\pi\frac{Ld}{\lambda c}\omega \tag{3-81}$$

取较大值，$\omega = 0.01$ rad/s $\approx$ 2 000°/h，并且 $d = 10$ cm，$\lambda = 0.8$ μm/cy，我们得到光波在一个单绕组（$L = \pi d$）产生的相位差为 8.2×10^{-6} rad，其测量已经成为一项技术挑战，通过将光纤的长度提高到数百米，甚至到 1km，可以提高（光纤陀螺的）灵敏度，旋转速率和相位差之间的标度系数随光纤长度线性地增加。为了产生与 8.2×10^{-6} rad 相同的相位差，灵敏度达到 1°/h（良好的干涉型光纤陀螺）需要 640 m 的光纤。

虽然 ω 和 $\Delta\phi$ 之间是线性关系，但乍一看，使用电压响应来检测 $\Delta\phi$ 并不是线性关系。光束进入理想光纤线圈时的振幅为 b，由于光束被一分为二，顺时针和逆时针传播光束的振幅减半。后来，由于传感器的旋转，它们产生相移；一个移动为 $-\frac{\Delta\phi}{2}$，另一个为 $\frac{\Delta\phi}{2}$。这可以代表振幅在相位空间的“旋转”，在数学上使用复指数来表示，如式（1-37）。那么，可以给出合成光的振幅

$$\tilde{b}=\frac{1}{2}b\mathrm{e}^{\mathrm{i}\frac{\Delta\phi}{2}}+\frac{1}{2}b\mathrm{e}^{-\mathrm{i}\frac{\Delta\phi}{2}} \tag{3-82}$$

上式的平方是功率，可以通过光电探测器转化成电压，得到结果为

$$V(\Delta\phi)=V_0\cos^2\frac{\Delta\phi}{2}=\frac{V_0}{2}[1+\cos(\Delta\phi)] \tag{3-83}$$

式中，V_0 是取决于输入光强的常数。如果两束光结合得非常好，那么 $\Delta\phi=0$，V 是最大值；如果它们结合得非常不好，$\Delta\phi=\pi$，那么 $V=0$。由式（3-81）的角速率灵敏度，$\Delta\phi$ 的灵敏度可以通过下式得出

$$\frac{\mathrm{d}V(\Delta\phi)}{\mathrm{d}(\Delta\phi)}=-\frac{V_0}{2}\sin(\Delta\phi) \tag{3-84}$$

相位变化为小量时，式（3-84）是 0，即小角速率很难被检测出来。如图 3-11（a）所示，它表明了在 $\Delta\phi=0$ 附近，$\Delta\phi$ 与 V 之间为非线性关系。

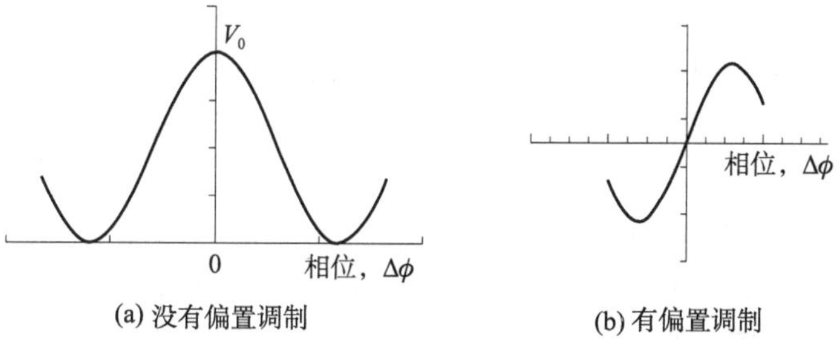

图 3-11　I-FOG 输出与输入相位变化的关系

对于小角速率时，二者之间的线性化和 $\Delta\phi$ 与 V 之间符号的匹配（所以负方向的旋转可以通过负电压来表示）可以通过在光纤末端引入一个相位调制器来完成，如图 3-9 所示。一种调制器就是压电圆柱体绕了几组光纤。通过施加在压电装置上的正弦信号，光纤有小量的拉伸，所以导致其实际长度和相位发生变化。如果随着时间 t 发生变化的正弦信号为 $-\theta\cos(2\pi f_m t)$，幅值为 $-\theta$，频率为 f_m，那么一束光的总相移为 $\Delta\phi/2-\theta\cos(2\pi f_m t)$。而另外一束光，必须首先通过绕组，在时间 $t+T$ 时到达相位调制器，那么这束光的相移是 $-\Delta\phi/2-\theta\cos[2\pi f_m(t+T)]$。类似于式（3-82），合成光束振幅可以由下式给出

$$\tilde{\tilde{b}}=\frac{1}{2}b\mathrm{e}^{\mathrm{i}\left[\frac{\Delta\phi}{2}-\theta\cos(2\pi f_m t)\right]}+\frac{1}{2}b\mathrm{e}^{-\mathrm{i}\left[\frac{\Delta\phi}{2}+\theta\cos(2\pi f_m(t+T))\right]} \tag{3-85}$$

为了不失一般性，引入时间参数的偏移，$t'=t+T/2$，我们可得

$$\tilde{\tilde{b}}=\frac{b}{2}\mathrm{e}^{-\mathrm{i}\theta\sqrt{1-\mu^2}\cos(2\pi f_m t')}\left\{\mathrm{e}^{\mathrm{i}\left[\frac{\Delta\phi}{2}-\theta\mu\sin(2\pi f_m t')\right]}+\mathrm{e}^{-\mathrm{i}\left[\frac{\Delta\phi}{2}-\theta\mu\sin(2\pi f_m t')\right]}\right\} \tag{3-86}$$

其中，$\mu=\sin(2\pi f_m T/2)$。此时，从电源（即 $\tilde{\tilde{b}}^2$ 的平方）产生的电压可以表示为

$$\begin{aligned}\widetilde{V}(\Delta\phi) &= \frac{\widetilde{V}_0}{2}\{1+\cos[\Delta\phi - 2\theta\mu\sin(2\pi f_m t')]\} \\ &= \frac{\widetilde{V}_0}{2}\{1+\cos\Delta\phi\cos[2\theta\mu\sin(2\pi f_m t')] + \sin\Delta\phi\sin[2\theta\mu\sin(2\pi f_m t')]\} \\ &= \frac{\widetilde{V}_0}{2}[1+\cos\Delta\phi + 2\theta\mu\sin\Delta\phi\sin(2\pi f_m t') + \text{higher powers of } \sin(2\pi f_m t')]\end{aligned} \tag{3-87}$$

从方程（3－87）最后一个式子的第三项可知，$\sin\Delta\varphi$ 被频率 f_m 调制。也就是说，如果在这个频率上解调这个电压值（即求取对应于 V 一次谐波的傅里叶变换系数，参见第 1.6 节），那么结果与 $\sin\Delta\phi$ 成正比关系

$$\mathscr{F}[\widetilde{V}(\Delta\phi)]_1 \sim \sin\Delta\phi \tag{3-88}$$

这给出了当 $\Delta\phi$ 为小量时，输出和相位（旋转速率）之间的线性关系。此外，输出的符号也表明了相位变化 $\Delta\phi$ 的符号和旋转速率的符号［见图 3－11（b）］。

人们还研发了在集成光路上包含相位调制器的其他相位偏置技术（可参考 Hotate，1997)。总之，我们注意到它与在环形激光陀螺仪中一样（但是目的不同），光束的相位必须被调制，所以传感器才能够在最大灵敏度的区域工作。

为了在输出中获得较好的线性度，到目前为止传感器配置的动态范围受限于小量 $\Delta\phi$ 。为了增加动态范围，通过反馈回路（闭环回路）从出射光中消除赛格奈克相位差，而不是使用（更高带宽的）相位调制器（见图 3－9)。当然，这种使相位为 0 的“消除”量是对输入角速率的测量。这类似于在平衡回路上施加力矩使得机械陀螺仪的常平架角度为 0（的方案)，以保持输入和输出之间的线性关系。其他控制回路也用于消除由已知环境因素造成的相移，例如温度变化。闭环回路将使光纤陀螺仪的标度系数稳定性非常好。

开环回路的配置也被研制出来，通过解调信号高阶谐波的电子方法来实现输出的线性度。然而，尽管涉及的单元较少，但是这些陀螺仪可能无法取得相同的动态范围和质量。

3.2.2.2.1 光纤陀螺仪的误差源

与光纤陀螺仪有关的误差可以从两束光通过光纤传播不一致入手推导，即光路不是互逆的。两束光的不同偏振导致不可逆性，首先要求它们通过一个偏光镜。由于它们在（光纤）绕组中传播，其偏振将发生变化，但是变化一致。即便如此，根据法拉第效应任何磁场将感应不可逆的相位变化。这通常通过使用特殊的（昂贵的）保偏光纤来解决。其他的不可逆因素包括由于光纤折射率波动引起的瑞利散射，以及由波速对其强度依赖性导致的科尔效应。性能的极限最终由光子散粒噪声和光源强度噪声决定。目前已经设计了多种多样的对应措施来降低这些效应，可参见 Kim 和 Shaw (1986)，Hotate (1997)。

光纤陀螺仪典型的误差模型可以表示为类似于式（3－76）的形式，包含一个标度系，数误差、漂移误差和随机误差。商业级 I－FOG 未补偿典型漂移值（偏置稳定性）范围从 $0.5°/h \sim 150°/h$，未补偿的标度系数误差为 100～1 000 ppm。光纤陀螺的低成本和功耗通常使其更适合于商业和军事市场的各种应用。光纤陀螺的发展非常迅速，预测的偏差稳

定性优于 0.000 3°/h，用于战略级高性能的光纤陀螺随机游走小于 0.000 05°/$\sqrt{\text{h}}$，高品质的 I-FOG 的性能已经过验证（Menéndez，2019），因此在这些参数上可与 RLG 相媲美。然而，在标度系数稳定性方面仍然是环形激光陀螺仪占优势，可参见 Barbour 和 Schmidt（1998）。

3.2.3　MEMS 陀螺仪

虽然陀螺仪经常让人联想到一个带有旋转元件的设备，甚至光学陀螺仪也基于圆形结构，但它的意义更多的是与发现设备的旋转有关，而不是指以旋转元件作为其主要的内部操作模式。实际上，在受旋转影响的设备中，任何测试质量的运动都会经历体现该旋转的科里奥利效应［见式（1-70）］。因此，只要是具有防振质量且被设计用来检测旋转的设备，都可以被合理地称为陀螺仪。惯性仪器的小型化一直是应用的关键动力，因为这意味着更少的重量和功率需求。机械陀螺仪和光学陀螺仪当然也缩小了尺寸，但缩小程度也有限制（旋转轮陀螺仪比光学陀螺仪更受限制），但振动陀螺仪可以小型化到更精细的水平，目前的技术主要集中在将这些本质上是固态的设备嵌入电子芯片上。在此过程中，每个单元的成本也降低了几个数量级，其应用已迅速扩展到汽车、机器人和其他消费品行业。它们提供稳定控制，用于汽车安全（侧翻检测和预防）、方向变化检测（个人设备，如健康监视器、游戏机和相机），以及微型机器人设备的基本导航，特别是用于外科手术的器械。诚然，与前几节中描述的设备相比，这些微机电系统的精度较低，但其精度已经取得了相当大的进展，目前的 MEMS 陀螺仪在某些方面与传统的商业级机械和光学设备已经可以相媲美，其偏置稳定性可以达到几°/h 或更好，标度系数稳定性为几百 ppm 或更好（KVH 通信，2014）。

振动陀螺仪的发展历史可以追溯到 20 世纪 50 年代，对各种设计的回顾可以在（Lawrence，1998）和（Titterton 和 Weston，2004）中找到。然而，现代固态微芯片级 MEMS 陀螺仪概念的第一个证明出现在 20 世纪 90 年代初，通常归功于马萨诸塞州剑桥市的 Charles Stark Draper 实验室（Bernstein 等，1993）。这里，MEMS 中的"M"是指亚厘米（甚至更小）级别的器件规模。具体来说，这些通常被认为是使用光刻技术制造的设备，类似于小型化的电子电路，允许将惯性传感器直接蚀刻到硅衬底上，从而导致尺寸、重量、功耗和成本的显著减少。自从最初的演示以来，这项技术已经在各行各业爆发，无数不同的设计已经被发明出来，以解决特定的应用问题，以及应对不同的性能标准。本节的目的不是回顾这项技术（参见 Acar 和 Shkel，2009），而是从一般的角度提供测量的基本数学原理，不进行更深入的分析。MEMS 陀螺仪仍然无法达到惯性导航的大地测量精度水平，但依然值得将其感知旋转的方法与前面提到的传感器进行对比。虽然（到目前为止）缺乏大地测量性能，但作为固态设备，这些陀螺仪往往非常可靠，反应时间（启动时间）短，非常坚固耐用，并且能进行良好的休眠。

3.2.3.1　MEMS 振动陀螺仪的动力学

振动陀螺仪的本质是：检测质量沿一个轴的振动由于科里奥利效应而在另一个正交轴

上产生振动，这可以表示装置沿一个轴的旋转速率，大多数情况下这个轴是第三个正交轴。这样，我们就有了熟悉的输入轴和输出轴，以及“操作”轴或振动驱动轴。检测质量的驱动振动称为主振动，科里奥利诱发振动称为次振动。这些振动可以是平动的，也可以是旋转的。在大多数 MEMS 陀螺仪中，主振动和次振动的模式是相同的，但我们可以从一个早期的设计开始研究，它的主振动是平移的，而次振动是旋转的。

实际上，Draper 实验室 MEMS 陀螺仪演示的最初设计是一个音叉陀螺仪，其叉在特定频率下被平动激发，并且由于设备的角速度而旋转。图 3-12 描述了主视图和侧视图以及相应微机械器件实物。

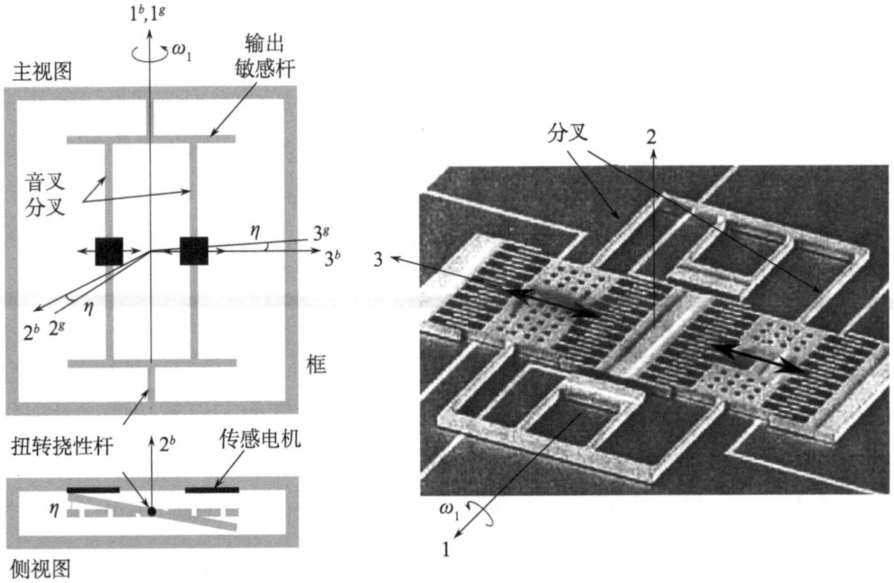

(a) 音叉陀螺仪示意图,平面图和侧视图［引自(King,1989)］

(b) Draper Lab梳子驱动音叉陀螺仪，占地面积约1 mm²［引自(Weinberg et al.1994)］。3轴是驱动轴，1轴是输入轴

图 3-12　Draper 实验室 MEMS 的最初设计

设 b 坐标系指示陀螺仪的情况。通过扭转弯曲杆连接到主体的叉状结构定义了 g 坐标系及其 1 轴，与 b 坐标系的 1 轴相同，定义了陀螺仪的输入轴。它的 3 轴是驱动轴，机电力沿着它产生检测质量的平动振动。当两个质量以 180°的相位差振动时，质量对称性保持不变，叉状结构的惯性张量［见式（3-4）］在 g 坐标系中保持为对角线矩阵

$$\boldsymbol{I}^g = \begin{bmatrix} I_1^g & 0 & 0 \\ 0 & I_2^g & 0 \\ 0 & 0 & I_3^g \end{bmatrix} \tag{3-89}$$

目前，我们忽略检测质量中支承元件的质量，只考虑检测质量由于陀螺的角速度所引起的角运动。b 坐标系中的牛顿角运动定律由科里奥利定律［式（3-10）］给出

$$\boldsymbol{L}^b = \dot{\boldsymbol{H}}^b + \boldsymbol{\omega}_{ib}^b \times \boldsymbol{H}^b \tag{3-90}$$

式中，$\boldsymbol{L}^b$ 为施加力矩向量；$\boldsymbol{H}^b$ 为角动量向量；$\boldsymbol{\omega}_{ib}^b = (\omega_1 \quad \omega_2 \quad \omega_3)^{\mathrm{T}}$ 为装置相对于惯性空

间的角速率，坐标为 b 坐标系中的坐标。

由式（3－7）可知，惯性空间中叉状结构的总角动量向量 $\boldsymbol{H}^i=\boldsymbol{I}^i\boldsymbol{\omega}_{ig}^i$ ，其中其旋转速率 $\boldsymbol{\omega}_{ig}^i$ 是合成的

$$\boldsymbol{\omega}_{ig}^i=\boldsymbol{\omega}_{ib}^i+\boldsymbol{\omega}_{bg}^i\Rightarrow\boldsymbol{\omega}_{ig}^b=\boldsymbol{\omega}_{ib}^i+\boldsymbol{\omega}_{bg}^b \tag{3-91}$$

式中，$\boldsymbol{\omega}_{bg}^b=(\dot{\eta}\quad 0\quad 0)^{\mathrm{T}}$ 。再有，$\boldsymbol{H}^b=\boldsymbol{C}_i^b\boldsymbol{H}^i$ ，可以简单地证明

$$\boldsymbol{H}^b=\boldsymbol{C}_i^b\boldsymbol{I}^i\boldsymbol{\omega}_{ig}^i=\boldsymbol{C}_i^b(\boldsymbol{C}_g^i\boldsymbol{I}^g\boldsymbol{C}_i^g)\boldsymbol{\omega}_{ig}^i=\boldsymbol{C}_g^b\boldsymbol{I}^g\boldsymbol{C}_i^g(\boldsymbol{C}_b^i\boldsymbol{C}_i^b)\boldsymbol{\omega}_{ig}^i=\boldsymbol{C}_g^b\boldsymbol{I}^g\boldsymbol{C}_b^g\boldsymbol{\omega}_{ig}^b \tag{3-92}$$

其中（见图 3－12）

$$\boldsymbol{C}_b^g=\boldsymbol{R}_1(\eta)=\begin{bmatrix}1 & 0 & 0\\ 0 & \cos\eta & \sin\eta\\ 0 & -\sin\eta & \cos\eta\end{bmatrix} \tag{3-93}$$

结合式（3－89）、式（3－91）和式（3－93），b 坐标系中的角动量向量变形为

$$\boldsymbol{H}^b=\begin{bmatrix}I_1^g(\omega_1+\dot{\eta})\\ I_2^g(\cos^2\eta+I_3^g\sin^2\eta)\omega_2+\dfrac{1}{2}(I_2^g\sin2\eta-I_3^g\sin2\eta)\omega_3\\ \dfrac{1}{2}(I_2^g\sin2\eta-I_3^g\sin2\eta)\omega_2+(I_2^g\sin^2\eta+I_3^g\cos^2\eta)\omega_3\end{bmatrix} \tag{3-94}$$

施加在叉状结构上的扭矩是由于扭转弯曲和粘性空气阻尼（如旋转轮陀螺仪的情况）引起的关于 b 坐标系 1 轴的约束（反作用力）扭矩的组合，可由下式算出

$$L_1^b=-K\eta-C\dot{\eta} \tag{3-95}$$

其中，K 为扭转刚度，C 为阻尼常数。阻尼主要是由于与装置内气体的摩擦，但也有部分阻尼是由于检测质量的悬架的热弹性能量耗散而产生。这些力矩定义了由陀螺角速度引起的传感角 η 的动态变化。因此，只考虑式（3－90）的第一个分量

$$L_1^b=\dot{I}_1^g(\omega_1+\dot{\eta})+I_1^g(\dot{\omega}_1+\ddot{\eta})+\frac{1}{2}(I_2^g-I_3^g)(\omega_2^2-\omega_3^2)\sin2\eta+(I_3^g-I_2^g)\omega_2\omega_3\cos2\eta \tag{3-96}$$

进行合理近似，$\sin 2\eta\approx 2\eta$，$\cos 2\eta\approx 1$，代入式（3－95），得到 η 的动力学方程为

$$I_1^g(\dot{\omega}_1+\ddot{\eta})+(\dot{I}_1^g+C)\dot{\eta}+(K+(I_2^g-I_3^g)(\omega_2^2-\omega_3^2))\eta=(I_2^g-I_3^g)\omega_2\omega_3-\dot{I}_1^g\omega_1 \tag{3-97}$$

如果检测质量的强迫振动是弧度频率 υ 的正弦曲线，那么由于检测质量仅沿着 g 坐标系中的 3 轴改变其位置，惯性矩 I_1^g 和 I_2^g 也在此频率上随时间变化［见式（3－4）］；具体地说，我们可以把第一个时刻表示为

$$I_1^g=A+B\cos(\upsilon t) \tag{3-98}$$

其中 $A>0$，且 B 为常数。为了更好地理解所测角度 η 的动态变化，可以做几个假设。如下所示，二次振动的频率与主振动的频率相同，通常在 10 kHz 左右，因此，完全可以假定 $\dot{\omega}_1\ll\ddot{\eta}$ 。而且，由于 η 很小，转动惯量 I_1^g 几乎是恒定的；我们也可以假设常数 C 和 K（都是非负的）支配着式（3－97）中的 η 和 $\dot{\eta}$ 的系数。最后，我们假设式（3－97）右边的

交叉率项可以忽略不计。然后，将式（3-97）代入式（3-98）后，得到一个简单的二阶常线性微分方程

$$\ddot{\eta}+\bar{C}\dot{\eta}+\bar{K}\eta=\omega_1\upsilon\bar{B}\sin(\upsilon t) \tag{3-99}$$

其中，$\bar{C}=C/A\geqslant 0$，$\bar{K}=K/A>0$，$\bar{B}=B/A$。

将式（3-99）写成一阶向量微分方程，如第2.3.1.1节所述

$$\frac{\mathrm{d}}{\mathrm{d}t}\begin{bmatrix}\dot{\eta}\\ \eta\end{bmatrix}+\begin{bmatrix}\bar{C} & \bar{K}\\ -1 & 0\end{bmatrix}\begin{bmatrix}\dot{\eta}\\ \eta\end{bmatrix}=\begin{bmatrix}\omega_1\upsilon\bar{B}\sin(\upsilon t)\\ 0\end{bmatrix} \tag{3-100}$$

系数矩阵的特征值为 $\lambda_{1,2}=(\bar{C}\pm\sqrt{\bar{C}^2-4\bar{K}})/2$。因此，根据式（2-30），式（3-99）的齐次部分的解是函数 $\mathrm{e}^{-\lambda_{1,2}(t-t_0)}$ 的线性组合。如果没有阻尼（$\bar{C}=0$）则解为具有自然（谐振）频率的纯谐振子，$\upsilon_n=\sqrt{\bar{K}}$。另一方面，如果 $\bar{C}>0$，则齐次解包含一个指数因子 $\mathrm{e}^{-\bar{C}(t-t_0)}$，该因子随时间消失，只留下稳态特解。

由于强迫函数是正弦的，我们可以猜测特解也是正弦的，具有相同的频率 υ

$$\eta(t)=\eta_0\sin(\upsilon t+\phi) \tag{3-101}$$

假定幅值为 η_0，相位角为 ϕ。事实上，将式（3-101）及其一阶导数和二阶导数代入式（3-99），很容易验证

$$\eta_0=\frac{\omega_1\upsilon\bar{B}}{\sqrt{(\bar{K}-\upsilon^2)^2+(\bar{C}\upsilon)^2}},\phi=-\tan\frac{\bar{C}\upsilon}{\bar{K}-\upsilon^2} \tag{3-102}$$

因此，对于给定的器件阻尼，如果驱动频率等于器件的谐振频率 $\upsilon=\upsilon_n=\sqrt{\bar{K}}$，则可以实现与输入速率 ω_1 成正比的传感角幅度最大化。然后，$\phi=-\frac{\pi}{2}$，并且

$$\eta_0=\frac{\omega_1\bar{B}}{\bar{C}} \tag{3-103}$$

其他MEMS振动陀螺仪的设计，其主要和次要振动都是平移或旋转的，产生类似的输出信号动力学方程。图3-13所示的设计是将检测质量 m_1 通过弹簧连接到一个框架（质量块的物理框架 m_2）上，而这个框架又通过弹簧连接到陀螺仪的本体上。主振动和次振动都是平移的，在同一平面上，但彼此正交。角速度的输入轴与这个平面正交。解耦框架 m_2，隔离主振动和次振动，从而保持其沿设备轴方向的完整性。所述框架既可以作为感测机架（见图3-13），也可以作为驱动机架，在驱动机架中，所述框架与所述检测质量一起被驱动。从稳定性和隔离性的角度来看，每个选项在隔离两种模式方面都具有特定的优势。我们将解耦框架的动力学视为感测框架；替代方案的动力学可以类似地推导出来，其中检测质量的振动响应源于解耦框架被驱动振动。

检测质量在 b 坐标系中的运动方程直接遵循在 i 坐标系中的牛顿第二运动定律

$$\boldsymbol{F}^i=m_1\ddot{\boldsymbol{x}}^i\Rightarrow\boldsymbol{F}^b=m_1\boldsymbol{C}_i^b\ddot{\boldsymbol{x}}^i \tag{3-104}$$

其中，$\boldsymbol{x}$ 是 m_1 的坐标向量。将变换 $\boldsymbol{x}^i=\boldsymbol{C}_i^b\boldsymbol{x}^b$ 对时间微分两次［类似于式（3-98）］得到

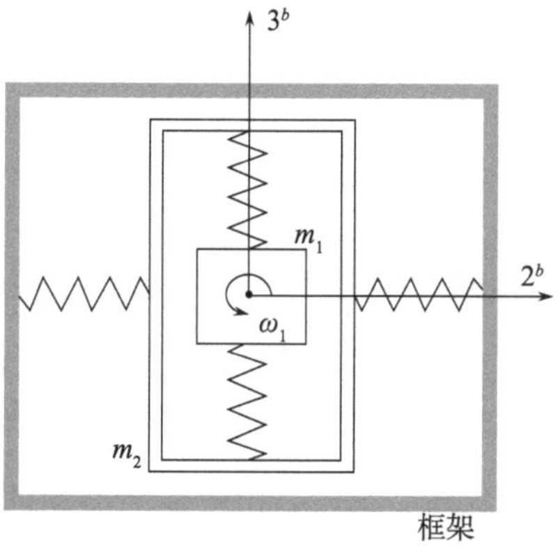

图 3-13　具有主要和次要平移振动的振动 MEMS 陀螺仪原理图。检测质量是 m_1，解耦框架的质量是 m_2

$$\boldsymbol{F}^b = m_1(\ddot{\boldsymbol{x}}^b + 2\omega_{ib}^b \times \dot{\boldsymbol{x}}^b + \omega_{ib}^b \times (\omega_{ib}^b \times \boldsymbol{x}^b) + \dot{\omega}_{ib}^b \times \boldsymbol{x}^b) \tag{3-105}$$

因为其中 $x^b=0$，$\dot{x}^b=0$，$\ddot{x}^b=0$

$$\begin{aligned}&\ddot{\boldsymbol{x}}^b + 2\omega_{ib}^b \times \dot{\boldsymbol{x}}^b + \omega_{ib}^b \times (\omega_{ib}^b \times \boldsymbol{x}^b) + \dot{\omega}_{ib}^b \times \boldsymbol{x}^b \\ &= \begin{bmatrix} 0 \\ \ddot{\boldsymbol{x}}_2^b \\ \ddot{\boldsymbol{x}}_3^b \end{bmatrix} + 2\begin{bmatrix} \omega_2 \dot{x}_3^b - \omega_3 \dot{\boldsymbol{x}}_2^b \\ -\omega_1 \dot{\boldsymbol{x}}_3^b \\ \omega_1 \dot{\boldsymbol{x}}_2^b \end{bmatrix} + \begin{bmatrix} \omega_2\omega_1 \boldsymbol{x}_2^b + \omega_3\omega_1 \boldsymbol{x}_3^b \\ \omega_2\omega_3 \boldsymbol{x}_3^b - (\omega_3^2 + \omega_1^2)\boldsymbol{x}_2^b \\ -(\omega_1^2 + \omega_2^2)\boldsymbol{x}_3^b + \omega_2\omega_3 \boldsymbol{x}_2^b \end{bmatrix} + \begin{bmatrix} \dot{\omega}\boldsymbol{x}_3^b - \dot{\omega}_3 \boldsymbol{x}_2^b \\ -\dot{\omega}_1 \boldsymbol{x}_3^b \\ \dot{\omega}_1 \boldsymbol{x}_2^b \end{bmatrix}\end{aligned} \tag{3-106}$$

沿 b 坐标系 3^b 轴作用在 m_1 上的总力是由诱导振动、弹簧反作用力以及阻尼一同引起的；沿着 2^b 轴，它包括解耦框架 m_2 运动的反作用力，由于科里奥力和弹簧及阻尼的作用力。在陀螺的构造中，假定检测质量相对于解耦框架沿 2^b 轴不存在运动；也就是说，m_1 和 m_2 沿着 2^b（输出）轴一致振动。我们暂时忽略作用在陀螺上的其他外力。因此，对于式（3-105）的左侧

$$\boldsymbol{F}^b = \begin{bmatrix} 0 \\ -m_2(\boldsymbol{C}_i^b \ddot{\boldsymbol{x}}^i)_2 - K_2 x_2^b - C_2 \dot{x}_2^b \\ F_d - K_3 x_3^b - C_3 \dot{x}_3^b \end{bmatrix} \tag{3-107}$$

式中，$F_d = F_0 \sin(\upsilon t)$ 为驱动振动的力；$K_{2,3}$ 为弹簧常数；$C_{2,3}$ 为阻尼常数。在式（3-107）中向量的第二个分量为 $-m_2(\boldsymbol{C}_i^b \ddot{\boldsymbol{x}}^i)_2 = -m_2(\ddot{x}_2^b - (\omega_3^2 + \omega_1^2)x_2^b)$，是 m_2 的移动所引起的 m_1 沿着 2^b 轴的移动。

提取式（3-105）和式（3-107）的二阶和三阶分量，我们得到检测质量动力学的两个耦合二阶微分方程

$$\ddot{x}_2^b + \bar{C}_2 \dot{x}_2^b + [\bar{K}_2 - (\omega_3^2 + \omega_1^2)]x_2^b + \frac{m_1}{m_1 + m_2}(\omega_2\omega_3 - \dot{\omega}_1)x_3^b - 2\frac{m_1}{m_1 + m_2}\omega_1 \dot{x}_3^b = 0 \tag{3-108}$$

$$\ddot{x}_3^b+\bar{C}_3\dot{x}_3^b+[\bar{K}_3-(\omega_1^2+\omega_2^2)]x_3^b+(\omega_2\omega_3-\dot{\omega}_1)x_2^b+2\omega_1\dot{x}_2^b=\bar{F}_0\sin(\upsilon t) \tag{3-109}$$

其中，$\bar{K}_2=K_2/(m_1+m_2)$，$\bar{K}_3=K_3/m_1$，$\bar{C}_2=C_2/(m_1+m_2)$，$\bar{C}_3=C_3/m_1$，$\bar{F}_0=F_0/m_1$。

我们现在作与前一种情况相同的简化假设，以便辨别在坐标 x_2^b 中表现的次级振动的动力学本质。首先，我们假设弹簧常数占主导，$\bar{K}_{2,3}\gg\omega_1^2+\omega_{2,3}^2$。其次，由于陀螺仪的工作频率 υ 远大于 ω_1，因此可以安全地忽略式（3-108）和式（3-109）中的 $\dot{\omega}_1x_{2,3}^b$。我们还假设含有 $\omega_2\omega_3$ 的项可以忽略。第三，由于驱动振动的幅值 $\bar{F}_0$ 通常远大于 $2\omega_1\dot{x}_2^b$，因此输出 x_2^b 的动力学最终与激励 x_3^b 的动力学解耦［式（3-109）］。式（3-108）和式（3-109）因此化简为

$$\ddot{x}_2^b+\bar{C}_2\dot{x}_2^b+\bar{K}_2x_2^b=2\frac{m_1}{m_1+m_2}\omega_1\dot{x}_3^b \tag{3-110}$$

$$\ddot{x}_3^b+\bar{C}_3\dot{x}_3^b+\bar{K}_3x_3^b=\bar{F}_0\sin(\upsilon t) \tag{3-111}$$

式（3-111）是与式（3-99）具有相同形式的普通二阶微分方程，因此它的（特）解是正弦的。实际上，通过选择驱动频率 υ 作为无阻尼激励的谐振频率 $\upsilon=\upsilon_n=\sqrt{\bar{K}_3}$，可以验证 x_3^b 的解为

$$x_3^b(t)=A_3\cos(\upsilon_nt) \tag{3-112}$$

其中 $A_3=-\bar{F}_0/(\upsilon_n\bar{C}_3)$。然后，假设弹簧常数可以调整，使 $\bar{K}_2=\bar{K}_3$，再次很容易验证 x_2^b 的解为

$$x_2^b(t)=A_2\cos(\upsilon_nt) \tag{3-113}$$

其中

$$A_2=-2\omega_1\left(\frac{m_1}{m_1+m_2}\right)\frac{\bar{F}_0}{\upsilon_n\bar{C}_2\bar{C}_3} \tag{3-114}$$

因此，在输出轴上测量 A_2 就是测量输入角速率 ω_1。

最后，考虑一个 MEMS 振动陀螺仪，其中主振动和次振动都是旋转的，如图 3-14 所示。再一次，解耦框架，在这种情况下也称为常平架，可以是感知框架或驱动框架。选择后者（对前者有类似的推导），我们回到 b 坐标系中角动量的牛顿方程式（3-90）。引入检测质量坐标系（p 坐标系）和常平架坐标系（g 坐标系），它们的惯性张量 $\boldsymbol{I}_{m_1}^p$ 和 $\boldsymbol{I}_{m_2}^g$ 在各自的坐标系中是对角的，假设对应的坐标轴是惯性主轴

$$\boldsymbol{I}_{m_1}^p=\mathrm{diag}(I_j^{m_1}),\boldsymbol{I}_{m_2}^g=\mathrm{diag}(I_j^{m_2}),j=1,2,3 \tag{3-115}$$

根据科里奥利定律，在陀螺仪存在相对于惯性系的角速率 ω_{ib}^b 时，主振动由角度 $\theta(t)$ 描述且发生在 3^b 轴周围；而检测质量则由角度 $\eta(t)$ 描述，并在 2^g（输出）轴周围产生次振动。该检测质量在 g 坐标系中的惯性张量为

$$\boldsymbol{I}_{m_1}^g=\boldsymbol{R}_2(\eta)\boldsymbol{I}_{m_1}^p\boldsymbol{R}_2^{\mathrm{T}}(\eta) \tag{3-116}$$

式中，$\boldsymbol{C}_p^g=\boldsymbol{R}_2(\eta)$，表示关于 2^b 轴的旋转矩阵。

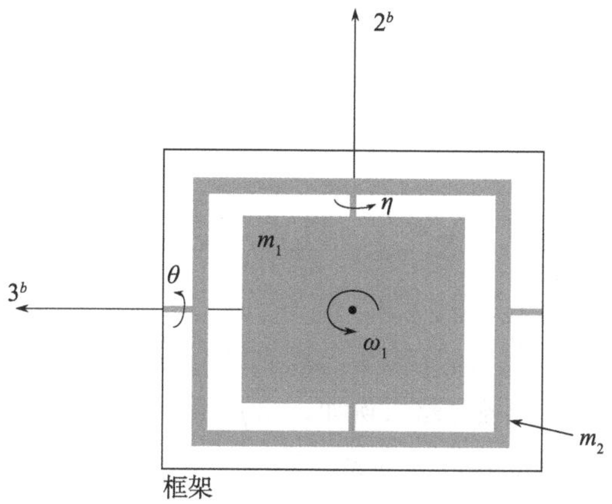

图 3-14　具有主要和次要旋转振动的振动微机电系统陀螺仪原理图。检测质量是 m_1，解耦框架的质量是 m_2

i 坐标系中检测质量的角动量为 $\boldsymbol{H}_{m_1}^i=\boldsymbol{I}_{m_1}^i\boldsymbol{\omega}_{ip}^i$；根据科里奥利定律式（3-90），我们有

$$\boldsymbol{L}_{m_1}^g=\dot{\boldsymbol{H}}_{m_1}^g+\boldsymbol{\omega}_{ig}^g\times\boldsymbol{H}_{m_1}^g \tag{3-117}$$

其中

$$\boldsymbol{H}_{m_1}^g=\boldsymbol{C}_i^g\boldsymbol{H}_{m_1}^i=\boldsymbol{C}_i^g\boldsymbol{I}_{m_1}^i\boldsymbol{\omega}_{ip}^i=\boldsymbol{C}_i^g(\boldsymbol{C}_g^i\boldsymbol{I}_{m_1}^g\boldsymbol{C}_i^g)\boldsymbol{\omega}_{ip}^i=\boldsymbol{I}_{m_1}^g\boldsymbol{\omega}_{ip}^g \tag{3-118}$$

在 g 坐标系中施加的扭矩是与扭力杆的刚度 $-K_\eta\eta$ 和阻尼 $-C_\eta\dot{\eta}$ 有关的反作用力（抑制）扭矩，它们都是仅关于 $2b$ 轴的扭矩；因此

$$\boldsymbol{L}_{m_1}^g=\begin{bmatrix}0\\-K_\eta\eta-C_\eta\dot{\eta}\\0\end{bmatrix} \tag{3-119}$$

同样，在式（3-117）和式（3-118）中出现的 g 坐标系中的旋转速率为

$$\boldsymbol{\omega}_{ig}^g=\boldsymbol{\omega}_{ib}^g+\boldsymbol{\omega}_{bg}^g=\boldsymbol{C}_b^g\boldsymbol{\omega}_{ib}^b+\boldsymbol{\omega}_{bg}^g \tag{3-120}$$

$$\boldsymbol{\omega}_{ip}^g=\boldsymbol{\omega}_{ib}^g+\boldsymbol{\omega}_{bg}^g+\boldsymbol{\omega}_{gp}^g=\boldsymbol{C}_b^g\boldsymbol{\omega}_{ib}^b+\boldsymbol{C}_b^g\boldsymbol{\omega}_{bg}^b+\boldsymbol{\omega}_{gp}^g \tag{3-121}$$

式中，$\boldsymbol{C}_b^g=\boldsymbol{R}_3(\theta)$，其中 $\boldsymbol{\omega}_{ib}^g$ 是陀螺仪体相对于惯性坐标系的速率；$\boldsymbol{\omega}_{ig}^g$ 是常平架相对于惯性坐标系的速率；$\boldsymbol{\omega}_{bg}^b$ 是常平架相对于物体坐标系的速率；$\boldsymbol{\omega}_{gp}^g$ 是检测质量相对于常平架的速率，所有这些都在常平架坐标系中进行了协调。陀螺仪的构造便是如此，后两者被限制以分离出角速率 $\dot{\theta}$ 和 $\dot{\eta}$

$$\boldsymbol{\omega}_{bg}^b=\begin{bmatrix}0\\0\\\dot{\eta}\end{bmatrix},\boldsymbol{\omega}_{gp}^g=\begin{bmatrix}0\\\dot{\eta}\\0\end{bmatrix} \tag{3-122}$$

类似地，对于常平架/检测质量组合我们有 b 坐标系中的运动方程

$$\boldsymbol{L}^b=\dot{\boldsymbol{H}}^b+\boldsymbol{\omega}_{ib}^b\times\boldsymbol{H}^b \tag{3-123}$$

其中［同式（3－118）］

$$\boldsymbol{H}^b=\boldsymbol{C}_i^b\boldsymbol{H}^i=\boldsymbol{C}_i^b(\boldsymbol{I}_{m_1}^i\boldsymbol{\omega}_{ip}^i+\boldsymbol{I}_{m_2}^i\boldsymbol{\omega}_{ig}^i)=\boldsymbol{I}_{m_1}^b\boldsymbol{\omega}_{ip}^b+\boldsymbol{I}_{m_2}^b\boldsymbol{\omega}_{ig}^b \tag{3-124}$$

在 3^b 轴上施加的力矩为振动驱动力矩 L_d，反作用力（抑制）力矩与扭力杆的刚度 $-K_\theta\theta$ 有关，将常平架连接到主体；再加上常平架/检测质量组合的阻尼 $-C_\theta\dot{\theta}$，因此我们有

$$L_3^b=L_d-K_\theta\theta-C_\theta\dot{\theta} \tag{3-125}$$

我们感兴趣的是角度的动力学，$\eta(t)$ 和 $\theta(t)$；因此，考虑向量方程式（3－117）的第二个分量和向量方程式（3－123）的第三个分量。假设这些角度非常小是合理的；因此，η 和 θ 中的二阶项和高阶项被忽略（例如，$\sin\eta\approx\eta$ 和 $\cos\eta\approx1$）。结合式（3－117）～式（3－122），可以很容易地推导出 η 向量方程的第二个元素

$$\begin{aligned}&I_2^{m_1}\ddot{\eta}+C_\eta\dot{\eta}+[K_\eta+(I_3^{m_1}-I_1^{m_1})(\omega_3^2-\omega_1^2+2\omega_3\dot{\theta}-2\omega_1\omega_2\theta)]\eta\\&=I_2^{m_1}(\dot{\omega}_1\theta-\dot{\omega}_2)+(I_2^{m_1}-I_1^{m_1}+I_3^{m_1})\omega_1\dot{\theta}+(I_3^{m_1}-I_1^{m_1})(\omega_2\theta+\omega_1)\omega_3\end{aligned} \tag{3-126}$$

对常平架/检测质量组合的运动方程进行类似的处理，式（3－123）至式（3－125）组合的第三个元素为

$$\begin{aligned}&(I_3^{m_1}+I_3^{m_2})\ddot{\theta}+C_\theta\dot{\theta}+[K_\theta+(I_1^{m_1}-I_2^{m_1}+I_1^{m_2}-I_2^{m_2})(\omega_1^2-\omega_2^2)-I_2^{m_1}\omega_1^2]\theta\\&=L_d+(I_1^{m_1}-I_2^{m_1}+I_1^{m_2}-I_2^{m_2})\omega_1\omega_2-I_2^{m_1}\omega_1\dot{\eta}+(I_3^{m_1}-I_1^{m_1})\omega_2\omega_3\eta\\&-(I_3^{m_1}+I_3^{m_2})\dot{\omega}_3-(\dot{\eta}\omega_1+\eta\dot{\omega}_1)(I_3^{m_1}-I_1^{m_1})\end{aligned} \tag{3-127}$$

如上所述，如果扭力杆的刚度在 η 和 θ 系数中占主导地位；并且，如果我们假设与系统的动力学相比，$\boldsymbol{\omega}_{ib}^b\approx\mathbf{0}$，且交叉项 $\omega_1\omega_2$ 和 $\omega_2\omega_3$ 可以忽略，则式（3－126）和式（3－127）化简为

$$\ddot{\eta}+\bar{C}_\eta\dot{\eta}+\bar{K}_\eta\eta=\frac{I_2^{m_1}-I_1^{m_1}+I_3^{m_1}}{I_2^{m_1}}\omega_1\dot{\theta} \tag{3-128}$$

$$\ddot{\theta}+\bar{C}_\theta\dot{\theta}+\bar{K}_\theta\theta=\bar{L}_d \tag{3-129}$$

在后一种情况下，也假设驱动力矩占主导地位：$|L_d|\gg|(I_2^{m_1}-I_1^{m_1}+I_3^{m_1})\omega_1\dot{\eta}|$；其中，$\bar{C}_\eta=C_\eta/I_2^{m_1}$，$\bar{K}_\eta=K_\eta/I_2^{m_1}$，$\bar{C}_\theta=C_\theta/(I_3^{m_1}+I_3^{m_2})$，$\bar{K}_\theta=K_\theta/(I_3^{m_1}+I_3^{m_2})$，且 $\bar{L}_d=L_d/(I_3^{m_1}+I_3^{m_2})$。如果

$$L_d=D\sin(\upsilon t) \tag{3-130}$$

则式（3－128）和式（3－129）的形式与式（3－110）和式（3－111）相同。因此，类比式（3－112）～式（3－114），将驱动频率设置为谐振频率 $\upsilon=\upsilon_n=\sqrt{\bar{K}_\theta}$，并调整扭转挠度使 $\bar{K}_\theta=\bar{K}_\eta$，则激励角 θ 和输出角 η 由下式给出

$$\theta(t)=A_{\theta}\cos(\upsilon_{n}t),A_{\theta}=-\frac{\overline{D}}{\upsilon_{n}\bar{C}_{\theta}} \tag{3-131}$$

以及

$$\eta(t)=A_{\eta}\cos(\upsilon_{n}t),A_{\eta}=-\omega_{1}\frac{D(I_{2}^{m_1}-I_{1}^{m_1}+I_{3}^{m_1})}{\upsilon_{n}C_{\eta}C_{\theta}} \tag{3-132}$$

在所有情况下，对于振动陀螺仪的每种模式，无论平移、旋转还是混合，如果检测质量的正弦激励频率与谐振频率相同，设备的角速率 ω_1 会引起科里奥利响应，频率相同，振幅与 ω_1 成正比。此外，输出幅值与驱动激励幅值之比，本质上是装置的角速度除以阻尼系数，根据式（3－99）、式（3－103）、式（3－112）、式（3－113）、式（3－114）、式（3－131）和式（3－132），可以得出

$$\frac{\eta_0}{B}=\frac{\omega_1}{C},\quad \frac{A_2}{A_3}=2m_1\frac{\omega_1}{C_2},\quad \frac{A_\eta}{A_\theta}=(I_{2}^{m_1}-I_{1}^{m_1}+I_{3}^{m_1})\frac{\omega_1}{C_\eta} \tag{3-133}$$

阻尼系数的倒数通常与描述阻尼振荡器谐振特性的因子 Q 有关。根据不同的系统，有不同的方法来定义 Q。对于平移振动陀螺仪，Acar 和 Shkel（2009）定义 $Q=\upsilon/\bar{C}_2$，所以（对于 $m_1 \gg m_2$ 的情况），我们有 $A_2/A_3=2Q\omega_1/\upsilon$ 。对于谐振（和激励）频率，$\upsilon=2\pi\times10^4$ rad，$Q=10^4$，角输入速率为 $\omega_1=1°/\mathrm{s}$ 时，输出与激励振幅之比 $A_2/A_3=5.6\times10^{-3}$， 这意味着，如果 MEMS 陀螺仪的激励幅值为 $A_3=10\ \mu\mathrm{m}$ ，那么由于这个角速率引起的传感元件的幅值几乎小了三个数量级，即只有 $A_2=56\ \mathrm{nm}$ 。即使在理想的条件下，高灵敏度也不容易实现。

3.2.3.2　MEMS 陀螺仪误差源

对振动陀螺仪精度的主要挑战之一是振动的感应－激励振幅的小比例。同样，基于感应振动的设备对外部或环境振动特别敏感，这些振动可能会改变驱动器或感应谐振频率。这些挑战主要是通过优化加速度灵敏度（包括对加速度平方的灵敏度）以及分辨率、动态范围、偏置和刻度线性等其他参数的工程设计来解决的。理想情况下，降低平移振动陀螺仪对外部加速度的灵敏度的最简单方法是采用反相位系统，即音叉结构，其中两个耦合的检测质量的激励相差 180°。差分相应的输出消除了共模加速度，只留下科里奥利响应，因为它们具有相反的符号 $[\cos(\upsilon t+\pi)=-\cos(\upsilon t)]$ 。另一种设计选择是在闭环模式下操作传感器，这提高了对振动频率变化的容忍度，以及传感器的线性度，但大大增加了其制造的复杂性。事实上，对许多误差的补偿可以通过集成电子器件作为主传感器的一部分来实现。最终，性能与成本直接相关，由于不太严格的微加工公差和更少的电子误差补偿机制（例如添加 MEMS 加速度计进行加速度误差补偿），较低的成本通常意味着较低的性能。基本的详细设计分析可见 Acar 和 Shkel（2009）与 Apostolyuk（2006）。

MEMS 陀螺仪的误差规格与传统器件相似，包括偏置稳定性、非线性和温度敏感性引起的比例因子误差以及分辨率（噪声）等性能数据。在实际应用中，较为重要的是对环境因素（如温度、加速度和冲击）的振动（加速度）和漂移的灵敏度规格。一款 Analog Devices 的 MEMS 陀螺仪（Analog Devices，2013）的样本误差规格和性能部分给出如下

$$
\begin{aligned}
&\text{偏置稳定性} = 6^\circ/\text{s} \\
&\text{噪声率} = 0.015^\circ/\text{s}/\sqrt{\text{Hz}} \\
&\text{线性加速度灵敏度} = 0.03^\circ/\text{s}/g \\
&\text{振动整流} = 0.003^\circ/\text{s}/g^2 \\
&\text{温度漂移灵敏度} = 0.05\%/^\circ\text{C}
\end{aligned}
\qquad (3-134)
$$

然而，对于通常针对特定应用程序进行调优的任何误差参数，都有广泛的规范。

3.3 加速度计

在某种意义上来说，第一只加速度计实际上就是一个重力摆（实际上，所有类型的重力仪都是加速度计），它可以追溯到 17 世纪，伽利略、乔瓦尼·里乔利和克里斯蒂安·惠更斯等人进行了落体和钟摆实验（Torge，1989）。知道摆臂长和摆动周期，我们就可以推出总的重力加速度值。正是通过比较不同位置处摆的周期这种方法，第一次表明了地球表面的重力加速度与海拔高度和纬度有关（如牛顿所预测）。从那些早期的实验开始，摆锤就一直是测量重力的主要工具，既可以测量点之间的相对重力，也可以测量地球表面上任何一点的绝对重力。

今天，重力仪几乎都是基于弹簧上的检测质量的概念，它的机械原理对应于质量的线性或者旋转自由度，这个质量通过弹簧，以多种方式连接到设备的壳体上，可参见 Torge（1989）。常见加速度计的设计基于相似的原理，只是机械弹簧被电磁产生的力矩代替。重力仪和加速度计通常都使用了归零方法（闭环操作类似于机械陀螺再平衡回路，见第 3.2.1.1 节），因此保持检测质量在平衡状态所需要的力就是（变化）加速度的度量。另外一种常见的加速度计是基于振动单元的谐振频率，这是由于检测质量加速度的变化引起振动单元张力的变化，从而使得谐振频率发生变化。在这两种类型中，对加速度的响应都受惯性质量影响，牛顿运动定律最终决定了传感机制的动力学方程。

线性加速度计和角加速度计之间是有差别的，目前处理的重点是线性变化（用于惯性导航），然而至少在低频运动的情况下，陀螺仪具有比角加速度计更好的性能（也适用于感测旋转）。此外，值得注意的是，加速度计的发展，特别是在 MEMS 制造领域，涵盖了与加速度、冲击和振动监测相关的商业和工业应用的更大领域，从汽车安全到消费电子游戏和医疗保健。加速度计的基本机制，无论是宏观的还是微观的，都是一样的：一个附加在弹簧或悬臂梁上的检测质量，由于其惯性而对施加的力作出反应。测量其位移的方法不同，包括电容式、压电式和光学传感器等。虽然 MEMS 器件被排除在外，在本章中依旧会对一些结构进行讨论，而其基本上是由不断发展的固态技术实现的小型化。MEMS 的发展和应用的广泛细节可见 Walter（1997），Meydan（1997），Titterton 和 Weston（2004），Andrejašič（2008），Rasras 等（2019）。

为了便于说明结果适用于任何类型的线性加速度计，我们首先假定在理想弹簧上简单质量的情况。尽管对于旋转（摆式类型）检测机制的情况仅仅是平移类似，但它直观给出了加速度计检测方法的概念。加速度计通过等效原理敏感加速度是有误差的。有时一些大地测量学的文献会对此效应进行描述，加速度计既能敏感运动加速度也能感知引力加速度。或者应当用“加速度计仅仅敏感比力”（第 1.2.1 节）来描述。

如图 3－15 所示，理想的加速度计由连接于弹簧上的检测质量组成，而弹簧连接在框架上。只需检测质量在弹簧确定的方向上（无摩擦的）移动，框架就可以确定检测质量的相对位移。假定弹簧的刚度，$k>0$，为一个常数。在第一种情况下，参考坐标系是第 1 章中讨论的纯惯性坐标系，即没有引力场。如图 3－15（a）所示，加速度计静止（或者是匀速直线运动），因为没有力施加在检测质量上，所以弹簧没有应力（检测质量保持在 $x=0$）。

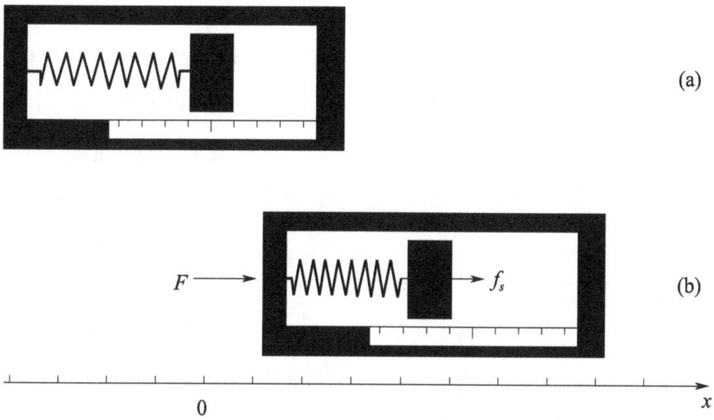

图 3－15　惯性坐标系中的加速度计

如图 3—15（b）所示，力 F（即接触力或者物理力）施加在框架上，使框以恒定的加速度 a 在参考坐标系（沿着 x 轴）内加速。这个力将通过弹簧传递到检测质量上，弹簧压缩（初始）并将力 f_s 施加在检测质量上。令 X 表示检测质量相对于框的位移，x_b 表示框架在外部参考坐标系的位移，那么检测质量在外部坐标系的位移是

$$x=x_b+X \tag{3-135}$$

施加在检测质量上（仅有）的力是由于弹簧压缩产生，这个力由胡克定律给出：$f_s=-kX$ ；所以，根据牛顿第二运动定律（见第 1.3 节）（在惯性坐标系的）运动方程是

$$m\ddot{x}=f_s=-kX \tag{3-136}$$

其中，m 是检测质量的质量。将式（3－135）代入式（3－136）的左侧，并注意到 $\ddot{x}_b=a$ ，那么可得

$$\ddot{X}+\frac{k}{m}X=-a \tag{3-137}$$

这就是强迫谐振振荡器的微分方程，其解由式（2－84）给出

$$X(t)=-\frac{ma}{k}\left[1-\cos\left(t\sqrt{\frac{k}{m}}\right)\right] \tag{3-138}$$

假定以下的初始值

$$X(t=0)=0\,,\quad \dot{X}(t=0)=0 \tag{3-139}$$

显然，检测质量相对于框架的平均位移直接与施加的加速度成正比，比例常数为 m/k；所以，这个装置就是一个加速度计。要成为实际可用的加速度计，需要引入某种形式的阻尼来衰减振荡。

现在，假定引力场存在于（非惯性）参考坐标系中。在这种情况下，引力作用使得框架和检测质量（包括弹簧）都在加速。如果引力加速度 g 在框架的长度上为常量，框架和检测质量（受到的）引力加速度一样（牛顿万有引力定律，见第 1.6 节）。现在，式（1－7）定义了检测质量的运动；并且，在没有施加力的情况下，$\ddot{x}=g$ 。同样，对于框架来说，$\ddot{x}_b=g$ 。因此，通过式（3－135），检测质量相对于框架的运动可以通过以下方程来表示

$$\ddot{X}=0 \Rightarrow X(t)=0 \tag{3-140}$$

其中条件式（3－139）适用。加速度计在重力场中加速（自由落体），但是它指示没有加速度。这种简单的推导，与前述的研究一致，从原理上表明加速度计不能直接感测重力场的存在。最后一个例子是绕地球轨道上的加速度计，尽管总是存在朝向地球的加速度（自由落体），它仅能感测大气阻力和太阳（其他星体）辐射压力，但是它感测不到引力加速度。

总之，加速度计只能感测比力［也就是式（1－7）中的“$\boldsymbol{a}$”］，也就是真实的力（即施加的或者接触的力），这符合 IEEE 标准（IEEE，1984）对加速度计的定义，“感测质量惯性作用的装置，其目的用于测量……加速度”。它既不感测引力加速度，也不感测其他类型的运动加速度（比如由于旋转，参见第 1 章中的讨论）。它能感知这些物体的反作用力，因为这些反作用力（飞机机翼提供的升力，地球表面施加在静止物体上的反作用力）都是真实的力。依据等效原理，测量（本身）不能分辨这个反作用力是万有引力、旋转的结果还是外力。

3.3.1　非惯性坐标系的加速度

敏感加速度向量从惯性坐标系到任意坐标系（称为 a 系）的变换通过下式简单地得出

$$\boldsymbol{a}^a=\boldsymbol{C}_i^a\boldsymbol{a}^i \tag{3-141}$$

其中，变换矩阵 $\boldsymbol{C}_i^a$ ，代表绕传感器中心旋转的矩阵，沿着 a 系确定的方向重新确定向量 $\boldsymbol{a}^i$ 的各个分量。a 系可以旋转（为非惯性坐标系），但是只要加速度计的敏感中心位于坐标系的原点，那么就没有附加项（例如离心或者科里奥利加速度）进入变换中。

另外，假定包含一组非中心加速度计的壳体绕惯性坐标系 i 系旋转。令壳体坐标系为 c 系，假定加速度计坐标系（a 系）与 c 系刚性连接并平行。a 系和 c 系之间的变换通过向量给出（见图 3－16）

$$\boldsymbol{b}^i=\boldsymbol{x}^i_{\text{accel}}-\boldsymbol{x}^i_{\text{case}} \tag{3-142}$$

其中，所有的坐标均在 i 系中。我们希望将 a 系中的敏感加速度在 c 系中进行表达。通过科里奥利原理式（1－70）和 $\boldsymbol{b}^c=\boldsymbol{0}$，我们可得

$$\dot{\boldsymbol{x}}^i_{\text{accel}}=\dot{\boldsymbol{x}}^i_{\text{case}}+\dot{\boldsymbol{b}}^i=\dot{\boldsymbol{x}}^i_{\text{case}}+\boldsymbol{C}_c^i\boldsymbol{\omega}_{ic}^c\times\boldsymbol{b}^c \tag{3-143}$$

使用式（1－68）和式（1－62）再次对上式求微分

$$\begin{aligned}\ddot{\boldsymbol{x}}^{i}_{\text{accel}} &= \ddot{\boldsymbol{x}}^{i}_{\text{case}} + (\dot{\boldsymbol{C}}^{i}_{c}\boldsymbol{\omega}^{c}_{ic} + \boldsymbol{C}^{i}_{c}\dot{\boldsymbol{\omega}}^{c}_{ic}) \times \boldsymbol{b}^{c} \\ &= \ddot{\boldsymbol{x}}^{i}_{\text{case}} + \boldsymbol{C}^{i}_{c}\dot{\boldsymbol{\omega}}^{c}_{ic} \times \boldsymbol{b}^{c} + \boldsymbol{C}^{i}_{c}\boldsymbol{\omega}^{c}_{ic} \times (\boldsymbol{\omega}^{c}_{ic} \times \boldsymbol{b}^{c})\end{aligned} \tag{3-144}$$

假定存在引力场，那么从式（1-7）可得

$$\boldsymbol{a}^{i}_{\text{accel}} = \ddot{\boldsymbol{x}}^{i}_{\text{accel}} - \boldsymbol{g}^{i}_{\text{accel}},\quad \boldsymbol{a}^{i}_{\text{case}} = \ddot{\boldsymbol{x}}^{i}_{\text{case}} - \boldsymbol{g}^{i}_{\text{case}} \tag{3-145}$$

令 $\boldsymbol{C}^{i}_{c}$ 表示从 i 系到 c 系的旋转。那么，使用式（3-145）和式（3-144），我们得到

$$\begin{aligned}\boldsymbol{a}^{c}_{\text{accel}} &= \boldsymbol{C}^{c}_{i}(\ddot{\boldsymbol{x}}^{i}_{\text{accel}} - \boldsymbol{g}^{i}_{\text{accel}}) \\ &= \boldsymbol{C}^{c}_{i}[\ddot{\boldsymbol{x}}^{i}_{\text{case}} + \boldsymbol{C}^{i}_{c}\dot{\boldsymbol{\omega}}^{c}_{ic} \times \boldsymbol{b}^{c} + \boldsymbol{C}^{i}_{c}\boldsymbol{\omega}^{c}_{ic} \times (\boldsymbol{\omega}^{c}_{ic} \times \boldsymbol{b}^{c}) - \boldsymbol{g}^{i}_{\text{accetl}}] \\ &= \boldsymbol{a}^{c}_{\text{case}} + \boldsymbol{g}^{c}_{\text{case}} - \boldsymbol{g}^{c}_{\text{accel}} + \dot{\boldsymbol{\omega}}^{c}_{ic} \times \boldsymbol{b}^{c} + \boldsymbol{\omega}^{c}_{ic} \times (\boldsymbol{\omega}^{c}_{ic} \times \boldsymbol{b}^{c})\end{aligned} \tag{3-146}$$

这说明在 a 系中感测的加速度，以（与 a 系）平行且与壳体刚性固联的 c 系为坐标，等于壳体加速度加上 a 系和 c 系刚性支撑引起的各种反作用力。这些作用力第一是由于加速度计位置与壳体坐标系原点之间万有引力差引起的，其他项与壳体在惯性坐标系中的旋转有关。它们构成杆臂效应，只要加速度传感器不在运载体运动中心时均会导致杆臂效应。

当我们考虑加速度计在其自身坐标系（a 系）感测惯性加速度时，将使用方程（3-146），感测加速度被转换为相对于加速度计壳体的定义参考点（c 系）的加速度。这个变换误差可以由式（3-146）右侧除第一项外的其他项给出（因为 $\boldsymbol{b}^{c}$ 在几厘米或者更小量级上，万有引力差可以忽略不计）。

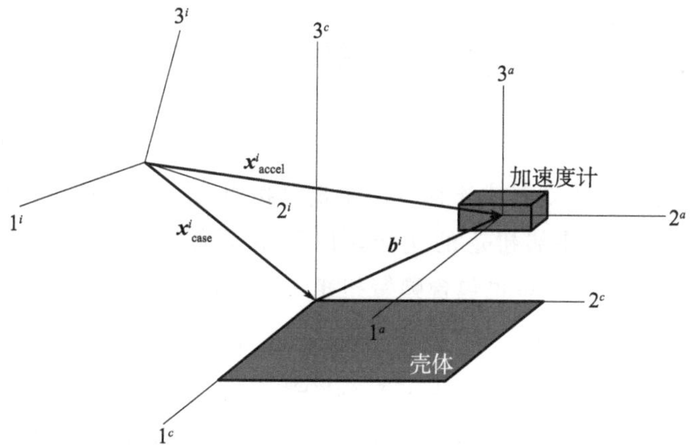

图 3-16　相对于 i 系的加速度坐标系和壳体坐标系

3.3.2　力-再平衡动力学方程

现代高性能、导航级加速度计检测质量的运动是摆式的，而不是如图 3-15 所示的检测质量在线性弹簧上的严格平移。也就是说，检测质量是摆的臂，而摆被铰接在加速度计的壳体上响应施加（在摆上的）加速度，加速度使得摆绕铰接点旋转。然而，使用一个合适的反馈回路（闭环回路操作），通常检测质量被施加的力拉回到它的零位置（平衡位

置），这样保持仪器灵敏度与施加加速度的线性关系。为了得到力-再平衡加速度计动力学方程，我们间接地引用机械式单自由度陀螺（的动力学方程），如图 3-17 所示。

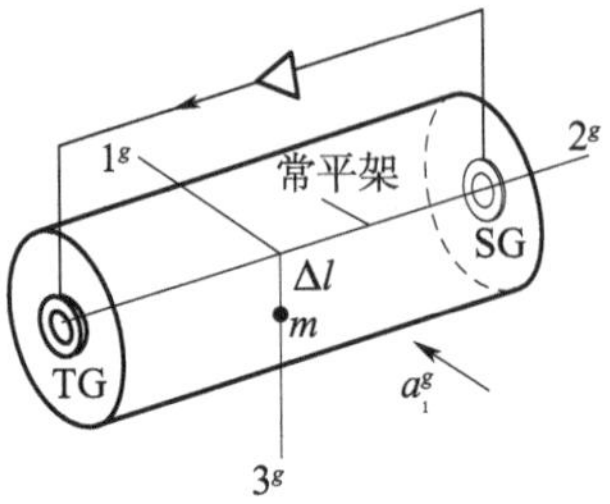

图 3-17　力（力矩）-再平衡摆式加速度计

这个壳体中的检测质量是非对称的，质量为 m，其中心沿着 3 轴位移了一段距离 Δl。为了敏感沿着 1 轴的加速度，允许检测质量绕 2 轴转动，而 2 轴表示加速度计摆的“铰链”。这与在讨论机械陀螺时质量不平衡的情况类似，此处是因为仪器要敏感加速度。1 轴是输入轴，2 轴是输出轴，包含检测质量的 3 轴被称为摆轴。

假设一个比力向量 $\boldsymbol{a}$ 施加在加速度计的壳体上，导致常平架旋转，并假定壳体本身以角速率 $\boldsymbol{\omega}^c_{ic}$ 相对于惯性空间旋转（i 系），其向量分量由式（3-23）给出。由于沿着 1^g 轴的比力分量 a^g_1，检测质量的摆轴将偏离参考轴，偏离角度为 η（见图 3-18）。令这个摆参考轴为 c 系的 3 轴。我们还定义 2^c 轴与 2^g 轴平行，显而易见，将 c 系的原点定义在距离 g 系原点为 l 的地方。

为了推导动力学方程，我们从机械陀螺仪的动力学方程式（3-24）开始，但请注意，由于加速度计质量分布的不对称性，惯性张量包含惯性的非零积，它们被集中到 PI 项中

$$I^g_2\ddot{\eta}=L^g_2-I^g_2\dot{\omega}^c_2+(\omega^c_3+\eta\omega^c_1)(I^g_3-I^g_1)(\omega^c_1-\eta\omega^c_3)+PI \tag{3-147}$$

式中，绕输出轴施加的总力矩是由于命令再平衡力扭矩 L_{com} 引起的，其中包括再平衡扭矩和用于抵消已知（校准）外部扭矩的扭矩，以及由于质量惯性而产生的负反作用扭矩 $a^g_1 m\Delta l$［见式（3-40）］。这里也包含弹簧扭矩 $-K\eta$，也就是由概念上的摆式加速度计铰链施加的扭矩，以及阻尼力矩 $-C\dot{\eta}$，所以，总的施加扭矩就是

$$L^g_2=L_{\mathrm{reb}}+L_{\mathrm{cal}}+a^g_1 m\Delta l-C\dot{\eta}-K\eta \tag{3-148}$$

注意，式（3-148）中的输入加速度 a^g_1 是指沿 1^g 轴的加速度，参考点位于 g 坐标系的原点。最后，我们沿着参考输入轴 1^c 轴测量加速度 a^c_1（见图 3-18）。

令 c'系（各坐标轴的方向）平行于 c 系，与 g 系的原点相同。对 $\boldsymbol{C}^g_c$ 使用式（3-21），$\boldsymbol{C}^g_{c'}=\boldsymbol{R}_2(-\eta)$ 可以得出在 g 系中沿 1^g 轴的加速度

$$a^g_1=a^{c'}_1+\eta a^{c'}_3 \tag{3-149}$$

根据式（3-146），忽略引力效应并且 $\boldsymbol{b}^c=(0\quad 0\quad -l)^{\mathrm{T}}$，根据位移后 c 系中相对应的分量给出分量 $a^{c'}_1$，如下

$$a^{c'}_1=a^c_1-\dot{\omega}^c_2 l-\omega^c_1\omega^c_3 l \tag{3-150}$$

将式（3-150）代入式（3-149），结果代入式（3-148）产生在 g 系的施加力矩，

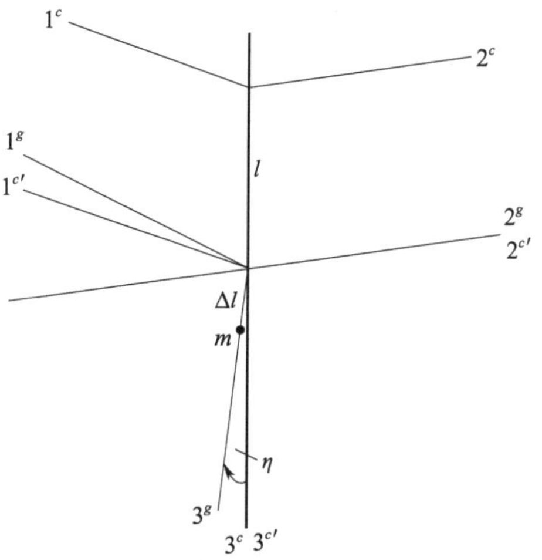

图 3-18　摆式力-再平衡加速度计的坐标系

将（施加力矩）代入式（3-147），产生以下以 η 为变量的微分方程

$$I_2^g\ddot{\eta}+C\dot{\eta}+(a_3^{c'}m\Delta l+K)\eta=L_{\text{reb}}+L_{\text{cal}}-(a_1^c-\dot{\omega}_2^c l-\omega_1^c\omega_3^c l)m\Delta l-I_2^g\dot{\omega}_2^c+(I_3^g-I_1^g)\omega_1^c\omega_3^c+PI \tag{3-151}$$

其中，取决于小角度 η 的各向异性惯性已被忽略。乘积 $m\Delta l$ 称为摆性 p，是仪器的已知量。除以 p，式（3-151）变成

$$\frac{I_2^g\ddot{\eta}}{p}+\frac{C}{p}\dot{\eta}+\left(a_3^{c'}+\frac{K}{p}\right)\eta=\frac{L_{\text{reb}}+L_{\text{cal}}}{p}-a_1^c+\left(l-\frac{I_2^g}{p}\right)\dot{\omega}_2^c+\left(\frac{I_3^g-I_1^g}{p}+l\right)\omega_1^c\omega_3^c+\frac{PI}{p} \tag{3-152}$$

现在，我们可以选择 c 系的原点，因此

$$l=\frac{I_2^g}{p} \tag{3-153}$$

这样，消除由于输出轴旋转 $\dot{\omega}_2^c$ 引起的误差项。那么式（3-152）变为

$$\frac{I_2^g\ddot{\eta}}{p}+\frac{C}{p}\dot{\eta}+\left(a_3^{c'}+\frac{K}{p}\right)\eta=\frac{L_{\text{reb}}+L_{\text{cal}}}{p}-a_1^c+\left(\frac{I_3^g+I_2^g-I_1^g}{p}\right)\omega_1^c\omega_3^c+\frac{PI}{p} \tag{3-154}$$

这是摆式力-再平衡加速度计动力学方程的最终形式。左侧最后一项是已知的摆振动误差，它将摆轴加速度 $a_3^{c'}$ 交叉耦合到输入中，如果 $a_3^{c'}$ 和 η 共振，那么这一项就是偏置的重要误差源。

扭矩 L_{cal} 被施加在输出轴上，以补偿式（3-154）右边可能已知的（校准的）最后两项。扭矩 L_{reb} 施加在输出轴上，因此偏离角 η 被调整为 0（$\eta=0$）。通过测量施加回复力矩所需要的电流就可以给出所表示的比力。稳态时（$\ddot{\eta}=0$），$\eta\approx0$，可得出

$$a_1^c=-\frac{1}{p}L_{\text{reb}} \tag{3-155}$$

摆式加速度计的旋转动力学方程（3－154）与弹簧式加速度计的平移动力学方程（3－137）类似。然而，在力-再平衡加速度计的常用设计中，通常直接将力施加在检测质量上，而不是在铰链上施加扭矩的形式。

3.3.3 摆式加速度计实例

再平衡摆基本原理的设计在现代挠性摆式加速度计中得到体现；动力学方程与上述的旋转系统是一致的。挠性摆式加速度计如图 3－19 所示，以 Litton 陀螺仪惯性导航系统的 A—4 加速度计为例来说明。当检测质量响应沿输入轴的加速度时，光学拾取器中产生电流。通过电子模块获取这个（电流）信号的扭矩脉冲，用来抑制检测质量使其处于零位置，并且提供一组脉冲串，脉冲串速率是速度变化（加速度）的直接测量值。

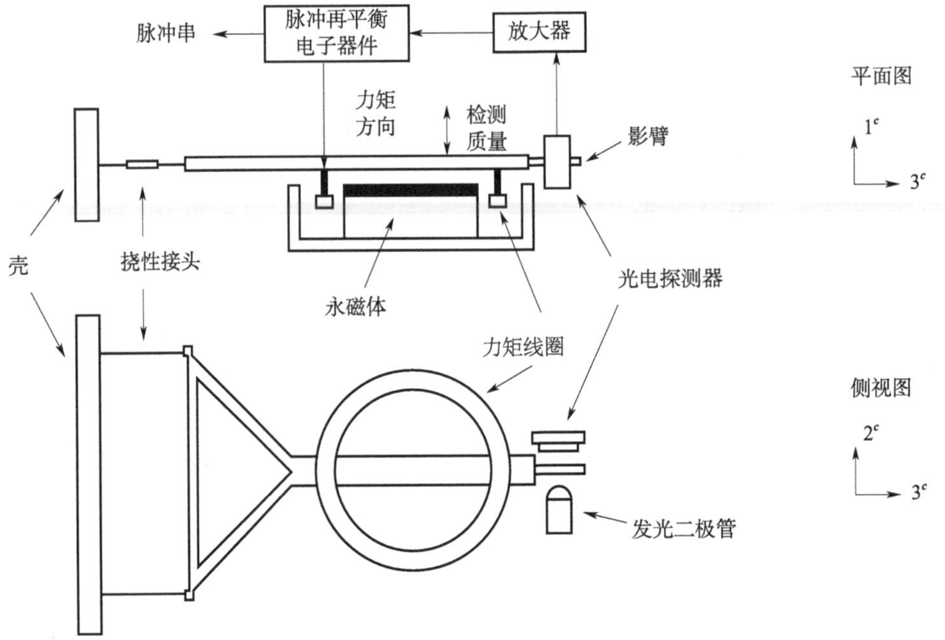

图 3－19　挠性摆式力-再平衡加速度计示意图

类似的结构也用于贝尔宇航公司的 Model Ⅶ加速度计，如图 3－20 所示，联合信号公司（现霍尼韦尔公司）的 QA2000（QA3000 也一样），如图 3－21（a）和图 3－21（b）所示，用于霍尼韦尔公司的 RLG 导航系统。摆的设计现在可以用在硅片上微机械固态加速度计的生产。使用集成电路生产厂家采用的方法，包括检测质量、铰链和支撑结构的全部组件刻蚀在单晶硅片上。这些方法适合批量生产，数百只加速度计可以刻蚀在一片单晶硅上。微机械加速度计没有体积较大的常规加速度计的精度高，但是它们成本低，尤其是在获得具有匹配性能特点的传感器组方面。

另外一种类型的摆加速度计是摆式积分陀螺仪加速度计（PIGA），包含一个陀螺仪单元，其旋转轴沿着质量不平衡的轴（见图 3－23）。传感器组件相对壳体的支撑现在由沿着输入轴的耳轴来提供。沿输入轴的加速度可以产生旋转轴 3^g 的偏差，由于质量不平衡的

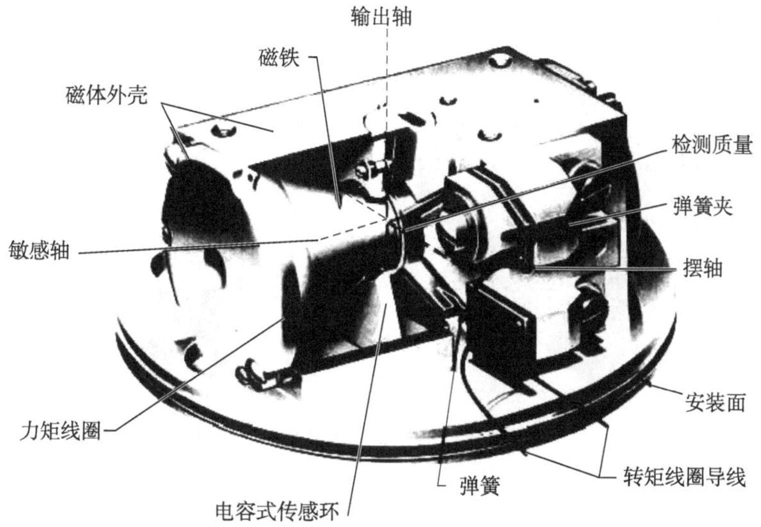

图 3－20　贝尔宇航公司的 Model Ⅶ力-再平衡加速度计

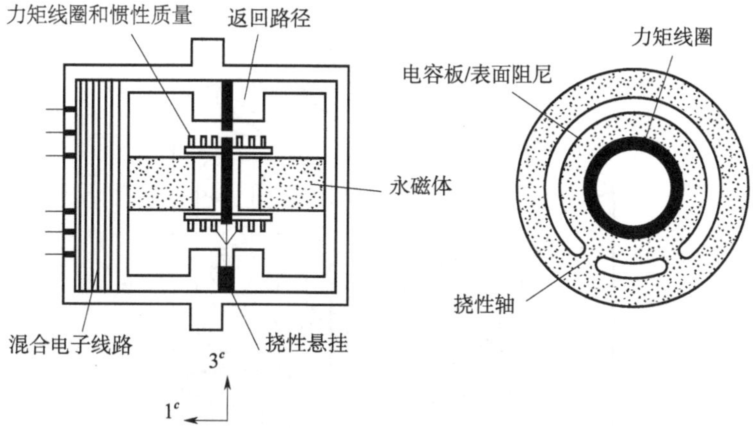

图 3－21　基于石英挠性支撑的摆式力-再平衡加速度计

惯性，将在 2 轴（输出轴）上施加了一个扭矩；通过式（3－28）可知，同时参见与式（3－40）相关的讨论，这与绕输入轴的旋转速率等效

$$L_2^g = -H_s \omega_1^c \tag{3-156}$$

式中，$H_s = I_s \omega_s$ 。在这种情况下，施加的扭矩和比力之间的关系由式（3－155）给出。所以

$$p a_1^c = H_s \omega_1^c \tag{3-157}$$

其中，角速率 ω_1^c 是耳轴相对于壳体的角速率，记为 $\dot{\eta}$ ，加上壳体相对于惯性坐标系的角速率。如果壳体在稳定平台上，后一项通常是 0，此时 $\omega_1^c \approx \dot{\eta}$ ，对式（3－157）做积分可得

$$\Delta\eta = \frac{p}{H_s}\int a_1^c \mathrm{d}t = \frac{p}{H_s}\Delta v \tag{3-158}$$

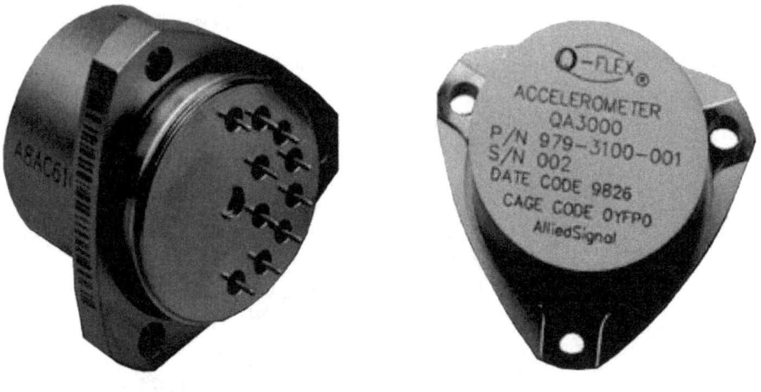

图 3－22　联合信号公司 QA3000 加速度计

式中，Δv 为比力的积分，即速度。伺服电机使常平架旋转在陀螺仪单元上产生一个扭矩，这样平衡了摆的扭矩。陀螺仪加速度计不太适合捷联（系统）应用，在捷联系统中壳体角速率须用于加速度的计算。

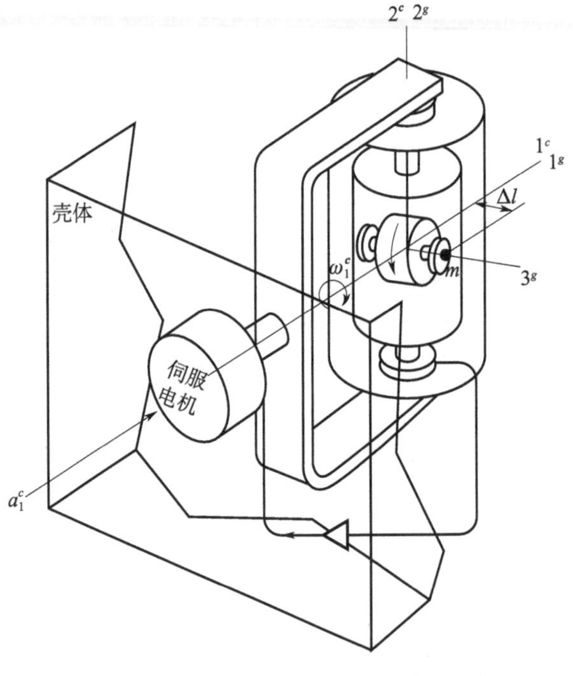

图 3－23　摆式积分陀螺仪加速度计的示意图

3.3.4　振动元件的动力学方程

谐振加速度计（或者振梁加速度计）的测量原理是基于对振动元件谐振频率的依赖性，例如有拉力施加在金属丝或带子、杆上。用一束弦来说明这个问题（类似小提琴的弦；见图 3－24），以下关系对于小振幅波成立

$$v=\sqrt{\frac{F}{\mu}} \tag{3-159}$$

这是用另外一种方法阐述了在振动弦上的径向力或者张力 F 等于波在丝上传播速度 v 的平方与单位长度上弦的质量之积。通过运用牛顿定律推导出弦的运动，由波的经典微分方程来描述［参见任何基本物理书，例如 Shrotley 和 Williams（1971）］。波的速度和频率 f 之间的关系可以容易地从以下事实获知：单位时间内波的一个周期对应于其速度除以波长 λ，这样

$$f=\frac{v}{\lambda} \tag{3-160}$$

使用式（1－4）的 $F=ma$，并将式（3－159）和式（3－160）组合在一起，其中，a 为在 F 方向上施加的加速度，m 为检测质量，我们可得

$$f=\frac{1}{2l}\sqrt{\frac{ma}{\mu}} \tag{3-161}$$

其中，对于如图 3－24 所示的驻波，我们有 $l=\frac{\lambda}{2}$ 。弦上张力变化或者等效施加加速度的变化，将产生频率的变化（类似小提琴的调弦）。

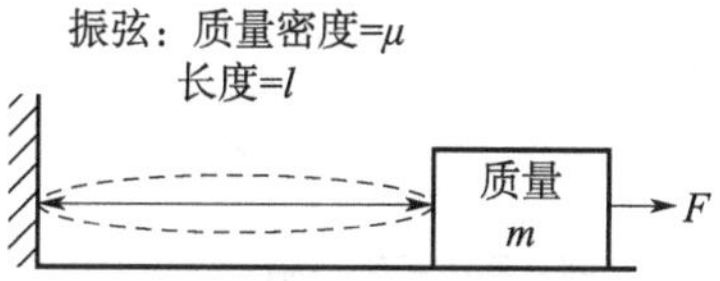

图 3－24　振弦

为了测量频率变化，人们设计了一款如图 3－25 所示的差分装置。采用两根弦的优点包括消除了许多机械误差和由于温度引起的误差（因为这些误差项对于配置的两半是一样的），并且令标度系数是单根弦的两倍。当施加加速度时，由于惯性，检测质量拉伸右侧的弦，将其张力改变为 $F_2=F_0+ma$ ；使得左侧的弦放松，其张力变为 $F_1=F_0-ma$ ，其中，F_0 为两根弦上最初的张力值。相应的频率变化为 $f_1=f_0-\Delta f/2$ 和 $f_2=f_0+\Delta f/2$，此处 f_0 是标称频率；并且，假定两根弦的质量密度相同，长度不发生明显的变化，将式（3－161）用于每根弦，可得

$$\begin{aligned}\mu(2lf_1)^2&=F_0-ma\\ \mu(2lf_2)^2&=F_0+ma\end{aligned} \tag{3-162}$$

通过消除 F_0，求解加速度可得

$$a\approx\frac{4m_s lf_0}{m}\Delta f \tag{3-163}$$

其中，$\Delta f=f_2-f_1$；$m_s=\mu l$ 是每根弦的总质量。测量输出值本质上是数字式的，类似于陀螺仪（见第 3.2.2.1 节），这样不需要额外的 A/D 转换的电子模块。与力-再平衡加速度计不一样，振弦加速度计是以开环模式工作的。这表明式（3－163）中所示的标度系数

$4m_s l f_0 / m$ 一定非常稳定；并且主要误差源自于结构件机械特性的变化。

实际谐振加速度计中，使用石英晶体代替振弦，因为石英晶体的热稳定性和机械稳定性更好；滑动检测质量被铰链摆代替，如图 3-26 所示。石英谐振器连接到仪器的框架和摆上，反过来，摆对响应加速度的振动晶体施加张力或者压力。全部的传感器（谐振器，摆和支撑结构）也可以在单片石英晶体上组成一个微机械装置，具有很高的热稳定性和可靠性，以及低成本。

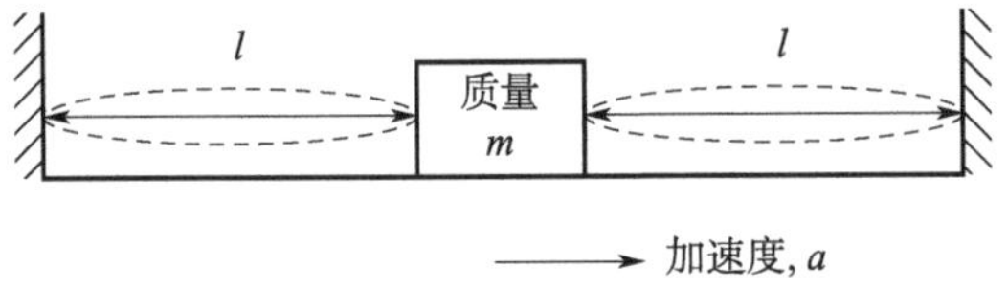

图 3-25　振弦加速度计

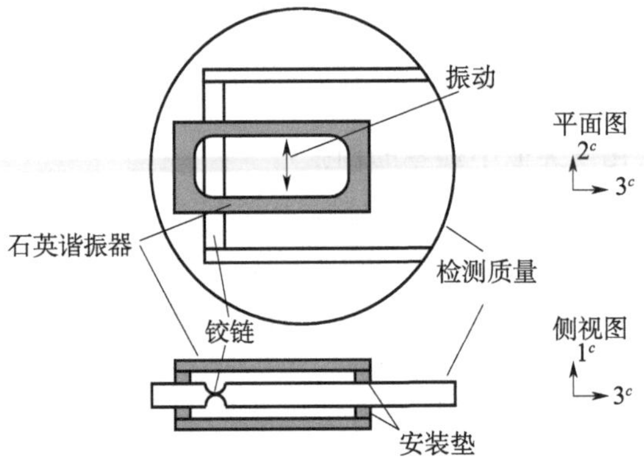

图 3-26　石英谐振振弦加速度计的示意图（Accelerex 设计，联合信号公司；Lawrence，1998）

3.3.5　误差源

影响加速度计测量的误差与机械陀螺仪的误差类似。通用的模型包括一个偏置项，该偏置项取决于温度变化、热感应迟滞，以及由摆轴的不均衡、沿加速度计输入轴和摆轴的加速度及其他交叉耦合项（例如摆振动误差）引起的各向异性弹性效应；还包括标度系数误差，由常数项、线性项和依赖于输入加速度的二次项组成。这个标度系数误差常在扭矩再平衡电路中出现。此外，摆组件的参考轴与壳体轴不一致，这就引入了将沿三个轴的加速度耦合到输入轴中的非对准误差。特别是非对准误差和其他误差项可以包含在式（3-154）所示的动力学方程中，并可以用于实验室的标定（可参见 Chatfield，1997）。在沿 1 轴测量时，保留未补偿误差项的模型具有以下形式

$$\delta a = \delta a_b + \kappa a_1 + v_a \tag{3-164}$$

式中，δa_b 为偏置；κ 为标度系数误差（在良性的动态环境中高阶项可以忽略）；v_a 为加速度计的随机（白）噪声。偏置可以被分解为类似式（3-42）的下式

$$\delta a_b = \delta a_0 + c_2 a_2 + c_3 a_3 + c_T \delta T \tag{3-165}$$

更高阶项取决于加速度计的值，根据需要可以加上。例如，Kayton 和 Fried（1997）给出了一款 20 世纪 90 年代典型的飞机加速度计的未补偿误差的值

$$
\begin{aligned}
\delta a_0 &= 25\times 10^{-5}(\mathrm{m/s^2}) \\
c_T &= 0.5\times 10^{-5}[(\mathrm{m/s^2})/^\circ\mathrm{C}] \\
c_2, c_3 &= 25\times 10^{-6}(\mathrm{rad}) \\
\kappa &= 50\times 10^{-6}
\end{aligned}
\qquad (3-166)
$$

第 4 章　惯性导航系统

4.1　介绍

安装在平台上单独的惯性传感器可以提供关于平台的有用信息（加速度、旋转速率或方向），但是只有通过适当编排，收集协调一致的信号，惯性测量单元才可以给平台惯性导航提供有效的数据。通常，惯性导航系统包含一组惯性传感器或惯性测量单元的陀螺仪和加速度计，以及安装其上的平台和稳定机制；计算机（模块）用于完成将敏感加速度和角度或者角速率（在有些编排中）转换成导航信息（即位置，速度和姿态）的计算。图 4－1 给出了捷联编排惯性导航系统组成部分的示意图。霍尼韦尔 H－423 捷联惯性导航系统的惯性传感器组件如图 4－2 所示，3 个陀螺仪和 3 个加速度计，它们占据了直角棱镜的 6 个面；惯性导航系统自身组成如图 4－3 所示。最后，对于平台的机械编排，硬件变得更加复杂，如图 4－3 所示（见第 4.2 节）。

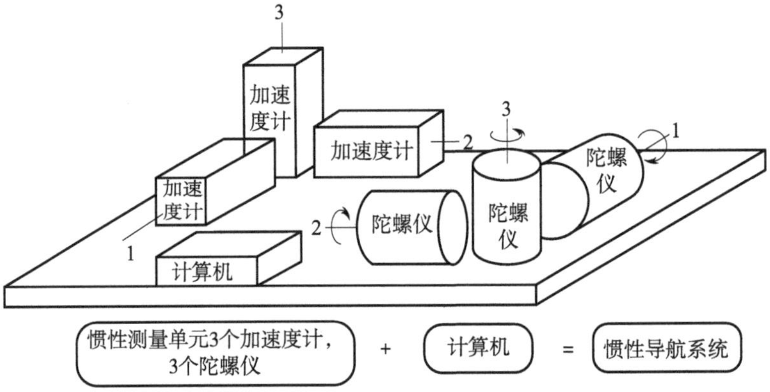

图 4－1　由 IMU 和导航计算机组成的基本惯性导航系统

惯性导航系统的发展源于 20 世纪初，此时德国发明了基于陀螺的罗经并将其用于舰船导航。惯性导航系统最初的概念很早就有了，在第二次世界大战期间主要由 J. Gievers 提出了惯性导航在海洋和陆地上应用（可参见 Stieler 和 Winter，1982）。特别是麻省理工学院的查尔斯·德雷珀设计了用于高速运载体的系统之后，飞机导航才在战后受益于惯性导航系统。20 世纪六七十年代，由于陀螺仪的精度得到稳步提高和数字电子计算机的出现，惯性导航的应用快速扩展到商业和军事航空领域，包括导弹制导、空间导航和著名的载人登月飞行。舰船导航也继续使用这些系统，尤其是潜艇导航，直至今日依然非常依赖惯性导航。除了飞机惯性导航系统外，航空有很长一段时间使用无线电导航辅助（罗兰，欧米茄，多普勒系统，甚高频全向信标等系统，参见 Beck，1971；Kayton 和 Fried，1969，1997）。今天，全球导航卫星系统（GNSS）已经令地面无线电导航黯然失色（如果不是取代的话），如全球定位系统、格洛纳斯、伽利略和北斗（见第 9 章）。然而，惯性导航系统在潜艇导航、辅助卫星和无线电导航、高精度飞机着陆系统、自主军事导航和制导等方面仍然发挥着重要作用。当然，微型设备虽然通常不如导航级系统精确，但在第 3 章所述的工业、商业产品和所有类型的自动驾驶汽车中发挥着越来越重要的作用。

在第 3 章中，我们可以看到陀螺仪误差是主要的漂移误差（它们不能通过时间平均来消除）；所以，惯性导航系统误差通常是积累的，第 5 章进行了大量的讨论。惯性导航系统的精度可以根据单位时间误差（指示位置减去实际位置）分为低精度、中等精度和高精度 3 种类型。因此，一个低精度系统每小时偏离（大多数）超过 1～2 nmi（2～4 km/h）；一个中等精度或者是导航级系统的特征是实现 0.5～2 nmi/h（1～4 km/h），更高精度典型值为 0.1～0.2 nmi/h（0.2～0.4 km/h）或者更好。这些规范只是一般的性能表示，不是线性的关系，也不能用于统计分析。

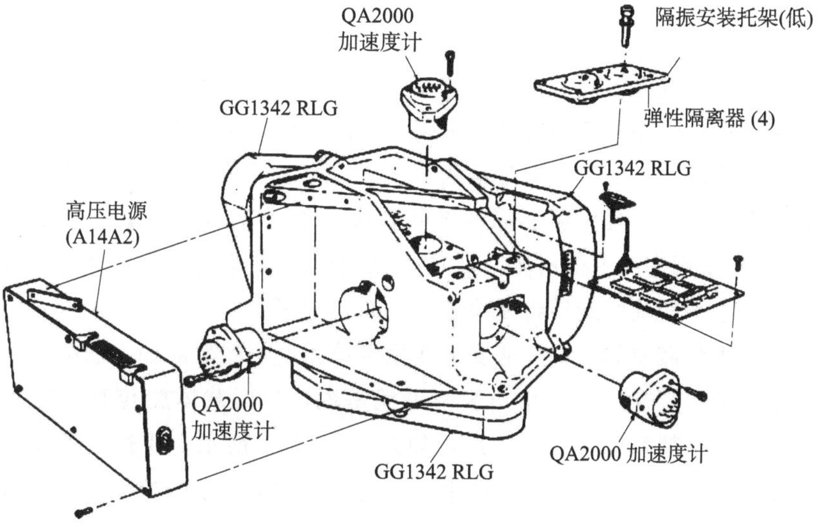

图 4-2　霍尼韦尔 H-423 INS 的惯性传感器组件

我们需要区分惯性导航系统和姿态与航向参考系统（attitude and heading reference system，AHRS）的不同。后者仅用于为飞行控制提供垂直参考（姿态）和北向参考（方位），为主要用于飞行测试和其他军事应用的平台定向，例如辅助多普勒雷达导航系统。姿态与航向参考系统通常在低一级的平台上采用低于导航级的陀螺仪。同样，三维定向（姿态和航向）由惯性导航系统提供，只是价格更高，通常精度也更高。姿态与航向参考系统为一大类，此处将不再进一步讨论（可参见 Kayton 和 Fried，1997）。

惯性导航系统和惯性制导系统也存在概念上的区别，尽管惯性导航系统也可以用于完成这项功能。导航是实时确定目前载体的位置和速度；而制导是指确定和实现将运载体从目前的状态到预订状态的步骤，其中状态包括位置和速度。制导系统的讨论也留给其他的参考资料（例如，Lenodes，1963）。

4.2 机械编排

惯性导航系统的机械编排描述了惯性传感器相对于运载体、惯性坐标系、导航坐标系和载体坐标系的物理配置。机械编排的选择不仅仅是为了方便设计，而是与传感器的误差传播以及如何影响预期应用密切相连。不同的机械编排提供了隔离运载体运动的多种隔离系统，对于特定的导航坐标系也有最优的选择。隔离系统在惯性导航系统中占了很大一部分成本。正如第 3 章中所提到的，机械系统传感器的误差特性在一定程度上取决于仪器所处的加速度环境，因此除了运载体更大的线加速度和角加速度方向之外，还取决于它们相对于更主要的加速度之一——重力矢量的方向。

惯性导航系统的机械编排也可以指导航解算的坐标系，而不管系统的物理组成如何。在这种意义上，特定的机械编排反映了求解这些方程的复杂性，也反映了坐标系对于求解的适用性。

有两种常用的机械编排类型：稳定平台和捷联系统。稳定平台能提供与运载体的角运动隔离；而捷联系统就如其名的含义：系统将惯性测量单元固联在运载体上。在稳定系统中，平台包括一个通过一组常平架与运载体连接的稳定单元，允许每个常平架绕特定的轴旋转（见图 4 - 3）。在很大程度上，隔离可以通过常平架本身和稳定单元的惯性来获得（就像在轻轻波动水面的船上的吊床一样），但是轴承不是绝对没有摩擦力，通过使用伺服电机施加适当绕常平架轴的旋转将使稳定性控制得更好。

运载体隔离平台需要的旋转量从安装在稳定单元上陀螺仪的输出获得。通常，陀螺仪是速率积分的类型，其输出包含小角度。也就是说，当运载体旋转时，陀螺仪壳体就旋转，产生一个以常平架角度形式的输出，如式（3 - 33）所示。通过电子读取装置，这个角度值以电压形式被测量出来，由此产生一个电流驱动平台常平架的伺服电机，使陀螺仪的常平架角度归零。通过这种反馈的方法，安装在平台稳定单元上的陀螺仪和加速度计与运载体旋转的动态环境隔离开来。这不但保护了像机械陀螺仪这样复杂的仪表，而且性能比捷联系统更好。此外，通过在常平架上监测运载体旋转的动态特性，稳定平台很容易得到在飞行控制中需要的姿态和航向值。

在捷联模式中，加速度计和陀螺仪以物理的形式固定在运载体上（可能有一些冲击/振动隔离装置），所有的仪表都在一个箱体内。因此，这些仪表就受到运载体整个动态范围的影响，降低了它们的性能。例如，机械式陀螺仪误差部分依赖于角加速度和与角速率有关的交叉耦合项产生的力矩，参见公式（3 - 26）。同样，由于运载体的旋转，加速度计受到杆臂效应的影响，其表达式与第 3.3 节的类似。这些动态环境产生的误差可以基于实验室标定得到部分补偿。

另外，通过数字积分加速度和旋转运载体坐标系中的角速率来计算导航解时，会导致

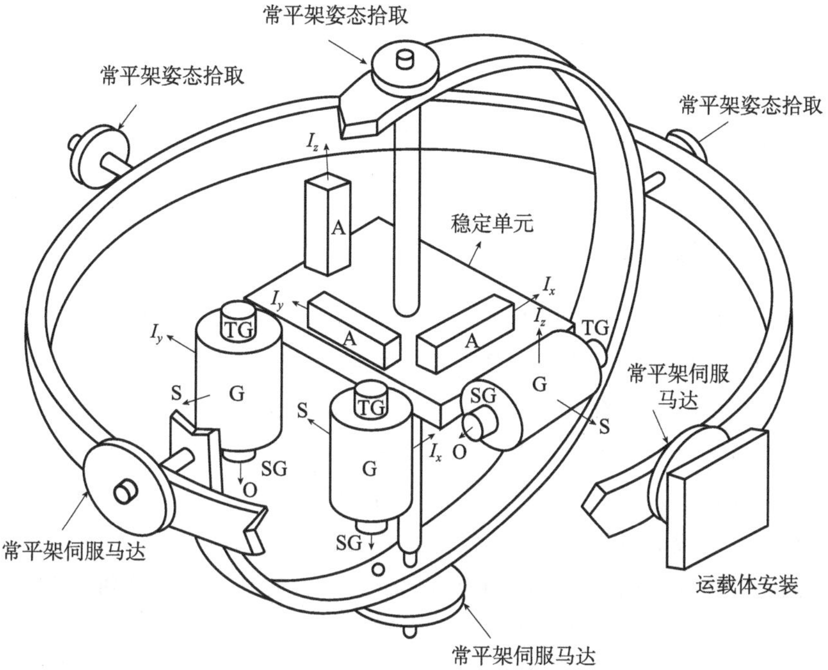

图 4-3　三个常平架的稳定平台示意图

G—SDF 陀螺仪；A—加速度计；TG—力矩发生器；SG—信号发生器；I_x，I_y，I_z—x，y，z 输入轴；O—陀螺仪输出轴；S—陀螺仪自旋参考轴

特定的建模误差。数字积分每个离散的步骤中，假定坐标系没有旋转，而事实上它在旋转，这导致了陀螺仪的圆锥误差和加速度计的划船误差。这将在第 4.2.3.1 节中进行更加详细的处理。

使用捷联式机械编排，惯性导航系统物理安装的特定姿态从某种程度上来说是任意的，这与稳定平台的机械编排相反，陀螺仪和加速度计从载体坐标系到导航坐标系的数据变换是通过计算完成的。在较好的环境中，我们会竭尽全力对这个箱子（捷联系统）定位定向，以此来减小传感器误差。捷联系统的主要优点就是体积小，重量轻，耗电量低，成本低（没有平台系统中复杂的机械式常平架）。捷联系统的最高精度比最好的平台系统精度要差一些，但是光学陀螺仪最新的技术发展使得捷联系统的精度已经非常接近平台系统。光学陀螺仪的捷联系统几乎没有活动部件，因此在维护和平均无故障时间上具有很大的优势。由于成本低很多，光学捷联系统在未来的大地测量中具有很大的潜力，所以以下章节将重点讲述数据处理。

4.2.1　空间稳定的机械编排

通过绕运载体旋转稳定平台使得陀螺常平架角度保持为零，所以陀螺仪马达的旋转轴和平台本身在惯性空间上保持确定的方向。因此，这种类型的稳定被称为空间稳定，或者称为惯性稳定；该系统被认为是空间稳定的。

理想情况下，在一个空间稳定平台上的陀螺仪和加速度计与系统旋转的动态特性完全隔离，所以它往往比捷联系统具有更高的性能。它从本质上消除了由旋转引起的机械陀螺仪误差和加速度计的杆臂效应。另一方面，由于运载体的运动和地球旋转，传感器相对于重力向量的方向随时间发生变化，这导致加速度标度系数误差变化和方向角的漂移误差。这个问题将在下一节讨论的当地水平稳定（类型的系统）中解决。

4.2.2 当地水平的机械编排

对于主要在地球表面水平方向的运载体（陆地车辆、舰船、飞机）导航，最普遍的稳定就是保持平台与当地地平线相切，并且需要确定水平面（或者垂直方向）位置，这称为当地水平稳定。当地水平的机械编排目的是保持加速度计坐标系，使得加速度计输出积分后可以直接得到（经过科里奥利和重力效应校正之后）当地坐标系下的位置和速度。也就是说，两个加速度计输入轴正交且位于水平面内，第三个加速度计的输入轴与当地铅垂线对齐。正如在第 5 章我们将讨论这种系统的误差动态模型，当地水平的机械编排对于导航非常有利，因为它将导航问题集中在两个方向（水平方向）上，在这两个方向上进行长时间无辅助惯性导航是完全可能的。由于存在系统误差并且没有外部辅助定位，垂直方向上的惯性导航误差很快会发散。

为了仅敏感水平加速度（积分获得水平速度和位置），平台上装载的加速度计应当一直与当地水平面保持平行。由于在没有扰动的情况下，陀螺仪将会在惯性空间内保持特定方向，将不能为加速度计提供需要的参考坐标系。然而，如果以载体相对于地球运动和地球相对惯性空间旋转的适当速率扭转，通过施加命令，稳定平台上的陀螺将一直保持当地水平面相关的参考（坐标系）。

而且，也可以直接将水平加速度计放置在 n 系上，这样一个加速度计的输入轴总是指向北，另外一个加速度计指向东。当运载体静止（与地球固联）时，通过平台调平（所以水平加速度计敏感不到加速度）和平台绕铅垂线回转（直到东指向陀螺仪输入轴敏感不到旋转为止），在惯性导航的对准阶段建立起北向。这称为陀螺定向，将在第 8 章中进行详细的讨论。理想情况下，平台基于计算运载体运动和地球已知旋转给陀螺仪施加命令后，平台保持与 n 系一致。在这种情况下，我们称之为指北当地水平的机械编排，区别于游动方位当地水平的机械编排，其水平加速度在方位上指向不确定（见第 4.2.2 节）。

4.2.2.1 舒勒调谐

以图 4-4 中理想的描述说明当地水平稳定概念，这就是著名的舒勒调谐，即调整平台使其保持水平。这是基于舒勒的结论（1923），如果一个装置（例如一个摆）具有大概 84 min 的自然周期，那么这个装置在地球表面（球体）的加速度将不会使它振荡。这就是（水平）惯性导航中累积误差有界的原理。为了简化讨论，仅考虑一个水平方向（北向），并且假定加速度计安装在稳定平台上，其敏感轴与平台所处的平面平行。运载体在地球表面运动，水平加速度（北向）为 $\ddot{x}$ 。由于它的运动，如果初始位置是水平的，平台将离开水平面，并且试图保持在惯性空间的特定方向，这由驱动平台常平架上伺服马达的陀螺信

号确定。运载体在 i 系内相对应的角加速度为

$$\ddot{\eta}=\frac{\ddot{x}}{R} \tag{4-1}$$

式中，η 是平台偏离水平面的倾斜角；R 是地球的平均半径。所以，为了使平台回到与水平面一致的位置上，平台必须回转角度 $-\eta$ 。这是通过陀螺在参考方向上施加适当的力矩来实现的。力矩与角速率成正比

$$-\dot{\eta}=\frac{\dot{x}}{R} \tag{4-2}$$

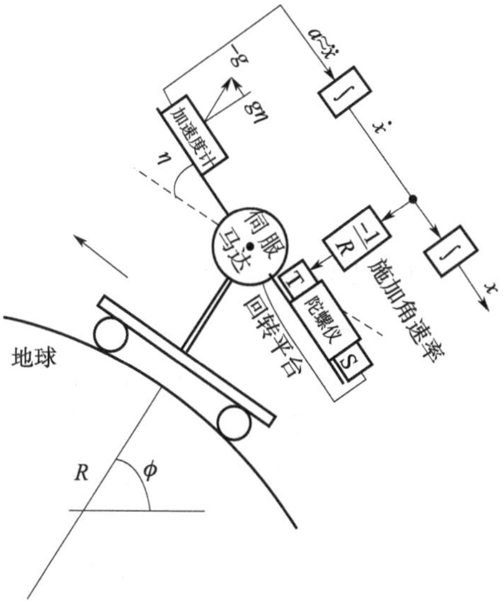

图 4－4　舒勒调谐的概念

式中，$\dot{x}$ 是通过对平台加速度在水平方向上积分获得的速度。

在时间增量 Δt 内，由于自身驱动的运动（通常，也由于地球的旋转），运载体在惯性空间内运动的距离为 $\Delta x=\eta R$ 。如果最初是与水平面一致的，那么经过时间 Δt 后，加速度计敏感到 $\ddot{x}$ 和由于失准角 η 引起重力向量的效应（在图 4－4 中为正值），这是由于在球表面运动的结果［见式（1－7）和图 4－3）］：

$$a=\ddot{x}+g\eta \tag{4-3}$$

其中，a 是加速计敏感的加速度；g 是重力加速度的幅值。将式（4－1）中的 $\ddot{x}$ 代入式（4－3），我们得到描述平台倾斜角动态特性的微分方程

$$\ddot{\eta}+\frac{g}{R}\eta=\frac{a}{R} \tag{4-4}$$

在假定 η 为小角度的情况下，式（4－3）基本成立，也就是说 $\ddot{x}$ 基本上是载体的水平运动加速度。

在第 2.3.1.1 节的例子中，我们可知式（4－4）表示谐振荡器，其谐振频率给出如下

$$\omega_S=\sqrt{\frac{g}{R}} \tag{4-5}$$

式中，ω_S 就是著名的舒勒频率。通过陀螺施加力矩使平台跟踪水平坐标系赋予了系统一个自然振荡，其幅值 η_0 是平台的初始倾斜（误差），周期等于舒勒周期

$$\frac{2\pi}{\omega_S} \approx 84.4\ \text{min} \tag{4-6}$$

采用标称值，$g=9.8\ \text{m/s}^2$，$R=6\ 371\ \text{km}$。在理想情况下，$\eta_0=0$，但是由于未对准误差（参见第 8 章）和命令力矩误差总有初始误差。

如果 η 表示平台的倾斜误差，那么这就可以通过 ηR 解释成为相对应的位置误差，由于 R 本质上是一个常量，我们发现水平位置误差满足同样的谐振荡方程。第 5 章中将从独立于机械编排的原则重新推导位置误差的微分方程。与此处简单的讨论一致，由于不断施加的误差项，例如加速度计的偏置，误差将在舒勒频率上振荡，并且它是有界的。这与不满足这个边界特性的垂向位置误差形成了对比。

因此，如果地球是平的，长时间水平惯性导航是不可能的，这一点非常值得注意。如果水平面在惯性空间没有曲率，仪器的偏置将很快以不可接受的误差超过导航解（速度、位置、姿态等）。例如，加速度计偏置将会很快以时间的平方积分为位置误差。同样，由于陀螺仪的主要作用是确保加速度沿着适当的坐标轴对准，所以指示加速度中包含由于陀螺仪误差导致平台不对准产生的误差。因此，漂移误差的陀螺指示速率表明了加速度误差的速率。反过来，这些通过积分成为位置误差，随着时间的三次方增长（参见第 5 章）。地球的球形形状限制或至少降低了误差的增长率，这使得水平惯性导航的长时间导航是可行的。

指北当地水平稳定平台的命令角速率应当相对于导航坐标系的角速率（通常三个方向都一样）为零：$\boldsymbol{\omega}_{np}^{p}=\boldsymbol{0}$；下标 p 是指平台坐标系（我们默认忽略平台坐标系和第 1 章中定义的仪器坐标系之间所有的差别）。

对于任何当地水平稳定平台，我们将平台相对于 i 系的角速率写为

$$\boldsymbol{\omega}_{ip}^{p}=\boldsymbol{\omega}_{in}^{p}+\boldsymbol{\omega}_{np}^{p} \tag{4-7}$$

是 n 系和 i 系之间的相对角速率与 p 系和 n 系之间相对角速率的和。也可以通过下式给出

$$\boldsymbol{\omega}_{ip}^{p}=\boldsymbol{\omega}_{\text{com}}+\delta\boldsymbol{\omega}_{d} \tag{4-8}$$

其中，$\boldsymbol{\omega}_{\text{com}}$ 是通过平台常平架伺服马达的命令角速率，它是通过陀螺力矩产生器影响参考方向变化的结果，它也是施加在陀螺上的力矩对应的速率。$\delta\boldsymbol{\omega}_d$ 包含陀螺漂移误差，同样也传递给伺服马达。没有命令陀螺力矩和陀螺误差，平台将保持空间稳定，即 $\boldsymbol{\omega}_{ip}^{p}=\boldsymbol{0}$。由于漂移能够通过陀螺仪的动态模型部分补偿［例如式（3－26）］，因此即使空间稳定平台上的机械陀螺仪（可以被施加力矩）也可以通过命令使得 $\boldsymbol{\omega}_{\text{com}}=-\delta\boldsymbol{\omega}_d$ 来平衡已知的系统误差。

如果平台是当地水平稳定的指北（命令 1 轴指北）系统，那么平台坐标系总是与 n 系平行；此时，$\boldsymbol{\omega}_{in}^{p}=\boldsymbol{\omega}_{in}^{n}$ 和 $\boldsymbol{\omega}_{np}^{p}=\boldsymbol{0}$。将这些（等式）放在式（4－7）的右边，并且与式（4－8）相等，命令角速率由下式给出

$$\boldsymbol{\omega}_{\text{com}}=\boldsymbol{\omega}_{in}^{n}-\delta\boldsymbol{\omega}_{d} \tag{4-9}$$

使用式（1-89），它也可以根据大地测量学角速率表示为

$$\boldsymbol{\omega}_{\text{com}}=[(\dot{\lambda}+\omega_e)\cos\phi \quad -\dot{\phi} \quad -(\dot{\lambda}+\omega_e)\sin\phi]^{\mathrm{T}}-\delta\boldsymbol{\omega}_d \tag{4-10}$$

其中，$\dot{\phi}$ 和 $\dot{\lambda}$ 是平台的纬度速率和经度速率，与北向和东向速度有关，而速度通过积分加速度计信号来获得（见第 4.3 节）；ω_e 为地球自转速率。

4.2.2.2　游动方位的机械编排

在有些情况下，在对加速度积分时，n 系不是最合适的当地水平坐标系。考虑在极区导航的情况（高纬度地区，例如北极和南极地区）。由于子午线收敛，经度速率近似地通过 $\dot{\lambda}=v_E/(R\cos\phi)$ 给出，其中 v_E 为东向速度［见式（4-103）］。将其代入式（4-10），我们可以看到命令角速率的第三项包含 $v_E\tan\phi/R$ 这一项。对 $\tan\phi$ 的依赖导致命令角速率在极点地区变得无穷大。对这个问题的一个解决办法是使平台绕铅垂线方向以一个不同于运载体经度速率的速率回转。这具有使得平台“在方位上游动”的效果；它将不保持一个指北的方向。

我们定义一个新的坐标系，游动方位坐标系或者 w 系，也就是通过在方位上旋转与 n 系关联起来（见图 4-5）

$$\boldsymbol{C}_n^w=\begin{bmatrix}\cos\alpha_w & \sin\alpha_w & 0\\ -\sin\alpha_w & \cos\alpha_w & 0\\ 0 & 0 & 1\end{bmatrix} \tag{4-11}$$

游动角 α_w，是从 n 系的 1 轴向 w 系的 1 轴转过（正向的）角。在这种情况下，α_w 是 w 系 1 轴的方位角（在那些导航坐标系不是 NED 坐标系的惯例中，例如，如果 n 系是北-西-天坐标系，游动角就定义为从北向西）。此外，相应的角速率向量可以给出如下

$$\boldsymbol{\omega}_{nw}^n=\boldsymbol{\omega}_{nw}^w=(0 \quad 0 \quad \dot{\alpha}_w)^{\mathrm{T}} \tag{4-12}$$

现在，命令角速率应当确保平台与游动方位坐标系一致：$\boldsymbol{\omega}_{wp}^p=\mathbf{0}$。并且，类似于式（4-8），我们有 $\boldsymbol{\omega}_{iw}^w=\boldsymbol{\omega}_{\text{com}}+\delta\boldsymbol{\omega}_d$。所以，通过 $\boldsymbol{\omega}_{iw}^w=\boldsymbol{\omega}_{in}^w+\boldsymbol{\omega}_{nw}^w$ 和式（4-12），命令角速率为

$$\begin{aligned}\boldsymbol{\omega}_{\text{com}}&=\boldsymbol{C}_n^w\boldsymbol{\omega}_{in}^w+\boldsymbol{\omega}_{nw}^w-\delta\boldsymbol{\omega}_d\\&=\begin{bmatrix}(\dot{\lambda}+\omega_e)\cos\phi\cos\alpha_w-\dot{\phi}\sin\alpha_w\\ -(\dot{\lambda}+\omega_e)\cos\phi\sin\alpha_w-\dot{\phi}\cos\alpha_w\\ -(\dot{\lambda}+\omega_e)\sin\phi+\dot{\alpha}_w\end{bmatrix}-\delta\boldsymbol{\omega}_d\end{aligned} \tag{4-13}$$

为了避免在极点地区出现奇点，一个选择就是给平台施加并不是绕铅垂线的命令

$$\boldsymbol{\omega}_{\text{com}}=\begin{bmatrix}(\dot{\lambda}+\omega_e)\cos\phi\cos\alpha_w-\dot{\phi}\sin\alpha_w\\ -(\dot{\lambda}+\omega_e)\cos\phi\sin\alpha_w-\dot{\phi}\cos\alpha_w\\ 0\end{bmatrix}-\delta\boldsymbol{\omega}_d \tag{4-14}$$

不考虑漂移校正，从式（4-13）表明

$$\dot{\alpha}_w=(\dot{\lambda}+\omega_e)\sin\phi \tag{4-15}$$

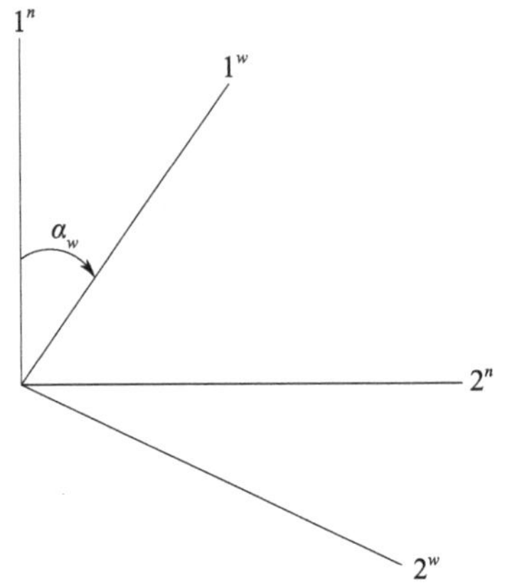

图 4-5 游动方位坐标系

这可以通过积分来获得平台相对于 n 系的游动方位，也就是说需要命令角速率的前两个分量。

4.2.3 捷联机械编排

在捷联配置中，加速度计输出在运载体坐标系（载体坐标系）下给出，表明了运载体的惯性加速度。我们忽略式（3-100）给出的杆臂效应以及每个加速度计的参考坐标系与平台或者仪器坐标系之间的变换，尽管这些在实际应用中非常重要。为了方便地理解捷联机械编排，认为在载体坐标系（b 系）中敏感加速度和角速率。在稳定系统（机械编排）的情况下，加速度计直接被机械地定义为导航坐标系，加速度计敏感的加速度 $\boldsymbol{a}^b$，能直接积分获得速度和位置，而在捷联机械编排中，它不能直接积分为速度和位置。相反，对于一个特定坐标系的惯性加速度必须对加速度数据施加坐标变换来计算

$$\boldsymbol{a}^a = \boldsymbol{C}_b^a \boldsymbol{a}^b \tag{4-16}$$

其中，$\boldsymbol{C}_b^a$ 是从 b 系到任意 a 系（可以作为导航坐标系）的正交变换。a 系可以是 i 系，类似于空间稳定的机械编排；也可以是 n 系（或者是 w 系），类似于当地水平稳定的机械编排。

为了说明所需要的计算，认为导航坐标系实际上就是 n 系（$\boldsymbol{C}_b^a \equiv \boldsymbol{C}_b^n$）。变换矩阵 $\boldsymbol{C}_b^n$ 的角度定义为滚动角（η）、俯仰角（χ）和偏航角（α）；并且，变换本身可以根据式（1-90）给出的角度旋转特定顺序来定义，为了方便起见此处再次给出

$$\boldsymbol{C}_b^n = \boldsymbol{R}_3(-\alpha)\boldsymbol{R}_2(-\chi)\boldsymbol{R}_1(-\eta) \tag{4-17}$$

角度 η，χ，α 能够通过对它们的微分方程（1-95）积分来获得。它仍然根据陀螺仪的指示速率 $\boldsymbol{\omega}_{ib}^b$ 表示角速率 $\boldsymbol{\omega}_{nb}^b$［在式（1-95）中出现的］。使用式（1-61），我们有

$$\begin{aligned}\boldsymbol{\omega}_{nb}^b &= \boldsymbol{\omega}_{ni}^b + \boldsymbol{\omega}_{ib}^b \\ &= \boldsymbol{\omega}_{ib}^b - \boldsymbol{C}_n^b \boldsymbol{\omega}_{in}^n\end{aligned} \tag{4-18}$$

其中，$\boldsymbol{\omega}_{in}^n$ 由式（1-89）给出。

将式（4-18）和式（1-90）代入式（1-95）可得

$$\begin{bmatrix}\dot{\eta}\\ \dot{\chi}\\ \dot{\alpha}\end{bmatrix}=\begin{bmatrix}1 & \sin\eta\tan\chi & \cos\eta\tan\chi\\ 0 & \cos\eta & -\sin\eta\\ 0 & \sin\eta\sec\chi & \sec\chi\end{bmatrix}\left[\boldsymbol{\omega}_{ib}^{b}-\boldsymbol{R}_1(\eta)\boldsymbol{R}_2(\chi)\boldsymbol{R}_3(\alpha)\boldsymbol{\omega}_{in}^{n}\right] \tag{4-19}$$

为这些微分方程确定初始条件涉及 INS 的初始对准，而这将在第 8 章中讨论。

捷联机械编排和稳定平台机械编排的本质区别是从加速度计坐标系到导航坐标系的（坐标）变换。对于稳定平台机械编排，通过平台常平架伺服系统和陀螺仪［由式（4-10）指定当地水平稳定，由式（4-14）指定游动方位机械编排］的力矩命令机械地完成这个变换。这些力矩产生的旋转使平台稳定，所以它总是与期望的坐标系平行。那么，对于空间稳定的机械编排来说，$\boldsymbol{a}^i=\boldsymbol{a}^p$；对于当地水平稳定的机械编排来说，$\boldsymbol{a}^n=\boldsymbol{a}^p$（或者 $\boldsymbol{a}^w=\boldsymbol{a}^p$）。

在捷联机械编排模式中，（坐标）变换是通过计算完成，其中陀螺仪敏感的速率与 a 系的计算速率 $\boldsymbol{\omega}_{ia}^{a}$（例如，$\boldsymbol{\omega}_{in}^{n}$）结合起来得到变换矩阵 $\boldsymbol{C}_b^a$，它将敏感的加速度转换到期望的导航坐标系：$\boldsymbol{a}^a=\boldsymbol{C}_b^a\boldsymbol{a}^b$（可以是指定的任何类型的 a 系）。这些计算的详细内容将在第 4.2.3.1 节中给出。显然，通过简单计算必要的变换，捷联机械编排很容易（至少在理论上）适于在任何坐标系内导航。相应的导航方程（见第 4.3 节）将使用这些加速度，并且以这个坐标系中的坐标表示加速度。

尽管物理机械编排和计算机械编排不同，但是对于给定的一组导航方程，最终结果是一致的。在这两种情况下，舒勒反馈回路是相同的，并且都描述了系统谐振的特性。所以，通常来讲，与陀螺仪和加速度计相关的误差对导航解的影响与机械编排无关，因为在这两种情况中，这些传感器最终确定导航方程（使用的）坐标系中的位置和速度。

但是，在特定的传感器水平上，一个特殊的机械编排可以导致起主要作用的特定误差。例如，需要慎重地选择机械陀螺的指向和相对于运载体典型加速度环境的加速度计，（其目的）使得依赖加速度的系统误差最小化。这使得当地水平稳定平台（的机械编排）非常具有吸引力，因为水平加速度计依赖加速度的误差主要来源于水平轴的传感器，沿这个轴的比力的值比垂直方向（在垂直方向为 g）的值小很多。

此外，稳定平台系统的传感器偏置很容易标定。当运载体静态时，传感器（陀螺仪和加速度计）都可以通过常平架的旋转在相对于重力向量和地球自转轴的不同方向上回转，这样不受这些方向变化影响的偏置就暴露出来了（见第 8 章）。显然，捷联系统的类似标定步骤需要运载体改变方向，通常来讲这非常不实用。最后，我们将在第 5 章中看到，在指北当地水平机械编排中，加速度计的偏置可以通过相对应的倾斜误差来消除，在捷联机械编排中就无法实现。

捷联惯性导航系统一个显著的优点就是传感器测量是直接有效的，尤其通过陀螺仪测量的姿态角速率。在稳定平台系统中，运载体的滚动角、俯仰角和偏航角通过平台常平架上的伺服系统获得，使平台回转到当地水平和北向。但是，与陀螺仪相比，这些装置在精度、分辨率和数据率上都要差得多。在捷联系统中，运载体角速率的质量受陀螺仪本身的限制。

需要指出的是，随着现代高性能计算机技术的发展，捷联系统曾经存在的计算限制正在减弱。此外，捷联系统非常适于使用光学陀螺仪，因为它们的误差不受加速度环境影响，当然，由于不能施加力矩，它们（光学陀螺仪）也无法应用于当地水平系统。

4.2.3.1　变换矩阵的数值测定

确定如式（4－17）所示的变换矩阵就是求解微分方程获得相关欧拉角的过程。在 C_b^n 的情况下，我们能求解横滚角、俯仰角和偏航角（η，χ，α），然后将它们代入式（4－17）。这个方程的求解可以使用第 2 章的龙格-库塔法进行数字积分来完成。然而，在第 1 章中也曾指出：当俯仰角接近 ±90° 时，这个（求解）过程将变得非常困难，因为此时微分方程将变得奇异。事实上，大多数惯性导航算法使用四元数来求解方程，不仅可以避免这种奇异性（大地测量学家几乎不需要担心），也可以避免更加费时的三角函数积分。四元数的使用提供了一个在任何情况下计算变换矩阵的鲁棒方法，这里将给出相应的算法。基于式（4－19）合适的积分算法就留给感兴趣的读者去研究。

我们通常将问题归纳为确定从载体坐标系到任意坐标系 a 系的变换矩阵 C_b^a，这个坐标系可能是 i 系，e 系，n 系，w 系，或其他坐标系。如前所述，认为仪器坐标系和载体坐标系之间没有任何区别。微分方程的解通过式（1－68）给出

$$\dot{C}_b^a = C_b^a \Omega_{ab}^b \tag{4-20}$$

其中，Ω_{ab}^b 的非对角元素是依据式（1－62）角速率 ω_{ab}^b 的分量。

用四元数表示的等效微分方程由式（1－75）给出

$$\dot{q} = \frac{1}{2} A q \tag{4-21}$$

式中，$q = (q_1, q_2, q_3, q_4)^T$ 是一个随时间变化的四向量，q_1，q_2，q_3，q_4 满足式（1－47）

$$C_b^a = \begin{bmatrix} q_1^2 + q_2^2 - q_3^2 - q_4^2 & 2(q_2 q_3 + q_1 q_4) & 2(q_2 q_4 - q_1 q_3) \\ 2(q_2 q_3 - q_1 q_4) & q_1^2 - q_2^2 + q_3^2 - q_4^2 & 2(q_3 q_4 + q_1 q_2) \\ 2(q_1 q_4 + q_1 q_3) & 2(q_3 q_4 - q_1 q_2) & q_1^2 - q_2^2 - q_3^2 + q_4^2 \end{bmatrix} \tag{4-22}$$

矩阵 A 是一个 4×4 随时间变化角速率的反对称矩阵，见式（1－76）

$$A = \begin{bmatrix} 0 & \omega_1 & \omega_2 & \omega_3 \\ -\omega_1 & 0 & \omega_3 & -\omega_2 \\ -\omega_2 & -\omega_3 & 0 & \omega_1 \\ -\omega_3 & \omega_2 & -\omega_1 & 0 \end{bmatrix} \tag{4-23}$$

式中，$\omega_{ab}^b = (\omega_1, \omega_2, \omega_3)^T$。根据式（4－21）对 q 的积分是在一个时间间隔（例如 δt）上，增量累积完成的，并且给出每一步中 C_b^a 元素的增量。

这个过程中的难点就是角速率 ω_{ab}^b 不是直接从陀螺仪获得的。相反，陀螺仪仅提供相对于惯性空间的角速率 ω_{ib}^b，我们必须使用式（1－61）和式（1－59）进行计算

$$\omega_{ab}^b = \omega_{ib}^b - C_a^b \omega_{ia}^a \tag{4-24}$$

上式清楚地确定了涉及的变换。此外，我们需注意陀螺仪的数字读数由表示单位时间角速率增量的脉冲组成［例如式（3-72）］。将三个陀螺输出的脉冲组合成一个向量，我们定义 $\delta\boldsymbol{\theta}_\ell$ 为载体坐标系中时间增量 ℓ^{th} 上的角度增量，$\ell=1,2,\cdots$。使用相应的时间增量，$\delta t=t_\ell-t_{\ell-1}$，假定它为常数，可以通过下式精确得出陀螺仪的数据

$$\delta\boldsymbol{\theta}_\ell=\int_{\delta t}\boldsymbol{\omega}_{ib}^{b}(t)\mathrm{d}t \tag{4-25}$$

根据式（4-24），我们定义增量角度

$$\delta\boldsymbol{\beta}_\ell=\int_{\delta t}\boldsymbol{\omega}_{ab}^{b}(t)\mathrm{d}t=\int_{\delta t}[\boldsymbol{\omega}_{ib}^{b}(t)-\boldsymbol{C}_a^b(t)\boldsymbol{\omega}_{ia}^{a}]\mathrm{d}t \tag{4-26}$$

需要注意的是，式（4-25）和式（4-26）都是精确的方程，在 b 系中进行积分，是相对于惯性坐标系的旋转。

4.2.3.1.1　二阶算法

因为 IMU 的时间增量（或者采样间隔）通常都非常短（例如，数据速率通常为 256 Hz，因此 $\delta t=0.003\,906\,25$ s），在这个时间间隔内（陀螺仪角速率）$\boldsymbol{\omega}_{ib}^{b}$ 近似为常量可能就足够了。没有必要依赖这个近似值；然而，更为精确的表示显然会增加积分公式的复杂性，这将在接下来的一节中看到。然而，对于考虑的 a 系来说，显然 $\boldsymbol{\omega}_{ab}^{b}$ 比 $\boldsymbol{\omega}_{ib}^{b}$ 要小得多，所以 $\boldsymbol{C}_b^a\boldsymbol{\omega}_{ia}^{a}$ 在采样时间间隔上可以作为常量。

假定在时间间隔 δt 内角速率为常量，从式（4-25）中我们可得在 ℓ^{th} 采样间隔上的近似观测量

$$\delta\hat{\boldsymbol{\theta}}_\ell=\boldsymbol{\omega}_{ib}^{b}(t_\ell)\delta t \tag{4-27}$$

对于前面的时间间隔，我们从求解后的（姿态）角矩阵 $\boldsymbol{C}_a^b(t_{\ell-1})$ 和导航解来获得角速率 $\boldsymbol{\omega}_{ib}^{b}(t_{\ell-1})$。所以，我们能计算

$$\delta\hat{\boldsymbol{\beta}}_\ell=\boldsymbol{\omega}_{ab}^{b}(t_\ell)\delta t\approx\delta\hat{\boldsymbol{\theta}}_\ell-\boldsymbol{C}_a^b(t_{\ell-1})\boldsymbol{\omega}_{ia}^{a}(t_{\ell-1})\delta t \tag{4-28}$$

此外，也可以假定式（4-23）中的矩阵 $\mathbf{A}$，其元素来自向量 $\boldsymbol{\omega}_{ab}^{b}(t_\ell)$，在时间间隔 δt 内也为常量。我们容易找到式（4-21）的解析解，因为它是一个式（2-18）类型的微分方程，用 $\hat{\mathbf{A}}_\ell$ 来表示。使用式（2-36）和式（2-13），我们有

$$\hat{\boldsymbol{q}}(t_\ell)=\mathrm{e}^{\frac{1}{2}\hat{\mathbf{A}}_\ell(t-t_{\ell-1})}\hat{\boldsymbol{q}}(t_{\ell-1}),0\leqslant t-t_{\ell-1}\leqslant\delta t \tag{4-29}$$

使用式（2-35）形式的级数，可以产生以下的递归解

$$\hat{\boldsymbol{q}}(t_\ell)=\left(\boldsymbol{I}+\frac{1}{2}\hat{\mathbf{A}}_\ell\delta t+\frac{1}{8}\hat{\mathbf{A}}_\ell^{\,2}\delta t^2+\frac{1}{48}\hat{\mathbf{A}}_\ell^{\,3}\delta t^3+\cdots\right)\hat{\boldsymbol{q}}(t_{\ell-1}),\ell=1,2,\cdots \tag{4-30}$$

其中，必须确定初始条件 $\hat{\boldsymbol{q}}(t_0)$。通过观察矩阵 $\hat{\mathbf{A}}_\ell$ 的幂是与单位矩阵 $\boldsymbol{I}$ 成正比（偶次幂）或者与矩阵 $\hat{\mathbf{A}}_\ell$ 本身成正比（奇次幂），可以找到 $\mathbf{A}$ 相应的闭合式

$$\begin{aligned}\hat{\mathbf{A}}_\ell^{\,2n}&=[-\omega_1^2(t_\ell)-\omega_2^2(t_\ell)-\omega_3^2(t_\ell)]^n\boldsymbol{I}\\\hat{\mathbf{A}}_\ell^{\,2n+1}&=[-\omega_1^2(t_\ell)-\omega_2^2(t_\ell)-\omega_3^2(t_\ell)]^n\hat{\mathbf{A}}_\ell\end{aligned} \tag{4-31}$$

将这些代入式（4-30），并且使用正弦和余弦的级数展开表达式（1-30），那么可以

得出

$$\hat{\boldsymbol{q}}(t_l)=\left[\cos\left(\frac{1}{2}|\delta\hat{\boldsymbol{\beta}}_l|\right)\boldsymbol{I}+\frac{1}{|\delta\hat{\boldsymbol{\beta}}_l|}\sin\left(\frac{1}{2}|\delta\hat{\boldsymbol{\beta}}_l|\right)\hat{\boldsymbol{B}}_l\right]\hat{\boldsymbol{q}}(t_{l-1}) \tag{4-32}$$

式中，$|\delta\hat{\boldsymbol{\beta}}_l|=\sqrt{\delta\hat{\boldsymbol{\beta}}_l^{\mathrm{T}}\delta\hat{\boldsymbol{\beta}}_l}$ ，并且

$$\hat{\boldsymbol{B}}_l=\hat{\boldsymbol{A}}_l\delta t \tag{4-33}$$

原则上，解式（4-29）或者等效式（4-32）包含两种类型的误差，这是因为在时间间隔 δt 内假定角速率为常量。第一种是数据误差，其中使用式（4-27）代替式（4-25）；另外一种是算法误差，因为解式（4-29）仅对于常值矩阵 $\boldsymbol{A}$ 成立。然而需注意，$\hat{\boldsymbol{B}}_l$ 是不需要 $\hat{\boldsymbol{A}}_l$ 积分的近似值，因此可以消除数据误差。即在式（4-30）和式（4-32）中实际并不需要角速率，而是如式（4-25）中所定义的积分。这样，应当使用矩阵

$$\delta\boldsymbol{\beta}_l=\delta\boldsymbol{\theta}_l-\boldsymbol{C}_a^b(t_{l-1})\boldsymbol{\omega}_{ia}^a(t_{l-1})\delta t \tag{4-34}$$

来代替 $\hat{\boldsymbol{B}}_l$ 。其中，根据式（4-23），$\boldsymbol{B}_l$ 的元素是以下向量的组成部分

$$\boldsymbol{B}_l=\int_{t_{l-1}}^{t_l}\boldsymbol{A}(t)\,\mathrm{d}t \tag{4-35}$$

仍假定忽略第二项的积分误差。根据式（4-23），得出更加明确的表达

$$\boldsymbol{B}_l=\begin{bmatrix}0 & (\delta\beta_1)_l & (\delta\beta_2)_l & (\delta\beta_3)_l\\ -(\delta\beta_1)_l & 0 & (\delta\beta_3)_l & -(\delta\beta_2)_l\\ -(\delta\beta_2)_l & -(\delta\beta_3)_l & 0 & (\delta\beta_1)_l\\ -(\delta\beta_3)_l & (\delta\beta_2)_l & -(\delta\beta_1)_l & 0\end{bmatrix} \tag{4-36}$$

将 $\boldsymbol{B}_l$ 替换式（4-30）中的 $\hat{\boldsymbol{A}}_l\delta t$ 或者式（4-32）中的 $\hat{\boldsymbol{B}}_l$ ，最终的算法变为

$$\hat{\boldsymbol{q}}(t_l)=\left(\boldsymbol{I}+\frac{1}{2}\boldsymbol{B}_l+\frac{1}{8}\boldsymbol{B}_l^2+\frac{1}{48}\boldsymbol{B}_l^3+\cdots\right)\hat{\boldsymbol{q}}(t_{l-1}),l=1,2,\cdots \tag{4-37}$$

或者，使用 $|\delta\boldsymbol{\beta}_l|=\sqrt{\delta\boldsymbol{\beta}_l{}^{\mathrm{T}}\delta\boldsymbol{\beta}_l}$ ，那么

$$\hat{\boldsymbol{q}}(t_l)=\left[\cos\left(\frac{1}{2}|\delta\boldsymbol{\beta}_l|\right)I+\frac{1}{|\delta\boldsymbol{\beta}_l|}\sin\left(\frac{1}{2}|\delta\boldsymbol{\beta}_l|\right)\boldsymbol{\beta}_l\right]\hat{\boldsymbol{q}}(t_{l-1}) \tag{4-38}$$

然而，式（4-37）或者式（4-38）仍然包含算法误差。

算法误差（大小）为 δt^3 量级。在积分时间间隔上的真四元数通过以下级数表示

$$\boldsymbol{q}(t_l)=\boldsymbol{q}(t_{l-1})+\dot{\boldsymbol{q}}(t_{l-1})\delta t+\frac{1}{2!}\ddot{\boldsymbol{q}}(t_{l-1})\delta t^2+\frac{1}{3!}\dddot{\boldsymbol{q}}(t_{l-1})\delta t^3+\cdots \tag{4-39}$$

代入式（4-21）可得

$$\begin{aligned}\boldsymbol{q}_l=&\left[\boldsymbol{I}+\frac{1}{2}\boldsymbol{A}_{l-1}\delta t+\frac{1}{4}\left(\dot{\boldsymbol{A}}_{l-1}+\frac{1}{2}\boldsymbol{A}_{l-1}^2\right)\delta t^2\right.\\&\left.+\frac{1}{12}\left(\ddot{\boldsymbol{A}}_{l-1}+\dot{\boldsymbol{A}}_{l-1}\boldsymbol{A}_{l-1}+\frac{1}{2}\boldsymbol{A}_{l-1}\dot{\boldsymbol{A}}_{l-1}+\frac{1}{4}\boldsymbol{A}_{l-1}^3\right)\delta t^3+\cdots\right]\boldsymbol{q}_{l-1}\end{aligned} \tag{4-40}$$

其中，所有的量都是真值，没有近似值，并且下标表示定义对应值的时间。同样，从式（4-34）我们也可以根据真值写出以下形式［同样忽略与式（4-35）相关的积分误差］

$$
\begin{aligned}
B_l &= \int_{t_{l-1}}^{t_l} \left(\boldsymbol{A}_{l-1} + \dot{\boldsymbol{A}}_{l-1}(t - t_{l-1}) + \frac{1}{2!}\ddot{\boldsymbol{A}}_{l-1}(t - t_{l-1})^2 + \cdots\right)\mathrm{d}t \\
&= \boldsymbol{A}_{l-1}\delta t + \frac{1}{2!}\dot{\boldsymbol{A}}_{l-1}\delta t^2 + \frac{1}{3!}\ddot{\boldsymbol{A}}_{l-1}\delta t^3 + \cdots
\end{aligned}
\tag{4-41}
$$

将式（4 - 31）代入式（4 - 37），并且与式（4 - 40）进行比较可得出算法误差。根据前述时间间隔相同的三个数量级误差 $\hat{\boldsymbol{q}}_{l-1} - \boldsymbol{q}_{l-1}$，很容易确定

$$
\hat{\boldsymbol{q}}_l - \boldsymbol{q}_l = \left[\frac{1}{48}\sum_{n=0}^{l-1}(\boldsymbol{A}_n\dot{\boldsymbol{A}}_n - \dot{\boldsymbol{A}}_n\boldsymbol{A}_n)\delta t^3 + \cdots\right]\boldsymbol{q}_{l-1} \tag{4-42}
$$

矩阵积 $\boldsymbol{A}_l\dot{\boldsymbol{A}}_l$ 的非对角线元素是向量 $\boldsymbol{\omega}_{ab}^b \times \dot{\boldsymbol{\omega}}_{ab}^b$ 的组成部分。如果旋转速率向量 $\boldsymbol{\omega}_{ab}^b$ 随时间仅在幅值上发生变化，而方向不发生变化，那么它将保持与其时间的导数平行，并且 $\boldsymbol{A}_{l-1}\dot{\boldsymbol{A}}_{l-1}$ 和 $\dot{\boldsymbol{A}}_{l-1}\boldsymbol{A}_{l-1}$ 的非对角线元素将消失（变为零）。在那种情况下，矩阵 $\boldsymbol{A}$ 和它的时间倒数可以交换，这样就消除了式（4 - 42）中的三阶误差项。这就是算法式（4 - 37）具有交换性误差或者圆锥误差的原因。换句话说，如果角速率向量不改变方向，系统就是“圆锥的”并且在这个算法中将产生三阶误差项。我们也可以看到圆锥误差实际上只是与线性一阶微分方程（4 - 21）数值积分相关的算法误差。这是在非旋转坐标系中进行积分运算导致的误差，实际上坐标系是旋转的。对于保持平台方向控制的伺服电机来说，如果运载体受到的横滚（角）和俯仰（角）振动频率太高，机械稳定系统中就会产生类似的误差。偏航轴上导致的圆锥运动表明方位速率的稳态变化，并由此导致方位角产生漂移（Broxmeyer，1964）。

4.2.3.1.2　三阶算法

在捷联系统中，一个降低圆锥误差的方法就是减小式（4 - 21）数值积分的步长，这样在时间增量 δt 内更加近似为线性运动。这显然增加了系统的计算负荷，而在实时导航中这通常是一个非常重要的参数。人们已经研究出多种多样的数值计算和算法技巧，以最大程度地捕获旋转运动和用于提高陀螺仪数据的积分（参见 Bortz，1971；Ignagni，1990；Jiang 和 Lin，1992），并且同时使计算量达到最小。本节将对上述算法进行自然改进，包含了式（4 - 21）中四元数数值积分的高阶项，在计算变换矩阵时需要这些数值积分。暂不考虑计算负荷。

采用矩形积分规则进行简单的近似［式（4 - 27）］，求取微分方程（4 - 21）的精确解，其算法误差在采样时间间隔三次方的量级上。然而，更好的数值积分需要对被积分函数进行更多的估计，即积分区间将包含更多的采样间隔。另一方面，陀螺数据不是被积函数真正的估计值，在这种情况下是角速率。相反，它们已经是这些角速率的积分。所以，根据（陀螺仪的）数据建立这些速率的模型将十分必要。

这里使用的数值积分（方法）是龙格-库塔算法（见第 2.4.1 节）。对于我们的问题来说，这种算法非常稳定并且相对容易实现。使用角速率线性模型的三阶龙格-库塔算法将产生一个具有四阶算法误差的四元数算法。三阶龙格-库塔方法要求在积分间隔末尾和在积分间隔的 1/2 处估计被积函数［参考式（2 - 108）］。所以，在这种情况下，积分间隔

就是数据采样间隔的 2 倍

$$\Delta t = 2\delta t \tag{4-43}$$

为了简化符号，我们省略坐标系的标注符号，只是为了确定变换矩阵 $\boldsymbol{C}_b^a$ 的四元数。所以，令

$$\boldsymbol{\omega}_{ab}^{b}(t) \equiv \boldsymbol{\omega}(t) \tag{4-44}$$

并且假定在积分间隔 Δt 上，可以得出

$$\boldsymbol{\omega}(t) = \boldsymbol{\omega}_{\ell-2} + \dot{\boldsymbol{\omega}}_{\ell-2}(t - t_{\ell-2}) + O(\Delta t^2), |t - t_{\ell-2}| \leqslant \Delta t \tag{4-45}$$

式中，下标 ℓ 仍表示估计真值时相应采样间隔的时间跨度 δt ，而不是积分间隔 Δt 。符号 $O(\Delta t^2)$ 代表 Δt 的二阶项和更高阶项。将式（4－45）代入式（4－26）的第一部分得到两个连续采样周期的值

$$\delta\boldsymbol{\beta}_{\ell-1} = \int_{t_{\ell-2}}^{t_{\ell-1}} \boldsymbol{\omega}(t')\,\mathrm{d}t' = \boldsymbol{\omega}_{\ell-2}\delta t + \frac{1}{2}\dot{\boldsymbol{\omega}}_{\ell-2}\delta t^2 + O(\Delta t^3) \tag{4-46}$$

$$\delta\boldsymbol{\beta}_{\ell} = \int_{t_{\ell-1}}^{t_{\ell}} \boldsymbol{\omega}(t')\,\mathrm{d}t' = \boldsymbol{\omega}_{\ell-2}\delta t + \frac{3}{2}\dot{\boldsymbol{\omega}}_{\ell-2}\delta t^2 + O(\Delta t^3) \tag{4-47}$$

对于每一个采样周期，由式（4－26）严格给出的角增量 $\delta\boldsymbol{\beta}_{\ell}$ 可以通过下式给出其近似表达，类似于式（4－35）

$$\delta\boldsymbol{\beta}_{\ell-1} = \delta\boldsymbol{\theta}_{\ell-1} - \boldsymbol{C}_a^b(t_{\ell-1})\,\boldsymbol{\omega}_{ia}^{a}(t_{\ell-1})\,\frac{\Delta t}{2} \tag{4-48}$$

$$\delta\boldsymbol{\beta}_{\ell} = \delta\boldsymbol{\theta}_{\ell} - \boldsymbol{C}_a^b(t_{\ell-1})\,\boldsymbol{\omega}_{ia}^{a}(t_{\ell-1})\,\frac{\Delta t}{2} \tag{4-49}$$

式中，$\delta\boldsymbol{\theta}_{\ell}$ 是陀螺仪指示输出值的向量。再次，每个公式中的第二项是忽略了误差的近似值，因为角速率 $\boldsymbol{\omega}_{ia}^{a}$ 相对来说比较小。然而，注意在这两种情况中这一项的估计值是在积分区间的中间，这要求在采样间隔相关的每个周期 t_{ℓ} 上求解四元数（注意，采样间隔长度 δt 能够等于陀螺仪的多个采样间隔。那么，$\delta\boldsymbol{\theta}_{\ell}$ 就是相对应陀螺仪多个输出值的和）。

解方程式（4－46）和式（4－47）求取 $\boldsymbol{\omega}_{\ell-2}$ 和 $\dot{\boldsymbol{\omega}}_{\ell-2}$，很容易确定

$$\begin{aligned}\boldsymbol{\omega}_{\ell-2} &= \frac{1}{2\delta t}(3\delta\boldsymbol{\beta}_{\ell-1} - \delta\boldsymbol{\beta}_{\ell}) + O(\Delta t^2)\\ \dot{\boldsymbol{\omega}}_{\ell-2} &= \frac{1}{\delta t^2}(\delta\boldsymbol{\beta}_{\ell} - \delta\boldsymbol{\beta}_{\ell-1}) + O(\Delta t)\end{aligned} \tag{4-50}$$

在式（4－45）中对三个连续采样周期使用这些表达式可得

$$\begin{aligned}\boldsymbol{\omega}_{\ell-2}\Delta t &= 3\delta\boldsymbol{\beta}_{\ell-1} - \delta\boldsymbol{\beta}_{\ell} + O(\Delta t^3)\\ \boldsymbol{\omega}_{\ell-1}\Delta t &= \delta\boldsymbol{\beta}_{\ell-1} + \delta\boldsymbol{\beta}_{\ell} + O(\Delta t^3)\\ \boldsymbol{\omega}_{\ell}\Delta t &= 3\delta\boldsymbol{\beta}_{\ell} - \delta\boldsymbol{\beta}_{\ell-1} + O(\Delta t^3)\end{aligned} \tag{4-51}$$

所以，在模型中角速率两个数量级的精度上，我们有以下的观测量［即，忽略式（4－51）中的 $O(\Delta t^3)$ 项］

$$\begin{aligned}\hat{\boldsymbol{\omega}}_{\ell-2}\Delta t &= 3\delta\boldsymbol{\beta}_{\ell-1} - \delta\boldsymbol{\beta}_{\ell}\\ \hat{\boldsymbol{\omega}}_{\ell-1}\Delta t &= \delta\boldsymbol{\beta}_{\ell-1} + \delta\boldsymbol{\beta}_{\ell}\\ \hat{\boldsymbol{\omega}}_{\ell}\Delta t &= 3\delta\boldsymbol{\beta}_{\ell} - \delta\boldsymbol{\beta}_{\ell-1}\end{aligned} \tag{4-52}$$

将泰勒展开式（4－46）和式（4－47）代入方程的右侧，我们也可以得到

$$\begin{aligned}\hat{\boldsymbol{\omega}}_{t-2}\Delta t &= \boldsymbol{\omega}_{t-2}\Delta t - \frac{1}{12}\ddot{\boldsymbol{\omega}}_{t-2}\Delta t^3 + \boldsymbol{O}(\Delta t^4)\\ \hat{\boldsymbol{\omega}}_{t-1}\Delta t &= \boldsymbol{\omega}_{t-2}\Delta t + \frac{1}{2}\dot{\boldsymbol{\omega}}_{t-2}\Delta t^2 + \frac{1}{6}\ddot{\boldsymbol{\omega}}_{t-2}\Delta t^3 + \boldsymbol{O}(\Delta t^4)\\ \hat{\boldsymbol{\omega}}_{t}\Delta t &= \boldsymbol{\omega}_{t-2}\Delta t + \dot{\boldsymbol{\omega}}_{t-2}\Delta t^2 + \frac{5}{12}\ddot{\boldsymbol{\omega}}_{t-2}\Delta t^3 + \boldsymbol{O}(\Delta t^4)\end{aligned} \tag{4-53}$$

由式（2－108）给出的三阶龙格-库塔算法可以适用于目前正在考虑的微分方程，即式（4－21），其中

$$\dot{\boldsymbol{q}} = f(t, \boldsymbol{q}) \tag{4-54}$$

和

$$f(t, \boldsymbol{q}) = \frac{1}{2}\boldsymbol{A}(t)\boldsymbol{q} \tag{4-55}$$

我们有以下四元数的迭代算法

$$\hat{\boldsymbol{q}}_t = \hat{\boldsymbol{q}}_{t-2} + \frac{\Delta t}{6}(\Delta\boldsymbol{q}_0 + 4\Delta\boldsymbol{q}_1 + \Delta\boldsymbol{q}_2) \tag{4-56}$$

其中

$$\begin{aligned}\Delta\boldsymbol{q}_0 &= f(t_{t-2}, \hat{\boldsymbol{q}}_{t-2})\\ \Delta\boldsymbol{q}_1 &= f\left(t_{t-1}, \hat{\boldsymbol{q}}_{t-2} + \frac{\Delta t}{2}\Delta\boldsymbol{q}_0\right)\\ \Delta\boldsymbol{q}_2 &= f(t_t, \hat{\boldsymbol{q}}_{t-2} - \Delta t\Delta\boldsymbol{q}_0 + 2\Delta t\Delta\boldsymbol{q}_1)\end{aligned} \tag{4-57}$$

该积分算法给出了在时间间隔 Δt 上的近似解；但是可以使用相同的数据在两点之间进行第二次迭代，它仅仅取决于初始值：$\hat{\boldsymbol{q}}_0$ 和 $\hat{\boldsymbol{q}}_1$。注意，对于四元数每一步只需要一个初始值，因为龙格-库塔算法是一种单步方法。

实现式（4－56）和式（4－57）的算法需要函数式（4－55）的估计值。这可以使用前边四元数的估计值近似完成，式（4－52）的“观测”值近似为 $\boldsymbol{A}(t_{l-2})$、$\boldsymbol{A}(t_{t-1})$ 和 $\boldsymbol{A}(t_t)$。表示这些 $\hat{\boldsymbol{A}}(t_{t-2})$ 等等，并令

$$\hat{\boldsymbol{B}}_{t-2} = \hat{\boldsymbol{A}}(t_{t-2})\Delta t \tag{4-58}$$

其中，现在 $\hat{\boldsymbol{B}}_{t-2}$、$\hat{\boldsymbol{B}}_{t-1}$、$\hat{\boldsymbol{B}}_t$ 的元素分别是由方程（4－52）所定义向量的元素。例如，类似于式（4－36）

$$\hat{\boldsymbol{B}}_t = \begin{bmatrix} 0 & 3(\delta\beta_1)_t - (\delta\beta_1)_{t-1} & 3(\delta\beta_2)_t - (\delta\beta_2)_{t-1} & 3(\delta\beta_3)_t - (\delta\beta_3)_{t-1}\\ -3(\delta\beta_1)_t + (\delta\beta_1)_{t-1} & 0 & 3(\delta\beta_3)_t - (\delta\beta_3)_{t-1} & -3(\delta\beta_2)_t + (\delta\beta_2)_{t-1}\\ -3(\delta\beta_2)_t + (\delta\beta_2)_{t-1} & -3(\delta\beta_3)_t + (\delta\beta_3)_{t-1} & 0 & 3(\delta\beta_1)_t - (\delta\beta_1)_{t-1}\\ -3(\delta\beta_3)_t + (\delta\beta_3)_{t-1} & 3(\delta\beta_2)_t - (\delta\beta_2)_{t-1} & -3(\delta\beta_1)_t + (\delta\beta_1)_{t-1} & 0 \end{bmatrix} \tag{4-59}$$

很容易证明，将式（4－58）代入式（4－55），并随后进行递归替换，式（4－57）

变为

$$\Delta\boldsymbol{q}_0=\frac{1}{2\Delta t}\hat{\boldsymbol{B}}_{\iota-2}\hat{\boldsymbol{q}}_{\iota-2}$$

$$\Delta\boldsymbol{q}_1=\frac{1}{2\Delta t}\hat{\boldsymbol{B}}_{\iota-1}\left(\boldsymbol{I}+\frac{1}{4}\hat{\boldsymbol{B}}_{\iota-2}\right)\hat{\boldsymbol{q}}_{\iota-2} \tag{4-60}$$

$$\Delta\boldsymbol{q}_2=\frac{1}{2\Delta t}\hat{\boldsymbol{B}}_{\iota}\left[\boldsymbol{I}+\hat{\boldsymbol{B}}_{\iota-1}\left(\boldsymbol{I}+\frac{1}{4}\hat{\boldsymbol{B}}_{\iota-2}\right)-\frac{1}{2}\hat{\boldsymbol{B}}_{\iota-2}\right]\hat{\boldsymbol{q}}_{\iota-2}$$

最后，将这些公式代入式（4－56），对结果进行简化后可得

$$\hat{\boldsymbol{q}}_{\iota}=\left[\boldsymbol{I}+\frac{1}{12}(\hat{\boldsymbol{B}}_{\iota}+\hat{\boldsymbol{B}}_{\iota-2})+\frac{1}{3}\left(\boldsymbol{I}+\frac{1}{4}\hat{\boldsymbol{B}}_{\iota}\right)\hat{\boldsymbol{B}}_{\iota-1}\left(\boldsymbol{I}+\frac{1}{4}\hat{\boldsymbol{B}}_{\iota-2}\right)-\frac{1}{24}\hat{\boldsymbol{B}}_{\iota}\hat{\boldsymbol{B}}_{\iota-2}\right]\hat{\boldsymbol{q}}_{\iota-2} \tag{4-61}$$

通过 IMU 的初始对准获得迭代的初始值，$\hat{\boldsymbol{q}}_0$（或者 $\hat{\boldsymbol{q}}_1$），它通常由导航计算机提供。或者，人们可以通过卡尔曼滤波器中速度或位置更新从外部确定初始姿态，如第 8 章所描述的步骤。如果结果是一个初始的旋转矩阵 $\boldsymbol{C}_b^a$，则可以使用式（1－49）～式（1－52）来获得初始四元数

$$q_1=\frac{1}{2}[1+(C_b^a)_{1,1}+(C_b^a)_{2,2}+(C_b^a)_{3,3}]^{1/2}$$

$$q_2=\frac{1}{4q_1}[(C_b^a)_{2,3}-(C_b^a)_{3,2}]$$

$$q_3=\frac{1}{4q_1}[(C_b^a)_{3,1}-(C_b^a)_{1,3}] \tag{4-62}$$

$$q_4=\frac{1}{4q_1}[(C_b^a)_{1,2}-(C_b^a)_{2,1}]$$

与式（4－61）相关的算法误差是由式（4－53）代入式（4－58），再代入式（4－61）确定的。将结果与式（4－40）比较，很容易证明

$$\hat{\boldsymbol{q}}_{\iota}-\boldsymbol{q}_{\iota}=O(\delta t^4)\hat{\boldsymbol{q}}_{\iota-2} \tag{4-63}$$

也就是说，式（4－61）是一个三阶算法，其算法误差是四阶的。

可以推导出高阶算法，但是它们在每步积分中将需要更大的积分间隔（如果基本数据间隔 δt 保持不变的话）。

4.2.3.2　技术条件

前一节中描述的数值积分算法产生了与旋转矩阵 $\boldsymbol{C}_b^a$ 相关的四元数，它可以将加速度计的数据从载体坐标系变换到任意坐标系 a 系。数值积分算法需要确定的四元数数据是由式（4－26）给出的增量角 $\delta\boldsymbol{\beta}_{\iota}$；通常它们是陀螺仪观测量（$\delta\boldsymbol{\theta}_{\iota}$）和导航解算中 a 系相对于 i 系旋转速率 $\boldsymbol{\omega}_{ia}^a$ 的组合。如前所述，在实际应用中确定 $\delta\boldsymbol{\beta}_{\iota}$ 的值［例如通过式（4－49）］，是陀螺仪输出的精确值（不考虑陀螺仪误差），但是对于导航解来说是近似值。

显然，如果 a 系就是 i 系，那么 $\boldsymbol{\omega}_{ii}^i=\boldsymbol{0}$，并且就有

$$\delta\boldsymbol{\beta}_{\iota}=\delta\boldsymbol{\theta}_{\iota} \tag{4-64}$$

如果 a 系是 e 系，那么角度式（4-48）和式（4-49）是近似相等的，因为计算变换矩阵 $\hat{\boldsymbol{C}}_e^b$ 产生了不精确的积分。然而，式（1-77）给出的 $\boldsymbol{\omega}_{ie}^e$ 不取决于速度和位置导航方程的解。另一方面，如果 a 系是 n 系或者 w 系，那么四元数的算法必须与导航方程积分的算法结合起来，因为式（1-89）给出的 $\boldsymbol{\omega}_{in}^n$ 取决于纬度和运载体的速率。这将在下一节中详细研究。

最后，我们要注意数值积分算法阶数的选择应当取决于陀螺仪数据的精度。由于计算相对来说比较便宜，数值积分引入的模型误差应当比仪器的算法误差小很多。为了根据角度误差水平获得算法误差近似的幅值，我们重复使用式（4-20），将变换矩阵按照泰勒级数展开，为了方便起见，忽略了参考坐标系

$$\boldsymbol{C}(t)=\boldsymbol{C}_0\Big(I+\boldsymbol{\Omega}_0(t-t_0)+\frac{1}{2!}(\boldsymbol{\Omega}_0^2+\dot{\boldsymbol{\Omega}}_0)(t-t_0)^2 + \frac{1}{3!}(\boldsymbol{\Omega}_0^3+2\boldsymbol{\Omega}_0\dot{\boldsymbol{\Omega}}_0+\dot{\boldsymbol{\Omega}}_0\boldsymbol{\Omega}_0+\ddot{\boldsymbol{\Omega}}_0)(t-t_0)^3+\cdots\Big) \tag{4-65}$$

式中，下标 0 指 $t=t_0$ 时的估计值。m^{th} 阶算法忽略 Δt^{m+1} 阶项。如果角加速度和运载体角速率的高阶导数是小量，那么主要的误差项是

$$\delta\boldsymbol{C}\approx\boldsymbol{C}(t_0)=\frac{1}{(m+1)!}\boldsymbol{\Omega}^{m+1}\delta t^{m+1} \tag{4-66}$$

或者，粗略地使用式（1-65）和式（1-62），一个积分步的误差是 $\delta\psi\approx\omega^{m+1}\delta t^{m+1}/(m+1)!$ 。那么，单位时间的角度误差是角误差速率，由下式给出

$$\delta\omega\approx\frac{\omega^{m+1}\delta t^{m}}{(m+1)!} \tag{4-67}$$

为了说明问题，假定积分步长是 $\Delta t=1/128$ s， 运载体的旋转速率不大于 $|\omega|<10°/\text{s}=0.17$ rad/s 。那么，二阶算法的精度精确到 $|\delta\omega|\approx0.01°/\text{h}$ 。如果陀螺仪的漂移速率为 0.003°/h（中等精度的环形激光陀螺），那么要求三阶算法的算法误差要小于（陀螺仪的）数据误差。

最后，需要注意的是，任何算法中的计算四元数 $\hat{\boldsymbol{q}}$ 都可能不满足式（1-40）的约束条件，即它们元素的平方和为 1。这是由于数值舍入误差像模型误差一样，将造成计算的变换矩阵变为非正交矩阵。这可以通过在每次迭代时“再次正交”计算四元数来避免，如下

$$\hat{\boldsymbol{q}}\leftarrow\frac{1}{\sqrt{\hat{\boldsymbol{q}}^{\mathrm{T}}\hat{\boldsymbol{q}}}}\hat{\boldsymbol{q}} \tag{4-68}$$

这将保证 $\hat{\boldsymbol{q}}^{\mathrm{T}}\hat{\boldsymbol{q}}=1$，并且 $\hat{\boldsymbol{C}}_b^a$ 为正交矩阵。

4.3 导航方程

使用惯性导航系统来进行导航或者定位是基于惯性感测的加速度对时间的积分（来实现的）。从数学上来说，它涉及微分方程的求解，这个微分方程与敏感加速度和位置对时

间的二阶导数相关。例如，在惯性坐标系（即没有旋转）中，这些方程由式（1－7）给出，此处更加明确地重新列出

$$\ddot{\boldsymbol{x}}^{i}=\boldsymbol{g}^{i}(\boldsymbol{x}^{i})+\boldsymbol{a}^{i} \tag{4-69}$$

式中，$\boldsymbol{x}^i$ 是在 i 系中的位置向量；$\boldsymbol{g}^i$ 是在这个坐标系中由于引力场导致的加速度，取决于位置向量；$\boldsymbol{a}^i$ 是比力，是由加速度计感测到的量。假定引力场是已知的，通过方程求解（积分）获得位置 $\boldsymbol{x}^i$。在其他坐标系中可以写出相似的微分方程表达式；在每种情况下，它们都组成导航方程。通过积分这些微分方程获得位置和速度就是已知的纯惯性导航。除了初始条件外，惯性导航不依赖于任何外部信息。

一旦我们考虑坐标系绕惯性空间的旋转，那么情况就变得非常复杂，式（1－70）的科里奥利定理已经证明了这一点。比如在当地水平坐标系中或者在 n 系中，微分方程由于这个定理变成非线性方程，因为从 i 系到 n 系的变换是根据需要求解的位置来表达的。那么，显然，导航方程构建和随后的求解方法具体取决于我们希望确定位置的坐标系。

一旦确定了特定的坐标系，我们就称这个坐标系为导航坐标系（尽管导航坐标系通常是指北当地水平坐标系，或者 n 系）。选择坐标系能通过系统的物理机械编排来确定，如果是一个捷联系统的话，导航坐标系可以根据计算的方便性来选择。另一方面，特定的机械编排，不管是稳定平台式还是捷联式，导航方程的构建并不重要，因为这些机械编排仅在如何将仪器坐标系变换到导航坐标系时有效。此外，不管在哪个坐标系中，如果没有数值误差和模型误差，导航方程的解本质上是相同的，只是从一个坐标系到另外一个坐标系的变换不同。例如，在 n 系中求解导航方程并将解变换到 i 系中，与直接在 i 系中对导航方程求解是一致的。毕竟，导航解是基于遵循运动定律的动力学方程，例如普遍成立的牛顿定律。

因此，在任意坐标系（a 系）中以统一的方式构建导航方程是可能的，也是我们所期望的，这种通用导航方程的出发点就是式（4－69）。然后，最终的形式就集中在任意特定的坐标系上，例如 i 系、e 系、n 系或者 w 系。n 系（或者 w 系）的坐标方向是通过当地水平和运载体上中心的垂线定义的。所以，严格来说，导航方程不是以 n 系本身为坐标的，因为没有在这个坐标系中的水平运动。我们将导航方程在 n 系的坐标表示作为地球参考的方程，在地球参考的构建中速度分量被变换到沿着 n 系的坐标方向上（对于 w 系来说，类似的解释也成立）。尽管在文献中很少提到这个区别，但它是隐含在研究中的内容。

4.3.1 统一方法

令 a 系是任意坐标系，相对于 i 系的旋转角速率为 $\boldsymbol{\omega}_{ia}^{a}$。目的是为了推导像式（4－69）一样的导航方程，但是对于位置 $\boldsymbol{x}^a$ 来说，它在 a 系中。我们假定 a 系和 i 系是同心的，对于我们的应用来说这不失一般性，但是对于特定的 n 系都是一个巧妙的细节。

a 系中的向量在 i 系中的坐标表示如下

$$\boldsymbol{x}^{i}=\boldsymbol{C}_{a}^{i}\boldsymbol{x}^{a} \tag{4-70}$$

其中，$\boldsymbol{C}_a^i$ 是从 a 系到 i 系的坐标变换矩阵。从式（1－68）可得这个矩阵的时间导数

$$\dot{\boldsymbol{C}}_{a}^{i}=\boldsymbol{C}_{a}^{i}\boldsymbol{\Omega}_{ia}^{a} \tag{4-71}$$

其中，$\boldsymbol{\Omega}_{ia}^{a}$ 表示反对称矩阵，其元素来自于 $\boldsymbol{\omega}_{ia}^{a}$ ，可以通过式（1－62）给出

$$[\boldsymbol{\omega}_{ia}^{a}\times]=\boldsymbol{\Omega}_{ia}^{a} \tag{4-72}$$

我们还需要二阶导数，由式（4－71）和微分的乘法法则给出

$$\ddot{\boldsymbol{C}}_{a}^{i}=\boldsymbol{C}_{a}^{i}\dot{\boldsymbol{\Omega}}_{ia}^{a}+\boldsymbol{C}_{a}^{i}\boldsymbol{\Omega}_{ia}^{a}\boldsymbol{\Omega}_{ia}^{a} \tag{4-73}$$

现在，对式（4－70）进行两次时间微分可得

$$\begin{aligned}\ddot{\boldsymbol{x}}^{i}&=\ddot{\boldsymbol{C}}_{a}^{i}\boldsymbol{x}^{a}+2\dot{\boldsymbol{C}}_{a}^{i}\dot{\boldsymbol{x}}^{a}+\boldsymbol{C}_{a}^{i}\ddot{\boldsymbol{x}}^{a}\\&=\boldsymbol{C}_{a}^{i}\ddot{\boldsymbol{x}}^{a}+2\boldsymbol{C}_{a}^{i}\boldsymbol{\Omega}_{ia}^{a}\dot{\boldsymbol{x}}^{a}+\boldsymbol{C}_{a}^{i}(\dot{\boldsymbol{\Omega}}_{ia}^{a}+\boldsymbol{\Omega}_{ia}^{a}\boldsymbol{\Omega}_{ia}^{a})\boldsymbol{x}^{a}\end{aligned} \tag{4-74}$$

求解 $\ddot{\boldsymbol{x}}^{a}$ ，并将此式与式（4－69）结合起来，给出在系统 a 系中位置的动力学方程

$$\ddot{\boldsymbol{x}}^{a}=-2\boldsymbol{\Omega}_{ia}^{a}\dot{\boldsymbol{x}}^{a}-(\dot{\boldsymbol{\Omega}}_{ia}^{a}+\boldsymbol{\Omega}_{ia}^{a}\boldsymbol{\Omega}_{ia}^{a})\boldsymbol{x}^{a}+\boldsymbol{a}^{a}+\boldsymbol{g}^{a} \tag{4-75}$$

使用 $\boldsymbol{C}_{a}^{i}$ 的正交性，其中

$$\boldsymbol{a}^{a}=\boldsymbol{C}_{i}^{a}\boldsymbol{a}^{i},\boldsymbol{g}^{a}=\boldsymbol{C}_{i}^{a}\boldsymbol{g}^{i} \tag{4-76}$$

通过引入三个新的变量，即速度 $\dot{\boldsymbol{x}}^{a}$ ，三个二阶微分方程的系统（4－75）可以转换为六个一阶微分方程［见式（2－8）］的系统

$$\begin{aligned}&\frac{\mathrm{d}}{\mathrm{d}t}\dot{\boldsymbol{x}}^{a}=-2\boldsymbol{\Omega}_{ia}^{a}\dot{\boldsymbol{x}}^{a}-(\dot{\boldsymbol{\Omega}}_{ia}^{a}+\boldsymbol{\Omega}_{ia}^{a}\boldsymbol{\Omega}_{ia}^{a})\boldsymbol{x}^{a}+\boldsymbol{a}^{a}+\boldsymbol{g}^{a}\\&\frac{\mathrm{d}}{\mathrm{d}t}\boldsymbol{x}^{a}=\dot{\boldsymbol{x}}^{a}\end{aligned} \tag{4-77}$$

我们将式（4－77）称为在（任意坐标系）a 系中的导航方程。这些方程中的强迫项是加速度计敏感的加速度和引力加速度。

如果系统是稳定机械编排，加速计平台平行于 a 系，那么敏感的加速度就是 $\boldsymbol{a}^{a}$ 。在捷联机械编排中，加速度是由加速度计在 b 系（或者是传感器坐标系）中敏感的加速度数据计算获得

$$\boldsymbol{a}^{a}=\boldsymbol{C}_{b}^{a}\boldsymbol{a}^{b} \tag{4-78}$$

其中，变换矩阵 $\boldsymbol{C}_{b}^{a}$ 由积分陀螺仪获得的数据 $\boldsymbol{\omega}_{ab}^{a}$ 确定（如第 4.2.3.1 节讨论），根据方程（4－24）

$$\boldsymbol{\omega}_{ab}^{b}=\boldsymbol{\omega}_{ib}^{b}-\boldsymbol{C}_{a}^{b}\boldsymbol{\omega}_{ia}^{a} \tag{4-79}$$

式（4－79）中的角速率 $\boldsymbol{\omega}_{ia}^{a}$ 和式（4－77）中的 $\boldsymbol{\Omega}_{ia}^{a}$ 描述了 a 系相对于 i 系的旋转，在 n 系和 w 系的情况下，这也取决于导航解 $\boldsymbol{x}^{a}$ 。

4.3.2　i 系中的导航方程

在 a 系就是 i 系的情况下，显然 $\boldsymbol{\Omega}_{ii}^{i}=\boldsymbol{0}$。那么，导航方程（4－77）就等效于式（4－69）的简单形式

$$\begin{aligned}&\frac{\mathrm{d}}{\mathrm{d}t}\dot{\boldsymbol{x}}^{i}=\boldsymbol{a}^{i}+\boldsymbol{g}^{i}\\&\frac{\mathrm{d}}{\mathrm{d}t}\boldsymbol{x}^{i}=\dot{\boldsymbol{x}}^{i}\end{aligned} \tag{4-80}$$

在捷联机械编排的情况下，变换矩阵 $\boldsymbol{C}_b^i$ 直接由敏感的角速率 $\boldsymbol{\omega}_{ib}^b$ 获得，通过积分式（4－20），在 $a \equiv i$ 的特殊情况下（参见第 4.2.3.2 节）

$$\dot{\boldsymbol{C}}_b^i = \boldsymbol{C}_b^i \boldsymbol{\Omega}_{ib}^b \tag{4-81}$$

根据 i 系中的一组微分方程，方程式（4－80）和式（4－81）表示（捷联）系统全部的动力学方程。

4.3.3　e 系中的导航方程

如果 a 系被定义为 e 系，那么 $\boldsymbol{\Omega}_{ie}^e = \boldsymbol{0}$，从式（4－77）中获得在 e 系中的导航方程

$$\frac{\mathrm{d}}{\mathrm{d}t}\dot{\boldsymbol{x}}^e = -2\boldsymbol{\Omega}_{ie}^e \dot{\boldsymbol{x}}^e - \boldsymbol{\Omega}_{ie}^e \boldsymbol{\Omega}_{ie}^e \boldsymbol{x}^e + \boldsymbol{a}^e + \boldsymbol{g}^e$$

$$\frac{\mathrm{d}}{\mathrm{d}t}\boldsymbol{x}^e = \dot{\boldsymbol{x}}^e \tag{4-82}$$

式中，$\boldsymbol{\Omega}_{ie}^e$ 由式（1－77）已知。其次，像在 i 系中的坐标一样，在捷联机械编排的情况下，变换矩阵 $\boldsymbol{C}_b^e$ 是完全在导航方程中解耦确定的，通过积分式（4－20）的特殊情况 $a \equiv e$（参见第 4.2.3.2 节）

$$\dot{\boldsymbol{C}}_b^e = \boldsymbol{C}_b^e \boldsymbol{\Omega}_{eb}^b \tag{4-83}$$

其中，根据敏感的角速率 $\boldsymbol{\omega}_{ib}^b$，我们可得

$$\boldsymbol{\omega}_{eb}^b = \boldsymbol{\omega}_{ib}^b - \boldsymbol{C}_e^b \boldsymbol{\omega}_{ie}^e \tag{4-84}$$

像在 i 系中的方程一样，在 e 系中的导航方程是常系数的线性微分方程。

4.3.4　n 系中的导航方程

为了获得 n 系中的导航方程，我们应当将方程（4－77）中的“a”简单地替换为“n”。然而，这将给不出期望的结果，因为这将在一个固定的坐标系内积分，而期望的速度应当一直在（旋转的）当地水平坐标系中。通过对 n 系的定义，运载体不在这个坐标系内（水平的）运动。n 系用于定义速度向量的当地方向，而这个速度向量由一个运载体在其中运动的坐标系（例如 e 系）确定。

这样，期望的速度向量就是 e 系（地球参考的）速度向量在一个平行于 n 系的坐标系中表示，记为 $\boldsymbol{v}^n$，可以通过下式给出

$$\boldsymbol{v}^n = \boldsymbol{C}_e^n \dot{\boldsymbol{x}}^e \tag{4-85}$$

应当注意的是，$\boldsymbol{v}^n \neq \dot{\boldsymbol{x}}^n$。$\boldsymbol{v}^n$ 是表示向量的一个符号，在这种情况下它是一个速度分量的向量；然而，$\dot{\boldsymbol{x}}^n$ 是向量的时间导数。同样，$\boldsymbol{a}^n$ 是一个向量，而 $\ddot{\boldsymbol{x}}^n$ 是向量的二阶时间导数。我们知道，这些导数不是普通的向量，因为根据科里奥利定理式（1－70），它们不能像向量那样进行变换。

通过式（4－77）中“a”替换为“n”，并且将 n 系的坐标原点改在地球中心（e 系的原点），我们能获得 n 系中的导航方程。然后，有必要通过下面的关系式来替换 $\dot{\boldsymbol{x}}^n$

$$\dot{\boldsymbol{x}}^n = \boldsymbol{v}^n - \boldsymbol{\Omega}_{en}^n \boldsymbol{x}^n \tag{4-86}$$

它来自于对 $\boldsymbol{x}^n = \boldsymbol{C}_e^n \boldsymbol{x}^e$（科里奥利定理）的微分和式（4-85）。其余的推导和简化作为一个练习留给读者，最终会发现与式（4-88）的结果一致。

我们使用一个简单的方法，即将重点放在地球参考坐标系上，在这个坐标系中完成导航方程的积分。也就是说，我们仅将 e 系中给出的导航方程（4-82）通过式（4-85）$\dot{\boldsymbol{x}}^e = \boldsymbol{C}_n^e \boldsymbol{v}^n$ 的直接替换变换到 n 系中。使用式（1-68）中的 $\dot{\boldsymbol{C}}_n^e = \boldsymbol{C}_n^e \boldsymbol{\Omega}_{en}^n$，对于式（4-82）第一个方程等号左侧的项，我们可得

$$\frac{\mathrm{d}}{\mathrm{d}t}\boldsymbol{C}_n^e \boldsymbol{v}^n = \boldsymbol{C}_n^e \left(\frac{\mathrm{d}}{\mathrm{d}t}\boldsymbol{v}^n + \boldsymbol{\Omega}_{en}^n \boldsymbol{v}^n\right) \tag{4-87}$$

在式（4-82）等号右边的项，我们使用式（4-85）和式（1-17）中的 $\boldsymbol{\Omega}_{ie}^n = \boldsymbol{C}_n^e \boldsymbol{\Omega}_{ie}^e \boldsymbol{C}_e^n$，结果为

$$\frac{\mathrm{d}}{\mathrm{d}t}\boldsymbol{v}^n = \boldsymbol{a}^n - (2\boldsymbol{\Omega}_{ie}^n + \boldsymbol{\Omega}_{en}^n)\boldsymbol{v}^n + \boldsymbol{g}^n - \boldsymbol{C}_e^n \boldsymbol{\Omega}_{ie}^e \boldsymbol{\Omega}_{ie}^e \boldsymbol{x}^e \tag{4-88}$$

上式中最后两项分别是引力向量和由地球自转引起的离心加速度，这是它们在 n 系中的坐标表示，它们共同定义了重力向量

$$\bar{\boldsymbol{g}}^n = \boldsymbol{g}^n - \boldsymbol{C}_e^n \boldsymbol{\Omega}_{ie}^e \boldsymbol{\Omega}_{ie}^e \boldsymbol{x}^e \tag{4-89}$$

引力项和重力项之间的区别，通常在大地测量学中进行区分，是指仅由质量吸引产生的加速度和总加速度（引力加速度和离心加速度之和）的差值，总加速度是在旋转地球上一个固定点的测量值。最后，通过适当的下标变换，并使用式（1-61），我们得到

$$2\boldsymbol{\Omega}_{ie}^n + \boldsymbol{\Omega}_{en}^n = \boldsymbol{\Omega}_{in}^n + \boldsymbol{\Omega}_{ie}^n \tag{4-90}$$

将式（4-89）和式（4-90）代入式（4-88），那么得到 n 系中导航方程的期望形式

$$\frac{\mathrm{d}}{\mathrm{d}t}\boldsymbol{v}^n = \boldsymbol{a}^n - (\boldsymbol{\Omega}_{in}^n + \boldsymbol{\Omega}_{ie}^n)\boldsymbol{v}^n + \bar{\boldsymbol{g}}^n \tag{4-91}$$

其中，方程（4-85）可以用于位置向量的微分方程，记为

$$\frac{\mathrm{d}}{\mathrm{d}t}\boldsymbol{x}^e = \boldsymbol{C}_n^e \boldsymbol{v}^n \tag{4-92}$$

然而，通常式（4-92）根据测地学纬度 ϕ 、经度 λ 和高度 h 来代替 e 系中的笛卡儿坐标。为了根据测地学坐标的速率来表示速度分量，我们从式（1-80）开始，为方便起见，此处重新写出

$$\boldsymbol{x}^e = \begin{bmatrix} (N+h)\cos\phi\cos\lambda \\ (N+h)\cos\phi\sin\lambda \\ [N(1-e^2)+h]\sin\phi \end{bmatrix} \tag{4-93}$$

式中，e^2 是与测地学坐标相关的椭球偏心率的平方；N 是在主垂线平面（东西圈）内椭球体的曲率半径，见式（1-81）。现在，容易得出

$$\frac{\mathrm{d}}{\mathrm{d}\phi}((N+h)\cos\phi) = -(M+h)\sin\phi \tag{4-94}$$

$$\frac{\mathrm{d}}{\mathrm{d}\phi}((N(1-e^2)+h)\sin\phi) = (M+h)\cos\phi \tag{4-95}$$

式中，M 是式（1-82）子午线的曲率半径。所以使用 $\mathrm{d}/\mathrm{d}t=(\mathrm{d}/\mathrm{d}\varphi)\dot{\phi}$ 等，由式（4-93）可得

$$\dot{\boldsymbol{x}}^e=\begin{bmatrix}-\dot{\phi}(M+h)\sin\phi\cos\lambda-\dot{\lambda}(N+h)\cos\phi\sin\lambda+\dot{h}\cos\phi\cos\lambda\\-\dot{\phi}(M+h)\sin\phi\sin\lambda+\dot{\lambda}(N+h)\cos\phi\cos\lambda+\dot{h}\cos\phi\sin\lambda\\\dot{\phi}(M+h)\cos\phi+\dot{h}\sin\phi\end{bmatrix}\tag{4-96}$$

并且，通过式（1-87）中的变换矩阵 $\boldsymbol{C}_e^n$，很容易证明式（4-85）变为

$$\boldsymbol{v}^n=\begin{bmatrix}\dot{\phi}(M+h)\\\dot{\lambda}(N+h)\cos\phi\\-\dot{h}\end{bmatrix}\tag{4-97}$$

再一次表明，$\boldsymbol{v}^n$ 的速度分量是指地球固联的向量 $\dot{\boldsymbol{x}}^e$，指向沿着 n 系定义的方向。例如，第一个分量是北向速度，它是沿着与子午线相切且指向北的当地位置变化率。

最后，根据纬度和经度变化率，式（4-91）中的角速率也可容易得出。由式（1-89）和式（1-62），可得

$$\boldsymbol{\Omega}_{in}^n=\begin{bmatrix}0&(\dot{\lambda}+\omega_e)\sin\phi&-\dot{\phi}\\-(\dot{\lambda}+\omega_e)\sin\phi&0&-(\dot{\lambda}+\omega_e)\cos\phi\\\dot{\phi}&(\dot{\lambda}+\omega_e)\cos\phi&0\end{bmatrix}\tag{4-98}$$

此外，使用式（1-77）和式（1-87），并且参考式（1-17），可得

$$\boldsymbol{\Omega}_{ie}^n=\boldsymbol{C}_e^n\boldsymbol{\Omega}_{ie}^e\boldsymbol{C}_n^e=\begin{bmatrix}0&\omega_e\sin\phi&0\\-\omega_e\sin\phi&0&-\omega_e\cos\phi\\0&\omega_e\cos\phi&0\end{bmatrix}\tag{4-99}$$

因此，式（4-91）中 $\boldsymbol{v}^n$ 的角速率系数矩阵的详细形式如下

$$\boldsymbol{\Omega}_{in}^n+\boldsymbol{\Omega}_{ie}^n=\begin{bmatrix}0&(\dot{\lambda}+2\omega_e)\sin\phi&-\dot{\phi}\\-(\dot{\lambda}+2\omega_e)\sin\phi&0&-(\dot{\lambda}+2\omega_e)\cos\phi\\\dot{\phi}&(\dot{\lambda}+2\omega_e)\cos\phi&0\end{bmatrix}\tag{4-100}$$

现在我们令地球参考速度分量为 $\boldsymbol{v}^n$，敏感的加速度为 $\boldsymbol{a}^n$，重力向量为 $\bar{\boldsymbol{g}}^n$，关于北向、东向和地向分量更加详细的描述如下

$$\boldsymbol{v}^n=\begin{bmatrix}v_N\\v_E\\v_D\end{bmatrix};\boldsymbol{a}^n=\begin{bmatrix}a_N\\a_E\\a_D\end{bmatrix};\bar{\boldsymbol{g}}^n=\begin{bmatrix}\bar{g}_N\\\bar{g}_E\\\bar{g}_D\end{bmatrix}\tag{4-101}$$

然后，将式（4-100）代入式（4-91）得到

$$\frac{\mathrm{d}}{\mathrm{d}t}\begin{bmatrix}v_N\\v_E\\v_D\end{bmatrix}=\begin{bmatrix}a_N+\bar{g}_N-2\omega_e\sin\phi v_E+\dot{\phi}v_D-\dot{\lambda}\sin\phi v_E\\a_E+\bar{g}_E+2\omega_e\sin\phi v_N+2\omega_e\cos\phi v_D+\dot{\lambda}\sin\phi v_N+\dot{\lambda}\cos\phi v_D\\a_D+\bar{g}_D-2\omega_e\cos\phi v_E-\dot{\lambda}\cos\phi v_E-\dot{\phi}v_N\end{bmatrix}\tag{4-102}$$

式（4－102）与由式（4－97）获得的式（4－103）共同组成一组六个非线性微分方程，其变量为（v_N，v_E，v_D，ϕ，λ，h），它们可以通过积分获得以地球为参考的位置和速度，其中速度是以 n 系为坐标

$$\begin{bmatrix} \dot{\phi} \\ \dot{\lambda} \\ \dot{h} \end{bmatrix} = \begin{bmatrix} \dfrac{v_N}{M+h} \\ \dfrac{v_E}{(N+h)\cos\phi} \\ -v_D \end{bmatrix} \tag{4-103}$$

第 5 章的内容表明，式（4－102）和式（4－103）在垂向通道（h，v_D）是不稳定的，由于初始高度误差和垂直加速度计误差的存在，导致误差随时间呈几何级数增加。因此，在更长的时间上，垂直方向分量方程在没有使误差有界的外部信息的情况下无法积分。例如，这些信息可以通过一个高度测量的方法来提供。它也表明尽管垂向速度和高度耦合到水平分量中，如式（4－102）和式（4－103）所示，即使是相当粗略的近似，它们也不会在水平分量上导致误差过度增大。此外，北向和东向导航方程需要水平重力分量，它们的值很小，对于很多类型的导航应用可以忽略不计。

如果装有加速度计的稳定平台是通过式（4－9）给出的命令角速率实现稳定的，因此它平行于 n 系，那么 $\boldsymbol{a}^p=\boldsymbol{a}^n$ 。也就是说，敏感的加速度可以直接作为 a_N，a_E，a_D 使用。在 n 系中使平台保持稳定需要的扭矩通过平台的地球参考速度式（4－10）获得，速度则使用式（4－102）对加速度进行积分得到。这个反馈步骤就是著名的舒勒反馈回路，在平台的舒勒调谐中实现，如第 4.2.2.1 节所述。

在捷联机械编排中，情况是类似的。在这种情况下，从载体坐标系到 n 系的变换矩阵 $\boldsymbol{C}_b^n$ 是通过对下式的积分计算得到

$$\dot{\boldsymbol{C}}_b^n=\boldsymbol{C}_b^n\boldsymbol{\Omega}_{nb}^n \tag{4-104}$$

根据式（4－79），使用从敏感的角速率 $\boldsymbol{\omega}_{ib}^b$ 获得的角速率 $\boldsymbol{\omega}_{nb}^b$

$$\boldsymbol{\omega}_{nb}^b=\boldsymbol{\omega}_{ib}^b-\boldsymbol{C}_n^b\boldsymbol{\omega}_{in}^n \tag{4-105}$$

根据式（4－78），对载体坐标系变换的加速度进行积分产生速度和位置，这使得根据式（1－89）计算 $\boldsymbol{\omega}_{in}^n$ 的分量成为可能。反过来，使用式（4－19）计算方向角 η，χ，α 或者相关的四元数（见第 4.2.3.1 节）也需要这些角速率，这些方向角或者四元数产生了变换矩阵 $\boldsymbol{C}_b^n$ ，而在 b 系中使用式（4－78）从敏感的加速度中计算 $\boldsymbol{a}^n$ 也需要变换矩阵 $\boldsymbol{C}_b^n$ 。因此，我们再次看到舒勒调谐回路在起作用，尽管这是在计算（平台）中而不是一个机械平台上。显然，导航方程（4－102）和式（4－103）独立于指北当地水平机械编排的实现形式，不管是机械稳定的还是计算实现的。

由于陀螺仪输出（影响 $\delta\boldsymbol{\omega}_d$）和导航解中（影响 $\boldsymbol{\omega}_{in}^n$）的未知误差，机械编排的不完美一定程度上会在 n 系中产生不正确的惯性加速度，它使导航解进一步恶化。因为起主要作用的 IMU 误差是陀螺仪未知的漂移误差，所以导航误差随时间增加。这种现象和利用外部信息限制或者估计这些误差的方法是第 5 章和第 8 章的主题。

4.3.5 w 系中的导航方程

速度在 w 系中的导航方程类似于 n 系中的导航方程式（4－91），将 n 系替换为 w 系。也就是说，获得方程（4－91）同样的推导可以在 w 系中重复一下，我们定义游动速度向量为 $\boldsymbol{v}^w$

$$\boldsymbol{v}^w=\boldsymbol{C}_e^w\dot{\boldsymbol{x}}^e \tag{4-106}$$

式中，$\boldsymbol{C}_e^w=\boldsymbol{C}_n^w\boldsymbol{C}_e^n$，并且 $\boldsymbol{C}_n^w$ 由式（4－11）给出。所以，$\boldsymbol{v}^w$ 的导航方程为

$$\frac{\mathrm{d}}{\mathrm{d}t}\boldsymbol{v}^w=\boldsymbol{a}^w-(\boldsymbol{\Omega}_{iw}^w+\boldsymbol{\Omega}_{ie}^w)\boldsymbol{v}^w+\bar{\boldsymbol{g}}^w \tag{4-107}$$

w 系机械编排的主要目的是当在极地附近导航时，消除积分算法的奇异性，如式（4－103）中遇到的情况。因此，在式（4－107）中，角速率系数矩阵一定要用游动坐标系速度而不是纬度和经度速率来表示。为此，我们注意到向量 $\boldsymbol{\Omega}_{iw}^w+\boldsymbol{\Omega}_{ie}^w$ 等价于

$$\begin{aligned}\boldsymbol{\omega}_{iw}^w+\boldsymbol{\omega}_{ie}^w&=\boldsymbol{\omega}_{ie}^w+\boldsymbol{\omega}_{ew}^w+\boldsymbol{\omega}_{ie}^w\\&=\boldsymbol{\omega}_{ew}^w+2\boldsymbol{C}_e^w\boldsymbol{\omega}_{ie}^e\end{aligned} \tag{4-108}$$

速率向量 $\boldsymbol{\omega}_{ie}^e$ 仅取决于地球的自转速率，变换矩阵 $\boldsymbol{C}_e^w$ 可以根据角速率 $\boldsymbol{\omega}_{ew}^w$ 通过积分下式来获得

$$\dot{\boldsymbol{C}}_w^e=\boldsymbol{C}_w^e\boldsymbol{\Omega}_{ew}^w \tag{4-109}$$

因此，为了找到这些项中的角速率系数矩阵，仅需根据游动坐标系的速度表示这些速率。

从式（1－88）和式（4－12），我们有

$$\boldsymbol{\omega}_{ew}^n=\boldsymbol{\omega}_{en}^n+\boldsymbol{\omega}_{nw}^n=\begin{bmatrix}\dot{\lambda}\cos\phi\\-\dot{\phi}\\-\dot{\lambda}\sin\phi+\dot{\alpha}_w\end{bmatrix} \tag{4-110}$$

当然

$$\boldsymbol{\omega}_{ew}^w=\boldsymbol{C}_n^w\boldsymbol{\omega}_{ew}^n \tag{4-111}$$

此时，我们需要更明确地定义游动方位坐标系。尤其是，假定已经规定了机械编排（例如，军用飞机的 INS），因此 w 系就不能使它的第 3 轴绕 e 系旋转。这个条件在物理机械编排的稳定平台上是通过在陀螺仪上施加适当的命令角速率来实现，在捷联机械编排的系统上通过计算来实现。在任何一种情况下，它都意味着式（4－111）中角速率 $\boldsymbol{\omega}_{ew}^w$ 的第三个分量为零，或者其方位速率由下式给出

$$\dot{\alpha}_w=\dot{\lambda}\sin\phi \tag{4-112}$$

我们注意到，在物理机械编排的稳定平台游动坐标系中命令角速率是根据式（4－13）获得

$$\boldsymbol{\omega}_{\mathrm{com}}=\boldsymbol{\omega}_{iw}^w=\boldsymbol{C}_e^w\boldsymbol{\omega}_{ie}^e+\boldsymbol{\omega}_{ew}^w \tag{4-113}$$

对于捷联机械编排，角速率 $\boldsymbol{\omega}_{ew}^w$ 和通过式（4－109）积分获得变换矩阵 $\boldsymbol{C}_e^w$ 仅由游动方程速度向量 $\boldsymbol{v}^w$ 确定；游动方位角 α_w 不需要计算。为了证明这一点，首先将式（4－

103）的角速率代入式（4 - 110），那么式（4 - 111）变为

$$\boldsymbol{\omega}_{ew}^{w}=\begin{bmatrix}\dfrac{v_E}{N+h}\cos\alpha_w-\dfrac{v_N}{M+h}\sin\alpha_w\\-\dfrac{v_E}{N+h}\sin\alpha_w-\dfrac{v_N}{M+h}\cos\alpha_w\\0\end{bmatrix}\tag{4-114}$$

由于

$$\boldsymbol{v}^n=\boldsymbol{C}_w^n\boldsymbol{v}^w\tag{4-115}$$

可得到

$$\boldsymbol{\omega}_{ew}^{w}=\begin{bmatrix}v_1^w\sin\alpha_w\cos\alpha_w\left(\dfrac{1}{N+h}-\dfrac{1}{M+h}\right)+v_2^w\left(\dfrac{\cos^2\alpha_w}{N+h}+\dfrac{\sin^2\alpha_w}{M+h}\right)\\-v_1^w\left(\dfrac{\sin^2\alpha_w}{N+h}+\dfrac{\cos^2\alpha_w}{M+h}\right)-v_2^w\sin\alpha_w\cos\alpha_w\left(\dfrac{1}{N+h}-\dfrac{1}{M+h}\right)\\0\end{bmatrix}\tag{4-116}$$

根据曲率半径的定义式（1 - 81）和式（1 - 82），即 N 和 M，很容易证明

$$\frac{1}{N+h}-\frac{1}{M+h}=-\frac{Me'^2\cos^2\phi}{(N+h)(M+h)}\tag{4-117}$$

$$\frac{\cos^2\alpha_w}{N+h}+\frac{\sin^2\alpha_w}{M+h}=\frac{M(1+e'^2\cos^2\phi\sin^2\alpha_w)+h}{(N+h)(M+h)}\tag{4-118}$$

$$\frac{\sin^2\alpha_w}{N+h}+\frac{\cos^2\alpha_w}{M+h}=\frac{M(1+e'^2\cos^2\phi\cos^2\alpha_w)+h}{(N+h)(M+h)}\tag{4-119}$$

式中，$e'^2=\dfrac{1}{(1-e^2)}$ 是椭球第二偏心率的平方。将式（4 - 117）～式（4 - 119）代入式（4 - 116）中，我们有

$$\boldsymbol{\omega}_{ew}^{w}=\frac{1}{(N+h)(M+h)}\times\begin{bmatrix}v_2^w[M(1+e'^2\cos^2\phi\sin^2\alpha_w)+h]-e'^2Mv_1^w\sin\alpha_w\cos\alpha_w\cos^2\phi\\-v_1^w[M(1+e'^2\cos^2\phi\cos^2\alpha_w)+h]-e'^2Mv_2^w\sin\alpha_w\cos\alpha_w\cos^2\phi\\0\end{bmatrix}\tag{4-120}$$

这是在式（4 - 112）的条件下，根据水平游动速度来表示 $\boldsymbol{\omega}_{ew}^{w}$。

$\boldsymbol{\omega}_{ew}^{w}$ 中取决于纬度 ϕ 和方位角 α_w 的项可以被 $\boldsymbol{C}_e^w$ 中的元素替换，由式（4 - 11）和式（1 - 87）得出

$$\boldsymbol{C}_e^w=\boldsymbol{C}_n^w\boldsymbol{C}_e^n=\begin{bmatrix}-\cos\alpha_w\sin\phi\cos\lambda-\sin\alpha_w\sin\lambda & -\cos\alpha_w\sin\phi\sin\lambda+\sin\alpha_w\cos\lambda & \cos\alpha_w\cos\phi\\\sin\alpha_w\sin\phi\cos\lambda-\cos\alpha_w\sin\lambda & \sin\alpha_w\sin\phi\sin\lambda+\cos\alpha_w\cos\lambda & -\sin\alpha_w\cos\phi\\-\cos\phi\cos\lambda & -\cos\phi\sin\lambda & -\sin\phi\end{bmatrix}\tag{4-121}$$

用 c_{jk} 表示 $\boldsymbol{C}_e^w$ 中的元素，可以得到

$$\boldsymbol{\omega}_{ew}^{w}=\frac{1}{(N+h)(M+h)}\begin{bmatrix} v_2^w[M(1+e'^2c_{2,3}^2)+h]+e'^2Mv_1^wc_{1,3}c_{2,3} \\ -v_1^w[M(1+e'^2c_{1,3}^2)+h]-e'^2Mv_2^wc_{1,3}c_{2,3} \\ 0 \end{bmatrix} \tag{4-122}$$

此外

$$N=\frac{a}{\sqrt{1-e^2c_{3,3}^2}},\quad M=\frac{a(1-e^2)}{(1-e^2c_{3,3}^2)^{3/2}} \tag{4-123}$$

因此，由于 $\boldsymbol{C}_e^w$ 是通过积分式（4－109）从角速率 $\boldsymbol{\omega}_{ew}^w$ 中获得的，仅取决于游动坐标系的速度。因为角速率 $\boldsymbol{\omega}_{ew}^w$ 非常小，积分式（4－109）仅仅需要一个低阶算法（如第 4.2.3.1 节所述）。在近似为球时（$e'=0$），我们有

$$\boldsymbol{\omega}_{ew}^{w}\approx\frac{1}{a+h}\begin{bmatrix} v_2^w \\ -v_1^w \\ 0 \end{bmatrix} \tag{4-124}$$

这也是我们期望得到的。

对于游动坐标系速度来说，尽管大地坐标所有的参考和相关奇异性已经从积分算法中消除了，但最终，人们还是希望得到当地水平 n 系的速度、纬度和经度。速度从式（4－111）和式（4－11）中得到；方位角和大地坐标如下

$$\begin{aligned} \alpha_w &= -\tan^{-1}\frac{c_{2,3}}{c_{1,3}} \\ \phi &= -\sin^{-1}c_{3,3} \\ \lambda &= \tan^{-1}\frac{c_{3,2}}{c_{3,1}} \end{aligned} \tag{4-125}$$

式中，$c_{1,3}$，$c_{2,3}$，$c_{3,1}$，$c_{3,2}$ 和 $c_{3,3}$ 是 $\boldsymbol{C}_e^w$ 的元素。显然，在极点处的奇异性将影响 λ 和 α 的质量。然而，这超出了积分算法的范围，所以积分算法不受影响。

最后，如其他的捷联机械编排一样，从载体坐标系到 w 系的变换矩阵 $\boldsymbol{C}_b^w$ 是通过积分实现的

$$\dot{\boldsymbol{C}}_b^w=\boldsymbol{C}_b^w\boldsymbol{\Omega}_{wb}^b \tag{4-126}$$

其中，根据敏感的角速率 $\boldsymbol{\omega}_{ib}^b$，角速率 $\boldsymbol{\omega}_{wb}^b$ 通过式（4－79）得出

$$\boldsymbol{\omega}_{wb}^b=\boldsymbol{\omega}_{ib}^b-\boldsymbol{C}_w^b\boldsymbol{\omega}_{iw}^w \tag{4-127}$$

根据式（4－113），这个积分中需要的角速率 $\boldsymbol{\omega}_{iw}^w$ 直接从先前的积分中获得。

为了降低 IMU 的系统误差，使用一个或者两个常平架，已经可以实现平台多种形式的旋转（调制）。其目的类似于初始标定（见第 8 章），但是这种情况在整个任务过程中是实时进行的。绕垂直轴典型的旋转速率，例如，$\dot{\alpha}=2\pi$ rad/min 。由于传感器相对于加速度和角速率环境具有不同的方向，因此可以求解其长波系统误差。显然，这种类型的机械编排是游动方位原理的拓展，并且按照同样的思路来求导航方程。

4.3.6 导航方程的数值积分

在任意坐标系中的导航方程由式（4－77）给出，速度方程有如下形式

$$\frac{\mathrm{d}}{\mathrm{d}t}\boldsymbol{v}^{a}=\boldsymbol{C}_{b}^{a}\boldsymbol{a}^{b}+\boldsymbol{f}(\boldsymbol{x}^{a},\boldsymbol{v}^{a},\boldsymbol{\Omega}_{ia}^{a},\dot{\boldsymbol{\Omega}}_{ia}^{a},\boldsymbol{g}^{a}) \tag{4-128}$$

对于惯性坐标系、地球固联坐标系、当地水平坐标系和游动方位坐标系，分别推导出并给出了比力方程式（4－80）、式（4－82）、式（4－102）和式（4－107）。注意，在 i 系和 e 系的方程中，$\dot{\boldsymbol{x}}^{a}$ 取代了 $\boldsymbol{v}^{a}$ 。使用加速度计的数据 $\boldsymbol{a}^{b}$ ，这些微分方程一定能够求解出速度 $\boldsymbol{v}^{a}$ ，最终求解出位置。通常，由向量函数 $f(\cdot)$ 获得的项比第一项给出的测量加速度值要小，并且变化量也小。这是因为 a 系相对于 i 系的旋转速率相对比较慢，例如对于大多数的运载体，$\boldsymbol{\Omega}_{ia}^{a}$ 所示的项中地球自转速率起支配作用，可参见式（4－98）。这允许向量函数 $f(\cdot)$ 使用一阶积分算法［矩形规则，式（2－103）］，并且仅需要在积分区间内一个点上（初始点或者中间点）的函数值。另外，式（4－128）中第一项的积分需要更高阶的算法。然而，使用这种方法，导航方程的数值积分从求解微分方程变成了简单地积分一个不涉及因变量（第 2.42 节）的函数。

因此，我们将式（4－128）的积分近似为

$$\Delta\boldsymbol{v}^{a}=\int_{\Delta t}\boldsymbol{C}_{b}^{a}(t')\boldsymbol{a}^{b}(t')\mathrm{d}t'+\boldsymbol{f}(\boldsymbol{x}^{a},\boldsymbol{v}^{a},\boldsymbol{\Omega}_{ia}^{a},\dot{\boldsymbol{\Omega}}_{ia}^{a},\boldsymbol{g}^{a})\Delta t \tag{4-129}$$

式中，Δt 是积分区间。假定使用足够高阶的数值积分方法求解的速度确定变换矩阵 $\boldsymbol{C}_{b}^{a}$ ，能够数值估计式（4－129）的第一项。如第 4.2.3.1 节所述，采样间隔 $\delta t=t_{l}-t_{l-1}$，$l=1$，2，3，… 定义为对应于 IMU 初始数据速率或者初始数据率的几倍。加速度计的输出数据以速度增量或者是脉冲的形式给出，在采样区间上捕获加速度的时程。这样，根据载体坐标系加速度，速度增量精确地表示为

$$\delta\boldsymbol{v}_{l}^{b}=\int_{t_{l-1}}^{t_{l}}\boldsymbol{a}^{b}(t')\mathrm{d}t' \tag{4-130}$$

所采用数值积分算法的阶数决定了数据点的需求量。对于二阶算法［误差约为 $O(\Delta t^{3})$］，积分区间可以设定为等于采样区间；对于三阶算法，$\Delta t=2\delta t$ ，如式（2－43）中所示。我们仅考虑经典辛普森规则式（2－105）的三阶算法。

对于积分区间 $[t_{l-2},t_{l}]$ ，观测值为

$$\delta\boldsymbol{v}_{l-1}^{b}=\int_{t_{l-2}}^{t_{l-1}}\boldsymbol{a}^{b}(t')\mathrm{d}t' \tag{4-131}$$

$$\delta\boldsymbol{v}_{l}^{b}=\int_{t_{l-1}}^{t_{l}}\boldsymbol{a}^{b}(t')\mathrm{d}t' \tag{4-132}$$

严格遵守第 4.2.3.1.2 节［式（4－45）～式（4－53）］中与角度观测值相同的步骤，根据这些观测值，我们得到在积分区间合适周期上加速度的近似值，类似于式（4－52）

$$\begin{aligned}\hat{\boldsymbol{a}}_{l-2}^{b}\Delta t&=3\delta\boldsymbol{v}_{l-1}^{b}-\delta\boldsymbol{v}_{l}^{b}\\ \hat{\boldsymbol{a}}_{l-1}^{b}\Delta t&=\delta\boldsymbol{v}_{l-1}^{b}+\delta\boldsymbol{v}_{l}^{b}\\ \hat{\boldsymbol{a}}_{l}^{b}\Delta t&=3\delta\boldsymbol{v}_{l}^{b}-\delta\boldsymbol{v}_{l-1}^{b}\end{aligned} \tag{4-133}$$

根据对四元数的这些数值积分，例如式（4－61），我们假定在周期 t_{l-2}，t_{l-1}，t_{l} 上已经估计出足够精度的变换矩阵 $\boldsymbol{C}_{b}^{a}$ 。为了后续的误差分析，假定与估计量 $\hat{\boldsymbol{C}}_{b}^{a}$ 相关的模型误

差与仪器误差相比是微不足道的。那么，辛普森规则式（2－105）给出了式（4－129）第一项的数值积分算法

$$\int_{t_{\ell-2}}^{t_\ell} \boldsymbol{C}_b^a(t')\boldsymbol{a}^b(t')\mathrm{d}t' \approx \frac{\Delta t}{6}[(\hat{\boldsymbol{C}}_b^a)_{(\ell-2)}\hat{\boldsymbol{a}}_{\ell-2}^b + 4(\hat{\boldsymbol{C}}_b^a)_{(\ell-1)}\hat{\boldsymbol{a}}_{\ell-1}^b + (\hat{\boldsymbol{C}}_b^a)_\ell\hat{\boldsymbol{a}}_\ell^b] \tag{4－134}$$

式中，$\hat{\boldsymbol{C}}_b^a(\ell)$ 是 $\boldsymbol{C}_b^a$ 基于估计量 $\hat{\boldsymbol{q}}_\ell$ 的估计值。所以，使用加速度估计值［式（4－133）］，在时刻 t_ℓ 估计速度的算法是

$$\hat{\boldsymbol{v}}_\ell^a = \hat{\boldsymbol{v}}_{\ell-2}^a + \frac{1}{6}[(\hat{\boldsymbol{C}}_b^a)_{\ell-2}(3\delta\boldsymbol{v}_{\ell-1}^b - \delta\boldsymbol{v}_\ell^b) + 4(\hat{\boldsymbol{C}}_b^a)_{\ell-1}(\delta\boldsymbol{v}_{\ell-1}^b + \delta\boldsymbol{v}_\ell^b) \tag{4－135}$$

$$+ (\hat{\boldsymbol{C}}_b^a)_\ell(3\delta\boldsymbol{v}_\ell^b - \delta\boldsymbol{v}_{\ell-1}^b)] + \hat{\boldsymbol{f}}(\boldsymbol{x}^a, \boldsymbol{v}^a, \boldsymbol{\Omega}_{ia}^a, \dot{\boldsymbol{\Omega}}_{ia}^a, \boldsymbol{g}^a)_{t=t_{\ell-2}}\Delta t$$

注意，为了获得 δt 奇数和偶数倍数的估计值，需要两个分离的迭代（两组初始值）。对估计值进行仔细的交叉，式（4－135）中的 $\hat{\boldsymbol{f}}(\boldsymbol{x}^a,\ \boldsymbol{v}^a,\ \boldsymbol{\Omega}_{ia}^a,\ \dot{\boldsymbol{\Omega}}_{ia}^a,\ \boldsymbol{g}^a)$ 也可以在 $t = t_{\ell-1}$ 时估计，并且有提高积分精度的潜力。

假定由三阶算法获得变换矩阵，实际上，方程（4－135）表示了计算速度的四阶算法。为了证明这一点，我们首先将真正敏感的加速度表示为泰勒级数的形式（为了方便，忽略了坐标系的表示符号，并且为了不失一般性，设定 $\ell=2$）

$$\boldsymbol{a}(t) = \boldsymbol{a}_0 + \dot{\boldsymbol{a}}_0(t-t_0) + \frac{1}{2!}\ddot{\boldsymbol{a}}_0(t-t_0)^2 + \frac{1}{3!}\dddot{\boldsymbol{a}}_0(t-t_0)^3 + \cdots \tag{4－136}$$

将这个方程与坐标变换矩阵类似的真实表达式（4－65）结合起来，式（4－134）左侧的积分可以通过下式给出

$$\begin{aligned}&\int_{t_0}^{t_2}\boldsymbol{C}(t')\boldsymbol{a}(t')\mathrm{d}t' \\ &= \boldsymbol{C}_0\Big\{\boldsymbol{a}_0\Delta t + \frac{1}{2}(\boldsymbol{\Omega}_0\boldsymbol{a}_0 + \dot{\boldsymbol{a}}_0)\Delta t^2 + \frac{1}{6}[\ddot{\boldsymbol{a}}_0 + 2\boldsymbol{\Omega}_0\dot{\boldsymbol{a}}_0 + (\boldsymbol{\Omega}_0^2 + \dot{\boldsymbol{\Omega}}_0)\boldsymbol{a}_0]\Delta t^3 \\ &+ \frac{1}{8}\left[\frac{1}{3}(\boldsymbol{\Omega}_0^3 + 2\boldsymbol{\Omega}_0\dot{\boldsymbol{\Omega}}_0 + \dot{\boldsymbol{\Omega}}_0\boldsymbol{\Omega}_0 + \ddot{\boldsymbol{\Omega}}_0)\boldsymbol{a}_0 + (\boldsymbol{\Omega}_0^2 + \dot{\boldsymbol{\Omega}}_0)\dot{\boldsymbol{a}}_0 + \boldsymbol{\Omega}_0\ddot{\boldsymbol{a}}_0 + \frac{1}{3}\dddot{\boldsymbol{a}}_0\right]\Delta t^4 + O(\Delta t^5)\Big\}\end{aligned} \tag{4－137}$$

将式（4－136）代入下式

$$\delta\boldsymbol{v}_1 = \int_{t_0}^{t_1}\boldsymbol{a}(t')\mathrm{d}t',\ \delta\boldsymbol{v}_2 = \int_{t_1}^{t_2}\boldsymbol{a}(t')\mathrm{d}t' \tag{4－138}$$

并且，对 t' 进行积分。将积分结果代入式（4－133）可得

$$\begin{aligned}\hat{\boldsymbol{a}}_0\Delta t &= \boldsymbol{a}_0\Delta t - \frac{1}{12}\ddot{\boldsymbol{a}}_0\Delta t^3 - \frac{1}{32}\dddot{\boldsymbol{a}}_0\Delta t^4 + \cdots \\ \hat{\boldsymbol{a}}_1\Delta t &= \boldsymbol{a}_0\Delta t + \frac{1}{2}\dot{\boldsymbol{a}}_0\Delta t^2 + \frac{1}{6}\ddot{\boldsymbol{a}}_0\Delta t^3 + \frac{1}{24}\dddot{\boldsymbol{a}}_0\Delta t^4 + \cdots \\ \hat{\boldsymbol{a}}_2\Delta t &= \boldsymbol{a}_0\Delta t + \dot{\boldsymbol{a}}_0\Delta t^2 + \frac{5}{12}\ddot{\boldsymbol{a}}_0\Delta t^3 + \frac{11}{96}\dddot{\boldsymbol{a}}_0\Delta t^4 + \cdots\end{aligned} \tag{4－139}$$

最后，我们将这些表达式和 t_0，t_1，t_2 时分别从式（4－65）（三阶算法）获得的 $\hat{\boldsymbol{C}}_0$，

$\hat{C}_1$ 和 $\hat{C}_2$，插入式（4－134）的右侧。结果可以表达如下

$$\int_{t_0}^{t_2} \boldsymbol{C}(t')\boldsymbol{a}(t')\mathrm{d}t' - \frac{\Delta t}{6}(\hat{\boldsymbol{C}}_0\hat{\boldsymbol{a}}_0 + 4\hat{\boldsymbol{C}}_1\hat{\boldsymbol{a}}_1 + \hat{\boldsymbol{C}}_2\hat{\boldsymbol{a}}_2) = O(\Delta t^5) \tag{4-140}$$

因此，式（4－134）是计算速度的四阶算法。

式（4－129）第一项数值积分的误差是已知的划船误差，线加速度和旋转的组合运动即划船。这与圆锥误差类似（第 4.2.3.1.1 节），划船误差可以通过降低数值积分的时间增量或者通过更高阶的算法来减小（参见 Ignagni，1998）。

假定运载体的动态环境较好，算法阶数的选取最终取决于（惯性）仪器的精度。从式（4－137）可知，对于角速率和线加速度导数较小的情况，忽略主要项以后，m 阶算法就是

$$\delta \boldsymbol{v} \approx \boldsymbol{C}_0 \frac{1}{(m+1)!}\boldsymbol{\Omega}_0^m \boldsymbol{a}_0 \Delta t^{m+1} \tag{4-141}$$

相应的速度误差速率（单位时间的误差）通过下式得出

$$|\delta \boldsymbol{a}| \approx \frac{1}{(m+1)!}\omega^m a \Delta t^m \tag{4-142}$$

对于二阶算法，当 $|\omega| < 10°/\mathrm{s} = 0.17\ \mathrm{rad/s}$，$\Delta t = 1/128\ \mathrm{s}$，$a < 2g$ 时，算法的误差速率为 $\delta a \approx 6\times10^{-6}\ \mathrm{m/s^2}$，稍微小于加速度计的噪声水平，但足可保证实现三阶模型。

最后，在 i 系和 e 系的情况下，位置可以通过再次直接积分式（4－80）和式（4－82）获得

$$\hat{\boldsymbol{x}}_l^i = \hat{\boldsymbol{x}}_{l-2}^i + \hat{\dot{\boldsymbol{x}}}_{l-1}^i \Delta t,\ \hat{\boldsymbol{x}}_l^e = \hat{\boldsymbol{x}}_{l-2}^e + \hat{\dot{\boldsymbol{x}}}_{l-1}^e \Delta t \tag{4-143}$$

或者，对于 n 系使用式（4－103）

$$\begin{aligned} \hat{\phi}_l &= \hat{\phi}_{l-2} + \frac{(\hat{v}_N)_{l-1}\Delta t}{\hat{M}_{l-1} + \hat{h}_{l-1}} \\ \hat{\lambda}_l &= \hat{\lambda}_{l-2} + \frac{(\hat{v}_E)_{l-1}\Delta t}{(\hat{N}_{l-1} + \hat{h}_{l-1})\cos\hat{\phi}_{l-1}} \\ \hat{h}_l &= \hat{h}_{l-2} - (\hat{v}_D)_{l-1}\Delta t \end{aligned} \tag{4-144}$$

对于 w 系，由式（4－125）通过积分 $\dot{\boldsymbol{C}}_e^w$ 确定位置。

第 5 章　系统误差动态方程

5.1　介绍

惯性导航系统是由六个机械和（或者）光学传感器组成非常复杂的组合体，每个传感器都对应着与实际需要的导航功能无关的物理效应和系统效应，以及各种特征导致的内部随机误差。因此，为了了解它们对导航解的影响和使用外部测量估计这些误差，研究系统误差合适的动力学特性和随机模型是非常重要的。在接下来的两章中，将推导和阐述这些模型。本章主要阐述了通常使用的仪表误差和导航解误差之间的物理关系和数学关系。结果是一个数学模型，即一个确定性动态误差模型，它严格符合一阶近似并且基于给定的物理模型。这个模型描述了传感器误差如何通过系统传播为导航误差。下一章讨论特定形式误差随机过程的本质。在随机设置中，动态误差模型将描绘误差从传感器到导航解的传播。

在第 4 章中，研究了通用坐标系下的导航方程，并且给出了在一些常用坐标系下（导航方程的）表达式。这些方程是速度和位置的微分方程，其中强迫函数是敏感的加速度，加速度的方向信息由陀螺仪提供。误差动态方程描述了传感器误差是如何影响位置（和速度）的。我们通过对导航方程使用差分运算符推导了这些动态方程。也就是说，导航方程的变量作为扰动量被差分，这些差分值被解释为小的差值或者误差。更严格地说，应当考虑使用泰勒级数关于速度、位置和其他变量的近似值展开［参考式（2－96）］，如通过导航方程（4－77）给出的变量

$$
\begin{aligned}
\boldsymbol{0}=\boldsymbol{f}(\boldsymbol{x}^a,\dot{\boldsymbol{x}}^a,\boldsymbol{\Omega}_{ia}^a,\dot{\boldsymbol{\Omega}}_{ia}^a,\boldsymbol{a}^a,\boldsymbol{g}^a)&=\boldsymbol{f}(\tilde{\boldsymbol{x}}^a,\tilde{\dot{\boldsymbol{x}}}^a,\tilde{\boldsymbol{\Omega}}_{ia}^a,\tilde{\dot{\boldsymbol{\Omega}}}_{ia}^a,\tilde{\boldsymbol{a}}^a,\tilde{\boldsymbol{g}}^a)\\
&+\frac{\partial \boldsymbol{f}}{\partial \boldsymbol{x}^a}(\boldsymbol{x}^a-\tilde{\boldsymbol{x}}^a)+\frac{\partial \boldsymbol{f}}{\partial \dot{\boldsymbol{x}}^a}(\dot{\boldsymbol{x}}^a-\tilde{\dot{\boldsymbol{x}}}^a)\\
&+\frac{\partial \boldsymbol{f}}{\partial \boldsymbol{\Omega}_{ia}^a}(\boldsymbol{\Omega}_{ia}^a-\tilde{\boldsymbol{\Omega}}_{ia}^a)+\frac{\partial \boldsymbol{f}}{\partial \dot{\boldsymbol{\Omega}}_{ia}^a}(\dot{\boldsymbol{\Omega}}_{ia}^a-\tilde{\dot{\boldsymbol{\Omega}}}_{ia}^a)\\
&+\frac{\partial \boldsymbol{f}}{\partial \boldsymbol{a}^a}(\boldsymbol{a}^a-\tilde{\boldsymbol{a}}^a)+\frac{\partial \boldsymbol{f}}{\partial \boldsymbol{g}^a}(\boldsymbol{g}^a-\tilde{\boldsymbol{g}}^a)+\cdots
\end{aligned}
\qquad (5-1)
$$

相对于“泰勒展开点”（$\tilde{\boldsymbol{x}}^a$，$\tilde{\dot{\boldsymbol{x}}}^a$，$\tilde{\boldsymbol{\Omega}}_{ia}^a$，$\tilde{\dot{\boldsymbol{\Omega}}}_{ia}^a$，$\tilde{\boldsymbol{a}}^a$，$\tilde{\boldsymbol{g}}^a$）的差值，表示负误差，并且估计出在这个泰勒点的偏导数（由许可的符号表示）。我们在这里做一个重要的假设，即 $\boldsymbol{f}(\tilde{\boldsymbol{x}}^a,\tilde{\dot{\boldsymbol{x}}}^a,\tilde{\boldsymbol{\Omega}}_{ia}^a,\tilde{\dot{\boldsymbol{\Omega}}}_{ia}^a,\tilde{\boldsymbol{a}}^a,\tilde{\boldsymbol{g}}^a)=\boldsymbol{0}$，这意味着估计值不是全部独立确定的，但必须遵循这个模型。

在任一情况下，使用差分或者泰勒展开式，我们忽略比一阶项更高阶的项；因此，误差动态方程就成为误差的线性模型。显然，基本假设就是误差非常小，"小"是一个影响模型有效性或者精度的主观描述。误差如果没有足够小，模型需要增加二阶项。注意，模型可能是一个非线性的时间函数。关于时间的线性化处理将在第 7 章中讨论。

误差动态方程的构建是使用统一的方式在任意坐标系中推导的，那么这允许在特定的坐标系中专门化开展。特别地，我们考虑惯性坐标系（i 系）、ECEF（e 系）和当地水平坐标系（n 系）中动态误差方程的构建时，需要认识到 n 系的情况实际上是在 e 系中构建的方程沿着 n 系方向重新定向。也就是说，在 n 系中没有发生水平运动，根据定义，坐标系和导航系统在地球表面上运动。

误差动态模型全面深入的研究往往混淆了导航误差动力学的特征。所以，我们从简化的近似误差分析开始，实际上，近似误差分析在很短持续时间的应用上还是很准确的。接下来，通过适当的近似，将整个误差模型简化为含有关键项的模型来证明这一点。

5.2　简化分析

在一个非旋转地球的当地坐标系中考虑误差动力学方程是非常有指导意义的，在这个坐标系中惯性测量单元也不旋转，因此仪器坐标系和当地坐标系平行。而且，通过将运动限制在当地区域（没有旋转），我们可以假定当地坐标系就是惯性坐标系。令坐标为直角坐标（x_i），其中 3 轴与当地垂直方向一致（见图 5 - 1）。对于引力场，最方便的坐标系是地心坐标系。因此，当一个坐标系是水平方向上的当地坐标系，则垂向坐标被认为是以地心为起点，即坐标原点。向上（径向）为正向，对于右手系统，假定水平坐标值在北、西两个方向为正。

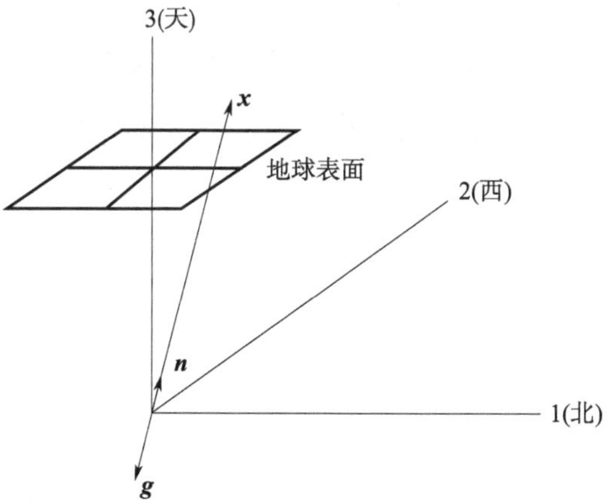

图 5 - 1　近似的当地惯性坐标系

在这个坐标系中，位置的导航方程通过式（4 - 69）给出，为方便起见，此处再次给出没有坐标系符号的公式

$$\ddot{\boldsymbol{x}}=\boldsymbol{g}(\boldsymbol{x})+\boldsymbol{a} \tag{5-2}$$

式中，$\boldsymbol{x}$ 是位置向量；$\boldsymbol{g}$ 是在这个坐标系中由引力场产生的加速度，它取决于位置向量；$\boldsymbol{a}$ 是比力，即由加速度计敏感的加速度。

通过对式（5－2）使用扰动法，也就是通过使用差分算子 δ ，可以得到系统误差引起的一阶位置误差。在这里，我们认为算子 δ 和 $\mathrm{d}/\mathrm{d}t$ 理应具有互换性；我们还假设差分算子遵守微分的通用规则。因此

$$\delta\ddot{\boldsymbol{x}}=\frac{\partial \boldsymbol{g}}{\partial \boldsymbol{x}}\delta\boldsymbol{x}+\delta\boldsymbol{g}+\delta\boldsymbol{a} \tag{5-3}$$

其中，“偏导数”符号 $\frac{\partial \boldsymbol{g}}{\partial \boldsymbol{x}}$ 表示引力向量分量相对于坐标偏导数的二阶张量

$$\frac{\partial \boldsymbol{g}}{\partial \boldsymbol{x}}=\begin{bmatrix}\frac{\partial g_1}{\partial x_1} & \frac{\partial g_1}{\partial x_2} & \frac{\partial g_1}{\partial x_3}\\ \frac{\partial g_2}{\partial x_1} & \frac{\partial g_2}{\partial x_2} & \frac{\partial g_2}{\partial x_3}\\ \frac{\partial g_3}{\partial x_1} & \frac{\partial g_3}{\partial x_2} & \frac{\partial g_3}{\partial x_3}\end{bmatrix} \tag{5-4}$$

式（5－3）是一个位置误差 $\delta\boldsymbol{x}$（按时间）的微分方程，描述了它的动态特性。特别是，它的二次时间导数等于加速度计输出误差之和 $\delta\boldsymbol{a}$ ，加上我们知道的引力加速度误差 $\delta\boldsymbol{g}$ ，加上由于位置变化不确定性 $\delta\boldsymbol{x}$ 引起的引力值的变化。

为了当前的目的，地球引力加速度可以近似为均匀致密球体产生的引力加速度，根据牛顿万有引力定律式（1－6）可以给出如下

$$\boldsymbol{g}\approx-\frac{-GM}{r^2}\boldsymbol{n} \tag{5-5}$$

其中，$r^2=x_1^2+x_2^2+x_3^2$ 是距地球中心距离（对于地球表面的点，$r\approx 6\ 371\ 000$ m）的平方；$\boldsymbol{n}=\boldsymbol{x}/r$ 是沿着径向朝外的单位向量，GM 是引力常数乘以地球的质量（$GM\approx 3.986\times 10^{14}\,\mathrm{m^3/s^2}$）。那么，式（5－4）的张量 $\frac{\partial \boldsymbol{g}}{\partial \boldsymbol{x}}$ 可以通过下式给出

$$\frac{\partial \boldsymbol{g}}{\partial \boldsymbol{x}}=GM\begin{bmatrix}\frac{-1}{r^3}+3\frac{x_1^2}{r^5} & -3\frac{x_1x_2}{r^5} & -3\frac{x_1x_3}{r^5}\\ -3\frac{x_2x_1}{r^5} & \frac{-1}{r^3}+3\frac{x_2^2}{r^5} & -3\frac{x_2x_3}{r^5}\\ -3\frac{x_3x_1}{r^5} & -3\frac{x_2x_3}{r^5} & \frac{2}{r^3}-3\frac{x_1^2+x_2^2}{r^5}\end{bmatrix} \tag{5-6}$$

对于 IMU 的当地运动，x_1 和 x_2 是小量，因此包含 r^{-5} 的项可以忽略不计，给出下式

$$\frac{\partial \boldsymbol{g}}{\partial \boldsymbol{x}}\approx\frac{GM}{r^3}\begin{bmatrix}-1 & 0 & 0\\ 0 & -1 & 0\\ 0 & 0 & 2\end{bmatrix} \tag{5-7}$$

近似式（5－5）和式（5－7）是非常合理的，因为在相对平缓的地形，式（5－7）中

近似的引力梯度偏离地球引力场真实梯度值小于 50E（1E＝1Eötvös，单位为 $10^{-9}\ s^{-2}$）（在变化剧烈的山区地形，异常梯度值可以达到 1 000E），然而式（5－7）中包含水平梯度的主要项大约是 1 500E。对于较小的 $\delta \boldsymbol{x}$，在较短时间上的位置误差累积，式（5－3）中的引力梯度项可以完全忽略［例如，如果 $\delta x_1 = 1$ m，那么 $(\partial g_1/\partial x_1)\delta x_1 \approx -1.5 \times 10^{-6}\ m/s^2$，比典型的中高精度加速度计噪声水平的幅值小一个数量级］。显然，近似式（5－7）对于目前的应用来说足够了。实际上，如果隐含地考虑当地坐标系和系统的运动，即使对于更长的时间来说，式（5－7）亦是一个非常好的近似。使用完整模型研究可以更加严格地证明这一点。

将式（5－7）代入式（5－3），我们可以获得位置误差每个分量的微分方程

$$\delta \ddot{x}_1 + \frac{GM}{r^3}\delta x_1 = \delta g_1 + \delta a_1 \tag{5-8}$$

$$\delta \ddot{x}_2 + \frac{GM}{r^3}\delta x_2 = \delta g_2 + \delta a_2 \tag{5-9}$$

$$\delta \ddot{x}_3 - 2\frac{GM}{r^3}\delta x_3 = \delta g_3 + \delta a_3 \tag{5-10}$$

每个水平分量［式（5－8）和式（5－9）］的微分方程表示一个强迫谐振器［式（2－82）］，其谐振频率为

$$\omega_S = \sqrt{\frac{GM}{r^3}} \tag{5-11}$$

这就是舒勒频率（相对应的周期为 84.4 min），已经在第 4 章式（4－5）中遇到过。实际上，式（4－4）表示当地水平稳定平台失准角的动态特性，与式（5－8）是一致的，因为地球表面的位置变化 δx_1 对应着平台失准角的修正 $-R\eta$。

根据式（2－49）给出上式的齐次解［式（5－8）和式（5－9）等号的右侧设定等于零］

$$\delta x_{1_H}(t) = A_1\cos[\omega_S(t-t_0)] + B_1\sin[\omega_S(t-t_0)] \tag{5-12}$$

$$\delta x_{2_H}(t) = A_2\cos[\omega_S(t-t_0)] + B_2\sin[\omega_S(t-t_0)] \tag{5-13}$$

其中，正弦的常值系数由初始条件（$t=t_0$）确定

$$\begin{aligned} &A_1 = \delta x_1(t_0),\quad A_2 = \delta x_2(t_0) \\ &B_1 = \frac{\delta \dot{x}_1(t_0)}{\omega_S},\quad B_2 = \frac{\delta \dot{x}_2(t_0)}{\omega_S} \end{aligned} \tag{5-14}$$

注意，水平方向上位置和速度的初始误差，导致系统在水平方向上存在舒勒频率上有界的振荡误差。

垂向分量方程［式（5－10）］的齐次解随时间呈指数变化，可以通过式（2－48）给出

$$\begin{aligned} \delta x_{3_H}(t) &= C\mathrm{e}^{\sqrt{2}\omega_S(t-t_0)} + D\mathrm{e}^{-\sqrt{2}\omega_S(t-t_0)} \\ &= A_3\cosh[\sqrt{2}\omega_S(t-t_0)] + B_3\sinh[\sqrt{2}\omega_S(t-t_0)] \end{aligned} \tag{5-15}$$

其中，C 和 D 或者 A_3 和 B_3 是常量

$$A_3=\delta x_3(0),\quad B_3=\frac{\delta \dot{x}_3(0)}{\sqrt{2}\omega_S} \tag{5-16}$$

在垂直方向的位置初始误差导致对应的导航解快速失效，因为误差以指数的形式无界增长。垂向误差的时间常数为 $1/(\sqrt{2}\omega_S)=9.5\ \text{min}$。它对应于从初始时间开始的时间间隔，在这个时间段内垂向导航误差仍然小于初始误差的 3 倍；这被认为在可以承受的范围内。

特别感兴趣的是，式（5－8）、式（5－9）和式（5－10）的特解（方程式等号右侧为非零项），因为它们取决于施加在系统上扰动函数或者强迫函数的类型。任何一个普遍的谐振器，任何具有谐振频率或者舒勒频率的水平强迫项将放大导航误差，而通常，在其他频率上的强迫项将被 ω_S 调制。令强迫函数表示为 $\boldsymbol{f}(t)$，为了简化分析给出如下公式

$$\boldsymbol{f}(t)=\delta\boldsymbol{a}+\delta\boldsymbol{g} \tag{5-17}$$

这里应当注意，因为运载体运动，引力误差（我们缺少引力加速度的全部信息）取决于时间；更加具体地说，它取决于载体的位置，而位置是时间的函数，所以我们可以将引力加速度误差写为 $\delta\boldsymbol{g}\equiv\delta\boldsymbol{g}[\boldsymbol{x}(t)]$。当然，加速度计误差也是时间的函数，式（5－17）中强迫函数的构建是合适的。

式（5－8）～式（5－10）的特解可以通过式（2－84）和式（2－85）获得，通过下式给出

$$\delta x_{1_P}(t)=\frac{1}{\omega_S}\int_0^t \sin[\omega_S(t-\tau)]f_1(\tau)\mathrm{d}\tau \tag{5-18}$$

$$\delta x_{2_P}(t)=\frac{1}{\omega_S}\int_0^t \sin[\omega_S(t-\tau)]f_2(\tau)\mathrm{d}\tau \tag{5-19}$$

$$\delta x_{3_P}(t)=\frac{1}{\sqrt{2}\omega_S}\int_0^t \sinh[\sqrt{2}\omega_S(t-\tau)]f_3(\tau)\mathrm{d}\tau \tag{5-20}$$

尽管总的水平位置误差具有振荡特征，但它们是否有界取决于强迫函数 $f_{1,2}$；如果后者是有界的，误差就是有界的。与齐次解的情况一样，垂向位置误差是无界的，除非 f_3 以足够快的速度降到零。

我们讨论强迫函数的几种特殊情况。对于实际的导航系统，适当的模型可以通过这些特殊形式的线性组合来构成。

例 1 假设 $\boldsymbol{f}$ 的分量为常数 $f_j(t)=c_j$（例如加速度计的偏置）。那么，水平位置误差的特解就是

$$\delta x_{1_P}(t)=\frac{c_1}{\omega_S^2}[1-\cos\omega_S(t-t_0)]\approx\frac{1}{2}c_1(t-t_0)^2 \tag{5-21}$$

其中，为了不失一般性，仅说明水平分量中的一个［对于式（5－19）来说相同的结论仍然成立］。对于垂向通道，我们有

$$\delta_{x_{3_P}}(t)=\frac{c_3}{2\omega_S^2}[\cosh(\sqrt{2}\omega_S(t-t_0))-1]\approx\frac{1}{2}c_3(t-t_0)^2 \tag{5-22}$$

式（5 - 21）和式（5 - 22）中的近似表示仅在 $t - t_0$ 为小量时成立；它们可以使用 $\cos p$［见式（1 - 30）］和 $\cosh p$ 的级数展开式推导出来。特别是位置误差，不管是水平方向还是垂直方向，几乎随着时间的平方而增长，就像人们从伽利略的自由落体定律（这个定律表示了在加速度 a 的作用下，移动的距离 x，取决于时间的平方：$x = at^2/2$）所了解的那样。然而，随着时间的推移，水平位置误差以 $2c_1/\omega_S^2$ 为边界，而垂向位置误差随着时间无界地增加。对于 $t - t_0 > 20$ min 时，后一项可以近似为

$$\delta x_{3p}(t) \approx \frac{c_3}{4\omega_S^2} \mathrm{e}^{\sqrt{2}\omega_S(t-t_0)} \tag{5-23}$$

加速度的偏置为 $c_j = 2 \times 10^{-4}\ \mathrm{m/s^2}$ 时，图 5 - 2 给出了这些位置误差。

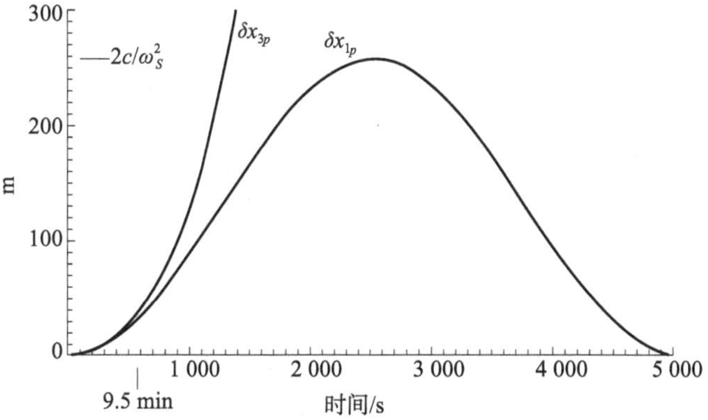

图 5 - 2　由未知加速度计偏置导致的位置误差

即使存在一个加速度偏置，水平位置误差的有界性仍然是在一个具有中心引力场的球表面导航的结果。这更加证明了第 4 章中的几何观点。因为垂线位置误差的无界性，INS 不用于垂直方向的导航。然而，对于短时间间隔（例如几分钟），它和水平通道的精度类似；但是，如果长时间运行，可以通过气压计、高度计或者 GPS 引入外部高度信息而使得垂直方向位置误差有界，这称为垂直通道阻尼。

例 2　强迫项为一个线性漂移：$f_j(t) = c_j(t - t_0)$。那么，特解为

$$\delta x_{1_P}(t) = \frac{c_1}{\omega_S^2}\left\{(t - t_0) - \frac{1}{\omega_S}\sin[\omega_S(t - t_0)]\right\} \approx \frac{1}{6}c_1(t - t_0)^3 \tag{5-24}$$

$$\delta x_{3_P}(t) = \frac{c_3}{2\omega_S^2}\left[\frac{1}{\sqrt{2}\omega_S}\sinh(\sqrt{2}\omega_S(t - t_0)) - (t - t_0)\right] \approx \frac{1}{6}c_3 t^3 \tag{5-25}$$

其中，近似值仅在 t 为小量时成立。在这种情况下，水平位置误差通常随着时间增长，最初是时间的三次方。对于长时间运行来说，漂移对于位置误差的影响比偏置更大。

假定一个水平平台方向的漂移误差由角速率 $\delta\omega_d$ 表示，当重力向量耦合到水平加速度中时，导致加速度误差。从图 5 - 3 中，我们可以给出这个误差为 $g\delta\omega_d t$，其中 $g \approx 9.8\ \mathrm{m/s^2}$ 是重力加速度的幅值。因此，在这种情况下，$c_1 = g\delta\omega_d$，长时间运行（即仅考虑非周期部分）的平均速度误差由式（5 - 24）中第一项的导数确定为

$$\frac{c_1}{\omega_S^2} \approx \frac{g\delta\omega_d}{g/R} = R\delta\omega_d \tag{5-26}$$

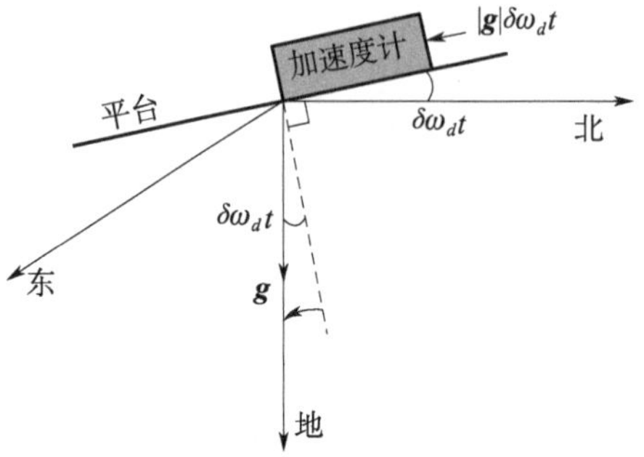

图 5-3　平台倾斜误差导致加速度误差

其中，使用了式（4-5），并且 R 是地球的平均半径。由于地球上的 1 弧度大约为 $R \cdot 1° \cdot (\pi/180°) \approx 111$ km，我们就有一个简单的“经验法则”：陀螺漂移为 0.01°/h，速度误差则近似为 1 km/h。例如，我们可以粗略地估计，陀螺仪漂移为 0.1°/h 的惯性导航系统，经过一小时运行后将导致（水平）位置误差增长到 10km。图 5-4 更加详细地表明了由于这个漂移导致的位置误差特性，也表明在垂向通道的级数误差。

例 3　考虑强迫函数为正弦函数［幅值 c_j（常数），频率 w］$f_j(t)=c_j\cos[\omega(t-t_0)]$。那么，对式（5-18）和式（5-20）进行积分，可得

$$\delta x_{1_p}(t)=\begin{cases}\dfrac{c_1}{(\omega^2-\omega_S^2)}\{\cos[\omega_S(t-t_0)]-\cos[\omega(t-t_0)]\}, \omega \neq \omega_S \\ \dfrac{c_1}{2\omega_S}(t-t_0)\sin[\omega_S(t-t_0)], \omega=\omega_S\end{cases} \tag{5-27}$$

和

$$\delta x_{3_p}(t)=\frac{c_3}{2\omega_S^2+\omega^2}\{(\cosh[\sqrt{2}\omega_S(t-t_0)]-\cos[\omega(t-t_0)]\} \tag{5-28}$$

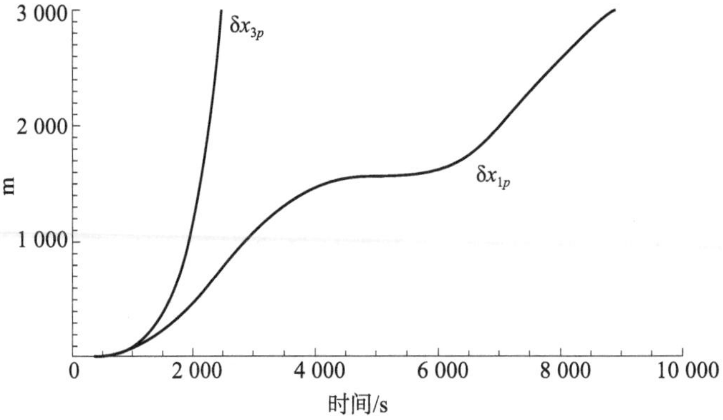

图 5-4　由未知常值陀螺漂移导致的位置误差

在这个例子中，式（5-27）中当 $\omega=\omega_S$ 时发生共振，这时解将无界地增长。也就是说，如果强迫函数包含舒勒频率上的能量，那么将产生误差随幅值线性增长的振荡。如前所述，随着时间的增加，垂向位置误差在所有的频率上都会无界地增长。图 5-5 表明了式（5-18）如何将一个东向的水平重力分量（$f_2=g_E$）变换成东向的位置误差。该重力曲线图来自于加拿大落基山脉 5 000 m 飞行高度上的区域，其振荡特性在一定程度上反映了位置误差，如式（5-27）第 1 项。

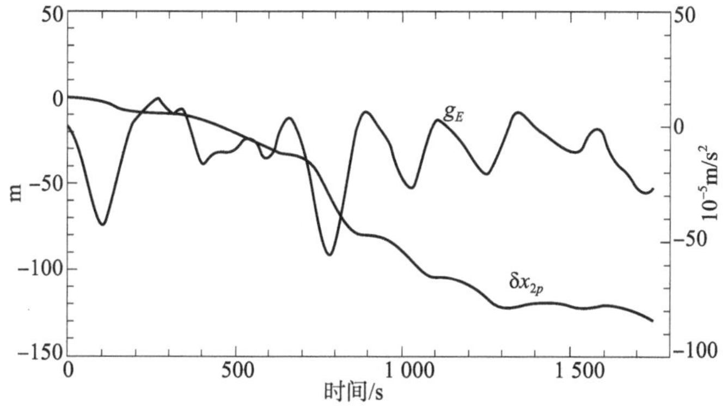

图 5-5　由水平重力分量导致的位置误差

5.3　线性误差方程

我们从 a 坐标系的导航方程（4-77）开始，进行误差动态方程的归一化研究。像先前的简化处理一样，我们对这些方程进行扰动法差分变换，再次默认差分符号 δ 和时间微分运算符 d/dt 的可交换性，那么将扰动量作为误差（产生一个线性模型）。式（4-77）的差分扰动变换可以通过下式给出

$$\begin{aligned}\frac{\mathrm{d}}{\mathrm{d}t}\delta\dot{\boldsymbol{x}}^a &= -2\delta\boldsymbol{\Omega}_{ia}^a\dot{\boldsymbol{x}}^a-2\boldsymbol{\Omega}_{ia}^a\delta\dot{\boldsymbol{x}}^a-(\delta\dot{\boldsymbol{\Omega}}_{ia}^a+\delta\boldsymbol{\Omega}_{ia}^a\boldsymbol{\Omega}_{ia}^a+\boldsymbol{\Omega}_{ia}^a\delta\boldsymbol{\Omega}_{ia}^a)\boldsymbol{x}^a\\&\quad-(\dot{\boldsymbol{\Omega}}_{ia}^a+\boldsymbol{\Omega}_{ia}^a\boldsymbol{\Omega}_{ia}^a-\boldsymbol{\Gamma}^a)\delta\boldsymbol{x}^a+\delta\boldsymbol{a}^a+\delta\boldsymbol{g}^a\\\frac{\mathrm{d}}{\mathrm{d}t}\delta\boldsymbol{x}^a&=\delta\dot{\boldsymbol{x}}^a\end{aligned}\tag{5-29}$$

其中，$\boldsymbol{\Gamma}^a=\partial\boldsymbol{g}^a/\partial\boldsymbol{x}^a$ 为 a 系中引力梯度的张量。扰动量 $\partial\boldsymbol{g}^a$ 称为引力扰动向量。在导航解中，差分 $\delta\boldsymbol{\Omega}_{ia}^a$，$\dot{\boldsymbol{\Omega}}_{ia}^a$ 和 $\delta\boldsymbol{a}^a$ 的每一个元素是可能包含速度、位置和方向变量的差分量，类似于敏感加速度和角速率的差分量。

尤其是扰动量 $\delta\boldsymbol{a}^a$，被解释为在 a 系中表示的比力误差，不仅表示加速度计的误差，也表示当敏感加速度从传感器坐标系（s 系）变换到 a 系时导致的方向误差。根据第 1.2.3 节讨论的内容，我们在分析传感器误差如何影响惯性导航时使用了传感器坐标系。这样，研究就独立于系统的机械编排，可以同时用于具有确定含义的传感器坐标系的稳定平台和捷联系统。传感器坐标系加速度误差 $\delta\boldsymbol{a}^s$ 和角速率误差 $\delta\boldsymbol{\omega}_{is}^s$ 的组成部分可能取决于特定的

仪器以及它们的配置方式。这些已经在第 3 章中讨论过。

对关系式 $\boldsymbol{a}^a=\boldsymbol{C}_s^a\boldsymbol{a}^s$ 进行差分变换可得

$$\delta\boldsymbol{a}^a=\delta\boldsymbol{C}_s^a\boldsymbol{a}^s+\boldsymbol{C}_s^a\delta\boldsymbol{a}^s \tag{5-30}$$

此外，从传感器坐标系到 a 系的坐标变换 $\boldsymbol{C}_s^a$ 可以分解为

$$\boldsymbol{C}_s^a=\boldsymbol{C}_i^a\boldsymbol{C}_s^i \tag{5-31}$$

从 i 系到 a 系无误差的坐标变换是否已知取决于 a 系的选择。例如，如果它是 n 系，那么变换就通过惯性导航系统的位置（纬度和经度）来确定；在这种情况下，就不能精确知道它的值，因为位置坐标是通过 INS 确定的。另外，如果 a 系是指 e 系或者 i 系，变换矩阵 $\boldsymbol{C}_i^a$ 在任何时候都没有误差。在式（5－31）中，从 s 系到 i 系的坐标变换矩阵通过系统陀螺仪的输出来确定，而陀螺仪总是包含传感器误差。所以，除了传感器误差外，$\delta\boldsymbol{a}^a$ 必须包含由陀螺仪输出引起的角度误差而导致的从 s 系变换的影响，以及在 a 系实现过程中产生的误差的影响。

我们已经描述了捷联系统中计算设置的方向误差，对于稳定平台机械编排也是如此。在这种情况下（指稳定平台的机械编排），矩阵 $\boldsymbol{C}_s^a$ 表示的变换是机械实现的，并且受到与捷联系统完全相同的误差的影响，如果忽略伺服电机误差。如果 a 系是 n 系，$\boldsymbol{C}_i^n$ 对应于舒勒调谐，舒勒调谐取决于系统已知的位置，$\boldsymbol{C}_s^i$ 本质上对应于使用陀螺的稳定性。

在任何一种情况下，s 系相对于 a 系的方向误差导致了差值 $\delta\boldsymbol{C}_s^a$，并且这个差值具有动态的特征。为了建立这些动态方程，根据小误差角来表示 $\delta\boldsymbol{C}_s^a$ 是很方便的，每个坐标轴的小角度可以写为：$\boldsymbol{\psi}^a=(\psi_1^a,\ \psi_2^a,\ \psi_3^a)^{\mathrm{T}}$ 。我们可以将这个向量表示为反对称矩阵的等效形式

$$\boldsymbol{\Psi}^a=\begin{bmatrix}0 & -\psi_3^a & \psi_2^a\\ \psi_3^a & 0 & -\psi_1^a\\ -\psi_2^a & \psi_1^a & 0\end{bmatrix} \tag{5-32}$$

为了与式（1－25）一致，矩阵 $\boldsymbol{I}-\boldsymbol{\psi}^a$ 描述了从真实的 a 系到有误差计算的（或者其他方式实现的）a 系的小角速度旋转引起的变换。也就是说，计算的（或者机械方式实现的）变换矩阵可以表示为两个变换矩阵的序列，包含一个真实的变换矩阵和一个误差变换矩阵

$$\hat{\boldsymbol{C}}_s^a=(\boldsymbol{I}-\boldsymbol{\Psi}^a)\boldsymbol{C}_s^a \tag{5-33}$$

计算的变换矩阵由带有帽子的符号（“^”）表示，根据定义，尽管它包含了误差，但是正交的。也就是说，它是在假定为正交的前提下进行计算的（或者使用的）。很明显，现在差值矩阵可以写为

$$\begin{aligned}\delta\boldsymbol{C}_s^a&=\hat{\boldsymbol{C}}_s^a-\boldsymbol{C}_s^a\\&=-\boldsymbol{\Psi}^a\boldsymbol{C}_s^a\end{aligned} \tag{5-34}$$

将式（5－34）代入式（5－30），我们可得

$$\begin{aligned}\delta \boldsymbol{a}^{a} &= \boldsymbol{C}_{s}^{a}\delta \boldsymbol{a}^{s} - \boldsymbol{\Psi}^{a}\boldsymbol{C}_{s}^{a}\boldsymbol{a}^{s} \\ &= \boldsymbol{C}_{s}^{a}\delta \boldsymbol{a}^{s} + \boldsymbol{a}^{a} \times \boldsymbol{\psi}^{a}\end{aligned} \tag{5-35}$$

其中，第 2 行遵守反对称矩阵相乘和向量叉乘积的等效原理［见式（1－55）］。注意，与式（5－35）使用科里奥利原理［式（1－70）］类似，可以根据原理直接推导出来。

我们现在建立误差角 $\boldsymbol{\psi}^{a}$ 类似于式（5－29）微分方程形式的动态特性方程。为此，我们对式（1－68）给出的 $\dot{\boldsymbol{C}}_{s}^{a}$ 进行差分变换

$$\begin{aligned}\delta \dot{\boldsymbol{C}}_{s}^{a} &= \delta(\boldsymbol{C}_{s}^{a}\boldsymbol{\Omega}_{as}^{s}) \\ &= \delta \boldsymbol{C}_{s}^{a}\boldsymbol{\Omega}_{as}^{s} + \boldsymbol{C}_{s}^{a}\delta \boldsymbol{\Omega}_{as}^{s}\end{aligned} \tag{5-36}$$

其中，角速率扰动量 $\delta \boldsymbol{\Omega}_{as}^{a}$，为相应计算值 $\hat{\boldsymbol{\Omega}}_{as}^{s}$ 的误差

$$\delta \boldsymbol{\Omega}_{as}^{a} = \hat{\boldsymbol{\Omega}}_{as}^{s} - \boldsymbol{\Omega}_{as}^{s} \tag{5-37}$$

对式（5－34）第 2 行进行时间微分，并且使求导结果等于式（5－36）右侧的表达式，得到

$$-\dot{\boldsymbol{\Psi}}^{a}\boldsymbol{C}_{s}^{a} - \boldsymbol{\Psi}^{a}\boldsymbol{C}_{s}^{a}\boldsymbol{\Omega}_{as}^{s} = \delta \boldsymbol{C}_{s}^{a}\boldsymbol{\Omega}_{as}^{a} + \boldsymbol{C}_{s}^{a}\delta \boldsymbol{\Omega}_{as}^{s} \tag{5-38}$$

将式（5－34）中的 $\boldsymbol{\psi}^{a}\boldsymbol{C}_{s}^{a}$ 代入式（5－38），并且求解 $\boldsymbol{\psi}^{a}$，可得

$$\dot{\boldsymbol{\Psi}}^{a} = -\boldsymbol{C}_{s}^{a}\delta \boldsymbol{\Omega}_{as}^{s}\boldsymbol{C}_{a}^{s} \tag{5-39}$$

根据向量运算，很容易证明上式等效于

$$\dot{\boldsymbol{\psi}}^{a} = -\boldsymbol{C}_{s}^{a}\delta \boldsymbol{\omega}_{as}^{s} \tag{5-40}$$

其中，$\delta \boldsymbol{\omega}_{as}^{s}$ 是 s 系相对于 a 系（以 s 系坐标表示）旋转速率的误差。现在，这很明确地被分为陀螺仪误差和可能的 a 系误差，如下所述。

根据式（1－61），陀螺仪敏感 s 系的惯性速率 $\boldsymbol{\omega}_{is}^{s}$，等于 s 系相对于 a 系的旋转速率加上 a 系相对于 i 系旋转速率之和

$$\boldsymbol{\omega}_{is}^{s} = \boldsymbol{\omega}_{ia}^{s} + \boldsymbol{\omega}_{as}^{s} \tag{5-41}$$

对这个公式使用扰动法，我们首先用 $\boldsymbol{\omega}_{ia}^{s} = \boldsymbol{C}_{a}^{s}\boldsymbol{\omega}_{ia}^{a}$ 替换，可得

$$\begin{aligned}\delta \boldsymbol{\omega}_{is}^{s} &= \delta \boldsymbol{C}_{a}^{s}\boldsymbol{\omega}_{ia}^{a} + \boldsymbol{C}_{a}^{s}\delta \boldsymbol{\omega}_{ia}^{a} + \delta \boldsymbol{\omega}_{as}^{s} \\ &= \boldsymbol{C}_{a}^{s}\boldsymbol{\Psi}^{a}\boldsymbol{\omega}_{ia}^{a} + \boldsymbol{C}_{a}^{s}\delta \boldsymbol{\omega}_{ia}^{a} + \delta \boldsymbol{\omega}_{as}^{s}\end{aligned} \tag{5-42}$$

上式第 2 行是遵循了式（5－34）的转置，即 $\delta \boldsymbol{C}_{a}^{s} = \hat{\boldsymbol{C}}_{a}^{s} - \boldsymbol{C}_{a}^{s} = (\delta \boldsymbol{C}_{s}^{a})^{\mathrm{T}}$，因此

$$\delta \boldsymbol{C}_{a}^{s} = \boldsymbol{C}_{a}^{s}\boldsymbol{\Psi}^{a} \tag{5-43}$$

注意，$\boldsymbol{\psi}^{a}$ 是反对称矩阵。求解式（5－42）中的 $\delta \boldsymbol{\omega}_{as}^{s}$，并将其代入式（5－40），得到从 s 系到 a 系坐标变换角度的误差动态方程

$$\dot{\boldsymbol{\psi}}^{a} = -\boldsymbol{\omega}_{ia}^{a} \times \boldsymbol{\psi}^{a} - \boldsymbol{C}_{s}^{a}\boldsymbol{\delta\omega}_{is}^{s} + \boldsymbol{\delta\omega}_{ia}^{a} \tag{5-44}$$

式中叉乘项与 $\boldsymbol{\psi}^{a}\boldsymbol{\omega}_{ia}^{a}$ 相同。$\boldsymbol{\psi}^{a}$ 的动态特性取决于指示角速率（译者：陀螺仪输出表示的角速率）中的传感器误差 $\delta \boldsymbol{\omega}_{is}^{s}$ 和表示 a 系相对于 i 系的方向误差 $\delta \boldsymbol{\omega}_{ia}^{a}$。这些项都是关于 $\boldsymbol{\psi}^{a}$ 的线性微分方程中的强迫项。

5.3.1 i 系中的误差动态方程

现在，我们准备写出在任何坐标系中导航方程完整的误差动态方程。对于 i 系，我们将式（5-29）的“a”替换为“i”，那么

$$\frac{\mathrm{d}}{\mathrm{d}t}\delta\dot{\boldsymbol{x}}^i=\boldsymbol{\Gamma}^i\delta\boldsymbol{x}^i+\delta\boldsymbol{a}^i+\delta\boldsymbol{g}^i \tag{5-45}$$

式中，由于 $\boldsymbol{\Omega}_{ii}^i=\boldsymbol{0}$，因此 $\delta\boldsymbol{\Omega}_{ii}^i=\boldsymbol{0}$；$\boldsymbol{\Gamma}^i=\partial\boldsymbol{g}^i/\partial\boldsymbol{x}^i$ 。令 $a\equiv i$ ，将式（5-35）给出的加速度计误差代入式（5-45），并结合式（5-44），我们可得

$$\begin{aligned}&\dot{\boldsymbol{\psi}}^i=-\boldsymbol{C}_s^i\delta\boldsymbol{\omega}_{is}^s\\&\frac{\mathrm{d}}{\mathrm{d}t}\delta\dot{\boldsymbol{x}}^i=\boldsymbol{\Gamma}^i\,\delta\boldsymbol{x}^i+\boldsymbol{a}^i\times\boldsymbol{\psi}^i+\boldsymbol{C}_s^i\delta\boldsymbol{a}^s+\delta\boldsymbol{g}^i\\&\frac{\mathrm{d}}{\mathrm{d}t}\delta\boldsymbol{x}^i=\delta\dot{\boldsymbol{x}}^i\end{aligned} \tag{5-46}$$

这是在 i 系中的一组误差动态方程，可以以矩阵的形式来表示

$$\frac{\mathrm{d}}{\mathrm{d}t}\begin{bmatrix}\boldsymbol{\psi}^i\\\delta\dot{\boldsymbol{x}}^i\\\delta\boldsymbol{x}^i\end{bmatrix}=\begin{bmatrix}\boldsymbol{0}&\boldsymbol{0}&\boldsymbol{0}\\[\boldsymbol{a}^i\times]&\boldsymbol{0}&\boldsymbol{\Gamma}^i\\\boldsymbol{0}&\boldsymbol{I}&0\end{bmatrix}\begin{bmatrix}\boldsymbol{\psi}^i\\\delta\dot{\boldsymbol{x}}^1\\\delta\boldsymbol{x}^i\end{bmatrix}+\begin{bmatrix}-\boldsymbol{C}_s^i&\boldsymbol{0}&\boldsymbol{0}\\\boldsymbol{0}&\boldsymbol{C}_s^i&\boldsymbol{I}\\\boldsymbol{0}&\boldsymbol{0}&\boldsymbol{0}\end{bmatrix}\begin{bmatrix}\delta\boldsymbol{\omega}_{is}^s\\\delta\boldsymbol{a}^s\\\delta\boldsymbol{g}^i\end{bmatrix} \tag{5-47}$$

式中，$\boldsymbol{I}$ 是 3×3 的单位矩阵；$\boldsymbol{0}$ 是 3×3 的零矩阵。$[\boldsymbol{a}^i\times]$ 也是一个 3×3 的反对称矩阵，其元素来自于向量 $\boldsymbol{a}^i$

$$[\boldsymbol{a}^i\times]=\begin{bmatrix}0&-a_3^i&a_2^i\\a_3^i&0&-a_1^i\\-a_2^i&a_1^i&0\end{bmatrix} \tag{5-48}$$

式（5-47）是一组在 i 系的方向误差、速度误差和位置误差的齐次线性微分方程。

5.3.2 e 系中的误差动态方程

在 e 系中，类似地我们有 $\delta\boldsymbol{\omega}_{ie}^e=\boldsymbol{0}$（并且 $\boldsymbol{\omega}_{ie}^e=\boldsymbol{0}$），所以式（5-29）中的速度扰动量在当 $a\equiv e$ 时就变为

$$\frac{\mathrm{d}}{\mathrm{d}t}\delta\dot{\boldsymbol{x}}^e=-2\boldsymbol{\Omega}_{ie}^e\delta\dot{\boldsymbol{x}}^e-(\boldsymbol{\Omega}_{ie}^e\boldsymbol{\Omega}_{ie}^e-\boldsymbol{\Gamma}^e)\delta\boldsymbol{x}^e+\delta\boldsymbol{a}^e+\delta\boldsymbol{g}^e \tag{5-49}$$

式中，$\boldsymbol{\Gamma}^e=\partial\boldsymbol{g}^e/\partial\boldsymbol{x}^e$ 。将式（5-35）代入式（5-45）并结合式（5-44），我们可以获得在 e 系中完整的误差动态方程

$$\begin{aligned}&\dot{\boldsymbol{\psi}}^e=-\boldsymbol{\Omega}_{ie}^e\,\boldsymbol{\psi}^e-\boldsymbol{C}_s^e\delta\boldsymbol{\omega}_{is}^s\\&\frac{\mathrm{d}}{\mathrm{d}t}\delta\dot{\boldsymbol{x}}^e=-2\boldsymbol{\Omega}_{ie}^e\delta\dot{\boldsymbol{x}}^e-(\boldsymbol{\Omega}_{ie}^e\boldsymbol{\Omega}_{ie}^e-\boldsymbol{\Gamma}^e)\delta\boldsymbol{x}^e+\boldsymbol{a}^e\times\boldsymbol{\psi}^e+\boldsymbol{C}_s^e\delta\boldsymbol{a}^s+\delta\boldsymbol{g}^e\\&\frac{\mathrm{d}}{\mathrm{d}t}\delta\boldsymbol{x}^e=\delta\dot{\boldsymbol{x}}^e\end{aligned} \tag{5-50}$$

以矩阵的形式表达，式（5-50）变为

$$\frac{\mathrm{d}}{\mathrm{d}t}\begin{bmatrix}\boldsymbol{\psi}^e\\ \delta\dot{\boldsymbol{x}}^e\\ \delta\boldsymbol{x}^e\end{bmatrix}=\begin{bmatrix}-\boldsymbol{\Omega}_{ie}^e & \boldsymbol{0} & \boldsymbol{0}\\ [\boldsymbol{a}^e\times] & -2\boldsymbol{\Omega}_{ie}^e & -(\boldsymbol{\Omega}_{ie}^e\boldsymbol{\Omega}_{ie}^e-\boldsymbol{\Gamma}^e)\\ \boldsymbol{0} & \boldsymbol{I} & \boldsymbol{0}\end{bmatrix}\begin{bmatrix}\boldsymbol{\psi}^e\\ \delta\dot{\boldsymbol{x}}^e\\ \delta\boldsymbol{x}^e\end{bmatrix}+\begin{bmatrix}-\boldsymbol{C}_s^e & \boldsymbol{0} & \boldsymbol{0}\\ \boldsymbol{0} & \boldsymbol{C}_s^e & \boldsymbol{I}\\ \boldsymbol{0} & \boldsymbol{0} & \boldsymbol{0}\end{bmatrix}\begin{bmatrix}\delta\boldsymbol{\omega}_{is}^s\\ \delta\boldsymbol{a}^s\\ \delta\boldsymbol{g}^e\end{bmatrix} \tag{5-51}$$

在这些表达（i 系，e 系，或者接下来的 n 系）中，如果仪表误差和引力扰动量是已知的，误差的时间历程都可以在给定的初始条件下通过积分相应的微分方程来确定。式（5－47）和式（5－51）等号右边系数矩阵所需要的量来自 INS 的输出，即敏感的加速度 $\boldsymbol{a}^s$，在捷联机械编排的情况下，则来自变换矩阵 $\boldsymbol{C}_s^a$ 形式的积分角速率（参见第 4.2.3.1 节）。如果仪表误差和重力扰动量是未知的，仅能得到齐次解，可以提供一些有效的信息；参见第 5.4 节。对这些误差更为系统的最优估计研究是第 7 章的主要目的。

也需要注意，在不同坐标系下的误差动态方程是相互一致的，这表明在每一个坐标系中从动态方程获得的误差向量可以通过适当的变换矩阵（例如 $\boldsymbol{\psi}^e=\boldsymbol{C}_i^e\boldsymbol{\psi}^i$）转换到另外的任意坐标系中。研究动态方程的坐标系选择取决于导航坐标系的选择，导航坐标系确定了系统的（数字的）机械编排，或者如何处理 IMU 数据以提供导航信息。但是，误差向量的幅值相对于坐标是不变的。

为了说明可能考虑的替换方案，我们注意到在 e 系中误差动态方程坐标本身比将在下一节中讨论的 n 系中的方程简单不少。实际上，对于短期的导航和定位，如辅助 GPS 定位，e 系中的方程是完全可以接受的。然而，对于长时间的导航，我们在第 5.2 节中发现，n 系坐标可以通过机械方式或者计算方式很快将不稳定的垂向通道与更加稳定的水平通道区分开来。因此，尽管表达式比较复杂，但这代表了分析 INS 误差的经典且更加直观的方案。

5.3.3 n 系中的误差动态方程

采用 n 系坐标的目的是构建相对于测地学坐标（ϕ，λ，h）的误差动态方程，对应于导航方程（4－102）和式（4－103）。由于式（4－85）$\boldsymbol{v}^n$ 的特殊定义，我们不必采用式（5－29），而是直接对导航方程式（4－91）进行扰动法求出速度误差方程

$$\frac{\mathrm{d}}{\mathrm{d}t}\delta\boldsymbol{v}^n=-\delta(\boldsymbol{\Omega}_{in}^n+\boldsymbol{\Omega}_{ie}^n)\boldsymbol{v}^n-(\boldsymbol{\Omega}_{in}^n+\boldsymbol{\Omega}_{ie}^n)\delta\boldsymbol{v}^n+\delta\boldsymbol{a}^n+\bar{\boldsymbol{\Gamma}}^n\delta\boldsymbol{p}^n+\delta\bar{\boldsymbol{g}}^n \tag{5-52}$$

其中，引力加速度和离心力加速度（由于地球速率导致）组合在一起，如式（4－89）中所示，来形成重力变化量 $\delta\bar{\boldsymbol{g}}^n$（由于离心加速度部分是已知量，只考虑误差项，我们有 $\delta\bar{\boldsymbol{g}}^n=\delta\boldsymbol{g}^n$）。我们正式地确定重力梯度矩阵为 $\bar{\boldsymbol{\Gamma}}^n=\partial\bar{\boldsymbol{g}}^n/\partial\boldsymbol{p}^n$。这里，我们使用了另外的特殊符号 $\partial\boldsymbol{p}^n$，来表示沿着 n 系坐标轴的位置向量的差分［比照式（4－97）］

$$\delta\boldsymbol{p}^n=\begin{bmatrix}(M+h)\delta\phi\\ (N+h)\cos\phi\delta\lambda\\ -\delta h\end{bmatrix} \tag{5-53}$$

差分 $\delta\bar{\boldsymbol{g}}^n$，在给定的重力模型中作为误差量，是已知的重力扰动向量（参见第 6.6 节）。重力梯度 $\bar{\boldsymbol{\Gamma}}^n$ 的解释需要非常慎重，因为根据定义，n 系近似地绕重力向量旋转；这

将在推导的最后一部分进行阐述。

根据测地学坐标，$\boldsymbol{v}^n$ 的差分可以通过式（4－97）获得

$$\delta\boldsymbol{v}^n=\begin{bmatrix}(\delta M+\delta h)\dot{\phi}+(M+h)\delta\dot{\phi}\\(\delta N+\delta h)\cos\phi\dot{\lambda}+(N+h)(\cos\phi\delta\dot{\lambda}-\sin\phi\dot{\lambda}\delta\phi)\\-\delta\dot{h}\end{bmatrix}\tag{5-54}$$

其时间导数是

$$\frac{\mathrm{d}}{\mathrm{d}t}\delta\boldsymbol{v}^n=\begin{bmatrix}(\delta\dot{M}+\delta\dot{h})\dot{\phi}+(\dot{M}+\dot{h})\delta\dot{\phi}+(\delta M+\delta h)\ddot{\phi}+(M+h)\delta\ddot{\phi}\\\hdashline(\delta\dot{N}+\delta\dot{h})\dot{\lambda}\cos\phi+(\dot{N}+\dot{h})(\delta\dot{\lambda}\cos\phi-\dot{\lambda}\delta\phi\sin\phi)\\+(\delta N+\delta h)(\ddot{\lambda}\cos\phi-\dot{\lambda}\dot{\phi}\sin\phi)\\+(N+h)((\delta\ddot{\lambda}-\dot{\lambda}\dot{\phi}\delta\phi)\cos\phi-(\ddot{\lambda}\delta\phi+\delta\dot{\lambda}\dot{\phi}+\dot{\lambda}\delta\dot{\phi})\sin\phi)\\\hdashline-\delta\ddot{h}\end{bmatrix}\tag{5-55}$$

从式（1－81）和式（1－82）可以直接推导出

$$\begin{aligned}&\delta N=e'^2M\sin\phi\cos\phi\delta\phi\\&\delta M=3e'^2\frac{M^2}{N}\sin\phi\cos\phi\delta\phi\\&\dot{N}=e'^2M\sin\phi\cos\phi\dot{\phi}\\&\dot{M}=3e'^2\frac{M^2}{N}\sin\phi\cos\phi\dot{\phi}\\&\delta\dot{N}=e'^2M\left\{\left[1-2\left(1-e'^2\frac{3M}{2N}\cos^2\phi\right)\sin^2\phi\right]\dot{\phi}\delta\phi+\sin\phi\cos\phi\delta\dot{\phi}\right\}\\&\delta\dot{M}=3e'^2\frac{M^2}{N}\left\{\left[1-2\left(1-e'^2\frac{5M}{2N}\cos^2\phi\right)\sin^2\phi\right]\dot{\phi}\delta\phi+\sin\phi\cos\phi\delta\dot{\phi}\right\}\end{aligned}\tag{5-56}$$

式中，e' 是椭球的第二偏心率，已经在式（4－117）中遇到过。对于地球来说，$e'^2\approx 0.007$，因此差分量 δN、δM、$\delta\dot{N}$、$\delta\dot{M}$ 以及 $\dot{N}\delta\dot{\lambda}$、$\dot{M}\delta\dot{\phi}$ 都是二阶（或者更高阶）的量。在系统动态方程的线性扰动量中可以忽略不计。同理，曲率的主要半径 N 和 M，可以由高斯平均半径代替，高斯平均半径定义为在特定纬度 ϕ 上椭球曲率半径的地平经度平均值

$$\begin{aligned}R_\phi&=\frac{1}{2\pi}\int_0^{2\pi}\frac{NM}{N\cos^2\alpha+M\sin^2\alpha}\mathrm{d}\alpha\\&=\sqrt{NM}\\&=M(1+e'^2\cos^2\phi)^{1/2}=N(1+e'^2\cos^2\phi)^{-1/2}\end{aligned}\tag{5-57}$$

使用这些近似，式（5－54）和式（5－55）的差分变为

$$\delta\boldsymbol{v}^n=\begin{bmatrix}\delta h\dot{\phi}+(R_\phi+h)\delta\dot{\phi}\\\delta h\cos\phi\dot{\lambda}+(R_\phi+h)(\cos\phi\delta\dot{\lambda}-\sin\phi\dot{\lambda}\delta\phi)\\-\delta\dot{h}\end{bmatrix}\tag{5-58}$$

和

$$\frac{\mathrm{d}}{\mathrm{d}t}\delta\boldsymbol{v}^n=\begin{bmatrix}\delta\dot{h}\dot{\phi}+\dot{h}\delta\dot{\phi}+\delta h\ddot{\phi}+(R_\phi+h)\delta\ddot{\phi}\\ \hdashline \delta\dot{h}\dot{\lambda}\cos\phi+\dot{h}(\delta\dot{\lambda}\cos\phi-\dot{\lambda}\delta\phi\sin\phi)+\delta h(\ddot{\lambda}\cos\phi-\dot{\lambda}\dot{\phi}\sin\phi)\\ +(R_\phi+h)[(\delta\ddot{\lambda}-\dot{\lambda}\dot{\phi}\delta\phi)\cos\phi-(\ddot{\lambda}\delta\phi+\delta\dot{\lambda}\dot{\phi}+\dot{\lambda}\delta\dot{\phi})\sin\phi]\\ \hdashline -\delta\ddot{h}\end{bmatrix}\tag{5-59}$$

以测地学坐标差分和它们的时间导数来表述式（5-52）中速度扰动量的完整表达式。对于角速率，我们从式（4-100）中可得

$$\delta(\boldsymbol{\Omega}_{in}^n+\boldsymbol{\Omega}_{ie}^n)=\begin{bmatrix}0 & \delta\dot{\lambda}\sin\phi+(\dot{\lambda}+2\omega_e)\cos\phi\delta\phi & -\delta\dot{\phi}\\ -\delta\dot{\lambda}\sin\phi-(\dot{\lambda}+2\omega_e)\cos\phi\delta\phi & 0 & -\delta\dot{\lambda}\cos\phi+(\dot{\lambda}+2\omega_e)\sin\phi\delta\phi\\ \delta\dot{\phi} & \delta\dot{\lambda}\cos\phi-(\dot{\lambda}+2\omega_e)\sin\phi\delta\phi & 0\end{bmatrix}\tag{5-60}$$

如前所述，扰动量 $\delta\boldsymbol{a}^n$ 包括方向误差。如果 $\boldsymbol{\psi}^n$ 表示真实的 n 系和包含误差的大地坐标确定的坐标系之间小角度向量，那么从式（5-35）可得

$$\delta\boldsymbol{a}^n=\boldsymbol{C}_s^n\delta\boldsymbol{a}^s+\boldsymbol{a}^n\times\boldsymbol{\psi}^n\tag{5-61}$$

同样，这些方向误差的动态方程可以通过微分方程式（5-44）来表示

$$\dot{\boldsymbol{\psi}}^n=-\boldsymbol{\omega}_{in}^n\times\boldsymbol{\psi}^n-\boldsymbol{C}_s^n\delta\boldsymbol{\omega}_{is}^s+\delta\boldsymbol{\omega}_{in}^n\tag{5-62}$$

其中，从式（1-89）可得

$$\delta\boldsymbol{\omega}_{in}^n=\begin{bmatrix}\delta\dot{\lambda}\cos\phi-(\dot{\lambda}+\omega_e)\delta\phi\sin\phi\\ -\delta\dot{\phi}\\ -\delta\dot{\lambda}\sin\phi-(\dot{\lambda}+\omega_e)\delta\phi\cos\phi\end{bmatrix}\tag{5-63}$$

现在，我们将所有的位置误差、速度误差和方向误差组合为一个包含 9 个分量的向量

$$\boldsymbol{\varepsilon}^n=\begin{bmatrix}\psi_1^n & \psi_2^n & \psi_3^n & \delta\dot{\phi} & \delta\dot{\lambda} & \delta\dot{h} & \delta\phi & \delta\lambda & \delta h\end{bmatrix}^{\mathrm{T}}\tag{5-64}$$

同样，系统误差和其他强迫项（在这种情况下是重力扰动向量）被集合成一个向量

$$\boldsymbol{u}=\begin{bmatrix}\delta\boldsymbol{\omega}_{is}^s\\ \delta\boldsymbol{a}_s\\ \delta\bar{\boldsymbol{g}}^n\end{bmatrix}\tag{5-65}$$

为了以矩阵的形式表达整个误差动力学方程，我们将式（4-97）、式（4-100）、式（5-58）、式（5-59）、式（5-60）代入式（5-52）中。同理，我们代入式（5-63）和式（1-89）后重新整理式（5-62）。经过几步整理，类似于式（5-51）并且包括式（5-52）和式（5-62）的结果给出如下

$$\frac{\mathrm{d}}{\mathrm{d}t}\boldsymbol{\varepsilon}^n=\boldsymbol{F}^n\boldsymbol{\varepsilon}^n+\boldsymbol{G}^n\boldsymbol{u}\tag{5-66}$$

其中，根据 $r=R_\phi+h$，$\dot{l}_1=\dot{\lambda}+\omega_e$ 和 $\dot{l}_2=\dot{\lambda}+2\omega_e$，我们可得

$$
\boldsymbol{F}^n = \left[\begin{array}{ccc:ccc:ccc}
0 & -\dot{l}_1\sin\phi & \dot{\phi} & 0 & \cos\phi & 0 & -\dot{l}_1\sin\phi & 0 & 0 \\
\dot{l}_1\sin\phi & 0 & \dot{l}_1\cos\phi & -1 & 0 & 0 & 0 & 0 & 0 \\
-\dot{\phi} & -\dot{l}_1\cos\phi & 0 & 0 & -\sin\phi & 0 & -\dot{l}_1\cos\phi & 0 & 0 \\
\hdashline
0 & \dfrac{-a_3^n}{r} & \dfrac{a_2^n}{r} & \dfrac{-2\dot{h}}{r} & -\dot{l}_1\sin2\phi & \dfrac{-2\dot{\phi}}{r} & \bar{\Gamma}_{11}^n - \dot{\lambda}\dot{l}_2\cos2\phi & \bar{\Gamma}_{12}^n\cos\phi & \dfrac{\ddot{\phi} + \dfrac{1}{2}\dot{\lambda}\dot{l}_2\sin2\phi + \bar{\Gamma}_{13}^n}{-r} \\
\dfrac{a_3^n}{r\cos\phi} & 0 & \dfrac{-a_1^n}{r\cos\phi} & -2\dot{l}_1\tan\phi & 2\left(\dot{\phi}\tan\phi - \dfrac{\dot{h}}{r}\right) & \dfrac{-2\dot{l}_1}{r} & \begin{array}{l} 2\dot{l}_1\left(\dot{\phi} + \dfrac{\dot{h}\tan\phi}{r}\right) \\ + \ddot{\lambda}\tan\phi + \bar{\Gamma}_{21}^n\sec\phi \end{array} & \bar{\Gamma}_{22}^n & \dfrac{2\dot{\phi}\dot{l}_1\tan\phi - \ddot{\lambda} - \dfrac{\bar{\Gamma}_{23}^n}{\cos\phi}}{r} \\
a_2^n & -a_1^n & 0 & 2r\dot{\phi} & 2r\dot{l}_1\cos^2\phi & 0 & -r\dot{\lambda}\dot{l}_2\sin2\phi - r\bar{\Gamma}_{31}^n & -r\cos\phi\bar{\Gamma}_{32}^n & \dot{\phi}^2 + \dot{\lambda}\dot{l}_2\cos^2\phi + \bar{\Gamma}_{33}^n \\
\hdashline
0 & 0 & 0 & 1 & 0 & 0 & 0 & 0 & 0 \\
0 & 0 & 0 & 0 & 1 & 0 & 0 & 0 & 0 \\
0 & 0 & 0 & 0 & 0 & 1 & 0 & 0 & 0
\end{array}\right]
\tag{5-67}
$$

和

$$\boldsymbol{G}^n=\begin{bmatrix}-\boldsymbol{C}_s^n & \boldsymbol{0} & \boldsymbol{0}\\ \boldsymbol{0} & \boldsymbol{D}^{-1}\boldsymbol{C}_s^n & \boldsymbol{D}^{-1}\\ \boldsymbol{0} & \boldsymbol{0} & \boldsymbol{0}\end{bmatrix} \tag{5-68}$$

矩阵 $\boldsymbol{D}$ 将角度变化的位置误差和速度误差转换为线性测量，并且反转垂直轴（方向）

$$\boldsymbol{D}=\begin{bmatrix}M+h & 0 & 0\\ 0 & (N+h)\cos\phi & 0\\ 0 & 0 & -1\end{bmatrix}\approx\begin{bmatrix}r & 0 & 0\\ 0 & r\cos\phi & 0\\ 0 & 0 & -1\end{bmatrix} \tag{5-69}$$

在式（5-67）给定的矩阵 $\boldsymbol{F}^n$ 和式（5-69）给定的 $\boldsymbol{D}$ 中，“0”是标量的数字零；而在式（5-68）中，“**0**”表示一个 3×3 的零矩阵。注意，式（5-66）中包含的测地学坐标位置误差的微分方程可以简化为

$$\frac{\mathrm{d}}{\mathrm{d}t}\begin{bmatrix}\delta\phi\\ \delta\lambda\\ \delta h\end{bmatrix}=\begin{bmatrix}\delta\dot{\phi}\\ \delta\dot{\lambda}\\ \delta\dot{h}\end{bmatrix} \tag{5-70}$$

但是，请注意，$\delta\boldsymbol{v}^n$ 和 $\mathrm{d}(\delta\boldsymbol{p}^n)/\mathrm{d}t$ 并不像 e 系坐标中的速度和位置误差那样简单相关。

$\boldsymbol{F}^n$ 和 $\boldsymbol{G}^n$ 都是 9×9 的矩阵。$\boldsymbol{F}^n$ 称为系统的纯惯性动态矩阵。通常，除 $\bar{\boldsymbol{\Gamma}}_{33}{}^n$ 外的所有重力梯度向量都可以忽略不计，因为它们是小量，或者相较于对应矩阵元素中的速度乘积，对结果的影响很小。为了理解这一点，必须认识到，如果 n 系坐标轴总是很好地与当地铅垂线和水平面的切线重合，那么在这个移动的坐标系中将不存在重力向量的水平分量，并且其水平梯度也将消失。然而，实际的 n 系是相对于椭球法线（也随着运载体运动）来定义的。椭球法线和铅垂线间的方向差异被称为垂线偏差；通常，它的幅度在几个角秒的量级，在崎岖的地形上一般有数十角秒，最大可达到 1 角分。这意味着重力的水平分量的幅度是在几个 $10^{-4}\ \mathrm{m/s^2}$ 的量级，在山区地形这个值会更大。所以，假设标称重力向量是沿着椭球的法线方向，水平重力梯度是重力扰动分量的梯度。这些梯度通常可达数十个 Eötvös（$10^{-8}\ \mathrm{s^{-2}}$），尽管在崎岖的地形中可能会达到 1 000E（$10^{-6}\ \mathrm{s^{-2}}$）或者更大。然而，这些大的梯度值具有局部性和随机性的特点，通常不会明显地影响导航误差的动力学特性。动态矩阵中，具有长周期系统影响的梯度是 $\bar{\boldsymbol{\Gamma}}_{33}{}^n$（$\sim3.1\times10^{-6}\ \mathrm{s^{-2}}$）。它是垂直方向总重力的垂向梯度分量，在方程中对垂直方向的速度误差起作用，主要造成 INS 垂向通道中误差的快速增长。

5.4　近似分析

用一些近似方法来研究当地水平坐标下的误差动态方程具有指导意义。如果没有其他形式的衰减，不考虑导航时间长于 10 min 的情况，因为垂直通道是不稳定的，我们将研究限制在水平分量上。根据 n 系坐标的速度，回到等效方程（5-52），考虑到式（5-60），我们注

意到，对于速度不是很大的情况（<200 m/s），$\delta(\boldsymbol{\Omega}_{in}^{n}+\boldsymbol{\Omega}_{ie}^{n})\boldsymbol{v}^{n}$ 为 10^{-5} m/s² 的量级。通常，这被加速度计误差和平台倾斜（或者陀螺漂移）导致的加速度误差 $\delta\boldsymbol{a}^{n}$ 所掩盖［参见式（5－61）］。对于较小的速度，运载体的角速率 $\boldsymbol{\Omega}_{en}^{n}$ 通常小于地球自转的角速率 $\boldsymbol{\Omega}_{ie}^{n}$，所以式（5－52）等号右边的第 2 项可以忽略。因此，对于初步分析，如果运载体相对于地球的速度很小（≤200 m/s），我们可以设定地球参考速度为零的情况表示误差动态特性。

使用 $\boldsymbol{v}^{n}=\mathbf{0}$（因此，$\dot{\phi}=0$，$\dot{\lambda}=0$），并且忽略重力梯度项，那么式（5－52）中水平分量的等式就变为

$$
\begin{aligned}
\frac{\mathrm{d}}{\mathrm{d}t}\delta v_{N}&=-2\omega_{e}\sin\phi\delta v_{E}+\bar{g}\psi_{E}+\delta a_{AN}+\delta\bar{g}_{N}\\
\frac{\mathrm{d}}{\mathrm{d}t}\delta v_{E}&=2\omega_{e}\sin\phi\delta v_{N}+2\omega_{e}\cos\phi\delta v_{D}-\bar{g}\psi_{N}+\delta a_{AE}+\delta\bar{g}_{E}
\end{aligned}
\tag{5-71}
$$

其中（5－61）也使用 $\boldsymbol{a}^{n}=(0\quad 0\quad -\bar{g})^{\mathrm{T}}$ 替换。变量的下标 N，E，D 是指 n 系的方向。此外，我们使用了特殊的符号

$$
\delta\boldsymbol{a}_{A}=\boldsymbol{C}_{s}^{n}\delta\boldsymbol{a}^{s}\tag{5-72}
$$

来识别在传感器坐标系中产生的加速度误差向量，但是在 n 系中，$\delta\boldsymbol{a}_{A}=(\delta a_{AN}\quad \delta a_{AB}\quad \delta a_{AD})^{\mathrm{T}}$。从式（5－58）中（$\dot{\phi}=0$，$\dot{\lambda}=0$）我们也可得

$$
\delta\dot{\phi}=\frac{\delta v_{N}}{R+h},\quad \delta\dot{\lambda}=\frac{\delta v_{E}}{(R+h)\cos\phi}\tag{5-73}
$$

不考虑已经取的近似值，式（5－73）中的曲率半径 R 被视为常量。

方程（5－71）通过式（5－62）耦合为方向误差，专门用于零速度情况

$$
\begin{aligned}
\dot{\psi}_{N}&=-\omega_{e}\sin\phi\psi_{E}+\frac{\delta v_{E}}{R+h}-\omega_{e}\sin\phi\delta\phi-\delta\omega_{GN}\\
\dot{\psi}_{E}&=\omega_{e}\sin\phi\psi_{N}-\frac{\delta v_{N}}{R+h}+\omega_{e}\cos\phi\psi_{D}-\delta\omega_{GE}\\
\dot{\psi}_{D}&=-\omega_{e}\cos\phi\psi_{E}-\frac{\tan\phi\delta v_{E}}{R+h}-\omega_{e}\cos\phi\delta\phi-\delta\omega_{GD}
\end{aligned}
\tag{5-74}
$$

其中，式（5－63）和式（5－73）用于表示 $\delta\boldsymbol{\omega}_{in}^{n}$。同样，在传感器坐标系中产生的陀螺误差向量在 n 系的坐标表示为

$$
\delta\boldsymbol{\omega}_{G}=\boldsymbol{C}_{s}^{n}\delta\boldsymbol{\omega}_{is}^{s}\tag{5-75}
$$

式中，$\delta\boldsymbol{\omega}_{G}=[\delta\omega_{GN}\quad \delta\omega_{GE}\quad \delta\omega_{GD}]^{\mathrm{T}}$。

式（5－71）、式（5－73）和式（5－74）的示意如图 5－6 所示，包含 g 和 $1/r$ 的舒勒回路阐明了惯性导航误差中的反馈机制。显然，速度的交叉耦合导致了在频率 $\omega_{e}\sin\phi$［参见式（5－84）］上的傅科振荡。

在零速度的假设条件下，通过式（5－71）和式（5－74），再次使用 $\dot{\phi}=0$，$\dot{\lambda}=0$，我们可以将式（5－71）中水平速度微分方程写为（角度）位置坐标二阶微分方程

$$\delta\ddot{\phi}=\frac{\frac{\mathrm{d}}{\mathrm{d}t}\delta v_N}{R_\phi+h},\delta\ddot{\lambda}=\frac{\frac{\mathrm{d}}{\mathrm{d}t}\delta v_E}{(R_\phi+h)\cos\phi} \tag{5-76}$$

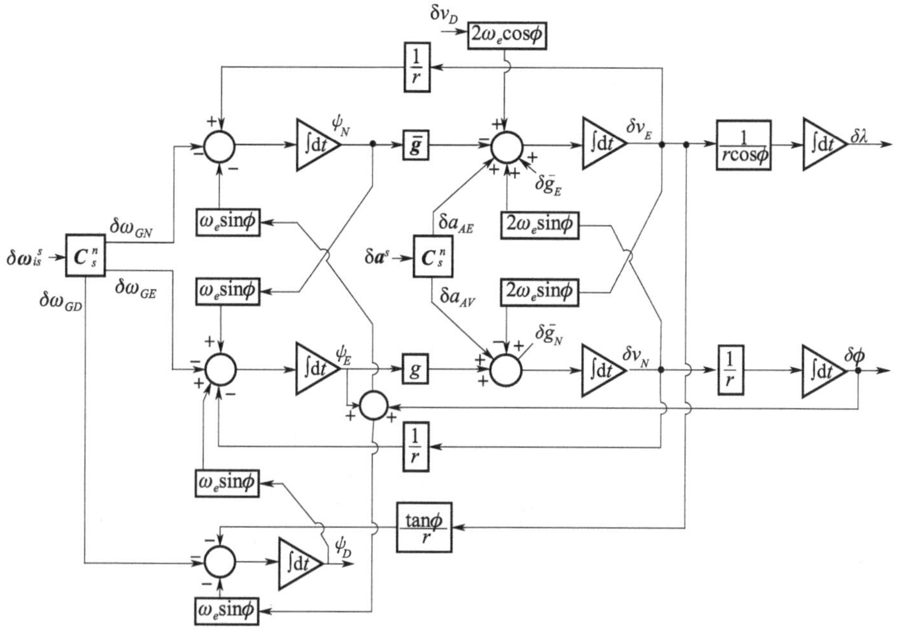

图 5－6　在零速度的近似情况下 n 系中的误差动态特性示意图，如式（5－71）、式（5－73）和式（5－74）所给出。陀螺仪误差 $\delta\omega^s_{is}$ 从左侧输入，加速度计误差 $\delta\boldsymbol{a}^s$ 从图中间左侧输入，位置误差在右侧。舒勒和傅科反馈回路分别由右边和左边的交叉线给出

现在，将式（5－71）代入式（5－76），并且使用式（5－73）来消除北向和东向速度变量来获得位置的二阶差分方程

$$\begin{aligned}&r\delta\ddot{\phi}+r\omega_e\sin2\phi\delta\dot{\lambda}-\bar{g}\psi_E=\delta a_{AN}+\delta\bar{g}_N\\&r\cos\phi\delta\ddot{\lambda}-2r\omega_e\sin\phi\delta\dot{\phi}+\bar{g}\psi_N=\delta a_{AE}+\delta\bar{g}_E+2\omega_e\cos\phi\delta v_D\end{aligned} \tag{5-77}$$

式中，$r=R_\phi+h$ 。我们将位置误差微分方程式（5－74）加入到这些方程中，重新整理并根据经度和纬度的速率将方程写为

$$\begin{aligned}&\dot{\psi}_N+\omega_e\sin\phi\psi_E-\cos\phi\delta\dot{\lambda}+\omega_e\sin\phi\delta\phi=-\delta\omega_{GN}\\&\dot{\psi}_E-\omega_e\sin\phi\psi_N-\omega_e\cos\phi\psi_D+\delta\dot{\phi}=-\delta\omega_{GE}\\&\dot{\psi}_D+\omega_e\cos\phi\psi_E+\sin\phi\delta\dot{\lambda}+\omega_e\cos\phi\delta\phi=-\delta\omega_{GD}\end{aligned} \tag{5-78}$$

关于速度误差的式（5－71）、式（5－74）和关于位置误差的式（5－77）、式（5－78），这两组方程在解释误差动态特性时都非常有用。

在式（5－77）［或者式（5－71）］中，倾斜（水平）误差 ψ_N 和 ψ_E 直接积分成位置（分别为纬度和经度）误差或者相对应的速度误差。此外，这些倾斜误差和相应的加速度计误差 δa_{AE} 、δa_{AN} 作为强迫项加到线性组合中，因此具有相同的效果。从估计的角度考

虑，这两种类型的误差在通常情况下是分不开的。

5.4.1　加速度计和陀螺仪误差的影响

现在，我们来看一个有趣的现象。当运载体静止时，认为一个稳定平台通过加速度计的输出完成初始调平（也就是说，通过确保每个输入轴与平台平行的加速度输出是零而使平台达到“水平”，参见第 8 章）。根据图 5－7 和一个加速度计敏感反应重力的事实，我们看到一个正的加速度计偏置误差导致平台向下倾斜偏离水平方向，因此加速度计拾取该反应而拉起重力以消除加速度计的偏置。也就是说，理论上稳定平台是根据加速度计的输出完成调平，但实际是因为加速度计包含误差。对于北向加速度计，最终是 1 轴向 3 轴方向倾斜，并且绕东向轴（2 轴）的倾斜误差是负值；对于东向加速度计，2 轴向 3 轴倾斜，表示绕北向轴的倾斜误差是正值。因此，我们有

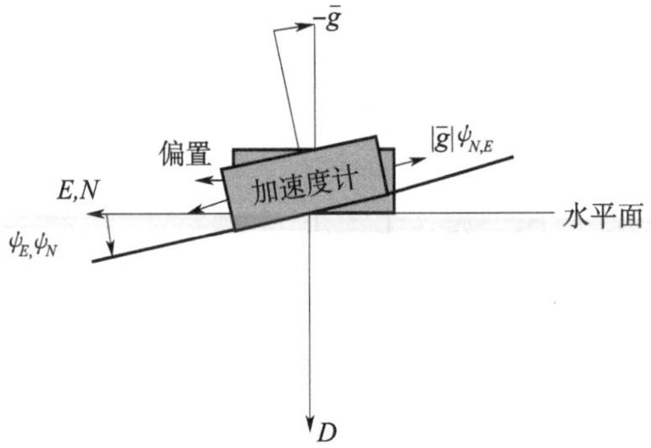

图 5－7　加速度计输出偏置导致的平台偏离

$$\delta a_{AN_{\text{bias}}} = -\bar{g}\psi_{E_{\text{accel. bias}}}$$
$$\delta a_{AE_{\text{bias}}} = \bar{g}\psi_{N_{\text{accel. bias}}} \tag{5-79}$$

需要强调的是，符号 $\psi_{E_{\text{accel. bias}}}$ 和 $\psi_{N_{\text{accel. bias}}}$ 是仅由加速度计偏置误差直接引起的单独倾斜。总的倾斜误差包含了其他误差项，例如来自于陀螺仪的误差。式（5－77）［或者式（5－71）］中的两个方程表明，一个加速度计初始偏置误差对位置的影响可以通过随后的平台倾斜误差来抵消。只要加速度计的偏置误差保持恒定，并且平台是指北的当地水平稳定平台，也就是说只要加速度计的偏置在 n 系中保持恒定，式（5－79）便成立。这也是指北当地水平机械编排的另外一个优点，因为它基本上消除了由于加速度计恒定的偏置误差对位置和速度的影响。

在捷联机械编排中，平台的“调平”是通过计算来完成的，但是最初产生的效果是一样的。然而，当运载体开始运动并且改变航向，加速度计就改变相对于 n 系的方向（所以在 n 系中，偏置误差就不再是常值）；最终的“倾斜误差”不再抵消加速度计的偏置。另外，倾斜和加速度计误差在一定程度上是可分离的。所以，运载体特定的机动给捷联系统陀螺仪和加速度计偏置估计提供了一个机会，因为随着时间的变化，系统在 n 系中经历这些误差的不同线性组合（参见第 8.3.3 节）。

需要注意的另外一个特点是，误差动态方程式（5-78）中的方位误差 ψ_D 本质上不能从东向陀螺漂移误差 $\delta\omega_{GE}$ 中分离出来（在很短的时间间隔内）。所以，标定东向陀螺误差需要精确的方位。此外，参考式（5-71）和式（5-74），向下（指向地）的陀螺误差 $\delta\omega_{GD}$ 通过方位误差 ψ_D 仅弱耦合到速度误差，因为方位误差仅影响东向的调平误差；因此，$\delta\omega_{GD}$ 不容易标定（例如使用速度信息）。只有北向陀螺误差 $\delta\omega_{GN}$ 通过北向倾斜误差直接进入东向速度。所以，精确标定陀螺仪至少要允许每只陀螺仪依次在指北的位置上（详见第 8 章）。

5.4.2　垂向速度和位置误差的影响

我们已经知道，垂直方向上长时间的纯惯性导航是不可行的（见第 5.2 节）。此外，垂向位置和垂向速度中的未知误差耦合到水平位置和速度误差中，如纯惯性误差动态矩阵式（5-67）所示。特别是在北向和东向加速度计误差上，垂向速度误差的敏感度通过矩阵 $\boldsymbol{F}^n$ 的（4，6）和（5，6）元素给出

$$\frac{r\partial\ddot{\phi}}{\partial\dot{h}}=r\left(-\frac{2\dot{\phi}}{r}\right)=-2\dot{\phi},\quad \frac{r\cos\phi\,\partial\ddot{\lambda}}{\partial\dot{h}}=-2\cos\phi(\dot{\lambda}+\omega_e) \tag{5-80}$$

垂向位置误差相对应的敏感度（忽略重力梯度项）为

$$\begin{aligned}\frac{r\partial\ddot{\phi}}{\partial h}&=-\ddot{\phi}+\frac{\dot{\lambda}}{2}(\dot{\lambda}+2\omega_e)\sin\phi\cos\phi\\ \frac{r\cos\phi\,\partial\ddot{\lambda}}{\partial h}&=2\dot{\phi}\sin\phi(\dot{\lambda}+\omega_e)-\ddot{\lambda}\cos\phi\end{aligned} \tag{5-81}$$

如果地球表面运载体的北向速度大约为 200 m/s，那么 $\dot{\phi}\approx 3.1\times10^{-5}$ rad/s 。$\delta\dot{h}\approx$ 3.2 m/s 的垂向速度误差可以在微分方程中产生一个北向位置误差的强迫项，约为 2×10^{-4} m/s^2（绝对值）。如果误差是一个偏置误差，从图 5-2 中我们可得半个舒勒周期内对位置的最大影响约为 260 m。因为地球的旋转角速率，某些更大的敏感度出现在东向分量上，见式（5-80）。通常，从气压高度计获得的一些形式的阻尼（例如使用卡尔曼滤波器，参见第 7 章）适用于防止速度误差过度地影响位置误差；并且，在低动态的导航中，它不是主要的误差源。

通过数值计算，很容易证明在纬度为 45°并且假定没有持续的角加速度（$\ddot{\phi}\approx 0$，$\ddot{\lambda}\approx 0$），仅当高度位置误差为 40～50 km 时，产生常值强迫项的幅值为 2×10^{-4} m/s^2，垂向位置误差敏感度实际上是不存在的。然而，这种基于线性位置误差测量的分析不包括未知高度对转换为角位置坐标的影响。式（4-144）就是对后一部分最好的说明，例如高度误差 δh 对经度的影响是 $v_N\delta h\Delta t/r^2$。500 m 高度误差每个小时产生 2″的纬度误差。在大多数情况下，这不是一个重要的误差源。

5.4.3　重要的误差模式

我们将式（5-77）和式（5-78）的五个微分方程组合为一组线性、一阶的微分方

程，向量变量为 $(\psi_N \quad \psi_E \quad \psi_D \quad \delta\dot{\phi} \quad \delta\dot{\lambda} \quad \delta\phi \quad \delta\lambda)^{\mathrm{T}}$，不包括强迫项

$$\frac{\mathrm{d}}{\mathrm{d}t}\begin{bmatrix}\psi_N\\ \psi_E\\ \psi_D\\ \delta\dot{\phi}\\ \delta\dot{\lambda}\\ \delta\phi\\ \delta\lambda\end{bmatrix}=\left[\begin{array}{ccc:cc:cc}0 & -\omega_e\sin\phi & 0 & 0 & \cos\phi & -\omega_e\sin\phi & 0\\ \omega_e\sin\phi & 0 & \omega_e\cos\phi & -1 & 0 & 0 & 0\\ 0 & -\omega_e\cos\phi & 0 & 0 & -\sin\phi & -\omega_e\cos\phi & 0\\ \hdashline 0 & \dfrac{\bar{g}}{r} & 0 & 0 & -\omega_e\sin2\phi & 0 & 0\\ \dfrac{-\bar{g}}{r\cos\phi} & 0 & 0 & 2\omega_e\tan\phi & 0 & 0 & 0\\ \hdashline 0 & 0 & 0 & 1 & 0 & 0 & 0\\ 0 & 0 & 0 & 0 & 1 & 0 & 0\end{array}\right]\begin{bmatrix}\psi_N\\ \psi_E\\ \psi_D\\ \delta\dot{\phi}\\ \delta\dot{\lambda}\\ \delta\phi\\ \delta\lambda\end{bmatrix}$$

(5-82)

在零速度假设下和不包含高度变量的情况下，方程式（5-82）与式（5-66）相对应的齐次微分方程一致。如第 2.3.1 节中所述，右边系数矩阵的特征值确定了系统随时间变化的特性。根据式（2-40），通过特征值幅度的平方根给出了这些自然模式的频率。如果 $\boldsymbol{F}_0$ 表示式（5-82）中的系数矩阵，它的特征值就是辅助矩阵（$\boldsymbol{F}_0-\mu\boldsymbol{I}$）的行列式的根，参见式（2-22）

$$\det[\boldsymbol{F}_0-\mu\boldsymbol{I}]=\left|\begin{array}{ccc:cc:cc}-\mu & -\omega_e\sin\phi & 0 & 0 & \cos\phi & -\omega_e\sin\phi & 0\\ \omega_e\sin\phi & -\mu & \omega_e\cos\phi & -1 & 0 & 0 & 0\\ 0 & -\omega_e\cos\phi & -\mu & 0 & -\sin\phi & -\omega_e\cos\phi & 0\\ \hdashline 0 & \dfrac{\bar{g}}{r} & 0 & -\mu & -\omega_e\sin2\phi & 0 & 0\\ \dfrac{-\bar{g}}{r\cos\phi} & 0 & 0 & 2\omega_e\tan\phi & -\mu & 0 & 0\\ \hdashline 0 & 0 & 0 & 1 & 0 & -\mu & 0\\ 0 & 0 & 0 & 0 & 1 & 0 & -\mu\end{array}\right|$$

$$=-\mu r^2\cos\phi(\mu^2+\omega_e^2)[\mu^4+2(\omega_S^2+2\omega_e^2\sin^2\phi)\mu^2+\omega_S^4]$$

(5-83)

式中，ω_S 是式（5-11）的舒勒频率，并且 $\bar{g}\approx GM/r^2$。除了 0 以外，这个多项式中以 μ 为变量的其他的根全部是纯虚数。为 0 的根对应恒值模式，而虚数根对应振荡模式，其频率为

$$\omega_e,\quad \omega_S\pm\omega_e\sin\phi \tag{5-84}$$

式（5-84）中的后一个频率是近似值，这一项的量级为 $(\omega_e\sin\phi)^2/\omega_S$，并且忽略了高阶项。频率 $\omega_e\sin\phi$ 是已知的傅科频率，并且在 45°的纬度上，相关的周期为 34 h。所以，该系统具有地球旋转和被傅科频率调制的舒勒频率下的自然模式。傅科振荡可以追溯到速度误差的交叉耦合，这在式（5-71）（亦见图 5-6）中非常明显，最终是由科里奥利效应引起的。

对于时间间隔小于 24 h，或者说只有几个小时，那么由地球自转速率调制的误差就可以忽略。当 $\omega_e = 0$ 时，式（5－82）的微分方程简化为

$$\frac{\mathrm{d}}{\mathrm{d}t}\begin{bmatrix}\psi_N\\ \psi_E\\ \psi_D\\ \delta\dot{\phi}\\ \delta\dot{\lambda}\\ \delta\phi\\ \delta\lambda\end{bmatrix} = \begin{bmatrix} 0 & 0 & 0 & 0 & \cos\phi & 0 & 0\\ 0 & 0 & 0 & -1 & 0 & 0 & 0\\ 0 & 0 & 0 & 0 & -\sin\phi & 0 & 0\\ 0 & \dfrac{\bar{g}}{r} & 0 & 0 & 0 & 0 & 0\\ \dfrac{-\bar{g}}{r\cos\phi} & 0 & 0 & 0 & 0 & 0 & 0\\ 0 & 0 & 0 & 1 & 0 & 0 & 0\\ 0 & 0 & 0 & 0 & 1 & 0 & 0 \end{bmatrix}\begin{bmatrix}\psi_N\\ \psi_E\\ \psi_D\\ \delta\dot{\phi}\\ \delta\dot{\lambda}\\ \delta\phi\\ \delta\lambda\end{bmatrix} \tag{5-85}$$

根据式（5－83），$\omega_e = 0$，则相对应辅助矩阵的行列式如下

$$\det[\boldsymbol{F}_0 - \mu\boldsymbol{I}] = -\mu^3 r^2 \cos\phi(\mu^2 + \omega_S^2)^2 \tag{5-86}$$

其中，系统本质上由舒勒振荡模式控制（适于周期为 2～3 h，并且速度小于 200 m/s）。在这两种情况下，式（5－82）和式（5－85）的解表明：式（5－84）给出的振荡模式只有齐次部分。特解通过式（5－77）和式（5－78）右侧的强迫项来确定。

假设 $\omega_e = 0$ 且 $\dot{\phi} = 0$，式（5－78）可以积分得到水平倾斜误差

$$\begin{aligned}\psi_N &= \cos\phi\delta\lambda - \int\delta\omega_{GN}\mathrm{d}t\\ \psi_E &= -\delta\phi - \int\delta\omega_{GE}\mathrm{d}t\end{aligned} \tag{5-87}$$

将这些公式代入式（5－77），推导出了短时间间隔内位置误差微分方程的误差动态特性，仅为

$$\begin{aligned} r\delta\ddot{\phi} + \bar{g}\delta\phi &= \delta a_{AN} + \delta\bar{g}_N - \bar{g}\int\delta\omega_{GE}\mathrm{d}t\\ r\cos\phi\delta\ddot{\lambda} + \bar{g}\cos\phi\delta\lambda &= \delta a_{AE} + \delta\bar{g}_E + \bar{g}\int\delta\omega_{GN}\mathrm{d}t \end{aligned} \tag{5-88}$$

如果后一项的加速度扰动量包括加速计误差和倾斜误差，这些（公式）与以前推导出的式（5－8）和式（5－9）一致。注意，尽管向下的方向误差是北向位置误差强迫项的主要来源，但是在这里，它不会起明显的作用。就此而言，式（5－9）或者式（5－88）给出的简化误差分析有些过于简化了。

最后，与周期为 84.4 min 的舒勒振荡相比，我们考虑更短时间的误差特性，比如 8 min。在这种情况下，我们忽略舒勒反馈回路，该回路将式（5－85）前三个方程中的方向误差和速度误差耦合在一起。我们可以简单地写出

$$\begin{aligned} r\delta\ddot{\phi} &= \delta a_{AN} + \delta\bar{g}_N - \bar{g}\int\delta\omega_{GE}\mathrm{d}t\\ r\cos\phi\delta\ddot{\lambda} &= \delta a_{AE} + \delta\bar{g}_E + \bar{g}\int\delta\omega_{GN}\mathrm{d}t \end{aligned} \tag{5-89}$$

在适当的初始条件下，可以直接独立地对其进行积分，得到 $r\delta\phi$ 和 $r\cos\phi\delta\lambda$ 。

第6章 随机过程与误差模型

6.1 简介

与几乎所有的物理系统一样，惯性系统中的仪器和传感器产生的数据包含随机成分。这意味着数据在确定性意义上不是完全可描述的。通常，我们会将这个不可预测部分中的至少一部分与误差联系起来。然而，我们可以运用概率论和统计学理论，来找到并使用合理的模型，这些模型在某种意义上充分描述了系统的行为，包括误差。一般来说，统计或随机模型可能具有某些确定性结构，但它们描述的信号是随机的或与概率相关的。模型的选择不是任意的，而是取决于我们认为仪器和传感器所具有的随机性类型。与测量系统相关的误差模型及其产生的数据在随机过程理论中具有广泛的基础，下面将对此进行简要回顾。

要理解随机过程，首先需要熟悉随机变量和概率论。随后，可以引入随机过程，然后用于定义我们的误差模型。本文不打算全面介绍概率与随机过程的相关理论，读者可以参考 Papoulis (1991) 和 Maybeck (1979)。这里只做简要介绍，以便对使用现代数学技术估计 INS 误差进行合理的讨论。

6.2 概率论

概率在形式上被定义为对子集集合（称为事件）进行运算的函数，该子集包含一个样本空间，用Π 表示。事件可以被认为是实验的结果（或实现），或因偶然而变化的过程。概率函数的值是一种度量，它表示与事件相对应的特定结果在重复实验时发生的次数比例。根据形式定义，事件 A 的概率 $\mathcal{P}$ 记为 $\mathcal{P}(A)$，是一个如下的实数

$$0 \leqslant \mathcal{P}(A) \leqslant 1 \tag{6-1}$$

并且有$\mathcal{P}(\Pi)=1$ 。第二个条件是，如果进行了一个实验，一定会出现一个结果（包括“没有结果”）。除了这两个确定概率函数存在的“公理”之外，还需要第三个公理来发展概率论。这就是：互不关联的事件（即相互排斥的事件）组合的概率是单个事件的概率之和。也就是说，对于 A_1 和 A_2 事件，如果一个事件的发生意味着另一个事件不能发生，则 $\mathcal{P}(A_1 \text{ 或 } A_2)=\mathcal{P}(A_1)+\mathcal{P}(A_2)$ 。

对于两个事件，我们还可以考虑两者都会发生的概率。这等同于，第一个事件已经发生，且在第一个事件发生的前提下第二个事件也发生的概率

$$\mathcal{P}(A_1 \text{ 和 } A_2)=\mathcal{P}(A_1)\,\mathcal{P}(A_2 \mid A_1) \tag{6-2}$$

后一种概率，记为 $\mathcal{P}(A_2 | A_1)$，称为条件概率。如果两个事件不互斥，则任一事件发生的概率由下式给出

$$\mathcal{P}(A_1 \text{ 或 } A_2) = \mathcal{P}(A_1) + \mathcal{P}(A_2) - \mathcal{P}(A_1 \text{ 和 } A_2) \tag{6-3}$$

这里公式右边减去了两个事件同时发生的概率，因为它是包含在每一个事件发生的概率中，因此不能被计算两次。如果条件概率并不取决于 A_1 发生，则认为这两个事件是独立的：$\mathcal{P}(A_2 \mid A_1) = \mathcal{P}(A_2)$，在这种情况下

$$\mathcal{P}(A_2 \text{ 和 } A_1) = \mathcal{P}(A_1)\,\mathcal{P}(A_2) \tag{6-4}$$

我们将关注两种类型的事件：A_1，变量的先验估计（例如位置坐标）；A_2，相关变量的最新观测值。假设估计已经发生（A_1），我们已知观测的概率（A_2），即 $\mathcal{P}(A_2 | A_1)$。然后我们将问一个重要的问题：在给定观测结果的情况下，新估计的概率是多少？这个问题根据条件概率公式表示为：$\mathcal{P}(A_1 \mid A_2)$。利用式（6－2）和直观明显的恒等式 $\mathcal{P}(A_1 \text{ 和 } A_2) = \mathcal{P}(A_2 \text{ 和 } A_1)$，可以得到

$$\mathcal{P}(A_1 \mid A_2) = \frac{\mathcal{P}(A_1 \text{ 和 } A_2)}{\mathcal{P}(A_2)} = \frac{\mathcal{P}(A_1)\,\mathcal{P}(A_2 \mid A_1)}{\mathcal{P}(A_2)} \tag{6-5}$$

这就是著名的贝叶斯规则（也称为贝叶斯定理），它将构成我们使用外部观测数据估计 INS 误差的基础。

INS 误差具有估计或测量的特定值，这构成了所有此类可能事件集合的样本空间中的一个事件。样本空间是连续的，因为误差可以在整个实数域或在特定的区间（不一定连接）内取任何实数值。定义另一个函数 X，它为实验的每个结果（例如，INS 误差的实现）分配一个实数，在这种情况下，通常是误差的值。这个函数 X 称为随机变量；在这个例子中，我们假设 INS 误差是一个随机变量。随机变量取值（或区间内任意数量的值）的概率是相应事件的概率度量。

因为实数是稠密的，在形式上随机变量 X 取单个实数 x 的概率是无穷小的，或者在极限下为零。相反，我们考虑值域的区间，为了方便起见引入概率密度函数 $f(x)$，有

$$\mathcal{P}(x \leqslant X \leqslant x + \mathrm{d}x) = f_X(x)\mathrm{d}x \tag{6-6}$$

或者，已经给出了随机变量 X 的取值区间 $[a,\ b]$，根据第三公理

$$\mathcal{P}(a \leqslant X \leqslant b) = \int_a^b f_X(x)\mathrm{d}x \tag{6-7}$$

$f_X(x)$ 中明显的符号冗余通常用于允许更灵活地组合不同随机变量的密度函数，并且它还强调随机变量 X 和它可以取的值 x 之间的区别。假定 x 的值和前几章中定义的点的坐标之间不会产生不适当的混淆。

为了通用性，我们假设随机变量，例如 INS 误差，可以在区间 $(-\infty,\ \infty)$ 中取任何实值，即使该区间的大部分概率实际上可能为零。显然，根据式（6－7）和式（6－1），我们有

$$\int_{-\infty}^{\infty} f_X(x)\mathrm{d}x = 1 \tag{6-8}$$

假设概率密度函数是可积的。由于对于任何事件，概率度量总是非负的，因此密度函数也

必须是非负的：$f_X(x) \geqslant 0$。密度函数完全定义了随机变量的概率度量，X 的概率度量的另一种定义是与密度函数相关的概率分布函数

$$F_X(x) = \mathcal{P}(X \leqslant x) = \int_{-\infty}^{x} f_X(x')\mathrm{d}x' \tag{6-9}$$

两个随机变量 X 和 Y，每个都与自己的密度函数 $f_X(x)$ 和 $f_Y(y)$ 相关联，可以拥有一个联合密度函数 $f_{X,Y}(x, y)$，定义为两个事件发生的联合概率。联合概率分布函数为

$$F_{X,Y}(x,y) = \mathcal{P}(X \leqslant x \text{ 和 } Y \leqslant y) = \int_{-\infty}^{x}\int_{-\infty}^{y} f_{X,Y}(x',y')\mathrm{d}x'\mathrm{d}y' \tag{6-10}$$

条件密度来源于对条件概率的考虑和式（6-2）的类推，有公式

$$f_{X,Y}(x,y) = f_X(x) f_{Y|X}(y \mid x) \tag{6-11}$$

此外，如果 X 和 Y 的联合概率密度函数是单个密度函数的乘积，则它们是独立的随机变量

$$f_{X,Y}(x,y) = f_X(x) f_Y(y) \tag{6-12}$$

在众多随机变量中，单个随机变量的密度函数也称为边际密度函数，是考虑到其他随机变量的所有可能结果的联合密度。根据式（6-11），有

$$f_X(x) = \int_{-\infty}^{\infty} f_{X,Y}(x,y)\mathrm{d}y \tag{6-13}$$

根据式（6-8），对任意的 x，有 $\int_{-\infty}^{\infty} f_{X|Y}(y \mid x)\mathrm{d}y = 1$。

通常，对于特定的随机变量 X，其概率密度函数（或分布函数）是未知的。然后（即使已知），用分布的矩来分解密度函数是很方便的，就像把一个函数分解成正弦函数的傅里叶级数，或者分解成自变量的泰勒级数。在许多情况下，仅使用密度的前两个矩就足够了，因为它们充分描述了与变量相关的基本概率。在随机变量的取值范围内，一阶矩指定了密度的中心——质心；它定义了随机变量的期望值或平均值

$$\mu_x = \mathcal{E}(X) = \int_{-\infty}^{\infty} x f_X(x)\mathrm{d}x \tag{6-14}$$

注意，平均值或期望值是一个没有不确定性的常数，它不是一个随机变量。我们利用符号 μ_X 表示 X 的平均值，当用$\mathcal{E}$表示一般期望运算符时，还有

$$\mathcal{E}[g(X)] = \int_{-\infty}^{\infty} g(X) f_X(x)\mathrm{d}x \tag{6-15}$$

式中，$g(x)$ 是随机变量 $g(X)$ 的值，$g(\cdot)$ 是算术表达式。

二阶矩描述了密度从其质心向外扩散的量。通常，二阶矩是根据平均值定义的，也可称其为方差

$$\begin{aligned}\sigma_X^2 = \mathrm{var}(X) &= \int_{-\infty}^{\infty} (x-\mu_X)^2 f_X(x)\mathrm{d}x \\ &= \mathcal{E}[(X-\mu_x)^2] = \mathcal{E}(X^2) - \mu_X^2\end{aligned} \tag{6-16}$$

其中第 2 行等式很容易从期望的一般定义式（6-15）推导出来。方差的平方根 σ_X，称为标准差。图 6-1 显示了一个密度函数的例子，适当地指出了平均值和标准差。

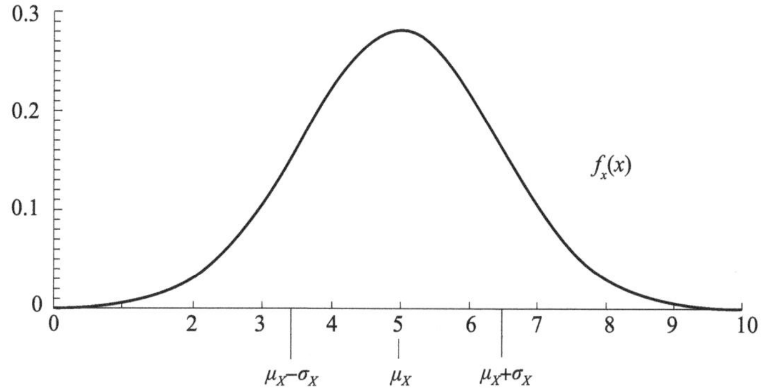

图 6－1　概率密度函数的示例（高斯概率密度函数）

对于两个随机变量，我们将它们之间的协方差定义为相对于均值的二阶矩

$$\operatorname{cov}(X,Y)=\mathcal{E}[(X-\mu_X)(Y-\mu_Y)]=\mathcal{E}(XY)-\mu_X\mu_Y \tag{6-17}$$

其中

$$\mathcal{E}(XY)=\int_{-\infty}^{\infty}\int_{-\infty}^{\infty}xyf_{X,Y}(x,y)\mathrm{d}x\,\mathrm{d}y \tag{6-18}$$

注意，$\operatorname{cov}(X,X)=\sigma_X^2$。如果两个随机变量满足下面的关系式，则认为两个随机变量是不相关的

$$\operatorname{cov}(X,Y)=0 \quad 或 \quad \mathcal{E}(XY)=\mathcal{E}(X)\mathcal{E}(Y) \tag{6-19}$$

我们注意到，如果 X 和 Y 是独立的随机变量，则它们是不相关的，如式（6－12）和式（6－18）所示，反之则未必成立。

最后，我们还有条件矩；例如，假设 Y 已知，则 X 的条件平均值和条件方差为

$$\mu_{X|Y}=\mathcal{E}(X\mid Y)=\int_{-\infty}^{\infty}xf_{X|Y}(x\mid y)\mathrm{d}x \tag{6-20}$$

和

$$\sigma_{X|Y}^2=\mathcal{E}[(X-\mu_{X|Y})^2\mid Y]=\mathcal{E}(X^2\mid Y)-\mu_{X|Y}^2 \tag{6-21}$$

这些概率论的概念自然地延伸到随机变量的向量，作为联合分布的标量随机变量集合的一种简单的符号替代。具有 m 维的随机向量变量 $\boldsymbol{X}$ 的联合概率密度是一个标量函数 $f_X(\boldsymbol{X})$。$\boldsymbol{X}$ 的均值是这个向量给出的期望

$$\begin{bmatrix}\mathcal{E}(X_1)\\ \vdots \\ \mathcal{E}(X_m)\end{bmatrix}=\int_{-\infty}^{\infty}\cdots\int_{-\infty}^{\infty}\begin{bmatrix}x_1\\ \vdots \\ x_m\end{bmatrix}f_{\boldsymbol{X}}(x_1,\cdots,x_m)\mathrm{d}x_1\cdots\mathrm{d}x_m \tag{6-22}$$

或

$$\mu_{\boldsymbol{X}}=\mathcal{E}(\boldsymbol{X})=\int_{-\infty}^{\infty}\boldsymbol{x}f(\boldsymbol{x})\mathrm{d}\boldsymbol{x} \tag{6-23}$$

在这里，对向量的表示方法做出一些改动（即，$\int_{-\infty}^{\infty}(\cdot)\mathrm{d}\boldsymbol{x}=\int_{-\infty}^{\infty}\cdots\int_{-\infty}^{\infty}(\cdot)\mathrm{d}x_1\cdots\mathrm{d}x_m$）。实际上，将式（6－13）和式（6－8）应用于式（6－22），可以很容易地证明这一点

$$\boldsymbol{\mu}_X = \begin{bmatrix} \mu_{X_1} \\ \vdots \\ \mu_{X_m} \end{bmatrix} \tag{6-24}$$

我们也可以表示向量 $\boldsymbol{X}$ 中任意两个随机变量之间的协方差

$$\mathrm{cov}(X_j, X_k) = \mathcal{E}[(X_j - \mu_{X_j})(X_k - \mu_{X_k})] \tag{6-25}$$

这些可以组合成一个 $m \times m$ 阶协方差矩阵 $\boldsymbol{P}_X$，显然对角元素是方差

$$\boldsymbol{P}_X = \begin{bmatrix} \mathrm{cov}(X_1, X_1) & \cdots & \mathrm{cov}(X_1, X_m) \\ \vdots & \ddots & \vdots \\ \mathrm{cov}(X_m, X_1) & \cdots & \mathrm{cov}(X_m, X_m) \end{bmatrix} \tag{6-26}$$

随机向量 $\boldsymbol{X}$ 的协方差矩阵是对称的，我们假设它是非奇异矩阵，可以证明，它也是正定的（Koch，1987）。更紧凑的 $\boldsymbol{P}_X$ 表达式很容易被验证为

$$\boldsymbol{P}_X = \mathrm{cov}(X, X) = \mathcal{E}[(\boldsymbol{X} - \mu_X)(\boldsymbol{X} - \boldsymbol{\mu}_X)^{\mathrm{T}}] \tag{6-27}$$

$\boldsymbol{P}_X$ 也被称为 $\boldsymbol{X}$ 的自协方差矩阵，因为更一般地，有随机向量 $\boldsymbol{X}$ 和 $\boldsymbol{Y}$ 的互协方差矩阵

$$\mathrm{cov}(\boldsymbol{X}, \boldsymbol{Y}) = \mathcal{E}[(\boldsymbol{X} - \boldsymbol{\mu}_X)(\boldsymbol{Y} - \boldsymbol{\mu}_Y)^{\mathrm{T}}] = [\mathrm{cov}(\boldsymbol{Y}, \boldsymbol{X})]^{\mathrm{T}} \tag{6-28}$$

这个矩阵的对应元素是 $\boldsymbol{X}$ 和 $\boldsymbol{Y}$ 的元素之间的互协方差。我们对 $\mathrm{cov}(\boldsymbol{X}, \boldsymbol{Y})$ 的可逆性不做任何假设，事实上，它甚至可能不是方阵，因为它的大小取决于 $\boldsymbol{X}$ 和 $\boldsymbol{Y}$ 的维度，如式（6－28）所示。

6.2.1 高斯分布

最常用和最著名的概率分布函数是正态分布函数或高斯分布函数（我们交替使用形容词 normal 和 Gaussian，但名词仅源自后者）。正态分布函数已经被发现可以作为自然界中观察到的许多随机变量的合适模型，当然包括我们的 INS 误差，以及我们的外部观测误差，至少是它们的一个组成部分。根据抽样理论的中心极限定理（Dudewicz 1976），随着样本的增长，一个随机变量实现样本的平均值，无论其分布如何，都倾向于来自正态分布。因此，这个定理在许多应用中对随机现象具有重要意义，包括对于我们的应用。

对于一个随机变量，其正态密度函数可表示为

$$f_X(x) = \frac{1}{\sigma_X \sqrt{2\pi}} \mathrm{e}^{-\frac{1}{2}\frac{(x-\mu_X)^2}{\sigma_X^2}} \tag{6-29}$$

式中，σ_X 和 μ_X 分别表示随机变量 X 的标准差和均值，式（6－1）中的密度函数是正态密度函数，我们用下面的符号表示 X 是正态分布，有相应的均值和方差

$$X \sim \mathcal{N}(\mu_X, \sigma_X^2) \tag{6-30}$$

根据式（6－29），均值和方差完全定义了密度函数，因此正态分布随机变量的所有概率（所有高阶矩）完全由这两个元素决定。此外，如果两个正态分布的随机变量不相关，则它们也是独立的。

同样，我们可以很容易地构造高斯随机向量的泛化。根据式（6－23）和式（6－27）

得出由 m 个高斯随机变量构成的向量的均值和协方差矩阵。然后，建立联合密度函数公式

$$f(\boldsymbol{x})=\frac{1}{\sqrt{|\boldsymbol{P}_X|}(2\pi)^{m/2}}\mathrm{e}^{-(1/2)[(\boldsymbol{x}-\boldsymbol{\mu}_X)^{\mathrm{T}}\boldsymbol{P}_X^{-1}(\boldsymbol{x}-\boldsymbol{\mu}_X)]} \tag{6-31}$$

式中，$|\boldsymbol{P}_X|$ 是 $\boldsymbol{P}_X$ 的行列式。也可以写成以下形式

$$\boldsymbol{X}\sim\mathcal{N}(\boldsymbol{\mu}_X,\boldsymbol{P}_X) \tag{6-32}$$

除了前面提到的性质外，正态随机变量还有许多有用的性质，特别适用的一个性质是：任何正态变量的线性组合都是正态分布的，关于该性质的证明可以在大多数关于概率或统计学的书中找到（例如，Dudewicz，1976）。此结果可以很容易地扩展到随机向量，因此，考虑随机向量

$$\boldsymbol{Z}=\boldsymbol{AX}+\boldsymbol{BY}+\boldsymbol{C} \tag{6-33}$$

式中，$\boldsymbol{A}$ 和 $\boldsymbol{B}$ 是常数矩阵；$\boldsymbol{C}$ 是常数向量，有

$$\boldsymbol{X}\sim\mathcal{N}(\boldsymbol{\mu}_X,\boldsymbol{P}_X),\boldsymbol{Y}\sim\mathcal{N}(\boldsymbol{\mu}_Y,\boldsymbol{P}_Y) \tag{6-34}$$

因此，有

$$\boldsymbol{Z}\sim\mathcal{N}[\boldsymbol{A\mu}_X+\boldsymbol{B\mu}_Y+\boldsymbol{C},\boldsymbol{AP}_X\boldsymbol{A}^{\mathrm{T}}+\boldsymbol{BP}_Y\boldsymbol{B}^{\mathrm{T}}+\boldsymbol{A}\mathrm{cov}(\boldsymbol{X},\boldsymbol{Y})\boldsymbol{B}^{\mathrm{T}}+\boldsymbol{B}\mathrm{cov}(\boldsymbol{Y},\boldsymbol{X})\boldsymbol{A}^{\mathrm{T}}] \tag{6-35}$$

式中，$\boldsymbol{\mu}_Z$ 和 $\mathrm{cov}(\boldsymbol{Z},\boldsymbol{Z})$ 的表达式很容易利用式（6-23）和式（6-28）进行验证。这一重要结果对我们估计惯性导航系统误差的问题具有深远的意义。具体来说，如果初始误差是高斯的，而我们的误差变量在时间上是线性变换，那么我们只需要确定某一时刻误差的均值和协方差，就可以完全确定它在任意时间的概率分布（是高斯的）；另见第 7.2.2.1 节。

6.3　随机过程

随机过程是与确定性参数（通常是时间或空间坐标）相关的随机变量的离散或连续的集合。如前所述在时间或空间的每个点上，过程都是一个随机变量。尽管对于给定的时间或空间参数值，随机过程是一个不可确定的量（它取决于“实验”的结果），但我们可以将此过程称为时间或空间的函数（在本文对于惯性导航系统误差的描述中，时间是确定性参数）。我们这样做是因为在某些情况下，随机过程只有一种出现可能，即每个时间点的实验已经完成，每个对应的随机变量都达到了一个确定的值。那么实现的过程确实就是时间的函数。在适当的情况下，统计理论仍然允许从单一的实现中分析过程的随机特性（遍历性，参见第 6.3.3 节）。

如果确定性参数 t 的域是连续的，我们用 $X(t)$ 表示连续的随机过程。除非另有明确的说明，否则我们将假定确定性参数为时间。对于任何固定的时间值，例如 t_K，$X(t_K)\equiv X_K$ 是一个随机变量，其具有概率密度函数 $f_{X_K}(x_K)$。如果 t 的域是离散的，则称随机过程是离散的；符号 X_K 还应暗示 k 域上的过程，如果在上下文中 k 仅指单个值，则不应出现混淆。图 6-2 显示了一个（离散）随机过程的两个实现，其中在任何特定时间，该值

都是实验的随机结果。我们所关注的随机过程，包含在惯性导航系统每个传感器（加速度计或陀螺仪）输出信号的随机误差中。如式（3－76）和式（3－164）的 INS 误差模型所示，误差可以在时间上相关（漂移误差），或者它们也可以完全不相关（白噪声）。本章的目的是建立充分的统计模型来描述这些误差的相关类型和相关度。在所有情况下，模型只是近似值，在现实中可能永远无法实现，但从经验来看，它们似乎有助于对误差进行合理的统计表征。本节介绍了随机过程的基本工作原理。

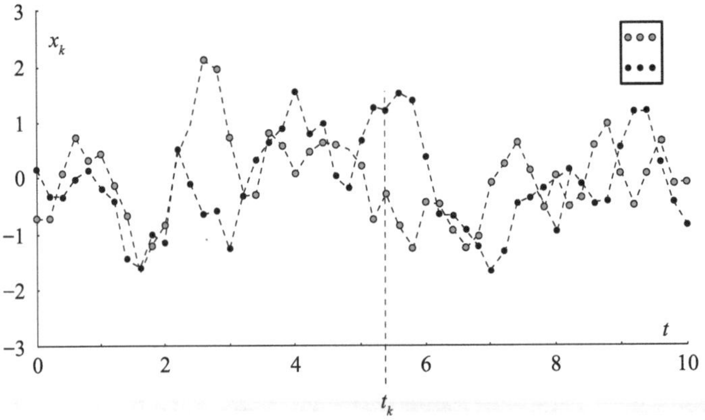

图 6－2 （离散）随机过程 X_K 的两个实现

6.3.1 协方差函数

随机过程的概率处理自然涉及联合分布变量的考虑，因为该过程包括多个变量（即，确定性参数的每个值都有一个随机变量）。此外，可以确定的是，在最一般的情况下，描述或建立过程的完整多元密度函数显而易见是不可能的。另一方面，在许多情况下，通过只考虑一阶和二阶联合密度函数，即过程在任何时刻的边际密度函数和任何两个实例的联合密度函数，就可以获得相当好的过程描述。

为两个随机变量定义的协方差式（6－17）推广到连续随机过程的（自）协方差函数，取决于两个时间自变量

$$\begin{aligned} c_{X,X}(t_1,t_2) &= \mathcal{E}\{[X(t_1)-\mu_{X_1}][X(t_2)-\mu_{X_2}]\} \\ &= \int_{-\infty}^{\infty}\int_{-\infty}^{\infty}(x_1-\mu_{X_1})(x_2-\mu_{X_2})f(x_1,x_2)\mathrm{d}x_1\mathrm{d}x_2 \end{aligned} \tag{6-36}$$

式中，μ_{X_1} 和 μ_{X_2} 分别表示过程在 t_1 和 t_2 时的期望值。在这些时刻，积分是在随机变量的域上进行的。我们通常会区分协方差函数和相关函数，后者描述了过程在时间上的内在依赖关系，而没有将变量集中在各自的均值上

$$r_{X,X}(t_1,t_2) = \mathcal{E}[X(t_1)X(t_2)] \tag{6-37}$$

到目前为止，最容易建模的过程其概率都是不随时间（或空间，如果这是确定性参数）变化的。这样的随机过程称为平稳过程，过程中任意随机变量子集对应于任意时间坐标集的（边际）联合概率密度函数与时间原点无关。平稳过程被认为是时间不变的或在时

间平移下是不变的。这意味着，首先，在每个时刻 t_k 所有边际密度 $f(x_k)$ 都是相同的，随机变量 $X(t_k)$ 具有相同的概率分布，特别是具有相同的平均值和方差；其次，自协方差函数与时间原点无关，仅取决于过程的两个随机变量的时间间隔 $\tau = t_1 - t_2$

$$c_{X,X}(\tau) = \int_{-\infty}^{\infty}\int_{-\infty}^{\infty}(x_t - \mu_X)(x_{t+\tau} - \mu_X) f_{X,X}(x_t, x_{t+\tau}) \mathrm{d}x_t \mathrm{d}x_{t+\tau}, \text{对于所有 } t \tag{6-38}$$

式中，μ_X 与时间无关。

过程的严格平稳性要求所有高阶联合概率在时间平移下是不变的，广义平稳性则将其放宽为一阶和二阶概率，这通常是我们所假设的。

我们注意到 $c_{X,X}(0)$ 是平稳过程的方差，并且（自）协方差是偶函数

$$c_{X,X}(\tau) = c_{X,X}(-\tau) \tag{6-39}$$

同样，协方差函数在 $\tau = 0$ 时达到其最大值

$$c_{X,X}(|\tau|) \leqslant c_{X,X}(0) = \sigma_X^2, \qquad \text{对于所有 } \tau \tag{6-40}$$

这种不等式的另一种解释是，$t+\tau$ 时刻与 t 时刻的随机变量间的相关性，永远不会大于变量与其自身的相关性。典型的平稳协方差函数如图 6-3 所示，通常，当 $|\tau| > 0$ 时，它会减小，在 τ_c 时间段内，方差的协方差显著减少，例如

$$c_{X,X}(\tau_c) = \frac{1}{2}\sigma_X^2 \tag{6-41}$$

τ_c 称为相关时间，在近似意义上，它确定了过程被认为是去相关的时间间隔。或者，满足公式 $c_{X,X}(\tau_c)/c_X^2 = \mathrm{e}^{-1}$ 的点也用于定义相关时间。通常假设在极限为 $|\tau| \to \infty$ 的情况下，该过程完全不相关

$$\lim_{|\tau| \to \infty} c_{X,X}(\tau) = 0 \tag{6-42}$$

一个例外是随机常数的协方差函数（见第 6.5.1 节）。

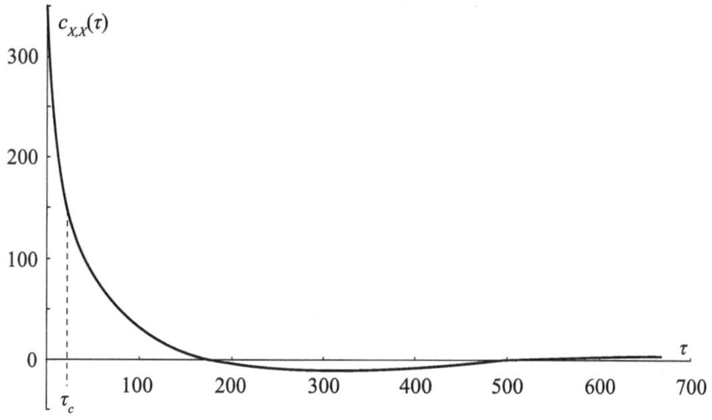

图 6-3　典型的协方差函数

根据定义，协方差函数的概念自然地扩展到多个随机过程。例如，两个平稳过程 $X(t)$ 和 $Y(t)$ 的互协方差函数可以表示为

$$c_{X,Y}(\tau)=\mathcal{E}\{[X(t)-\mu_X][Y(t+\tau)-\mu_Y]\}$$
$$=\int_{-\infty}^{\infty}\int_{-\infty}^{\infty}(x_t-\mu_X)(y_{t+\tau}-\mu_Y)f(x_t,y_{t+\tau})\mathrm{d}x_t\mathrm{d}y_{t+\tau}\text{，对所有的 }t \tag{6-43}$$

$c_{X,Y}(0)$ 称为这两个过程的互方差。一般来说，互协方差函数既不满足式（6-39），也不满足式（6-40）。同样，为了一致性，我们现在看到了自协方差函数使用 $c_{X,Y}(\tau)$ 符号的原因。

更进一步，通过式（6-28）和式（6-43），可给出平稳随机过程中的两个向量 $\boldsymbol{X}(t)$ 和 $\boldsymbol{Y}(t)$ 之间的互协方差矩阵函数

$$\mathrm{cov}_{\boldsymbol{X},\boldsymbol{Y}}(\tau)=\begin{bmatrix} c_{X_1,Y_1}(\tau) & \cdots & c_{X_1,Y_n}(\tau) \\ \vdots & \ddots & \vdots \\ c_{X_m,Y_1}(\tau) & \cdots & c_{X_m,Y_n}(\tau) \end{bmatrix} \tag{6-44}$$

式中，m 和 n 分别表示 $\boldsymbol{X}$ 和 $\boldsymbol{Y}$ 的维度，$\mathrm{cov}_{\boldsymbol{X},\boldsymbol{Y}}(\tau)$ 表示 $m\times n$ 维矩阵函数，其中的特例是自协方差矩阵函数：$\mathrm{cov}_{\boldsymbol{X},\boldsymbol{Y}}(\tau)$。

6.3.2 功率谱密度

根据其组成波形（即傅立叶变换）来观察自（或交叉）协方差函数是非常有用的。对于平稳过程，自协方差函数 $c_{X,X}(\tau)$ 的傅里叶变换由式（1-103）给出

$$\mathcal{C}_{X,X}(f)=\int_{-\infty}^{\infty}c_{X,X}(\tau)\mathrm{e}^{-i2\pi f\tau}\mathrm{d}\tau \tag{6-45}$$

这里假设在所有频率 f 上都存在积分，如果过程去相关足够快，就会发生这种情况。函数 $\mathcal{C}_{X,X}(f)$ 称为 X 的功率谱密度（psd）。它的单位是协方差函数的单位除以频率单位，在这种情况下它们是[Hz]=[cy/s]。当然，对多重随机过程和向量随机过程的所有扩展也适用。例如，过程 X 和 Y 的交叉功率谱密度（cross-psd）是

$$\mathcal{C}_{X,Y}(f)=\int_{-\infty}^{\infty}c_{X,Y}(\tau)\mathrm{e}^{-i2\pi f\tau}\mathrm{d}\tau \tag{6-46}$$

从傅里叶反变换式（1-104）可以看出

$$c_{X,X}(\tau)=\int_{-\infty}^{\infty}\mathcal{C}_{X,X}(f)\mathrm{e}^{i2\pi f\tau}\mathrm{d}f \tag{6-47}$$

因此，方差等于功率谱密度曲线下的面积。

在某一特定频率上功率谱密度值较大，说明该频率上的过程具有较高的相关性，反之，低值意味着低相关性。因为协方差函数是关于原点对称的，功率谱密度是一个实函数。此外，可以证明

$$\mathcal{C}_{X,X}(f)\geqslant 0,\quad \text{对于所有 } f \tag{6-48}$$

对于交叉功率谱密度，情况不一定如此。

6.3.3 遍历进程

如果平稳过程的协方差函数 $c_{X,X}(\tau)$ 随 τ 的增加而迅速减小，则该过程会迅速去相

关，并且该过程的随机变量从一个时间点到下一个时间点的可预测性变差。如果 $c_{X,X}(\tau)$ 下降缓慢，则过程随时间变化的速度较慢，因此更可预测。也就是说，给定当前过程的值和协方差函数，我们可以对离现在不太远的未来某个时间的过程进行合理的预测。因此，该推断反过来也成立似乎是合理的。也就是说，如果我们只有一个（平稳）过程的实现，对任意时刻的任意变量值，即使概率密度是未知的。那么我们应该能够对该协方差函数有所了解，事实上，这正是遍历性假设背后的思想。如果与潜在概率相关的平稳过程的统计数据（如均值、方差和高阶矩）与基于时间（基于空间）的平均值（即来自过程的单个实现）的相应统计数据“等效”，则平稳过程是遍历的。这里的“等效”是指从基于时间的值得到的统计量与概率函数定义的统计量一致（见下文）。

非平稳过程不可能是遍历的，因为根据定义，非平稳性意味着单个实现是许多不同概率的结果，同样，并非所有平稳过程都是遍历的（见第 6.5.1 节）。类似于平稳性，遍历性在严格意义上和广义上都有定义，后者意味着只有过程的一阶矩和二阶矩可以用它们相应的时间平均值来识别。

与期望算子 $\mathcal{E}$ 相关的统计量称为集成统计量。我们现在定义一个类似的算子，平均算子 E，它作为时间的函数对已实现的过程进行操作

$$E(\cdot)=\lim_{T\to\infty}\frac{1}{T}\int_{-T/2}^{T/2}(\cdot)\mathrm{d}t \tag{6-49}$$

其中，时间间隔 T 是有限的，但足够长，可以产生对集合期望的合理估计。例如，时间平均的均值（time - averaged mean）由下式估计

$$\hat{\mu}_X\equiv E(X)\approx\frac{1}{T}\int_{-T/2}^{T/2}x(t)\mathrm{d}t \tag{6-50}$$

同样，得到时间平均的（交叉）相关函数如下

$$\hat{c}_{X,Y}(\tau)=\frac{1}{T}\int_{-T/2}^{T/2}[x(t)-\hat{\mu}_X][y(t+\tau)-\hat{\mu}_Y]\mathrm{d}t \tag{6-51}$$

这当然包括了自协方差函数的时间平均估计的定义。相关函数的估计类似，不以平均值为中心。

对于广义遍历过程，这些均值和协方差的估计量必须与基于集合的统计量一致，在某种意义上，作为随机变量，估计量在 $T\to\infty$ 的极限上具有零方差（Jekeli，2017，第 5.6.4 节）

$$\lim_{T\to\infty}\mathrm{var}(\hat{\mu}_X)=0 \quad 和 \quad \lim_{T\to\infty}\mathrm{var}[\hat{c}_{X,Y}(\tau)]=0 \tag{6-52}$$

因此，估计一个或多个已实现过程的（交叉）协方差函数的一种方法是，对式（6-51）在给定的一组区间 τ 上进行数值估计。即使遍历性成立，这样一个经验协方差函数也仅是真实函数的一个近似值，但它是在不知道概率密度的情况下得到的。

可以证明，实现两个平稳遍历过程的傅里叶变换乘积［式（1-103）］与过程的（交叉）功率谱密度有关。具体地说

$$\mathcal{C}_{X,Y}(f)=\lim_{T\to\infty}\mathcal{E}\left\{\frac{1}{T}F[x_T(t)]F[y_T(t)]^*\right\} \tag{6-53}$$

其中，每个过程是在一个区间长度 T 内实现的，式中 $(\cdot)^*$ 表示复共轭。这一基本关系与维纳－辛钦（Wiener - Khintchine）定理有关，它提供了另一种基础，利用已实现信号的傅里叶变换来估计过程的功率谱密度，以及协方差函数；参见（Brown 和 Hwang，1992），以及（Marple，1987）和（Jekeli，2017）的协方差函数估计方法。

6.4 白噪声

如果随机过程 $W(t)$ 是一个平稳过程并且任何一组时间实例的随机变量是不相关的，则称其为（连续的）白噪声过程。这意味着协方差函数对于任何非零时间间隔 τ 都存在零值。由于平稳性，过程的随机变量也具有相同的均值和方差。我们从一开始就假设白噪声过程的均值为零。然而，关于方差，在考虑这个过程的功率谱密度时，我们发现自己处于两难境地。式（6－45）表明，因为协方差处处为零（$\tau=0$ 除外），则连续白噪声过程的功率谱密度在所有频率上都为零；但是，显然我们希望白噪声过程是具有能量的，从而使我们能够区分具有不同幅度的白噪声过程。解决这个问题的唯一方法是为该过程分配无限方差，以便式（6－45）中的积分具有定义的非零值。

这可以通过狄拉克“delta 函数”$\delta(t)$ 来完成，函数定义为

$$\delta(t)=0,t\neq 0 \quad 和 \quad \int_{-\infty}^{\infty} g(t')\delta(t-t')\mathrm{d}t'=g(t) \tag{6-54}$$

对于函数 $g(t)$，当 $t-t'=0$ 时，可以认为 delta 函数是无穷的且式（6－54）中的积分成立。白噪声的协方差函数为

$$c_{W,W}(\tau)=\mathcal{E}[W(t)W(t+\tau)]=\mathcal{Q}\,\delta(\tau) \tag{6-55}$$

式中，$\mathcal{Q}$ 是非负常数，则根据式（6－45）和式（6－55），白噪声的功率谱密度为常数

$$C_{W,W}(f)=\int_{-\infty}^{\infty}\mathcal{Q}\,\delta(\tau)\mathrm{e}^{-\mathrm{i}2\pi f\tau}\mathrm{d}\tau=\mathcal{Q}\,\mathrm{e}^{0}=\mathcal{Q}, \quad 对于所有\ f \tag{6-56}$$

作为一个常数意味着所有频率的功率对这个过程的贡献是相等的（因此术语“白”噪声，暗指白光是所有强度相同的光频率的组合）。通过式（6－54）可知，在上述情况下 delta 函数的单位是 1/时间，通常用 Hz 表示，因此常数$\mathcal{Q}$的单位是方差除以 Hz，这与功率谱密度的单位是一致的。通过式（6－47）和 式（6－55）还可得到

$$\int_{-\infty}^{\infty}\mathcal{Q}\,\mathrm{e}^{\mathrm{i}2\pi f\tau}\mathrm{d}f=\mathcal{Q}\,\delta(\tau), 对于所有\ \tau \tag{6-57}$$

它给出了 delta 函数作为复指数的积分的另一种定义。将式（6－57）中的积分变量取反，则表明函数相对于原点是对称的

$$\delta(t)=\delta(-t) \tag{6-58}$$

实际上，白噪声是对无法确定相关性信号的一种假定随机过程。然而，同样清楚的是，白噪声尤其是上面定义的连续白噪声，理论上具有无限的方差，这在物理上是无法实现的。幸运的是，对随机过程物理性质的合理假设使我们能够近似地使用白噪声概念。例如，对于一个可能不相关的过程，我们可能只假设在最小采样间隔定义的频率之间没有相

关性；对于更小的时间间隔（即更高的频率），该过程可能确实是相关的，因此，如果方差是有限的，则根据式（6-45）该过程将具有功率（参考第 6.5.3 节）。

当定义包含离散时间点的随机变量的离散过程时，不存在与连续白噪声相关的困难。从连续白噪声过程到离散白噪声过程的转变可以根据平均过程来定义，其中离散随机变量在时间 t_k 的值是连续白噪声过程小区间 Δt 上的平均值

$$W_k = \frac{1}{\Delta t}\int_{t_k-\Delta t}^{t_k} W(t)\,\mathrm{d}t \tag{6-59}$$

其中，我们默认随机过程的积分是有意义的（见下一节）。将期望算子应用于式（6-59）的两侧，得到离散白噪声的期望值为

$$\mathcal{E}(W)_k = \mathcal{E}[W(t)] = 0 \tag{6-60}$$

假设 $W(t)$ 是一个零均值过程。因此，由式（6-59）和式（6-55）给出 W_k 的方差

$$\begin{aligned}\sigma_{W_k}^2 &= \mathcal{E}[(W_k)^2] = \frac{1}{(\Delta t)^2}\int_{t_k-\Delta t}^{t_k}\int_{t_k-\Delta t}^{t_k} \mathcal{E}[W(t)W(t')]\,\mathrm{d}t\,\mathrm{d}t' \\ &= \frac{1}{(\Delta t)^2}\int_{t_k-\Delta t}^{t_k}\int_{t_k-\Delta t}^{t_k} Q\delta(t-t')\,\mathrm{d}t\,\mathrm{d}t' = \frac{Q}{\Delta t}\end{aligned} \tag{6-61}$$

上式表明，离散白噪声过程的方差与相应连续过程的功率谱密度直接相关。注意，$\sigma_{W_k}^2$ 是一个常数或对于所有 k ，它的单位是通常的方差单位。

最后，如果白噪声过程中各随机变量的分布为零均值的高斯分布，则称该过程为高斯白噪声，表示为

$$W_k \sim \mathcal{N}(0, q/\Delta t) \text{ 或 } W \sim \mathcal{N}(0, q) \tag{6-62}$$

可以理解，对于连续过程而言，Q 表示功率谱密度的振幅。图 6-4 显示了离散白噪声过程的实现，$W_k \sim \mathcal{N}(0,\ 1)$（从技术上讲，不可能描绘连续的白噪声过程，这进一步强调了它的抽象性）。注意，与图 6-2 所示的过程不同，从一个实现到下一个实现之间没有明显的相关性。

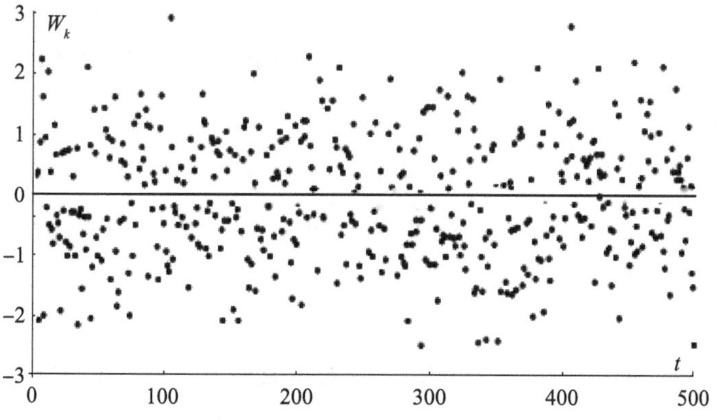

图 6-4　离散白噪声过程的一种实现，$W_k \sim N(0,\ 1)$，$k=0,\ 1,\ \cdots,\ 500$

（省略了图 6-2 那样的连接虚线，以避免混乱）

6.5 随机误差模型

一些连续随机过程可以通过随机线性微分方程来描述或建模，该方程属于一般的自回归过程。我们将简要描述一些这样的过程，这些过程在表征 INS 误差方面很有用（实际上，它们在描述许多物理过程的随机性方面都很有用）。可以在（Priestley，1981）中找到对自回归过程的综合处理。

然而，应该指出的是，将通常的微积分应用于随机过程是有问题的，因为在连续参数域上定义的随机过程的实现通常具有无限多个不连续点。因此，随机过程的连续性、可微性和可积性的概念必须用一种不同的收敛模式来重新定义，即一种不同于普通函数微积分基础的极限过程。具体地说，我们用“均值极限”来代替通常的极限构造，即随机量平方期望的极限或收敛性（Priestly 1981，第 3.6 节）。一个随机变量序列 $\{X_j\}$，收敛于均方，当且仅当存在随机变量 X，满足

$$\lim_{j\to\infty}\mathcal{E}[(X_j-X)^2]=0 \tag{6-63}$$

在符号上，我们把这个“均值极限”写成

$$\underset{j\to\infty}{\mathrm{l.i.m.}}\,X_j=X \tag{6-64}$$

因此，一个随机过程在 t_0 点随机连续当且仅当

$$\underset{t\to t_0}{\mathrm{l.i.m.}}\,X(t)=X(t_0)\Leftrightarrow\lim_{t\to t_0}\mathcal{E}[X(t)-X(t_0)^2]=0 \tag{6-65}$$

这不应该与连续随机过程混淆，连续随机过程只是将确定性参数 t 的域区分为连续而不是离散。随机过程分别是随机可微和随机可积的（在黎曼意义上），如果

$$\underset{h\to 0}{\mathrm{l.i.m.}}\left(\frac{X(t+h)-X(t)}{h}\right)\text{ 存在,并且 }\underset{\max(t_j-t_{j-1})\to 0}{\mathrm{l.i.m.}}\sum_{j=1}^{n}X(t_j)(t_j-t_{j-1})\text{ 存在} \tag{6-66}$$

在后一种情况下，$a=t_0<t_1<\cdots<t_{n-1}<t_n=b$ 位于积分区间 $[a, b]$ 上。可以证明的是（Priestley 1981，第 3.6 节），在平稳过程的情况下，均方的收敛性与通常 X 协方差函数的连续性、可微性和可积性密切相关。直观地说这是合理的，因为协方差函数描述了过程在一个点上相对于邻近点的相关性。在下文中，我们继续分别使用符号 $\dot{X}$ 和 $\int X\mathrm{d}t$ 表示随机可微性和随机可积性，与式（6-65）和式（6-66）是一致的。

6.5.1 随机常数

随机常数是一个随机过程，它在任何时候都取常数值（在这种情况下，实现的过程在通常意义上也是连续的和可微的），但常数本身是一个随机变量的实现。描述这个过程的具有初始条件的微分方程由下式给出

$$\dot{X}(t)=0, X(t_0)=X_0 \tag{6-67}$$

不失一般性，可以假设过程的平均值为零：$\mathcal{E}[X(t)]=0$，对任意 t。该过程的协方差函数

可表示为

$$c_{X,X}(\tau)=\sigma_X^2,\qquad 对所有\ \tau \tag{6-68}$$

其中，σ_X^2 是过程中任意随机变量的方差。显然，这个过程是完全相关的，给定该过程在某个时间的值，则可以确定其他所有时刻的值。我们注意到随机常数虽然是平稳的，但不是一个遍历过程（时间平均的均值不等于整体均值）。根据式（6－45）和式（6－57），随机常数的功率谱密度是 delta 函数

$$\mathcal{C}_{X,X}(f)=\sigma_X^2\delta(f) \tag{6-69}$$

式中，delta 函数的单位是 [1/Hz]。

加速度计或陀螺仪的输出包含偏差，且每次上电后传感器的偏差可能不同。然而，根据经验（即来自重复的实验室与现场实验），可以了解偏差的方差和均值的情况。这种偏差被建模为随机常数，图 6－5 显示了一个随机常数过程的 3 次实现。

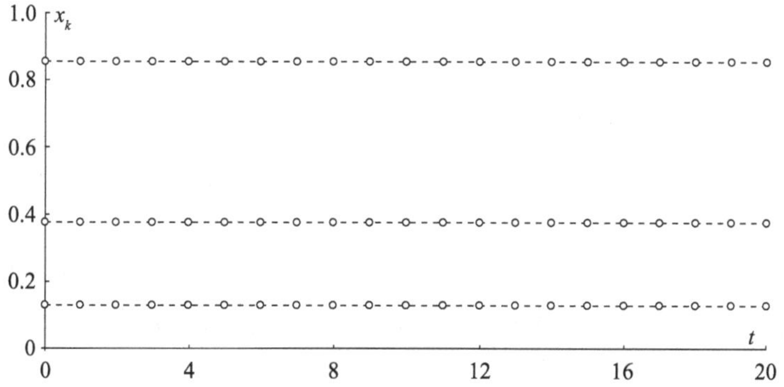

图 6－5　（离散）随机常数随机过程的三种实现

6.5.2　随机游走

随机游走是一个由微分方程和初始条件描述的过程

$$\dot{X}(t)=W(t)\quad 或者\quad X(t)=\int_{t_0}^{t}W(t')\mathrm{d}t',X(t_0)=0 \tag{6-70}$$

式中，W 是一个零均值的白噪声过程，其协方差函数为 $\mathcal{Q}\delta(t_2-t_1)$。随机游走的期望值在任何时刻都为零

$$\mathcal{E}[X(t)]=\int_0^t\mathcal{E}[W(t')]\mathrm{d}t'=0 \tag{6-71}$$

同样，$X(t)$ 的协方差函数为

$$c_{X,X}(t_1,t_2)=\mathcal{E}[X(t_1)X(t_2)]=\int_{t_0}^{t_2}\int_{t_0}^{t_1}\mathcal{E}[W(t_1')W(t_2')]\mathrm{d}t_1'\mathrm{d}t_2=\mathcal{Q}\int_{t_0}^{t_2}\int_{t_0}^{t_1}\delta(t_2'-t_1')\mathrm{d}t_1'\mathrm{d}t_2'$$

$$=\begin{cases}\mathcal{Q}(t_1-t_0),t_2\geqslant t_1>t_0\\ \mathcal{Q}(t_2-t_0),t_1\geqslant t_2>t_0\end{cases} \tag{6-72}$$

显然，随机游走不是一个平稳过程。它的协方差函数不依赖于差值 t_2-t_1，其方差

$\sigma_X^2 = c_X(t, t) = Q(t - t_0)$ 随时间线性增长。如果白噪声过程是高斯的，那么随机游走变量 X 也是高斯的，因为在对高斯白噪声变量进行积分（求和）的线性运算下会保持高斯性。在这种情况下，该过程称为维纳过程或布朗运动过程。利用 $W_k \sim \mathcal{N}(0, 1)$ 和 $X_k = X_{k-1} + W_k \Delta t$，图 6－6 给出了两种随机游走过程的实现。

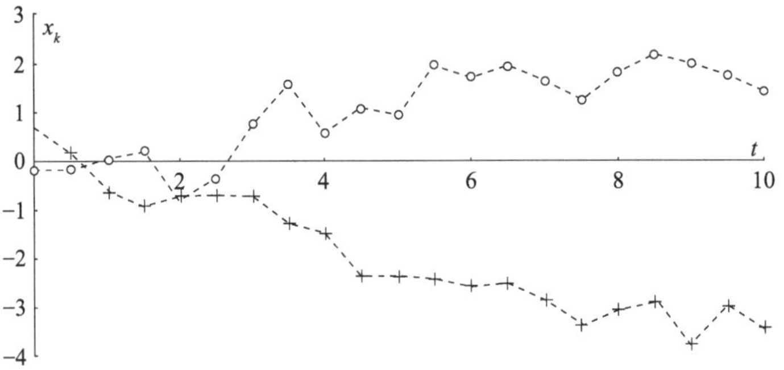

图 6－6　（离散）随机游走过程的两种实现

如式（6－72）所示，已明确定义随机游走的协方差函数。因此，就像用积分来定义 delta 函数一样［式（6－54）］，常用随机游走过程来定义连续白噪声过程。例如，连续高斯白噪声过程的积分就是维纳过程。

随机游走过程的例子很自然地出现在惯性导航系统中，因为它们涉及传感器数据的融合。加速度计输出的白噪声会导致速度误差，这是一个随机游走，类似地，由角速率白噪声导致的方向误差，也是随机游走。

6.5.3　高斯-马尔可夫模型

考虑一阶微分方程给出的线性模型

$$\dot{X}(t) = -\beta X(t) + W(t) \tag{6-73}$$

式中，$\beta \geqslant 0$ 为恒成立的，在这种情况下 $W(t)$ 为零均值的高斯白噪声，其协方差函数为

$$\mathcal{E}[W(t_1)W(t_2)] = 2\sigma^2\beta\delta(t_2 - t_1) \tag{6-74}$$

式中，σ^2 是另一个参数。式（6－73）为式（2－59）特殊的标量函数类型。它的解由式（2－70）和式（2－58）给出，假设初始条件为式（2－60）

$$X(t) = X_0 \mathrm{e}^{-\beta(t-t_0)} + \int_{t_0}^{t} \mathrm{e}^{-\beta(t-t')} W(t')\mathrm{d}t' \tag{6-75}$$

式中，$X_0 = X(t_0)$。

初始条件的设计是为了使过程平稳。其期望值为

$$\mathcal{E}[X(t)] = \mathcal{E}(X_0)\mathrm{e}^{-\beta(t-t_0)} \tag{6-76}$$

经过推导，协方差函数为

$$c_{X,X}(t_1, t_2) = \sigma^2(\mathrm{e}^{-\beta|t_2-t_1|} - \mathrm{e}^{-\beta(t_1+t_2-2t_0)}) \tag{6-77}$$

如果均值是时不变的并且协方差仅取决于时间间隔 $|t_2 - t_1|$，则过程的平稳性可得到保证。为了满足这些要求，须令 $t_0 \to -\infty$，在这种情况下 X_0 的值是无关紧要的。换句

话说，如果我们指定了过程在任意特定时刻的值（即给它一个初始条件），则由式（6－73）定义的过程将不再是平稳的。

当 $t_0 \to -\infty$ 时，均值为零，协方差函数为

$$c_{X,X}(\tau)=\sigma^2 e^{-\beta|\tau|} \tag{6-78}$$

式中，参数 σ^2 表示方差（我们只考虑非平凡过程，其中 $\sigma^2>0$）。相应的功率谱密度由式（6－45）和积分表得到（参见 Gradshteyn 和 Rhyzik，1980）

$$\mathcal{C}_{X,X}(f)=\frac{2\sigma^2\beta}{4\pi^2 f^2+\beta^2} \tag{6-79}$$

该过程称为一阶高斯-马尔可夫过程，经常用于描述相关信号，其中 β 是定义相关程度的参数。这种情况下的相关时间定义为 $1/\beta$，如果它很大，则信号在时间上高度相关，在极限为 $\beta \to 0$ 时，信号变为随机常数。如果 $1/\beta$ 很小，信号会迅速去相关，这类似于白噪声，至少对于较低频率而言是这样。图 6－7（a）、（b）分别显示了一阶高斯-马尔可夫过程的协方差和功率谱密度。

可以通过高斯-马尔可夫过程来近似高斯白噪声过程，从而避免了具有无穷大方差的物理困难。如果 σ^2 是在大于采样间隔 Δt 的时间内不相关信号的方差，则在式（6－74）中选择 $\beta=2/\Delta t$ 将产生相关性

$$\frac{c_{X,X}(\tau)}{\sigma^2}<e^{-2}=0.14,|\tau|>\Delta t \tag{6-80}$$

对于我们感兴趣的频率段 $f<1/(2\Delta t)$（其中右侧极限值称为奈奎斯特频率），功率谱密度“近似平坦”，其幅度为 $\mathcal{C}_{X,X}(0)\approx\sigma^2\Delta t$。虽然这样避免了信号的无穷大方差，但一阶高斯-马尔可夫过程的时间导数仍然具有无穷大方差（见式（6－73））。因此，可以说这个过程在物理上也是无法实现的。

与这个过程相关的名称“马尔可夫”源于这样一个事实，在给定之前所有时刻的变量值的情况下，任意时刻随机变量的条件概率密度与仅给定过程的最近值时变量的条件概率相同，这就是马尔可夫性质的定义。可以定义高阶（n 阶）马尔可夫过程，其中条件密度仅取决于最近的 n 个值。这些过程通常被严格限定为连续、线性、自回归模型，一般 n 阶模型为

$$X^{(n)}(t)+\alpha_1 X^{(n-1)}(t)+\cdots+\alpha_n X(t)=W(t) \tag{6-81}$$

式中，$X^{(j)}$ 是 X 的 j 阶导数；α_{n-j} 是常数；$W(t)$ 是连续的白噪声。对于离散随机过程在常数 α_{n-j} 处的相关离散差分方程为

$$X_k+\alpha_1 X_{k-1}+\cdots+\alpha_{k-n}X_{k-n}=W_k \tag{6-82}$$

式中清晰地显示了 k 阶随机变量对前 n 个变量的依赖，从连续模型推导离散模型的过程将在第 7.4 节中讨论。本书无意阐述自回归模型的理论，可参考（Priestley，1981）。然而，当我们试图描述在实际情况中遇到的特定随机过程时，有相当多的线性模型可供使用，而这里只提到了两个比较常用的模型，两者都是平稳随机过程的高斯-马尔可夫模型。相应协方差函数和功率谱密度函数的推导留给读者。

在（Gelb，1974）中，二阶和三阶高斯-马尔可夫模型是在二阶和三阶线性微分方程的基础上定义的，类似于式（6－77），但此处只有一个参数 $\beta\geqslant 0$，对于二阶模型

$$\ddot{X}(t)+2\beta\dot{X}(t)+\beta^2 X(t)=W(t) \tag{6-83}$$

有白噪声协方差函数：$\mathcal{E}[W(t_1)W(t_2)]=4\beta^3\sigma^2\delta(t_2-t_1)$，还有

$$c_{X,X}(\tau)=\sigma^2 e^{-\beta|\tau|}(1+\beta|\tau|),\mathcal{C}_{X,X}(f)=\frac{4\beta^3\sigma^2}{(4\pi^2 f^2+\beta^2)^2} \tag{6-84}$$

另外，对于三阶模型

$$\dddot{X}(t)+3\beta\ddot{X}(t)+3\beta^2\dot{X}(t)+\beta^3 X(t)=W(t) \tag{6-85}$$

有 $\mathcal{E}[W(t_1)W(t_2)]=(16/3)\beta^5\sigma^2\delta(t_2-t_1)$，还有

$$c_{X,X}(\tau)=\sigma^2 e^{-\beta|\tau|}(1+\beta|\tau|+\frac{1}{3}\beta^2\tau^2),\quad \mathcal{C}_{X,X}(f)=\frac{\frac{16}{3}\beta^5\sigma^2}{(4\pi^2 f^2+\beta^2)^3} \tag{6-86}$$

图 6-7 显示了二阶和三阶高斯-马尔可夫过程的协方差函数和相应功率谱密度。在每种情况下，都有方差 $\sigma^2=1$，并且调整参数 β 以产生相同的相关时间 $\tau_c=1$（当 $c_{X,X}(\tau_c)=\sigma^2 e^{-1}$ 时）。

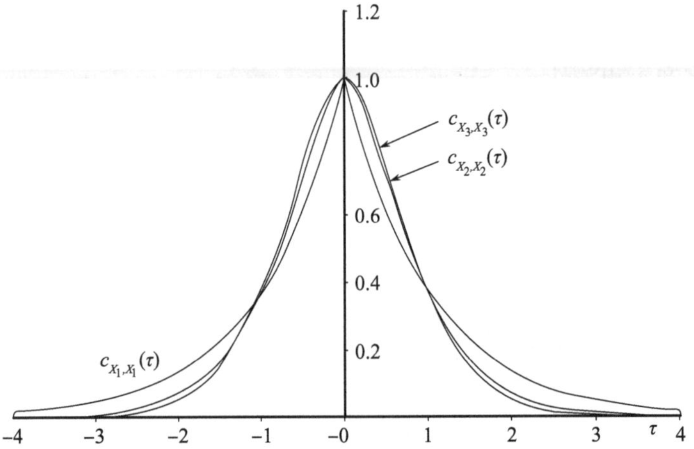

(a) 协方差函数

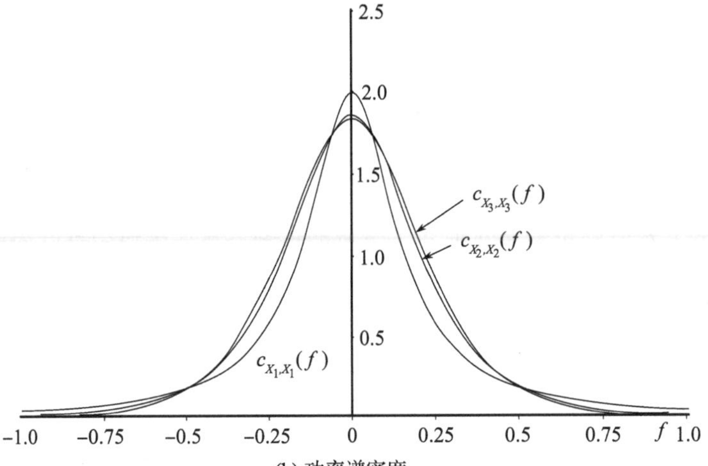

(b) 功率谱密度

图 6-7 高斯-马尔可夫随机过程，X_1，X_2，X_3 分别表示一阶、二阶、三阶

6.6　重力模型

导航误差动力学方程式（5－29）、式（5－30）和式（5－44）中除了传感器误差 $\delta\boldsymbol{\omega}_{is}^{s}$ 和 $\delta\boldsymbol{a}^{s}$ 之外，还包含假定的地球引力误差 $\delta\boldsymbol{g}^{a}$ 。对于 n 系的机械编排式（5－52），它也被表示为重力加速度的误差 $\delta\bar{g}^{n}$ ，这也是大地测量学中传统的定义。重力误差是根据假定模型得到的地球重力加速度和实际重力加速度之间的差别。不同于传感器误差，重力误差是球极坐标或大地坐标中位置的函数（见图 1－7，此处不考虑由于潮汐、大气和海洋的大规模运动引起的重力场随时间的变化，这部分变化低于 $1/10^{7}$）。但是，从运动载体来看，重力场及其误差会随着载体的速度变化而随时间变化，如果速度已知，根据速度把位置转换为时间是容易的。我们只讨论 n 系机械编排的重力模型和重力误差。对于其他机械编排，可以简单地对 n 系中的模型进行适当的转换。

6.6.1　正常重力场

重力模型可能和式（5－5）一样简单，该公式已经精确到 0.5%，即使它忽略了地球自转造成的离心加速度，以及地球椭球形（极向扁率）造成的影响。然而，使用经典势理论，在只有四个参数的基础上定义一个更精确的模型并不困难（Heiskanen 和 Moritz，1967）。该模型是由一个关于极轴圆对称（见图 1－2）并与地球一起旋转的扁椭球产生的重力势，因此椭球面本身就是重力场和离心场叠加产生的等势面（等势面是势为常数的面）。这个椭球体称为正常椭球体，相应的重力场称为正常重力场。按这种方法定义，正常椭球面类似于大地水准面，大地水准面是实际重力场的等势面，其与平均海平面非常接近。事实上，选择正常椭球的其中一个参数赤道半径，是为了使椭球与大地水准面更加符合。正常椭球与大地水准面间的拟合非常好，因为大地水准面和正常椭球面之间的垂直距离（称为大地水准面波动，或大地水准面高度）仅为几十米，最大值在印度次大陆南部，为－110 m。图 6－8 为大地水准面与正常椭球面的几何关系。

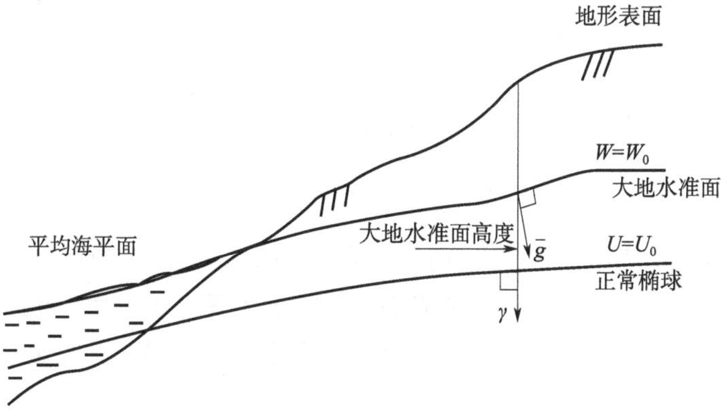

图 6－8　大地水准面、正常椭球面以及地形表面之间的关系

正常重力场的其他三个参数包括：地球自转速率 ω_e；物理尺度参数 GM，即包括大气层在内的地球总质量乘以牛顿引力常数；与形状相关的参数，即动态曲率 J_2，它是地球极地惯性矩和赤道惯性矩之间的相对差异。这些地球参数值很容易通过天文观测（对于 ω_e）和地球轨道卫星的轨道观测（对于 GM、J_2）来确定。国际大地测量学会于 1980 年采用的标准重力场称为 1980 大地测量参考系统（GRS80），由以下常数（Torge，1991）定义

$$\begin{aligned} a &= 6\ 378\ 137\ \text{m} \\ J_2 &= 1.082\ 63 \times 10^{-3} \\ GM &= 3.986\ 005 \times 10^{14}\ \text{m}^3/\text{s}^2 \\ \omega_e &= 7.292\ 115 \times 10^{-5}\ \text{rad/s} \end{aligned} \tag{6-87}$$

椭球的几何曲率可以从这四个参数中推导出来，$f = 1/298.257\ 222\ 101$。更准确的参数值（特别是 GM 和 a）也已根据较新的卫星观测确定，并由其他组织和机构用于特定应用（例如 WGS84）。

一旦采用了式（6－87）中四个参数的值，则正常重力势和与正常重力势相关的任何量就得到了完整而明确的定义。正常重力势可以用椭球坐标的封闭形式表示，也可以更常规地用球极坐标的级数表示

$$U(r,\theta) = \frac{GM}{r}\left[1 - \sum_{n=1}^{\infty}\left(\frac{a}{r}\right)^{2n} J_{2n} P_{2n}(\cos\theta)\right] + \frac{1}{2}\omega_e^2 r^2 \sin^2\theta \tag{6-88}$$

式中，P_{2n} 是偶数阶勒让德多项式（Hobson，1965），阶数为 $2n$ 且大于 2 的级数的系数都与给定参数相关

$$J_{2n} = (-1)^{n+1} \frac{3e^{2n-2}}{(2n+1)(2n+3)}\left[(1-n)e^2 + 5nJ_2\right] \tag{6-89}$$

式中，e 是椭球的第一偏心率，$e^2 = 2f - f^2 \approx 0.006\ 69$。式（6－88）的第一部分，括号中的级数，表示引力势（仅由于质量吸引），第二部分表示由于地球自转引起的离心势。注意势的两极和赤道对称性，反映了正常椭球的几何形状。基于式（6－89）中的因子 e^{2n-2}，通常只需要级数中的前三或前四项即可获得足够的精度。

正常重力（加速度）向量是正常重力势的梯度

$$\gamma = \nabla U \tag{6-90}$$

其中，∇ 是梯度算子，其在极坐标系中表示为

$$\nabla = \left(\frac{\partial}{r\partial\theta} \quad \frac{\partial}{r\sin\theta\partial\lambda} \quad \frac{\partial}{\partial r}\right)^{\mathrm{T}} \tag{6-91}$$

在正常椭球体上，势仅在垂直于椭球体的方向上变化，因为后者是等势面。也就是说，场的梯度总是垂直于它的场线，或者在这种情况下垂直于表面。正常重力向量在椭球上的各点处垂直于正常椭球面，它在椭球面上的大小等于 γ 沿垂线的分量，由 Somigliana 公式给出（Heiskanen 和 Moritz，1967）

$$\gamma(\phi) = \frac{a\gamma_a\cos^2\phi + b\gamma_b\sin^2\phi}{\sqrt{a^2\cos^2\phi + b^2\sin^2\phi}} \tag{6-92}$$

式中，ϕ 为大地纬度；b 为椭球体的半短轴；γ_a 、γ_b 分别是赤道和极点的正常重力值。这些参数可以从四个基本定义常数严格地推导出来，对于 GRS80 模型它们的值为

$$\begin{aligned} b &= 6\ 356\ 752.314\ 1\ \text{m} \\ \gamma_a &= 9.780\ 326\ 771\ 5\ \text{m/s}^2 \\ \gamma_b &= 9.832\ 186\ 368\ 5\ \text{m/s}^2 \end{aligned} \tag{6-93}$$

式（6－92）给出的正常重力是一个精确的公式，它只适用于椭球体上的点。对于椭球体上方高度 h 处的点，我们有关于 $|\boldsymbol{\gamma}|$ 的近似公式（Heiskanen Moritz，1967）

$$\gamma(h,\phi)=\gamma(\phi)\left[1-\frac{2}{a}(1+f+m-2f\sin^2\phi)h+\frac{3}{a^2}h^2\right] \tag{6-94}$$

式中

$$m=\frac{\omega_e^2a^2b}{GM} \tag{6-95}$$

在海拔高度 $h=20$ km 处，式（6－94）误差不超过 1.45×10^{-6} m/s^2，对于海拔较低的所有点，误差更小［参考（NIMA，1997）关于正常重力向量分量及其在任何高度的大小的精确公式］。在相同的精度下，由式（6－94）给出的 $\gamma(h,\phi)$ 也近似于 n 系中正常重力的垂向分量。

对于一定海拔高度的点，正常重力向量 $\boldsymbol{\gamma}$ 仅与椭球体的垂线近似对齐，这是由于正常场的等势面并不平行。这种在子午平面内与垂线的偏差，产生了正常重力的（北向）水平分量，其大致由 Heiskanen 和 Moritz（1967，p196）给出

$$\gamma_N(h,\phi)\approx-8.08\times10^{-6}h_{\text{km}}\sin2\phi\quad\text{单位为(m/s}^2) \tag{6-96}$$

式中，h_{km} 是该点的海拔高度，单位为 km。该公式在 20 km 的海拔高度精度优于 1×10^{-6} m/s^2，在较低的海拔高度则更精确。在大多数情况下，该分量远小于实际重力向量的水平分量 $\bar{g}_N$ 。然而，在更高的海拔高度，它可以表示 $\bar{g}_N$ 的很大一部分。因此，正常重力向量在 n 系中表示为

$$\boldsymbol{\gamma}=(\gamma_N\quad 0\quad \gamma_D)^{\mathrm{T}} \tag{6-97}$$

式中，$-\gamma_D\approx\gamma(h,\phi)$，其由式（6－94）计算得出。

实际重力势 $\boldsymbol{W}$ 与正常重力势［式（6－88）］之间的差称为扰动势 T

$$\boldsymbol{T}=\boldsymbol{W}-\boldsymbol{U} \tag{6-98}$$

它的梯度是实际重力向量和正常重力向量的差值，称为重力扰动向量

$$\delta\bar{\boldsymbol{g}}=\nabla\boldsymbol{T}=\bar{\boldsymbol{g}}-\boldsymbol{\gamma} \tag{6-99}$$

我们对重力扰动向量使用更传统的 δ 符号表示，并假设与式（5－52）和随后使用的重力误差符号不会出现冲突。实际上，导航系统中未补偿的重力误差往往是重力扰动向量。

更准确地说，根据式（6－97）和式（4－101）给出的 n 系中的 $\bar{\boldsymbol{g}}$ ，重力扰动为

$$\delta\bar{\boldsymbol{g}}=(\bar{g}_N-\gamma_N\quad \bar{g}_E\quad g_N-\gamma_D)^{\mathrm{T}} \tag{6-100}$$

正如式（4－102）的推断，如果系统没有对重力进行补偿，则水平惯性导航中的重力误差为 $\bar{g}_N$ 和 $\bar{g}_E$ 。如果只使用正常重力进行补偿，则误差为重力扰动分量 $\delta\bar{g}_N$ 和 $\delta\bar{g}_E$ 。

并且，如果这些是基于势理论［例如，使用式（6－98）和重力测量］来估计的，以便进一步纠正惯性导航系统，那么将重力补偿项代入式（4－102），得到

$$\begin{cases}\hat{\bar{g}}_N=\gamma_N+\delta\hat{\bar{g}}_N\\ \hat{\bar{g}}_E=\delta\hat{\bar{g}}_E\end{cases}\tag{6-101}$$

式中，“^”表示估计量。该补偿对应的误差为重力扰动估计误差。

值得注意的是，水平重力分量与垂直方向的偏转角分量 ξ，η 相关（见图 6－9），对这些角度的一阶表达式为

$$\bar{\boldsymbol{g}}\approx(-\xi\bar{g}\quad-\eta\bar{g}\quad\bar{g})^{\mathrm{T}}\tag{6-102}$$

式中，$\bar{g}$ 是重力的量纲，前两项的符号与垂直偏转的定义一致，即重力向外方向与椭球垂线之间的偏差。因此，对地球表面这些角度的直接观测（使用天文方法确定的纬度和经度）也会产生重力补偿（但仅限于地球表面附近的系统，因为 $\bar{\boldsymbol{g}}$ 的方向随高度变化）。

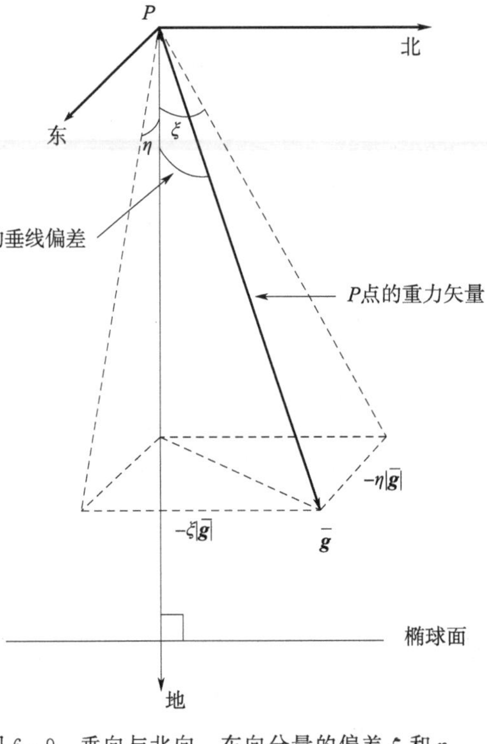

图 6－9　垂向与北向、东向分量的偏差 ξ 和 η

6.6.2　确定性重力模型

当前，我们有全球和区域重力模型，它们以合理甚至相当高的精度近似地球重力场，包括由式（6－100）给出的水平分量。引力势的全球模型被表述为球谐函数的截断级数 $\bar{Y}_{n,m}$

$$\hat{V}(r,\theta,\lambda)=\frac{GM}{a}\sum_{n=0}^{n_{\max}}\sum_{m=-n}^{n}\left(\frac{a}{r}\right)^{n+1}C_{n,m}\bar{Y}_{n,m}(\theta,\lambda) \tag{6-103}$$

式中，$(r,\ \theta,\ \lambda)$ 是球面极坐标，系数 $C_{n,\ m}$ 是通过观察地球轨道卫星的轨迹并分析地面重力和卫星测高数据确定的（Nerem 等，1995）。在式（6 - 103）中

$$\bar{Y}_{nm}(\theta,\lambda)=\bar{P}_{n,|m|}(\cos\theta)\begin{cases}\cos m\lambda, m\geqslant 0\\ \sin|m|\lambda, m<0\end{cases} \tag{6-104}$$

式中，$\bar{P}_{n,\ m}$ 是第一类完全归一化的关联勒让德函数（Heiskanen 和 Moritz，1967）；另见（Abramowitz 和 Stegun，1970），二者归一化略有不同。序列截断的阶次 $n_{\max}$ 越高，模型可以表示的细节或分辨率就越高。

所有这些模型都存在观测误差和由缺乏完整的全球数据覆盖引起的误差。这些模型在高阶 n 时最不准确，并且需要大量的计算能力来计算任意点的重力分量。最新的一个模型 EGM2008（Pavlis 等，2012），推导至 $n_{\max}=2\ 160$ 阶，代表约 5 角分或地球表面约 9 km 的名义分辨率。尽管该模型包含 $(n_{\max}+1)^2=4\ 669\ 921$ 个系数，其分辨率远高于 EGM96（Lemoine 等，1998）等先前的模型，但它仍然无法覆盖地球重力场的全部频谱，特别是在山区，如图 6 - 10 所示。该图比较了从 EGM2008 中得到的垂直偏差的东向分量与从美国剖面上 2 角分分辨率的地面重力数据单独得出的值。较新的全球模型在重力数据得到改善的地区改进了 EGM2008 的精度，但更高分辨率的模型，高达 5 400 阶甚至 10 800 阶，也不在计算能力之外。

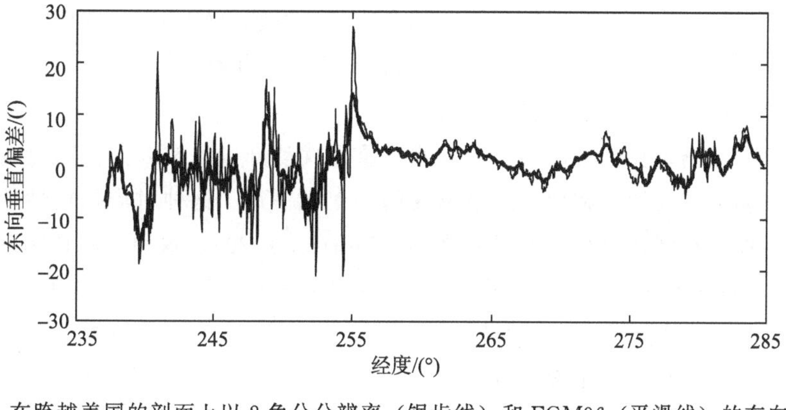

图 6 - 10　在跨越美国的剖面上以 2 角分分辨率（锯齿线）和 EGM96（平滑线）的东向垂直偏差

我们注意到，惯性导航系统对与初始校准点相关的水平重力分量非常敏感，这是因为初始点处加速度的任何误差，无论是由于加速度计偏置还是对垂线偏差的反应，根据式（5 - 79）这些误差都会被相关的倾斜抵消。因此，惯性系统对试验范围内更多的区域分量较为敏感，至少在较短的行程是这样。由于上述原因和计算成本，导航系统中尚未应用高阶模型。取而代之的是，使用局部和区域重力数据为轨迹的一般区域生成垂线偏差的详细数据库，然后为惯性导航器提供该数据库和快速插值程序。

局部的垂线偏差可以通过使用 Vening - Meinesz 方程的重力测量确定，Heiskanen 和 Moritz（1967）中给出公式

$$\begin{Bmatrix} \xi(r,\theta,\lambda) \\ \eta(r,\theta,\lambda) \end{Bmatrix} = \frac{1}{4\pi\gamma}\iint_{\sigma} \Delta g(\theta',\lambda') \frac{\mathrm{d}S(\gamma,\psi)}{\mathrm{d}\psi} \begin{Bmatrix} \cos\alpha \\ \sin\alpha \end{Bmatrix} \mathrm{d}\Omega \tag{6-105}$$

式中，Δg 为重力异常（大地水准面上的重力减去椭球面上的正常重力），大地水准面通过一个半径为 R 的球体近似；Ω 表示单位球体，$\mathrm{d}\Omega = \sin\theta'\mathrm{d}\theta'\mathrm{d}\lambda'$；$\alpha$ 为积分点（R，θ'，λ'）相对于计算点（r，θ，λ）的方位角。$S(r, \psi)$ 是斯托克斯函数，其形式如下

$$S(r,\psi) = \frac{2R}{\ell} + \frac{R}{r} - 3\frac{R\,\ell}{r^2} - \frac{R^2}{r^2}\cos\psi\left(5 + 3\ln\frac{r - R\cos\psi + \ell}{2r}\right) \tag{6-106}$$

式中，$\cos\psi = \cos\theta\cos\theta' + \sin\theta\sin\theta'\cos(\lambda - \lambda')$，$\psi$ 是（R，θ'，λ'）和（r，θ，λ）间的圆心角；ℓ 是这些点间的距离：$\ell = \sqrt{r^2 + R^2 - 2rR\cos\psi}$。

尽管在粗略导航应用中垂线偏差可以忽略不计，但在精确的自主惯性导航中，即使时间间隔很短，垂线偏差也可能是一个重要的误差源，在短短两到三个小时内达到数百米，如图 5－5 所示。这就是为什么远程军用飞机、导弹和潜艇的精确导航或制导系统需要详细重力模型的原因。

6.6.3　随机重力模型

考虑将惯性导航系统与一些外部更新信息源进行集成，以试图纠正或至少解释系统固有误差（见第 7 章）。如果没有可用的实际重力数据并且水平重力扰动分量被视为误差，那么将这些分量建模为随机过程可能是有益的。这种情况可以颠倒过来并得到一种方法，利用惯性导航系统与全球导航卫星系统［如全球定位系统（GPS）］进行融合，来实际估计被表示为随机过程的重力扰动分量（参考第 10.4 节）。随机重力模型也可用于在不同的应用类型下对惯性导航系统误差进行分析。

随机建模的基础事实上可以表示为，水平重力扰动分量通常以类似随机的方式相对于区域平均值波动，其与地形和地壳质量密度的分布相一致。这种对场随机性的解释是从离散最优估计的理论和观点上严格发展起来的（Moritz，1980）。这种方法在物理大地测量学中称为最小二乘配置法（以及在更广泛的空间数据统计学科中称为克里金法；Cressie，1993 年），其被成功地用于内插、外推，或从任何有限的重力测量数据中预测场的各种分量，它是重力大地测量学的主要原理之一。

许多形式的随机模型已被设计出来，用于表示场的假定随机性，这其中主要的样例包括：Tscherning 和 Rapp（1974）；Heller 和 Jordan（1979）；Moritz（1980）；Vassiliou 和 Schwarz（1987）；Forsberg（1987）；Eissfeller 和 Spietz（1989）；Jekeli（2013）。在这种情况下，随机过程的确定性参数是空间坐标而不是时间坐标。这些模型是二维的，代表水平方向上的随机特征，但有些模型在垂直方向上包含了基于势能理论的纯确定性延拓；也就是说，高度上的重力扰动通过卷积积分（泊松积分）严格依赖于分布在地球表面的重力扰动。因此，在垂直方向上，重力扰动很难被认为是随机变化的。

为了简化建模并将模型应用于估计算法中，如卡尔曼滤波器（第 7 章），我们假设重力扰动场是平稳的。显然，考虑到这个单一实现过程通常容易被粗糙和平滑变化的区域打

断，这可能是一个非常有问题的假设。此外，由于我们不能重复创造地球的实验，我们必须假设场的遍历性，以便从这一实现中推断出过程的统计数据，例如其协方差函数。通常，需要强调的另一个假设是，协方差函数的各向同性。本质上，任何方位角相关都被忽略，协方差只是点与点之间距离的函数。当然，任何一个或所有这些假设都是大多数随机解释讨论的核心，最终由用户来决定这样建立的方法是否会产生可接受的结果。

协方差函数可以是经验的，这基于给定数据的分布和根据式（6－51）或式（6－53）的计算，或者可以以函数形式建模，通常至少包含两个参数：方差和相关距离。此处的目的不是详细阐述随机重力建模已经发展的无数复杂性，而只是为了说明一个模型在使用中可能遇到的一些陷阱和限制。

如果已知沿轨迹的水平重力扰动分量的方差和相关距离，那么高斯-马尔可夫模型可能是描述沿轨迹相关性的合适选择。可以通过将高斯-马尔可夫模型拟合到经验确定的协方差函数来确定参数（通常假设扰动场的均值为零；如果不是，则应首先减去其非零均值并将其视为已知的偏差）。例如，东向重力扰动分量协方差的三阶高斯-马尔可夫模型可能是

$$\begin{cases} c_{\delta\bar{g}_E,\delta\bar{g}_E}(s)=\sigma^2 e^{-\beta|s|}\left(1+\beta\mid s\mid+\dfrac{1}{3}\beta^2 s^2\right) \\ \sigma=21.8\times10^{-5}\,\mathrm{m/s^2} \\ \beta=\dfrac{1}{8\,800\ \mathrm{m}} \end{cases} \tag{6-107}$$

其中，s 是沿轨迹的距离，可根据运载体沿轨迹的大概恒定速度 v 转换成时间。该模型的相关距离约为 26 km［见式（6－41）］。

然后通过微分方程（6－81）对东向重力扰动分量进行动力学建模，该方程可以转换为一组一阶方程

$$\frac{\mathrm{d}}{\mathrm{d}t}\begin{bmatrix}\delta\bar{g}_E\\X_2\\X_3\end{bmatrix}=\begin{bmatrix}0&1&0\\0&0&1\\-(\beta v)^3&-3(\beta v)^2&-3\beta v\end{bmatrix}\begin{bmatrix}\delta\bar{g}_E\\X_2\\X_3\end{bmatrix}+\begin{bmatrix}0\\0\\\mathscr{W}\end{bmatrix} \tag{6-108}$$

式中，X_2 和 X_3 是中间变量；v 是推测的恒定速度；β 和 σ 的值由式（6－103）给出，并且令 $v=100$ m/s，则白噪声如下

$$\mathcal{E}[W(t)W(t')]=\frac{16}{3}(\beta v)^5\sigma^2\delta(t-t')=4.8\times10^{-17}\,[(\mathrm{m^2/s^{10}})/\mathrm{Hz}]\,\delta(t-t') \tag{6-109}$$

另一组具有相应方差和相关距离值的方程组将用作北向重力分量的模型。这种带有白噪声激励的线性微分方程，在要建立的线性误差估计算法中，需要将重力分量作为允许的误差过程，这些将在第 7 章介绍。然而，这种重力扰动场模型人为因素非常大。即使接受随机解释，实际上场的一个分量既不是线性的，也不是有限阶的（如上模型，它应该是一个三阶过程）。此外，应该注意重力扰动的分量是物理上的，因此根据我们的假设，它是随机相关的。也就是说，某个点的东向重力分量与距该点一定距离处的垂向和北向分量相关（在该点处，它们是独立的）。东分量的模型式（6－108）与相似的北分量模型是不一

致的。模型中的自一致性，可以通过扰动势的随机模型式（6－98）来确定。也就是说，由于重力扰动向量是扰动势的梯度，可以通过适当的微分和协方差传播从扰动势模型中推导出前者的随机模型（Jordan，1972；Moritz，1980）。通过这种方式，所有重力扰动分量（和其他高阶导数）都具有相互一致的随机属性。

注意，随着载体轨迹在方位角上旋转，各个分量之间的这些相关性可能会发生变化。因此，虽然可以假设扰动势的协方差函数是各向同性的，但推导出的水平分量的协方差不是各向同性的，因此，当载体改变其航向时，可能无法充分模拟其随机运动。显然，由于重力场在垂直维度上具有额外的非随机性质，因此单一的随机模型可能无法满足在航向或高度上发生显著变化的轨迹。

如果由此产生的错误模型误差对所需的惯性导航系统的应用没有影响，那么这几个缺点并不排除将重力扰动分量近似为具有实际协方差模型的随机过程。通常可以使用仿真和协方差分析来研究这些影响。当通过一维（沿轨迹）的随机过程对场进行建模时，例如在估计重力以补偿 INS 中的相应误差或仅仅是为了改进现有重力模型时，通常会做出额外的假设（见第 10.4 节）。估计总是线性的，并且假设有限数量的过程参数（例如，当使用高斯-马尔可夫过程时），这两种参数都不足以描述二维（或三维）场及其分量之间的所有相互相关性，以及它们的空间导数（Jekeli，2006）。

6.7 IMU 误差过程示例

作为估计惯性导航系统误差等随机模型的一个说明，我们通常考虑与（光学）陀螺仪和加速度计相关的误差模型。这些分别类似于式（3－76）和式（3－118），为了示范的目的，添加了一些特定（而不是典型的）的噪声过程。计量单位通常会造成很大的困难。特定的厂家可能会根据实验室或现场测试提供误差参数，如表 6－1 所示。加速度单位可以是“m/s^2”或“mGal”。后者（纪念伽利略）通常用于大地测量学和地球物理学，以量化重力，并由下式定义

$$1\ \text{Gal}=10^{-2}\ \text{m/s}^2,\quad 1\ \text{mGal}=10^{-5}\ \text{m/s}^2 \tag{6-110}$$

表 6－1 中的第 2 列给出了误差的类型，第 3 列给出了具体数值及其单位；可以推断出与每个误差相关的具体动力学模型，假设是一个随机过程。

表 6－1　加速度计和陀螺仪误差参数的示例

加速度计	偏置重复性	220 mGal
	标度系数误差	300 ppm
	白噪声	$40\ \text{mGal}/\sqrt{\text{Hz}}$
	相关噪声	75 mGal，12 min 相关时间
	热瞬变	90 mGal，100 s 时间常数
陀螺仪	偏置重复性	0.005°/h
	标度系数误差	10 ppm
	白噪声	$0.002°/\sqrt{\text{h}}$
	相关噪声	0.004°/h，60 min 相关时间

加速度计的误差模型 j^{th} 由下式给出

$$\delta a_j^s(t)=B_j+\kappa_{A_j}a_j^s(t)+C_{A_j}(t)+T_j\mathrm{e}^{-t/(100s)}+W_{A_j}(t) \tag{6-111}$$

其中，各种组成过程的动态特性及其统计特性已给出，分别为

$$\begin{cases}\dot{B}_j=0, & \sigma_{B_j}^2=(220\ \mathrm{mGal})^2\\ \dot{\kappa}_{A_j}=0, & \sigma_{\kappa_{Aj}}^2=(300\times10^{-6})^2\\ \dot{T}_j=0, & \sigma_{T_j}^2=(90\ \mathrm{mGal})^2\\ \dot{C}_{A_j}(t)=-\dfrac{1}{720\ \mathrm{s}}C_{A_j}(t)+W_{C_{A_j}}(t), & \mathcal{E}[W_{C_{A_j}}(t)W_{C_{A_j}}(t')]=15.6\dfrac{\left(\dfrac{\mathrm{mGal}}{\mathrm{s}}\right)^2}{\mathrm{Hz}}\delta(t-t')\\ & \mathcal{E}[W_{A_j}(t)W_{A_j}(t')]=\dfrac{(40\ \mathrm{mGal})^2}{\mathrm{Hz}}\delta(t-t')\end{cases} \tag{6-112}$$

假设每个随机变量的均值为零。式（6-111）中的常数被建模为随机常数，如式（6-67），其具有式（6-68）的方差。热瞬态被简单地建模为具有随机初始振幅的（非平稳）指数衰减过程，而假设相关噪声类似于一阶高斯-马尔可夫过程，如式（6-73）。与此过程相关的白噪声的协方差由式（6-74）给出。白噪声 W_{A_j} 在形式上假设为一个连续过程，其协方差函数由式（6-55）给出。

同样，对于陀螺仪的误差 j^{th}，有模型

$$(\delta\omega_{is}^s)_j(t)=D_j+\kappa_{G_j}(\omega_{is}^s)_j(t)+C_{G_j}(t)+\mathscr{W}_{G_j}(t) \tag{6-113}$$

其中，过程的动态特性及其统计特性类似于式（6-112），给出其值为

$$\begin{cases}\dot{D}_j=0, & \sigma_{D_j}^2=5.9\times10^{-16}(\mathrm{rad/s})^2\\ \dot{\kappa}_{G_j}=0, & \sigma_{\kappa_{G_j}}^2=(10\times10^{-6})^2\\ \dot{C}_{G_j}(t)=-\dfrac{1}{3\ 600\ \mathrm{s}}C_{G_j}(t)+W_{C_{G_j}}(t), & \mathcal{E}[W_{C_{G_j}}(t)W_{C_{G_j}}(t')]=2.1\times10^{-19}\left[\left(\dfrac{\mathrm{rad}}{\mathrm{s}^2}\right)^2/\mathrm{Hz}\right]\delta(t-t')\\ & \mathcal{E}[W_{G_j}(t)W_{G_j}(t')]=3.4\times10^{-13}[(\mathrm{rad/s})^2/\mathrm{Hz}]\delta(t-t')\end{cases} \tag{6-114}$$

需要注意的是，角速率中白噪声的规范单位为（°/h）=（60°/h/$\sqrt{\mathrm{Hz}}$），这也是角度误差单位时间方差的平方根的单位，被视为随机游走过程［见式（6-72）］。

第 7 章　线性估计

7.1　简介

前几章给出了系统误差的动态方程组，即用一组微分方程组来对系统误差随时间推移的过程进行建模。在系统误差足够小，并且可被系统动态或导航方程的微分扰动来表示的前提下，可以将此微分方程看作线性方程组。也就是说，可以将误差的二阶和更高阶的幂次项忽略。给定初始条件，微分方程可以在初始时间后的任何时间进行积分以确定误差。在某些情况下，这很容易做到并具有理论价值（如第 5 章所证）；但通常情况下问题会更复杂。首先，微分方程的强迫项包含随机部分，属于随机过程，这意味着误差无法被精确确定，只有均值和方差等统计学特征可以估计，即使如此，我们也必须知道或假设随机过程的概率分布。第二，我们经常从外部来源获得关于系统误差的信息，也就是说，系统误差本身的随机成分很可能来自独立观测。我们希望（方程组中）包含外部独立观测量，以更好地量化系统误差（例如，校准和初始化），并尽可能校正它们，以保证我们线性模型的有效性。如果允许系统误差过大的增长，那线性扰动的发展将不再代表适当的模型。综上，我们有一个与惯性导航系统作用相关的误差模型，即位置误差、速度误差、方向误差。在某些规范下，这些误差将被定义为系统状态，表示惯性导航系统的指定量与其真实值的偏差。我们希望在有（或没有）关于该状态外部信息的情况下，随时估计系统状态，其中该外部信息以系统独立观测的形式给出。

这个问题属于一般的估计理论。本书并没有对这一理论进行全面展开［详细内容可见 Maybeck（1979）、Gelb（1974）以及 Brown 和 Hwang（1992）］，在此只介绍了解决问题所需的基本要素。估计理论建立在三个重要目标上，一个是提供一个统一的框架用来解释和组合数据。这是前一章回顾的概率和随机过程理论，它为开发必要的工具来对假定为随机变量的系统状态进行估计奠定了基础。第二个目标是制定相关算法或估计器，对从系统和外部观测获得的数据进行运算。根据对数据的统计行为的了解程度，可以考虑是否要运用其他方法。我们在贝叶斯方法的基础上进行分析，假设观测和系统状态的概率密度已知。最后，应该开发相关的方法来衡量这些算法的质量。对特定估计程序的评估包括建立一个真值模型来对程序进行测试。一般来说，其目的是尽可能减少估算过程中的计算量，以适用于实时应用。本章重点讨论第二个目标，对于算法的评估相关讨论读者可以参阅 Maybeck（1979）中的内容。

估计问题可以分为三个不同的过程：滤波——基于某时刻（如当前时刻）的观测值对状态值进行估计；预测——估计最近一次观测时刻可得的状态；平滑——基于待估时刻前

后的所有可得观测结果进行状态估计。对于状态变量和观测值（假设状态和观测量的幅度或值连续），使用离散时间历史来展开估计程序是非常常规和严格的。第 4 章至第 6 章中的论述侧重于系统误差的连续模型，连续性是所提及物理过程的基本假设。当我们实际希望在某时刻进行估计状态时，也要使用在某些确定时刻可用的观测值，即我们需要对过程进行采样。因此，问题的一部分是将误差动态离散化，使其符合我们的估计程序。当然，连续估计方法也是存在的，并将以离散化方法的一般形式被呈现，离散化方法并不是连续情况的特殊化。

滤波是估计问题最重要的方面，因为它是一个将来自 INS 外部和内部的各种源，以及具有不同统计特征的数据融合起来，以产生当前系统状态估计结果的过程。预测过程只是基于系统动力学模型和先验概率从一代到下一代进行状态传递；而平滑是滤波的一种推广，其中包括所需估计历元前后的观测值。在确定假设下，滤波算法可能以递归形式展开（这是 Kalman 的主要贡献之一），这意味着估计下一个历元所需的信息要通过当前历元获得。任何时候的结果估计递归计算将由该时刻前所有可得观测值获得。递归估计方案在需要实时计算和需要数千个历史估计结果的事后环境中，具有巨大的计算优势。

在确定最优性条件以及依赖于部分已知概率密度信息的情况下，系统状态变量的估计量可以是最优的。现在我们只考虑线性估计量，非线性估计将在后面提到，这个问题因而成为线性最优估计问题。本质上，我们寻求一个无偏状态估计量，即在某种度量下是最优的，并且是一致的。无偏性意味着，在统计学意义上估计量的期望值等于被估计状态的真实值。贝叶斯意义上的最优是通过最小化由于无法找到真实值而产生的概率代价来实现的；没有其他无偏估计器的代价更小。最后，需要一致性来确保最终随着观测次数增加，代价趋近零，或估计值趋近真实值。

下一节将讨论随机变量的最优估计，首先是一般情况，然后是变量的线性函数观测值可用的情况。假设观测噪声的概率密度和观测之前变量的概率密度都是已知的，这样就可以利用贝叶斯估计方法。这不是唯一的方法，但在信息理论方面有很强的直观需求。下一节推导了一个递归算法（离散卡尔曼滤波器），该算法利用了该估计过程。最后，在连续域中给出了相关估计。

7.2　贝叶斯估计

应用于估计问题的贝叶斯概念是在给定观测量的概率密度的条件下，状态变量的条件概率密度从一个历元到下一个历元的传递。除了已经假设的线性条件外，我们提出了一个看起来更全面的建议，与系统动力学和观测量相关的随机过程都是由独立的高斯随机变量驱动的。经过思考，我们认为这不是一个过于严格的假设。通常的解释认为系统或观测量中的噪声来自许多微小的随机波动，其总和的分布遵从于统计学中的中心极限定理（Dudewicz，1976）。尽管前两个矩（平均值和标准差）在大多情况下都可以估计，但无论如何随机过程的概率密度通常都是未知的。因此，不妨假设高斯分布完全由它的前两个矩决定。最后，若无其他原因，则此假设不仅简化了数学运算，还使整个问题变得更易解决。

在我们的案例中，系统和观测的噪声变量应相互独立，这同样也是合理假设，因为二者完全出现在不同区域中，一个出现在 INS 的内部工作传感器上，另一个与外部系统（例如 GPS）相关联。之后，在开发递归估计算法时，我们将进一步假设噪声源是白噪声过程（这种假设大体上没有损失）。依据物理随机过程和为白噪声驱动的线性系统建模之间的密切观测准则，这是一个合理的假设。但也只是一个近似值，严格地说，依据第 6.4 节所述，这一近似值在物理上并不可实现。但对于我们所关注的有限的系统频率范围，白噪声这一数学上的抽象定义通常足以适应现实情况。

7.2.1 最优估计标准

基于一般的角度，我们从估计问题中的优化准则开始。本质上，我们希望将选择错误估计的风险降至最低。风险要先通过定义选择真实值以外的其他值的代价或惩罚来设定。设 $J(x, \hat{x})$ 为成本函数，当 x 为已知随机变量 X 的真实值时，分配可归属于选择估计 $\hat{x}$ 的代价函数［注：我们继续使用大写字母来表示随机变量，其实现由相应的小写字母表示。代价函数的下标表明它是一个随机变量，可在两个可能的值（$\hat{x}$ 和 x）上实现］

根据定义，代价通常是非负的：$J_X(x, \hat{x}) \geqslant 0$。但是，一般来说，我们无法计算代价函数的值，因为它是随机变量。因此，我们引入了一个新实体“风险”，定义为基于变量 X 的概率密度 $f_X(x)$ 的代价函数的期望值。由式（6－15），最优估计是将贝叶斯风险降至最低的估计

$$\hat{X}_{\text{opt}} = \arg\{\min_{\hat{x}} \mathcal{E}[J_X(x, \hat{x})]\} = \arg\left[\min_{\hat{x}} \int_{-\infty}^{\infty} J_X(x, \hat{x}) f_X(x) \mathrm{d}x\right] \tag{7-1}$$

式中，arg(·) 代表“……的参数”，在本例中，$\hat{x}$ 是所有此类估计中使代价函数的预期最小化的估计值，即风险。

代价函数更为常规，如一种定义方式可以为（对于连续变量）

$$J_X(x, \hat{x}) = 1 - \delta(x - \hat{x}) \tag{7-2}$$

式中，δ 是式（6－54）中的函数，代表估计中所有（非零）误差 $x - \hat{x}$ 具有相同的最大惩罚 1。但如果 $x = \hat{x}$，则代价消失（根据定义，任何非正代价等同于零代价）。将式（7－2）代入式（7－1），有

$$\begin{aligned}\hat{x}_{\text{opt}} &= \arg(\min_{\hat{x}} \int_{\Pi} [1 - \delta(x - \hat{x})] f_X(x) \mathrm{d}x\} \\ &= \arg\{\min_{\hat{x}} [1 - f_X(\hat{x})]\}\end{aligned} \tag{7-3}$$

由式（6－8）和式（6－54），我们看到，在这种情况下，最优估计是使 x 的概率密度函数的负值最小化的变量。也就是说，$\hat{x}_{\text{opt}}$ 是“众数”，或是使 $f_X(x)$ 最大化的值

$$\hat{X}_{\text{opt}} = \arg[\max_{\hat{x}} f_X(\hat{x})] \tag{7-4}$$

上式被称为 x 的最大可能估计值（MPE）。显然，为了确定其最大值的位置，必须在一定程度上知道 x 的概率密度。

代价函数也可以通过测量误差来获得（例如，估计值和真值之间的差），例如，绝对值（幅度）、平方幅度或其他误差范数。在我们假设随机向量 $\boldsymbol{X}$（此后按此定义），它的误差是 $\hat{\boldsymbol{x}}-\boldsymbol{x}$ ，并且我们将考虑由二次型给出的代价函数标量形式

$$J_X(\boldsymbol{x},\hat{\boldsymbol{x}})=(\hat{\boldsymbol{x}}-\boldsymbol{x})^{\mathrm{T}}\boldsymbol{G}(\hat{\boldsymbol{x}}-\boldsymbol{x}) \tag{7-5}$$

式中，$\boldsymbol{G}$ 是给定矩阵，为误差的乘积分配权重。我们假设它对称正定，如果 J_X 的期望值（即风险）作为估计值 $\hat{\boldsymbol{x}}$ 的函数，当 $\hat{\boldsymbol{x}}=\hat{\boldsymbol{x}}_{\mathrm{opt}}$ 时最小，则必然有

$$\frac{\mathrm{d}}{\mathrm{d}\hat{\boldsymbol{x}}}\mathcal{E}[J(\boldsymbol{x},\hat{\boldsymbol{x}})]\big|_{\hat{\boldsymbol{x}}=\hat{\boldsymbol{x}}_{\mathrm{opt}}}=\boldsymbol{0} \tag{7-6}$$

上式右边是零向量。对定义期望值的式（7-1）中的积分进行微分，代入式（7-5）得到

$$\begin{aligned}\frac{\mathrm{d}}{\mathrm{d}\hat{\boldsymbol{x}}}\mathcal{E}[J_X(\boldsymbol{x},\hat{\boldsymbol{x}})]\big|_{\hat{\boldsymbol{x}}=\hat{\boldsymbol{x}}_{\mathrm{opt}}}&=\int_{\Pi}[\boldsymbol{G}(\hat{\boldsymbol{x}}_{\mathrm{opt}}-\boldsymbol{x})+\boldsymbol{G}^{\mathrm{T}}(\hat{\boldsymbol{x}}_{\mathrm{opt}}-\boldsymbol{x})]f(\boldsymbol{x})\mathrm{d}\boldsymbol{x}\\&=2\boldsymbol{G}\hat{\boldsymbol{x}}_{\mathrm{opt}}\int_{\Pi}f(\boldsymbol{x})\mathrm{d}\boldsymbol{x}-2\boldsymbol{G}\int_{\Pi}\boldsymbol{x}f_X(\boldsymbol{x})\mathrm{d}\boldsymbol{x}\\&=2\boldsymbol{G}[\hat{\boldsymbol{x}}_{\mathrm{opt}}-\mathcal{E}(\boldsymbol{X})]\end{aligned} \tag{7-7}$$

通过假设 $\boldsymbol{G}$ 的对称性。注意积分是关于向量 $\boldsymbol{x}$ 的所有分量，隐含符号等效于式（6-23）。由于 $\boldsymbol{G}$ 也是正定的，式（7-6）和式（7-7）说明

$$\hat{\boldsymbol{x}}_{\mathrm{opt}}\equiv\hat{\boldsymbol{x}}_{\mathrm{MMSE}}=\mathcal{E}(\boldsymbol{X}) \tag{7-8}$$

上式称为 $\boldsymbol{x}$ 的最小均方误差（Minimum Mean Squre Error，MMSE）估计。可以看出，式（7-8）也是最小化期望成本函数的一个充分条件。也就是说，随机变量的期望值确实最小化了贝叶斯风险函数，其代价由式（7-5）给出。这个结果与特定的权重矩阵 $\boldsymbol{G}$ 无关，只要它是对称正定的，它也与 $\boldsymbol{X}$ 的概率密度函数的具体形式无关（当然这取决于它的第一个矩的位置，也就是它的期望值）。如果 $\boldsymbol{X}$ 是高斯随机变量，那么期望值是概率密度最大的值［均值等于众数（mode）；见图 6-1］，并且 MMSE 估计值也是 MPE，见式（7-4）。

7.2.2　带观测的估计

至此，上述讨论没有包括任何观测量，但事实上，离开观测量则估计结果将十分模糊，完全依赖于关于随机变量 $\boldsymbol{X}$ 的概率密度的一些最小化假设。但这些最优估计概念对于这类概率密度函数是完全通用的。特别是，它可能是 $\boldsymbol{X}$ 的条件密度，给定可观测到随机向量 $f_{\boldsymbol{X}|\boldsymbol{Y}}(\boldsymbol{x}\mid\boldsymbol{y})$ 的观测值。那么，与式（7-1）类似的最优估计定义如下

$$\hat{\boldsymbol{x}}_{\mathrm{opt}}=\arg\{\min_{\hat{x}}\mathcal{E}[J_{\boldsymbol{X}}(\boldsymbol{x},\hat{\boldsymbol{x}})\mid y]\}=\arg[\min_{\hat{x}}\int_{-\infty}^{\infty}J_{\boldsymbol{X}}(\boldsymbol{x},\hat{\boldsymbol{x}})f_{\boldsymbol{X}|\boldsymbol{Y}}(\boldsymbol{x}\mid\boldsymbol{y})\mathrm{d}\boldsymbol{x}] \tag{7-9}$$

从技术上来说，$\hat{\boldsymbol{x}}_{\mathrm{opt}}$ 也可以解释为最优估计器。它是一个随机变量，因为观测值是随机的。当观测值可实现并代入估计器时，我们得到最优估计，即一个值。然而，我们继续

使用 $\hat{\boldsymbol{x}}_{\text{opt}}$ 的小写符号，它的解释依赖于其使用的上下文，无论是作为一个随机变量（估计器），还是作为一个固定值（估计值）。

基于观测值的 MMSE 估计器是通过与式（7－6）到式（7－8）中相同的求导得到的。式（7－5）作为代价函数，$f_{\boldsymbol{X}|\boldsymbol{Y}}(\boldsymbol{X}\mid\boldsymbol{Y})$ 作为概率密度函数。显然，MMSE 估计值是条件均值

$$\hat{\boldsymbol{x}}_{\text{MMSE}}=\mathcal{E}(\boldsymbol{X}\mid\boldsymbol{y}) \tag{7-10}$$

这需要一些关于条件密度 $f_{\boldsymbol{X}|\boldsymbol{Y}}(\boldsymbol{x}\mid\boldsymbol{y})$ 的知识。根据贝叶斯法则式（6－5），所需的密度称为后验密度，即 $\boldsymbol{X}$ 的密度，给定观测值为 $\boldsymbol{y}$，有

$$f_{\boldsymbol{X}|\boldsymbol{Y}}(\boldsymbol{x}\mid\boldsymbol{y})=\frac{f_{\boldsymbol{Y}|\boldsymbol{X}}(\boldsymbol{y}\mid\boldsymbol{x})f_{\boldsymbol{X}}(\boldsymbol{x})}{f_{\boldsymbol{Y}}(\boldsymbol{y})} \tag{7-11}$$

其中，对于任何给定的观测值 $\boldsymbol{y}$，密度 $f_{\boldsymbol{Y}}(\boldsymbol{y})$ 的值可以视为常数，不影响密度 $f_{\boldsymbol{X}|\boldsymbol{Y}}(\boldsymbol{x}\mid\boldsymbol{y})$ 的形状（仅比例）。换句话说，在确定 $\boldsymbol{x}$ 的最佳估计值时，无需知道该密度的值，因为代价函数预期值的最小化式（7－1）与其比例无关。然而，我们确实需要明确 $f_{\boldsymbol{Y}|\boldsymbol{X}}(\boldsymbol{y}\mid\boldsymbol{x})$，即观测值的概率密度函数，即给定随机变量 $\boldsymbol{X}$ 的实现。

类似地，一旦 $f_{\boldsymbol{X}|\boldsymbol{Y}}(\boldsymbol{x}\mid\boldsymbol{y})$ 已知，其最大值决定 MPE，类似于式（7－4），由下式给出

$$\hat{\boldsymbol{x}}_{\text{MPE}}=\arg[\max_{\hat{\boldsymbol{x}}} f_{\boldsymbol{X}|\boldsymbol{Y}}(\hat{\boldsymbol{x}}\mid\boldsymbol{y})] \tag{7-12}$$

在这种基于观测来估计的情况下，上式也被称为最大后验估计；如果密度服从高斯分布，则它与 MMSE 相同。

在没有关于变量或观测量的概率信息的情况下，也可以对变量的估计进行规划。首先，假设有未知变量 $\boldsymbol{X}$，已知其密度信息，即观测量的概率 $f_{\boldsymbol{Y}|\boldsymbol{X}}(\boldsymbol{y}\mid\boldsymbol{x})$。因为变量采用了它的真实值。然后，将最佳估计值定义为使该密度最大化的值是合理的

$$\hat{\boldsymbol{x}}_{\text{opt}}=\arg[\max_{\hat{\boldsymbol{x}}} f_{\boldsymbol{Y}|\boldsymbol{X}}(\boldsymbol{y}\mid\hat{\boldsymbol{x}})] \tag{7-13}$$

$f_{\boldsymbol{Y}|\boldsymbol{X}}(\boldsymbol{y}\mid\hat{\boldsymbol{x}})$ 也被称为似然函数，并且该估计为最大似然估计（MLE）。此外，如果只知道观测值的期望值，而不知道其他信息，则可以简单地将最佳估计值定义为使（可能加权的）残差平方和最小化的值

$$\hat{\boldsymbol{x}}_{\text{opt}}=\arg\{\min_{\hat{\boldsymbol{x}}}[\boldsymbol{y}-\mathcal{E}(\boldsymbol{Y}\mid\hat{\boldsymbol{x}})]^{\mathrm{T}}\boldsymbol{S}^{-1}[\boldsymbol{y}-\mathcal{E}(\boldsymbol{Y}\mid\hat{\boldsymbol{x}})]\} \tag{7-14}$$

其中，观测值的期望值可以从指定的观测模型中找到（见第 7.3 节），其中 $\boldsymbol{S}^{-1}$ 是一个合适的（正定的）权量矩阵。这种情况下的最佳估计称为最小二乘估计。如果已知，则 $\boldsymbol{S}$ 应为观测误差的协方差矩阵；如果进一步知道观测误差的概率分布为高斯分布，则最小二乘估计值与最大似然估计值相同。事实上，最小化在式（7－14）中的二次项等价于最大化 $f_{\boldsymbol{Y}|\boldsymbol{X}}(\boldsymbol{y}\mid\boldsymbol{x})$，如应用于 $\boldsymbol{Y}$（给定 $\boldsymbol{x}$）的式（6－31）所示。

此外，如果 $\boldsymbol{X}$ 的概率密度函数几乎是常数（这意味着它在图像上是平坦且接近于零），那么根据贝叶斯法则［式（7－11）］，MPE［式（7－12）］和 MLE［式（7－13）］计算结果几乎相同。在这种情况下，如果所有密度均为高斯分布，则所有估计值（MMSE、MPE、MLE 和最小二乘估计值）都相同。

因此，为了方便起见，我们将重点放在 MMSE 上而不是最小二乘和最大似然估计，因为我们已知或假设了一些关于变量的概率值，即系统的状态。这是因为系统通常被赋予了一些驱动噪声，这些噪声构成了状态随机特征的基础。噪声通常被识别为高斯噪声，这意味着系统状态的高斯性。

7.2.2.1　后验概率密度函数

现在我们更明确地考虑后验密度函数 $f_{X|Y}(\boldsymbol{x} \mid \boldsymbol{y})$ 的确定，即随机变量 $\boldsymbol{X}$ 的密度，以观测值 $\boldsymbol{y}$ 为条件。引入观测的时间点，假设 $\boldsymbol{X}$ 的概率密度 $f_{\boldsymbol{X}}(\boldsymbol{x})$ 已知，这被称为先验概率密度函数。我们希望在观测向量 $\boldsymbol{Y}(\mathrm{dim}\boldsymbol{Y}=n)$ 根据与 $\boldsymbol{x}$ 的假定线性关系产生某些确定值的条件下，估计随机向量 $\boldsymbol{X}(\mathrm{dim}\boldsymbol{X}=m)$

$$\boldsymbol{Y}=\boldsymbol{H}\boldsymbol{X}+\boldsymbol{V} \tag{7-15}$$

式中，$\boldsymbol{H}$ 是 $n\times m$ 的常数矩阵，$\boldsymbol{V}$ 一个观测误差的随机向量，并且 $f_{\boldsymbol{Y}|\boldsymbol{X}}(\boldsymbol{y} \mid \boldsymbol{x})$ 或 $f_{\boldsymbol{V}}(\boldsymbol{v})$ 是已知的。当 $\boldsymbol{V}$ 和 $\boldsymbol{X}$ 这两个随机向量密度函数不相关时，两个密度函数是等价的（这将在下文中假设），因为

$$f_{\boldsymbol{Y}|\boldsymbol{X}}(\boldsymbol{y} \mid \boldsymbol{x})=f_{\boldsymbol{V}|\boldsymbol{X}}(\boldsymbol{v}=\boldsymbol{y}-\boldsymbol{H}\boldsymbol{x} \mid \boldsymbol{x})=f(\boldsymbol{v}=\boldsymbol{y}-\boldsymbol{H}\boldsymbol{x}) \tag{7-16}$$

式（7-16）等号右边是 $\boldsymbol{V}$ 的概率密度函数。但在坐标系中，相对于 $\boldsymbol{Y}$ 的概率密度函数移动了 $\boldsymbol{HX}$ 。

正如在上一节末尾所讨论的，我们假定随机变量 $\boldsymbol{X}$ 和观测误差 $\boldsymbol{V}$ 的先验概率函数的密度都是高斯分布的，则后验密度函数也是高斯分布。现在将证明这一点。根据式（6-31），我们有

$$\boldsymbol{X}\sim\mathcal{N}(\boldsymbol{\mu}_0,\boldsymbol{P}_0)\Rightarrow f_{\boldsymbol{X}}(\boldsymbol{x})=c_{\boldsymbol{X}}\exp\left[-\frac{1}{2}(\boldsymbol{x}-\boldsymbol{\mu}_0)^{\mathrm{T}}\boldsymbol{P}_0^{-1}(\boldsymbol{x}-\boldsymbol{\mu}_0)\right] \tag{7-17}$$

其中，常数 $c_{\boldsymbol{X}}$ 是由下式确定

$$c_{\boldsymbol{X}}=|\boldsymbol{P}_0|^{-1/2}(2\pi)^{-m/2} \tag{7-18}$$

$\boldsymbol{\mu}_0$ 和 $\boldsymbol{P}_0$ 分别是代表 $\boldsymbol{x}$ 的先验均值和随机向量的协方差矩阵，其中 $\exp(\cdot)\equiv \mathrm{e}^{(\cdot)}$ 。类似地，对于观测噪声，我们有

$$\boldsymbol{V}\sim\mathcal{N}(\boldsymbol{0},\boldsymbol{R})\Rightarrow f_{\boldsymbol{V}}(\boldsymbol{v})=c_{\boldsymbol{V}}\exp\left(-\frac{1}{2}\boldsymbol{v}^{\mathrm{T}}\boldsymbol{R}^{-1}\boldsymbol{v}\right) \tag{7-19}$$

其中，常数 $c_{\boldsymbol{V}}$ 是

$$c_{\boldsymbol{V}}=|\boldsymbol{R}|^{-1/2}(2\pi)^{-n/2} \tag{7-20}$$

观测噪声假定为具有零均值高斯随机过程的协方差矩阵 $\boldsymbol{R}$ ，并假设 $\boldsymbol{X}$ 和 $\boldsymbol{V}$ 是独立的。

根据式（7-16）和式（7-19），可以立即得到

$$f_{\boldsymbol{Y}|\boldsymbol{X}}(\boldsymbol{y} \mid \boldsymbol{x})=c_{\boldsymbol{V}}\exp\left[-\frac{1}{2}(\boldsymbol{y}-\boldsymbol{H}\boldsymbol{x})^{\mathrm{T}}\boldsymbol{R}^{-1}(\boldsymbol{y}-\boldsymbol{H}\boldsymbol{x})\right] \tag{7-21}$$

现在，通过将式（7-17）和式（7-21）代入贝叶斯规则式（7-11），可获得后验概率密度

$$f_{\boldsymbol{X}|\boldsymbol{Y}}(\boldsymbol{x} \mid \boldsymbol{y})=c'\exp\left[-\frac{1}{2}(\boldsymbol{y}-\boldsymbol{H}\boldsymbol{x})^{\mathrm{T}}\boldsymbol{R}^{-1}(\boldsymbol{y}-\boldsymbol{H}\boldsymbol{x})-\frac{1}{2}(\boldsymbol{x}-\boldsymbol{\mu}_0)^{\mathrm{T}}\boldsymbol{P}_0{}^{-1}(\boldsymbol{x}-\boldsymbol{\mu}_0)\right] \tag{7-22}$$

式中，$c' = c_X c_V / f_Y(\boldsymbol{y})$，展开式（7－22）中指数得到

$$f_{X|Y}(\boldsymbol{x} \mid \boldsymbol{y}) = c' \exp\left\{-\frac{1}{2}\begin{bmatrix}\boldsymbol{y}^{\mathrm{T}}\boldsymbol{R}^{-1}\boldsymbol{y} + \boldsymbol{\mu}_0^{\mathrm{T}}\boldsymbol{P}_0^{-1}\boldsymbol{\mu}_0 + \boldsymbol{x}^{\mathrm{T}}(\boldsymbol{P}_0^{-1} + \boldsymbol{H}^{\mathrm{T}}\boldsymbol{R}^{-1}\boldsymbol{H})\boldsymbol{x} \\ -\boldsymbol{x}^{\mathrm{T}}(\boldsymbol{H}^{\mathrm{T}}\boldsymbol{R}^{-1}\boldsymbol{y} + \boldsymbol{P}_0^{-1}\boldsymbol{\mu}_0) - (\boldsymbol{y}^{\mathrm{T}}\boldsymbol{R}^{-1} + \boldsymbol{H} + \boldsymbol{\mu}_0^{\mathrm{T}}\boldsymbol{P}_0^{-1})\boldsymbol{x}\end{bmatrix}\right\} \tag{7-23}$$

其中需要注意的是，一旦给出观测值，指数中的前两个项也是常数，因此，指数中 $\boldsymbol{x}$ 的二次型可以表明密度实际上也是高斯的。

确切来说，假设我们所写的，与现在所证明的 $\boldsymbol{X} \mid \boldsymbol{Y}$ 高斯性一致

$$\begin{aligned} f_{X|Y}(\boldsymbol{x} \mid \boldsymbol{y}) &= c \exp\left[-\frac{1}{2}(\boldsymbol{x} - \boldsymbol{\mu})^{\mathrm{T}}\boldsymbol{P}^{-1}(\boldsymbol{x} - \boldsymbol{\mu})\right] \\ &= c \exp\left[-\frac{1}{2}(\boldsymbol{\mu}^{\mathrm{T}}\boldsymbol{P}^{-1}\boldsymbol{\mu} + \boldsymbol{x}^{\mathrm{T}}\boldsymbol{P}^{-1}\boldsymbol{x} - \boldsymbol{x}^{\mathrm{T}}\boldsymbol{P}^{-1}\boldsymbol{\mu} - \boldsymbol{\mu}^{\mathrm{T}}\boldsymbol{P}^{-1}\boldsymbol{x})\right] \end{aligned} \tag{7-24}$$

式中，$\boldsymbol{\mu}$ 和 $\boldsymbol{P}$ 分别是变量 $\boldsymbol{X}$ 的后验平均值和协方差矩阵；c 是一个常数，可以用其他先前定义的常数来表示。比较式（7－24）和式（7－23）中的 $\boldsymbol{x}$ 相关部分，这两个部分对于所有 $\boldsymbol{x}$ 都必须相同，我们可以看到统计 $\boldsymbol{\mu}$ 和 $\boldsymbol{P}$ 分别由下式给出

$$\boldsymbol{P}^{-1}\boldsymbol{\mu} = (\boldsymbol{H}^{\mathrm{T}}\boldsymbol{R}^{-1}\boldsymbol{y} + \boldsymbol{P}_0^{-1}\boldsymbol{\mu}_0) \text{ 或 } \quad \boldsymbol{\mu} = \boldsymbol{P}(\boldsymbol{H}^{\mathrm{T}}\boldsymbol{R}^{-1}\boldsymbol{y} + \boldsymbol{P}_0^{-1}\boldsymbol{\mu}_0) \tag{7-25}$$

和

$$\boldsymbol{P} = (\boldsymbol{P}_0^{-1} + \boldsymbol{H}^{\mathrm{T}}\boldsymbol{R}^{-1}\boldsymbol{H})^{-1} \tag{7-26}$$

其中 $\boldsymbol{y}$ 是一个给定的观测向量（$\boldsymbol{Y}$ 的实现）。

根据式（7－10），基于 $\boldsymbol{y}$ 的观察结果，后验均值 $\boldsymbol{\mu}$ 是 $\boldsymbol{X}$ 的最佳（MMSE）估计。注意，后验协方差矩阵 $\boldsymbol{P}$ 独立于先验平均值 $\boldsymbol{\mu}_0$，也独立于观测值 $\boldsymbol{y}$ 。这意味着可以在不了解观测的情况下对协方差进行计算，只需要先验变量 $\boldsymbol{X}$ 和观测噪声 $\boldsymbol{V}$ 的协方差，这对惯性导航系统的误差动态分析具有重要影响。在任何时候，与估计的系统状态（估计的 INS 误差）相关的协方差都可以通过递归方式确定，而无需估计状态或进行观测。我们只需要假设先验变量和观测值的高斯概率，并且系统状态的整个时间历史的概率性质是已知的（我们还需要假设噪声过程中的白度）。

7.2.2.2 后验估计与协方差

为了计算后验平均值 $\boldsymbol{\mu}$ ，根据式（7－25）和式（7－26），需要对三个矩阵求逆，其中两个是 $m \times m$ 方阵。这种情况可以通过重写如下方阵来避免。在式（7－25）的右边减去与加上 $\boldsymbol{H}^{\mathrm{T}}\boldsymbol{R}^{-1}\boldsymbol{H}\boldsymbol{\mu}_0$，得到

$$\begin{aligned} \boldsymbol{\mu} &= \boldsymbol{P}(\boldsymbol{P}_0^{-1} + \boldsymbol{H}^{\mathrm{T}}\boldsymbol{R}^{-1}\boldsymbol{H})\boldsymbol{\mu}_0 + \boldsymbol{P}\boldsymbol{H}^{\mathrm{T}}\boldsymbol{R}^{-1}(\boldsymbol{y} - \boldsymbol{H}\boldsymbol{\mu}_0) \\ &= \boldsymbol{\mu}_0 + \boldsymbol{P}\boldsymbol{H}^{\mathrm{T}}\boldsymbol{R}^{-1}(\boldsymbol{y} - \boldsymbol{H}\boldsymbol{\mu}_0) \\ &= \boldsymbol{\mu}_0 + \boldsymbol{K}(\boldsymbol{y} - \boldsymbol{H}\boldsymbol{\mu}_0) \end{aligned} \tag{7-27}$$

其中使用了式（7－26）的内容，我们定义 $m \times n$ 阶矩阵 $\boldsymbol{K}$ 为

$$\boldsymbol{K} = \boldsymbol{P}\boldsymbol{H}^{\mathrm{T}}\boldsymbol{R}^{-1} \tag{7-28}$$

另外，通过式（7－26），有

$$\boldsymbol{P}^{-1}=\boldsymbol{P}_0^{-1}+\boldsymbol{H}^{\mathrm{T}}\boldsymbol{R}^{-1}\boldsymbol{H} \tag{7-29}$$

两边右乘 $\boldsymbol{P}_0\boldsymbol{H}^{\mathrm{T}}$ 得到

$$\boldsymbol{P}^{-1}\boldsymbol{P}_0\boldsymbol{H}^{\mathrm{T}}=\boldsymbol{H}^{\mathrm{T}}\boldsymbol{R}^{-1}(\boldsymbol{R}+\boldsymbol{H}\boldsymbol{P}_0\boldsymbol{H}^{\mathrm{T}}) \tag{7-30}$$

现在两侧乘以适当的逆，得到

$$\boldsymbol{P}_0\boldsymbol{H}^{\mathrm{T}}(\boldsymbol{H}\boldsymbol{P}_0\boldsymbol{H}^{\mathrm{T}}+\boldsymbol{R})^{-1}=\boldsymbol{P}\boldsymbol{H}^{\mathrm{T}}\boldsymbol{R}^{-1} \tag{7-31}$$

将其替换为式（7 - 28），以获得 $\boldsymbol{K}$ 的替代形式

$$\boldsymbol{K}=\boldsymbol{P}_0\boldsymbol{H}^{\mathrm{T}}(\boldsymbol{H}\boldsymbol{P}_0\boldsymbol{H}^{\mathrm{T}}+\boldsymbol{R})^{-1} \tag{7-32}$$

使用这种形式的 $\boldsymbol{K}$，后验均值式（7 - 27）在计算上变得更易处理，因为它不需要后验协方差 $\boldsymbol{P}$。最后，根据基本定义式（6 - 27），也可以用 $\boldsymbol{K}$ 的形式对 $\boldsymbol{P}$ 进行重新表示

$$\boldsymbol{P}=\mathrm{cov}(\boldsymbol{X},\boldsymbol{X})=\mathcal{E}[(\boldsymbol{X}-\boldsymbol{\mu})(\boldsymbol{X}-\boldsymbol{\mu})^{\mathrm{T}}] \tag{7-33}$$

将式（7 - 15）显式地用随机变量表示，插入到式（7 - 27）中，我们有

$$\begin{aligned}\boldsymbol{X}-\boldsymbol{\mu}&=\boldsymbol{X}-\boldsymbol{\mu}_0-\boldsymbol{K}(\boldsymbol{H}\boldsymbol{X}+\boldsymbol{V}-\boldsymbol{H}\boldsymbol{\mu}_0)\\&=(\boldsymbol{I}-\boldsymbol{K}\boldsymbol{H})(\boldsymbol{X}-\boldsymbol{\mu}_0)-\boldsymbol{K}\boldsymbol{V}\end{aligned} \tag{7-34}$$

再代入式（7 - 33）中，并假设 $\boldsymbol{X}$ 和 $\boldsymbol{V}$ 独立，结合式（7 - 17）、式（7 - 19），有

$$\begin{aligned}\boldsymbol{P}&=\mathrm{cov}(\boldsymbol{X},\boldsymbol{X})=\mathcal{E}[(\boldsymbol{I}-\boldsymbol{K}\boldsymbol{H})(\boldsymbol{X}-\boldsymbol{\mu}_0)(\boldsymbol{X}-\boldsymbol{\mu}_0)^{\mathrm{T}}(\boldsymbol{I}-\boldsymbol{K}\boldsymbol{H})^{\mathrm{T}}]+\mathcal{E}(\boldsymbol{K}\boldsymbol{V}\boldsymbol{V}^{\mathrm{T}}\boldsymbol{K}^{\mathrm{T}})\\&=(\boldsymbol{I}-\boldsymbol{K}\boldsymbol{H})\boldsymbol{P}_0(\boldsymbol{I}-\boldsymbol{K}\boldsymbol{H})^{\mathrm{T}}+\boldsymbol{K}\boldsymbol{R}\boldsymbol{K}^{\mathrm{T}}\end{aligned} \tag{7-35}$$

虽然它看起来比式（7 - 26）更复杂，但 $\boldsymbol{P}$ 的方程式（7 - 35）只涉及一个大小为 $n\times n$ 的矩阵的逆［式（7 - 32）］。此外，式（7 - 35）具有两个对称（在适当条件下为正定）矩阵之和的计算优势，从而确保计算结果矩阵时的对称性（见下一节关于这些公式的递归应用），这种形式的后验协方差矩阵称为 Joseph 形式。

总之，给定随机变量 $\boldsymbol{X}$ 的先验平均值 $\boldsymbol{\mu}_0$ 和协方差矩阵 $\boldsymbol{P}_0$，以及给定观测值 $\boldsymbol{y}$，与式（7 - 15）中 $\boldsymbol{X}$ 线性相关，并与噪声协方差矩阵 $\boldsymbol{R}$ 相关，$\boldsymbol{X}$ 的后验平均值和协方差矩阵可以得出如下

$$\boldsymbol{\mu}=\boldsymbol{\mu}_0+\boldsymbol{K}(\boldsymbol{y}-\boldsymbol{H}\boldsymbol{\mu}_0) \tag{7-36}$$

以及

$$\boldsymbol{P}=(\boldsymbol{I}-\boldsymbol{K}\boldsymbol{H})\boldsymbol{P}_0(\boldsymbol{I}-\boldsymbol{K}\boldsymbol{H})^{\mathrm{T}}+\boldsymbol{K}\boldsymbol{R}\boldsymbol{K}^{\mathrm{T}} \tag{7-37}$$

其中

$$\boldsymbol{K}=\boldsymbol{P}_0\boldsymbol{H}^{\mathrm{T}}(\boldsymbol{H}\boldsymbol{P}_0\boldsymbol{H}^{\mathrm{T}}+\boldsymbol{R})^{-1} \tag{7-38}$$

考虑当变量 $\boldsymbol{X}$ 最初没有随机约束时的特殊情况，这意味着它们的方差和协方差是无限的，或者 $\boldsymbol{P}_0^{-1}=\boldsymbol{0}$。然后，使用式（7 - 25）和式（7 - 26），后验均值及其协方差矩阵成为

$$\boldsymbol{\mu}=(\boldsymbol{H}^{\mathrm{T}}\boldsymbol{R}^{-1}\boldsymbol{H})^{-1}\boldsymbol{H}^{\mathrm{T}}\boldsymbol{R}^{-1}\boldsymbol{y} \tag{7-39}$$

$$\boldsymbol{P}=(\boldsymbol{H}^{\mathrm{T}}\boldsymbol{R}^{-1}\boldsymbol{H})^{-1} \tag{7-40}$$

这是常见未知参数 $\boldsymbol{x}$ 估计值的最小二乘公式，其也与观测值 $\boldsymbol{y}$［式（7 - 15）］线性相关，但是基于式（7 - 14）推导所得的。

除了式（7 - 26）和式（7 - 37）之外，我们还可以推导出后验方差矩阵 $\boldsymbol{P}$ 的替代形

式，从而对观测值对随机变量 $\boldsymbol{X}$ 的协方差的影响进行深刻的解释。扩展式（7－37）并且利用式（7－38）得到

$$\begin{aligned}\boldsymbol{P} &= \boldsymbol{P}_0 - \boldsymbol{KHP}_0 - \boldsymbol{P}_0\boldsymbol{H}^{\mathrm{T}}\boldsymbol{K}^{\mathrm{T}} + \boldsymbol{K}(\boldsymbol{HP}_0\boldsymbol{H}^{\mathrm{T}} + \boldsymbol{R})\boldsymbol{K}^{\mathrm{T}} \\ &= \boldsymbol{P}_0 - \boldsymbol{KHP}_0 \\ &= (\boldsymbol{I} - \boldsymbol{KH})\boldsymbol{P}_0\end{aligned} \tag{7-41}$$

这是 $\boldsymbol{P}$ 的一个特别简单的形式，但很少使用，因为随着时间的推移递归过程中存在固有的数值不稳定性（它是一个对称矩阵和一个非对称矩阵的乘积；这意味着在数值上，不能保证结果矩阵的对称性和正定性）。对于 $\boldsymbol{K}$［式（7－38）］，我们还得到

$$\boldsymbol{P} = \boldsymbol{P}_0 - \boldsymbol{P}_0\boldsymbol{H}^{\mathrm{T}}(\boldsymbol{HP}_0\boldsymbol{H}^{\mathrm{T}} + \boldsymbol{R})^{-1}\boldsymbol{HP}_0 \tag{7-42}$$

式中，$\boldsymbol{P}$ 、$\boldsymbol{P}_0$ 和 $\boldsymbol{R}$ 是具有正对角元素（方差）的协方差矩阵。很容易看出，式（7－42）中的第二项也是具有正对角元素的矩阵。因此，无论观测结果如何，后验方差都不会大于先验方差。也就是说，即使观测完全没有价值，也永远不会“移除”由随机变量 $\boldsymbol{X}$ 的二阶统计表示的信息。

信息的概念可以使用协方差形式化。根据式（7－29）后验协方差可以其倒数表示，为方便起见，在此重复写出

$$\boldsymbol{P}^{-1} = \boldsymbol{P}_0^{-1} + \boldsymbol{H}^{\mathrm{T}}\boldsymbol{R}^{-1}\boldsymbol{H} \tag{7-43}$$

因此，协方差矩阵的逆矩阵非常简单地从先验状态传播到后验状态。观测对后验协方差的影响更为明显，大的观测噪声（小 $\boldsymbol{R}^{-1}$）只会略微增加 $\boldsymbol{X}$ 的协方差的逆，或等效地减少变量的协方差。逆协方差矩阵也称为 Fisher 信息矩阵。式（7－43）表示，后验信息等于先验信息加上观测的新信息。这种传播协方差矩阵的方法也有一些数值优势，将在下文讨论。

7.3 离散卡尔曼滤波

在一个动态系统中（比如 INS）有许多随机变量，我们希望能够在很多历元时间内对其进行估计。这些变量可能是式（5－66）中建模的位置、速度和方向误差，以及惯性传感器误差模型中包括的任何其他随机参数，如式（6－111）和式（6－113）。应该注意的是，估计值是随机变量的期望值［见式（7－8）］，它只是任何特定时间真值的代理。同样重要的是确定作为时间函数的方差（和协方差）的估计，其指示估计值相对于真实值的均值的分散程度。当进行导航时，如果可能的话，应实时确定它们的（协）方差；另一方面，在大地测量应用中，任务完成后对其进行估计就足够了。在这种情况下，我们可以构建一个大批量估计程序，在该程序中，根据所有观测结果以及其中的所有相关统计数据，一次性估计所有误差（可能是每个时刻的误差）。如果我们不能做出以下基本假设，那么这就是程序。我们将假设系统在任何时间 t_k 累积的全部信息完全被当前时刻系统状态变量的向量 $\boldsymbol{x}_k$ 所捕获，实际上，我们可以使用这一描述作为系统状态变量的正式定义。在此之前，关于系统的任何信息都不会增加或提高我们预测系统未来状态的能力，这正是第

6.5.3 节中已经遇到的马尔可夫过程特性。就概率而言，它可表示为

$$\mathcal{P}(\boldsymbol{X}_{k+1} \mid \boldsymbol{x}_k, \boldsymbol{x}_{k-1}, \cdots, \boldsymbol{x}_0) = \mathcal{P}(\boldsymbol{X}_{k+1} \mid \boldsymbol{x}_k) \tag{7-44}$$

也就是说，基于状态所有过去值的条件概率密度与仅基于状态最新值的条件概率密度相同。此外，如果已知状态的当前值，则当前时间的观测数据 $\boldsymbol{y}_k$ 的统计数据也独立于先前的观测值

$$\mathcal{P}(\boldsymbol{Y}_k \mid \boldsymbol{x}_k, \boldsymbol{y}_{k-1}, \cdots, \boldsymbol{y}_1) = \mathcal{P}(\boldsymbol{Y}_k \mid \boldsymbol{x}_k) \tag{7-45}$$

有了这些基本假设，可以进行递归估计，在实时导航任务和计算任务分析中是可行的。这里和以后的历元由随机变量的下标表示。这些不得不表示不断间隔的时间增量，但为简单起见，我们假设

$$t_k - t_{k-1} = \Delta t = 常数 \tag{7-46}$$

对 $k=1$，2，…，我们注意到，在这一点上，用离散的时间周期来看待系统的状态是很自然的。

如果驱动系统的噪声和与观测相关的噪声始终不与状态变量相关，并且如果每个噪声过程本身是不相关的或白噪声过程，则满足条件式（7-44）和式（7-45）。在第 7.5.1 节中，我们将说明如果噪声过程相关，如何修改系统以满足这些条件。令 $\boldsymbol{w}_k$ 表示 t_k 时刻的系统驱动噪声变量，令 $\boldsymbol{v}_j$ 表示 t_j 时刻的观测噪声变量。现在，我们假设

$$\begin{cases} \mathcal{E}(\boldsymbol{X}_k \boldsymbol{W}_j^{\mathrm{T}}) = \boldsymbol{0}, k < j; \\ \mathcal{E}(\boldsymbol{X}_k \boldsymbol{V}_j^{\mathrm{T}}) = \boldsymbol{0}, 对所有的\ j\ 和\ k; \\ \mathcal{E}(\boldsymbol{X}_k \boldsymbol{W}_j^{\mathrm{T}}) = \boldsymbol{0}, j \neq k; \\ \mathcal{E}(\boldsymbol{X}_k \boldsymbol{V}_j^{\mathrm{T}}) = \boldsymbol{0}, j \neq k \end{cases} \tag{7-47}$$

其中，右侧均为零矩阵，其维数与 $\boldsymbol{W}_k$ 、$\boldsymbol{V}_j$ 和 $\boldsymbol{X}_k$ 的位数相匹配。注意，每个噪声过程在任何时刻都可能有任意概率分布函数，但根据前面的阐述，我们假设它们是高斯分布的。

7.3.1　观测模型

在这一点上，可以适当离题并更具体地解释状态变量观测值的确切含义。为了更明确地说明目的，本文从随机过程的实现角度来阐述。在上一节中，假设观测值与状态变量呈线性关系，如式（7-15）所示。一般而言，这种关系或模型是非线性的，因此必须用适当的线性化进行重新计算。在我们的例子中，系统的状态构成了 IMU 误差模型中位置、速度、方向和各种参数的误差集合。观测是从 INS 外部的源带到系统的信息，例如，位置的 GPS 观测或使用恒星相机对平台相对于恒星的姿态的观测。当然，位置观测并不是对误差的直接观测，但可作为间接观测值，接下来的论述中将使用不同的符号来区分总量及其误差。

设 $\boldsymbol{x}$ 为动态变化的向量，如惯性导航系统的位置坐标。设 $\tilde{\boldsymbol{x}}$ 为从 IMU 传感器（例如，两次积分加速计输出）获得的 $\boldsymbol{x}$ 测量值的向量。与 $\boldsymbol{x}$ 对应的真实误差状态表示为

$$\delta \boldsymbol{x} = \hat{\boldsymbol{x}} - \boldsymbol{x} \tag{7-48}$$

现在，假设 $\tilde{\boldsymbol{y}}$ 是向量 $\boldsymbol{y}$ 的外部观测向量，其与 $\boldsymbol{x}$ 相关

$$\boldsymbol{y}=\boldsymbol{h}(\boldsymbol{x}) \tag{7-49}$$

其中，$\boldsymbol{h}$ 是已知的向量函数。那么，如果 $\boldsymbol{v}$ 是观测噪声向量，有

$$\tilde{\boldsymbol{y}}=\boldsymbol{h}(\boldsymbol{x})+\boldsymbol{v} \tag{7-50}$$

IMU 传感器根据观测模型 $\boldsymbol{h}$ 所表示的值与实际观测值之间的差值表示为

$$\begin{aligned}\delta\boldsymbol{y}&=\boldsymbol{h}(\tilde{\boldsymbol{x}})-\tilde{\boldsymbol{y}}\\&=\boldsymbol{h}(\tilde{\boldsymbol{x}})-\boldsymbol{h}(\boldsymbol{x})-\boldsymbol{v}\end{aligned} \tag{7-51}$$

因此，$\delta\boldsymbol{y}$ 的线性近似为

$$\delta\boldsymbol{y}\approx\boldsymbol{H}\delta\boldsymbol{x}-\boldsymbol{v} \tag{7-52}$$

其中，$\delta\boldsymbol{x}$ 由式（7－48）给出

$$\boldsymbol{H}=\left.\frac{\partial\boldsymbol{h}}{\partial\boldsymbol{x}}\right|_{x=\tilde{x}} \tag{7-53}$$

上式是基于 $\boldsymbol{x}$ 的测量值评估的偏导数矩阵。

所以根据式（7－52），$\delta\boldsymbol{y}$ 是误差状态向量 $\delta\boldsymbol{x}$ 的“观测值”，其被 $\boldsymbol{H}$ 修改并且具有与实际观测值 $\tilde{\boldsymbol{y}}$ 相同的噪声（符号除外）。因此，当系统的状态包含位置误差时，我们笼统地说观察系统的状态，例如位置。观测实际上是外部观测的位置与系统指示的位置之间的差值，我们简单地称之为误差观测。现在，我们返回到之前状态变量和观测的定义上，不带 $\delta' s$，观测模型如式（7－15）所示。

7.3.2　最优状态向量估计

我们的问题是根据此时的观测量以及所有先验信息来估计系统在 t_k 时刻的状态，假设这些信息在 t_{k-1} 时刻的状态中被获得。然后使用 t_k 处的估计和新时刻之前的任何新信息进行递归，可获得在 t_{k+1} 时刻的估计值。假设系统和观测值在变量中是线性已知的，并且概率是高斯分布的，我们可以清晰地在每个历元得到第 7.2.2 节中的估计类型，只需在无观测情况下附加额外步骤。在这种情况下，可由系统动态模型预测状态估计。这种基于外部观测值随时间推移递归估计系统状态的算法称为（离散）卡尔曼滤波［由 Kalman（1960）引入；Kalman 和 Bucy（1961）在一年后发表的 Kalman－Bucy 滤波器指的是连续滤波器，见第 7.7 节］。

时刻 t_k 的状态变量包括 $m\times1$ 的向量 $\boldsymbol{x}_k$。同样，大写变量是随机变量，它们的实现由相应的小写字母表示。根据条件式（7－44），系统的预期线性动态被建模［见式（6－82）推广到向量并格式化为一阶］如下

$$\boldsymbol{X}_k=\boldsymbol{\Phi}(t_k.\,t_{k-1})\boldsymbol{X}_{k-1}+\boldsymbol{G}_k\boldsymbol{W}_k \tag{7-54}$$

式中，$\boldsymbol{\Phi}(t_k,\ t_{k-1})$ 是一个 $m\times m$ 矩阵，称为状态转移矩阵，该矩阵（在本例中）假定在时间间隔 Δt 上为恒定的，由式（7－46）给出。除确定性元素外，根据式（7－47），假设系统由随机分量 $\boldsymbol{G}_k\boldsymbol{W}_k$ 驱动或激发，其中 $\boldsymbol{G}_k$ 为 $m\times l$ 阶常数（在 Δt 区间内）矩阵，$\boldsymbol{W}_k$ 为 $l\times1$ 阶向量，其由零均值高斯分布白噪声离散随机过程组成

$$\boldsymbol{W}_k\sim\mathcal{N}(\boldsymbol{0},\boldsymbol{Q}_k) \tag{7-55}$$

式中，$\boldsymbol{Q}_k$ 是噪声过程在时刻 t_k 的协方差。同样，根据式（7－47），假定该噪声向量和前一个历元 t_{k-1} 处的状态随机变量是独立的。

在 t_k 时刻，有 n 个观测量通过 $n \times m$ 阶矩阵 $\boldsymbol{H}_k$ 与状态变量线性相关（如上所述）：

$$\boldsymbol{Y}_k = \boldsymbol{H}_k \boldsymbol{X}_k + \boldsymbol{V}_k \tag{7-56}$$

同样，$\boldsymbol{V}_k$ 也是服从零均值高斯分布的白噪声过程

$$\boldsymbol{V}_k \sim \mathcal{N}(\boldsymbol{0}, \boldsymbol{R}_k) \tag{7-57}$$

上式在条件式（7－47）下适用。使用观测值对状态进行的估计称为一次更新，它独立于［由式（7－47）］基于 t_{k-1} 到 t_k 的系统动态的估计，称为预测。

$\boldsymbol{W}_k$ 和 $\boldsymbol{V}_k$ 两个过程的零均值假设都易实现，如果其中一过程有非零均值，只需通过添加表示过程均值的状态变量来修改适当的模型［式（7－54）或式（7－56）］，并将其替换为相应的均值偏移过程。因此，可假设在不失一般性的情况下，只要虑及运行过程噪声，系统状态可以根据式（7－54）建模，观测模型可由式（7－56）给出。假设协方差矩阵 $\boldsymbol{Q}_k$ 和 $\boldsymbol{R}_k$ 已知，且后者满秩，这些协方差矩阵可能取决于时间，也可能不取决于时间。前者情况下，该过程一定已更改为新过程（例如，具有不同的方差），而不是非平稳的，否则将违背白噪声假设。如果有理由怀疑噪声中的时间相关性，那观测模型也要改变（见第 7.5.1 节）。如果建模正确，矩阵 $\boldsymbol{Q}$ 和 $\boldsymbol{R}$ 通常在很长的时间间隔内保持不变。

在这些状态动力学和观测模型中，为方便起见，时间历元用一个共同的指数 k 表示。事实上，状态和观测的相关时间间隔可能不同。例如，$\boldsymbol{\Phi}$ 的持续时间可能仅在 1 min 的间隔内有效，但观测值可能以 10 min 的间隔进入。这种更一般的情况需要更复杂的符号，但不需要新的理论。

状态变量的估计用符号“^”表示。但是，我们需要进一步区分，在某个特定的时期，观测结果是否已经被包括在内。设 $\hat{\boldsymbol{x}}_k$ 为时刻 t_k 的估计值，在包含了一个观测 $\boldsymbol{y}_k$ 之后，令 $\hat{\boldsymbol{x}}_k^-$ 表示在纳入观测之前的估计值。

最后，开始递归算法需要一些信息。通常我们不知道到 t_0 时刻状态变量的真实值，但根据第 7.2 节中建立的估计前提，我们假设知道过程的平均值，这是初始最优估计，根据式（7－8）

$$\hat{\boldsymbol{x}}_0 = \mathcal{E}(\boldsymbol{x}_0) = \boldsymbol{\mu}_0 \tag{7-58}$$

此外，我们假设过程的初始协方差已知

$$\operatorname{cov}(\boldsymbol{X}_0, \boldsymbol{X}_0) = \boldsymbol{P}_0 \tag{7-59}$$

式中，$\boldsymbol{P}_0$ 是满秩（可逆）矩阵。通常情况下，特别是当状态变量是一个误差时，其初始均值被假定为零，其方差和协方差是已知的。例如，在 INS 初始化的过程中，指定的位置和速度其误差具有零均值和给定的协方差阵。

根据第 7.2 节的讨论，我们可以假设随机过程 $\boldsymbol{x}_0$ 是高斯的。也就是说，由式（7－58）和式（7－59）得

$$\boldsymbol{X}_0 \sim \mathcal{N}(\boldsymbol{\mu}_0, \boldsymbol{P}_0) \tag{7-60}$$

我们还注意到，根据定义，估计量 $\hat{\boldsymbol{X}}$ 在 t_0 时刻是无偏的

$$\mathcal{E}(\hat{\boldsymbol{X}}_0)=\boldsymbol{\mu}_0 \tag{7-61}$$

其中，$\boldsymbol{\mu}_0$ 是期望值的真值。有了这些准备工作，我们可以依次考虑预测和滤波步骤。

7.3.2.1　预测

在任何时刻 t_k，状态会根据状态转移矩阵 $\boldsymbol{\Phi}$ 和驱动噪声 $\boldsymbol{W}_k$ 进行传播，如模型式（7－54）所示。在没有观测的情况下，我们寻求 t_k 时刻 $\boldsymbol{X}$ 的最佳估计值始终是以所有先验信息为条件的期望值，因此

$$\begin{aligned}\hat{\boldsymbol{x}}_k&=\mathcal{E}(\boldsymbol{X}_k)\\&=\boldsymbol{\Phi}(t_k,t_{k-1})\mathcal{E}(\boldsymbol{X}_{k-1})-\boldsymbol{G}_k\mathcal{E}(\boldsymbol{W}_k)\\&=\boldsymbol{\Phi}(t_k,t_{k-1})\hat{\boldsymbol{x}}_{k-1}\end{aligned} \tag{7-62}$$

其中，白噪声过程的期望值为零，这就是预测。当然，在某些初始时间（如 t_0），需要给出状态估计，如式（7－58）中所述，以启动递归预测算法，根据式（7－62）计算后续（最佳）估计值。为方便起见，由于讨论未涉及观测值，尚未使用符号 $\hat{\boldsymbol{x}}_k^-$。如果初始值为零，则在没有观测的情况下，所有时间的预测估计值将为零。而且，如果被解释为估计量的估计在前一个历元 t_{k-1} 处是无偏的，则在 t_k 时刻也是无偏的

$$\mathcal{E}(\hat{\boldsymbol{X}}_k)=\boldsymbol{\Phi}(t_k,t_{k-1})\boldsymbol{\mu}_{k-1}=\boldsymbol{\mu}_k \tag{7-63}$$

其中，第二个等式通过取式（7－54）的期望值来确定。

与估计值相关联的协方差也以类似方式进行传递。通过定义，再次将该估计解释为估计量，$\hat{\boldsymbol{x}}_k\rightarrow\hat{\boldsymbol{X}}_k$

$$\boldsymbol{P}_k=\mathcal{E}\{[\hat{\boldsymbol{X}}_k-\mathcal{E}(\hat{\boldsymbol{X}}_k)][\hat{\boldsymbol{X}}_k-\mathcal{E}(\ddot{\boldsymbol{X}}_k)]^{\mathrm{T}}\} \tag{7-64}$$

并且，在代入式（7－54）和式（7－63）后，得到

$$\boldsymbol{P}_k=\mathcal{E}\{[\boldsymbol{\Phi}(t_k,t_{k-1})\ddot{\boldsymbol{X}}_{k-1}-\boldsymbol{\mu}_{k-1}+\boldsymbol{G}_k\boldsymbol{W}_k][\boldsymbol{\Phi}(t_k,t_{k-1})\ddot{\boldsymbol{X}}_{k-1}-\boldsymbol{\mu}_{k-1}+\boldsymbol{G}_k\boldsymbol{W}_k]^{\mathrm{T}}\} \tag{7-65}$$

假设在 t_k 时刻的噪声过程 $\boldsymbol{W}_k$ 与该过程 $\boldsymbol{X}$ 不相关，即 $\mathcal{E}(\ddot{\boldsymbol{X}}_{k-1}\boldsymbol{W}_k^{\mathrm{T}})=\boldsymbol{0}$

$$\boldsymbol{P}_k=\boldsymbol{\Phi}(t_k,t_{k-1})\mathcal{E}[(\ddot{X}_{k-1}-\mu_{k-1})(\ddot{X}_{k-1}-\mu_{k-1})^{\mathrm{T}}]\boldsymbol{\Phi}^{\mathrm{T}}(t_k,t_{k-1})+\boldsymbol{G}_k\mathcal{E}(\boldsymbol{W}_k\boldsymbol{W}_k^{\mathrm{T}})\boldsymbol{G}_k^{\mathrm{T}} \tag{7-66}$$

将式（7－63）、式（7－64）应用于 t_{k-1}，并且式（7－55）可简化为

$$\boldsymbol{P}_k=\boldsymbol{\Phi}(t_k,t_{k-1})\boldsymbol{P}_{k-1}\boldsymbol{\Phi}^{\mathrm{T}}(t_k,t_{k-1})+\boldsymbol{G}_k\boldsymbol{Q}_k\boldsymbol{G}_k^{\mathrm{T}} \tag{7-67}$$

方程（7－67）从给定的协方差矩阵 $\boldsymbol{P}_0$ 开始，在时间上传播协方差矩阵，$\boldsymbol{P}_{k-1}$ 具有非负对角线元素，$\boldsymbol{Q}_k$ 也是如此。因此，系统状态的方差不会随着预测而减小，而通常会增加，这取决于驱动噪声的方差。预测不会向系统添加任何信息。

如果假设 $\boldsymbol{W}_k$ 和 $\boldsymbol{X}_0$ 为高斯分布，则 $\boldsymbol{X}_k$ 的概率密度也是高斯分布的，这很容易用数学归纳法证明。事实上，根据归纳假设，设 $\boldsymbol{X}_{k-1}\sim\mathcal{N}(\boldsymbol{\mu}_{k-1},\boldsymbol{P}_{k-1})$，并从式（7－54）中注意到，$\boldsymbol{X}_k$ 是两个高斯随机变量（也是独立分布的）的线性组合。高斯性在线性变换下保持不变［见式（6－35）］，因此 $\boldsymbol{X}_k$ 也是一个协方差为 $\boldsymbol{P}_k$ 且均值为 $\boldsymbol{\mu}_k$ 的高斯随机变量

$$\boldsymbol{X}_k \sim \mathcal{N}(\boldsymbol{\mu}_k, \boldsymbol{P}_k) \tag{7-68}$$

这就完成了简单预测。根据可用信息，估算式（7-62）是我们能够做到的“最佳”值，在这种情况下，它只是具有初始条件［式（7-58）］下的模型［式（7-54）］。在初始条件［式（7-59）］下，相应估计量的协方差按式（7-67）表示。在各种随机过程的高斯假设下，状态变量的概率密度是完全确定的。

7.3.2.2　滤波

上一节关于预测的结果类似于误差传播分析的直接应用，但在我们的估计问题中不是最重要的。相反，一旦引入外部观测方程式（7-56），就希望找到最佳利用这一新信息的估计值。这可称为过滤（见第 7.1 节），因为我们希望消除在当时（或之前）可以观察到预测中的误差成分。在递归假设下，我们假设在 t_{k-1} 时刻，状态向量的估计 $\hat{\boldsymbol{x}}_{k-1}$ 以及相关协方差在所有信息（系统动态和观测）的基础上都尽可能是已知的。后续时间 t_k 的估计和协方差通过两步获得：观测之前从 t_{k-1} 到 t_k 的预测，然后根据新的信息对 t_k 的观测进行估计和更新。根据第 7.2 节中开发的估算理论，以最佳方式执行此更新。

预测由估计值式（7-62）给出，误差的协方差为式（7-67），其中现在用特殊符号表示观测值尚未纳入预测过程

$$\hat{\boldsymbol{x}}_k^- = \boldsymbol{\Phi}(t_k, t_{k-1})\hat{\boldsymbol{x}}_{k-1} \tag{7-69}$$

$$\boldsymbol{P}_k^- = \boldsymbol{\Phi}(t_k, t_{k-1})\boldsymbol{P}_{k-1}\boldsymbol{\Phi}^{\mathrm{T}}(t_k, t_{k-1}) + \boldsymbol{G}_k\boldsymbol{Q}_k\boldsymbol{G}_k^{\mathrm{T}} \tag{7-70}$$

式中，$\hat{\boldsymbol{x}}_k^-$ 和 $\boldsymbol{P}_k^-$ 分别为状态变量的先验期望值和误差协方差。

现在根据式（7-10），在包含观测值 $\boldsymbol{y}_k$ 的条件下，t_k 时刻的最佳估计根据条件期望给出

$$\hat{\boldsymbol{x}}_k^- \equiv \hat{\boldsymbol{x}}_{\mathrm{MMSE}}^- = \mathcal{E}(\boldsymbol{X}_k \mid \boldsymbol{y}_k) = \boldsymbol{\mu}_k \tag{7-71}$$

状态变量的 MMSE 估计是式（7-25）中定义的后验均值。为了方便起见，我们省略了 MMSE 符号。用第 7.2.2.1 节中的 $\boldsymbol{\mu}_0$ 来确定最佳先验估计 $\hat{\boldsymbol{x}}_k^-$，然后根据式（7-36）～式（7-38）用适当的角标给出基于 t_k 时刻观测的状态变量的最佳后验估计

$$\hat{\boldsymbol{x}}_k^- = \hat{\boldsymbol{x}}_k^- + \boldsymbol{K}_k(\boldsymbol{y}_k - \boldsymbol{H}_k\hat{\boldsymbol{x}}_k^-) \tag{7-72}$$

$$\boldsymbol{P}_k = (I - \boldsymbol{K}_k\boldsymbol{H}_k)\boldsymbol{P}_k^-(\boldsymbol{I} - \boldsymbol{K}_k\boldsymbol{H}_k)^{\mathrm{T}} + \boldsymbol{K}_k\boldsymbol{R}_k\boldsymbol{K}_k^{\mathrm{T}} \tag{7-73}$$

其中

$$\boldsymbol{K}_k = \boldsymbol{P}_k^-\boldsymbol{H}_k^{\mathrm{T}}(\boldsymbol{H}_k\boldsymbol{R}_k^-\boldsymbol{H}_k^{\mathrm{T}} + \boldsymbol{R}_k)^{-1} \tag{7-74}$$

式（7-69）～式（7-74）包括了预测和滤波过程，构成了卡尔曼滤波。

将 $\hat{\boldsymbol{x}}_k$，$\hat{\boldsymbol{x}}_k^-$ 解释为随机变量 $\hat{\boldsymbol{X}}_k$，$\hat{\boldsymbol{X}}_k^-$ 的实现，并注意到观测也是随机变量 $\boldsymbol{Y}_k$ 的实现。我们将从式（7-63）中得到 $\mathcal{E}(\hat{\boldsymbol{X}}_k^-) = \boldsymbol{\mu}_k$，以及根据式（7-56）得到 $\mathcal{E}(\boldsymbol{Y}_k) = \boldsymbol{H}_k\,\mathcal{E}(\hat{\boldsymbol{X}}_k^-) = \boldsymbol{H}_k\boldsymbol{\mu}_k$；因此，估计式（7-72）也是无偏的

$$\mathcal{E}(\hat{\boldsymbol{X}}_k) = \mathcal{E}(\hat{\boldsymbol{X}}_k^-) + \boldsymbol{K}_k[\mathcal{E}(\boldsymbol{Y}_k) - \boldsymbol{H}_k\,\mathcal{E}(\ddot{\boldsymbol{X}}_k^-)] = \boldsymbol{\mu}_k \tag{7-75}$$

由于我们明确地假设先验过程是高斯过程，因此后验过程也是高斯过程，如式（7-22）和式（7-23）所示，并确定状态变量的完全概率分布，即估计误差为

$$\boldsymbol{X}_k \sim \mathcal{N}(\boldsymbol{\mu}_k, \boldsymbol{P}_k) \tag{7-76}$$

根据式（7－25），对后验估计的另一种有分辨力的解释是先验均值和观测值的加权和。当 $\boldsymbol{y}$ 被缩放为 $\boldsymbol{x}$ 的单位时，权值之和等于单位矩阵，这可以在 $\boldsymbol{H}$ 是非奇异矩阵的情况下看到（对于任意 $\boldsymbol{H}$ 存在一个泛化）。向 $\boldsymbol{x}$ 类单元的变换过程为 $\boldsymbol{H}^{-1}\boldsymbol{y}$，根据式（7－25）的后验估计为

$$\hat{\boldsymbol{x}}_k = \boldsymbol{P}_k[(\boldsymbol{P}_k^-)^{-1}\hat{\boldsymbol{x}}_k^- + \boldsymbol{H}_k^{\mathrm{T}}\boldsymbol{R}_k^{-1}(\boldsymbol{H}_k\boldsymbol{H}_k^{-1})\boldsymbol{y}_k] \tag{7-77}$$

式（7－26）证明 $\hat{\boldsymbol{x}}_k^-$ 和 $\boldsymbol{H}_k^{-1}\boldsymbol{y}_k$ 的权重之和为1。

矩阵 $\boldsymbol{K}_k$ 称为卡尔曼增益矩阵。粗略地说，它可以理解为观察提供的新信息相对于先验信息的比率；$\boldsymbol{y}_k - \boldsymbol{H}_k\hat{\boldsymbol{x}}_k^-$ 被称为新息（innovation），它是观测值与其期望值之间的差值。增益决定了在先验估计中应该增加多少新息。如果观测结果不是很准确，即 $\boldsymbol{R}_k$ 很大（与 $\boldsymbol{P}_k^-$ 相比），那么根据式（7－74），增益很小，增加的新息也很少；也就是说，不准确的观测值对估计值的影响很小。如果观测值非常准确，即 $\boldsymbol{R}_k$ 很小，则后验估计值很大程度上取决于观测值，不管先验估计是什么。也就是说，先验估计值可能非常差，如果观测值准确，将使变量的估计值"回到现实"。对于 $\boldsymbol{H}_R = \boldsymbol{I}$ 特殊情况，可以很容易看出这一点；进而有 $\boldsymbol{R}_k \to \boldsymbol{0}$；$\boldsymbol{K}_k \to \boldsymbol{I}$ 以及 $\hat{\boldsymbol{x}}_k \to \boldsymbol{y}_k$。

再次注意，预测和更新的协方差的计算与估计值和观测值无关，就像卡尔曼增益矩阵的计算一样。图7－1给出了估算过程的预测和更新步骤的算法视图。协方差计算被视为一个独立于估计值和观测值的循环。还应注意式（7－60）中给出的重要初始条件。

尽管先验和后验协方差的形式［式（7－70）和式（7－73）］有助于确保计算矩阵的对称性和正定性，但谨慎的做法是，在每一步中由下式替换计算的 $\boldsymbol{P}_k^-$ 和 $\boldsymbol{P}_k$

$$\boldsymbol{P}_k^- \leftarrow \frac{1}{2}[\boldsymbol{P}_k^- + (\boldsymbol{P}_k^-)^{\mathrm{T}}], \boldsymbol{P}_k \leftarrow \frac{1}{2}[\boldsymbol{P}_k + (\boldsymbol{P}_k)^{\mathrm{T}}] \tag{7-78}$$

这一技巧至少使协方差矩阵具有对称性。卡尔曼递归算法的长期数值稳定性还取决于系统噪声函数和观测更新（见第7.7.1.3节）。其他增强稳定性的数值技术包括平方根（$\boldsymbol{P}_k$）公式、基于 $\boldsymbol{P}_k$ 分解为上三角矩阵和对角矩阵（U－D分解）的算法，以及这些代数算法的结合（Bierman，1977）。

7.3.2.3　平滑

离散观测值的平滑问题表示为基于该时间前后的一组观测值在某一时间 t_k 的状态向量估计。历史上，有三种类型的平滑器（Meditch，1973；安德森和摩尔，1979）。如前所述，我们用 $\hat{\boldsymbol{x}}_k$ 表示时刻 t_k 的状态向量的估计。

（1）定点平滑

其与定点 j 处的估计值 $\hat{\boldsymbol{x}}_j$ 有关，而 $k(k > j)$ 随着新观测值可用而增加。例如，这将适用于 $t = t_0$ 后使用外部速度观测的初始对准问题（见第8章），在这种情况下，固定点 j 表示标定参考点。

（2）固定滞后平滑

对于一个固定的时间延迟 $M\Delta t$ ，基于到时刻 t_k，$k=M$，$M+1$，… 的所有观测，导致平滑状态 $\hat{\boldsymbol{x}}_{k-M}$ ，在实时数据处理中，如果延迟时间短于系统中的其他重要延迟，则这种平滑是可实现的。

（3）固定区间平滑

在一个区间内任意时刻 t_k ，其产生一个估计值 $\hat{\boldsymbol{x}}_{k/N}$ ，在该区间内观测值可用，$k\in[0, 1, \cdots, N]$。这种类型的平滑只能在任务后数据处理中进行。下标符号“k/N”是指基于区间（即从 t_0 到 t_N）的所有观测值对时刻 t_k 的状态向量的估计。

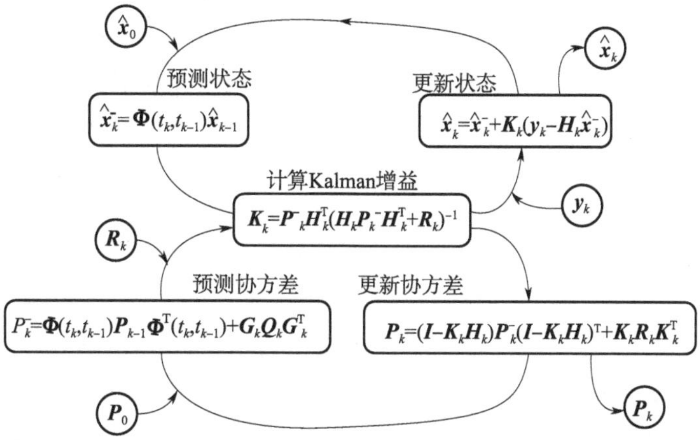

图 7-1　卡尔曼滤波循环

INS/GPS 组合导航系统的一个重要（任务后）应用是使用 INS 对离散 GPS 观测更新之间的位置进行最佳插值（见第 10.3 节）。这正好符合我们主要考虑的固定区间平滑类型。平滑算法有几种版本。它们基本上是基于前向时间滤波器（通常指已讨论的卡尔曼滤波器）和后向时间滤波器的组合，从区间的最后一个时间开始，预测并向后更新到间隔的某个点。基本算法通常与 Rauch、Tung 和 Striebel（1965）有关，因此被称为 RTS 算法。Fraser（1967）和 Bierman（1973）等人已经得出了这方面的替代方案和变体。我们介绍了 Fraser 算法（另见 Maybeck，1982)，因为这种算法最容易从前面的介绍中推导出来。

为了计算平滑估计 $\hat{\boldsymbol{x}}_{k/N}$ ，我们对 t_k 时刻执行常规卡尔曼滤波，得到 $\hat{\boldsymbol{x}}_k$ 及其协方差 $\boldsymbol{P}_k$；这代表了基于当时所有信息的最佳估计。然后，我们使用状态向量的初始估计及其协方差，在最后一次观测的时间 t_N 之后执行向后滤波。仔细实施时间角标后，可以使用相同的卡尔曼滤波方程，确保状态转移矩阵包含正确的时间方向（见图 7-2）。用下标 b 表示后向滤波器估计，与式（7-72）、式（7-73）和式（7-74）类似，对于 $j=N$，$N-1$，…，$k+1$，后向更新为

$$\hat{\boldsymbol{x}}_{b_j}=\hat{\boldsymbol{x}}_{b_j}^- +\boldsymbol{K}_{b_j}(\boldsymbol{y}_j-\boldsymbol{H}_j\hat{\boldsymbol{x}}_{b_j}^-) \tag{7-79}$$

$$\boldsymbol{P}_{b_j}=(\boldsymbol{I}-\boldsymbol{K}_{b_j}\boldsymbol{H}_j)\boldsymbol{P}_{b_j}^-(\boldsymbol{I}-\boldsymbol{K}_{b_j}\boldsymbol{H}_j)^{\mathrm{T}}+\boldsymbol{K}_{b_j}\boldsymbol{R}_j\boldsymbol{K}_{b_j}^{\mathrm{T}} \tag{7-80}$$

其中

$$\boldsymbol{K}_{b_j}=\boldsymbol{P}_{b_j}^{-}\boldsymbol{H}_j^{\mathrm{T}}(\boldsymbol{H}_j\boldsymbol{P}_{b_j}^{-}\boldsymbol{H}_j^{\mathrm{T}}+\boldsymbol{R}_j)^{-1} \tag{7-81}$$

初始量是 $\hat{\boldsymbol{x}}_{b_N}^{-}$ 和 $\boldsymbol{P}_{b_N}^{-}$ 。与式（7－63）和式（7－67）类似，在 $j=N-1$，$N-2$，…，k 时刻的后向预测为

$$\hat{\boldsymbol{x}}_{b_j}^{-}=\boldsymbol{\Phi}(t_j,t_{j+1})\hat{\boldsymbol{x}}_{b_{j+1}} \tag{7-82}$$

相关的误差协方差为

$$\boldsymbol{P}_{b_j}^{-}=\boldsymbol{\Phi}(t_j,t_{j+1})\boldsymbol{P}_{b_{j+1}}\boldsymbol{\Phi}^{\mathrm{T}}(t_j,t_{j+1})+\boldsymbol{G}_j\boldsymbol{Q}_j\boldsymbol{G}_j^{\mathrm{T}} \tag{7-83}$$

注意，$\hat{\boldsymbol{x}}_{b_{j-1}}^{-}$ 和 $\boldsymbol{P}_{b_{j-1}}^{-}$ 仅指历元 t_j 右侧的预测。换言之，第二个滤波器的结果是 $\hat{\boldsymbol{x}}_{b_k}^{-}$ ，是在 t_k 处尚未纳入观测值的状态以及其误差协方差 $\boldsymbol{P}_{b_k}^{-}$ 的后向估计。前向滤波器 $\hat{\boldsymbol{x}}_k^{-}$ 与后向滤波器 $\hat{\boldsymbol{x}}_{b_k}^{-}$ 的两个估计值组合如下式，我们将估计 $\hat{\boldsymbol{x}}_k$ 解释为“先验”估计，将后向估计 $\hat{\boldsymbol{x}}_{b_k}^{-}$ 解释为整个状态向量的观测。在这种情况下，$\boldsymbol{H}$ 矩阵是单位矩阵，式（7－25）产生“后验概率”或平滑估计

$$\hat{\boldsymbol{x}}_{k/N}=\boldsymbol{P}_{k/N}[\boldsymbol{P}_k^{-1}\hat{\boldsymbol{x}}_k+(\boldsymbol{P}_{b_k}^{-})^{-1}\hat{\boldsymbol{x}}_{b_k}^{-}] \tag{7-84}$$

其中，根据式（7－26）可得

$$\boldsymbol{P}_{k/N}=[\boldsymbol{P}_k^{-1}+(\boldsymbol{P}_{b_k}^{-})^{-1}]^{-1} \tag{7-85}$$

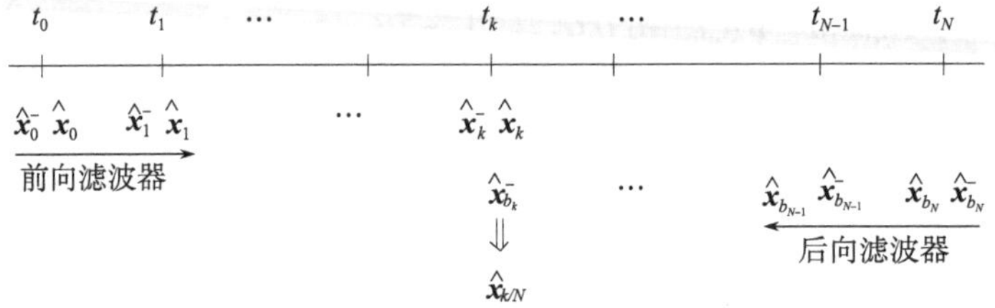

图 7－2　固定区间卡尔曼平滑估计的时间线和符号（在历元 t_j ，当没有可用的观测值时，$\hat{\boldsymbol{x}}_j=\hat{\boldsymbol{x}}_j^{-}$ 或 $\hat{\boldsymbol{x}}_{b_j}=\hat{\boldsymbol{x}}_{b_j}^{-}$）

这两个滤波器公式的主要难点在于，时间 t_N 的状态向量的初始后向估计 $\hat{\boldsymbol{x}}_{b_N}^{-}$ 未知。这与 t_N 处的前向估计的协方差矩阵 $\boldsymbol{P}_N$ 必须等于 t_N 处的平滑估计的协方差矩阵 $\boldsymbol{P}_{N/N}$ 的条件一致，因为当时的两个估计都基于相同的信息。我们从式（7－85）得到

$$(\boldsymbol{P}_{b_N}^{-})^{-1}=\boldsymbol{0} \tag{7-86}$$

表明在 t_N 时刻纳入观测之前没有可用的信息，即使在合并了这一观测结果之后，也不能估计所有状态，这意味着逆协方差矩阵（Fisher 信息矩阵，第 7.2.2.2 节）仍然是奇异的（这里我们稍混用了符号，在一个不可逆矩阵上保留了逆符号“－1”）。然而，可以根据信息矩阵重新构造后向滤波器，这也称为逆协方差滤波器，也可以在初始协方差为无穷（不存在）的情况下应用于正向意义。也就是说，随后的推导假设所有协方差矩阵都是满秩的，但得到的滤波器方程只涉及信息矩阵，最终可能允许信息矩阵的秩小于满秩。

我们从向后状态到一组新状态的转换开始

$$\boldsymbol{Z}_j=\boldsymbol{P}_{b_j}^{-1}\boldsymbol{X}_{b_j} \tag{7-87}$$

虽然未知，但假设初始估计 $\hat{\boldsymbol{x}}_{b_N}^{-}$ 是有界的，因此由式（7－86）得出

$$\hat{\boldsymbol{z}}_N^- = \mathbf{0} \tag{7-88}$$

由于式（7-86），因此上式不存在不确定性。实际上，由于式（7-87）意味着 $\mathcal{E}(\boldsymbol{Z}_j) = \boldsymbol{P}_{b_j}^{-1}\mathcal{E}(\boldsymbol{X}_{b_j})$，因此［见式（6-27）］通常与 $\hat{\boldsymbol{z}}_j$ 相关联的协方差矩阵由下式给出

$$\boldsymbol{D}_j = \mathcal{E}\{[Z_j - \mathcal{E}(Z_j)][Z_j - \mathcal{E}(Z_j)]^{\mathrm{T}}\} = P_{b_j}^{-1}P_{b_j}P_{b_j}^{-1} = P_{b_j}^{-1} \tag{7-89}$$

所以，对于初始估计 $\hat{\boldsymbol{z}}_N^-$，根据式（7-86）可得

$$\boldsymbol{D}_N^- = \mathbf{0} \tag{7-90}$$

估计值 $\hat{\boldsymbol{z}}_j$ 的递归更新方程如下所示，只需替换式（7-87）转化为式（7-25），并正确识别先验量和后验量（例如，$\boldsymbol{\mu}_0 \to \boldsymbol{x}_{b_j}^- = \boldsymbol{P}_{b_j}^-\hat{\boldsymbol{z}}_j^-$ 和 $\boldsymbol{P}_0 \to \boldsymbol{P}_{b_j}^-$）

$$\begin{aligned}\hat{\boldsymbol{z}}_j &= \boldsymbol{P}_{b_j}^{-1}\hat{\boldsymbol{x}}_{b_j} = \boldsymbol{P}_{b_j}^{-1}\boldsymbol{P}_{b_j}[\boldsymbol{H}_j^{\mathrm{T}}\boldsymbol{R}_j^{-1}\boldsymbol{y}_j + (\boldsymbol{P}_{b_j}^-)^{-1}(\boldsymbol{P}_{b_j}^-\hat{\boldsymbol{z}}_j^-)] \\ &= \boldsymbol{H}_j^{\mathrm{T}}\boldsymbol{R}_j^{-1}y_j + \hat{\boldsymbol{z}}_j^-\end{aligned} \tag{7-91}$$

与 $\hat{\boldsymbol{x}}_{b_j}$ 相关的后验信息矩阵，由式（7-43）给出

$$\boldsymbol{P}_{b_j}^{-1} = (\boldsymbol{P}_{b_j}^-)^{-1} + \boldsymbol{H}_j^{\mathrm{T}}\boldsymbol{R}^{-1}\boldsymbol{H}_j \tag{7-92}$$

这样，只要信息矩阵是可逆的，就可以从式（7-87）和式（7-91）中计算后验估计 $\hat{\boldsymbol{x}}_{bj}$。

递归预测方程需要更多的代数计算。为了获得预测信息矩阵 $(\boldsymbol{P}_{bj}^-)^{-1}$（作为 $\hat{\boldsymbol{z}}_{b_j}^-$ 的误差协方差矩阵），我们需要以下有用的矩阵逆恒等式（Henderson 和 Searle，1981）

$$(\boldsymbol{A} + \boldsymbol{B}^{\mathrm{T}}\boldsymbol{C})^{-1} = \boldsymbol{A}^{-1} - \boldsymbol{A}^{-1}\boldsymbol{B}^{\mathrm{T}}(\boldsymbol{I} + \boldsymbol{C}\boldsymbol{A}^{-1}\boldsymbol{B}^{\mathrm{T}})^{-1}\boldsymbol{C}\boldsymbol{A}^{-1} \tag{7-93}$$

式中，$\boldsymbol{A}$ 是非奇异矩阵，$\boldsymbol{B}$ 和 $\boldsymbol{C}$ 是任意矩阵。令

$$\boldsymbol{A}_{j+1} = \boldsymbol{\Phi}(t_j, t_{j+1})\boldsymbol{P}_{b_{j+1}}\boldsymbol{\Phi}^{\mathrm{T}}(t_j, t_{j+1}) \tag{7-94}$$

用 $\boldsymbol{B}^{\mathrm{T}} = \boldsymbol{G}_j\boldsymbol{Q}_j$ 和 $\boldsymbol{C} = \boldsymbol{C}_j^{\mathrm{T}}$ 代入式（7-83）～式（7-93）得出

$$(\boldsymbol{P}_{b_j}^-)^{-1} = \boldsymbol{A}_{j+1}^{-1} - \boldsymbol{A}_{j+1}^{-1}\boldsymbol{G}_j\boldsymbol{Q}_j(\boldsymbol{I} + \boldsymbol{G}_j^{\mathrm{T}}\boldsymbol{A}_{j+1}^{-1}\boldsymbol{G}_j\boldsymbol{Q}_j)^{-1}\boldsymbol{G}_j^{\mathrm{T}}\boldsymbol{A}_{j+1}^{-1} \tag{7-95}$$

现在，使用式（2-55）得到

$$\boldsymbol{\Phi}^{-1}(t_j, t_{j+1}) = \boldsymbol{\Phi}(t_{j+1}, t_j) \tag{7-96}$$

因此

$$\boldsymbol{A}_{j+1}^{-1} = \boldsymbol{\Phi}^{\mathrm{T}}(t_{j+1}, t_j)\boldsymbol{P}_{b_{j+1}}^{-1}\boldsymbol{\Phi}(t_{j+1}, t_j) \tag{7-97}$$

令

$$\begin{aligned}\boldsymbol{S}_{j+1} &= \boldsymbol{A}_{j+1}^{-1}\boldsymbol{G}_j\boldsymbol{Q}_j(\boldsymbol{I} + \boldsymbol{G}_j^{\mathrm{T}}\boldsymbol{A}_{j+1}^{-1}\boldsymbol{G}_j\boldsymbol{Q}_j)^{-1} \\ &= \boldsymbol{A}_{j+1}^{-1}\boldsymbol{G}_j(\boldsymbol{G}_j\boldsymbol{A}_{j+1}^{-1}\boldsymbol{G}_j + \boldsymbol{Q}_j)^{-1}\end{aligned} \tag{7-98}$$

然后，预测信息矩阵由下式给出

$$(\boldsymbol{P}_{b_j}^-)^{-1} = \boldsymbol{A}_{j+1}^{-1} - \boldsymbol{S}_{j+1}\boldsymbol{G}_j^{\mathrm{T}}\boldsymbol{A}_{j+1}^{-1} \tag{7-99}$$

计算上更稳定的形式是 Joseph 形式［类似于式（7-41）和式（7-35）的等价形式，其中 $\boldsymbol{S}_{j+1}$ 类似于 $\boldsymbol{K}$］

$$(\boldsymbol{P}_{b_j}^-)^{-1} = (\boldsymbol{I} - \boldsymbol{S}_{j+1}\boldsymbol{G}_j^{\mathrm{T}})\boldsymbol{A}_{j+1}^{-1}(\boldsymbol{I} - \boldsymbol{S}_{j+1}\boldsymbol{G}_j^{\mathrm{T}})^{\mathrm{T}} + \boldsymbol{S}_{j+1}\boldsymbol{Q}_j^{-1}\boldsymbol{S}_{j+1}^{\mathrm{T}} \tag{7-100}$$

可通过扩展右侧的第一项并利用式（7-98）进行验证。在这种情况下，$\boldsymbol{Q}_j$ 必须是非奇异的。

另外，状态的预测可以完全用信息矩阵来表示，从式（7－82）开始，重写为

$$(\boldsymbol{P}_{b_j}^{-})^{-1}\hat{\boldsymbol{x}}_{b_j}^{-}=(\boldsymbol{P}_{b_j}^{-})^{-1}\boldsymbol{\Phi}(t_j,t_{j+1})\boldsymbol{P}_{b_{j+1}}\boldsymbol{P}_{b_{j+1}}^{-1}\hat{\boldsymbol{x}}_{b_{j+1}} \tag{7-101}$$

由式（7－87）、式（7－94）和式（7－96）得

$$\begin{aligned}\hat{\boldsymbol{z}}_j^{-}&=(\boldsymbol{P}_{b_j}^{-})^{-1}\boldsymbol{\Phi}(t_j,t_{j+1})\boldsymbol{P}_{b_{j+1}}\hat{\boldsymbol{z}}_{j+1}\\&=(\boldsymbol{P}_{b_j}^{-})^{-1}\boldsymbol{\Phi}(t_j,t_{j+1})\boldsymbol{P}_{b_{j+1}}\boldsymbol{\Phi}^{\mathrm{T}}(t_j,t_{j+1})\boldsymbol{\Phi}^{\mathrm{T}}(t_{j+1},t_j)\hat{\boldsymbol{z}}_{j+1}\\&=(\boldsymbol{P}_{b_j}^{-})^{-1}\boldsymbol{A}_{j+1}\boldsymbol{\Phi}^{\mathrm{T}}(t_j,t_{j+1})\hat{\boldsymbol{z}}_{j+1}\end{aligned} \tag{7-102}$$

最后，代入式（7－99）得到 $\boldsymbol{z}_{j-1}$ 的后向预测

$$\hat{\boldsymbol{z}}_j^{-}=(\boldsymbol{I}-\boldsymbol{S}_{j+1}\boldsymbol{G}_j^{\mathrm{T}})\boldsymbol{\Phi}^{\mathrm{T}}(t_{j+1},t_j)\hat{\boldsymbol{z}}_{j+1} \tag{7-103}$$

式（7－103）中出现的过渡矩阵用于前向预测。同样，如前所述，当 $(\boldsymbol{P}_{bj}^{-})^{-1}$ 可逆时，可以根据式（7－87）计算 $\hat{\boldsymbol{x}}_{b_j}^{-}$ 。

利用信息矩阵表示的后向滤波器，根据式（7－84），时刻 t_k 的平滑估计变为

$$\hat{\boldsymbol{x}}_{k/N}=\boldsymbol{P}_{k/N}(\boldsymbol{P}_k^{-1}\hat{\boldsymbol{x}}_k+\hat{\boldsymbol{z}}_k^{-}) \tag{7-104}$$

其中，$\boldsymbol{P}_{k/N}$ 由式（7－85）给出，$(\boldsymbol{P}_{b_k}^{-})^{-1}$ 由式（7－100）给出。

总之，基于该区间内的所有观测值，计算区间 $[t_0,\ t_k]$ 内任意时刻 t_k 的平滑估计及其误差协方差，需要两个递归滤波器。为了在该区间的多个点需要平滑估计的情况下降低计算量，可以首先计算后向滤波器，保存估计值 $\hat{\boldsymbol{z}}_j$ 及其误差协方差，然后立即使用保存的值进行前向滤波，以计算整个区间内的平滑估计。对于长时间间隔和许多状态，此方法所需的计算机内存可能是不允许的。此外，对于每个平滑估计，必须计算方程（7－85）中的两个协方差矩阵的逆。如果这些矩阵变得近似奇异，则过程可能变得不稳定。

RTS 算法（Gelb，1974）同样由前向递归扫描（滤波）和后向扫描（平滑）组成。在这种情况下，所有前向估计和协方差都会被保存，并在后向扫描中递归计算平滑估计及其误差协方差。该算法要求保存所有前向值，即使在区间中仅搜索一个平滑估计，因此不太适合特定的应用。Bierman（1973）改进的 Bryson－Frazier 算法与上面推导的 Fraser 算法类似，但避免了协方差矩阵求逆的计算。

我们注意到，对于给定数量的 N 个观测值，则固定区间平滑算法会产生定点平滑。在这种情况下，定点平滑估计简单地为 $\hat{\boldsymbol{x}}_{0/N}$，误差协方差为 $\boldsymbol{P}_{0/N}$ 。然而，这不是一个递归算法，因为它排除了进一步的观测（时刻 t_N 后）。在（Maybeck，1982）和（Gelb，1974）中可以找到更适合于估计分析的递归算法。

7.4　离散线性动态模型

第 7.3 节建立了一个递归算法，用于计算时刻 t_k 的系统状态变量的最佳估计。基于递归假设式（7－44），假设系统状态的离散转换模型是很自然的，估计算法以离散、递归、计算方便的方式进行。然而，INS 系统误差及其动态的描述是根据物理原理确定的，并以可微（因此为连续）函数的线性微分方程的形式给出［见式（5－66）］。从根本上说，所

有发展都源自牛顿第二运动定律［式（1－5）］，其中系统变量的位置和速度，在持续时间 t 上由严格的物理定律控制。因此，尽管在最基本的层面上，传感器和测量系统本质上是离散化的，但我们的系统状态模型是基于时间的连续函数，而不是离散函数。

为了将连续系统描述（线性微分方程）转化为离散系统描述（线性差分方程），我们形式化地求解了一般增量时间区间 Δt 上的微分方程。通过这种方式，微分方程的解在每个时间段末尾被离散（或采样），然后它也作为后续时间间隔的初始条件。可以采用某些近似来简化计算，结果是系统状态的离散过渡模型与式（7－54）中提出的相同。

我们从一个连续系统开始，假设它是一组线性的、非齐次的、一阶（常）微分方程组

$$\dot{\boldsymbol{X}}(t)=\boldsymbol{F}(t)\boldsymbol{X}(t)+\boldsymbol{C}(t)\boldsymbol{s}(t)+\boldsymbol{G}(t)\boldsymbol{W}(t) \tag{7-105}$$

式中，$\boldsymbol{X}(t)$ 是随机系统变量（随机过程）的向量，依赖于时间 t，其均值和协方差假定已知。$\boldsymbol{F}$、$\boldsymbol{C}$ 和 $\boldsymbol{G}$（可能）是与时间有关并且含义明确的矩阵；$\boldsymbol{s}(t)$ 是一个给定的关于 t 的向量函数，而 $\boldsymbol{W}(t)$ 是一个连续的、零均值的、白噪声的、高斯的向量过程。在写微分方程（7－105）时，我们对随机连续性和可微性作与第 6.5 节中相同的解释。因此方程的非齐次部分，即驱动或强迫系统的部分，由确定性分量 $\boldsymbol{C}(t)\boldsymbol{s}(t)$ 和随机分量 $\boldsymbol{G}(t)\boldsymbol{W}(t)$ 组成。前者称为控制输入，因为它已被指定并被用来限定系统的动态行为。

相关控制理论可参考其他文献（例如，Brogan，1974）。这里我们设置 $\boldsymbol{C}(t)=\boldsymbol{0}$，因此，强迫项是完全随机的，在某种意义上是“失控”的

$$\dot{\boldsymbol{X}}(t)=\boldsymbol{F}(t)\boldsymbol{X}(t)+\boldsymbol{G}(t)\boldsymbol{W}(t) \tag{7-106}$$

对 t 的显式依赖将随机变量 $\boldsymbol{X}(t)$ 和 $\boldsymbol{W}(t)$ 区别于它们的离散模拟。我们可以考虑高阶线性差分方程来描述动态，但通过适当地增广变量向量，这些方程总是可以简化为一阶方程，如第 2.2 节所述。

线性一阶微分方程组，如式（7－106），对 $\boldsymbol{X}(t)$ 比较容易求解。方程形式为式（2－12），其解为式（2－70），即由参数变分法确定的齐次解与特解的和

$$\boldsymbol{X}(t)=\boldsymbol{\Phi}(t,t_0)\boldsymbol{X}(t_0)+\int_{t_0}^{t}\boldsymbol{\Phi}(t,t')\boldsymbol{G}(t')\boldsymbol{W}(t')\mathrm{d}t' \tag{7-107}$$

其中，矩阵函数 $\boldsymbol{\Phi}(t,\ t')$ 称为状态转移矩阵，对于固定的 t'，满足微分方程（2－57）

$$\frac{\mathrm{d}}{\mathrm{d}t}\boldsymbol{\Phi}(t,t')=\boldsymbol{F}(t)\boldsymbol{\Phi}(t,t') \tag{7-108}$$

注意，解［式（7－107）］包含随机变量初值 $\boldsymbol{X}(t_0)$。

此时，微分方程（7－106）的解实际上只被写成了一个新的量的形式，即状态转移矩阵，它仍然需要通过解微分方程来确定。然而，对于足够小的时间间隔或系统已达到稳态（不存在瞬态），动态矩阵 $\boldsymbol{F}$ 固定或接近常数。对于时不变量 $\boldsymbol{F}$，式（7－108）的解可直接由式（2－58）给出

$$\boldsymbol{\Phi}(t,t')=\mathrm{e}^{\boldsymbol{F}\cdot(t-t')}=\boldsymbol{I}+\frac{1}{1!}\boldsymbol{F}\cdot(t-t')+\frac{1}{2!}\boldsymbol{F}^2\cdot(t-t')^2+\frac{1}{3!}\boldsymbol{F}^3\cdot(t-t')^3+\cdots \tag{7-109}$$

其中利用到式（2－35）。正如第 2.3.1.2 节所讨论的，式（7－106）仍可得到解，即使 $\boldsymbol{F}$

不是常数并且解仍然具有式（7-107）的形式，但 $\boldsymbol{\Phi}(t, t')$ 不是由式（7-109）给出。

正规地，我们可以将连续系统离散化。$t_0=t_{k-1}$，并将 $t=t_k$ 代入式（7-107），得到 $[\boldsymbol{X}_k\equiv\boldsymbol{X}(t_k)]$

$$\boldsymbol{X}_k=\boldsymbol{\Phi}(t_k,t_{k-1})\boldsymbol{X}_{k-1}+\boldsymbol{U}_k \tag{7-110}$$

其中

$$\boldsymbol{U}_k=\int_{t_{k-1}}^{t_k}\boldsymbol{\Phi}(t,t')\boldsymbol{G}(t')\boldsymbol{W}(t')\mathrm{d}t' \tag{7-111}$$

这是式（7-54）中用 $\boldsymbol{U}_k$ 代替 $\boldsymbol{G}_k\boldsymbol{W}_k$ 的形式。然而，我们需要谨慎地解释式（7-54）中的离散白噪声与式（7-111）中的持续白噪声；首先，它们有不同的单位（见下文）。

随机过程 $\boldsymbol{U}_k$ 是式（7-54）所要求的高斯、零均值、离散白噪声过程。事实上，它是白噪声是因为 $\boldsymbol{W}(t)$ 是白噪声，而且区间 $[t_{k-1}, t_k]$ 不重叠，从而排除了 $\boldsymbol{U}_k$ 在各历元之间的相关性。这是一个高斯分布的过程，因为 $\boldsymbol{W}(t)$ 和 $\boldsymbol{U}_k$ 之间存在线性关系（第 6.2.1 节）。因为 $\mathcal{E}[\boldsymbol{W}(t)]=\boldsymbol{0}$，我们有

$$\mathcal{E}(\boldsymbol{U}_k)=\boldsymbol{0} \tag{7-112}$$

因此，状态的 MMSE（预测）估计由式（7-8）给出

$$\hat{\boldsymbol{x}}_k=\boldsymbol{\Phi}(t_k,t_{k-1})\hat{\boldsymbol{x}}_{k-1} \tag{7-113}$$

这和式（7-62）是一样的。但是，这个协方差矩阵需要更仔细的推导。根据定义式（6-27）和式（7-111），我们有

$$\mathcal{E}(\boldsymbol{U}_k\boldsymbol{U}_k^{\mathrm{T}})=\int_{t_{k-1}}^{t_k}\int_{t_{k-1}}^{t_k}\boldsymbol{\Phi}(t,t')\boldsymbol{G}(t')\,\mathcal{E}[\boldsymbol{W}(t')\boldsymbol{W}^{\mathrm{T}}(t'')]\boldsymbol{G}^{\mathrm{T}}(t'')\boldsymbol{\Phi}^{\mathrm{T}}(t,t'')\mathrm{d}t'\mathrm{d}t'' \tag{7-114}$$

白噪声过程的协方差形式上是一个狄拉克 δ 函数，振幅是过程的功率谱密度，见式（6-55）

$$\mathcal{E}[\boldsymbol{W}(t')\boldsymbol{W}^{\mathrm{T}}(t'')]=\mathcal{Q}\,\delta(t'-t'') \tag{7-115}$$

式中，$\mathcal{Q}$是向量 $\boldsymbol{W}(t)$ 中白噪声过程的自功率谱密度和交叉功率谱密度矩阵。利用 δ 函数式（6-54）中积分的特性，则式（7-114）变为

$$\boldsymbol{D}_k=\mathcal{E}(\boldsymbol{U}_k\boldsymbol{U}_k^{\mathrm{T}})=\int_{t_{k-1}}^{t_k}\boldsymbol{\Phi}(t,t')\boldsymbol{G}(t')\,\mathcal{Q}\,\boldsymbol{G}^{\mathrm{T}}(t')\boldsymbol{\Phi}^{\mathrm{T}}(t,t')\mathrm{d}t' \tag{7-116}$$

通过正式地从积分中排除端点 t_k，在半开区间 $[t_{k-1}, t_k)$ 上积分，过程 $\boldsymbol{U}_k$ 和 $\boldsymbol{X}_k$ 是不相关的，并且矩阵 $\boldsymbol{D}_k$ 取代了式（7-67）中的 $\boldsymbol{G}_k\boldsymbol{Q}_k\boldsymbol{G}_k^{\mathrm{T}}$，给出

$$\boldsymbol{P}_k=\boldsymbol{\Phi}(t_k,t_{k-1})\boldsymbol{P}_{k-1}\boldsymbol{\Phi}^{\mathrm{T}}(t_k,t_{k-1})+\boldsymbol{D}_k \tag{7-117}$$

协方差矩阵 $\boldsymbol{D}_k$ 的精确计算需要对转移矩阵和 $\boldsymbol{G}$ 矩阵函数进行积分，如式（7-116）所示。然而，对于一个足够短的积分区间，$\boldsymbol{G}$ 可看作常数矩阵的一阶近似，$\boldsymbol{\Phi}(t, t')\approx\boldsymbol{I}+\boldsymbol{F}(t-t')$ 可能成立。在这种情况下，忽略 Δt^2 阶的项，将方程（7-116）简化为

$$\boldsymbol{D}_k\approx\boldsymbol{G}_k\,\mathcal{Q}\,\Delta t\boldsymbol{G}_k^{\mathrm{T}} \tag{7-118}$$

矩阵 $\boldsymbol{G}$ 仍然与时间 t 有关，因为只假定在区间 Δt 内具有时不变性。

我们注意到 $\mathcal{Q}\,\Delta t$ 和 $\mathcal{Q}/\Delta t$ 在概念上的重要区别。根据式（6-61），$\mathcal{E}(\boldsymbol{W}_k\boldsymbol{W}_k^{\mathrm{T}})=\mathcal{Q}/\Delta t$

是白噪声过程在区间 Δt 上平均的协方差，其中

$$\boldsymbol{W}_k = \frac{1}{\Delta t}\int_{t_{k-1}}^{t_k} \boldsymbol{W}(t)\mathrm{d}t \tag{7-119}$$

为白噪声的一般离散化，见式（6－59）。另一方面，$\boldsymbol{G}_k \mathcal{Q} \Delta t \boldsymbol{G}_k^{\mathrm{T}}$ 是 $\boldsymbol{G}(t)\boldsymbol{W}(t)$ 在区间 Δt 上累积的（近似）协方差。在这个意义上，我们不能用 $\boldsymbol{G}_k\boldsymbol{W}_k$ 来识别（或近似）$\boldsymbol{U}_k$ ，因为 $\boldsymbol{U}_k$ 中的白噪声是累积的，而不是平均的。针对式（7－117），将式（7－118）和式（7－67）中的最后一项进行比较，得到离散状态动力学模型中（累积的）白噪声的协方差

$$\boldsymbol{Q}_k \approx \mathcal{Q}\Delta t \tag{7-120}$$

前提是 $\boldsymbol{Q}$ 在积分区间 Δt 内不发生变化。

7.5　修正

卡尔曼滤波器的推导，限制了它只适用于受白噪声干扰的系统和受白噪声干扰的观测结果。此外，还假设了系统动力学相对于状态是线性的。然而，大多数系统不会在不相关噪声的影响下运行，同样，观测结果可能显示出时间相关性。值得注意的是，在之前的过滤器推导中，单历元观测值之间的相关性是允许的，这意味着 $\boldsymbol{R}$ 矩阵可能是一个满秩的协方差矩阵。同样，输入噪声源在单个历元处协方差的 $\boldsymbol{Q}$ 矩阵也可以是一个满秩矩阵。但历元之间的关联是不允许的。在许多情况下，这些限制很容易得到缓解，因为是系统动力学的线性需求。

这在惯性导航系统的状态估计中有特殊的应用，其中驱动系统误差动力学的加速度计和陀螺误差除了白噪声外，还包括随机偏差、比例因子误差和相关噪声，如式（6－111）和式（6－113）所示。此外，由于对流层折射等环境因素，观测更新（如 GPS 导出的位置或速度）会在时间上相互关联。最后，我们回顾误差动力学方程（第 5.3 节）是线性化的结果。当误差状态值随时间增长时，线性化过程中忽略的二阶项可能会对估计模型的有效性产生不利影响。

7.5.1　增广状态向量

基本连续系统动力学模型式（7－106）要求随机过程 $\boldsymbol{W}(t)$ 为白噪声和高斯。如果噪声过程也包含（或仅包含）时间相关误差，则系统状态可能会被描述这种相关性的状态所增强。具体而言，如果原始系统动力学的驱动噪声可以根据线性微分方程（或简化为此类方程）建模，则这是可能的，该线性微分方程可能由白噪声驱动。例如，模型式（7－106）现在可以是

$$\dot{\boldsymbol{X}}(t) = \boldsymbol{F}(t)\boldsymbol{X}(t) + \boldsymbol{B}(t)\boldsymbol{C}(t) + \boldsymbol{G}(t)\boldsymbol{W}(t) \tag{7-121}$$

其中，相关噪声 $\boldsymbol{C}(t)$ 满足增广模型

$$\dot{\boldsymbol{C}}(t) = \boldsymbol{F}_c(t)\boldsymbol{C}(t) + \boldsymbol{G}_c(t)\boldsymbol{W}_c(t) \tag{7-122}$$

并且 $\boldsymbol{W}_c(t)$ 是具有功率谱密度矩阵 $\boldsymbol{\mathcal{Q}}_c$ 的零均值、高斯分布的白噪声向量。此外，如前所

述，我们假设 $\boldsymbol{W}_c(t)$ 与 $\boldsymbol{C}(t)$ 或 $\boldsymbol{X}(t)$ 均不相关。我们可以用 $\boldsymbol{C}(t)$ 扩充状态向量 $\boldsymbol{X}(t)$，现在将其视为状态向量，以形成以下扩展的系统动力学方程

$$\frac{\mathrm{d}}{\mathrm{d}t}\begin{bmatrix}\boldsymbol{X}(t)\\ \boldsymbol{C}(t)\end{bmatrix}=\begin{bmatrix}\boldsymbol{F}(t) & \boldsymbol{B}(t)\\ \boldsymbol{0} & \boldsymbol{F}_C(t)\end{bmatrix}\begin{bmatrix}\boldsymbol{X}(t)\\ \boldsymbol{C}(t)\end{bmatrix}+\begin{bmatrix}\boldsymbol{G}(t) & \boldsymbol{0}\\ \boldsymbol{0} & \boldsymbol{G}_C(t)\end{bmatrix}\begin{bmatrix}\boldsymbol{W}(t)\\ \boldsymbol{W}_C(t)\end{bmatrix} \tag{7-123}$$

其中，式（7－123）中的零是仅含零元素的适当维数的矩阵。当然，该模型的形式为式（7－106），满足与驱动过程噪声有关的所有相关条件，并且可以如前所述进行离散化，从而使其适用于离散卡尔曼滤波。我们注意到，在当前和原始系统动力学模型中，如果满足误差特性要求，则有 $\boldsymbol{G}(t)=0$ 或 $\boldsymbol{G}_C(t)=0$，那么卡尔曼预测和更新方程可进行相应简化。

如果观测模型包含时间相关噪声，则会出现增加状态向量的第二个实例。同样，我们假设相关噪声可以建模，所以其满足白噪声驱动的线性微分方程。观测模型式（7－15）可以用离散的过程写成

$$\boldsymbol{Y}=\boldsymbol{HX}+\boldsymbol{AT}+\boldsymbol{V} \tag{7-124}$$

其中，相关噪声 $\boldsymbol{T}$ 满足

$$\dot{\boldsymbol{T}}(t)=\boldsymbol{F}_T(t)\boldsymbol{T}(t)+\boldsymbol{G}_T(t)\boldsymbol{W}_T(t) \tag{7-125}$$

并且 $\boldsymbol{W}_T(t)$ 是零均值、高斯、白噪声过程的向量，具有功率谱密度矩阵 $\boldsymbol{Q}_T$ 。同样假设 $\boldsymbol{W}_T(t)$ 和 $\boldsymbol{X}(t)$ 为独立的。

对满足式（7－106）的 $\boldsymbol{X}(t)$ 进行增广，得到整个系统动力学模型

$$\frac{\mathrm{d}}{\mathrm{d}t}\begin{bmatrix}\boldsymbol{X}(t)\\ \boldsymbol{T}(t)\end{bmatrix}=\begin{bmatrix}\boldsymbol{F}(t) & \boldsymbol{0}\\ \boldsymbol{0} & \boldsymbol{F}_T(t)\end{bmatrix}\begin{bmatrix}\boldsymbol{X}(t)\\ \boldsymbol{T}(t)\end{bmatrix}+\begin{bmatrix}\boldsymbol{G}(t) & \boldsymbol{0}\\ \boldsymbol{0} & \boldsymbol{G}_T(t)\end{bmatrix}\begin{bmatrix}\boldsymbol{W}(t)\\ \boldsymbol{W}_T(t)\end{bmatrix} \tag{7-126}$$

恢复为式（7－106）的基本形式，观测模型重写为

$$\boldsymbol{Y}=(\boldsymbol{H}\quad\boldsymbol{A})\begin{bmatrix}\boldsymbol{X}\\ \boldsymbol{T}\end{bmatrix}+\boldsymbol{V} \tag{7-127}$$

因此，根据增广状态向量将其返回到式（7－15）的形式。如果假设观测中的噪声模型不包含白噪声，只包含相关噪声，那么我们可以在卡尔曼滤波方程中将 $\boldsymbol{V}$ 的协方差矩阵 $\boldsymbol{R}$ 设置为零，前提假设是式（7－74）中的矩阵 $\boldsymbol{HP}^-\boldsymbol{H}^{\mathrm{T}}$ 是非奇异的（$\boldsymbol{H}$ 和 $\boldsymbol{P}^-$ 必须具有满秩）。

这里有一个注意事项。系统动力学和观测模型应尽可能真实地反映研究中的真实情况，因此包括代表性和/或必要数量的状态，但这些状态的可观测性取决于动力学模型内的相互关系以及外部观测。简而言之，我们期望观测结果能够更好地用来估计状态信息，也就是说，随着我们向系统中添加更多信息，其方差应减小。过多的状态和一组不充分的观测结果可能导致初始条件没有改善（另见第 7.7.2.2 节）。我们已经遇到了一个例子，其中某些状态可能无法观测到。这些是加速度计偏差和定向误差，在指北当地水平机械编排的动力学模型［式（5－77）］中；对位置或速度的外部观测不会产生对这些状态的独立估计（另见第 8 章）。

7.5.2　闭环估计

如第 5 章所示，由于陀螺漂移等许多传感器误差，惯性导航系统用位置坐标表示的轨

迹通常会随着时间的推移与真实轨迹显著偏离。在卡尔曼滤波器中，我们偶尔使用外部提供的观测值来估计这些误差，滤波算法也会给出估计值的方差。然而，即使方差很小，表明我们对误差有一个很好的估计（通常是由于准确的外部观测），而误差本身（估计值和真实值）可能相当大。也就是说，除非对 INS 进行专门校正，否则其指示位置将继续偏离真实轨迹；这一观测只是给我们提供了一个判断其错误方式的依据。

如果误差动态，特别是观测模型在系统状态下是线性的，这种情况是可以接受的。事实上，卡尔曼滤波算法是建立在线性假设基础上的。但在许多应用中，线性模型是从非线性函数关系的线性化导出的，推导惯性导航系统误差动力学方程就是这种情况（第 5 章）。同样，我们推导了观测模型式（7－52），并对误差状态进行了更一般的线性化。显然，误差状态值的增长可能会导致被忽略的二阶项变得显著，从而使模型失效。

由于观测结果（很可能）给了我们对误差的良好估计，因此有必要将这些估计作为信息提供给会产生误差的系统，在我们的案例中是惯性导航系统，这称为闭环估计，通常也称为扩展卡尔曼滤波器。一旦我们在观测更新后获得误差估计值，指示的系统变量（例如，惯性导航系统的位置或速度）将通过估计值进行修正，进而使得指示的位置更接近真实轨迹（或与观测值近似一致的轨迹）。

为了说明闭环估计的机理，我们再次采用第 7.3.1 节中已经使用的“δ 表示法”来推导观测模型。在该节中，我们将 $\boldsymbol{x}$ 设为动态变化量（例如，位置坐标）的向量，并且 $\tilde{\boldsymbol{x}}$ 是相应的感测或指示值的向量，因此真实误差由 $\delta\boldsymbol{x}=\tilde{\boldsymbol{x}}-\boldsymbol{x}$ 给出。在初始时刻 t_0，将无偏估计写作 $\hat{\boldsymbol{x}}_0$，其误差协方差矩阵为 $\boldsymbol{P}_0$。假设传感器最初可以调整为 $\tilde{\boldsymbol{x}}_0=\hat{\boldsymbol{x}}_0$，因此初始误差估计为

$$\delta\hat{\boldsymbol{x}}_0=\tilde{\boldsymbol{x}}_0-\hat{\boldsymbol{x}}_0=\boldsymbol{0} \tag{7-128}$$

其误差协方差为 $\boldsymbol{P}_0$

我们现在进一步假设，基于时刻 t_{k-1} 之前的所有观测值的误差估计值可用于调整传感器，从而使当前的估计误差也为零。我们用上标“＋”表示“校正”传感器的误差估计

$$\delta\hat{\boldsymbol{x}}_{k-1}^{+}=\boldsymbol{0} \tag{7-129}$$

在时刻 t_k，传感器指示 $\tilde{\boldsymbol{x}}_k$，但也有一个外部观测 $\tilde{\boldsymbol{y}}_k$，如式（7－50）所示。我们使用感测值来计算观测误差

$$\delta\boldsymbol{y}_k=\boldsymbol{H}_k\tilde{\boldsymbol{x}}_k-\tilde{\boldsymbol{y}}_k \tag{7-130}$$

如式（7－51）所示。根据（线性化）卡尔曼滤波器（包括预测和更新）得到的估计误差由式（7－69）和式（7－72）给出

$$\delta\hat{\boldsymbol{x}}_k^{-}=\boldsymbol{\Phi}(t_k,t_{k-1})\delta\hat{\boldsymbol{x}}_{k-1}^{+}=\boldsymbol{0} \tag{7-131}$$

$$\delta\hat{\boldsymbol{x}}_k=\delta\hat{\boldsymbol{x}}_k^{-}+\boldsymbol{K}_k(\delta\boldsymbol{y}_k-\boldsymbol{H}_k\delta\hat{\boldsymbol{x}}_k^{-})=\boldsymbol{K}_k\delta\boldsymbol{y}_k \tag{7-132}$$

由 $\delta\hat{\boldsymbol{x}}_k$ 产生对指示值 $\tilde{\boldsymbol{x}}_k$ 的估计结果的修正量，我们调整传感器（“闭合回路”），以便传感器给出当前指示

$$\tilde{\boldsymbol{x}}_k^{+}=\hat{\boldsymbol{x}}_k=\tilde{\boldsymbol{x}}_k-\delta\hat{\boldsymbol{x}}_k \tag{7-133}$$

式（7－133）中的第一个等式与新的估计误差是一致的

$$\delta\tilde{\boldsymbol{x}}_k^+ = \tilde{\boldsymbol{x}}_k^+ - \hat{\boldsymbol{x}}_k = \boldsymbol{0} \tag{7-134}$$

由于闭环意味着仅调整感测或指示的量，因此估计误差的协方差矩阵具有与开环公式中相同的表达式。注意，闭环卡尔曼滤波中的观测误差式（7－130）与从调整后的传感器获得的数据 $\tilde{\boldsymbol{x}}_k$ 有关。

显然，闭合回路的相同程序也可应用于增广状态，如常数或与特定传感器无关的高斯-马尔可夫过程。这种情况下只需定义一个根据假设的动力学行为的人工传感器。例如，"常数传感器"的指示值始终与初始值或校正值相同。但是，在决定哪些状态应以闭环方式进行估计时，应该有选择性，因为如果观测结果在估计方差方面没有显著改善，则该程序可能无效，甚至对滤波器有害。对于这些状态，最好保持开环估计，即所感测的变量不会被误差估计重置。

总之，扩展卡尔曼滤波器或闭环估计仍然是线性估计，仅可用来降低状态的大小，以便更好地满足线性近似。非线性最优估计更充分地解决了模型的非线性问题，例如，通过使用标准类型的牛顿－拉斐逊迭代算法，在每个固定观测历元收敛到最佳非线性解（Gelb，1974）。

7.6　简单案例

考虑运载体的一维轨迹，其系统动力学由以下模型描述

$$\ddot{x}(t) = a;\quad x(0) = 0,\quad \dot{x}(0) = 0 \tag{7-135}$$

其中，a 是一个由含有误差的加速度计感测到的常数。这对应于 i 系中的模型式（4－69），没有重力场。随机过程的相应误差动力学为

$$\delta A(t) = B + W(t) \tag{7-136}$$

其中

$$W(t) \sim \mathcal{N}[0, Q = 0.01(\mathrm{m}^2/\mathrm{s}^4)/\mathrm{Hz}] \tag{7-137}$$

因此，有三个系统状态要估计，即 δX，$\delta\dot{X}$，B，它们的动态模型是由白噪声驱动的，式（7－135）的解是

$$x(t) = x(t_0) + \dot{x}(t_0)\cdot(t - t_0) + \frac{a}{2}(t - t_0)^2 \tag{7-138}$$

以及

$$\dot{x}(t) = \dot{x}(t_0) + a(t - t_0) \tag{7-139}$$

对于离散时间 t_k，有 $x_k \equiv x(t_k)$，易通过式（7－139）替换进行证明，且式（7－140）的真实轨迹为

$$\begin{aligned} x_k - x_{k-1} &= \dot{x}_{k-1}\Delta t + \frac{a}{2}\Delta t^2 \\ \dot{x}_k - \dot{x}_{k-1} &= a\Delta t \end{aligned} \tag{7-140}$$

其中

$$\Delta t = t_k - t_{k-1} \tag{7-141}$$

根据式（7－136）和式（7－137），感测轨迹的模拟需要公式化误差状态的实现，其连续动态由下式给出

$$\frac{\mathrm{d}}{\mathrm{d}t}\begin{bmatrix}\delta\dot{X}\\ \delta X\\ B\end{bmatrix}=\begin{bmatrix}0&0&1\\1&0&0\\0&0&0\end{bmatrix}\begin{bmatrix}\delta\dot{X}\\ \delta X\\ B\end{bmatrix}+\begin{bmatrix}1\\0\\0\end{bmatrix}W \tag{7-142}$$

与第 7.4 节一样，我们使用式（7－110）和式（7－111）可得

$$\begin{bmatrix}\delta\dot{X}\\ \delta X\\ B\end{bmatrix}_k=\begin{bmatrix}1&0&\Delta t\\ \Delta t&1&\Delta t^2/2\\0&0&1\end{bmatrix}\begin{bmatrix}\delta\dot{X}\\ \delta X\\ B\end{bmatrix}_{k-1}+\int_{t_{k-1}}^{t_k}\begin{bmatrix}1\\ t_k-t'\\ 0\end{bmatrix}W(t')\mathrm{d}t' \tag{7-143}$$

式中，由于式（7－142）中动力学矩阵 $\boldsymbol{F}$ 是常数，且 $\boldsymbol{F}^3=\mathbf{0}$。因此在式（7－143）中的状态转移矩阵 $\boldsymbol{\Phi}(t_k,\ t_{k-1})$ 恰好只有式（7－109）的前三项。使用式（6－59），我们近似可得

$$\int_{t_{k-1}}^{t_k}t'W(t')\mathrm{d}t'\approx\frac{t_k+t_{k-1}}{2}\int_{t_{k-1}}^{t_k}W(t')\mathrm{d}t'=\frac{t_k+t_{k-1}}{2}W_k\Delta t \tag{7-144}$$

于是

$$\int_{t_{k-1}}^{t_k}(t_k-t')W(t')\mathrm{d}t'\approx\left(t_k-\frac{t_k+t_{k-1}}{2}\right)W_k\Delta t=\frac{1}{2}W_k\Delta t^2 \tag{7-145}$$

将系统状态的实现值表示为 δx_k，$\delta\dot{x}_k$ 和 b，所得感测轨迹的实现（即在具体时刻对所指示的位置和速度的模拟）由 $\tilde{x}_k=x_k+\delta x_k$ 和 $\tilde{\dot{x}}_k=\dot{x}_k+\delta\dot{x}_k$ 产生，通过将这些值和式（7－143）代入式（7－141）得到

$$\begin{aligned}\tilde{x}_k&=\tilde{x}_{k-1}+\tilde{\dot{x}}_{k-1}\Delta t+\delta x_k-\delta x_{k-1}-\delta\dot{x}_{k-1}\Delta t+\frac{a}{2}\Delta t^2\\&=\tilde{x}_{k-1}+\tilde{\dot{x}}_{k-1}\Delta t+\frac{1}{2}(a+b_{k-1}+w_k)\Delta t^2,\tilde{x}_0=0\end{aligned} \tag{7-146}$$

$$\begin{aligned}\tilde{\dot{x}}_k&=\tilde{\dot{x}}_{k-1}+\delta\dot{x}_k-\delta\dot{x}_{k-1}+a\Delta t\\&=\tilde{\dot{x}}_{k-1}+(a+b_{k-1}+w_k)\Delta t,\tilde{\dot{x}}_0=0\end{aligned} \tag{7-147}$$

其中，使用真值 $a=2\ \mathrm{m/s^2}$，$b_k=1\ \mathrm{m/s^2}$（对所有时刻 k）。如式（7－120）所示，W_k 的离散 1×1 噪声协方差矩阵由 $\boldsymbol{Q}_k=(\boldsymbol{Q}\,\Delta t)$ 给出。实现的值从随机数生成器获得。白噪声 w_k 的实现值由随机数发生器获得，图 7－3 比较了运载体的真实值和模拟指示位置。

我们的系统状态和相关协方差矩阵的初始估计假定为

$$\begin{pmatrix}\delta\hat{\dot{x}}\\ \delta\hat{x}\\ \hat{b}\end{pmatrix}_0=\begin{bmatrix}0\\0\\0\end{bmatrix};\quad \boldsymbol{P}_0=\begin{bmatrix}1\ \mathrm{m^2/s^2}&0&0\\0&1\ \mathrm{m^2}&0\\0&0&1\ \mathrm{m^2/s^4}\end{bmatrix} \tag{7-148}$$

因此，如果没有进一步的外部观测信息，估计误差按照式（7－62）传播

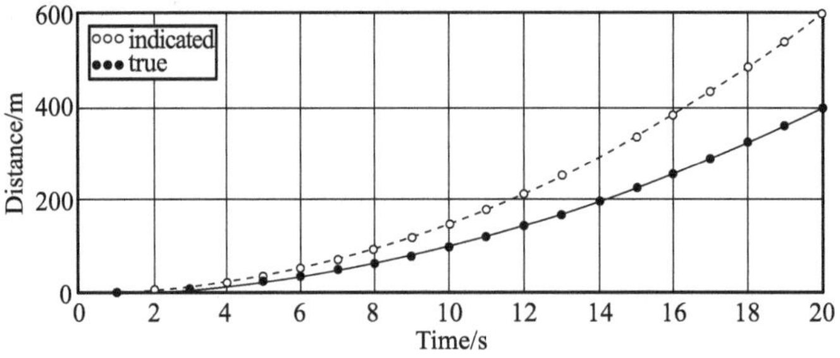

图 7-3 在 $at_k^2/2$ 处的真实值与模拟指示位置［式（7-146）］的比较，差值为真实误差 δx

$$\begin{bmatrix}\delta\hat{\dot{x}}\\ \delta\hat{x}\\ \hat{b}\end{bmatrix}_1=\begin{bmatrix}0\\0\\0\end{bmatrix};\quad \begin{bmatrix}\delta\hat{\dot{x}}\\ \delta\hat{x}\\ \hat{b}\end{bmatrix}_2=\begin{bmatrix}0\\0\\0\end{bmatrix};\quad \begin{bmatrix}\delta\hat{\dot{x}}\\ \delta\hat{x}\\ \hat{b}\end{bmatrix}_3=\begin{bmatrix}0\\0\\0\end{bmatrix} \tag{7-149}$$

根据式（7-67），协方差由下式给出

$$\boldsymbol{P}_1=\begin{bmatrix}2.01\ \mathrm{m^2/s^2} & 1.5\ \mathrm{m^2/s} & 1\ \mathrm{m^2/s^3}\\ 1.5\ \mathrm{m^2/s} & 2.25\ \mathrm{m^2} & 0.5\ \mathrm{m^2/s^2}\\ 1\ \mathrm{m^2/s^3} & 0.5\ \mathrm{m^2/s^2} & 1\ \mathrm{m^2/s^4}\end{bmatrix},\quad \boldsymbol{P}_2=\begin{bmatrix}5.02 & 6.01 & 2\\ 6.01 & 9.01 & 2\\ 2 & 2 & 1\end{bmatrix},$$

$$\boldsymbol{P}_3=\begin{bmatrix}10.03 & 16.53 & 3\\ 16.53 & 30.3 & 4.5\\ 3 & 4.5 & 1\end{bmatrix} \tag{7-150}$$

式中，$\Delta t=1$ s 。$\boldsymbol{P}_2$ 和 $\boldsymbol{P}_3$ 的单位与 $\boldsymbol{P}_1$ 所示的相同。注意，在本例中，位置（和速度）不确定性的快速增加源自初值的不确定性，而非加速度计的噪声，因为 $\boldsymbol{G}_k\boldsymbol{Q}_k\boldsymbol{G}_k^{\mathrm{T}}$ 对于所有的 k 都是 0.01 $\mathrm{m^2/s^2}$ 。

现在，在 $t=3\Delta t$，$6\Delta t$，$9\Delta t$，… 时，我们对位置进行了外部观测，与系统指示的位置相比，产生了差异 δy_k 。我们假设这些观测的误差是由模型所给出的离散随机过程［见式（7-52）］的实现

$$\delta Y_k=[0\quad 1\quad 0]\begin{bmatrix}\delta\dot{X}_k\\ \delta X_k\\ B_k\end{bmatrix}-V_k \tag{7-151}$$

式中，V_k 是高斯白噪声

$$V_k\sim\mathcal{N}(0.09\ \mathrm{m^2}) \tag{7-152}$$

这些观测值被模拟为利用式（7-146）的指示位置和真实值（$at^2/2$）之间的差值，但被噪声 v_k 破坏

$$\delta y_k=\tilde{x}_k-\frac{1}{2}at_k^2-v_k \tag{7-153}$$

因为对所有 k 都有 $\boldsymbol{H}_k=(0\quad 1\quad 0)$ 且 $\boldsymbol{R}_k=(0.09\ \mathrm{m^2})$，根据式（7-74），卡尔曼增益

是 3×1 矩阵

$$\boldsymbol{K}_k = \begin{bmatrix} (\boldsymbol{P}_k^-)_{1,2} \\ (\boldsymbol{P}_k^-)_{2,2} \\ (\boldsymbol{P}_k^-)_{3,2} \end{bmatrix} [(\boldsymbol{P}_k^-)_{2,2} + 0.09\ \mathrm{m}^2]^{-1} \overset{t=3\Delta t}{\Rightarrow} \boldsymbol{K}_3 = \begin{bmatrix} 0.543\,93\ \mathrm{s}^{-1} \\ 0.997\,04 \\ 0.148\,08\ \mathrm{s}^{-2} \end{bmatrix} \tag{7-154}$$

其中，在 $t=3\Delta t$ 处的例子表明，位置误差增益几乎为 1，这意味着位置误差新息几乎没参与更新。根据式（7－72）和式（7－73），后验误差估计和协方差矩阵分别由下式给出

$$\begin{bmatrix} \delta\hat{\dot{x}} \\ \delta\hat{x} \\ \hat{b} \end{bmatrix}_3 = \begin{bmatrix} 2.442\,24\ \mathrm{m/s} \\ 4.476\,70\ \mathrm{m} \\ 0.664\,86\ \mathrm{m^2/s^2} \end{bmatrix}; \boldsymbol{P}_3 = \begin{bmatrix} 1.038\,85 & 0.048\,95 & 0.552\,32 \\ 0.048\,95 & 0.089\,73 & 0.013\,33 \\ 0.552\,32 & 0.013\,33 & 0.333\,66 \end{bmatrix} \tag{7-155}$$

位置误差估计较大，表明所指示的位置与观测位置发生了显著偏移，而相关位置误差状态的方差相对较小，反映了观测中的低不确定性。更精确地估计加速度计偏置需要进一步的外部观测，因为观测到的位置误差精度对加速度误差的影响更慢。

图 7－4 展示了位置误差、速度误差和偏差估计的标准偏差，假设每隔 3 s 观测一次位置误差，噪声由式（7－152）给出。位置和速度误差的特征锯齿图反映了指示位置相对于真实轨迹的漂移；在外部观测的帮助下定期估计该漂移，该观测可立即减少位置和速度误差估计的标准偏差。请注意，实际位置误差（指示位置和真实位置之间的差异）如图 7－3 所示将会继续增长，在 20 s 后到达 200 m，但通过添加观测值可以更好地估计这些误差。偏差的估计值 $\hat{b}_k$ 和相应的标准差如图 7－5 所示，表明在几次外部观测后，估计值接近真实值（$b=1$），同时标准差也有所减小。

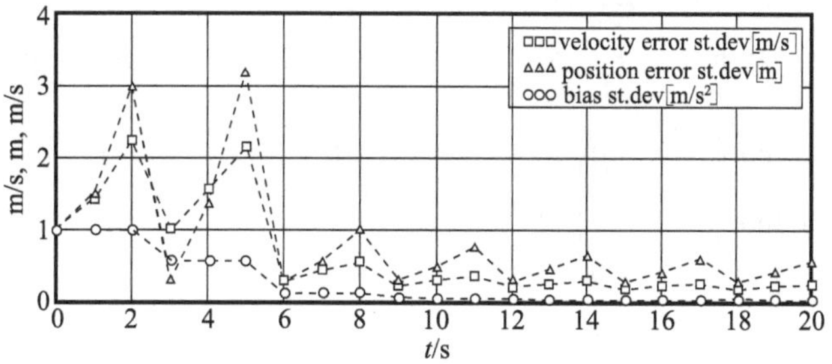

图 7－4　文中示例的系统状态的卡尔曼滤波器估计的标准偏差

显然，通过应用估计的误差来校正所指示的位置（和速度），即通过闭环，定位系统将受益。这意味着在每次观测更新之后，通过减去相应的估计误差来校正所指示的位置和速度；并且在下一次预测之前将先验误差估计置零。这对于位置和速度误差是可行的，但对于偏置状态，这并不可行，因为偏置估计不能及时得到，就像位置和速度误差一样，通过改变它（闭环）来创造的一个非常量状态，与真正的性质相反。这意味着，偏置将得不到很好的估计，指定位置也不会得到最佳修正。图 7－6 比较了位置和速度误差状态闭环时的真实位置误差和相应的估计误差及其标准偏差。请注意，与图 7－3 中的情况不同，

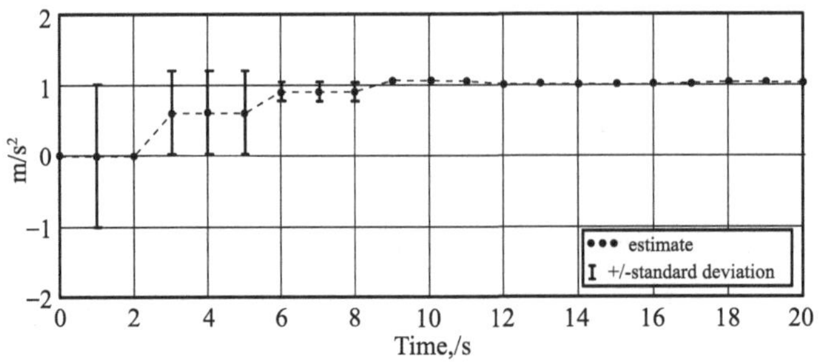

图 7-5　偏差状态的估计和标准偏差。真实值是一个常数，$b=1$

估计值的标准差间隔主要体现在真实误差上（校正后的指示位置减去真实位置）。

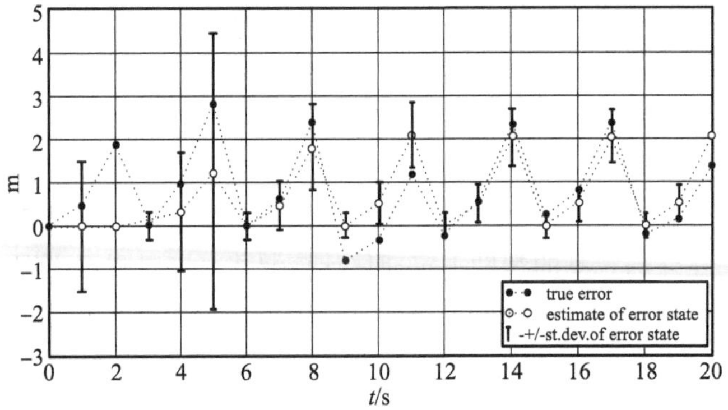

图 7-6　在位置和速度误差状态闭环的情况下，真实与估计的位置误差，包括标准偏差

我们可以继续以这个例子来说明固定区间平滑算法（第 7.3.2.3 节），对于 20 s 的间隔的计算，得到 $\hat{\boldsymbol{x}}_{k/N}$ 和 $\boldsymbol{P}_{k/N}$，$k=0$，1，…，$N(N=20)$，后向滤波器的初值为

$$\begin{bmatrix}\delta\hat{\dot{x}}\\ \delta\hat{x}\\ \hat{b}\end{bmatrix}_{b_N}^{-}=\begin{bmatrix}0\\0\\0\end{bmatrix},(\boldsymbol{P}_{b_N}^{-})^{-1}=\begin{bmatrix}10^{-10}&0&0\\0&10^{-10}&0\\0&0&10^{-10}\end{bmatrix}\tag{7-156}$$

其中，为了方便起见，省略了单位，初始信息矩阵［不是式（7-86）］的小对角线元素允许对这个矩阵（及其传播矩阵）进行数值求逆，同时仍然几乎没有规定关于初始估计的任何信息。然后，后向滤波器继续基于式（7-100）处理 $(\boldsymbol{P}_{b_j}^{-})^{-1}$ 和基于式（7-103）处理 $\hat{z}_j^{-}$，$j=N-1$，$N-2$，…，0，其中，考虑到观测时间 $t=3$，6，9，…，18s，我们有

$$\boldsymbol{A}_{j+1}^{-1}=\begin{cases}\boldsymbol{\Phi}^{\mathrm{T}}(t_{j+1},t_j)(\boldsymbol{P}_{b_{j+1}}^{-})^{-1}\boldsymbol{\Phi}(t_{j+1},t_j),\bmod(j+1,3)\neq 0\\ \boldsymbol{\Phi}^{\mathrm{T}}(t_{j+1},t_j)[(\boldsymbol{P}_{b_{j+1}}^{-})^{-1}+\boldsymbol{H}_{j+1}^{\mathrm{T}}\boldsymbol{R}_{j+1}^{-1}\boldsymbol{H}_{j+1}]\boldsymbol{\Phi}(t_{j+1},t_j),\bmod(j+1,3)=0\end{cases}\tag{7-157}$$

以及

$$\hat{\boldsymbol{z}}_j^- = \begin{cases} (\boldsymbol{I} - \boldsymbol{S}_{j+1}\boldsymbol{G}_j^{\mathrm{T}})\boldsymbol{\Phi}^{\mathrm{T}}(t_{j+1}, t_j)\hat{\boldsymbol{z}}_{j+1}^-, \mathrm{mod}(j+1,3) \neq 0 \\ (\boldsymbol{I} - \boldsymbol{S}_{j+1}\boldsymbol{G}_j^{\mathrm{T}})\boldsymbol{\Phi}^{\mathrm{T}}(t_{j+1}, t_j)(\boldsymbol{H}_{j+1}^{\mathrm{T}}\boldsymbol{R}_{j+1}^{-1}y_{j+1} + \hat{\boldsymbol{z}}_{j+1}^-), \mathrm{mod}(j+1,3) = 0 \end{cases} \tag{7-158}$$

误差估计从式（7－104）中得到，相关协方差矩阵由式（7－85）给出。对于系统的三个状态，$\boldsymbol{P}_{k/N}$ 的对角元素的平方根如图 7－7 所示。位置和速度误差（估计值和真实值）本身仍然很大，如图 7－3 所示。在这种情况下，不能像在前向滤波器中那样执行闭环估计，因为每个误差估计必须等待使用间隔内的所有更新信息。然而，一旦得到最后的估计，它们可以用来调整区间中每个点的指示位置（和速度）。这也允许将下一个区间的先验状态设置为零，因为这样指示的和真实的轨迹是接近的。图 7－8 显示了该调整后的真实位置误差以及标准偏差。与仅使用前向滤波器相比，有很大的改进，因为现在所有的观测值，无论是过去的还是未来的，都有助于进行误差估计，尽管在本例中，区间中间的标准偏差是乐观的。

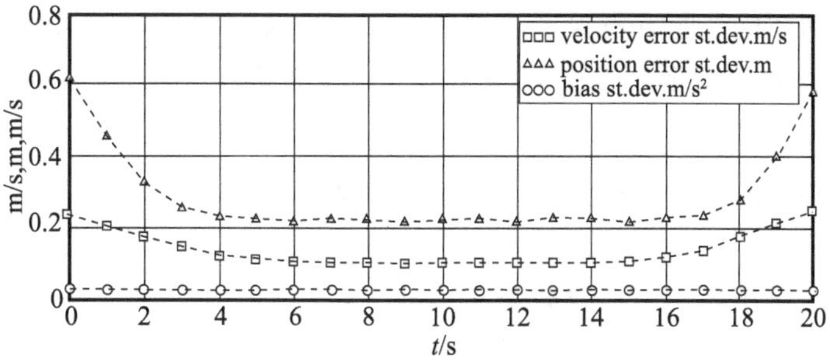

图 7－7　文中示例的卡尔曼平滑估计的标准偏差

7.7　连续卡尔曼滤波

卡尔曼滤波方程式（7－69）～式（7－74）最初是针对离散观测值的情况建立的，这些离散观测值在离散时间 t_k 处进入状态变量的估计。或者，观测可以像使用模拟测量设备一样是连续的，如果数据速率非常快（或者与系统动力学相比较快），则可以认为观测几乎是连续的。此外，在某些情况下，如果将系统的统计行为表述为一个连续的过程，则可以以封闭的分析形式确定系统的统计行为，从而可能导致进一步的见解。因此，推导一个连续的卡尔曼滤波方程是很重要的。当离散性消失成为连续性时，预测和更新步骤合并为一个最优估计过程，顺便说一句，我们也可以对离散卡尔曼滤波器这样做。具体来说，我们将式（7－69）和式（7－72）结合起来得到

$$\hat{\boldsymbol{x}}_k = \boldsymbol{\Phi}(t_k, t_{k-1})\hat{\boldsymbol{x}}_{k-1} + \boldsymbol{K}_k[\boldsymbol{y}_k - \boldsymbol{H}_k\boldsymbol{\Phi}(t_k, t_{k-1})\ddot{\boldsymbol{x}}_{k-1}] \tag{7-159}$$

其中，卡尔曼增益矩阵如前所述，由式（7－74）给出。

随着观测之间的时间间隔接近零，到连续滤波器的过渡正式在极限内完成［另见 Kalman 和 Bucy（1961）的原始论述；连续卡尔曼滤波器有时称为 Kalman－Bucy 滤波

器]。我们注意到，离散系统模型式（7-110）是通过对连续系统式（7-106）的状态解进行采样而获得的。另一方面，连续卡尔曼滤波器是指观测的时域连续性。虽然不完全严格，以下推导至少具有启发价值，因为它们暗示了已经提出的概念和结果。

首先需要从离散公式（7-56）推导出连续观测模型。连续观测模型定义为适当采样产生的离散观测模型。本质上，必须找到连续和离散噪声过程之间的适当关系。不失一般性，观测噪声过程被假定为白噪声，因此我们采用离散和连续白噪声过程之间的对应关系式（6-59），其中前者是后者的时间平均值。

与之前一样，假设连续观测模型在加性白噪声的系统变量中是线性的，可以写出

$$\boldsymbol{Y}(t)=\boldsymbol{H}(t)\boldsymbol{X}(t)+\boldsymbol{V}(t) \tag{7-160}$$

现在考虑一个短时间区间 $\delta t>0$，我们将噪声过程 $\boldsymbol{V}(t)$ 定义为该区间内连续白噪声的平均值 $\boldsymbol{v}(t)$

$$\boldsymbol{V}(t)=\frac{1}{\delta t}\int_{t-\delta t}^{t}\boldsymbol{v}(t')\mathrm{d}t' \tag{7-161}$$

式中，$\boldsymbol{v}(t)$ 具有功率谱密度矩阵 $\mathcal{R}$。如果观测模型定义在离散时间采样，$t=t_k$，且 $t_k-t_{k-1}\geqslant\delta t$，则结果是离散噪声过程 $\boldsymbol{V}_k$ 为白噪声（无重叠积分）。这样我们与离散时间模型式（7-56）具有了一致性。

连续噪声过程的协方差以功率谱密度矩阵 $\mathcal{R}$ 表示［见式（6-55）］

$$\mathcal{E}[\boldsymbol{v}(t)\boldsymbol{v}^{\mathrm{T}}(t')]=\mathcal{R}\delta(t-t') \tag{7-162}$$

并与离散时间协方差矩阵相关，根据式（6-61）

$$\boldsymbol{R}_k=\frac{1}{\delta t}\mathcal{R} \tag{7-163}$$

现在，从式（7-108）和导数的定义，我们得到

$$\begin{aligned}\frac{\mathrm{d}}{\mathrm{d}t}\boldsymbol{\Phi}(t,t')&=\lim_{\delta t\to 0}\frac{\boldsymbol{\Phi}(t+\delta t,t')-\boldsymbol{\Phi}(t,t')}{\delta t}\\&=\boldsymbol{F}(t)\boldsymbol{\Phi}(t,t')\end{aligned} \tag{7-164}$$

对于足够小的 δt，这将产生以下近似值

$$\boldsymbol{\Phi}(t+\delta t,t')-\boldsymbol{\Phi}(t,t')\approx\boldsymbol{F}(t)\boldsymbol{\Phi}(t,t')\delta t \tag{7-165}$$

因此

$$\boldsymbol{\Phi}(t+\delta t,t')(\boldsymbol{\Phi}(t,t'))^{-1}\approx\boldsymbol{I}+\boldsymbol{F}(t)\delta t \tag{7-166}$$

利用式（2-69），我们得到

$$\boldsymbol{\Phi}(t+\delta t,t)\approx\boldsymbol{I}+\boldsymbol{F}(t)\delta t \tag{7-167}$$

这样最终得到

$$\boldsymbol{\Phi}(t,t-\delta t)\approx\boldsymbol{I}+\boldsymbol{F}(t-\delta t)\delta t \tag{7-168}$$

现在，将离散卡尔曼滤波器估计式（7-159）推广到 $t_k\to t$，使 $\delta t=t_{k+1}-t_k$，并根据式（7-168），可以将其写为

$$\hat{\boldsymbol{x}}(t)=[\boldsymbol{I}+\boldsymbol{F}(t-\delta t)\delta t]\hat{\boldsymbol{x}}(t-\delta t)+\boldsymbol{K}(t)\{\boldsymbol{y}(t)-\boldsymbol{H}(t)[\boldsymbol{I}+\boldsymbol{F}(t-\delta t)\delta t]\hat{\boldsymbol{x}}(t-\delta t)\} \tag{7-169}$$

注意，$\hat{\boldsymbol{x}}(t)$ 指的是基于连续观测的系统状态的连续估计。类似的，对于式（7－163），卡尔曼增益矩阵式（7－74）变为

$$\boldsymbol{K}(t)=\boldsymbol{P}^{-}(t)\boldsymbol{H}^{\mathrm{T}}(t)\left[\boldsymbol{H}(t)\boldsymbol{P}^{-}(t)\boldsymbol{H}^{\mathrm{T}}(t)+\frac{1}{\delta t}\mathcal{R}\right]^{-1} \tag{7-170}$$

$$=\delta t\boldsymbol{P}^{-}(t)\boldsymbol{H}^{\mathrm{T}}(t)\left[\boldsymbol{H}(t)\boldsymbol{P}^{-}(t)\boldsymbol{H}^{\mathrm{T}}(t)\delta t+\mathcal{R}\right]^{-1}$$

将式（7－170）代入式（7－169）整理并除以 δt 可得

$$\frac{\hat{\boldsymbol{x}}(t)-\hat{\boldsymbol{x}}(t-\delta t)}{\delta t}=\boldsymbol{F}(t-\delta t)\hat{\boldsymbol{x}}(t-\delta t)+\mathcal{K}(t)\{\boldsymbol{y}(t)-\boldsymbol{H}(t)[\boldsymbol{I}+\boldsymbol{F}(t-\delta t)\delta t]\hat{\boldsymbol{x}}(t-\delta t)\} \tag{7-171}$$

其中

$$\mathcal{K}(t)=\boldsymbol{P}^{-}(t)\boldsymbol{H}^{\mathrm{T}}(t)[\boldsymbol{H}(t)\boldsymbol{P}^{-}(t)\boldsymbol{H}^{\mathrm{T}}(t)\delta t+\mathcal{R}]^{-1} \tag{7-172}$$

最后，我们注意到上一步的先验协方差和后验协方差的关系近似为

$$\boldsymbol{P}(t-\delta t)\approx\boldsymbol{P}^{-}(t)+\dot{\boldsymbol{P}}^{-}(t)(-\delta t) \tag{7-173}$$

求极限得

$$\lim_{\delta t\to 0}\boldsymbol{P}^{-}(t)=\boldsymbol{P}(t) \tag{7-174}$$

因此，同样将式（7－171）的极限取为 $\delta t\to 0$，可以发现状态估计 $\hat{\boldsymbol{x}}$ 满足微分方程

$$\frac{\mathrm{d}}{\mathrm{d}t}\hat{\boldsymbol{x}}(t)=\boldsymbol{F}(t)\hat{\boldsymbol{x}}(t)+\mathcal{K}(t)[\boldsymbol{y}(t)-\boldsymbol{H}(t)\hat{\boldsymbol{x}}(t)] \tag{7-175}$$

其中，结合式（7－174），在极限内的卡尔曼增益式（7－172）由下式给出

$$\mathcal{K}(t)=\boldsymbol{P}(t)\boldsymbol{H}^{\mathrm{T}}(t)\mathcal{R}^{-1} \tag{7-176}$$

方程式（7－175）和式（7－176）表示基于连续观测更新的系统状态的连续卡尔曼滤波器。方程式（7－175）是一组描述状态变量估计动态的非齐次线性微分方程（具有时变系数）。对于一些简单的模型，它们可以进行解析积分。形式解由式（2－70）给出

$$\hat{\boldsymbol{x}}(t)=\boldsymbol{\Theta}(t,t_0)\hat{\boldsymbol{x}}(t_0)+\int_{t_0}^{t}\boldsymbol{\Theta}(t,t')\mathcal{K}(t')\boldsymbol{y}(t')\mathrm{d}t' \tag{7-177}$$

对于固定的 t'，由式（2－57）得

$$\frac{\mathrm{d}}{\mathrm{d}t}\boldsymbol{\Theta}(t,t')=[\boldsymbol{F}(t)-\mathcal{K}(t')\boldsymbol{H}(t)]\boldsymbol{\Theta}(t,t') \tag{7-178}$$

但是，请注意，这必须知道协方差函数 $\boldsymbol{P}(t)$。

7.7.1　协方差函数

与连续卡尔曼滤波器估计值相关的协方差矩阵是 t 的函数，其动力学方程分两步推导。我们首先注意到，如果没有观测更新可用，连续卡尔曼滤波器方程式（7－177）将恢复到与随机过程 $\boldsymbol{X}(t)$ 的连续系统动力学方程式（7－106）相关的预测估计。这对应于 $\mathcal{R}^{-1}=\boldsymbol{0}$ 的特殊情况。然后，根据式（7－176），$\mathcal{K}(t)=\boldsymbol{0}$；并且比较式（7－178）和式（7－108），$\boldsymbol{\Theta}=\boldsymbol{\Phi}$。因此，根据式（7－177）得到的预测估计解是

$$\hat{\boldsymbol{x}}(t)=\boldsymbol{\Phi}(t,t_0)\hat{\boldsymbol{x}}(t_0) \tag{7-179}$$

此外，由于离散状态估计的方程（7－113）仅仅是连续方程（7－179）的评估，很显然，相关的协方差矩阵函数由式（7－117）与式（7－116）给出。令 $t_k \equiv t$ 和 $t_{k-1} \equiv t_0$，我们发现

$$\boldsymbol{P}(t)=\boldsymbol{\Phi}(t,t_0)\boldsymbol{P}(t_0)\boldsymbol{\Phi}^{\mathrm{T}}(t,t_0)+\int_{t_0}^{t}\boldsymbol{\Phi}(t,t')\boldsymbol{G}(t')\boldsymbol{\mathcal{Q}}\boldsymbol{G}^{\mathrm{T}}(t')\boldsymbol{\Phi}^{\mathrm{T}}(t,t')\mathrm{d}t' \tag{7-180}$$

其中，$\boldsymbol{P}(t_0)$ 是与 $\boldsymbol{X}(t_0)$ 相关联的协方差矩阵。

协方差矩阵在时间 t 处的微分方程可以通过式（7－180）的时间导数得到。利用莱布尼茨积分规则，我们得到

$$\dot{\boldsymbol{P}}(t)=\boldsymbol{F}(t)\boldsymbol{P}(t)+\boldsymbol{P}(t)\boldsymbol{F}^{\mathrm{T}}(t)+\boldsymbol{G}(t)\boldsymbol{\mathcal{Q}}\boldsymbol{G}^{\mathrm{T}}(t) \tag{7-181}$$

其中使用了式（7－108）和 $\boldsymbol{\Phi}(t,\ t)=\boldsymbol{I}$，将式（7－180）替换回来。初始条件由 $\boldsymbol{P}(t_0)$ 给出。式（7－181）称为线性方差方程，它描述了仅在预测（无观测更新）的前提下连续状态协方差矩阵的动力学模型。当然，这个微分方程的精确解由式（7－180）给出，但使用式（7－118）可以获得精确到一阶（$\Delta t=t-t_0$）的近似解

$$\boldsymbol{P}(t)\approx\boldsymbol{\Phi}(t,t_0)\boldsymbol{P}(t_0)\boldsymbol{\Phi}^{\mathrm{T}}(t,t_0)+\boldsymbol{G}(t)\mathcal{Q}\,\Delta t\boldsymbol{G}^{\mathrm{T}}(t) \tag{7-182}$$

在进行连续预测/更新的情况下，协方差矩阵满足下一步将推导的非线性微分方程。我们从以小间隔（$\delta t=t_k-t_{k-1}$）发生的离散更新的协方差矩阵（Fisher 信息矩阵）的逆方程开始，根据式（7－43）可得

$$\boldsymbol{P}_k^{-1}=(\boldsymbol{P}_k^{-})^{-1}+\boldsymbol{H}_k^{\mathrm{T}}\boldsymbol{R}_k^{-1}\boldsymbol{H}_k \tag{7-183}$$

以下近似值适用于小时间间隔 δt，类似于式（7－173）

$$(\boldsymbol{P}_{k-1})^{-1}\approx(\boldsymbol{P}_k^{-})^{-1}-\delta t\,\frac{\mathrm{d}}{\mathrm{d}t}[\boldsymbol{P}^{-}(t)]^{-1}\bigg|_{t=t_k}$$

$$(\boldsymbol{P}_{k-1})^{-1}\approx(\boldsymbol{P}_k)^{-1}-\delta t\,\frac{\mathrm{d}}{\mathrm{d}t}[\boldsymbol{P}(t)]^{-1}\bigg|_{t=t_k} \tag{7-184}$$

根据本讨论中滤波器的连续性，在 t_k 时刻 $\boldsymbol{P}_k$ 和 $\boldsymbol{P}_k^{-}$ 之间没有区别。将表达式（7－184）代入式（7－183），我们得到

$$\frac{\mathrm{d}}{\mathrm{d}t}[\boldsymbol{P}(t)]^{-1}\bigg|_{t=t_k}\approx\frac{\mathrm{d}}{\mathrm{d}t}[\boldsymbol{P}^{-}(t)]^{-1}\bigg|_{t=t_k}+\boldsymbol{H}_k^{\mathrm{T}}(\boldsymbol{R}_k\delta t)^{-1}\boldsymbol{H}_k \tag{7-185}$$

通过将时间导数应用于 $\boldsymbol{P}\boldsymbol{P}^{-1}=\boldsymbol{I}$，并使用乘积法则进行微分，可以很容易地证明以下等式

$$\frac{\mathrm{d}}{\mathrm{d}t}(\boldsymbol{P}\boldsymbol{P}^{-1})=\boldsymbol{0}\Rightarrow\frac{\mathrm{d}}{\mathrm{d}t}\boldsymbol{P}^{-1}=-\boldsymbol{P}^{-1}\left(\frac{\mathrm{d}}{\mathrm{d}t}\boldsymbol{P}\right)\boldsymbol{P}^{-1} \tag{7-186}$$

现在把这个恒等式应用到式（7－185）的每一个导数上，然后代入式（7－163），其结果为

$$\boldsymbol{P}_k^{-1}\frac{\mathrm{d}}{\mathrm{d}t}\boldsymbol{P}(t)\bigg|_{t=t_k}\boldsymbol{P}_k^{-1}\approx(\boldsymbol{P}_k^{-})^{-1}\frac{\mathrm{d}}{\mathrm{d}t}\boldsymbol{P}^{-}(t)\bigg|_{t=t_k}(\boldsymbol{P}_k^{-})^{-1}-\boldsymbol{H}_k^{\mathrm{T}}\boldsymbol{\mathcal{R}}^{-1}\boldsymbol{H}_k \tag{7-187}$$

在包括右侧先验协方差矩阵的时间导数的式（7-181）中，将极限取为 $\delta t \to 0$，使用式（7-174）和 $t_k \equiv t$，我们最终得到

$$\dot{\boldsymbol{P}}(t)=\boldsymbol{F}(t)\boldsymbol{P}(t)+\boldsymbol{P}(t)\boldsymbol{F}^{\mathrm{T}}(t)+\boldsymbol{G}(t)\boldsymbol{\mathcal{Q}}\boldsymbol{G}^{\mathrm{T}}(t)-\boldsymbol{P}(t)\boldsymbol{H}^{\mathrm{T}}(t)\boldsymbol{\mathcal{R}}^{-1}\boldsymbol{H}(t)\boldsymbol{P}(t) \tag{7-188}$$

这就是矩阵 Ricatti 方程，它是连续卡尔曼滤波器的后验协方差矩阵的微分方程。当没有观测更新（$\boldsymbol{\mathcal{R}}^{-1}=\boldsymbol{0}$）时，将其简化为式（7-172）（线性方差方程）给出的连续预测协方差矩阵的微分方程。注意，当 $\boldsymbol{\mathcal{R}}^{-1}\neq\boldsymbol{0}$ 时，方程（7-179）在 $\boldsymbol{P}$ 中是非线性的。此外，驱动协方差动态的强迫项是由于系统噪声谱密度矩阵 $\boldsymbol{\mathcal{Q}}$（通常会增加协方差），以及观测噪声谱密度矩阵 $\boldsymbol{\mathcal{R}}$（通常会降低协方差）。这一点从式（7-188）中可以明显看出，分别具有正对角线元素的项 $\boldsymbol{G}(t)\boldsymbol{\mathcal{Q}}\boldsymbol{G}^{\mathrm{T}}(t)$ 和 $\boldsymbol{P}(t)\boldsymbol{H}^{\mathrm{T}}(t)\boldsymbol{\mathcal{R}}^{-1}\boldsymbol{H}(t)\boldsymbol{P}(t)$ 之前有加号和减号。

7.7.2 矩阵 Ricatti 方程的解

由方程（7-188）的解可以得到状态变量的误差方差和协方差的时间演化，这可以为系统提供有用的解释分析。这种分析包括确定系统状态的可控性和可观测性，以及它们的稳态行为（Gelb，1974）。不幸的是，得到 Ricatti 方程的完全解析解几乎不可能，这些解析解仅限于非常简单的系统动力学。通常，标准的数值积分必须作为一种可行的替代方法。例如式（7-70）和式（7-73）组合给出的离散解就是这样一种数值技术。我们不详细检查这些解的分析应用，但给出三个特殊情况的形式解，有助于深刻理解在第8章讨论的 INS 对准问题。

7.7.2.1 常系数矩阵

如果 $\boldsymbol{F}$、$\boldsymbol{G}$ 和 $\boldsymbol{H}$ 是式（7-188）中的常数矩阵（或者在积分区间内是常数），则对应的微分方程的非线性性质表示为

$$\dot{\boldsymbol{P}}(t)=\boldsymbol{F}\boldsymbol{P}(t)+\boldsymbol{P}(t)\boldsymbol{F}^{\mathrm{T}}+\boldsymbol{G}\boldsymbol{\mathcal{Q}}\boldsymbol{G}^{\mathrm{T}}-\boldsymbol{P}(t)\boldsymbol{H}^{\mathrm{T}}\boldsymbol{\mathcal{R}}^{-1}\boldsymbol{H}\boldsymbol{P}(t) \tag{7-189}$$

那么可以通过引入一对辅助矩阵函数［称为 $\boldsymbol{U}(t)$ 和 $\boldsymbol{V}(t)$］来消除相应微分方程的非线性性质，其与 $\boldsymbol{P}(t)$ 相关，如下式所示。如果 $\boldsymbol{P}$ 是一个 $n\times n$ 矩阵，那么根据定义 $\boldsymbol{U}$ 和 $\boldsymbol{V}$ 也是 $n\times n$ 矩阵。设 $\boldsymbol{U}(t)$ 是满足一阶线性微分方程的矩阵函数

$$\dot{\boldsymbol{U}}(t)=-\boldsymbol{F}^{\mathrm{T}}\boldsymbol{U}(t)+\boldsymbol{H}^{\mathrm{T}}\boldsymbol{\mathcal{R}}^{-1}\boldsymbol{H}\boldsymbol{P}(t)\boldsymbol{U}(t) \tag{7-190}$$

另外，设 $\boldsymbol{V}(t)$ 是由下式定义的矩阵函数

$$\boldsymbol{V}(t)=\boldsymbol{P}(t)\boldsymbol{U}(t) \tag{7-191}$$

假设 $\boldsymbol{U}(t)$ 和 $\boldsymbol{V}(t)$ 对于所有时刻 t 都是非奇异的，如下所示

$$\boldsymbol{P}(t)=\boldsymbol{V}(t)\boldsymbol{U}^{-1}(t) \tag{7-192}$$

通过微分式（7-191）并利用式（7-189）和式（7-190）得出 $\boldsymbol{V}$ 的相应微分方程

$$\begin{aligned}\dot{\boldsymbol{V}}(t)&=\dot{\boldsymbol{P}}(t)\boldsymbol{U}(t)+\boldsymbol{P}(t)\dot{\boldsymbol{U}}(t)\\&=[\boldsymbol{F}\boldsymbol{P}(t)+\boldsymbol{P}(t)\boldsymbol{F}^{\mathrm{T}}+\boldsymbol{G}\boldsymbol{\mathcal{Q}}\boldsymbol{G}^{\mathrm{T}}-\boldsymbol{P}(t)\boldsymbol{H}^{\mathrm{T}}\boldsymbol{\mathcal{R}}^{-1}\boldsymbol{H}\boldsymbol{P}(t)]\boldsymbol{U}(t)-\\&\quad\ \boldsymbol{P}(t)[\boldsymbol{F}^{\mathrm{T}}\boldsymbol{U}(t)-\boldsymbol{H}^{\mathrm{T}}\boldsymbol{\mathcal{R}}^{-1}\boldsymbol{H}\boldsymbol{P}(t)\boldsymbol{U}(t)]\\&=\boldsymbol{F}\boldsymbol{V}(t)+\boldsymbol{G}\boldsymbol{\mathcal{Q}}\boldsymbol{G}^{\mathrm{T}}\boldsymbol{U}(t)\end{aligned} \tag{7-193}$$

其在 $\boldsymbol{U}$ 和 $\boldsymbol{V}$ 上是线性的。结合式（7－190）、式（7－191）和式（7－193），我们得到了一阶线性微分方程组

$$\frac{\mathrm{d}}{\mathrm{d}t}\begin{bmatrix}\boldsymbol{U}(t)\\ \boldsymbol{V}(t)\end{bmatrix}=\begin{bmatrix}-\boldsymbol{F}^{\mathrm{T}} & \boldsymbol{H}^{\mathrm{T}}\boldsymbol{\mathcal{R}}^{-1}\boldsymbol{H}\\ \boldsymbol{G}\boldsymbol{\mathcal{Q}}\boldsymbol{G}^{\mathrm{T}} & \boldsymbol{F}\end{bmatrix}\begin{bmatrix}\boldsymbol{U}(t)\\ \boldsymbol{V}(t)\end{bmatrix} \tag{7－194}$$

其中，系数矩阵为 $2n\times 2n$ 常数矩阵。式（7－194）的解［具有式（2－14）的形式］由式（2－54）得出

$$\begin{bmatrix}\boldsymbol{U}(t)\\ \boldsymbol{V}(t)\end{bmatrix}=\begin{bmatrix}\boldsymbol{\Phi}_{\mathrm{UU}}(t,t_0) & \boldsymbol{\Phi}_{\mathrm{UV}}(t,t_0)\\ \boldsymbol{\Phi}_{\mathrm{VU}}(t,t_0) & \boldsymbol{\Phi}_{\mathrm{VV}}(t,t_0)\end{bmatrix}\begin{bmatrix}\boldsymbol{U}(t_0)\\ \boldsymbol{V}(t_0)\end{bmatrix} \tag{7－195}$$

其中，为方便起见，划分为四个 $n\times n$ 块的转移矩阵由下式给出［参见式（7－109）］

$$\begin{aligned}\begin{bmatrix}\boldsymbol{\Phi}_{\mathrm{UU}}(t,t_0) & \boldsymbol{\Phi}_{\mathrm{UV}}(t,t_0)\\ \boldsymbol{\Phi}_{\mathrm{VU}}(t,t_0) & \boldsymbol{\Phi}_{\mathrm{VV}}(t,t_0)\end{bmatrix}&=\exp\left(\begin{bmatrix}-\boldsymbol{F}^{\mathrm{T}} & \boldsymbol{H}^{\mathrm{T}}\boldsymbol{\mathcal{R}}^{-1}\boldsymbol{H}\\ \boldsymbol{G}\boldsymbol{\mathcal{Q}}\boldsymbol{G}^{\mathrm{T}} & \boldsymbol{F}\end{bmatrix}(t-t_0)\right)\\ &=\begin{bmatrix}\boldsymbol{I} & \boldsymbol{0}\\ \boldsymbol{0} & \boldsymbol{I}\end{bmatrix}+\begin{bmatrix}-\boldsymbol{F}^{\mathrm{T}} & \boldsymbol{H}^{\mathrm{T}}\boldsymbol{\mathcal{R}}^{-1}\boldsymbol{H}\\ \boldsymbol{G}\boldsymbol{\mathcal{Q}}\boldsymbol{G}^{\mathrm{T}} & \boldsymbol{F}\end{bmatrix}(t-t_0)\\ &\quad+\frac{1}{2!}\begin{bmatrix}-\boldsymbol{F}^{\mathrm{T}} & \boldsymbol{H}^{\mathrm{T}}\boldsymbol{\mathcal{R}}^{-1}\boldsymbol{H}\\ \boldsymbol{G}\boldsymbol{\mathcal{Q}}\boldsymbol{G}^{\mathrm{T}} & \boldsymbol{F}\end{bmatrix}^2(t-t_0)^2+\cdots\end{aligned} \tag{7－196}$$

由式（7－195）写出 $\boldsymbol{U}$ 和 $\boldsymbol{V}$ 的独立解，并使用式（7－191），我们得到（使用简化符号）

$$\begin{aligned}\boldsymbol{U}&=(\boldsymbol{\Phi}_{\mathrm{UU}}\boldsymbol{P}_0^{-1}+\boldsymbol{\Phi}_{\mathrm{UV}})\boldsymbol{V}_0\\ \boldsymbol{V}&=(\boldsymbol{\Phi}_{\mathrm{VU}}+\boldsymbol{\Phi}_{\mathrm{VV}}\boldsymbol{P}_0)\boldsymbol{U}_0\end{aligned} \tag{7－197}$$

现在，将这些代入式（7－183），结合 $\boldsymbol{P}_0{}^{-1}=\boldsymbol{U}_0\boldsymbol{V}_0{}^{-1}$，我们得到

$$\boldsymbol{P}(t)=[\boldsymbol{\Phi}_{\mathrm{VU}}(t,t_0)+\boldsymbol{\Phi}_{\mathrm{VV}}(t,t_0)\boldsymbol{P}(t_0)]\{[\boldsymbol{\Phi}_{\mathrm{UU}}(t,t_0)+\boldsymbol{\Phi}_{\mathrm{UV}}(t,t_0)\boldsymbol{P}(t_0)]\}^{-1} \tag{7－198}$$

这是常系数矩阵 Ricatti 矩阵方程的解，显然 $P(t_0)$ 必须是已知的。原则上，这个解没有近似值；实际上，级数表达式（7－196）中只能包含有限个（一般来说是足够多的）项（在一些简单的情况下，级数可以求和为解析形式）。

7.7.2.2 无系统过程噪声

在系统状态不是由随机噪声激发的情况下，即 $\boldsymbol{\mathcal{Q}}=\boldsymbol{0}$，那么可以根据式（7－188）得到简化的 Ricatti 方程

$$\dot{\boldsymbol{P}}(t)=\boldsymbol{F}(t)\boldsymbol{P}(t)+\boldsymbol{P}(t)\boldsymbol{F}^{\mathrm{T}}(t)-\boldsymbol{P}(t)\boldsymbol{H}^{\mathrm{T}}(t)\boldsymbol{\mathcal{R}}^{-1}\boldsymbol{H}(t)\boldsymbol{P}(t) \tag{7－199}$$

可以通过式（7－186）将其转换为 Fisher 信息矩阵的微分方程［见式（7－43）］，将其“线性化”

$$\frac{\mathrm{d}}{\mathrm{d}t}\boldsymbol{P}^{-1}(t)=-\boldsymbol{P}^{-1}(t)\boldsymbol{F}(t)-\boldsymbol{F}^{\mathrm{T}}(t)\boldsymbol{P}^{-1}(t)+\boldsymbol{H}^{\mathrm{T}}(t)\boldsymbol{\mathcal{R}}^{-1}\boldsymbol{H}(t) \tag{7－200}$$

该方程类似于微分方程（7－181），其解为式（7－180）。因此，式（7－200）的解具

有类似的形式，即

$$\boldsymbol{P}^{-1}(t)=\boldsymbol{\Phi}^{\mathrm{T}}(t_0,t)\boldsymbol{P}^{-1}(t_0)\boldsymbol{\Phi}(t_0,t)+\int_{t_0}^{t}\boldsymbol{\Phi}^{\mathrm{T}}(t',t)\boldsymbol{H}^{\mathrm{T}}(t')\boldsymbol{\mathcal{R}}^{-1}\boldsymbol{H}(t')\boldsymbol{\Phi}(t',t)\mathrm{d}t' \tag{7-201}$$

通常，也可以通过直接微分来验证。$\boldsymbol{\Phi}$ 是式（7-108）定义的状态转移矩阵，在这种情况下，应该注意参数的顺序相反。如果我们没有关于状态的先验信息，即 $\boldsymbol{P}^{-1}(t_0)=\boldsymbol{0}$，那么解的齐次部分就不存在了。

如果初始信息矩阵为零，但对于某个时间 $t>t_0$ 和某些边界常数 c，有 $0<|\boldsymbol{P}^{-1}(t)|\leqslant c<\infty$，则系统是（随机）可观测的。也就是说，在这种情况下外部观测提供了关于系统状态的信息。

状态的误差协方差矩阵 $\boldsymbol{P}(t)$ 可以通过信息矩阵的求逆来确定（如果存在逆）。如果系数矩阵 $\boldsymbol{F}$ 和 $\boldsymbol{H}$ 都是常数，则式（7-201）中的积分（形式上）可以得到解析解；或者，协方差矩阵的解在 $\boldsymbol{\Phi}_{VU}(t,\ t_0)=\boldsymbol{0}$(即$\boldsymbol{\mathcal{Q}}=\boldsymbol{0}$) 情况下可直接从式（7-198）得出

$$\boldsymbol{P}(t)=\boldsymbol{\Phi}_{vv}(t,t_0)\boldsymbol{P}(t_0)\{[\Phi_{UU}(t,t_0)+\Phi_{UV}(t,t_0)P(t_0)]\}^{-1} \tag{7-202}$$

7.7.2.3　无观测值

如果没有可用的观测值（或观测值有无穷方差），即 $\boldsymbol{\mathcal{R}}^{-1}=\boldsymbol{0}$，我们再次根据式（7-188）得到简化的 Ricatti 方程

$$\dot{\boldsymbol{P}}(t)=\boldsymbol{F}(t)\boldsymbol{P}(t)+\boldsymbol{P}(t)\boldsymbol{F}^{\mathrm{T}}(t)+\boldsymbol{G}(t)\boldsymbol{\mathcal{Q}}\boldsymbol{G}^{\mathrm{T}}(t) \tag{7-203}$$

这是线性方差方程式（7-181），其解如式（7-180）所示。另一种方法由式（7-198）给出，如果系数矩阵 $\boldsymbol{F}$ 和 $\boldsymbol{G}$ 是常数，$\boldsymbol{\Phi}_{VU}(t,\ t_0)=\boldsymbol{0}$

$$\boldsymbol{P}(t)=[\boldsymbol{\Phi}_{VU}(t,t_0)+\boldsymbol{\Phi}_{VV}(t,t_0)\boldsymbol{P}(t_0)]\boldsymbol{\Phi}_{UU}^{-1}(t,t_0) \tag{7-204}$$

如果系统状态的初始协方差为零，但系统噪声将其驱动为一个正定矩阵，同时保持其有界，即对于 $t>t_0$ 和某些边界常数 c 有 $0<|\boldsymbol{P}(t)|\leqslant c<\infty$，称该系统是（随机）可控的。也就是说，这些状态受系统噪声的影响，并且可以用适当的确定性输入来控制。系统的可控性和可观测性会长期地影响卡尔曼滤波器的动态稳定性（见 Maybeck，1979）。

对于式（7-198）、式（7-202）和式（7-204）的实际计算，对于较长的时间 t（相对于 t_0），解通常被分割成较小的间隔，以便序列［式（7-196）］可以在合理程度上截断。上一个区间端点的解将作为后续区间的初值。尽管每种情况下的解都是精确的［在式（7-196）的截断范围内］，但其数值稳定性取决于计算中舍入误差的累积。正如在离散卡尔曼滤波算法中一样，在每一步用 $[\boldsymbol{P}(t)+\boldsymbol{P}^{\mathrm{T}}(t)]/2$ 替换协方差矩阵以确保其对称性是一个好办法。

第 8 章　初始对准与标定

8.1　引言

在惯性导航系统开始导航之前，需要施加或者确定许多初始条件，包括消除歧义、确定导航坐标系以及消除特定的系统误差。惯性导航是基于加速度的积分，因此获得位置和速度与积分常数有关。也就是说，这些常数必须由外部信息来提供。但是，惯性测量单元数据初始化过程所包括的不止于此。除了设定初始位置和速度，必须确定惯性传感器的初始对准。对于捷联机械编排，在导航开始之前必须建立载体坐标系和导航坐标系之间的方向余弦，并且这种对齐作为一个起点（或另一组积分常数），用于后续基于陀螺角速率积分的姿态确定。例如，这些方向角可以通过积分方程式（4－19）获得，其中必须指定系统的初始对准（一组积分常数）。同样，我们需要初始化一个稳定（平台）系统相对于导航坐标系的规定对准值，这通过平台框架适当的旋转来完成。

将主要导航方程［例如式（4－77）］积分常数的初始位置和速度，插入到系统中作为输入数据。当系统静止时，速度（相对于地球）是已知的，并且可以在一个已知坐标的点上进行定位。对移动系统来说，非常精确可用的位置和速度信息可以通过外部源获得，例如全球定位系统（见第 9 章）以及其他雷达导航系统。因为不容易从外部观测获得“地向”和“北向”的有效信息，方向初始化相对更加困难。除了对准，初始化过程也涉及传感器中系统误差的确定，在一定程度上可行。这些误差不能在实验室中通过标准的标定技术来确定，并且它们通常有随机的特性，例如表征传感器偏置的随机常数，会随着系统逐次上电而发生变化。

惯性导航系统可以在多种不同精度水平上进行初始化和对准，并且制造商会将多种不同的模式构建到系统中，可以灵活地适应不同的应用环境和精度需求。在导航之前，保持传感器相对于地球静止，这使其响应已知方向的加速度和角速率向量（重力加速度和地球旋转），能辅助对准系统。然而，解释或估计陀螺仪偏置误差延长了需要完成精确对准的时间。通常，要求精度越高，需要求解的参数就越多。同样，如果有效的外部信息越少，用于导航系统的准备时间就越长。对于许多军事系统，因为时间是关键指标，所以惯性导航系统需要尽最大努力设计快速、准确的对准和初始化程序，以完成导航准备。

我们仅详细讨论使用外部速度和可能的方向（主要是方位）信息完成基本对准的分析，系统可以是静止的，也可以是移动的。姿态信息可能来自光学对准，其中从精确外部光学瞄准确定的角度传递到系统中。当系统静止时，光学对准是相对外部参考基准确定系统的光学方位角；在飞行中，恒星相机可以用于观测系统相对于一组已知天体坐标的恒星的方向。后一种方法也可以在飞行中，用于（再）标定陀螺仪误差来提高导航性能。然而，这些方法需要昂贵的光学仪器，并且不适合所有类型的天气条件。

在某些情况下，存储在导航计算机中前一次的一组对准角是可用的。当然，需假定从运载体的惯性传感器上一次对准之后，运载体没有移动过。存储对准值的方法对于初始化航向（方位角）尤其有用，而自动获取航向（方位）信息是最困难的。相应的办法是传递对准（可参见 Kayton 和 Fried，1997），其中一个惯性系统与另外一个更高精度的惯性系统对准，例如飞机系统相对于航空母舰系统对准，或者导弹系统相对于飞机系统对准。

本章主要讨论导航坐标系是当地水平坐标系（n 系或者 w 系）的情况，尽管推理和符号有些许变化，但方法很容易推广到其他坐标系上。此外，我们将重点讨论捷联系统，而当地水平稳定的机械编排将作为一个附加的概念进行描述，更多稳定系统的详细论述参见 Kayton 和 Fried（1969）；Britting（1971）；Chatfield（1997）；Lawrence（1998）；Titterton 和 Weston（2004）。实际上，当它在导航误差动态特性的情况下（当然存在实施过程的差别），根据数值分析，二者之间的差别非常明显。初始化和对准要求将导航系统置于相对地球静止的常用环境中。使用高精度外部定位系统（例如全球定位系统），当然可推广到运动模式中惯性导航系统的初始化和对准。

首先，可以根据磁北（标准罗盘）和使用气泡水平仪调平的信息完成粗对准，给出姿态角的粗值，随后可以通过线性估计技术来提高姿态角精度。其他粗对准的方法见第 8.2 节。精对准技术可以是基于运载体在地球上相对静止的自身修正的过程，或者根据外部定位或者导航源（如果运载体是运动的，可用外部导航源）的辅助信息完成。高精度航向或者方位确定的难度在导航误差方程（见第 5.4.1 节）的讨论中已稍作介绍，其中已经表明垂向陀螺仪误差（例如偏置）仅仅弱耦合到速度中，而速度将作为外部信息用于偏置的对准和标定。

我们将演示分析对准和初始化以及其他基本原理，并通过第 7 章中研究的线性估计理论，使用简单的误差分析计算来举例说明。重点放在方向误差的估计和陀螺仪及加速度计偏置的标定上，这些对于高精度惯性导航来说非常重要。在这方面，系统的主要状态（向量）是姿态误差、未知系统传感器误差的参数和将外部信息关联到姿态误差的状态（向量）。虽然可能不是最复杂的对准方案，但这个演示的目的是阐明基本概念和限制条件。更加全面的分析，尤其是飞行过程中的对准和惯性导航系统相对于另外系统的标定可以参见 Baziw 和 Leondes（1972a，b）。

8.2　粗对准

一套静态惯性导航系统可以利用由地球物理上定义的方向，即重力方向和地球旋转轴的方向，来完成自对准，而不是使用外部提供的方向（例如罗盘和水平气泡或者事先计算好的角度）。传感器组件的粗对准，提供了平台相对于导航框架的快速定位（稳定或捷联），使用直接从传感器获得的加速度和角速率，而不考虑其误差。接下来的精对准使用未补偿加速度计、陀螺仪偏置以及其他系统误差的估计值与方向误差，共同提高对准精度。这些估计值从卡尔曼滤波器获得，从而允许对系统和观测噪声进行适当的统计处理。

根据概念，调平一个常平架平台，是通过监测两个相互垂直，且输入轴分别平行于平台的加速度计输出来完成的。如果平台相对地球具有零速（静止），那么加速度计仅仅敏感重力加速度向量 $\bar{\boldsymbol{g}}^n$［当 $\boldsymbol{v}^n=\boldsymbol{0}$，见式（4－91）］反应的分量。当垂直轴与重力方向对准时，平台就是水平的，那么平台上水平加速度敏感的比力为 0。因此，通过使用伺服电机使平台的俯仰角和横滚角常平架旋转来确保近似水平，每个水平加速度计的输出就消失了。这个过程的精度受伺服电机精度、运载体稳定性、加速度计精度和它们对于平台的物理对准精度的限制。对于常用当地水平导航坐标系（垂直方向沿椭球法线）的对准，需要解释垂线偏差的原因。另一方面，忽略这个偏差等效于加速度计输出中存在一个偏置（这两种情况均导致系统在 n 系中未对准）；在当地水平稳定平台（指北）的情况下，通过平台倾斜的效应可以在导航解中消除这些偏差，如第 5.4.1 节中所述。

同理，平台在方位上的对准，通过监测东向陀螺仪的命令角速率来实现。根据式（4－10），并且设定速度为 0，那么在一个指北水平平台上的东向陀螺仪命令角速率将为 0

$$\boldsymbol{\omega}_{\text{com}}=(\omega_e\cos\phi \quad 0 \quad -\omega_e\sin\phi)^{\mathrm{T}} \tag{8－1}$$

假定没有陀螺仪误差，则绕垂直方向（方位伺服马达）旋转平台，直到（水平）陀螺仪的输出为 0，将其输入轴指向东，那么在水平面内与输入轴垂直的轴指向北。同样，在游动-方位机械编排中（绕垂直方向的零速率），从式（4－14）中可得命令角速率为

$$\boldsymbol{\omega}_{\text{com}}=(\omega_e\cos\phi\cos\alpha \quad \omega_e\cos\phi\sin\alpha \quad 0)^{\mathrm{T}} \tag{8－2}$$

并且，东向和北向陀螺仪的速率比产生在 w 系的方位角 α，w 系定义为与平台平行的坐标系。在任何情况下，根据与地球相关的旋转向量陀螺仪提供一个航向或者方位参考。回归到发明陀螺仪的最初目的（见第 4.1 节），那么这个过程更适合称为陀螺寻北。

实际上，当地水平稳定系统的对准，是通过加速度计和陀螺仪一起工作同时完成调平和方位对准的。假定给平台陀螺仪施加力矩使其在旋转地球上保持水平，那么如果东向陀螺仪没有指向东，输出为非零值，这将使平台绕东轴旋转（给平台常平架伺服系统的信号）。北向加速度计产生一个信号，平台不再保持水平，这个信号命令平台在方位上转动，直到东向陀螺仪和北向加速度计均敏感为 0，这个物理对准更加准确地称为加速度耦合陀螺寻北。反馈系统通常包括比力阻尼、增益系数和其他外部信息卡尔曼滤波器导出的偏置补偿部分，这些提高属于精对准过程（见第 8.3 节）的范畴。

对于捷联系统，粗对准也能以类似的方法通过严格分析和数值方式的形式完成。我们将讨论限定在游动-方位导航坐标系内，n 系中的规格仅仅要求对游动-方位角和速率进行一个合适的设定。再次假定一个静止系统（$\boldsymbol{v}^w=\boldsymbol{0}$），根据式（4－78）和式（4－107），加速度计的输出可以表示为

$$\boldsymbol{a}^b=\boldsymbol{C}_w^b\boldsymbol{a}^w=-\boldsymbol{C}_w^b\bar{\boldsymbol{g}}^w=-\bar{\boldsymbol{g}}^b \tag{8－3}$$

并且，根据式（4－127）和 $\boldsymbol{\omega}_{wb}^b=\boldsymbol{0}$（静止的运载体），陀螺仪的输出可以通过下式给出

$$\boldsymbol{\omega}_{ib}^{b}=\boldsymbol{C}_{w}^{b}\boldsymbol{\omega}_{iw}^{w} \tag{8-4}$$

对准的目的是为了使用加速度计和陀螺仪的输出，确定从载体坐标系到游动-方位坐标系之间变换的方向余弦，即变换矩阵 $\boldsymbol{C}_{w}^{b}$ 的元素。

考虑一个向量，与已经确定好方向的向量 $\bar{\boldsymbol{g}}^{w}$ 和 $\boldsymbol{\omega}_{ie}^{w}$ 都垂直，并且称之为 $\boldsymbol{c}^{w}$

$$\boldsymbol{c}^{w}=\bar{\boldsymbol{g}}^{w}\times\boldsymbol{\omega}_{ie}^{w}=\bar{\boldsymbol{g}}^{w}\times\boldsymbol{\omega}_{iw}^{w} \tag{8-5}$$

其中，如果运载体是静止的（$\dot{\alpha}_{w}=0$），因为 $\boldsymbol{\omega}_{we}^{w}=\boldsymbol{0}$ 第二个等号成立。由于 w 系的 3 轴与垂直方向对齐，重力向量仅有一个非零的分量（忽略垂线偏差，见图 6-9），表示为

$$\bar{\boldsymbol{g}}^{w}=(0\quad 0\quad \bar{g})^{\mathrm{T}} \tag{8-6}$$

式中，$\bar{g}$ 是重力的幅值。由式（4-13）和 $\delta\boldsymbol{\omega}_{d}=\boldsymbol{0}$，可以得出 $\boldsymbol{\omega}_{\mathrm{com}}=\boldsymbol{\omega}_{iw}^{w}$，并且假设速度为 0，我们可以得出

$$\boldsymbol{\omega}_{iw}^{w}=\begin{bmatrix}\omega_{e}\cos\phi\cos\alpha_{w}\\-\omega_{e}\cos\phi\sin\alpha_{w}\\-\omega_{e}\sin\phi\end{bmatrix} \tag{8-7}$$

将式（8-6）与式（8-7）代入式（8-5），可得

$$\boldsymbol{c}^{w}=\begin{bmatrix}\bar{g}\omega_{e}\cos\phi\sin\alpha_{w}\\\bar{g}\omega_{e}\cos\phi\cos\alpha_{w}\\0\end{bmatrix} \tag{8-8}$$

使用符号 $[\bar{\boldsymbol{g}}^{w}\times]$ 表示一个反对称矩阵，如式（5-48）所示，我们可得出

$$\begin{aligned}\boldsymbol{c}^{b}&=\boldsymbol{C}_{w}^{b}\boldsymbol{c}^{w}\\&=\boldsymbol{C}_{w}^{b}[\bar{\boldsymbol{g}}^{w}\times]\boldsymbol{\omega}_{iw}^{w}=\boldsymbol{C}_{w}^{b}[\bar{\boldsymbol{g}}^{w}\times]\boldsymbol{C}_{b}^{w}\boldsymbol{C}_{w}^{b}\boldsymbol{\omega}_{iw}^{w}=[\bar{\boldsymbol{g}}^{b}\times]\boldsymbol{\omega}_{iw}^{b}\\&=-\boldsymbol{a}^{b}\times\boldsymbol{\omega}_{iw}^{b}=-\boldsymbol{a}^{b}\times(\boldsymbol{\omega}_{ib}^{b}+\boldsymbol{\omega}_{bw}^{b})\\&=-\boldsymbol{a}^{b}\times\boldsymbol{\omega}_{ib}^{b}\end{aligned} \tag{8-9}$$

其中，式（1-17）用于上式第二行。然后，将式（8-3）、式（8-4）和式（8-9）组合成一个矩阵方程，可得

$$(\boldsymbol{a}^{b}\quad \boldsymbol{\omega}_{ib}^{b}\quad -\boldsymbol{a}^{b}\times\boldsymbol{\omega}_{ib}^{b})=\boldsymbol{C}_{w}^{b}(-\bar{\boldsymbol{g}}^{w}\quad \boldsymbol{\omega}_{iw}^{w}\quad \boldsymbol{c}^{w}) \tag{8-10}$$

求解 $\boldsymbol{C}_{b}^{w}$，进行转置并且使用 w 系的坐标量式（8-6）、式（8-7）和式（8-8），可得

$$\boldsymbol{C}_{b}^{w}=\begin{bmatrix}0&0&-\bar{g}\\\omega_{e}\cos\varphi\cos\alpha_{w}&-\omega_{e}\cos\varphi\sin\alpha_{w}&-\omega_{e}\sin\varphi\\\bar{g}\omega_{e}\cos\varphi\sin\alpha_{w}&\bar{g}\omega_{e}\cos\varphi\cos\alpha_{w}&0\end{bmatrix}^{-1}\begin{bmatrix}(\boldsymbol{a}^{b})^{\mathrm{T}}\\(\boldsymbol{\omega}_{ib}^{b})^{\mathrm{T}}\\(-\boldsymbol{a}^{b}\times\boldsymbol{\omega}_{ib}^{b})^{\mathrm{T}}\end{bmatrix} \tag{8-11}$$

惯性测量单元传感器产生的量在右侧，而求逆的矩阵需要平台的纬度和定义的游动-方位角。例如当载体静止时，可以指定 w 系的方位角 $a_{w}=0$，此时它与指定 n 系坐标是相同的。那么，我们得到从 b 系到 n 系的初始变换

$$\boldsymbol{C}_{b}^{w}=\begin{bmatrix}0&0&-\bar{g}\\\omega_{e}\cos\varphi&0&-\omega_{e}\sin\varphi\\0&\bar{g}\omega_{e}\cos\varphi&0\end{bmatrix}\begin{bmatrix}(\boldsymbol{a}^{b})^{\mathrm{T}}\\(\boldsymbol{\omega}_{ib}^{b})^{\mathrm{T}}\\(-\boldsymbol{a}^{b}\times\boldsymbol{\omega}_{ib}^{b})^{\mathrm{T}}\end{bmatrix} \tag{8-12}$$

在这种情况下，b 系的方位通过偏航角［见式（1－90）］给出，使用式（1－23）确定。只要重力向量和地球旋转轴不是平行的［否则，式（8－5）中定义的叉乘积 $\boldsymbol{c}^w$ 将为 $\boldsymbol{0}$］，式（8－11）或式（8－12）中的系数矩阵是可逆的，这种不正常的情况只有在靠近极点时发生。

式（8－11）和式（8－12）表明一套静态捷联惯性导航系统的加速度计和陀螺仪输出，能用于确定载体坐标系到导航坐标系的变换矩阵。然而，这个方法是在没有加速度计和陀螺仪误差（和垂线偏差）的理想情况下实现的。在现实应用中，加速度计和陀螺仪的输出数据中包含误差，尤其是陀螺仪可能具有较大的漂移误差。同样，即使运载体是静止的，也不可能刚性地固定在地球上，由于风和其他湍流产生的运动会导致不精确的加速度计和陀螺仪输出。最后，以上的方法既得不到精确的方向信息，也不能根据传感器噪声的统计特性施加适当的权值。

8.3 精对准和标定

水平和方位的粗对准（在几秒中内完成），可能在指示值和理想的对准之间留下一个很小的角度误差。这些误差是由于传感器的系统误差造成的，不能在实验室进行标定，尤其是系统在每次上电都有不同值的偏置。如第 5.2 节中所示，陀螺仪的偏置对导航解的精度尤其不利，影响最显著的是航向，其中，方位参考是通过东向陀螺仪建立起来的，而航向的变化来自于垂直方向陀螺仪的输出。

在外部信息提供可以估计系统仪器误差的方法的情况下，对准可以被精确化。至少需要考虑陀螺仪偏置和加速度计偏置。然而，这些偏置在指北的当地水平稳定系统中不易区分出来。所以，如果全部可以观测，陀螺仪的偏置仅能估计到未知加速度计偏置的精度水平上。在这种类型的机械编排中，加速度计偏置本身通常不影响导航解；在捷联机械编排中，它们影响导航解，并且应当被估计出来。然后，根据卡尔曼滤波器中的外部观测量（位置和速度）进行标定，其中加速度计误差状态从方向误差中解耦出来，在运载体进行适当机动时作为方向变化。

严格地说，卡尔曼滤波器涉及随机状态的估计，且根据第 7 章，我们应该区分随机状态和它的实现或估计。然而，为了避免不必要的复杂表示法，本章以及第 9 章和第 10 章讨论的应用程序和示例都默认采用相同的表示法来表示状态变量及其实现，除非特别说明。

我们仅从分析观点讨论捷联系统的精对准，因此在一定程度上不必考虑特定坐标系。目的是使用第 7 章研究的估计技术，提供一个仪器偏差和系统初始对准（见第 5 章）之间更加量化、形象的关系。

8.3.1 加速度观测

在精对准过程的第一个示例中，我们假定没有陀螺仪误差（系统误差或者其他误差），并且加速度中仅有白噪声。在这个意义上，这仅仅是一个更加综合的粗对准调平过程，在方向的估计上施加一些真实的权值（增益）。假定系统已经进行了上述的粗对准，并且仅存在由加速度计输出误差引起的一个小角度扰动。这可能是由加速度计白噪声或外部扰动（如阵风等）导致的运载体随机运动引起的。

为了简化分析过程，仅处理在 n 系下的系统编排。对于静态系统（$\boldsymbol{\omega}_{en}^{n}=\mathbf{0}$），从式（5－62）可知

$$\dot{\boldsymbol{\psi}}^{n}=-\boldsymbol{\omega}_{in}^{n}\times\boldsymbol{\psi}^{n}=-\boldsymbol{\omega}_{ie}^{n}\times\boldsymbol{\psi}^{n} \tag{8-13}$$

因为假定陀螺仪没有误差（$\delta\boldsymbol{\omega}_{is}^{s}=\mathbf{0}$），同样也假定惯性导航系统的位置和速度也没有误差（$\delta\boldsymbol{\omega}_{in}^{n}=\mathbf{0}$）。向量 $\boldsymbol{\psi}^{n}=(\psi_N\quad\psi_E\quad\psi_D)^{\mathrm{T}}$ 的元素是方向误差，并且构成了系统的状态变量。它们的初始协方差矩阵为 $\boldsymbol{P}_0$，假定 $\boldsymbol{P}_0$ 是一个对角矩阵。使用式（4－99）中的 $\boldsymbol{\omega}_{ie}^{n}$，式（8－13）可以写成线性微分方程组［式（7－106）］的通用形式

$$\frac{\mathrm{d}}{\mathrm{d}t}\begin{bmatrix}\psi_N\\ \psi_E\\ \psi_D\end{bmatrix}=\begin{bmatrix}0 & -\omega_e\sin\phi & 0\\ \omega_e\sin\phi & 0 & \omega_e\cos\phi\\ 0 & -\omega_e\cos\phi & 0\end{bmatrix}\begin{bmatrix}\psi_N\\ \psi_E\\ \psi_D\end{bmatrix} \tag{8-14}$$

其中，因为假定没有驱动系统的噪声，$\boldsymbol{G}$ 矩阵为 $\mathbf{0}$。

外部信息带给对准的问题是假定运载体静止时的水平加速度。根据扰动量，依据式（7－51），外部观测量是加速度计输出值与惯性导航系统假定的水平加速度之差，理想情况下是 0。由阵风或其他环境效应引起运载体很小的随机加速度和加速度计的随机噪声混合，组成噪声向量 $\boldsymbol{v}^{n}$。举一个简单的例子，我们首先假定这些噪声分量沿 n 系的方向解耦。这样，用 $\boldsymbol{v}^{n}$ 代表第一项，将观测量与状态变量相关联的模型可以根据式（5－61）给出如下

$$\delta\boldsymbol{a}^{n}=\boldsymbol{a}^{n}\times\boldsymbol{\psi}^{n}+\boldsymbol{v}^{n} \tag{8-15}$$

由于 $\boldsymbol{a}^{n}\approx(0\quad 0\quad -\bar{g})^{\mathrm{T}}$，可得出如式（7－52）中所示的线性关系

$$\begin{bmatrix}\delta a_N\\ \delta a_E\end{bmatrix}=\begin{bmatrix}0 & -\bar{g} & 0\\ \bar{g} & 0 & \end{bmatrix}\begin{bmatrix}\psi_N\\ \psi_E\\ \psi_D\end{bmatrix}+\begin{bmatrix}v_N\\ v_E\end{bmatrix} \tag{8-16}$$

我们假定观测值实际上是连续的，因此为了分析这种对准过程的性能，我们检验了连续卡尔曼滤波的协方差矩阵。矩阵的 Ricatti 方程描述了这个协方差矩阵的动态特性，并且因为假定零过程噪声（$\boldsymbol{G}=\mathbf{0}$），使用式（7－201）的解很方便确定作为时间函数的 Fisher 信息矩阵。那么，状态的方差（作为时间函数）就是它逆矩阵的对角元素。

因为方向状态（变量）式（8－14）的动态特性仅取决于周期为 24 h 的地球自转，相对于对准过程来说时间很长，所以可以忽略 $\boldsymbol{F}$ 矩阵，并且假定状态传递矩阵［式（7－109）］是单位矩阵。那么，式（7－201）变为

$$\boldsymbol{P}^{-1}(t)=\boldsymbol{P}^{-1}(t_0)+\int_{t_0}^{t}\boldsymbol{H}^{\mathrm{T}}(\tau)\boldsymbol{\mathcal{R}}^{-1}\boldsymbol{H}(\tau)\mathrm{d}\tau \tag{8-17}$$

给每个观测值指定一个标称方差 σ_a^2，现在通过式（6－61）给出连续白噪声向量

$(v_N \quad v_E)^{\mathrm{T}}$ 的功率谱密度矩阵

$$\mathcal{R}=\begin{bmatrix}\sigma_a^2 & 0\\ 0 & \sigma_a^2\end{bmatrix}\Delta t \tag{8-18}$$

此处 Δt 表示一段非常小的时间间隔。同样，$\boldsymbol{H}$ 矩阵［见式（8－16）］是一个常数，并且式（8－17）中的积分很容易进行分析，结果为

$$\boldsymbol{P}^{-1}(t)=\begin{bmatrix}\sigma_{\psi_N}^{-2} & 0 & 0\\ 0 & \sigma_{\psi_E}^{-2} & 0\\ 0 & 0 & \sigma_{\psi_D}^{-2}\end{bmatrix}+\begin{bmatrix}\bar{g}^2\sigma_a^{-2} & 0 & 0\\ 0 & \bar{g}^2\sigma_a^{-2} & 0\\ 0 & 0 & 0\end{bmatrix}\frac{t-t_0}{\Delta t} \tag{8-19}$$

式中，$\sigma_{\psi_N}^2$，$\sigma_{\psi_E}^2$，$\sigma_{\psi_D}^2$ 是与方向误差相关的初始方差。在 $t_k=t_0+k\Delta t$ 时刻，这些方程是下式的对角元素

$$\boldsymbol{P}(t_k)=\mathrm{diag}\left(\frac{\sigma_a^2}{k\bar{g}^2}\frac{1}{1+\dfrac{\sigma_a^2}{k\bar{g}^2}\dfrac{1}{\sigma_N^2}},\frac{\sigma_a^2}{k\bar{g}^2}\frac{1}{1+\dfrac{\sigma_a^2}{k\bar{g}^2}\dfrac{1}{\sigma_E^2}},\sigma_D^2\right) \tag{8-20}$$

因为水平加速度计仅实现调平的功能，方位误差的方差保持不变。如果初始方差 $\sigma_{\psi_N}^2$，$\sigma_{\psi_E}^2$ 相对于 $\sigma_a^2/\bar{g}^2$ 来说非常大，它们首先（$k=1$）降低到 $\sigma_a^2/\bar{g}^2$ 水平上，然后基本上以 $\left(\dfrac{\sigma_a^2}{\bar{g}^2}\right)/k$ 作为时间进行传播，按照平均值法降低。因此，如果运载体的随机运动和加速度计的误差是真正随机的白噪声，那么时间越长，得到的调平精度越高。

我们也可以在分析中包含陀螺仪白噪声。这将增加动态特性方程式（8－14）的系统过程噪声，并且 $\boldsymbol{Q}\neq\boldsymbol{0}$。那么，方向状态变量的协方差矩阵通过 Ricatti 方程矩阵的式（7－198）的解给出，在简单的假设条件下，可以简化为可解释的解析形式。

8.3.2 速度和方位观测

除了提高调平误差的估计值，我们接下来考虑方位参考的确定和陀螺仪偏置的标定。如前所述，导航系统相对于地球静止，假定系统位置已知且无误差，并且观测值是根据无系统运动的理想情况下测量所得。然而，在前述中，这个静态条件体现在零水平加速度的“观测值”中，而此处我们使用零速度，会得出更好的解。此外，外部方位确定是可实现的，例如光学系统（恒星相机或其他已知参考的光学瞄准）或者定向雷达系统（LORAN，OMEGA，差分 GPS 等），提供了垂直方向误差和垂向陀螺仪偏差的直接可观测性。在缺少外部方位观测值时，垂直方向的对准（称为自对准）和标定必须完全依靠系统对地球自转的敏感，也就是说，需要更长的时间来确定这些误差。上述假设条件的精对准和标定可以使用下面的算例来研究。

在这种情况下。状态向量包含方向误差、陀螺仪误差和速度误差（尽管这些变量是“可观测的”），但它们也明确出现在定向误差状态的微分方程中，如下所示。再通过式（5－62）给出方向误差状态的动态模型，得出

$$\dot{\boldsymbol{\psi}}^n = -\boldsymbol{\omega}_{in}^n \times \boldsymbol{\psi}^n - \boldsymbol{C}_s^n \delta\boldsymbol{\omega}_{is}^s + \boldsymbol{\omega}_{in}^n \tag{8-21}$$

假定 $\delta\boldsymbol{\omega}_{is}^s$ 仅由陀螺仪偏差组成，并且确定 $\boldsymbol{C}_s^n\delta\boldsymbol{\omega}_{is}^s$ 为 n 系陀螺偏差 $\Delta\boldsymbol{\omega}$ 的向量，如式（5－75）所示。如果运载体是静态的，那么陀螺仪偏差组成就不失一般性。所以，令这些误差的动态特性简单构建为随机常量

$$\Delta\dot{\boldsymbol{\omega}} = \frac{\mathrm{d}}{\mathrm{d}t}\begin{bmatrix}\Delta\omega_N \\ \Delta\omega_E \\ \Delta\omega_D\end{bmatrix} = \boldsymbol{0} \tag{8-22}$$

另外，从式（5－58）和式（5－63）中设定位置误差等于 0，并且 $r = R_\phi + h$，得出

$$\delta\boldsymbol{\omega}_{in}^n = \begin{bmatrix}\dfrac{\delta v_E}{r} \\ \dfrac{-\delta v_N}{r} \\ \dfrac{-\delta v_E}{r}\tan\phi\end{bmatrix} \tag{8-23}$$

速度误差的动态方程通过式（5－71）给出，其中忽略加速度计误差、重力误差和垂向速度误差，可得出

$$\begin{aligned}\frac{\mathrm{d}}{\mathrm{d}t}\delta v_N &= -2\omega_e\sin\phi\delta v_E + \bar{g}\psi_E \\ \frac{\mathrm{d}}{\mathrm{d}t}\delta v_E &= 2\omega_e\sin\phi\delta v_N - \bar{g}\psi_N\end{aligned} \tag{8-24}$$

将式（8－21）、式（8－22）和式（8－24）组合构建一组线性微分方程。系统状态向量表示为

$$\boldsymbol{\varepsilon} = (\psi_N \quad \psi_E \quad \psi_D \quad \Delta\omega_N \quad \Delta\omega_E \quad \Delta\omega_D \quad \delta v_N \quad \delta v_E)^{\mathrm{T}} \tag{8-25}$$

那么

$$\dot{\boldsymbol{\varepsilon}} = \boldsymbol{F}\boldsymbol{\varepsilon} \tag{8-26}$$

其中，结合式（4－99）与式（8－23），动态矩阵为

$$\boldsymbol{F} = \left[\begin{array}{ccc:ccc:cc} 0 & -\omega_e\sin\phi & 0 & -1 & 0 & 0 & 0 & \dfrac{1}{r} \\ \omega_e\sin\phi & 0 & \omega_e\cos\phi & 0 & -1 & 0 & \dfrac{-1}{r} & 0 \\ 0 & -\omega_e\cos\phi & 0 & 0 & 0 & -1 & 0 & \dfrac{1}{r}\tan\phi \\ \hdashline 0 & 0 & 0 & 0 & 0 & 0 & 0 & 0 \\ 0 & 0 & 0 & 0 & 0 & 0 & 0 & 0 \\ 0 & 0 & 0 & 0 & 0 & 0 & 0 & 0 \\ \hdashline 0 & \bar{g} & 0 & 0 & 0 & 0 & 0 & -2\omega_e\sin\phi \\ -\bar{g} & 0 & 0 & 0 & 0 & 0 & 2\omega_e\sin\phi & 0 \end{array}\right] \tag{8-27}$$

注意，由于我们简化了条件，所以没有驱动这个系统的随机噪声（$\boldsymbol{G}=\boldsymbol{0}$）。

用于估计状态的观测量是水平速度分量，每个分量是系统指示速度和系统实际（地球参考）速度（如果运载体静止，理想速度为 0）的差值。与这些观测量相关的精度可以从环境干扰信息中近似地推导出来，例如阵风，或者指示速度中的量化误差。方位观测值是系统指示方位［从指示的方向余弦元素并参考式（1－90）和式（1－23）推导获得］和外部观测系统水平角相对于真北确定的方位角之间的差值。这样，方位角误差观测量就是 ψ_D 的直接表现形式。观测量和状态量之间的线性关系由下式给出

$$\boldsymbol{y}=\boldsymbol{H\varepsilon}+\boldsymbol{v} \tag{8-28}$$

其中，矩阵 $\boldsymbol{H}$ 为

$$\boldsymbol{H}=\begin{bmatrix} 0 & 0 & 0 & 0 & 0 & 0 & 1 & 0 \\ 0 & 0 & 0 & 0 & 0 & 0 & 0 & 1 \\ 0 & 0 & 1 & 0 & 0 & 0 & 0 & 0 \end{bmatrix} \tag{8-29}$$

并且，$\boldsymbol{v}\sim\mathcal{N}(\boldsymbol{0},\boldsymbol{R})$，其中 $\boldsymbol{R}$ 满足

$$\boldsymbol{R}=\begin{bmatrix} \sigma_{\text{vel}}^2 & 0 & 0 \\ 0 & \sigma_{\text{vel}}^2 & 0 \\ 0 & 0 & \sigma_{\text{az}}^2 \end{bmatrix} \tag{8-30}$$

式中，σ_{vel} 和 σ_{az} 表示速度和方位观测值的标准差。

在没有内部驱动噪声分量（过程噪声）的假设下，能够使用简化的 Ricatti 方程式（7－199）来分析系统状态方差，而 Ricatti 方程的解根据 Fisher 信息矩阵由式（7－201）给出。我们将使用这个解对时间 Δt 的小幅增量进行递归运算。因此，在式（7－201）积分中的状态传递矩阵可以近似为单位矩阵，而对于第一项，根据式（7－109）中的线性项来近似 $\boldsymbol{\Phi}$ 。这样，就得出以下计算信息矩阵的递归表达式

$$\boldsymbol{P}_k^{-1}=(\boldsymbol{I}-\boldsymbol{F}\Delta t)^{\mathrm{T}}\boldsymbol{P}_{k-1}^{-1}(\boldsymbol{I}-\boldsymbol{F}\Delta t)+\boldsymbol{H}^{\mathrm{T}}\boldsymbol{R}^{-1}\boldsymbol{H}\Delta t \tag{8-31}$$

其中，正如式（8－18），$\mathcal{R}=\boldsymbol{R}\Delta t$ 。$\boldsymbol{P}_0$ 是一个对角矩阵，初始值由 $\boldsymbol{P}_0$ 的逆矩阵给出，其元素为

$$\boldsymbol{P}_0=\operatorname{diag}(\sigma_{\psi_N}^2\quad \sigma_{\psi_E}^2\quad \sigma_{\psi_D}^2\quad \sigma_{\Delta\omega_N}^2\quad \sigma_{\Delta\omega_E}^2\quad \sigma_{\Delta\omega_D}^2\quad \sigma_{\delta v_N}^2\quad \sigma_{\delta v_E}^2) \tag{8-32}$$

这些是状态变量的初始方差，对于方向误差，能够从粗对准的结果中获得。对于陀螺仪的偏置，它们在陀螺仪技术指标中对应着重复性的值。

在算例中，选择以下的值作为式（8－30）和式（8－32）中的标准偏差

$$\begin{aligned} &\sigma_{\psi_N}=\sigma_{\psi_E}=\sigma_{\psi_D}=1^\circ \\ &\sigma_{\Delta\omega_N}=\sigma_{\Delta\omega_E}=\sigma_{\Delta\omega_D}=0.1^\circ/\text{h} \\ &\sigma_{\delta v_N}=\sigma_{\delta v_E}=0.1\ \text{m/s} \\ &\sigma_{\text{vel}}=0.01\ \text{m/s} \\ &\sigma_{\text{az}}=5'' \end{aligned} \tag{8-33}$$

如图 8－1～图 8－6 所示的结果是根据式（8－31）和式（8－33）代入以下一组数值

得到的

$$\begin{aligned}&\bar{g}=9.8\ \text{m/s}^2,\omega_e=7.292\times10^{-5}\ \text{rad/s},r=6\ 371\ 000\ \text{m},\\&\phi=45^\circ,\Delta t=1\ \text{s}\end{aligned}\tag{8-34}$$

为了更容易地解释计算结果，此处我们将式（8-21）和式（8-24）重组为一组方程

$$\frac{\mathrm{d}}{\mathrm{d}t}\delta v_N=-2\omega_e\sin\phi\delta v_E+\bar{g}\psi_E\tag{8-35}$$

$$\frac{\mathrm{d}}{\mathrm{d}t}\delta v_E=2\omega_e\sin\phi\delta v_N-\bar{g}\psi_N\tag{8-36}$$

$$\frac{\mathrm{d}}{\mathrm{d}t}\psi_N=-\omega_e\sin\phi\psi_E+\frac{\delta v_E}{r}-\Delta\omega_N\tag{8-37}$$

$$\frac{\mathrm{d}}{\mathrm{d}t}\psi_E=\omega_e\sin\phi\psi_N+\omega_e\cos\phi\psi_D-\frac{\delta v_N}{r}-\Delta\omega_E\tag{8-38}$$

$$\frac{\mathrm{d}}{\mathrm{d}t}\psi_D=-\omega_e\cos\phi\psi_E-\frac{\delta v_E}{r}\tan\phi-\Delta\omega_D\tag{8-39}$$

如果没有方位观测值可用时，可参考图 8-1～图 8-3 给出的结果，也就是说仅有速度观测值用来估计并且 $1/\sigma_{az}=0$。参考式（8-35）、式（8-36）和图 8-1，我们发现高精度的速度信息产生东向误差 ψ_E 和北向误差 ψ_N 的快速估计值，这是因为它们直接耦合在速度误差的变化上。然而，式（8-39）中向下方向误差 ψ_D 仅仅受东向误差 ψ_E 和下陀螺偏差 $\Delta\omega_D$ 的影响，并且不直接与观测值关联。此外，在式（8-38）中的 $\omega_e\cos\phi\psi_D$ 项是无法从东向陀螺仪偏置 $\Delta\omega_E$ 中分离出来的。所以，向下方向误差和东向陀螺仪偏置都不能很好地确定（见图 8-2）；这两个状态变量高度相关，如图 8-3 所示。图 8-1 和图 8-2 表明 ψ_D 和 $\Delta\omega_E$ 限定的标准差是相关的

$$\lim_{t\to\infty}\sigma_{\psi_D}(t)=\frac{1}{\omega_e\cos\phi}\lim_{t\to\infty}\sigma_{\Delta\omega_E}(t)\tag{8-40}$$

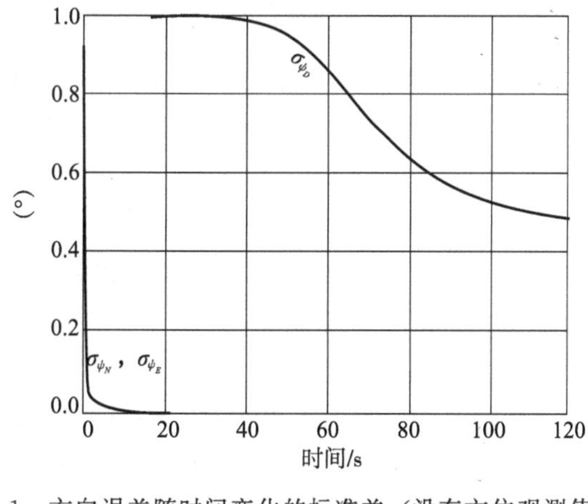

图 8-1　方向误差随时间变化的标准差（没有方位观测值可用）

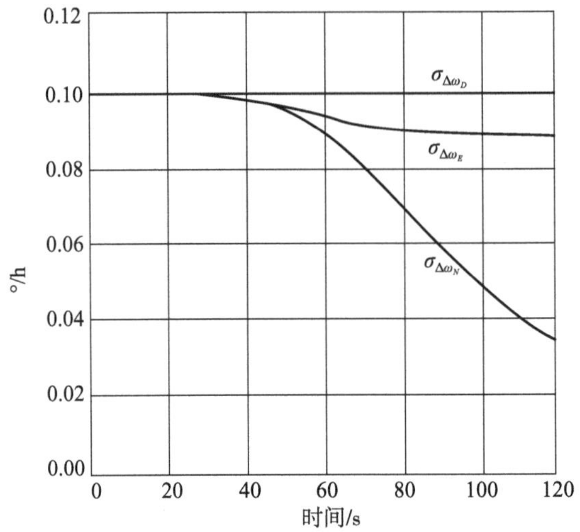

图 8－2　陀螺仪偏置误差随时间变化的标准差（没有方位观测值可用）

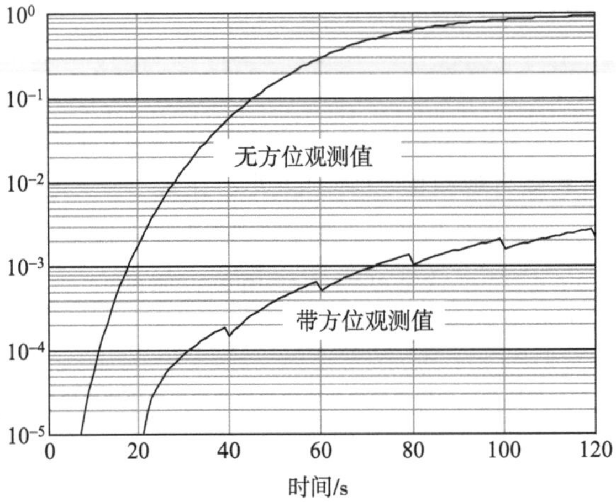

图 8－3　东向陀螺仪偏置和向下方向误差之间随时间变化的相关性

如果 ψ_D 或 $\Delta\omega_E/(\omega_e\cos\phi)$ 的初始精度比另一个好得多，那么这些极限近似等于两者中较好的一个，即 $\approx \min\left[\sigma_{\psi_D}(t_0),\ \frac{1}{\omega_e\cos\phi}\sigma_{\Delta\omega_E}(t_0)\right]$ 。也就是说，由于没有可用的信息来分离这两种系统状态，因此任何一种状态的估计的最大可实现精度都不会显著高于这两种状态的更好的初始精度。

另一方面，因为通过北向方向误差耦合到东向速度误差中，北向陀螺仪偏置 $\Delta\omega_N$ 更加容易估计，参见式（8－37）。然而，这种与外部信息耦合的间接性质延长了进行精确估计所需的时间。实际上式（8－37）也包含东向方向误差 ψ_E ，在估算 $\Delta\omega_N$ 方面没有困难，因为前一项可以通过北向速度误差观测值独立估计。最后，由于垂向（向下）陀螺仪偏置 $\Delta\omega_D$ 仅和向下方向误差 ψ_D 关联，而 ψ_D 不能精确地估计，所以 $\Delta\omega_D$ 几乎是不可估计的。

现在，假定我们在 20s 的间隔上有方位的观测值，观测从 $t=20$ s 处开始。图 8－4 和

图 8-5 给出了相应的结果。向下方向误差 ψ_D 能立即确定方位观测值的精度，说明可以相对快速地确定垂向陀螺仪偏置 $\Delta\omega_D$ 。现在，东向陀螺仪的偏置 $\Delta\omega_E$ 也同北向陀螺仪偏置 $\Delta\omega_N$ 一样快速确定（可比较图 8-2 和图 8-5），并且在实际中与向下方向误差 ψ_D 不相关。

我们的结论是，没有精确外部方位参考时，通过使用静止（零速度）惯性导航系统的速度信息仅能标定北向陀螺仪偏置。实际上，一个常平架平台的机械编排允许每个陀螺仪回转或翻滚，反过来，它的输入轴可以指向北向。通过这种方式，在对准过程中，可以标定每个陀螺仪的速率偏差。显然，这个步骤非常繁琐，在大多数情况下对于捷联机械编排是不适用的。

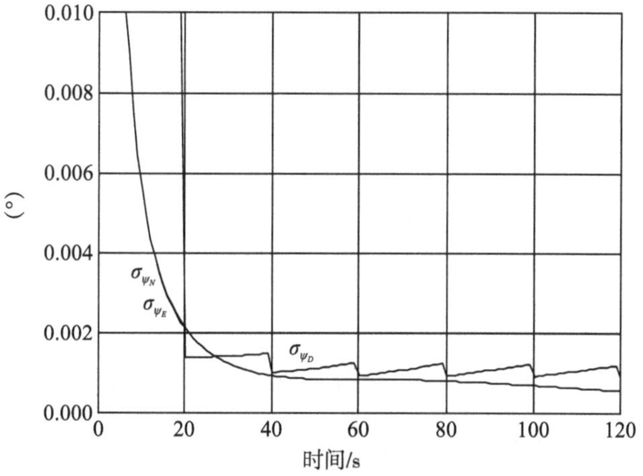

图 8-4　方向误差随时间变化的标准差（有方位观测值可用，间隔为 20 s）

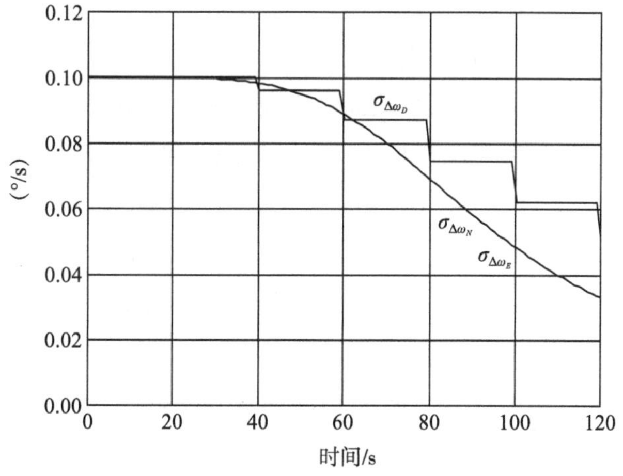

图 8-5　陀螺仪偏置随时间变化的标准差（有方位观测值可用，间隔为 20 s）

8.3.3　动态对准

如果外部导航系统，例如全球定位系统，为移动系统提供非常精确的速度信息，那么，在第 8.3.2 节中描述的基于速度对准的步骤也可以使用。如果速度很大，那么需要为方向和速度误差状态向量动态方程建立更加严格的模型（参见第 5 章）。此外，在运动或者飞行中，使用每个陀螺仪分别按北向的机动，可以标定捷联系统中水平陀螺仪的偏置。现在，$\Delta\omega_N$ 和 $\Delta\omega_E$ 的可估计性将其从水平误差 $\psi_{N,E}$ 中解耦出来，然后将速度信息带到向下方向误差 ψ_D 中，由此提高了可估计性，但是垂向陀螺仪偏置的标定问题仍未解决。在下面讨论的包含运载体机动的扩展算例中得到了证实。可以在 Greenspan（1996）中找到使用外部（全球定位系统）速度辅助对准的更多实例，尤其是飞行模式中的对准。

运载体静态对准（见第 8.3.2 节）的误差状态变量不包括加速度计偏置，如第 5.4.1 节所述，因为加速度计偏置无法从水平误差中分离出来。然而，在捷联机械编排的运动学模式中，如果在 n 系中对 b 系中的加速度计进行不同于初始方向的机动，那么精确的速度信息就能够分离这些误差。我们假设这里只执行方位角 α 的旋转，因此，根据式（1－90），$\boldsymbol{C}_b^n=\boldsymbol{R}_3(-\alpha)$。

误差动态模型式（8－24）扩充了水平加速度偏置 Δa_N 和 Δa_E。根据式（5－71），我们得出

$$\begin{aligned}\frac{\mathrm{d}}{\mathrm{d}t}\delta v_N&=-2\omega_e\sin\phi\delta v_E+\bar{g}\psi_E+\Delta a_N\\\frac{\mathrm{d}}{\mathrm{d}t}\delta v_E&=-2\omega_e\sin\phi\delta v_N-\bar{g}\psi_N+\Delta a_E\end{aligned}\tag{8-41}$$

其中，在 n 系中加速度计误差 Δa_N 和 Δa_E 通过式（5－72）给出，并且仅包含偏置，所以在 b 系中有以下假定的动态方程

$$\frac{\mathrm{d}}{\mathrm{d}t}\begin{bmatrix}\Delta a_1^b\\\Delta a_2^b\end{bmatrix}=\begin{bmatrix}0\\0\end{bmatrix}\tag{8-42}$$

现在，误差状态向量式（8－25）变成

$$\boldsymbol{\varepsilon}=(\psi_N\quad\psi_E\quad\psi_D\quad\Delta\omega_1^b\quad\Delta\omega_2^b\quad\Delta\omega_3^b\quad\delta v_N\quad\delta v_E\quad\Delta a_1^b\quad\Delta a_2^b)^{\mathrm{T}}\tag{8-43}$$

其中，陀螺仪的偏置也以 b 系中的坐标表示，允许绕 n 系旋转，因此

$$\begin{bmatrix}\Delta a_N\\\Delta a_E\\\Delta a_D\end{bmatrix}\equiv\begin{bmatrix}\Delta a_1^n\\\Delta a_2^n\\\Delta a_3^n\end{bmatrix}=\boldsymbol{R}_3(-\alpha)\begin{bmatrix}\Delta a_1^b\\\Delta a_2^b\\\Delta a_3^b\end{bmatrix}\qquad\begin{bmatrix}\Delta\omega_N\\\Delta\omega_E\\\Delta\omega_D\end{bmatrix}\equiv\begin{bmatrix}\Delta\omega_1^n\\\Delta\omega_2^n\\\Delta\omega_3^n\end{bmatrix}=\boldsymbol{R}_3(-\alpha)\begin{bmatrix}\Delta\omega_1^b\\\Delta\omega_2^b\\\Delta\omega_3^b\end{bmatrix}\tag{8-44}$$

必须适当地修改动态矩阵 $\boldsymbol{F}$，即增加了附加状态的维数，包括旋转矩阵 $\boldsymbol{C}_b^n$ 的元素来模拟运载体（和捷联系统）的旋转。我们仍然能够在动态矩阵中使用零速度近似，如第 5.4 节所述。将式（8－35）～式（8－39）与式（8－41）、式（8－44）相结合，可得

$$
\boldsymbol{F}=\left[\begin{array}{ccc:ccc:cccc}
0 & -\omega_e\sin\phi & 0 & -\cos\alpha & \sin\alpha & 0 & 0 & \dfrac{1}{r} & 0 & 0 \\
\omega_e\sin\phi & 0 & \omega_e\cos\phi & -\sin\alpha & -\cos\alpha & 0 & -\dfrac{1}{r} & 0 & 0 & 0 \\
0 & -\omega_e\cos\phi & 0 & 0 & 0 & -1 & 0 & -\dfrac{1}{r}\tan\phi & 0 & 0 \\
\hdashline
0 & 0 & 0 & 0 & 0 & 0 & 0 & 0 & 0 & 0 \\
0 & 0 & 0 & 0 & 0 & 0 & 0 & 0 & 0 & 0 \\
0 & 0 & 0 & 0 & 0 & 0 & 0 & 0 & 0 & 0 \\
\hdashline
0 & \bar{g} & 0 & 0 & 0 & 0 & 0 & -2\omega_e\sin\phi & \cos\alpha & -\sin\alpha \\
-\bar{g} & 0 & 0 & 0 & 0 & 0 & 2\omega_e\sin\phi & 0 & \sin\alpha & \cos\alpha \\
0 & 0 & 0 & 0 & 0 & 0 & 0 & 0 & 0 & 0 \\
0 & 0 & 0 & 0 & 0 & 0 & 0 & 0 & 0 & 0
\end{array}\right] \tag{8-45}
$$

我们仅考虑水平速度信息，所以观测矩阵 $\boldsymbol{H}$ 和观测方差矩阵 $\boldsymbol{R}$ 仅有两行。仍假设没有过程噪声，系统状态变量方差矩阵能够从 Ricatti 方程（8－31）的解中得到。加速度计的偏置使用初始的标准偏差 $\sigma_{\Delta a}=20\times10^{-5}\ \mathrm{m/s^2}$，方向误差 ψ_N 和 ψ_D 、加速度计偏置 Δa_2^b 的结果如图 8－6 所示。最初，b 系和 n 系对齐（$\alpha=0$），并且由于运载体方向没有变化，北向误差和第二个（东向）加速度计偏置的标准差没有超出初始值中较小的值（当使用同样单位时），如图 8－6 中虚线所示，在本例中为 0.001 2° 或者 $20\times10^{-5}\ \mathrm{m/s^2}$。在 $t=40$ s 时，运载体转过了 $\alpha=-90°$ 的角，因此第二个加速度计和第二个陀螺仪现在指北。这提高了加速度计偏置 Δa_2^b 和水平误差 ψ_N 的估计，如图 8－6 中实线所示。在 $t=120$ s 时，另一个额外的－ 90°旋转使第二个加速度计向与其原始方向相反的方向旋转；并且，对其偏差的估计也得到了进一步的改进。

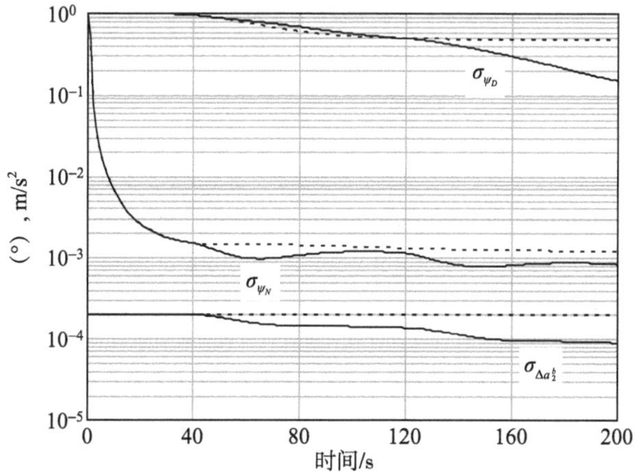

图 8－6　估计方向误差 $\psi_{N,D}$ 和加速度计偏置 Δa_2^b 的标准差随时间的变化。实线表示运载体航向在 $t=40$ s 时为 $\alpha=-90°$，而在 $t=120$ s 时变为 $\alpha=-180°$。虚线表示没有航向变化

此外，如前所述，机动的结果是方位角方向误差的估计 ψ_D 最终得到了改善。陀螺仪偏差的估计也会受到类似的影响，尽管一旦第一个陀螺仪从北方转开，$\Delta\omega_1^b$ 估计的改进就会减慢，直到陀螺仪转回子午线（见图 8－7）。另一方面，当第二个陀螺仪指向北方时，$\Delta\omega_2^b$ 估计得到了提升。

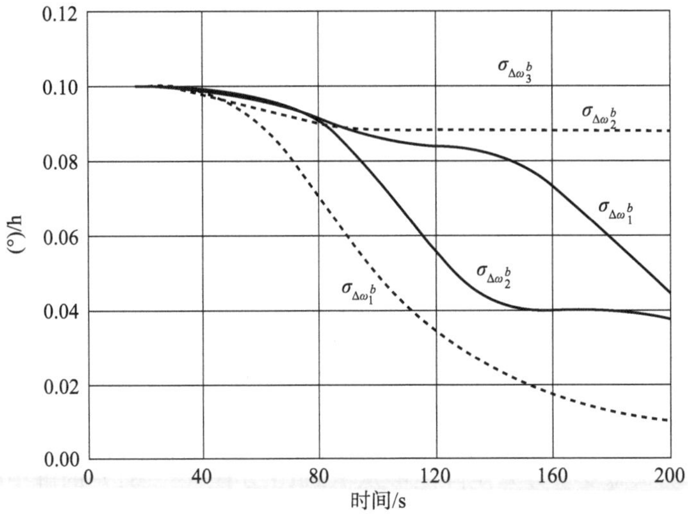

图 8－7　估计陀螺偏置 $\Delta\omega_{1,2,3}^b$ 的标准偏差随时间的变化。实线表示在 $t=40$ s 时，$\alpha=-90°$，而在 $t=120$ s 时变化到 $\alpha=-180°$。虚线表示没有航向变化（见图 8－2）

第 9 章　全球定位系统（GPS）

9.1　简介

卫星全球定位系统（GPS）是一种完全不同于第 3 章中描述的惯性系统定位和导航系统。这个系统本质上是基于大地测量学经典传统中的几何学，而不是像惯性反应这样作为惯性测量单元核心的动力学原理。简要来说，人们可以通过 GPS 测量距离。GPS 是几个全球导航卫星系统（GNSS）之一，它继承自一个更大类别的无线电导航系统，这些系统允许用户通过测量信号的差分传播时间来确定自身与已知信号发射站的距离和/或方向，信号的速度基本上是光速。

地面（陆基）无线电导航系统先于卫星系统，包括民用航空的 VOR（VHF Omnidirectional Range）和 DME（Distance Measuring Equipment）等系统，军用航空的 Tacan（Tactical Air Navigation），以及低频、远程系统［如 LORAN（Long range navigation）和 OMEGA］。在二战期间受到军事需求的推动并在之后迅速发展，但这些系统最终均被关闭，因为 GPS 在 20 世纪 90 年代已全面应用于所有航空和海洋应用。有关操作特性、仪器、实施和准确性的详细信息可以参见 Beck（1971）和 Kayton 和 Fried（1969，1997）。

基于卫星的导航是从上述地面系统中自然演化而来，使用了大致相同的无线电电子技术，其中卫星作为已知位置的发射站。此外，在某些情况下，它们会用于静态大地测量定位，以提供不同国家大地基准（定位参考系统）之间的全球联系。反过来，它也提供了一种从已知地面跟踪站确定卫星轨道的方法。20 世纪 60 年代和 70 年代的早期系统包括戈达德航天飞行中心距离和距离变化率（Goddard Space Flight Center Range and Range Rate，GRARR）系统、美国陆军的连续测距（Sequential Collation of Range，SECOR）系统和美国海军导航卫星系统（TRANSIT）。TRANSIT 基于信号传播的多普勒效应，最初是为美国海军开发的全天候导航系统，但对商业海上导航和民用大地测量应用做出了重大贡献，它是全球定位系统的先驱，并于 1996 年底终止。NGSP（1977）提供了这些早期系统的详细描述，主要用于大地测量应用（另见 Seeber，2003）。除了 GPS，现代系统包括法国的 DORIS（Doppler Orbitography and Radio Positioning Integrated by Satellites）和德国的 PRARE（Precise Range and Range Rate Experiment）及其扩展。这些系统的主要用途是卫星轨道确定（Seeber，2003）。对于数量众多且数量不断增长的民用应用来说，更重要的是与 GPS 相当的系统，特别是俄罗斯的全球导航卫星系统（GLONASS）、欧盟的伽利略系统和中国的北斗系统（BDS）。关于这些 GNSS 的全面综述，详见 Teunissen 和

Montenbruck（2017）。

全球定位系统，又称为导航卫星定时和测距（Navigation Satellite Timing and Ranging，NAVSTAR）系统，是美国国防部在20世纪70—80年代开发的基于卫星的导航系统，由布拉德·帕金森和他的工程师团队在空军项目下专门发明（Parkinson和Spilker，1996），在互联网上可以看到布拉德·帕金森的许多有趣的网络研讨会，（Parkinson，2016）。全球定位系统和其他国家开发的类似系统在各种条件下都是通用的，并且面向民用，是当今以及在可预见的将来使用最广泛的定位和导航系统。由于其固有的综合设计和用户群的分散化，GNSS目前显然在全球范围内享有无穷无尽和日益增长的效用。事实上，它们已经彻底改变了各种类型的定位和导航，包括大地静态定位，以及移动载体的运动定位和导航（地面、海上、空中导航和卫星轨道确定）。本章的目的是描述最早的GNSS，即GPS，尽管它具有压倒性的优势，但也有一定的局限性，可以通过与INS组合来改善。从这个角度来看，这里的目的不是描述和比较各种GNSS，因为GPS的概念和基本要素也延伸到了其他系统中。

全球定位系统（GPS）由一组轨道卫星组成，这些卫星可被认为是在空间中已知位置的活动信标，其信号在地球上（或在太空中任何“看得见”卫星信号的地方）被观测到，并提供关于卫星与观测者之间距离的信息。利用卫星和观测者之间的良好几何关系，以及无误差和时间同步的仪器，可以获取观测者到三颗位置已知的卫星的距离，利用相交法即可求解观测者的三维位置（见图9-1）。根据上述的先决条件，由于信号的时序问题，人们可能会认为这种定位有一些基本困难，这些问题大多可以用简单而巧妙的方法克服。因此，GPS自诞生以来，已发展成为对各类用户最方便、最轻松、最精确的定位（静态和动态应用）和导航（实时应用）系统。

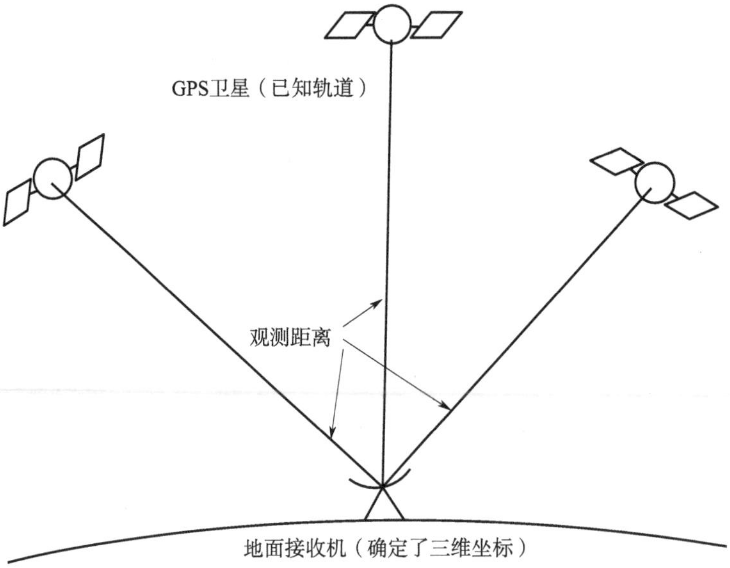

图9-1　利用观测卫星距离进行定位的原理

该系统的设计使得至少 4 颗卫星在世界任何地方始终可见，以提供持续的定位能力。这是通过在惯性空间中对称排列的 6 个轨道平面上不均匀分布（以最大限度地提高卫星可用性）的 24 颗卫星来实现的（见图 9－2）。每颗卫星的轨道近似圆形（偏心率约为 0.006），地心半径约为 26 560 km，轨道周期约为 12 h。每个轨道平面由 4 颗卫星占据，轨道倾角约 55°，沿赤道以 60°间隔分布（升交点赤经约 12°、72°、…、312°）。GLONASS、伽利略和北斗系统的卫星设置是相似的，每个系统包括 3 个轨道平面，每个平面有 8 或 9 颗现役卫星，还有备份卫星。

GPS 的主要应用范围从其最初的军事导航为主要目的，到监测和引导载体位置的商业活动（车队管理）以及娱乐和体育活动。GPS 接收机现在普遍存在于商用和私人飞机、船舶和小艇上，并出现在许多其他不同类型的载体（例如，土方设备）上；通常，现在发射的低地球轨道卫星都具有 GPS 跟踪能力。从科学角度来看，意义最为深远的应用是对长度从几米到数百公里不等的基线（相对定位）进行极其精确的大地测量。这种精确的基线定位［精度可达千万分之一或更高（Bock 等，1986）］可以取代传统的地方、区域和国家大地测量网络中两点之间距离的大地测量，此外，通过重复观测，可以轻松监测到自然或人为诱发的火山活动、地震、板块运动以及下沉和回弹相关的地壳变形。通常，这种静态操作模式服务于 GPS 最初的大地测量，作为卫星大地测量方法的延续。然而，随着 GPS 卫星全星座的发展和 GPS 大地接收机的适当修改，GPS 在进行移动载体定位的同时也可以获得高质量的大地测量。

既然 GPS 具有如此广泛的适用性，那为什么要费心使用其他类型的导航定位系统，比如惯性导航系统？这是由于在涉及精度和可靠性的情况下（例如飞机交通控制、进场和着陆系统以及防撞系统），或者在 GPS 不连续可用的情况下（例如潜艇和城市“峡谷”等阴影环境中的车辆），仅使用 GPS 无法满足导航定位要求。然而，事实上 GPS 曾一度令惯性导航系统险些淘汰，将其降级为少数非常深奥的应用。实际上，许多商用和私人飞机，以及船舶和船只现在均使用 GPS 进行导航，而不是 INS（或者 GPS 作为主要导航系统，辅之以 INS）；尽管如此，地面增强系统也实现了更高的完整性和准确性，特别是对于机场的飞机着陆。

但 GPS 并非没有问题和局限性。首先，它不像 INS 那样是一个独立自主的系统。用户必须能够接收到 GPS 卫星信号。通常这没有问题，但卫星的可见性可能会因建筑物、树木、山脉、桥梁和隧道的遮挡而在局部受到阻碍。这是因为卫星传输定位代码和导航信息的载波信号的波长只有 19 cm（～1.6 GHz 信号），因此即使轻到中度的树叶遮挡也会使信号严重衰减，大多数的大型建筑会将传输信号完全阻挡。显然，将 GPS 直接应用于水下是完全不可能的。

尽管这种信号遮蔽问题是 GPS 最大的局限性，但其他问题同样使其在许多运动学应用中无法实现所需的精度和分辨率。其中一个原因是电子干扰或短暂的障碍物的影响，它们可能导致接收机错过一个或多个载波周期（这仅在使用载波相位而不是代码进行定位时才重要）。事实上，持续的电子干扰是普遍问题。大多数接收机中数据输出的频率通常为

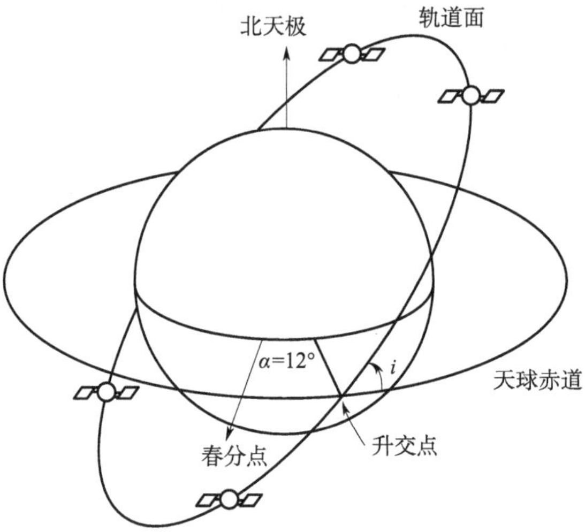

图 9-2　4 颗 GPS 卫星在一个轨道平面上，其中倾角 $i=55°$，升交点赤经 $\alpha=12°$

1 Hz，超过 2 Hz 会显著增加噪声水平。对于以更高速率或以与 GPS 历元不完全一致的随机间隔收集科学数据的机载平台，这可能无法产生足够的分辨率或准确性。GPS 定位中的大部分误差来自不可预测或难以建模的介质传播效应，包括多径效应（信号在找到天线之前的反射）和对流层折射。

如果考虑 INS 的基本误差和操作特性，会发现它与 GPS 是互补的。INS 在短期内非常精确，产生的数据速率远高于 GPS。除了初始化之外，它是自主的，并且可以在任何环境中运行。另一方面，从长远来看，GPS 定位是非常准确的（通过数据处理可以在很大程度上消除漂移），它依赖于提供准确轨道信息的空间段，GPS 数据速率只是中等偏高，操作环境可能限制定位能力。GPS 和 INS 的集成是第 10 章的主题，本章将论述使用全球定位系统获取观测的基本要素，主要针对运动学应用。

详细阐述全球定位系统的许多方面（包括广泛的应用）超出了本书的范围，读者可以参考几本优秀的教科书（Parkinson 和 Spilker，1996；Hofmann - Wellenhof 等，1994；Leick，1995；Seeber，1993；Teunissen 和 Kleusberg，1998；Seeber，2003；Teunissen 和 Montenbruck，2017）。

9.2　全球定位系统

9.2.1　时钟与时间

GPS 接收机可以观测到一定数量的观测值，并非所有接收机都定期提供所有数据。然而，在某种程度上，这些可观测值都与时间有关，卫星上和接收机中的时间由时钟保持，实际上，这些时钟是以特定频率振荡的发生器。这些振荡器还负责产生用于形成可观测量的信号。因此，从根本上讲，有必要从相位 ϕ 、频率 f 和时间 t 之间的关系开始

$$f(t)=\frac{\mathrm{d}\phi(t)}{\mathrm{d}t} \tag{9-1}$$

式中，t 代表时间。振荡信号的相位是它随时间扫过的角度；通常只有完整周期的小数部分是可区分的（$0\leqslant\phi\leqslant 2\pi$）。信号的频率是相位随时间变化的速率（扫过周期的速率）。等价关系由式（9-1）的积分给出

$$\phi(t)=\phi(t_0)+\int_{t_0}^{t} f(t')\mathrm{d}t' \tag{9-2}$$

式中，t_0 是某个初始历元。从某种意义上说，信号相位的变化也代表时钟或时间的流逝；只需更改单位即可将相位更改为类似时间的量。相位以周期为单位，频率以 Hz（每秒周期数）为单位，因此，设 τ 表示与相位相关的指示时间

$$\tau(t)=\frac{\phi(t)-\phi_0}{f_0} \tag{9-3}$$

式中，f_0 是某个标称（固定）频率，ϕ_0 为任意相位偏移。由于初始时间与初始相位不匹配［$\phi(t_0)\neq\phi_0$］，这种偏移是允许的。

在（9-3）中，我们在由振荡器时钟指示的时间 τ 和“真实”时间 t 之间进行了严格区分，无论是在尺度上（差异是由于漂移造成的）还是在初值上（它们最初被一个常量抵消）。世界上真实时间早先一直由巴黎的国际时间局（Bureau International de l'Heure，BIH）提供，1988 年以后由法国塞夫尔的国际计量局（Bureau International de Poids et Mesures，Sèvres）提供。根据国际协议，该局协调并结合了世界各地的天文台获得的时间，这些天文台通过非常精确的原子钟来计时。由此产生的原子时于 1972 年 1 月 1 日正式采用，被称为 TAI（Temps Atomique International），取代了根据太阳视运动推断的时间。从 TAI 生成一个民用时间，称为协调世界时（UTC），它与 TAI 的不同之处在于精确定义的偏移量，该偏移量偶尔（通常每年）更改为闰秒，从而与通过地球自转率（由于地球动力学现象而变化）推算的时间尺度保持同步（±0.7 s 内）。同样，GPS 控制段维持一个称为 GPS 时间的原子时标，其调整与美国海军天文台（为 TAI 做出贡献的天文台之一）的恒定原子时标的差异不超过 1 μs（但通常可获得小于 20 ns 的精度）。1980 年 1 月 6 日，GPS 时间与 TAI（比 TAI 晚）偏移 19 s，与民用时间 UTC（USNO）一致。但是，GPS 时间不参与闰秒调整，代表一个恒定的时间尺度（2022 年与 UTC 相差 18 s）。

现在回到时钟，将 t 作为真实时间反应了一个事实，即卫星和接收机时钟上指示的时间并不完全一致，必须由地球上的主时钟校准。GPS 时间的原子时标虽然没有从 TAI 偏移一个严格恒定的量（由于与轨道动力学相关的狭义和广义相对论效应），但在 GPS 数据处理的上下文中用作校准标准。指定 GPS 时间为真实时间 t，将式（9-3）代入式（9-2）可得

$$\tau(t)=\tau(t_0)+\frac{1}{f_0}\int_{t_0}^{t} f(t')\mathrm{d}t' \tag{9-4}$$

如果频率 f 接近标称频率，则有

$$f(t)=f_0+\delta f(t) \tag{9-5}$$

将上式代入式（9-4）可以得到相位时间 τ 与真实时间 t 的关系

$$\tau(t)=t-t_0+\tau(t_0)+\delta\tau(t) \tag{9-6}$$

式中，符合式（9-2）和式（9-3）的相位时间扰动定义为

$$\delta\tau(t)=\frac{1}{f_0}\int_{t_0}^{t}\delta f(t')\mathrm{d}t' \tag{9-7}$$

因此，真实时间与信号发生器相位指示的时间之间的差异是由 t_0 处的固定同步误差 $\tau(t_0)-t_0$ 和频率扰动 δf 造成的。如果生成信号相位的振荡器以固定频率振荡（即振荡器频率等于标称频率且 $\delta f=0$），则指示的时间度量与真实时间仅相差一个固定偏移量。

一般来说，一个利用频率发生器来计时的特定时钟均会与真实时间产生偏移，式（9-6）可以简写为

$$\tau(t)=t+\Delta\tau(t) \tag{9-8}$$

式中，$\Delta\tau(t)$ 表示时钟误差，它包括一个固定偏移和频率扰动（是时间的函数）的影响。

9.2.2 GPS 信号

GPS 卫星传输的信号是相当复杂的编码和消息的混合体，它们传达了确定卫星和接收机天线之间的距离所需的信息。信号设计的复杂性源于需要满足不同用户的定位要求，允许使用纠正技术来抵消某些媒介的传播延迟，保持必要的接收机技术相对简单，以及提供一些防止电子干扰的措施。

本质上，信号是一个载波（正弦波），由每颗卫星特有的二进制或正/反向状态的预定义代码序列和代表可解释数据的二进制序列调制。在数学上，信号（或其中的一个组成部分）可以表示为

$$S(t)=AC(t)D(t)\cos(2\pi ft) \tag{9-9}$$

其中，f 是载波频率，A 是信号幅值。序列码用 $C(t)$ 表示，可以表示为正（+1）和负（−1）的阶跃函数，这种改变状态序列的元素也称为码片（一些教材使用“位”或者 0 和 1 的类比，但是上述信号的数学方程只是一种启发式表示，其中第一次乘法实际上是模 2 加法，而第二次乘法代表相位变化取决于模 2 加法的结果）。每个码片都是一个矩形脉冲，其时间长度与载波的波长基本相关，因为两者都是由同一个振荡器产生的。

同样，$D(t)$ 表示一个数据信息，它也是一系列代表位的矩形脉冲，但波长要长得多。每颗卫星传输不同的代码（实际上是不止一个频率的两个代码，见下文）和数据信息；但是所有卫星的载波频率都是一样的，所以 GPS 接收机只能通过编码和数据信息来区分卫星。最初，GLONASS 卫星在相似频带内以不同频率的载波传输编码和数据，以区分卫星。现在，像 GPS 一样，所有卫星在相同频率上使用编码调制作为补充。伽利略和北斗卫星也遵循 GPS 的基本蓝图，所有卫星都在相同的频率上发射信号。

由于编码函数 $C(t)$ 和数据函数 $D(t)$ 在概念上具有正值或负值，因此它们的乘积也是如此。当该乘积从正变为负（或反之）时，载波的相位从 0°变为 180°（或反之）。因此编码和数据序列按照相位来调制载波，从而以 180°反相的形式承载从卫星发射机到接收机的信息，这称为二进制双相调制。在提取这些信息之前，有必要提供一些有关编码和数据消

息的详细内容。

最初的 GPS 卫星只传输两种不同的编码，用于标准定位服务的 C/A 码（粗捕获编码）和用于精确定位服务的 P 码。随着系统的发展，民用和军用代码也随之增加。事实上，在早期，P 码是用附加的代码加密的（见下文），以限制授权使用。P 码和数据消息是在两个独立的 L 波段载波上传输的（在微波区域）。在两个频率上的传输允许近似计算由于电离层折射引起的信号延迟。L1 和 L2 载波频率由下式给出

$$\begin{aligned} f_1 &= 1\ 575.42\ \mathrm{MHz} = 154 \cdot 10.23\ \mathrm{MHz} \\ f_2 &= 1\ 227.60\ \mathrm{MHz} = 120 \cdot 10.23\ \mathrm{MHz} \end{aligned} \tag{9-10}$$

使用光速 $c = 2.997\ 924\ 58 \times 10^8$ m/s，则载波的波长可以分别表示为

$$\begin{aligned} \lambda_1 &= \frac{c}{f_1} = 0.190\ 3\ \mathrm{m} \\ \lambda_2 &= \frac{c}{f_2} = 0.244\ 2\ \mathrm{m} \end{aligned} \tag{9-11}$$

C/A 码的每个码片的持续时间正好是（1/1.023）$\times 10^{-6}$ s，大约 1 μs。对应的“码片速率”为 1.023 Mbps（兆比特每秒）；每个码片的长度由光速根据码片速率确定，定义矩形脉冲的波长为 293.052 m。恰好 1 540 个载波适合一个 C/A 码码片。P 码码片速率正好高出 10 倍，为 10.23 Mbps，对应 29.305 m 的波长。因此，使用 P 码测量接收机和卫星之间的距离是使用 C/A 码的测量精度的 10 倍。

数据消息 $D(t)$（又称导航消息）是以非常慢的 50 bps 速率生成的矩形脉冲序列。该消息包含二进制格式的卫星信息，长度为 37 500 位，传输完整的消息需要 12.5 min。某些重要信息，包括卫星时钟误差模型、相对校正、时间传递参数、卫星星历（轨道参数）、电离层模型参数和其他信号信息，在消息中每 1 500 s 重复一次。消息中的轨道信息构成了卫星广播星历。

卫星传输的总信号由三个正弦曲线组成，两个用于 L1 载波上的 C/A 码和 P 码，一个用于 L2 载波上的 P 码。由于 C/A 码的波长正好是 P 码的 10 倍且 C/A 码与 P 码同时进行相位转换，为了在 L1 上保持 C/A 码和 P 码调制的可区分性，将两者分别叠加在相位相差 90°的正弦波上，即余弦波和正弦波载波上。载波 L1 和 L2 上均包含数据消息。此外，因为 GPS 最初是为军事目的而设计的，定位能力更准确的 P 码（因为其波长更短，分辨率更高）被加密。这是通过将其乘以 W 码来完成的，W 码以“密钥”的形式仅提供给授权用户，使用时需要配备专门的接收机。P 码和 W 码的乘积称为 Y 码或 P（Y）码。在定位能力上实施这一限制符合反欺骗（anti - spoofing，AS）的一般程序。随着 AS 的启用（自 1994 年 1 月 31 日起），GPS 卫星传输的总信号由下式给出

$$\begin{aligned} S^p(t) = {} & A_P P^p(t) D^p(t) \cos(2\pi f_1 t) + A_C C^p(t) D^p(t) \sin(2\pi f_1 t) + \\ & B_P P^p(t) D^p(t) \cos(2\pi f_2 t) \end{aligned} \tag{9-12}$$

式中，A_P，A_c 和 B_P 代表对应编码的幅度；$C(t)$、$P(t)$ 代表正负序列形式的 C/A 码和 P 码；$D(t)$ 同样代表数据消息；上标 p 标识一颗特定的卫星。

已经发展出一些不需要知道 W 码即可绕过 AS 限制的技术，但仍受益于反欺骗特性。其中最成功的是 Z 跟踪（Hofmann - Wellenhof 等，1994），即根据接收信号 Y 码与接收端生成的 P 码的相关性来估计并删除加密代码。这种方式是可行的，因为 W 码相对 P 码而言码片速率明显更低（约 500 kbps），W 码的估计在相关组件的滤波器中进行。

后来的几代 GPS 卫星在 L1 和 L2 载波上增加了 M 码，提供了更安全的加密方式和更强的抗干扰能力。此外，在相应的载波上增加了额外的民用代码，命名为 L1C 和 L2C，具有更大的功率，以便于卫星捕获和跟踪。两者的码片速率与原 C/ A 码相同；但是，对于两个频率的传输，结合使用 L2C 和 C/A 或 L1C 码确定的范围可以补偿电离层延迟（见第 9.5.1 节）。最后，为 GPS 额外分配了一个频段 L5，其频率 $f_5 = 1\ 176.45\ \text{MHz} = 115\times10.23\ \text{MHz}$，对应波长 $\lambda_5 = 0.254\ 8\ \text{m}$。伽利略系统也使用 L5，从而促进了与 GPS 的互操作性。此外，L5 码的码片速率与 P 码相同，直接为民用提供更高的精度（这在航空应用中很重要）。

9.2.3 GPS 接收机

在信号进入接收机之前，它会在天线处进行预放大和滤波，然后将频率下移到更易于处理的水平以便进行处理。这是通过接收机的下变频器组件（见图 9 - 3）使用简单的技术，将信号与接收机振荡器生成的纯正弦波相乘或混合来实现的。假设 $S_r(t)$ 是一个与本地振荡器（LO）频率 f_r 相同的正弦波，$S^p(t)$ 是频率为 f^p 、相位为 $\phi^p(t)$ 的卫星信号，则混合信号可以表示为

$$\begin{aligned}S_r(t)S^p(t) &= A\cos(2\pi f_r t)\cos[2\pi f^p t + \phi^p(t)]\\ &= \frac{A}{2}\cos[2\pi(f^p - f_r)t + \phi^p(t)] + \frac{A}{2}\cos[2\pi(f^p + f_r)t + \phi^p(t)]\end{aligned} \tag{9-13}$$

式中，A 是幅值因子。该信号由两个频率截然不同的正弦波组成，因此使用低通滤波器可以轻松滤除高频分量（$f^p + f_r$）。剩下的信号就像一个频率低得多的载波（$f^p - f_r$），但是它被调制成与原始信号相同的相位，即信号的调制在混合操作中被保留。

一旦降频到中频（Intermediate Frequency，IF），卫星信号将在 IF 部分进行预处理，以使用适当的滤波器抑制带外干扰信号，并进一步增加和控制信号的幅度以进行后续处理。然后信号传递到接收机的主要信号处理部分：跟踪环路。要了解它们的功能，首先需要更详细地了解相位调制。

C/A 码和 P 码本身不传达任何可破译的信息。相反，这些代码由使用伪随机噪声（PRN）算法过程生成的独特的二进制状态序列组成。它们是随机的，因为它们的自相关函数（见第 6.3.1 节）对于非零滞后接近于零。但是这些序列并不是严格随机的，因为生成时使用了精确的数学公式。事实上，C/A 码的随机序列对于每颗卫星都有显著差异，其传输速率为 1.023 Mbps，共包含 1 023 个码片，因此它每毫秒重复一次。P 码的伪随机序列传输速率为 10.23 Mbps，码片要长得多（2.35×10^{14} 个码片），每 38 周重复一次。然

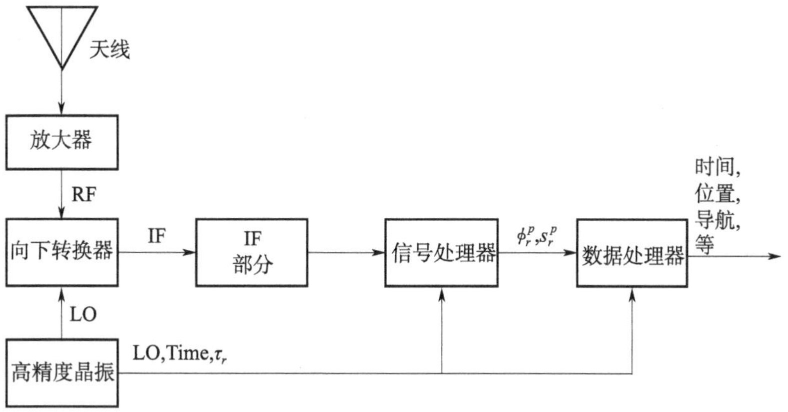

图 9-3　GPS 接收机的主要组成

而，每颗卫星只使用一周的编码（6.1871×10^{12} 个码片），一周后重新初始化编码。这样，卫星就可以通过 C/A 码和 P 码来区分，而不是通过频率来区分，所有卫星的载波都是相同的。

这些编码有两个操作目的。第一个目的是确定卫星和接收机之间的距离。这是通过在接收机中生成相同的 PRN 编码并将输入编码与接收机生成的编码进行比较来实现的。比较是在接收机时间与卫星时间同步的假设下进行的，因此如果两个编码不匹配，则是因为其中一个接收编码从卫星到接收机传输的过程中产生了延迟。比较由延迟锁定反馈回路中的相关器完成。其中接收机生成的代码被延迟或提前，直到相关器将其与传入的卫星生成编码匹配。总时延是代码传输时间加上实际情况下卫星和接收机时钟之间的任何差异的量度。速度采用光速，可以将延迟转换为卫星（信号发射时所在位置）与接收机（信号接收时所在位置）之间的距离。如果卫星和接收机时钟不同，此距离不是真正的距离。因此计算出的距离称为伪距，主要是由于时钟误差引起的具有偏差的距离。根据光速，1 μs 的误差会导致大约 300 m 的距离误差，从而证明了时钟误差的重要性。一旦相关器达到最大相关，编码就会被持续锁定和跟踪。

编码的第二个主要目的是将信号扩展到大的频率带宽，从而允许地球上的小型天线收集在远距离传输后明显减弱的卫星信号。实际上，信号到达地球时的功率远低于环境噪声的功率。频率的带宽扩展是由于编码的波长较短，其中频率的带宽大致与波长成反比。码片的短波长意味着大带宽。由于对于所有的 t，有 $C(t)^2=1$，将频谱扩展的输入信号与接收机生成的同步编码相乘，可以有效地去除编码。结果是仅由导航消息调制的信号；由于消息的波长非常大，信号的带宽非常小。相应地，功率电平显著增加，集中在导航信息的窄带宽中，并使接收机能够跟踪信号。这种直接序列扩频通信的方法有更多的好处。在导航消息的解扩过程中，其他无关信号实际上被扩展到较低的功率电平（作为与接收机生成的代码相乘的结果），可以从所需信号中滤除。这减少了电子干扰和多径效应（GPS 信号在进入天线之前从附近物体反射）的影响。

第二个跟踪环，即锁相环，用于比较载波的输入相位与接收机产生的以标称频率 f_1 或 f_2 振荡的波的相位。通过适当调整接收机振荡器的相位锁定，就可以连续跟踪相位，并且可以使用标准解调技术提取导航信息。此外，作为一种副产品，可以测量将接收端产生的波锁定到传入波所需的分数相位差。通过对接收机产生的随时间流逝的波的完整周期的简单计数，就可以创建接收机和卫星之间的变化距离的历史记录。然而，在确定接收机和卫星之间的初始全周期数之前，不能从相位差测量中获得总距离——无法由接收机直接完成计算。

9.3 GPS 观测

输入卫星编码相对于接收机产生的相同编码的延迟，代表卫星编码从卫星到接收机的传输时间。该观测值包括由于时钟误差、传播介质效应、多径效应和接收机电子延迟而导致的时间误差，因此乘以光速后不是真实距离，而是接收机和卫星之间的伪距。不考虑这些误差，观测到的编码延迟是卫星在其轨道上发射信号时所在点与接收机在旋转地球上接收信号时所在的点之间的距离。伪距由接收机时钟标记时间。

如果 t 表示信号接收的真实时间（GPS 时间），则设 $\tau_r(t)$ 为第 r 个接收机接收信号的指示时间，设 $\tau^p(t-\Delta t_r^p)$ 为第 p 个卫星时钟上指示的相同信号的传输时间。如果卫星时钟没有误差，则表明这是信号的真实接收时间减去真实传输时间 Δt_r^p 。从符号上讲，让上标指代卫星的数量并让下标指代接收机的数量既方便又传统。上标和下标的数值取决于卫星和接收机的数量。

由于接收机和卫星时钟（频率发生器）负责生成编码和载波信号，因此测量的延迟是指示时间之间的差值。s_r^p 表示的伪距由下式给出

$$s_r^p(\tau_r)=c(\tau_r(t)-\tau^p(t-\Delta t_r^p))+\varepsilon_{\rho,r}^p \tag{9-14}$$

其中，$\varepsilon_{\rho,r}^p$ 代表伪距观测误差（接收机的每个卫星锁定通道都是不同的）。利用式（9-8），我们可以得到

$$s_r^p(\tau_r)=c(t+\Delta\tau_r(t)-(t-\Delta t_r^p)-\Delta\tau^p(t-\Delta t_r^p))+\varepsilon_{\rho,r}^p \tag{9-15}$$

传输时间 Δt_r^p 受信号传输介质的阻滞影响，包括电离层和对流层。它们导致信号的传播速度比真空中的要慢，并且还会偏离发射机和接收机之间的直线几何连接（后者的影响通常要小得多）。对流层和电离层具有不同的折射率，通常分开处理，因为对于电离层，折射率取决于频率。此外，由于信号会从附近的物体（某种程度上也在卫星上）反射，总传输时间可能会受到信号在接收前经历反射的影响，这被称为多径效应。另外，接收机和卫星电子设备以及它们各自的天线之间存在很短但有限的传输时间，这进一步歪曲了真实的传输时间。最后，接收机天线有一个未知的中心偏移，且卫星天线与质心也有偏移。因此，实际传输时间（乘以光速）可以表示为

$$c\Delta t_r^p=\rho_r^p+\Delta\rho_{\text{offset},r}^p+\Delta\rho_{\text{iono},r}^p+\Delta\rho_{\text{tropo},r}^p+\Delta\rho_{\text{m. path},r}^p+\Delta\rho_{\text{equip},r}^p \tag{9-16}$$

式中，ρ_r^p 是卫星（信号发射时）和接收机（信号接收时）之间的真实距离，其各种失真通

过下标缩写来表示。

值得注意的是，真实距离 ρ_r^p 对应于真实接收时间 t，而伪距观测值由指示时间 $\tau_r(t)$ 来标记。动态定位中将指示时间作为自变量是非常有效的，因为对于任何其他应用中的定位问题它通常是足够精确的（$\pm 1\ \mu s$，如果无法持续与 GPS 时间同步时为 ± 1 ms）。为了线性近似，从式（9-8）可以得到

$$\rho_r^p(t)=\rho_r^p(\tau)-\dot{\rho}_r^p\Delta\tau_r(t) \tag{9-17}$$

由于 $|\dot{\rho}_r^p|<1\,000$ m/s，如果 $|\Delta\tau_r(t)|<10^{-6}$ s，则真实时间与指示时间的真实距离相差不到 1 mm。这种误差并不重要，尤其是与式（9-16）中的其他潜在大误差相比时，即使后者中的一些是估计的。

将式（9-16）和式（9-17）代入式（9-15）中，则伪距可以表示为

$$\begin{aligned}s_r^p(\tau_r)=&\rho_r^p(\tau_r)+c(\Delta\tau_r(t)-\Delta\tau^p(t-\Delta t_r^p))-\dot{\rho}_r^p\Delta\tau_r(t)+\\&\Delta\rho_{\text{offset},r}^p+\Delta\rho_{\text{iono},r}^p+\Delta\rho_{\text{tropo},r}^p+\Delta\rho_{\text{m,path},r}^p+\Delta\rho_{\text{equip},r}^p+\varepsilon_{\rho,r}^p\end{aligned} \tag{9-18}$$

需要注意，式中列出的系统误差项与接收机和卫星密不可分，例如大气效应和多径效应。设备延迟和补偿可以分别用接收机和卫星效应来描述。使用不同的频率或模型可以很容易地标定或补偿其中的一些误差，其他的一些误差，尤其是多径误差，则较难处理。

如式（9-18）所示的伪距观测值，可用于适当配备接收机上的每个传输编码，包括 L1 和 L2 载波上的 C/A 码和 P 码。在所有地面接收机上可用的另一种类型的可观测值，是接收时接收机生成的载波信号相位与传输时卫星信号相位（除非产生了容易破坏编码测量的传播效应，否则到达接收机时是不变的）之间的差值。实际上，当接收机的相位跟踪环路第一次锁定信号时，无法获取由于信号传输而构成的相位总差的整数个完整周期，因此，不能根据相位测量直接确定到卫星的绝对距离。另一方面，一旦获得信号，就对信号进行连续跟踪，并对完整周期进行计数，将其添加到初始相位差分测量中。

观测相位可以用下式表示

$$\phi_r^p(\tau_r)=\phi_r[\tau_r(t)]-\phi^p[\tau^p(t-\Delta t_r^p)]-N_r^p+\varepsilon_{\phi,r}^p \tag{9-19}$$

式中，ϕ_r 是接收机产生的相位（以周期为单位）；ϕ^p 是卫星产生的相位；N_r^p 是整数，代表相位锁定初始时间的完整周期数；$\varepsilon_{\phi,r}^p$ 是相位观测误差。N_r^p 称为载波相位模糊度，ϕ_r^p 称为累积载波可观测相位，也称为增量距离。

由于相位是由接收机和卫星的时钟（或频率发生器）生成的，从某种程度上来说没有必要将 $\phi_r[\tau_r(t)]$ 写成 $\phi_r(t)$，因为振荡相位与指示时间相等［这与之前式（9-3）将生成的相位作为时间的解释一致］。因此，相位是真实时间的函数，它由接收机时间指示（或标记），基于以上理解，可以将符号进行简化（对卫星相位同样如此）。根据式（9-3）和式（9-8）可以得到接收机生成相位

$$\phi_r(t)=f_0[t+\Delta\tau_r(t)]+\phi_{0,r} \tag{9-20}$$

和卫星生成相位

$$\phi^p(t-\Delta t_r^p)=f_0[t-\Delta t_r^p+\Delta\tau^p(t-\Delta t_r^p)]+\phi_0^p \tag{9-21}$$

将上述两式代入式（9-19）可以得到根据传输时间间隔可观测到的相位

$$\phi_r^p(\tau_r)=f_0\Delta t_r^p+f_0[\Delta\tau_r(t)-\Delta\tau^p(t-\Delta t_r^p)]+\phi_{0,r}-\phi_0^p-N_r^p+\varepsilon_{\phi,r}^p \quad (9-22)$$

需要注意的是，除了接收机和卫星频率发生器的任意相位偏移 $\phi_{0,r}$ 和 ϕ_0^p 之外，时钟误差 $\Delta\tau_r$ 和 $\Delta\tau^p$ 还包含基于式（9－6）的固定时间偏移（不包含与时钟质量相关的漂移和漂移率）。相位偏移和固定时钟误差是分开处理的，因为伪距中包含相同的时钟误差，但并不包括相位偏移。

与伪距一样，由于大气折射、多径效应、设备延迟、相位中心与接收机天线几何中心的几何偏移，以及卫星天线与质心的偏移，相位传输的时间间隔充满了误差。在相位效应方面，类比式（9－16）可以得到 Δt_r^p 的表达式，将其代入式（9－22），同时注意式（9－17）可得

$$\phi_r^p(\tau_r)=\frac{f_0}{c}\rho_r^p(\tau_r)+f_0[\Delta\tau_r(t)-\Delta\tau^p(t-\Delta t_r^p)]+\phi_{0,r}-\phi_0^p-N_r^p-\frac{f_0}{c}\dot{\rho}_r^p\Delta\tau_r(t)+$$
$$\Delta\phi_{\mathrm{offset},r}^p+\Delta\phi_{\mathrm{iono},r}^p+\Delta\phi_{\mathrm{tropo},r}^p+\Delta\phi_{m,\mathrm{path},r}^p+\Delta\phi_{\mathrm{equip},r}^p+\varepsilon_{\phi,r}^p \quad (9-23)$$

像式（9－18）一样使用 $\Delta\phi$ 而不是 $\Delta\rho$，可以区分特定效应对相位的影响和对伪距的影响。可观测的载波相位［如式（9－23）中给出的］适用于 L1 和 L2 载波，当然，其中标称频率 f_0 以及相位误差项在每种情况下都不同。同样，对于伪距，将真实距离与指示时间 $\tau_r(t)$ 联系起来更方便，它也用于标记观测相位。

整数相位模糊度 N_r^p 是使用相位确定距离的主要障碍。从技术上讲，需要知道初始历元（锁相时）时接收机相对于卫星的位置，该距离要优于一个波长（对 L1 来说是 19 cm）才能求解这个整数。根据在某个较短时间段内从其他 GPS 可观测数据收集的信息，有多种算法可以求解这个整数。然而，锁相环偶尔会失去对载波的锁定，从而导致完整周期的计数被中断，称为周跳。这意味着最初确定的整数模糊度不再有效——必须找到新值。如果在信号重新捕获时，已经积累的定位信息可以用来预测位置，则最容易恢复。对于移动平台，INS 被视为在这些情况下可行的辅助设备（见第 10.3 节）。

9.4 GPS 误差

表 9－1 给出了由方程式（9－18）和式（9－23）中包含的系统和环境误差引起的典型位置等效误差的概览。到目前为止，最大的误差是由于接收机时钟（通常是一个典型的频率稳定性约为 10^{-8} 的石英晶体振荡器）造成的。由于导航电文中包含了 GPS 时间和 P 码之间的关系，P 码接收机可以更准确地将它们的时钟与 GPS 时间同步。这种同步可以达到约 1 μs 的精度。相对较大的接收机时钟误差必须在导航解决方案（接收机位置的第 4 个未知数）中通过观测额外的卫星来确定；或者，通常建议通过适当区分卫星之间的距离来消除接收机时钟误差（见第 9.5 节）。

表 9-1　GPS 定位的误差来源

误差源	典型幅值
接收机时钟误差(同步后)	1 μs(300 m)
剩余卫星时钟误差	20 ns(6 m)
卫星同步到 UTC 误差	100 ns(30 m)
选择可用性	100 m
轨道误差	20 cm
对流层延迟	<30 m
电离层延迟	<150 m
多路径效应	<5 m(P-code);<5 cm(phase)
接收机误差	1 m(C/A code);0.1 m(P-code);0.2 mm(L1 phase)

IGS（International GNSS Service；Teunissen 和 Montenbruck，2017）发布了精确的轨道数据（±2 cm）和卫星时钟误差（±75 ps），延迟约 2 周，轨道间隔为 900 s，卫星时钟间隔为 30 s。需要注意的是，卫星时钟误差可以根据准确的轨道确定和已知的地面接收机坐标进行估计（Zumberge 等，1998）。

另一个重要的误差源出现在信号必须通过的介质中。其中就包括电离层，电离层从离地面约 50 km 开始一直伸展到约 1 000 km 高度的地球高层大气空域，其中包含大量电离原子和自由电子。随着信号靠近地球，依次遇到（电中性）平流层和对流层，大气密度增加，直到它到达接收机。对两个区域中的电磁信号的重要影响是其传播速度与真空中信号速度 c 的偏离。

c 与介质中信号速度 v 的比值称为折射率

$$n=\frac{c}{v} \tag{9-24}$$

GPS 信号包括由编码调制的载波。调制可以认为是几个频率略有不同的载波相加（或干涉）的结果，从而产生一个拍频，即调制的拍频。如果载波的相速度取决于频率，则该波组的速度（拍）与载波的相速度不同。电离层是一种色散介质，它的折射率和传播速度取决于信号的频率。因此，必须区分群折射率 n_g（指载波的调制）和相折射率 n_ϕ（指载波的相位）。二者在均质和各向同性介质中相互关联（Leick，1995）。

$$n_g=n_\phi+f\frac{\mathrm{d}n_\phi}{\mathrm{d}f} \tag{9-25}$$

式中，f 是载波频率（Richtmyer 等，1969）。

对于一阶近似，可以证明对于频率 $f>100$ MHz，相位折射率取决于电离层中自由电子的密度 N_e 和频率的平方（Hartmann ，Leitinger，1984）

$$n_\phi=1-\kappa\frac{N_e}{f^2}=1-n_I \tag{9-26}$$

式中，如果 N_e 的单位是每立方米电子数，f 的单位是 Hz，常值 $\kappa=40.3$。式（9-26）中

的 $n_I=40.3N_e/f^2$ 称为电离层折射率。利用式（9-24），相位通过电离层的速度为

$$v_\phi=c/n_\phi\approx c(1+n_I) \tag{9-27}$$

其中，由于 $n_I\ll 1$，二阶项可以忽略。根据式（9-25）和式（9-26），群折射率由下式给出

$$n_g=1-\kappa\frac{N_e}{f^2}+f\left(2\kappa\frac{N_e}{f^3}\right)=1+n_I \tag{9-28}$$

因此，利用式（9-24）可得群速度为

$$v_g=c/n_g\approx c(1-n_I) \tag{9-29}$$

因此，与真空相比，速度变化 $\Delta c=c-v=\mathrm{sgn}(c-v)cn_I$，分别取决于 v 是相速度［式（9-27）］还是群速度［式（9-29）］。沿着信号穿过电离层的路径积分就是电离层效应。根据群速度的距离延迟（基于 $v_g<c$）可以得到

$$\Delta\rho_{\mathrm{iono}}(f)=\int_{\mathrm{path}}\Delta c\,\mathrm{d}t=+c\,\frac{\kappa}{f^2}\int_{\mathrm{path}}N_e\,\mathrm{d}t=+\frac{\kappa}{f^2}\int_{\mathrm{path}}N_e\,\mathrm{d}S=+\frac{\kappa}{f^2}\mathrm{TEC} \tag{9-30}$$

其中，“path”是通过电离层的轨迹部分，$c\,\mathrm{d}t\approx\mathrm{d}S$。沿此路径的电子密度 N_e 的积分也称为总电子含量 TEC，即 $\mathrm{TEC}=\int N_e\mathrm{d}S$。对于相速度，我们有 $v_\phi>c$，这意味着电离层的色散特性使载波的相位提前（这并不违反爱因斯坦的原理，即 c 是最大速度，因为只有波群以能量的形式传递信息，而相速度没有这种物理意义，即如前所述，总相是不可测量的）。将以周期为单位的相位转换为距离，$\Delta\rho=\lambda\Delta\phi$，则以周期为单位的相位前移为

$$\Delta\phi_{\mathrm{iono}}(f)=\frac{1}{\lambda}\int_{\mathrm{path}}\Delta c\,\mathrm{d}t=-\frac{c}{\lambda}\,\frac{k}{f^2}\int_{\mathrm{path}}N_e\,\mathrm{d}t=-\frac{1}{\lambda}\,\frac{k}{f^2}\mathrm{TEC} \tag{9-31}$$

为了简化符号，我们用群延迟来定义电离层效应，$I(f)=\Delta\rho_{\mathrm{iono}}(f)$，则根据 $\lambda=c/f$，对于伪距和相位的影响有

$$\begin{aligned}\Delta\rho^p_{\mathrm{iono},r}(f)&=I^p_r(f)\\ \Delta\phi^p_{\mathrm{iono},r}(f)&=-\frac{f}{c}I^p_r(f)\end{aligned} \tag{9-32}$$

其中相位前移是周期性的。

通过 TEC 的定义（沿信号路径上的积分）可知，这些影响取决于卫星的仰角，因此当卫星位于天顶时路径长度最短，影响最小。此外，这些影响还取决于太阳的活跃程度和穿过电离层的路径暴露于太阳辐射的量，因此还与季节、一天中的时间和观测位置相关。Klobuchar（1987）提出了基于月平均条件的 TEC 经验模型，相应的参数值作为 GPS 数据消息的一部分进行传输。这些模型通常占延迟的 50%左右。或者，如式（9-31）所给出的一阶效应可以用双频观测来消除（见第 9.5.1 节）。Bassiri 和 Haji（1993）建立了高阶效应（不能用上述方法消除，但观测距离上小于 5 cm）模型。

在短基线（<15 km）的两端进行差分观测（见第 9.5.2 节）的情况下，可以忽略电离层效应，因为从卫星到每个接收机的路径大致相同。对于更长的基线，必须使用双频观测来消除差异电离层效应，或者将其视为要解决的时变随机参数。

对流层主要包含电中性粒子，是非色散介质［$dn_\phi/df=0$，式（9-25）］，相位和调制的折射率相同。折射率取决于温度以及大气压力的干分量（p_d）和湿分量（p_w），由下列模型给出（可参见 Hofmann-Wellenhof 等，1994；Leick，1995）

$$n_t - 1 = 7.764\times10^{-5}\frac{p}{T} - 1.296\times10^{-5}\frac{p_w}{T} + 0.373\frac{p_w}{T^2} \tag{9-33}$$

该方程的右侧为对流层折射率，n_t 为对应的折射率。T 为温度，单位为开尔文，$p = p_d + p_w$ 是总大气压力，p_w 为水汽分压，二者的单位均为 mbar。结果证明，大约 90% 的对流层延迟是由式（9-33）右侧中的第一项引起的，它很容易用当地的压力和温度得到。针对该折射分量已经建立了更精细的模型，参见 Hofmann 和 Wellenhof 等（1994）。湿分量的建模更加困难，需要测量或估计沿信号路径的水汽。

通过将折射模型［如式（9-33）］代入 $\Delta\rho=\int(n_t-1)\mathrm{d}S$，可以得到相应的对流层伪距和相位延迟。显然，延迟还取决于卫星的仰角（天顶处的最小值）。任何未建模的剩余效应都必须被视为误差，或者作为要估计的随机参数（Tralli 和 Lichten，1990）。

GPS 观测值中的其他误差包括多径误差、设备延迟和偏差、天线偏心（相位中心变化）以及接收机的热噪声。多径误差取决于直接环境的反射率和接收机处理电子设备的质量，通过选择天线位置，可以在一定程度上将其最小化。接收机噪声主要取决于进入接收机的信号的信噪比和跟踪环路的带宽。信噪比定义为信号功率与由于天线、传输电缆和前置放大器中的热激电子引起的环境噪声功率密度之比。编码延迟和载波相位中对应抖动的标准差的简化模型由 Langley（1998）给出

$$\sigma_s = \lambda_C\sqrt{\frac{\alpha B_D}{C/N_0}} \tag{9-34}$$

$$\sigma_\phi = \frac{1}{2\pi}\sqrt{\frac{B_p}{C/N_0}} \tag{9-35}$$

式中，σ_ϕ 以周期为单位；α 是表征编码相关器的无单位因子；B_D 是延迟锁相环的带宽；B_P 是锁相环的带宽；C/N_0 是信噪比，λ_c 是码的波长（C/A 码为 293.052 m，P 码为 29.305 m）。典型的带宽值范围从小于 1 Hz 到 10 Hz，并且必须足够大以适应接收机天线的动态特性（如果在移动载体上）。信噪比通常大于 3×10^4 Hz（C 以 W 为单位，N_0 以 W/Hz 为单位）。根据 C/N_0 的值以及 $B_D = 0.8$ Hz，$B_P = 2$ Hz，$\alpha = 0.5$，可以获得表 9-1 中列出的接收机的噪声值。关于接收机噪声的更深入的讨论可以参见（Van Dierendonck，1996；Teunissen 和 Montenbruck，2017）。

9.5　组合观测

从伪距和载波相位的观测方程式（9-18）和式（9-23）可以看出，其中包含一些不随时间变化（例如时钟偏差和相位模糊），或者变化较慢，或相关时间较长的误差（例如对流层延迟）。此外，对于不同的观测值有一些共同的误差项，对应于不同的接收机-卫星

组合。根据精度要求，有时没有必要计算所有的误差。另一方面，像时钟偏差等较大的误差通常必须考虑。通过同时观测来自多颗不同卫星的伪距或载波相位，可以使用最佳估计技术（例如最小二乘平差法）尽可能地解决以上误差和其他未知误差项。这个过程称为绝对定位或点定位，因为观测者的总位置向量是由独立于其他任何点的 GPS 观测确定的。或者，通常在相对意义上更准确的方法是，利用来自不同接收机的同步观测值之间的差异，从而消除共模项并大大减少一些缓慢变化的误差项的影响。这个过程被称为相对定位或差分定位，并且只产生两点之间坐标的差异。也就是说，一个接收机的位置是相对于另一个具有可能已知坐标的接收机（或者，可能只有坐标差异值得关注）来确定的。如果已知一个点的绝对坐标，那么相对定位当然也会得到另一点的绝对坐标。然而，相对定位的优势在所有情况和所有精度公差下都是不明确的。例如，两个接收机之间的基线越长，某些相关误差的消除就越少，例如对流层和电离层延迟以及卫星轨道误差（即它们变得不相关）。

为了研究特别重要的误差与观测值或其组合之间的关系，再次考虑由式（9－18）给出的伪距，剔除其中一些误差项后得到

$$s_r^p(\tau_r)=\rho_r^p(\tau_r)+c[\Delta\tau_r(t)-\Delta\tau^p(t-\Delta t_r^p)]+\Delta\rho_{\text{iono},r}^p+\varepsilon_{p,r}^p \tag{9-36}$$

排除的误差项包括对流层延迟、设备和天线的偏移、多径误差，以及由于接收机时钟误差造成的真实距离的时间配准误差。这些影响要么被认为可以忽略，要么必须由用户建模或校准，以提高定位精度。类似地，以周期为单位的相位观测方程（9－23）可以简化为

$$\phi_r^p(\tau_r)=\frac{f_0}{c}\rho_r^p(\tau_r)+f_0[\Delta\tau_r(t)-\Delta\tau^p(t-\Delta t_r^p)]+\phi_{0,r}-\phi_0^p-N_r^p+\Delta\phi_{\text{iono},r}^p+\varepsilon_{\phi,r}^p \tag{9-37}$$

显然，可观测值是接收机和卫星之间距离的函数，同时也是其他所谓的干扰参数（系统误差）的函数，包括时钟误差、电离层延迟，以及（在相位可观测的情况下）相位偏移和初始相位模糊度。定位问题中需要解决或消除干扰参数。不幸的是，在上述观测方程中，只有相位模糊度和偏移量是常数；其他参数值都随时间变化。因此，每一个新的观测结果实际上都带有一组新的未知参数值，只有在有足够的独立观测信息的情况下才能确定它们。或者，一些参数可以通过相互包含它们的那些观测值的适当组合（差异）来消除。根据相应距离差的几何内容的强度，仍然可以绝对或相对地使用这些不同的可观测量进行定位。通常使用多种策略的组合。

附加信息有多种形式。在理想情况下，只需要三个接收机到卫星的距离来求解接收机的三维位置。通过观察到其他卫星的额外距离，可以解决每个时间历元的接收机时钟误差。同样，可以形成（3 颗以上）卫星之间的观测差异，从而消除常见的接收机时钟误差。现代大地测量接收机能够跟踪 L1 和 L2 频率上的编码和载波信号。这些额外的信息可以用来求解一阶电离层延迟，如第 9.5.1 节所述。它还有助于解决相位模糊问题。

将观测值按时间进行差分可以有效得到距离的变化率，同时消除了相位模糊和所有的固定时钟误差，代价是失去一些几何强度。将观测同一卫星的两个接收机（其中之一通常是静止的，但不是必需的）的观测值进行差分，只能得到二者的相对位置，但可以消除卫

星时钟误差，并减少轨道误差和大气延迟的影响。

最后，作为下一章的介绍，值得一提的是 INS 还提供了额外的信息，尽管它只是以相对位置的形式存在，并且包含了一些额外的系统误差。然而，通过适当的建模，将 INS 集成到 GPS 运动学定位问题中，可以提高或实现所需的分辨率和精度，并从不可避免的周跳中恢复。

9.5.1 双频伪距和相位

在第 10 章介绍 INS 之前，我们先介绍上面提到的一些处理重大误差的技巧。为了简化表示，通常将真实距离与时钟误差、相位偏移与相位模糊结合起来。由此产生的中间伪距由下式给出

$$\bar{\rho}_r^p(\tau_r) = \rho_r^p(\tau_r) + c[\Delta\tau_r(t) - \Delta\tau^p(t - \Delta t_r^p)] \tag{9-38}$$

修正后的相位模糊由下式表示（现在不是整数）

$$\bar{N}_r^p = N_r^p + \phi_0^p - \phi_{0,r} \tag{9-39}$$

用式（9－32）描述电离层延迟，使用简化符号 $I_{1r}^p \equiv I_r^p(f_1)$，由式（9－36）和式（9－37）得到如下联合观测方程

$$\begin{aligned}
s_{1r}^p(\tau_r) &= \bar{\rho}_r^p(\tau_r) + I_{1r}^p + \varepsilon_{\rho 1,r}^p \\
s_{2r}^p(\tau_r) &= \bar{\rho}_r^p(\tau_r) + \alpha I_{1r}^p + \varepsilon_{\rho 2,r}^p \\
\phi_{1r}^p(\tau_r) &= \frac{1}{\lambda_1}\bar{\rho}_r^p(\tau_r) - \frac{1}{\lambda_1} I_{1r}^p - \bar{N}_{1r}^p + \varepsilon_{\phi 1,r}^p \\
\phi_{2r}^p(\tau_r) &= \frac{1}{\lambda_2}\bar{\rho}_r^p(\tau_r) - \frac{\alpha}{\lambda_2} I_{1r}^p - \bar{N}_{2r}^p + \varepsilon_{\phi 2,r}^p
\end{aligned} \tag{9-40}$$

式中，数字 1、2 代表由式（9－10）给出的频率 L1 和 L2，对应的波长 λ_1 和 λ_2 由式（9－11）给出，其中

$$\alpha = \frac{f_1^2}{f_2^2} = \frac{\lambda_2^2}{\lambda_1^2} \approx 1.647 \tag{9-41}$$

因此，例如式（9－40）中的伪距 s_2 的电离层延迟为 $\Delta\rho_{\text{iono},r}^p(f_2) = I_r^p(f_2) = \alpha I_r^p(f_1) \equiv \alpha I_{1_r^p}$。

式（9－40）中给出的观测值的组合代表任何历元的一个由 4 个方程组成的方程组，可以解 4 个未知数 $\bar{\rho}_r^p$，I_{1r}^p，$\bar{N}_{1r}^p$，$\bar{N}_{2r}^p$。用矩阵形式表示为

$$\begin{bmatrix} s_{1r}^p(\tau_r) \\ s_{2r}^p(\tau_r) \\ \phi_{1r}^p(\tau_r) \\ \phi_{2r}^p(\tau_r) \end{bmatrix} = \begin{bmatrix} 1 & 1 & 0 & 0 \\ 1 & \alpha & 0 & 0 \\ 1/\lambda_1 & -1/\lambda_1 & -1 & 0 \\ 1/\lambda_2 & -\alpha/\lambda_2 & 0 & -1 \end{bmatrix} \begin{bmatrix} \bar{\rho}_r^p(\tau_r) \\ I_{1r}^p \\ \bar{N}_{1r}^p \\ \bar{N}_{2r}^p \end{bmatrix} + \begin{bmatrix} \varepsilon_{\rho 1,r}^p \\ \varepsilon_{\rho 2,r}^p \\ \varepsilon_{\phi 1,r}^p \\ \varepsilon_{\phi 2,r}^p \end{bmatrix} \tag{9-42}$$

事实上，这表明系数矩阵（称为 $\boldsymbol{H}$）是非奇异的，而且在理论上，未知量是可估计的。然而，估计的准确性取决于观测值的误差。根据表 9－1 给出的接收机噪声标准差值

［根据式（9－34）以周期为单位］，参数估计误差的协方差矩阵由式（7－43）给出

$$\boldsymbol{P}=(\boldsymbol{H}^{\mathrm{T}}\boldsymbol{R}^{-1}\boldsymbol{H})^{-1}=\begin{bmatrix}0.089 & -0.063 & 0.799 & 0.790\\ -0.063 & 0.048 & -0.584 & -0.582\\ 0.799 & -0.583 & 7.266 & 7.209\\ 0.790 & -0.582 & 7.209 & 7.158\end{bmatrix}\tag{9-43}$$

其中，假设观测值不相关（$\boldsymbol{R}$ 是对角矩阵）并且参数的先验协方差是无限的（没有先验信息）。估计的周期模糊度的标准偏差为 $\sqrt{7.16}$ ，约为 2.68 个周期（大约 50～60 cm）；因此，由于估计的模糊度不能解决全周期计数，相位可观测值在距离估计中实际上是无效的。此外，距离精度 $\pm\sqrt{0.089}$ m，是伪距噪声标准偏差的 3 倍，这是由于所有估计参数之间的高度相关性。实际上，从协方差矩阵的非对角元素中可以发现，归一化的相关性都非常接近 1，这表明基于这些观测结果没有很好地估计（可分离）这些单独的参数。

伪距观测中的噪声导致无法解决周期模糊问题，随着时间的推移，这种情况会有所改善，因为随后的历元会产生 4 个额外的观测结果，但只有两个额外未知数——相位模糊修正，$\bar{N}_{1r}^{p}$，$\bar{N}_{2r}^{p}$（它们是常数），一旦被解决即可适用于所有的历元。因此，随着更多伪距观测的加入（例如，通过卡尔曼滤波器，见第 7 章），模糊度的估计变得更加准确，然而收敛速度很慢。或者，可以考虑一个要求不太苛刻的问题，即确定 L1 和 L2 相位可观测量的差异中定义的模糊度差异

$$\begin{aligned}\phi w_r^p(\tau_r)&=\phi_{1r}^p(\tau_r)-\phi_{2r}^p(\tau_r)\\&=\frac{1}{\lambda_w}\bar{\rho}_r^p(\tau_r)-\frac{1-\sqrt{\alpha}}{\lambda_1}I_{1r}^p-\overline{Nw}_r^p+\varepsilon_{\phi w,r}^p\end{aligned}\tag{9-44}$$

式中，λ_w 是宽通道信号的波长［对应于频率差的混合信号部分，参见式（9－13）］，频率 $f_w=f_1-f_2$。

$$\lambda_w=\left(\frac{1}{\lambda_1}-\frac{1}{\lambda_2}\right)^{-1}=0.861\ 9\ \text{m}\tag{9-45}$$

宽通道信号（调制后）定义为

$$\overline{Nw}_r^p=\bar{N}_{1r}^p-\bar{N}_{2r}^p\tag{9-46}$$

宽通道相位的接收机噪声标准偏差 $\varepsilon_{\phi w,r}^p$，是 L1 相位的$\sqrt{2}$倍（以周期为单位）。

分别用宽通道相位和模糊度替换模型式（9－42）中的 L2 相位和模糊度，根据式（9－44）（也适当修改矩阵 $\boldsymbol{R}$），估计的协方差矩阵变为

$$\boldsymbol{P}=\begin{bmatrix}0.089 & -0.063 & 0.799 & 0.0087\\ -0.063 & 0.048 & -0.584 & -0.0022\\ 0.799 & -0.584 & 7.266 & 0.058\\ 0.0087 & -0.0022 & 0.058 & 0.0068\end{bmatrix}\tag{9-47}$$

宽通道模糊度估计现在实际上独立于其他估计（归一化相关性的计算可证实），其标准偏差仅为$\sqrt{0.006\ 8}\approx0.08$ 个周期（7 cm）（在伪距观测中该值对噪声敏感）。L1 的模糊

度仍然没有确定，然而，宽通道模糊度的可估计性在附加约束的情况下（即模糊度为整数）变得十分重要。这可以通过另一种类型的可观察值组合——双差来实现，将在下一节讨论。在这种情况下，如果认为电离层效应不显著（如短基线的情况），L1 模糊度问题也可以解决。

由于其对频率的依赖性，有时使用相对于两个载波频率的相位或伪距的线性组合来消除一阶电离层效应是有用的。在伪距和相位中所谓的无电离层（“无离子”）观测是

$$
\begin{aligned}
(s_{\text{ion-free}})_r^p(\tau_r) &= \frac{1}{1-\alpha}s_{2r}^p(\tau_r) - \frac{\alpha}{1-\alpha}s_{1r}^p(\tau_r) \\
&= \bar{\rho}_r^p(\tau_r) + \frac{1}{1-\alpha}\varepsilon_{\rho 2,r}^p - \frac{\alpha}{1-\alpha}\varepsilon_{\rho 1,r}^p
\end{aligned}
\tag{9-48}
$$

和

$$
\begin{aligned}
(\phi_{\text{ion-free}})_r^p(\tau_r) &= \frac{\sqrt{\alpha}}{1-\alpha}\phi_{2r}^p(\tau_r) - \frac{\alpha}{1-\alpha}\phi_{1r}^p(\tau_r) \\
&= \frac{1}{\lambda_1}\bar{\rho}_r^p(\tau_r) - \frac{\sqrt{\alpha}}{1-\alpha}(\overline{N}_{2r}^p - \sqrt{\alpha}\,\overline{N}_{1r}^p) + \frac{\sqrt{\alpha}}{1-\alpha}\varepsilon_{\phi 2,r}^p - \frac{\alpha}{1-\alpha}\varepsilon_{\phi 1,r}^p
\end{aligned}
\tag{9-49}
$$

式中，在每种情况下，第一个方程是定义，第二个方程是模型式（9 - 40）的结果。选择每个线性组合的系数，以消除由式（9 - 32）给出的一阶电离层效应，并确保 $\bar{\rho}$ 的标度分别与式（9 - 18）和式（9 - 23）中的相同。可以使用替代系数集，例如：宽通道（wide - lane）、无离子相位定义为

$$
\begin{aligned}
(\phi w_{\text{ion-free}})_r^p(\tau_r) &= \frac{\sqrt{\alpha}-\alpha}{1-\alpha}\phi_{1r}^p(\tau_r) - \frac{1-\sqrt{\alpha}}{1-\alpha}\phi_{2r}^p(\tau_r) \\
&= \frac{1}{\lambda_w}\bar{\rho}_r^p(\tau_r) - \frac{1-\sqrt{\alpha}}{1-\alpha}(\sqrt{\alpha}\,\overline{N}_{1r}^p - \overline{N}_{2r}^p) + \frac{1-\sqrt{\alpha}}{1-\alpha}(\sqrt{\alpha}\,\varepsilon_{\phi 1,r}^p - \varepsilon_{\phi 2,r}^p)
\end{aligned}
\tag{9-50}
$$

式中，第二个方程由式（9 - 40）得出，宽通道波长 λ_w 由式（9 - 45）给出。需要注意的是，无离子观测中噪声的标准偏差大约增加了 3 倍；而对于无离子的宽通道相位，它减少了约 $\sqrt{2}$ 。事实上，假设对 L1 和 L2 的观测不相关，且两个频率通道上的噪声方差相等，并使用式（9 - 41）中的 α 值，可以得到方差 $\sigma^2(\cdot)$

$$
\begin{aligned}
\sigma^2(\varepsilon_{\rho_{\text{ion-free}},r}^p) &= \frac{1+\alpha^2}{(1-\alpha)^2}\sigma^2(\varepsilon_{\rho 1,r}^p) = 8.87\sigma^2(\varepsilon_{\rho 1,r}^p) \\
\sigma^2(\varepsilon_{\phi_{\text{ion-free}},r}^p) &= \frac{\alpha(1+\alpha)}{(1-\alpha)^2}\sigma^2(\varepsilon_{\phi 1,r}^p) = 10.4\sigma^2(\varepsilon_{\phi 1,r}^p) \\
\sigma^2(\varepsilon_{\varphi w_{\text{ion-free}},r}^p) &= \left[\frac{(1-\sqrt{\alpha})^2(1+\alpha)}{(1-\alpha)^2}\right]\sigma^2(\varepsilon_{\phi 1,r}^p) = 0.508\sigma^2(\varepsilon_{\phi 1,r}^p)
\end{aligned}
\tag{9-51}
$$

即使宽通道无离子噪声的标准差比无离子噪声低 $\sqrt{20.5}$ ，信号 $\bar{\rho}_r^p/\lambda_w$ 也会比信号 $\bar{\rho}_r^p/\lambda_1$ 低 $\sqrt{20.5}$（即信噪比相同）。

9.5.2 信号和双差

从式（9-38）的中间伪距 $\bar{\rho}_r^p$ 中消除大部分接收机时钟误差的一种方法是在每个历元对两颗卫星之间的观测进行差分。接收机时钟误差对于每个观测值都是相同的，并且在它们的差异中抵消。在与式（9-36）和式（9-37）相同的假设下，差分为

$$\begin{aligned}\Delta s_r^{p,q}(\tau_r) &= \Delta\bar{\rho}_r^{p,q}(\tau_r) + \Delta I_r^{p,q}(f) + \Delta\varepsilon_{\rho,r}^{p,q} \\ \Delta\phi_r^{p,q}(\tau_r) &= \frac{1}{\lambda}\Delta\bar{\rho}_r^{p,q}(\tau_r) - \frac{1}{\lambda}\Delta I_r^{p,q}(f) - \Delta\bar{N}_r^{p,q} + \Delta\varepsilon_{\phi,r}^{p,q}\end{aligned} \tag{9-52}$$

其中

$$\begin{aligned}\Delta s_r^{p,q}(\tau_r) &= s_r^p(\tau_r) - s_r^q(\tau_r) \\ \Delta\phi_r^{p,q}(\tau_r) &= \phi_r^p(\tau_r) - \phi_r^q(\tau_r) \\ \Delta\bar{\rho}_r^{p,q}(\tau_r) &= \rho_r^p(\tau_r) - \rho_r^q(\tau_r) - c[\Delta\tau^p(t-\Delta t_r^p) - \Delta\tau^q(t-\Delta t_r^q)] \\ \Delta I_r^{p,q}(f) &= I_r^p(f) - I_r^q(f) \\ \Delta\bar{N}_r^{p,q} &= N_r^p - N_r^q + \phi_0^p - \phi_0^q \\ \Delta\varepsilon_{\rho,r}^{p,q} &= \varepsilon_{\rho,r}^p - \varepsilon_{\rho,r}^q \\ \Delta\varepsilon_{\phi,r}^{p,q} &= \varepsilon_{\phi,r}^p - \varepsilon_{\phi,r}^q\end{aligned} \tag{9-53}$$

一组类似的方程和定义适用于涉及第二频率的量，并适当注意电离层项的标度。需要注意的是，如果接收机时钟误差很大，则根据式（9-17），$-(\dot{\rho}_r^p - \dot{\rho}_r^q)\Delta\tau_r(t)$ 应添加到 $\Delta\bar{\rho}_r^{p,q}$ 中。

此外，宽通道和无离子差异可以根据式（9-44）定义如下

$$\Delta\phi w_r^{p,q}(\tau_r) = \frac{1}{\lambda_w}\Delta\bar{\rho}_r^{p,q}(\tau_r) - \frac{1-\sqrt{\alpha}}{\lambda_1}\Delta I_{1r}^{p,q} - \Delta\overline{Nw}_r^{p,q} + \Delta\varepsilon_{\phi w,r}^{p,q} \tag{9-54}$$

式中，$\Delta I_{1r}^{p,q} \equiv \Delta I_r^{p,q}(f_1)$，由式（9-48）和式（9-49）可得

$$\begin{aligned}(\Delta s_{\text{ion-free}})_r^{p,q}(\tau_r) &= \Delta\bar{\rho}_r^{p,q}(\tau_r) + \frac{1}{1-\alpha}\Delta\varepsilon_{\rho 2,r}^{p,q} - \frac{\alpha}{1-\alpha}\Delta\varepsilon_{\rho 1,r}^{p,q} \\ (\Delta\phi_{\text{ion-free}})_r^{p,q}(\tau_r) &= \frac{1}{\lambda_1}\Delta\bar{\rho}_r^{p,q}(\tau_r) - \frac{\sqrt{\alpha}}{1-\alpha}(\Delta\bar{N}_{2r}^{p,q} - \sqrt{\alpha}\,\Delta\bar{N}_{1r}^{p,q}) + \frac{\sqrt{\alpha}}{1-\alpha}\Delta\varepsilon_{\phi 2,r}^{p,q} - \frac{\alpha}{1-\alpha}\Delta\varepsilon_{\phi 1,r}^{p,q}\end{aligned} \tag{9-55}$$

与宽通道模糊度和噪声项定义相似。

由式（9-53）可知，中间伪距参数 $\Delta\bar{\rho}_r^{p,q}(\tau_r)$ 现在不包含接收机时钟误差，修正后的周期模糊度 $\Delta\bar{N}_r^{p,q}$ 尽管仍然不是整数，但已不包含接收机相位偏移。因此，这些所谓的卫星间单差观测是有用的，它们消除了接收机的偏差。另一方面，这比将接收机时钟误差参数作为定位问题的一部分来解决要容易一些（Schaffrin 和 Grafarend，1986）。当然，单差观测误差的统计必须正确定义。特别是当假设无差异的观测噪声项不相关时，我们可以看出单差噪声的标准差 $\Delta\varepsilon_{\rho,r}^{p,q}$ 和 $\Delta\varepsilon_{\phi,r}^{p,q}$ 在每种情况下都增加了$\sqrt{2}$倍。共享一颗卫星的单

差观测值之间必须考虑相关性，例如 $\Delta\phi_r^{p,q}(\tau_r)$ 和 $\Delta\phi_r^{p,u}(\tau_r)$。

通过对来自两个接收机的单差观测进行差分，几乎可以完全消除接收机和卫星的时钟与相位偏差。在这种情况下，不必知道卫星时钟误差，只需获得相对于其中一个接收机坐标的坐标差。两个下标 r，s 用于区分两个接收机。对两个单差观测集进行差分，类似式（9－52），可以得到所谓的双差伪距和相位观测

$$\Delta s_{r,s}^{p,q}(\tau)=\Delta\rho_{r,s}^{p,q}(\tau)+\Delta I_{r,s}^{p,q}(f)+\Delta\varepsilon_{\rho,r,s}^{p,q}$$
$$\Delta\phi_{r,s}^{p,q}(\tau)=\frac{1}{\lambda}\Delta\rho_{r,s}^{p,q}(\tau)-\frac{1}{\lambda}\Delta I_{r,s}^{p,q}(f)-\Delta N_{r,s}^{p,q}+\Delta\varepsilon_{\phi,r,s}^{p,q} \tag{9-56}$$

其中

$$\begin{aligned}
\Delta s_{r,s}^{p,q}(\tau)&=s_r^p(\tau_r)-s_r^q(\tau_r)-s_s^p(\tau_s)+s_s^q(\tau_s)\\
\Delta\phi_{r,s}^{p,q}(\tau)&=\phi_r^p(\tau_r)-\phi_r^q(\tau_r)-\phi_s^p(\tau_s)+\phi_s^q(\tau_s)\\
\Delta\rho_{r,s}^{p,q}(\tau)&=\rho_r^p(\tau)-\rho_r^q(\tau)-\rho_s^p(\tau)+\rho_s^q(\tau)\\
\Delta I_{r,s}^{p,q}(f)&=I_r^p(f)-I_r^q(f)-I_s^p(f)+I_s^q(f)\\
\Delta N_{r,s}^{p,q}&=N_r^p-N_r^q-N_s^p+N_s^q\\
\Delta\varepsilon_{\rho,r,s}^{p,q}&=\varepsilon_{\rho,r}^p-\varepsilon_{\rho,r}^q-\varepsilon_{\rho,s}^p+\varepsilon_{\rho,s}^q\\
\Delta\varepsilon_{\phi,r,s}^{p,q}&=\varepsilon_{\phi,r}^p-\varepsilon_{\phi,r}^q-\varepsilon_{\phi,s}^p+\varepsilon_{\phi,s}^q
\end{aligned} \tag{9-57}$$

双差周期模糊度 $\Delta N_{r,s}^{p,q}$ 现在包含相位偏移，并且是一个整数。在两个接收机上的指示时间根据定义相同的前提下，双差观测的参数被指定为指示时间 τ，在求解参数 $\Delta\rho_{\rho,r}^{p,q}(\tau)$ 的前提下，根据定义两个接收机的指示时间是相同的：$\tau=\tau_r=\tau_s$。另一方面，真实距离指的是不同的真实时间，因为接收机不是完全同步的。相应的距离误差，由时间配准项 $\dot{\rho}_r^p\Delta\tau_r$［见式（9－17）］为每个距离给出，这里省略了单差的情况，见式（9－53）。

此外，卫星时钟误差不会完全消除，因为它们涉及不同的传输时间；然而，净效应很小，在式（9－57）中被排除。实际上，使用式（9－38），$\Delta\rho_{r,s}^{p,q}$ 中的双差卫星时钟误差由下式给出

$$c[\Delta\tau^p(t-\Delta t_r^p)-\Delta\tau^q(t-\Delta t_r^q)-\Delta\tau^p(t-\Delta t_s^p)+\Delta\tau^q(t-\Delta t_s^q)] \tag{9-58}$$

这些项抵消的程度取决于信号从卫星到每个接收机 r 和 s 的差分传输期间卫星时钟的稳定性。假设时钟误差是线性变化的，则可以证明式（9－58）等价于

$$c\left[\frac{\Delta f^p}{f_0}(\Delta t_r^p-\Delta t_s^p)-\frac{\Delta f^q}{f_0}(\Delta t_r^q-\Delta t_s^q)\right] \tag{9-59}$$

其中，Δf^p 是瞬时卫星频率与标称值之间的差值（它是频率方面的卫星时钟误差）。从卫星到相距 300 km 的接收机的传输时间差 $\Delta t_r^p-\Delta t_s^p$ 小于 0.001 s，卫星时钟频率稳定性 $\Delta f^p/f_0$ 大约为 10^{-13}（Hofmann－Wellenhof 等，1994），因此式（9－59）大约相当于 $c\times10^{-16}$ s，或者 0.03 μm 的距离误差，完全可以忽略不计。

对于短基线（＜15 km），双差分电离层效应相对较小，在许多情况下可以忽略不计。因此，除了对流层、多径效应和一系列与设备相关的小误差外，双差揭示了可观测值和未

知坐标之间最简单和最直接的关系，避免了接收机和卫星之间复杂的时钟误差。此外，双差周期模糊度是整数的性质也为双差模糊度的确定增加了重要的约束。

最后，尽管 IGS 可以在相对较短的时间（两周）内获得精确的轨道信息，但短基线上的双差观测可以抵消较大的轨道误差。对由卫星 p 和两个接收机 r 和 s 之间的地面基线形成的三角形 Δrsp 进行几何分析，得出轨道误差 $\mathrm{d}\rho$ 和基线长度误差 $\mathrm{d}b$ 之间的关系如下

$$\frac{\mathrm{d}\rho}{\rho}=\frac{\mathrm{d}b}{b} \tag{9-60}$$

式中，ρ 是到卫星的距离；b 是基线长度。由于 $\rho > 2\times 10^7$ m，在 10 km 基线上的 1 mm 的相对定位要求可以允许 2 m 的轨道误差（广播星历的典型误差约为 1m）。

类似于式（9-54）和式（9-55），宽通道和无离子双差也可以定义如下

$$\Delta\phi w_{r,s}^{p,q}(\tau)=\frac{1}{\lambda_w}\Delta\rho_{r,s}^{p,q}(\tau)-\frac{1-\sqrt{\alpha}}{\lambda_1}\Delta I_{1r,s}^{p,q}-\Delta Nw_{r,s}^{p,q}+\Delta\varepsilon_{\phi w,r,s}^{p,q} \tag{9-61}$$

式中，$\Delta I_{1r,s}^{p,q}\equiv\Delta I_{r,s}^{p,q}(f_1)$，并且

$$(\Delta s_{\text{ion-free}})_{r,s}^{p,q}(\tau)=\Delta\rho_{r,s}^{p,q}(\tau)+\frac{1}{1-\alpha}\Delta\varepsilon_{\rho 2,r,s}^{p,q}-\frac{\alpha}{1-\alpha}\Delta\varepsilon_{\rho 1,r,s}^{p,q}$$

$$(\Delta\phi_{\text{ion-free}})_{r,s}^{p,q}(\tau)=\frac{1}{\lambda_1}\Delta\rho_{r,s}^{p,q}(\tau)-\frac{1}{1-\alpha}(\sqrt{\alpha}\,\Delta N_{2r,s}^{p,q}-\alpha\,\Delta N_{1r,s}^{p,q})+\frac{\sqrt{\alpha}}{1-\alpha}\Delta\varepsilon_{\phi 2,r,s}^{p,q}-\frac{\alpha}{1-\alpha}\Delta\varepsilon_{\phi 1,r,s}^{p,q} \tag{9-62}$$

同样，宽通道双差周期模糊度是一个整数。无离子、双差相位的模糊度线性组合不是整数，也不是任意实数。

需要注意的是，对于这些双差可观测量中的任何一个，噪声项是单相或接收机伪距噪声的组合。例如，宽通道、双差分相位噪声由下式给出

$$\Delta\varepsilon_{\phi w,r,s}^{p,q}=[(\varepsilon_{\phi 1,r}^{p}-\varepsilon_{\phi 2,r}^{p})-(\varepsilon_{\phi 1,r}^{q}-\varepsilon_{\phi 2,r}^{q})]-[(\varepsilon_{\phi 1,s}^{p}-\varepsilon_{\phi 2,s}^{p})-(\varepsilon_{\phi 1,s}^{q}-\varepsilon_{\phi 2,s}^{q})] \tag{9-63}$$

如果所有的单项误差不相关，则以上噪声的标准差是式（9-35）给出值的$\sqrt{8}$倍。与卫星间单差的情况一样，必须考虑共享卫星的双差观测之间存在的相关性。

9.6 动态定位

GPS 测量是在动态环境中进行的。即使接收机在地球上是静止的，但由于卫星的轨道运动和地球的自转，它们与卫星的距离也在不断变化。然而，静态定位和动态定位是有区别的。顾名思义，静态定位包括将接收机放置在地球上的一个固定位置，并确定该点的位置。另一方面，动态定位是指确定相对于地球不断移动的载体或平台的位置。可以实时获取或者后处理，通常后处理可以获取更高的精度。我们使用术语“导航”来代表定位数据的实时处理，而动态定位则保留用于数据的后处理（随着计算机越来越强大，数据链接越来越高效，两者的区别可能变得相当模糊）。有一种中间定位模式，称为半动态定位，其中移动接收机（和天线）在移动到下一个点之前暂时停在要定位的那些点上，并始终保持

信号锁定。这是一种快速的静态测量形式，适用于能够在每个测量点停下的载体。

我们将只考虑上面定义的动态 GPS 定位，因为在一般意义上，将半运动学模式作为一种特殊情况时需要包括明确的约束。实际上，观测方程甚至与静态情况没有区别；毕竟，如果接收机相对于地球的速度比地球自转角速度要小得多，则接收机—卫星配置的粗动态几乎不会改变。然而，相对于静态定位的性能差异包括：失去了时间平均带来的更高的精度，需要增加跟踪环路的带宽以适应载体的高动态。高动态意味着噪声方差的增加；见式（9 - 34）和式（9 - 35）（另一方面，我们不考虑极高动态的飞行器，比如军用战斗机）。此外，动态 GPS 定位常常受到更加严格和不断变化的环境的影响，包括卫星可见度、建筑物干扰和多路径等。当然，这是集成 GPS 和 INS 的动机之一，因为 INS 对其地理和电磁环境不敏感。

与静态情况相同，我们定义了绝对动态定位，其中载体的位置是根据载体上安装的单个接收机确定的。定义相对动态定位，其中移动接收机（成为流动站）的位置是通过固定接收机（称为基站）通过差分技术获取的。一个有趣的应用是两个接收机都相对于对方移动，例如重力恢复和气候实验（Gravity Recovery and Climate Experiment，GRACE）任务（Tapley 等，2004），两颗卫星在低地球轨道上相互跟随（Jekeli，1999）。这仅说明两个接收机的位置都无法绝对确定，而在之前有一个固定接收机的情况下，如果已知基站坐标，则可以绝对地确定流动站的位置。为了给相对动态求解提供额外的条件，或作为测试一致性的一种手段，人们通常在流动站的操作区域使用多个基站接收机。

在上一节的末尾，主要感兴趣的未知参数被简单地标识为距离；但实际的未知数是接收机（更准确地说是天线）的坐标。为了求解这些参数，必须检查接收机和第 p 颗卫星的真实距离，例如 ρ_r^p 。就接收的真实时间而言，它明确地由下式给出

$$\rho_r^p(t)=\left|\boldsymbol{x}^p(t-\Delta t_r^p)-\boldsymbol{x}_r(t)\right| \tag{9-64}$$

式中，$\boldsymbol{x}^p(t-\Delta t_r^p)$ 为真实信号传输时刻卫星的真实坐标向量；$\boldsymbol{x}_r(t)$ 是真实接收时刻接收机的真实坐标向量。

此外，到目前为止还没有提到卫星和接收机坐标的特定坐标系，这里使用的上标符号指的是卫星而不是前几章中的坐标系，这一点应该不会混淆。但是，在正确解释式（9 - 64）时需要注意，其中卫星和接收机的位置向量指的是不同的历元；并且，要使减法成立，它们必须位于相同的坐标系中。因此坐标系不是任意的，即使距离本身与坐标系无关。因为时间参数是不同的，式（9 - 64）只有在公共坐标系不随时间旋转时在数学意义上才成立，也就是说，它一定是惯性系。

尽管卫星星历通常在惯性坐标系中进行协调，但 GPS 导航消息提供的信息允许计算发射卫星的 e 系（ECEF）坐标。此外，如果在地面平台上，接收机的坐标在 e 系中是首选的。因此，如果在 e 系中给出了传输时间的卫星坐标，则必须将其转换为接收时间，以便考虑地球在传输期间的自转。也就是说，信号不在地球固定坐标系中传播，两个位置向量本质上是指不同的 ECEF 坐标，一个相对于另一个旋转（延迟）$\Delta t_r^p\omega_e$ ，其中 ω_e 是地球的自转速度。为了达到一致性，卫星坐标必须向前旋转到接收时间。只涉及绕 3 轴的单次

旋转，对于 e 系，我们有

$$\boldsymbol{x}^{p}(t-\Delta t_{r}^{p})\big|_{t}=\boldsymbol{R}_{3}(\Delta t_{r}^{p}\omega_{e})\boldsymbol{x}^{p}(t-\Delta t_{r}^{p}) \tag{9-65}$$

注意，这不是根据卫星运动的动力学进行的坐标传播，坐标仍然涉及传输时间；在接收时是在与地球一起旋转的 e 系下。在 e 系下，卫星到接收机的距离由下式给出

$$\rho_{r}^{p}(t)=\left|\boldsymbol{R}_{3}(\Delta t_{r}^{p}\omega_{e})\boldsymbol{x}^{p}(t-\Delta t_{r}^{p})-\boldsymbol{x}_{r}(t)\right| \tag{9-66}$$

假设此后所有的坐标向量都在 e 系下，如果将推导限制在该前提下，没有必要为带有上标的坐标系引入一个显式符号来增加符号的复杂性。

9.6.1 动态模型

由于可见卫星通常数量充足（通常至少有 5 个，分布良好），未知参数的数量小于观测数量，这就需要一个最小二乘解，它的基础是使观测值和基于模型相应调整后的观测值之间的残差的平方最小化。值得注意的是，静态定位的情况观测数据是海量的，它们的数量随着时间的增加而增加，而未知参数的数量仍然很少。然而，在目前的动态定位背景下，流动站的坐标依赖于时间，因此未知参数（流动站的坐标）的数量随着观测次数的增加而增加，至少是总观测历元数的 3 倍。这种情况通常采用递归线性最小二乘法或类似的卡尔曼滤波算法（见第 7 章），这样有助于系统的未知参数或状态可以随时间增加或减少，并且始终伴随着误差协方差的严格传播。在所有情况下，我们将假设未知数和可观测值之间的关系是一个线性模型。如果这种关系明显是非线性的，例如，对于式（9－66）中未知的 e 系下的坐标 $\boldsymbol{x}_{r}$， 必须执行线性化。

按照卡尔曼滤波的方法，首先需要识别系统的状态，并指定一个动力学模型 。其中当然包括位置坐标误差；此外，速度误差、时钟误差、周期模糊（对于相位测量）和由于大气、多径和电子延迟所造成的各种干扰效应也可能包括在内，前提是预期有足够的外部观测来进行估计。对于每个状态变量，必须定义一个（线性）动力学模型，具有适当的统计信息，如式（7－54）中所假设的。例如，在非差分伪距观测的情况下，状态可能仅限于坐标误差（相对于假定的先验坐标）和接收机时钟误差（见第 9.6.3 节）。必须忽略或使用辅助信息纠正其他误差（例如由广播星历提供的卫星时钟校正）。或者，作为基本误差动力学模型的扩展，它们也可以随机建模。

在干扰参数中，相位可观测的初始周期模糊是最重要的，它被建模为一个（随机）常数。然而，一旦求解到足够的精度（特别是如果它可以被固定为一个整数值），它就不再需要作为系统的一种状态输入，直到周期跳变或信号锁丢失（或一颗新的卫星进入视野）。除了应用直接正向模型式（9－42）[通常由式（9－44）修正]，还设计了许多其他相关策略来解决模糊问题，以提高数值效率或处理更少类型的可观测量或其他不可分割的影响（例如电离层延迟）。模糊度搜索算法已用于静态定位（也用于运动中的相位初始化）和载体行驶期间的“动态”（on－the－fly ，OTF）模糊度恢复。OTF 算法旨在确保在发生周跳或信号锁定丢失后，由相位观测值提供高定位精度。涵盖这些技术超出了本文的范围，感兴趣的读者可以参考 Hofmann－Wellenhof 等人（1994）的综述和 Teunissen（1998）

的理论处理，以及 GPS 大地测量应用中的其他文章，例如 Leick（2015）。

其他干扰参数的动力学模型要么很简单，要么留给用户进行扩展。作为与 INS 集成的动机（见第 10 章），我们主要考虑接收机坐标误差的动态。干扰状态，例如时钟误差、电离层延迟和模糊度，可以通过常见的方式（见第 7.5.1 节）增加。有时假设坐标误差的动力学可以用加速度误差的白噪声模型来描述，我们将在本节后面介绍。一种更简单的方式是假设坐标误差本质上是完全未知的，即它们是具有任意大的驱动白噪声的状态。这样动力学模型就失去了意义，并且由于缺乏更明确的模型，我们可以假设在观测之前的每个时期，误差是简单且完全未知的（非随机的）。

因此，将系统限制为坐标误差状态，由 3×1 的向量 $\delta\boldsymbol{x}_k$ 表示。接收机下标 r 已被省略，因为只需要估计移动接收机的坐标误差；下标 k 代表时间历元。为了利用之前建立的卡尔曼滤波器公式，根据上面的假设，我们定义了以下状态向量的“动力学模型”

$$\delta\boldsymbol{X}_k=\boldsymbol{W}_k \tag{9-67}$$

式中，$\boldsymbol{W}_k$ 是一个 3×1 的白噪声向量，其中

$$\boldsymbol{W}_k\sim\mathcal{N}(\boldsymbol{0},\boldsymbol{Q}_k) \tag{9-68}$$

但是状态的实际非随机性由任意大的不确定性模拟（在定性意义上）为

$$\boldsymbol{Q}_k=\begin{bmatrix}\infty & 0 & 0\\ 0 & \infty & 0\\ 0 & 0 & \infty\end{bmatrix} \tag{9-69}$$

模型式（9-67）意味着状态转移矩阵 $\boldsymbol{\Phi}$ 为 $\boldsymbol{0}$［参见式（7.54）］。状态的先验值也被定义为 $\boldsymbol{0}$。需要注意的是，真实位置误差是系统“指示”的坐标与真实坐标之间的差值，系统指示坐标在 t_k 时刻的近似值用 $\tilde{\boldsymbol{x}}_k$ 表示

$$\delta\boldsymbol{x}_k=\tilde{\boldsymbol{x}}_k-\boldsymbol{x}_k \tag{9-70}$$

在没有任何关于误差状态的相关随机信息的情况下，模型式（9-67）要求在每个历元都有足够的观测数据，以便估计误差状态。通常情况下，除非出现周跳或信号锁定丢失，否则持续运行的 GPS 接收机即可满足以上情况。

可以建立更复杂的坐标误差模型，来校正 GPS 数据中可能存在的误差。例如，可以假设 t_k 时刻的位置误差与 t_{k-1} 时刻的位置误差相关，可以描述为一个合理的速度误差或加速度误差的方差。例如，可以假设加速度误差是（连续的）白噪声过程，这相当于假设速度误差是随机游走过程（见第 6.5.2 节）。在这种情况下，位置误差的动力学模型由下式给出

$$\frac{\mathrm{d}}{\mathrm{d}t}\begin{bmatrix}\delta\boldsymbol{X}\\ \delta\dot{\boldsymbol{X}}\end{bmatrix}=\begin{bmatrix}\boldsymbol{0} & \boldsymbol{I}\\ \boldsymbol{0} & \boldsymbol{0}\end{bmatrix}\begin{bmatrix}\delta\boldsymbol{X}\\ \delta\dot{\boldsymbol{X}}\end{bmatrix}+\begin{bmatrix}\boldsymbol{0}\\ \boldsymbol{W}\end{bmatrix} \tag{9-71}$$

其中动态矩阵的元素分别是 3×3 单位矩阵和零矩阵。右侧整个 6×1 噪声向量的协方差矩阵由下式给出

$$\begin{bmatrix}\boldsymbol{0} & \boldsymbol{0}\\ \boldsymbol{0} & \mathcal{E}[\boldsymbol{W}(t)\boldsymbol{W}^{\mathrm{T}}(t')]\end{bmatrix}=\begin{bmatrix}\boldsymbol{0} & \boldsymbol{0}\\ \boldsymbol{0} & \mathrm{diag}(\boldsymbol{q})\delta(t-t')\end{bmatrix} \tag{9-72}$$

式中，diag($\boldsymbol{q}$) 是 3×3 对角矩阵，对角元素是噪声功率谱密度值，由向量 $\boldsymbol{q}$ 组成，表示加速度误差 $\delta\ddot{\boldsymbol{X}}$ 。模型（9－71）的离散形式是按照通常的方法得到的。具体来说，由式（7－109）可知状态转移矩阵（本例中级数以第二项结束）为

$$\boldsymbol{\Phi}(t_k,t_{k-1})=\begin{bmatrix}\boldsymbol{I} & \Delta t\boldsymbol{I}\\ \boldsymbol{0} & \boldsymbol{I}\end{bmatrix} \tag{9-73}$$

式中，$\Delta t=t_k-t_{k-1}$。因此式（7－110）将离散动力学模型定义为

$$\begin{bmatrix}\delta\boldsymbol{X}_k\\ \delta\dot{\boldsymbol{X}}_k\end{bmatrix}=\begin{bmatrix}\boldsymbol{I} & \Delta t\boldsymbol{I}\\ \boldsymbol{0} & \boldsymbol{I}\end{bmatrix}\begin{bmatrix}\delta\boldsymbol{X}_{k-1}\\ \delta\dot{\boldsymbol{X}}_{k-1}\end{bmatrix}+\boldsymbol{U}_k \tag{9-74}$$

6×1 的向量 $\boldsymbol{U}_k$ 以式（7－111）的形式给出。实际上，只需要它的协方差矩阵

$$\boldsymbol{Q}_k=\mathcal{E}(\boldsymbol{U}_k\boldsymbol{U}_k^{\mathrm{T}})=\begin{bmatrix}\frac{1}{3}\Delta t^3\operatorname{diag}(\boldsymbol{q}) & \frac{1}{2}\Delta t^2\operatorname{diag}(\boldsymbol{q})\\ \frac{1}{2}\Delta t^2\operatorname{diag}(\boldsymbol{q}) & \Delta t\operatorname{diag}(\boldsymbol{q})\end{bmatrix} \tag{9-75}$$

根据式（7－118），一阶近似将忽略除右下子矩阵 $\Delta t\operatorname{diag}(\boldsymbol{q})$ 之外的所有子矩阵。

有关这些模型的其他详细说明和分析，请参阅 Schwarz 等（1989）；有关更具体地针对载体的动力学（在这种情况下为船舶的运动）进行调整的模型的示例，请参阅 Sennott 等（1996）。上文假设加速度误差为白噪声，如果可以实际感测到加速度，则可以由更准确的模型代替。机载惯性导航系统就是这种情况，因此当 GPS 中断时间较长时（至少几分钟），它可以更准确地推断位置误差状态，并促进动态模糊度恢复，同时提高动态定位的整体分辨率。这是第 10 章的主题之一。

9.6.2 观测方程

在本章的剩余部分中，我们将考虑在不同的 GPS 数据采集场景下观测量与参数的关系模型，而不建立统计参数估计算法，因为统计参数估计算法是基于随机变量的。因此，为了简化表示法，所有在形式上是随机的变量在这些章节中都被专门化到它们的实现中，正如第 7.3.1 节所做的那样。对于每个历元的多颗卫星，观测结果是伪距或相位，或二者都有。每个观测值都与位置坐标非线性相关，与其他状态线性相关。这有利于为观测方程建立一个通用公式，并将其应用于不同类型的观测。为了适用更全面的系统状态集，在历元 t_k 时刻的 $m\times1$ 真实状态向量用 $\delta\boldsymbol{z}_k$ 表示，如式（9－70）所示，它是指“指示”参数值（例如位置坐标）与真实位置坐标之间的差值。通常，我们说它是指示向量或先验参数 $\tilde{\boldsymbol{z}}_k$ 与对应的真值向量 $\boldsymbol{z}_k$ 之间的差

$$\delta\boldsymbol{z}_k=\tilde{\boldsymbol{z}}_k-\boldsymbol{z}_k \tag{9-76}$$

如果“状态”是非随机的，则指示值是初始猜测；否则，它们是根据正式期望或闭环评估的更新估计获得的（见第 7.5.2 节）。

在任意特定历元中，观测方程表示 m 维状态量 $\delta\boldsymbol{z}_k$ 和 n 维观测值与对应计算量之间的差值的关联关系。根据第 7.3.1 节，设 $\tilde{\boldsymbol{y}}_k$ 是 t_k 时刻的 $n\times1$ 的观测向量，它是真实向量函

数 $\boldsymbol{h}(\boldsymbol{z}_k)$（取决于真实参数）和离散白噪声 $\boldsymbol{v}_k$ 之和［对比式（7－50）］

$$\tilde{\boldsymbol{y}}_k = \boldsymbol{h}(\boldsymbol{z}_k) + \boldsymbol{v}_k \tag{9-77}$$

计算值向量与观测值向量之间的差值 $\delta\boldsymbol{y}_k$ 由式（7－52）以线性近似形式给出

$$\delta\boldsymbol{y}_k \approx \boldsymbol{H}_k\delta\boldsymbol{z}_k - \boldsymbol{v}_k \tag{9-78}$$

其中［参见式（7－53）］

$$\boldsymbol{H}_k = \left.\frac{\partial\boldsymbol{h}}{\partial\boldsymbol{z}}\right|_{z=\tau_k} \tag{9-79}$$

是评估偏导数的 $n \times m$ 矩阵。向量函数 $\boldsymbol{h}(\boldsymbol{z}_k)$ 的元素是在前面的部分中建立的，它仍然只是为特定的系统状态集找到合适的偏导数。

以下部分详细阐述了几个相关案例。

9.6.2.1　单接收机情况

在世界任意地方使用单个接收机进行定位是全球定位系统的初衷，它仍然是军事以及民用和商业导航与动态定位的主要系统之一。它主要是通过伪距实现的，但对所有精密大地测量接收机我们都假设载波信号的相位是可观测的。这意味着，由于载波信号的波长比编码信号的波长短得多，因此原则上可以获得更准确的定位解。另一方面，引入了额外的未知参数，特别是初始周期模糊度。为了获得更高的精度，该模型还必须包括其他参数以考虑系统效应，如电离层和对流层延迟。这就需要额外的信息，例如有双频接收机提供的第二频率观测量。

我们首先考虑一个简化的示例，其中只有在单个频率（L1）上可观测的伪距可用。据此可以很容易推断出更复杂的伪距和相位组合观测值的公式。即使只有一个接收机，为了符号的统一和清晰表示接收机-卫星的差异，仍保留接收机下标 r。

假设卫星时钟误差已被修正，忽略式（9－36）中的电离层效应（假设已通过 TEC 模型去除），并使用式（9－66），在接收机指示时间 τ，有以下伪距观测量

$$s_r^p(\tau) = \left|\boldsymbol{R}_3(\Delta t_r^p\omega_e)\boldsymbol{x}^p(t-\Delta t_r^p) - \boldsymbol{x}_r(t)\right| + c\Delta\tau_r + \varepsilon_{\rho,r}^p \tag{9-80}$$

系统状态向量包括 t_k 时刻（GPS 时间）接收机坐标误差和接收机时钟误差（按 c 缩放以产生距离单位）

$$\delta\boldsymbol{z}_k = \begin{bmatrix}\delta\boldsymbol{x}_r(\tau_k)\\ \delta(c\Delta\tau)_k\end{bmatrix} \tag{9-81}$$

模型（9－80）在系统状态方面的线性扰动为

$$\delta s_r^p(\tau) = -\frac{1}{\tilde{\rho}_r^p(\tau)}[\boldsymbol{R}_3(\Delta t_r^p\omega_e)\boldsymbol{x}^p(\tau-\Delta t_r^p) - \tilde{\boldsymbol{x}}_r(\tau)]^{\mathrm{T}}\delta\boldsymbol{x}_r(\tau) + \delta(c\Delta\tau_r) + \varepsilon_{\rho,r}^p \tag{9-82}$$

右侧的扰动系数 $\delta\boldsymbol{x}_r(\tau)$ 和 $\delta(c\Delta\tau_r)$ 是式（9－79）中所需的偏导数，在参数的指示值（近似）处评估这些扰动系数可以得到 $n_p \times m$ 的观测矩阵 $\boldsymbol{H}_k$，其中 n_p 是 t_k 时刻观测到的卫星数量，当前情况下 $m=4$。为了简化记号，令

$$\tilde{\boldsymbol{e}}_r^p(\tau_k) = \frac{1}{\tilde{\rho}_r^p(\tau_k)}[\boldsymbol{R}_3(\Delta t_r^p\omega_e)\boldsymbol{x}^p(\tau_k-\Delta t_r^p) - \tilde{\boldsymbol{x}}_r(\tau_k)]^{\mathrm{T}} \tag{9-83}$$

顺便提一下，它是在近似坐标 $\check{x}_r$ 处连接卫星和接收机的向量方向上的单位向量。这些坐标也用于计算距离 $\tilde{\rho}_r^p(\tau_k)$，根据式（9－66）有

$$\tilde{\rho}_r^p(\tau_k)=\left|\boldsymbol{R}_3(\Delta t_r^p\omega_e)\boldsymbol{x}^p(\tau_k-\Delta t_r^p)-\check{\boldsymbol{x}}_r(\tau_k)\right| \tag{9-84}$$

需要注意，间隔 Δt_r^p 还取决于历元 τ_k 。$n_p\times 4$ 的观测矩阵包含以下行，$p=1$，…，n_p

$$(\boldsymbol{H}_k)_p=\left[-[\check{\boldsymbol{e}}_r^p(\tau_k)]^{\mathrm{T}}\quad 1\right] \tag{9-85}$$

其中，$\boldsymbol{H}_k=[(\boldsymbol{H}_k)_1^{\mathrm{T}}\quad(\boldsymbol{H}_k)_2^{\mathrm{T}}\quad\cdots\quad(\boldsymbol{H}_k)_{np}^{\mathrm{T}}]^{\mathrm{T}}$。

$n_p\times 1$ 的观测向量是计算伪距与观测伪距的差值

$$\delta\boldsymbol{y}_k=[\tilde{s}_r^p(\tau_k)-s_r^p(\tau_k)]_{p=1,\cdots,n_p} \tag{9-86}$$

式中，$\check{s}_r^p$ 是基于近似（或“系统指示”）坐标根据式（9－80）计算得出的。式（9－77）中的 $n_p\times 1$ 的白噪声向量为

$$\boldsymbol{v}_k=[\varepsilon_{\rho,r}^p(\tau_k)]_{p=1,\cdots,n_p} \tag{9-87}$$

计算 $\boldsymbol{H}_k$ 和 $\check{s}_r^p$ 需要从各自星历表中获得的卫星坐标。但是要知道这些坐标的历元，需要知道信号传输时间 Δt_r^p；而要计算传输时间，需要知道接收机和卫星位置。这个明显的循环问题很容易通过迭代过程来克服。因为收敛很快，所以只需要一次迭代。事实上，令 ε_p 代表距离计算时，由于接收机或卫星的初始位置误差而产生的误差，对应的传输时间误差用 $\varepsilon_{\Delta t}=\varepsilon_\rho/c$ 表示，它转化为计算出的卫星坐标误差，由下式近似给出

$$\varepsilon_{x_j^p}<|\dot{\boldsymbol{x}}^p|\varepsilon_{\Delta t}=1.3\times 10^{-5}\varepsilon_\rho \tag{9-88}$$

由于 $|\dot{\boldsymbol{x}}^p|\approx 3\ 900$ m/s，加之相应的传输时间不确定性，即使初始 50 m 的位置误差也会导致计算的卫星坐标误差小于 1 mm。

假设在一个历元内跟踪各个卫星的误差不相关（接收机的信道偏差可以忽略不计），则观测噪声向量 $\boldsymbol{v}_k$ 在历元 t_k 时刻的协方差矩阵 $\boldsymbol{R}_k$ 是伪距误差方差的 $n_p\times n_p$ 的对角阵。进一步假设从历元到历元的误差是不相关的。必要时可以通过添加适当的误差状态来包括相关性，如第 7.5.1 节中所述。

系统状态及其协方差矩阵在历元 t_k 时刻的估计由式（7－72）和式（7－73）给出，带有明显的符号替换（ε 代表 $\boldsymbol{x}$ 等）。协方差矩阵也可以写成式（7－43）的形式

$$\boldsymbol{P}_k^{-1}=(\boldsymbol{P}_k^-)^{-1}+\boldsymbol{H}_k^{\mathrm{T}}\boldsymbol{R}_k^{-1}\boldsymbol{H}_k^{-1} \tag{9-89}$$

表示由于创新而增加的信息。如果没有从先前估计中预测位置的统计能力，如式（9－69）($\boldsymbol{Q}_k\rightarrow\infty$)，则先验信息 $(\boldsymbol{P}_k^-)^{-1}$ 为 0，且估计的协方差完全取决于观测提供的信息

$$\boldsymbol{P}_k=(\boldsymbol{H}_k^{\mathrm{T}}\boldsymbol{R}_k^{-1}\boldsymbol{H}_k)^{-1} \tag{9-90}$$

假设所有的观测误差方差都相等，为 $\sigma_{p,k}^2$，则有

$$\boldsymbol{P}_k=\sigma_{\rho,k}^2(\boldsymbol{H}_k^{\mathrm{T}}\boldsymbol{H}_k)^{-1} \tag{9-91}$$

估计 3 个接收机坐标误差和时钟误差（$m=4$ 个状态）需要至少 4 个观测值（$n_p\geqslant 4$）。然而，卫星相对于接收机的几何关系，如矩阵 $\boldsymbol{H}_k$［包含单位向量，式（9－83）］所示，对估计状态的方差和相关性的大小至关重要，其中高相关性意味着相应的状态不可独

立估计。如果卫星几何结构使得矩阵 $\boldsymbol{H}_k^{\mathrm{T}}\boldsymbol{H}_k$ 接近奇异点，则估计状态的方差变大。形式上，由于不利的卫星几何形状而形成的精度因子（Dilution of Precision，DOP）是通过无单位矩阵 $(\boldsymbol{H}_k^{\mathrm{T}}\boldsymbol{H}_k)^{-1}$ 的对角元素来衡量的。几何精度因子（Geometric Dilution of Precision ，GDOP）是这个 4×4 矩阵的迹的平方根

$$\mathrm{GDOP}_k=\sqrt{\mathrm{tr}[(\boldsymbol{H}_k^{\mathrm{T}}\boldsymbol{H}_k)^{-1}]} \tag{9-92}$$

可以定义其他特定的 DOP；例如，位置精度因子（Position Dilution of Precision ，PDOP）是 $(\boldsymbol{H}_k^{\mathrm{T}}\boldsymbol{H}_k)^{-1}$ 的前三个对角线元素之和的平方根；时间精度因子（Time Dilution of Precision，TDOP）是 $(\boldsymbol{H}_k^{\mathrm{T}}\boldsymbol{H}_k)^{-1}$ 的第四个对角元素的平方根。知道距离误差方差和 PDOP，就可以快速判断相应的定位精度。

其他类型的 GPS 观测值，例如相位以及相位或伪距的组合，在运动学定位中的处理方式类似。例如，如果已知卫星时钟误差（以及其他系统效应，例如对流层折射和多径效应可以建模或可以忽略不计），则可以使用无离子、单差相位来获得精确定位。在这种情况下，修正后的周期模糊度式（9－39）必须首先用 Mader（1992）描述的方法建模，或者作为卡尔曼滤波器中的随机常数。

根据式（9－55）可以给出无离子、单差伪距和相位的观测模型

$$\begin{aligned}(\Delta s_{\text{ion-free}})_r^{p,q}(\tau_k)&=\Delta\bar{\rho}_r^{p,q}(\tau_k)+\Delta\varepsilon_{\rho_{\text{ion-free},r}}^{p,q}\\(\Delta\phi_{\text{ion-free}})_r^{p,q}(\tau_k)&=\frac{1}{\lambda_1}\Delta\bar{\rho}_r^{p,q}(\tau_k)-\Delta\bar{N}_{\text{ion-free}}^{p,q}+\Delta\varepsilon_{\phi_{\text{ion-free},r}}^{p,q}\end{aligned} \tag{9-93}$$

其中距离差值已经由卫星时钟误差修正，且

$$\Delta\bar{N}_{\text{ion-free}}^{p,q}=\frac{\sqrt{\alpha}}{1-\alpha}(\Delta\bar{N}_{2r}^{p,q}-\sqrt{\alpha}\,\Delta\bar{N}_{1r}^{p,q}) \tag{9-94}$$

对每一对卫星 p 和 q 都是常数。无离子相的周期长度是 λ_1，但伪距观测可能有助于解决模糊度问题（需注意模糊度不能被限制为整数）。

卡尔曼滤波器的状态现在可以表示为

$$\boldsymbol{\varepsilon}_k=\begin{bmatrix}\delta\boldsymbol{x}_r(\tau_k)\\\hdashline\vdots\\\Delta\bar{N}_{\text{ion-free}}^{p,q}\\\vdots\end{bmatrix} \tag{9-95}$$

向量的维度是 $3+n_{p,q}$ ，取决于每个历元跟踪的卫星对的数量 $n_{p,q}$ 。该符号假设无离子模糊度的初始状态值为零（即没有 δ 符号），这意味着大部分总循环计数直接来自伪距观测。位置误差状态的动力学已经在第 9.6.1 节中讨论过，无离子模糊度建模为随机常数(与时间 τ_k 无关)。

与式（9－93）线性化形式相对应的观测矩阵与之前的推导类似，很容易获得。由式（9－66）给出的距离差值可以得到

$$\frac{\partial(\Delta s_{\text{ion-free}})_r^{p,q}(\tau)}{\partial \boldsymbol{x}_r} = -\frac{1}{\rho_r^p(\tau)}[\boldsymbol{R}_3(\Delta t_r^p \omega_e)\boldsymbol{x}^p(\tau - \Delta t_r^p) - \boldsymbol{x}_r(\tau)]^{\mathrm{T}} + \frac{1}{\rho_r^q(\tau)}[\boldsymbol{R}_3(\Delta t_r^q \omega_e)\boldsymbol{x}^q(\tau - \Delta t_r^q) - \boldsymbol{x}_r(\tau)]^{\mathrm{T}} \tag{9-96}$$

同时可以获得无离子单差相的类似表达式

$$\frac{\partial(\Delta \phi_{\text{ion-free}})_r^{p,q}(\tau)}{\partial \boldsymbol{x}_r} = \frac{1}{\lambda_1}\frac{\partial(\Delta s_{\text{ion-free}})_r^{p,q}(\tau)}{\partial \boldsymbol{x}_r} \tag{9-97}$$

由此可以构造 $2n_{p,q} \times (3 + n_{p,q})$ 的观测矩阵 $\boldsymbol{H}_k$，包括 $n_{p,q}$ 个子矩阵，每个子矩阵维数为 $2 \times (3 + n_{p,q})$，形式如下

$$(\boldsymbol{H}_k)_{p,q} = \left[\begin{array}{c:ccc} -[\breve{\boldsymbol{e}}_r^{p,q}(\tau_k)]^{\mathrm{T}} & \cdots 0 \cdots & 0 & \cdots 0 \cdots \\ -\dfrac{1}{\lambda_1}[\breve{\boldsymbol{e}}_r^{p,q}(\tau_k)]^{\mathrm{T}} & \cdots 0 \cdots & -1 & \cdots 0 \cdots \end{array}\right] \tag{9-98}$$

也就是说，右侧是卫星对（p，q）的观测矩阵 $\boldsymbol{H}_k$ 中两行的代表集。每行中的符号…0…表示一串 0，其长度取决于卫星对的顺序；从式（9－83）可知（这不是一个单位向量）

$$\breve{\boldsymbol{e}}_r^{p,q}(\tau_k) = \breve{\boldsymbol{e}}_r^p(\tau_k) - \breve{\boldsymbol{e}}_r^q(\tau_k) \tag{9-99}$$

观测值的协方差矩阵最容易通过协方差传播规则确定［高斯情况的示例为式（6－33）和（6－35），但一般情况下是成立的］。令

$$\boldsymbol{L} = (\cdots \quad s_{1r}^p \quad s_{2r}^p \quad \cdots \quad \phi_{1r}^p \quad \phi_{2r}^p \quad \cdots)^{\mathrm{T}} \tag{9-100}$$

代表所有 n_p 个卫星的观测伪距和相位的 $4n_p \times 1$ 的向量，令

$$\boldsymbol{C} = \boldsymbol{AL} \tag{9-101}$$

代表组合观测的 $n_{p,q} \times 1$ 的向量。$n_{p,q} \times 4n_p$ 矩阵 $\boldsymbol{A}$ 的元素，除了与组合中使用的伪距或相位可观测值对应的列之外，其他元素都为零。在这种情况下，行元素是根据式（9－48）、式（9－49）和式（9－53）确定的适当系数。则 $\boldsymbol{L}$ 的协方差矩阵为

$$\boldsymbol{R} = \mathcal{E}\{[\boldsymbol{C} - \mathcal{E}(\boldsymbol{C})][\boldsymbol{C} - \mathcal{E}(\boldsymbol{C})]^{\mathrm{T}}\} = \boldsymbol{AWA}^{\mathrm{T}} \tag{9-102}$$

其中，$\boldsymbol{W}$ 是 $\boldsymbol{L}$ 中假定不相关的误差方差的 $4n_p \times 4n_p$ 的对角阵

$$\boldsymbol{W} = \mathcal{E}\{[\boldsymbol{L} - \mathcal{E}(\boldsymbol{L})][\boldsymbol{L} - \mathcal{E}(\boldsymbol{L})]^{\mathrm{T}}\} = \mathrm{diag}(\cdots \quad \sigma_{s_{1r}^p}^2 \quad \sigma_{s_{2r}^p}^2 \quad \cdots \quad \sigma_{\phi_{1r}^p}^2 \quad \sigma_{\phi_{2r}^p}^2 \quad \cdots) \tag{9-103}$$

如果不同的组合共享观测到的伪距或相位，则 $\boldsymbol{R}$ 不是对角阵。

9.6.2.2 多接收机情况

相对运动定位涉及多个接收机，目的是消除卫星时钟误差，以及消除其他常见的系统误差；后者对于小基线尤其有效。我们只考虑两个接收机，其中一个接收机是流动站，另一个是基站接收机或另一个移动接收机。这一概念的明显推广是将基站和移动接收机的数量扩展到两个以上；在卡尔曼滤波器估计过程中适应这种情况只需要仔细做好记录。

对于任意两个接收机，可以像式（9－56）、式（9－61）和式（9－62）中定义的那样，通过两个单差观测量的差值形成双差。接收机和卫星的几何关系仅用于确定接收机 r 和接收机 s 之间的坐标差值，$\Delta x_{r,s} = x_r - x_s$。$\Delta x_{r,s}$ 中的相应误差现在作为系统状态输

入；如果假设基站坐标 x_s 是固定且已知的，则它们相当于流动站坐标中的误差

$$\delta \boldsymbol{x}_{r,s}(\tau_k)=\delta(\boldsymbol{x}_r-\boldsymbol{x}_s)(\tau_k)=\delta \boldsymbol{x}_r(\tau_k) \tag{9-104}$$

这意味着观测矩阵 $\boldsymbol{H}_k$ 中与坐标差误差相关的偏导数，与单接收机的情况相同，例如

$$\frac{\partial \Delta s_{r,s}^{p,q}(\tau)}{\partial \boldsymbol{x}_{r,s}}=\frac{\partial \Delta s_{r,s}^{p,q}(\tau)}{\partial \boldsymbol{x}_r}=\frac{\partial \Delta s_r^{p,q}(\tau)}{\partial \boldsymbol{x}_r},\quad \frac{\partial \Delta \phi_{r,s}^{p,q}(\tau)}{\partial \boldsymbol{x}_{r,s}}=\frac{\partial \Delta \phi_{r,s}^{p,q}(\tau)}{\partial \boldsymbol{x}_r}=\frac{\partial \Delta \phi_r^{p,q}(\tau)}{\partial \boldsymbol{x}_r} \tag{9-105}$$

在这种情况下，处理相位模糊度的一种策略是利用双差模糊度为整数的事实。这提供了一个有力的约束，使观测到的相位发挥出全部的精度潜力。对于短基线（例如，当流动站和基站靠近时，在轨迹的开始处），微分电离层延迟 $\Delta I_{r;\ s}^{p;\ q}$ 可以忽略，并且双差（L1）伪距和宽通道相位

$$\begin{aligned}\Delta s_{r,s}^{p,q}(\tau_k)&=\Delta \rho_{r,s}^{p,q}(\tau_k)+\Delta \varepsilon_{\rho,r,s}^{p,q},\\ \Delta \phi \omega_{r,s}^{p,q}(\tau_k)&=\frac{1}{\lambda_w}\Delta \rho_{r,s}^{p,q}(\tau_k)-\Delta N w_{r,s}^{p,q}+\Delta \varepsilon_{\phi w,r,s}^{p,q}\end{aligned} \tag{9-106}$$

可以用来解决宽通道双差模糊 $\Delta N w_{r;\ s}^{p;\ q}$ 。在数据处理的第一个阶段，$1+n_{p,\ q}$ 个系统状态可以简单表示为

$$\boldsymbol{\varepsilon}_k=\begin{bmatrix}\delta\Delta \rho_{r,s}^{p,q}(\tau_k)\\ \hdashline \vdots\\ \Delta N w_{r,s}^{p,q}\\ \vdots\end{bmatrix} \tag{9-107}$$

$2n_{p,\ q}\times(1+n_{p,\ q})$ 的观测矩阵 $\boldsymbol{H}_k$ 由 $2\times(1+n_{p,\ q})$ 的子矩阵构成

$$(\boldsymbol{H}_k)_{p,q}=\begin{bmatrix}1 & \cdots 0\cdots & 0 & \cdots 0\cdots\\ \dfrac{1}{\lambda_w} & \cdots 0\cdots & -1 & \cdots 0\cdots\end{bmatrix} \tag{9-108}$$

模糊度被设置为最接近由卡尔曼滤波器确定的相应估计值的整数值。

随着以上问题的解决，式（9-61）表示的宽通道相位观测可以在卡尔曼滤波器中进行二次处理，状态如下（现在不存在模糊度问题）

$$\varepsilon_k=\begin{bmatrix}\delta \boldsymbol{x}_{r,s}(\tau_k)\\ \hdashline \vdots\\ \Delta I_{1r,s}^{p,q}\\ \vdots\end{bmatrix} \tag{9-109}$$

其中，电离层延迟可以建模为具有假定相关函数的随机过程（例如，一阶高斯-马尔可夫过程）。在这种情况下，观测矩阵 $\boldsymbol{H}_k$ 由 $n_{p,\ q}$ 行组成，每行包含 $3+n_{p,\ q}$ 个元素

$$(\boldsymbol{H}_k)_{p,q}=\begin{bmatrix}-\dfrac{1}{\lambda_w}[\boldsymbol{e}_r^{p,q}(\tau_k)])^{\mathrm{T}} & \cdots 0\cdots & \dfrac{1-\sqrt{\alpha}}{\lambda_1} & \cdots 0\cdots\end{bmatrix} \tag{9-110}$$

在单接收机的情况下，组合观测值的噪声向量 $\boldsymbol{v}_k$ 及其协方差矩阵 $\boldsymbol{R}$ 必须表示相应的

伪距和相位噪声组合，见式（9－102）。第二阶段处理的结果是在历元 t_k 处的流动站的位置误差。

作为一种替代方法，我们也可以尝试在中间处理阶段求解 L1 模糊度，利用重新表达的无离子双差相位式（9－62），再结合 $\Delta N_w = \Delta N_1 - \Delta N_2$，得出

$$(\Delta\phi_{\text{ion-free}})_{r,s}^{p,q}(\tau_k) = \frac{1}{\lambda_1}\Delta\rho_{r,s}^{p,q}(\tau_k) - \frac{\sqrt{\alpha}}{1-\alpha}\left[(1-\sqrt{\alpha})\Delta N_{1r,s}^{p,q} - \Delta Nw_{r,s}^{p,q}\right] + \Delta\varepsilon_{\phi_{\text{ion-free}},r,s}^{p,q} \tag{9-111}$$

其中宽通道模糊度现在已知。一旦求解出 L1 的模糊度，处理的最后阶段将充分利用相位作为一个非常精确的距离测量来求解载体位置。

目前已经采用了许多其他策略来解决模糊度问题，并进行数据处理，以进行精确的动态定位。这里只列出了几种情况来说明基本问题。通常必须测试不同的方案，以适应特定的载体轨迹。频繁的周跳或失锁是导致定位精度下降的最主要原因，尤其是在定位过程中不能及时解决模糊度问题的情况下。当然，一旦求解出模糊度，就可以及时将它们应用到发生周跳或失锁的点。

第 10 章　大地测量学应用

10.1　介绍

前几章描述了惯性导航系统（INS）、惯性传感器及工作原理、位置和速度求解的数学基础、相关误差项以及基于随机模型的误差估计方法。实质上，我们介绍了惯性导航系统的基本传感器——测量装有惯性导航系统的运载体加速度的加速度计；在导航坐标系中提供测量加速度所需要的方向信息的陀螺仪。给定运载体位置和速度的初始条件，测量加速度对时间积分，就可以得到其运动轨迹上全部时间序列的导航解，即运载体的位置和速度。因此，惯性导航系统是一个自主导航系统，仅需要初始化作为积分常数。随着时间增长的定位误差和速率误差是传感器精度（主要是陀螺仪精度）的函数。外部位置或速度信息可以通过最优估计技术用于再标定传感器误差，以此降低或约束位置误差。

根据大地测量学定义的范围，惯性导航系统本质上是大地测量仪器。大地测量学是地球测绘的科学，最终的目标是确定地球表面一个点的坐标。这正是惯性导航系统对移动载体的作用，它确定运载体沿着运动轨迹的坐标。而传统的测量是通过卷尺或者电子测距仪的移动来测量距离，通过经纬仪来测量方向（或角度）（或使用全站仪测量距离和角度）。对敏感到的加速度进行双重积分来确定相对于起始点的坐标差值，这仅在概念上不同于传统的测量技术，即使研制陀螺仪的最初目的是为海上导航提供参考方向，但本质上也属于大地测量。另外，现代大地测量处理的位置精度在 10 cm 或者更高的量级上；然而，由于惯性导航误差积累的特点，如果自主运行 1h（及以上），它通常只用于精度比这差 3～4 个数量级的应用场景。历史上，这大多用于导航要求不高的场景，其目的是满足精度在 1 km 水平上的应用。这将惯性导航系统与传统的大地测量学仪器区分开来。此外，惯性导航系统实时工作的主要目的使其不能做通常的、任务后的、有限制的误差调整，而这恰好是大地测量学的内容。

实际上，研发惯性导航系统的主要目的是实时导航和制导。精确大地测量定位（后处理）未能更多促进惯性技术的发展，因为在惯性导航系统发展过程中，大地测量学已经构建了很多其他更高精度定位的成熟方法；所以，对惯性导航系统没有特别迫切的需求。然而，惯性导航系统具有许多传统大地测量学技术不具备的优点，比如惯性导航系统测量的速度快，并且不受限于测点之间的视线。大地测量的现场测绘人力成本很高，在单点测绘中节省工时的想法就促使研究人员考虑改造惯性导航系统，以用于大地测量学测绘领域。

在过去的几十年中，全球定位系统蓬勃发展，加上最近投入运行的 GNSS（如伽利略和北斗系统），在商业、休闲娱乐和许多军事应用领域几乎已经取代其他所有的定位和导航系统，不论是无线电系统还是惯性系统。此外，对用户来说，由于成本相对较低，具有优于 5 m 的绝对定位精度和高几个数量级的相对定位精度，GPS 提供了广泛的功能，在实时性和后续处理运动轨迹的确定方面具有其他系统不易复制的能力。

就单一学科领域的应用比例而言，GNSS 可以说对大地测量学产生了最深远的影响。然而，即使这样，GPS 等系统也不能满足空间数据参考点和大地测量所有动态定位需求。它仅限于对足够数量的相应卫星有“清晰”视野的区域。例如，在水下（海底定位）、隧道中是无用的或者几乎无用，在厚叶区域、非常崎岖的地形和高层建筑物密集的区域中，GPS 信号受到严重影响。在强电磁场和辐射的区域（例如高压线、广播和电视塔）附近，以及充满多路径源的区域（附近存在大型反射结构），GPS 应用也可能很困难。此外，导航和制导开发人员，尤其是航空（军事和商业）和导弹系统的开发人员，不会只依赖一个导航系统，因为单一的导航系统如果出现意外情况，例如被关机（蓄意的）或被电子干扰（有意或者无意的），可能会中断或影响定位。

这些问题和限制（例如 GPS 信号普遍的周跳）使得惯性导航系统成为 GPS 的辅助或临时替换的定位和导航应用。惯性导航系统（INS）本质上是自主工作，其既不取决于信号发送，也不从外部信号源接收信号。标定 INS 的误差仅需要初始值和少量的外部速度或者位置更新。在其他许多方面，INS 和 GPS 相互补充，以组合的方式形成了鲁棒性更强的定位和导航系统。

GPS 和 INS 在功能上也完全不一样，这样它们就可以用于测量重力场，或者提供运载体位置以外的 3 个方向。重力测量应用在区域大地水准面确定和包含矿产和石油勘探的地球物理问题方面具有重要意义。INS 在大地测量学中的多种应用、作为传统测绘方法补充应用以及与 GPS 组合用于重力测量是本章的主题。

10.2 惯性测量系统

本节将给出惯性导航系统的大地测量学应用，这种应用如今在很大程度上被遗忘了，当然也是被 GNSS 技术所取代。它更多地是为了向努力利用新兴技术使艰苦的大地测量更加高效的创新者致敬。它也是分析惯性导航系统的一个例子，在一定程度上不同的设置，将导致惯性导航系统不同的误差。本节的内容即使跳过也不会失去连续性，但将错过大地测量中一个有趣的章节。

设计惯性测量系统的目的是用于确定大地测量网中高精度的点坐标，而不是实时确定运动轨迹或导航。所以，当传感器组件是一组 IMU（通常由 INS 改装），并且系统动态模型是基于 INS 常用的导航方程，那么为了获得大地测量级精度，需要使用足够的外部信息来严格控制已知的误差积累（见第 5 章），完成数据分析和处理。常规应用是确定沿两个已知坐标点之间测线点的三维坐标。陆地车辆或者直升机可以穿过测线上的这些点，完成这些测量需要的时间通常是 1～2 h 或 3 h。许多测线可以组合在一起成为一条更长的测线或一些点的区域网。尽管可以使用卡尔曼滤波器或平滑器在测区实时获得坐标的初步解，使用最小二乘后处理方法获得全部测量网络的最好结果。因此，惯性测量包括误差控制和优化等几个方面。

10.2.1　发展历史

19 世纪 60 年代，美国陆军工程地形实验室（U.S. Army Engineer Topographic Laboratories，USAETL）致力于支持高精度位置（三维）和方位的近实时测量系统研发，这成为了开发惯性测量系统的起源。幸运的是，这项研究恰好遵循了卡尔曼滤波器的公式和应用，而卡尔曼滤波器现在是线性动态系统的最优误差控制的精髓，能够利用外部信息（例如，速度和位置更新）来控制惯性测量系统的误差。

在 19 世纪 70 年代早期（Huddle 和 Maughmer，1972），利顿制导与控制公司根据美国陆军工程地形实验室的军事需求，成功研制了第一款大地测量惯性勘测系统——位置和方位测定系统（Position and Azimuth Determination System，PADS）。这套系统的目的是在 6 h 任务中，验证高度的定位精度为 10 m，水平定位精度为 20 m。同样，在 6 h 内方位精度在 1 角分以下。最初，为了控制误差增长，加装了里程计和激光测速仪作为外部传感器，系统偶尔短暂停留，这证明对系统误差的估计是完全足够且高效，从而限制了 INS 的位置误差。这允许系统在纯惯性模式下工作，称为零速度更新（zero - velocity updates，ZUPT），对于所有运载体的惯性测量系统，ZUPT 方法成为标准的操作步骤。

PADS 的 IMU 包括在舒勒调谐（当地水平）指北（NED）稳定平台的 2 个两自由度空气轴承陀螺仪和 3 个力-再平衡加速度计。水平位置坐标和垂直位置坐标通过常规的导航方程获得，例如式（4 - 91）。应注意，由于使用测速仪和 ZUPT 方法，垂向通道具有阻尼，所以可以实现三个方向上的定位（参见第 5.2 节）。通过消除主要的交叉耦合项，简化卡尔曼滤波器中使用的误差动态模型。因为在 ZUPT 相对短时间内的纯惯性导航，可以忽略交叉耦合效应，或将其作为已经存在的传感器误差，这样它们就被当作不可分离的项来处理。仅保留平台方向误差间相互作用导致的方位未对准误差项。同样，由于外部控制导航误差，可以忽略动态模型中位置误差的积累效应，也可以忽略傅科振荡项。耦合为垂向加速度误差的平台倾斜误差［式（5 - 67）中，误差动态矩阵 $\boldsymbol{F}^n$ 第 6 行的前两个元素］作为加速度计的误差状态变量。通过以上考虑和分析，动态矩阵的设计可以将 9 个导航误差状态之间耦合量的个数从 34 个减少到 13 个。而且，这些简化使水平通道和垂向通道完全解耦，并且系统误差可以由两个不相关的卡尔曼滤波器控制，一个用于水平位置和方向，另外一个用于垂向位置。显然，这个设计的目的是提高计算效率，随着现在计算能力的提高，已不再是一个难题。

传感器误差和未知重力效应一起作为附加状态变量进行建模，如第 6 章所述。加速度计误差模型包括（不可重复或者随机的）偏置和一阶高斯-马尔科夫相关噪声。假定重力误差模型具有指数相关噪声的特性，相关时间随运载体速度发生变化。陀螺仪误差模型由（不可重复的）速率偏置、标度系数误差和一阶高斯-马尔科夫相关噪声组成。采用相同的方法对加速度计（速度量化误差）、里程计和测速仪（标度系数误差和非对准误差）相关的其他误差源建模，本质上可以解释为随机过程。

军用定向 PADS 的成功应用以及使用外部误差控制达到的高精度，推动了高精度测地学惯性测量系统的研究，为后来能够获得 10 cm 量级或更高的位置精度打下了良好基础。利顿 PADS 一直在发展，不同用户使用的产品名称不同［例如，惯性定位系统（IPS），美国国防部制图局；惯性测量系统（ISS），加拿大能源矿产资源部；快速大地测量系统（RGSS），USAETL 和美国国防部制图局；以及其他名称］。此外，其他惯性导航系统的主要制造商也推出了惯性测量系统。霍尼韦尔公司开发了 Honeywell Geo - Spin 系统，这是一个空间稳定的系统，方向由 2 个两自由度的电悬浮陀螺仪来保持（可参见 Hadfield，1978）。同样，在 20 纪 70 年代后期，苏格兰的费伦蒂有限公司研制了费伦蒂陆地惯性测量仪，成为英国军方下一代自主的 PADS（可参见 Hagglund 和 Hittel，1977）。同利顿公司的系统一样，它也采用当地水平稳定的机械编排，其惯性测量单元包括 3 个粘滞阻尼加速度计和 3 个单自由度液浮速率积分陀螺仪。

德雷珀实验室研制出一种固定翼的航空测量系统（可参见 Hursh 等，1977）。这套系统被称为航空地形勘查系统（Aerial Profiling of Terrain System，APTS），包括一个用于定位的万向架 IMU、一个用于误差控制的（观测更新）激光跟踪仪和一个激光高度计分析系统，它是今天专门围绕 GPS 开发的系统（可能有 INS 的辅助）的先驱（见第 10.3 节）。

每个系统的卡尔曼滤波器设计是相似的，包括常用的位置、速度和方向误差状态变量［式（5 - 64）］，还包括 IMU 误差的几个状态变量，例如加速度计偏置、标度系数误差、陀螺漂移、重力扰动分量、传感器的非对准误差，或它们的线性组合（由于不可估计单个误差效应）以及外部传感器的误差。根据系统误差动态模型，要达到测地学精度或者优于 10 m 的要求，我们不能仅仅使用 ZUPT 方法的卡尔曼滤波来消除全部系统误差。在第 8 章中（见图 8 - 1），我们发现使用速度更新估计的方位角（向下方向）误差比较大，但是方位误差影响北向速度，因此东向误差影响北向位置误差［见式（5 - 71）和式（5 - 74）］。这对 L 形测线（或者包括很大转弯的测线）的影响尤其严重。为了控制这个误差，需要传递外部方位或者已知测线两端坐标形式的附加信息。

这样，惯性测量系统的数据处理就划分为两个或者三个不同的阶段。第一个阶段基于假设的系统误差动态模型和初始校准程序（见第 8 章），通过卡尔曼滤波器处理传感器误差及其估计，以及沿运动轨迹的零速更新。第二个阶段采用最优平滑的方式提高精度，使用测线上所有的信息来进一步解释系统误差，例如使用已知的端点坐标。最后，如果多条测线组成了一个测线网，则有第三个阶段，采用测线几何关系施加的约束条件来消除仍然存在的不一致性误差。例如，两条测线有一个交叉点，在这个点上两次测量应当具有相同的坐标集。交叉点、同一条测线的重复线和其他外部观测值（例如，相同或者不同测线点之间的距离）提供的这些限制条件可以用于任务后的最小二乘平差。第二阶段和第三阶段可以组合为统一的误差调整。

10.2.2 估计方法

众所周知，大量数据如此复杂的调整，尤其是坐标估计值标准差的确定，取决于这些数据合适的权值，权值可以从数据的协方差矩阵中获得。然而，在数据处理的第一阶段，对于测线的中间测点基本不需要协方差矩阵，因为卡尔曼滤波器本质上是迭代，不需要保留状态变量协方差的历史值。所以，大多数惯性测量系统分析和软件研发，集中在平滑步骤和任务后平差上大多使用系统误差系数模型，并且认为该模型有卡尔曼滤波解。根据最小二乘平差可以得到统一的方法，通常表示平滑和网格坐标平差两个部分（可参见 Schwarz，1985）。在大地测量学中，最小二乘平差公式（可参见 Koch，1987；Leick，1995），本质上满足式（7－14）的准则。假设观测误差为正态分布，最小二乘估计公式类似于卡尔曼滤波器中单次观测更新周期的最小二乘估计公式，这为后续讨论提供了基础。

10.2.2.1 模型和观测值

在数据处理第一阶段，使用初始的卡尔曼滤波器无法估计位置坐标误差 $\delta\boldsymbol{x}$ 和系统误差参数 $\boldsymbol{s}$ 这两种类型的误差，因此要进行平差。坐标误差又分为两类：一类与控制点坐标相关，另外一类没有任何外部控制信息。对于第 ℓ 条测线，坐标误差分为控制点误差和非控制点误差

$$\delta\boldsymbol{x}_{\ell}=(\delta\boldsymbol{x}_{c,\ell}^{\mathrm{T}}\quad \delta\boldsymbol{x}_{nc,\ell}^{\mathrm{T}})^{\mathrm{T}} \tag{10-1}$$

在第 ℓ 条测线的第 j 点上，坐标误差是［可参见式（5－53）和式（5－69）］

$$\delta\boldsymbol{x}_{\ell,j}=[(M+h)\delta\phi\quad (N+h)\cos\phi\delta\lambda\quad -\delta h]_{\ell,j}^{\mathrm{T}}=\boldsymbol{D}_{\ell,j}\begin{bmatrix}\delta\phi_{\ell,j}\\ \delta\lambda_{\ell,j}\\ \delta h_{\ell,j}\end{bmatrix} \tag{10-2}$$

沿测线进行第一阶段的卡尔曼滤波可以获得这些误差的估计值，为方便后续使用，用 $\delta\boldsymbol{x}_{\ell}$ 表示，并且将它作为第二阶段数据处理的先验值。此外，就目前而言，我们假设它们的非奇异协方差矩阵 $\boldsymbol{P}_{\delta x_{\ell}}$ 可用。

假定其他的系统误差 $\boldsymbol{s}_{\ell}$ 本质上是经验值，可以由简单的线性函数表示，这些函数描述沿测线的误差变化。可以给出相应的观测模型如下

$$\delta\boldsymbol{y}_{\ell}=(\boldsymbol{H}_{\delta x_{\ell}}\quad \boldsymbol{H}_{s_{\ell}})\begin{bmatrix}\delta\boldsymbol{x}_{\ell}\\ \boldsymbol{s}_{\ell}\end{bmatrix}-\boldsymbol{v}_{\ell} \tag{10-3}$$

式中，$\boldsymbol{v}_{\ell}$ 表示由于外部控制点坐标不准确，以及惯性测量系统相对于地面标志点的配准中的噪声引起的误差向量，它的协方差矩阵由 $\boldsymbol{R}_{\ell}$ 表示。向量 $\delta\boldsymbol{y}_{\ell}$ 包括第 ℓ 条测线控制点上的所有观测值（例如，惯性导航系统先验指示坐标和全球定位系统确定的坐标之间的差值，在这种情况下，$\boldsymbol{H}_{\delta x_{\ell}}$ 仅为 3×3 的单位矩阵；或者这些误差的子集，如球坐标代替笛卡儿坐标产生的误差，可以使用适当的公式 $\boldsymbol{H}_{\delta x_{\ell}}$）。根据定义式（10－1），可得

$$\boldsymbol{H}_{\delta x_{\ell}}=(\boldsymbol{H}_{\delta x_{c,\ell}}\quad \boldsymbol{H}_{\delta x_{nc,\ell}})=(\boldsymbol{H}_{\delta x_{c,\ell}}\quad \boldsymbol{0}) \tag{10-4}$$

一组典型的系统误差参数将与 IMU 误差相关联，这些 IMU 误差在初始校准和后续的 ZUPT 中没有得到很好的控制，但可以根据调查区域内控制点的已知坐标进行估计。例

如，使用特定调查系统的测试表明，此类控制是由于剩余的加速度计标度系数误差、方向误差（主要是方位角误差）和陀螺仪偏置漂移（可参见 Hannah，1982a）造成的。为了指导我们在测量层面获得经验误差模型，我们可以回到此类误差与坐标误差之间的本质关系，使用第 5.2 节的简单分析。例如，根据式（5－12）和式（5－13），可得水平速度误差传播到位置误差的模型

$$\delta x = \frac{\delta v}{\omega_S}\sin(\omega_S \Delta t) \approx \delta v \Delta t \tag{10-5}$$

式中，ω_S 是舒勒频率，Δt 是上次 ZUPT 到现在的时间。如果 Δt 为 5 min 或者更短的时间，式（10－5）中的线性近似可以达到约百分之一的精度，使用直升机进行测量就是这种情况。在运载体进行 ZUPT 之后初始加速度为 a ，由加速度计标度系数 κ_a 造成初始速度误差。那么，初始速度误差为 $\delta v = \kappa_a a \delta t$ ，其中 δt 为运载体达到巡航速度之间的短时间间隔，距离误差由式（10－5）给出。如果速度基本为常量，也可以使用式（4－103）根据距离来表示，即 $\Delta t \approx (R/v_N)\Delta\phi$ 和 $\Delta t \approx (R\cos\phi/v_E)\Delta\phi$ 。

同样，方位的初始方向误差 ψ_D（或者等效的情况，两个水平加速度计输入轴之间的非正交）产生初始速度误差 $\delta v = \psi_D a \delta t$ ，从而产生式（10－5）所示的位置误差。另外，东向或北向的陀螺仪漂移误差 $\delta\omega_d$ 表示一个强迫误差项，它将产生式（5－24）所示的位置误差项，使用式（5－26）变为

$$\delta x \approx \frac{g}{6}\delta\omega_d \Delta t^3 \tag{10-6}$$

从式（5－71）和式（5－74），我们发现北向和东向位置误差交叉耦合；并且，所有的陀螺漂移误差最终都耦合到每个方向的位置误差中。Adams（1979）进行的模拟表明，短时间内陀螺仪漂移会在时域上以线性或二次的方式最终传播到位置误差中。在理论上，纯粹经验形式的位置误差通用模型为 $\boldsymbol{H}_{s_l}\boldsymbol{s}_l$ ，该模型可能包括对时间差（或者假设速度不为常量时的坐标差）的线性或者二次项的表达式。这些模型由 Hannah（1982a）进行了验证，验证使用的数据包括由地面车辆获得的惯性定位系统数据和由美国陆军工程地形实验室、加拿大大地测量局使用直升机测试时的数据。例如，人们发现对于沿单条测线的所有 m_l 控制点，三维位置误差 $\delta\boldsymbol{x}_l$“最优”模型沿三个方向每个方向包括三个参数

$$\boldsymbol{s}_l = (s_1^\phi \quad s_2^\phi \quad s_3^\phi \quad \vdots \quad s_1^\lambda \quad s_2^\lambda \quad s_3^\lambda \quad \vdots \quad s_1^h \quad s_2^h \quad s_3^h)_l^{\mathrm{T}} \tag{10-7}$$

式中，对这些参数使用 $3m_l \times 9$ 的系数矩阵

$$\boldsymbol{H}_{s_l} = ((\boldsymbol{H}_{s_l})_1^{\mathrm{T}} \quad \cdots \quad (\boldsymbol{H}_{s_l})_{m_l}^{\mathrm{T}})^{\mathrm{T}} \tag{10-8}$$

对于测线中的第 j 个控制点

$$(\boldsymbol{H}_{s_l})_j = \boldsymbol{D}_{l,j}\begin{bmatrix} \Delta\phi_{l,j} & \Delta\lambda_{l,j} & \Delta\lambda_{l,j}^2 & 0 & 0 & 0 & 0 & 0 & 0 \\ 0 & 0 & 0 & \Delta\phi_{l,j} & \Delta\lambda_{l,j} & \Delta\lambda_{l,j}^2 & 0 & 0 & 0 \\ 0 & 0 & 0 & 0 & 0 & 0 & \Delta\phi_{l,j} & \Delta\lambda_{l,j} & \Delta\lambda_{l,j}^2 \end{bmatrix} \tag{10-9}$$

Δ 表示测线上的点与前一个 ZUPT 点之间的差值。如果有足够的控制点观测值能够将这些

参数从系统误差中分离出来（参见 Hannah，1982a，b），也可参考第 10.4.1 节的模型，这个模型还可以使用重力异常的参数和垂线偏差的分量进行扩充。类似的模型可参见（Schwarz 1981；Schwarz 和 Gonthier 1981；Hannah 1982b）。

通常，参数 $\boldsymbol{s}_l$ 是非随机的，但为了不失一般性和计算的方便性，我们假设一个先验值 $\boldsymbol{s}_l^-$ 和先验协方差矩阵 $\boldsymbol{P}_{s_l}^-$，但与 $\delta\boldsymbol{x}_l^-$ 不相关。

10.2.2.2　参数估计

使用卡尔曼滤波过程中的单个步骤来表示最小二乘估计，参数的后验估计由式（7-72）给出，其中卡尔曼增益矩阵从式（7-74）中获得

$$\boldsymbol{K}_l=\begin{bmatrix}\boldsymbol{P}_{\delta x_l}^- & \boldsymbol{0}\\ \boldsymbol{0} & \boldsymbol{P}_{s_l}^-\end{bmatrix}\begin{bmatrix}\boldsymbol{H}_{\delta x_l}^{\mathrm{T}}\\ \boldsymbol{H}_{s_l}^{\mathrm{T}}\end{bmatrix}\left[(\boldsymbol{H}_{\delta x_l}\quad \boldsymbol{H}_{s_l})\begin{bmatrix}\boldsymbol{P}_{\delta x_l}^- & \boldsymbol{0}\\ \boldsymbol{0} & \boldsymbol{P}_{s_l}^-\end{bmatrix}\begin{bmatrix}\boldsymbol{H}_{\delta x_l}^{\mathrm{T}}\\ \boldsymbol{H}_{s_l}^{\mathrm{T}}\end{bmatrix}+\boldsymbol{R}_l\right]^{-1} \tag{10-10}$$

假定初始估计值为 $\delta\boldsymbol{x}_l^-=\boldsymbol{0}$（闭环滤波）和 $\boldsymbol{s}_l^-=\boldsymbol{0}$，那么后验估计用式（7-72）的方式表示为

$$\begin{bmatrix}\delta\hat{\boldsymbol{x}}_l\\ \hat{\boldsymbol{s}}_l\end{bmatrix}=\boldsymbol{K}_l\delta\boldsymbol{y}_l=\begin{bmatrix}\boldsymbol{P}_{\delta x_l}^- & \boldsymbol{0}\\ \boldsymbol{0} & \boldsymbol{P}_{s_l}^-\end{bmatrix}\begin{bmatrix}\boldsymbol{H}_{\delta x_l}^{\mathrm{T}}\\ \boldsymbol{H}_{s_l}^{\mathrm{T}}\end{bmatrix}\left[(\boldsymbol{H}_{\delta x_l}\quad \boldsymbol{H}_{s_l})\begin{bmatrix}\boldsymbol{P}_{\delta x_l}^- & \boldsymbol{0}\\ \boldsymbol{0} & \boldsymbol{P}_{s_l}^-\end{bmatrix}\begin{bmatrix}\boldsymbol{H}_{\delta x_l}^{\mathrm{T}}\\ \boldsymbol{H}_{s_l}^{\mathrm{T}}\end{bmatrix}+\boldsymbol{R}_l\right]^{-1} \tag{10-11}$$

由式（7-72）和式（7-73）给出这些估计值的协方差矩阵。可得

$$\begin{bmatrix}\boldsymbol{P}_{\delta x_l} & \boldsymbol{P}_{\delta x_l,s_l}\\ \boldsymbol{P}_{s_l,\delta x_l} & \boldsymbol{P}_{s_l}\end{bmatrix}=\begin{bmatrix}\boldsymbol{P}_{\delta x_l}^- & \boldsymbol{0}\\ \boldsymbol{0} & \boldsymbol{P}_{s_l}^-\end{bmatrix}-\begin{bmatrix}\boldsymbol{P}_{\delta x_l}^-\boldsymbol{H}_{\delta x_l}^{\mathrm{T}}\\ \boldsymbol{P}_{s_l}^-\boldsymbol{H}_{s_l}^{\mathrm{T}}\end{bmatrix}(\boldsymbol{H}_{\delta x_l}\boldsymbol{P}_{\delta x_l}^-\boldsymbol{H}_{\delta x_l}^{\mathrm{T}}+\boldsymbol{H}_{s_l}\boldsymbol{P}_{s_l}^-\boldsymbol{H}_{s_l}^{\mathrm{T}}+\boldsymbol{R}_l)^{-1}(\boldsymbol{H}_{\delta x_l}\boldsymbol{P}_{\delta x_l}^-\quad \boldsymbol{H}_{s_l}\boldsymbol{P}_{s_l}^-) \tag{10-12}$$

使用式（10-4）简化，据此

$$\boldsymbol{H}_{\delta x_l}\boldsymbol{P}_{\delta x_l}^-\boldsymbol{H}_{\delta x_l}^{\mathrm{T}}=\boldsymbol{H}_{\delta x_{c,l}}\boldsymbol{P}_{\delta x_{c,l}}^-\boldsymbol{H}_{\delta x_{c,l}}^{\mathrm{T}} \tag{10-13}$$

如果先验信息矩阵 $(\boldsymbol{P}_{\delta x_l}^-)^{-1}$ 或 $(\boldsymbol{P}_{s_l}^-)^{-1}$ 部分或者全部为零（即表示为奇异协方差矩阵），或者坐标误差 $\delta\boldsymbol{x}_l$ 的任意值和参数 $\boldsymbol{s}_l$ 被作为非随机未知数，那么由式（10-11）和式（10-12）给出的公式不成立。

以下两个矩阵恒等式适用于非奇异矩阵 $\boldsymbol{A}$ 和 $\boldsymbol{E}$（可参见 Henderson 和 Searle，1981），可以用于将估计值的表达式转换为涉及信息矩阵 $(\boldsymbol{P}_{\delta x_l}^-)^{-1}$ 和 $(\boldsymbol{P}_{s_l}^-)^{-1}$ 更为方便的形式

$$\boldsymbol{A}\boldsymbol{B}^{\mathrm{T}}(\boldsymbol{B}\boldsymbol{A}\boldsymbol{B}^{\mathrm{T}}+\boldsymbol{E})^{-1}=(\boldsymbol{B}^{\mathrm{T}}\boldsymbol{E}^{-1}\boldsymbol{B}+\boldsymbol{A}^{-1})^{-1}\boldsymbol{B}^{\mathrm{T}}\boldsymbol{E}^{-1} \tag{10-14}$$

$$(\boldsymbol{B}\boldsymbol{A}\boldsymbol{B}^{\mathrm{T}}+\boldsymbol{E})^{-1}=\boldsymbol{E}^{-1}-\boldsymbol{E}^{-1}\boldsymbol{B}(\boldsymbol{B}^{\mathrm{T}}\boldsymbol{E}^{-1}\boldsymbol{B}+\boldsymbol{A}^{-1})^{-1}\boldsymbol{B}^{\mathrm{T}}\boldsymbol{E}^{-1} \tag{10-15}$$

其中

$$\boldsymbol{A}=\begin{bmatrix}\boldsymbol{P}_{\delta x_l}^- & \boldsymbol{0}\\ \boldsymbol{0} & \boldsymbol{P}_{s_l}^-\end{bmatrix},\quad \boldsymbol{B}=(\boldsymbol{H}_{\delta x_l}\quad \boldsymbol{H}_{s_l}),\quad \boldsymbol{E}=\boldsymbol{R}_l \tag{10-16}$$

并且，将式（10-14）代入式（10-11），我们可得

$$\begin{bmatrix}\delta\hat{\boldsymbol{x}}_l \\ \hat{\boldsymbol{s}}_l\end{bmatrix}=\begin{bmatrix}\boldsymbol{H}_{\delta x_l}^{\mathrm{T}}\boldsymbol{R}_l^{-1}\boldsymbol{H}_{\delta x_l}+(\boldsymbol{P}_{\delta x_l}^{-})^{-1} & \boldsymbol{H}_{\delta x_l}^{\mathrm{T}}\boldsymbol{R}_l^{-1}\boldsymbol{H}_{s_l} \\ \boldsymbol{H}_{s_l}^{\mathrm{T}}\boldsymbol{R}_l^{-1}\boldsymbol{H}_{\delta x_l} & \boldsymbol{H}_{s_l}^{\mathrm{T}}\boldsymbol{R}_l^{-1}\boldsymbol{H}_{s_l}+(\boldsymbol{P}_{s_l}^{-})^{-1}\end{bmatrix}^{-1}\begin{bmatrix}\boldsymbol{H}_{\delta x_l}^{\mathrm{T}}\boldsymbol{R}_l^{-1} \\ \boldsymbol{H}_{s_l}^{\mathrm{T}}\boldsymbol{R}_l^{-1}\end{bmatrix}\delta\boldsymbol{y}_l \tag{10-17}$$

同样，将式（10－15）代入式（10－12），很容易证明

$$\begin{bmatrix}\boldsymbol{P}_{\delta x_l} & \boldsymbol{P}_{\delta x_l,s_l} \\ \boldsymbol{P}_{s_l,\delta x_l} & \boldsymbol{P}_{s_l}\end{bmatrix}=\begin{bmatrix}\boldsymbol{H}_{\delta x_l}^{\mathrm{T}}\boldsymbol{R}_l^{-1}\boldsymbol{H}_{\delta x_l}+(\boldsymbol{P}_{\delta x_l}^{-})^{-1} & \boldsymbol{H}_{\delta x_l}^{\mathrm{T}}\boldsymbol{R}_l^{-1}\boldsymbol{H}_{s_l} \\ \boldsymbol{H}_{s_l}^{\mathrm{T}}\boldsymbol{R}_l^{-1}\boldsymbol{H}_{\delta x_l} & \boldsymbol{H}_{s_l}^{\mathrm{T}}\boldsymbol{R}_l^{-1}\boldsymbol{H}_{s_l}+(\boldsymbol{P}_{s_l}^{-})^{-1}\end{bmatrix}^{-1} \tag{10-18}$$

如果没有给出关于参数 $\boldsymbol{s}_l$ 的随机先验信息［即 $(\boldsymbol{P}_{s_l}^{-})^{-1}=\boldsymbol{0}$］或者第一阶段的卡尔曼滤波器没有关于参数 $\delta\boldsymbol{x}_l$ 的先验信息［即 $(\boldsymbol{P}_{\delta x_l}^{-})^{-1}=\boldsymbol{0}$］，则式（10－17）容易给出相应的后验估计。

到目前为止，坐标的估计是单条测线上的惯性导航系统数据。它也可以简化为仅使用至少两个控制点和响应简化的模型沿测线计算参数 $\boldsymbol{s}_l$，而不去试图估计其他点上的参数 $\delta\boldsymbol{x}_l$。这个步骤的优点是可以在现场快速完成从单条测线中消除系统效应，并且可能发现测线中的缺陷，保证立即开展测线的重新测量。

随后，人们使用所有控制点的观测值，将同时对所有测线的点坐标误差和扩展的系统参数进行严格的估计。重复测线将作为其他的测线，并且如果交叉点也是控制点，则这些外部观测值会自动进行一致性校验。如果它们是非控制点，则通过附加的约束方程来确保一致性。其他讨论、平差策略及其比较优势，读者可以参考（Schwarz 1985；Schwarz 和 Arden 1985）。

10.2.3　典型结果

20 世纪 70 年代和 80 年代早期，开展了多次测量作业来分析惯性测量系统的工作流程和系统性能。Todd（1981）和 Hannah（1982b）描述了在新墨西哥州白沙区使用运载体对 RGSS 系统实施了充分的测试，在公路车辆和直升机上都进行了作业。1980 年和 1981 年实施了测量作业（见图 10－1），测线网包括多条测量时间为 1.5～3 h 的交叉测线。使用公路车辆和直升机进行了一条典型的测线测量，测量开始的前一个小时为预对准和标定，在行进过程中，在相邻的 ZUPT 之间紧接着有几次时长 3～4 min 的行程。在 ZUPT 期间，系统仍然保持测量（可以从直升机测量中消除，但是不能从公路车辆测量中消除）1 min。测线包括前向行进测量和逆向测量，所以冗余的测线就能够用来估计误差。通常，测线保持恒定的航向，然而，也使用 L 形测线和 U 形测线，以确定大方位角变化情况时对系统的影响。Hannah（1982b）公开了整个测线网平差的结果，得出的结论是，ZUPT 点的水平坐标可以达到 10 cm 的精度（高度方向的误差在 30 cm 的量级上）。

Huddle（1985）对其他系统的类似测试和步骤进行了回顾。当时的技术水平评估表明，使用惯性测量可以获得高测量精度，ZUPT 和测线交叉点必不可少。此外，如上所述，平滑和滤波方法相对简单的经验误差模型，足够用于系统误差控制。误差的可靠估计

是由全部（控制点）观测值真实的误差模型（统计协方差）所决定的。

在此，惯性测量系统最终不仅作为位置测量系统，而且作为重力向量测量系统（见第 10.4 节）也是非常有价值的。在位置测量系统情况下，更要注意重力误差（现在变成需要估计的信号）的建模。

尽管前景广阔，惯性测量系统尚未广泛应用于快速和高精度大地测量。所以，现在认为惯性方法被全球定位系统的动态定位代替不完全合适。在惯性技术能够发展成一个低成本和高精度的测量技术之前，GPS 出现并快速成为比其他技术更实用的选择，它具有使用方便、精度高和成本低的优点。现在，在大多数应用中 GPS 实际上已经代替或正在代替传统的测量方法。当然，在某些情况下，惯性技术即使不是必不可少的，也是有用的，例如用于水下或地下测量，它在动态 GPS 定位中提供了非常重要的辅助功能。

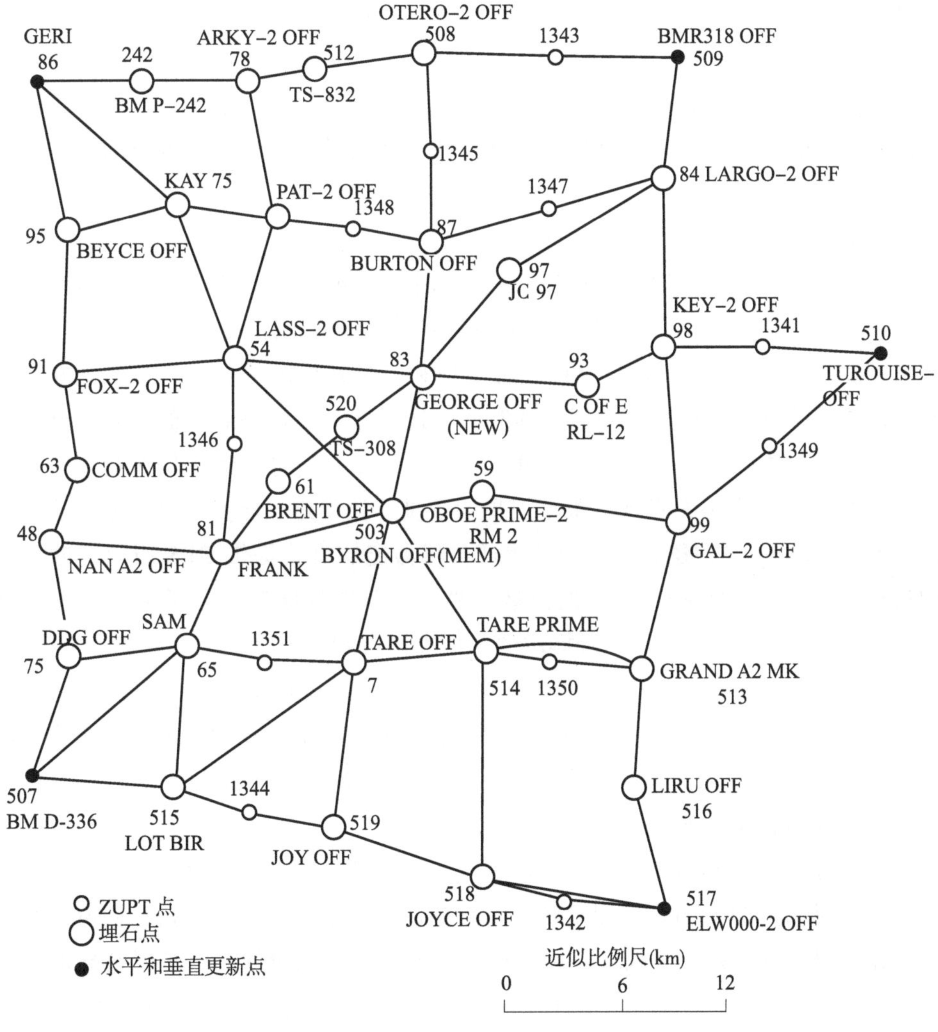

图 10-1　新墨西哥州白沙导弹发射区网络，RGSS 测量（Hannah，1982b）

10.3 INS/GPS 组合

在第 9.6.1 节中，卡尔曼滤波算法使用 GPS 观测值估计运动位置误差，因为缺少 GPS 两次更新之间的随机信息和动态特性，我们提供了一个位置误差动态模型。然而，已知运动特性可以用于描述随机误差和确定误差。例如，从已知的飞机空气动力学（长周期运动）、近似恒定的飞行高度和航向中推导出的模型。一阶相关的简单模型，例如高斯-马尔科夫过程，可以提供随机过程所需要的参数。这种模型可以得到 GPS 历元之间更加精确的插值，在动态环境较好的情况下非常有效。与第 9 章一样，下面的讨论侧重于 GPS，但通常可以很容易地扩展到 GNSS。

另外，保持运动平台高精度连续定位的问题可以使用伽利略定律 $\delta s = \delta a \cdot t^2/2$ 来说明，例如在时间间隔 $t=0.5$ s，加速度变化 $\delta a=0.2$ m/s^2 时，位置的变化为 $\delta s=2.5$ cm。当要求的 GPS 位置插值在厘米级的精度上，由于 GPS 接收机相对较低的数据输出速率（通常为每秒 1 次或者更少），难以保持精度。在大地测量的一个特别重要的应用是航空摄影，其中相机摄影的时刻可能与 GPS 得出位置的时刻不一致。如果 GPS 定位应当确定曝光时间相机的坐标，那么就需要某种形式的插值。

当考虑 GPS 信号丢失（例如遮挡）或由于周跳引起相位模糊时，这个问题变得更加严重。尽管在飞行过程中足够的 GPS 数据可以解决周期模糊度的问题，这个过程通常需要多个数据历元（≥10 个），取决于接收机类型和卫星几何配置。一旦重新捕获，完整的周期数可以向后外推（后处理）到周跳的时间，这样就可以解决周跳的问题。然而，在很短时间间隔上重复周跳将不能有效地求解出全周模糊度，这将导致信号在这个时间间隔内丢失。GPS 信号暂时性丢失降低了跟踪卫星的数量，使得定位解变差（甚至无法求解）。

假定除 GPS 外，我们还有第二种仪表或传感器能够直接提供 GPS 历元之间高时间分辨率的运动特性，那么将弥补 GPS 的离散特性，并且在周跳和信号丢失的情况下辅助定位。这正是惯性导航系统（INS）所提供的。由前述所知，误差动态方程非常复杂；然而，由于 INS 数据在短时间内精度和分辨率非常高，所以 INS 是实现真正连续运动测量最接近的工具。GPS 和 INS 的各自鲜明特性，促使开展组合进行高精度定位应用。如表 10-1 所示，GPS 和 INS 都被认为是定位装置，但它们的基本特性却几乎截然相反，这使得这两个系统可以互为补充而不是相互竞争。

因为 INS 定位需要相对于时间积分加速度和角速率，这些测量噪声累积将导致长波误差。GPS 定位从多个位置的直接测量获得，它的误差通常不积累，但是它们没有数据平均的优势，在短时间内误差相对较大，并且测量值的分辨率比较低。由于惯性导航系统除了需要初始位置和速度外，全部自主工作，不容易受到外部因素影响，而 GPS 接收机必须跟踪卫星发射的信号。因此，从大地测量学的观点来看，我们考虑使用 INS 辅助 GPS 定位，二者相互补充。此外，由于 INS 可以输出方向信息，就可以确定运载体全部的旋转运动。这个辅助设备唯一的缺点就是设备成本是主要定位设备的很多倍。然而，INS 的成本是所需要精度的函数。如果强调短时间精度而不注重长期精度，例如仅仅考虑恢复快速周跳，低成本系统的惯性导航系统也足够了。

表 10－1　定位装置 GPS 和 INS 的基本特性

	GPS	INS
测量原理	时间延迟测距	惯性加速度
系统工作	依赖于空间段	自主
输出变量	位置，时间	位置，方向角
长波误差	低	高
短波误差	高	低
数据率	低(<1 Hz)	高(>25 Hz)
仪器成本	低($20 000，大地测量级)	高($100 000，中/高精度)

为了提高定位能力，GPS/INS 组合的大地测量学应用集中在移动测绘系统及相似的系统上，例如使用运载体实现遥感和通过多光谱成像获取地面数据。创建这样一个可行的地理信息数据库，其关键在于数据的高精度空间参考，而这可以通过测绘系统已知的位置来完成。世界上已经开发出几种这样的系统，相关性能分析可参见 Linkwitz 和 Hangleiter (1995)、El－Sheimy 和 Schwarz (1998) 及 Grejner－Brzezinska (1999)。

10.3.1　组合模式

系统组合根据不同特点可以分为两种方式：通过一个系统的数据在一定程度上辅助另外一个系统的功能，也就是说，通过系统的机械编排或结构来实现；通过数据组合或数据融合的方法来获得位置坐标（可参见 Greenspan，1996）。尽管数据融合方法在一定程度上真实反映了硬件配置决定的机械编排，但是不同层级的数据处理可以用于特定的机械编排。实际上，随着系统组合变得更加深入，机械编排和数据处理方法之间的明显区别正在淡化。

更具体地说，机械编排是指耦合，如果没有耦合（非耦合组合）则说明没有从这个系统到另外一个系统的数据反馈来提高系统性能；并且，在紧耦合中，传感器作为单一的系统能够产生多种互补类型的数据，这些数据被同时进行最优化处理，并尽可能提高单个传感器性能。在一个松耦合系统中，从一个仪器输出的处理后数据进行反馈来辅助提高其他传感器性能的发挥，但是每个仪器仍然有其自身的数据处理算法。

INS 速度实时反馈给 GPS 接收机，这使得 GPS 伪距和相位在下一个历元的精确预测成为可能，允许接收机的跟踪回路在高动态环境中提高精度时具有更窄带宽［参考方程式 (9－34) 和式 (9－35)］。反过来，如果 GPS 解作为惯性传感器中系统误差估计卡尔曼滤波器中的参数，惯性导航的性能会提高。同样，GPS 位置和速度可以给线性近似的传播误差状态量提供更好的参考（参考第 5.3 节和第 7.5.2 节），在高动态情况下用于辅助 INS 求解。当然，人们可能考虑使用一个 INS 辅助三维位置或一组 GPS 卫星导航解的确定，这些卫星的几何关系不利或者视线被部分遮挡，从而有助于弥补 GPS 失效情况或提高精度几何因子（Geometric Dilution of Precision，GDOP）。

在大地测量学应用中，我们不太关注实时的运动定位（导航），通常我们采用货架产品来集成系统，也就是说，不需要在分系统间有很强的硬件耦合。此外，绝大多数应用是在良好动态环境中，重点研究融合数据处理算法就足够了。嵌入式GPS/INS系统代表了耦合系统的最终形式，即将GPS接收机嵌入在惯性系统中作为整体硬件组件（一块电路板）。目前，这些系统主要用于军事和民用领域，未来也可以直接用于高精度的大地测量学应用。

处理算法分为两类：集中式和分散式。顾名思义，集中式处理通常与深度耦合的系统相关，其中传感器原始数据通过一个中央处理器（例如，卡尔曼滤波器或平滑器）进行最优组合来获得位置解。分散式处理以序贯方法处理为特点，其中单个系统处理器提供本系统的解，通过一个主处理器将这些解的最优性组合起来。一些其他文献也描述了分散融合的方式，例如级联算法和联邦融合算法。同样，这种组合的松散类型需要设计和使用各自不同的最优度。原则上，如果误差的统计值被准确传播，那么最优的分散式处理方法和集中式处理方法应当产生一样的解。然而，某些方面通常更利于分散式方式，例如系统故障检测、隔离和校正能力及相对简单计算。如果误差统计特性能够严格建模，能明确在单个卡尔曼滤波器（平滑器）内的误差传播特性时，集中式方法可以获得最好的导航解和位置解。

列举一个包含一个GPS接收机（和天线）和一个IMU（单独或作为INS的一部分）的组合定位系统的数据处理方案。以这种方式组合两个子系统，表明它们是未耦合或者松散耦合的系统组合，这是一种测地学的典型应用模式。数据处理集中程度取决于每个系统的可用数据——数据越接近传感器的原始数据，集中程度就越大。

10.3.1.1　分散式组合

首先讨论未耦合、分散式GPS/INS组合系统，如图10-2所示，其中INS和GPS接收机独立采集和处理位置数据。如第4章中所述，包含速度增量Δv和角增量$\Delta\theta$的IMU数据通过INS导航计算机积分获得，得到位置坐标ϕ_{INS}和λ_{INS}、对应的速度分量和方向角。误差的标准差在这些计算中可有可无；然而，在INS中不用去估计它的误差，仅在系统初始化期间进行最后一次误差标定时（通常在测量开始阶段）确定它们。

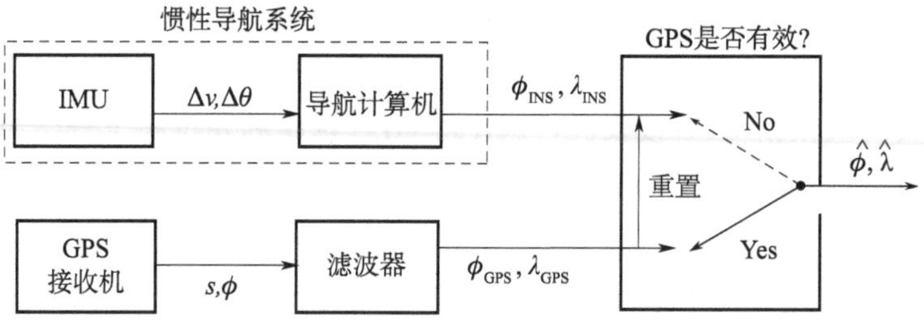

图10-2　无INS误差标定的未耦合、集中式GPS/INS组合

同样，GPS接收机测量的伪距s和相位ϕ，处理后可以获得坐标ϕ_{GPS}和λ_{GPS}，通常也

提供误差估计值。这些估计值可以使用一个卡尔曼滤波器来构建，如第 9.6.1 节所述，其中根据建模后的速度［例如，动态误差模型式（9－71）］、观测值［例如，宽通道相位式（9－61）］用于更新坐标预测值。卡尔曼滤波器也可以包含其他的状态，例如周模糊度或电离层效应［参见式（9－95）和式（9－109）］。

两个系统的数据融合可以使用一个简单的决策算法来实现，根据 GPS 信号的可用性，这个算法使用一个或者另外一个系统的输出。也就是说，由于 GPS 信号的长期稳定性，所以它作为主要系统。INS 坐标根据 GPS 坐标在数据融合处理器中重置限制了 INS 误差相对的大幅增长（但是不能影响其增长速率）。数据融合算法给出如下

$$\begin{bmatrix}\hat{\phi}(t)\\ \hat{\lambda}(t)\end{bmatrix}=\begin{cases}\begin{bmatrix}\phi_{\text{GPS}}(t)\\ \lambda_{\text{GPS}}(t)\end{bmatrix}, & \text{如果 GPS 解有效}\\ \begin{bmatrix}\phi_{\text{INS}}(t)+(\phi_{\text{GPS}}(t_0)-\phi_{\text{INS}}(t_0))\\ \lambda_{\text{INS}}(t)+[\lambda_{\text{GPS}}(t_0)-\lambda_{\text{INS}}(t_0)]\end{bmatrix}, & \text{如果 GPS 解无效}\end{cases} \tag{10-19}$$

式中，t_0 是 GPS 解有效时的最近时间。图 10－3 举例说明当 INS 为没有误差补偿的（重置除外）纯惯性系统期间，从式（10－19）计算的 $\hat{\phi}(t)$、$\hat{\lambda}(t)$ 和从 GPS 推算的 $\phi_{\text{GPS}}(t)$、$\lambda_{\text{GPS}}(t)$ 之间的差值。注意纯惯性解的快速发散。举一个例子，在俄亥俄州中部进行的一项航空 GPS/INS 定位系统测试获得的数据充分证实了这一点，可参见 Wang 和 Jekeli（1998）。在这个例子及下一个例子中，从 INS 获得的高度坐标无法使用，除非惯性解是通过 GPS 或者大气（或者其他类型的）高度计观测值进行辅助（耦合）获得。

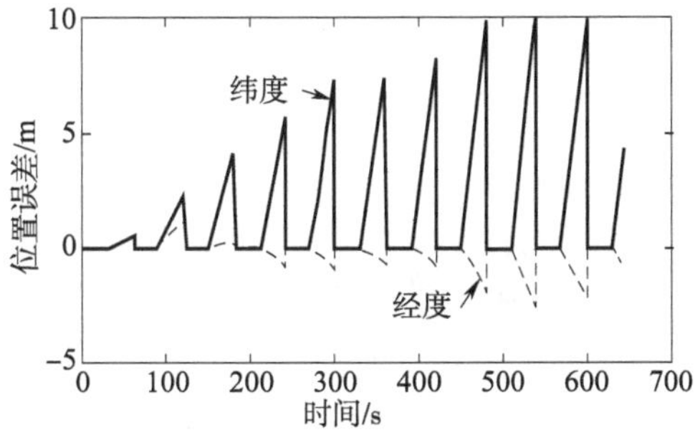

图 10－3 对于未耦合、分散式处理和无 INS 误差标定时，GPS 信号失效期间 INS 和 GPS 坐标之间的差值

此处，必须注意 GPS 天线的位置，即 GPS 定位解的参考点，天线位置与惯性导航解的计算点不一致。偏移量可以达到几分米，最大可以达到几米，这由天线相对于 INS 的安装位置决定。在载体坐标系的笛卡儿坐标中，很容易测量出其偏移量。为了得到导航坐标系中相应的坐标差值，需要式（1－90）给出的旋转矩阵 $\boldsymbol{C}_b^n$ 信息，旋转矩阵可以通过陀螺仪输出值和惯性导航解（或者从稳定系统的平台常平架）获得。然而，角的精度不需要太高；如果任何坐标的偏移量小于 1 m，那么 10^{-3} rad（大约为 3 arcmin）方向的不确定度将导致计算偏移量误差小于 1 mm。此后，我们假定这个偏移量校正是 GPS 和 INS 数据融合处理的组成部分。

如果使用含有 GPS 位置解的更新信息来估计 IMU 误差，那么数据融合算法更有优

势，可以获得更好的结果。再次说明，这里提到的 INS 和 GPS 功能仍然没有紧耦合。每个系统独立采集数据并确定位置解，如图 10－4 所示。然而，在 GPS 无效期间内，根据先前积累的 GPS 定位信息使用卡尔曼滤波器（平滑器）估计 IMU 的误差值，这些估计值补偿 INS 获得的位置解。这种情况完全与惯性测量中第一阶段数据处理的情况类似，ZUPT 期间获得目前运动的 GPS 位置。如下面的误差估计公式所示，在捷联系统中（对于当地水平、指北的稳定系统来说，$\boldsymbol{C}_s^n=\boldsymbol{I}$），导航计算机必须提供从传感器坐标系到导航坐标系的方向余弦矩阵 $\boldsymbol{C}_s^n$ 。

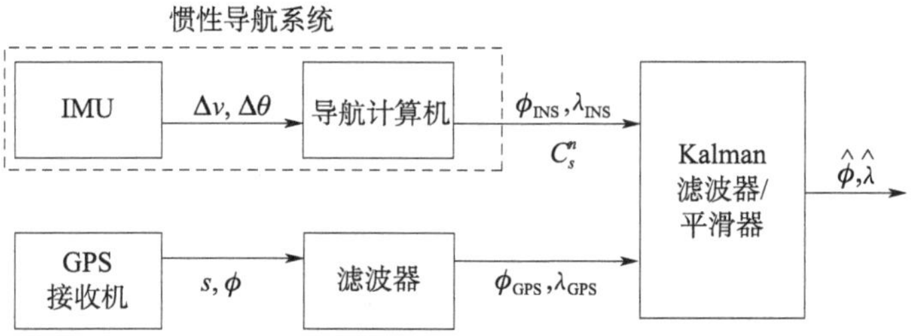

图 10－4　具有 INS 误差补偿的松耦合、分散式 GPS/INS 组合

对于时间较短和常规速度（≤200 m/s）的情况，可以将 IMU 误差动态方程式（5－66）简化为式（5－82）的形式，在 NED 坐标系中，不包含高度变量的方程为

$$\frac{\mathrm{d}}{\mathrm{d}t}\begin{bmatrix}\psi_N\\ \psi_E\\ \psi_D\\ \delta\dot{\phi}\\ \delta\dot{\lambda}\\ \delta\phi\\ \delta\lambda\end{bmatrix}=\begin{bmatrix}0 & -\omega_e\sin\phi & 0 & 0 & \cos\phi & -\omega_e\sin\phi & 0\\ \omega_e\sin\phi & 0 & \omega_e\cos\phi & -1 & 0 & 0 & 0\\ 0 & -\omega_e\cos\phi & 0 & 0 & -\sin\phi & -\omega_e\cos\phi & 0\\ 0 & \dfrac{-a_3^n}{r} & \dfrac{a_2^n}{r} & 0 & -\omega_e\sin2\phi & 0 & 0\\ \dfrac{a_3^n}{r\cos\phi} & 0 & \dfrac{-a_1^n}{r\cos\phi} & 2\omega_e\tan\phi & 0 & 0 & 0\\ 0 & 0 & 0 & 1 & 0 & 0 & 0\\ 0 & 0 & 0 & 0 & 1 & 0 & 0\end{bmatrix}\begin{bmatrix}\psi_N\\ \psi_E\\ \psi_D\\ \delta\dot{\phi}\\ \delta\dot{\lambda}\\ \delta\phi\\ \delta\lambda\end{bmatrix}+\begin{bmatrix}\delta\omega_{GN}\\ \delta\omega_{GE}\\ \delta\omega_{GD}\\ \delta a_{AN}\\ \delta a_{AE}\\ 0\\ 0\end{bmatrix}\tag{10-20}$$

可以对最右侧的传感器误差建模，例如每只陀螺仪的误差模型包含漂移误差和白噪声，分别由传感器坐标系向量 $\boldsymbol{d}$ 和 $\boldsymbol{w}_G$ 表示［参见式（5－75）和式（6－113）］

$$\delta\boldsymbol{\omega}_G=\boldsymbol{C}_s^n\delta\boldsymbol{\omega}_{is}^s=\boldsymbol{C}_s^n(\boldsymbol{d}+\boldsymbol{w}_G)\tag{10-21}$$

每个加速度计的误差模型包含偏置、标度系数误差和白噪声，分别由 s 系的向量 $\boldsymbol{b}$ 、$\boldsymbol{\kappa}_A$ 和 $\boldsymbol{w}_A$ 表示［参见式（5－65）、式（5－68）和式（6－111）］

$$\delta\boldsymbol{a}_A=\boldsymbol{D}^{-1}\boldsymbol{C}_s^n\delta\boldsymbol{a}^s=\boldsymbol{D}^{-1}\boldsymbol{C}_s^n(\boldsymbol{b}+\mathrm{diag}(\boldsymbol{a}^s)\boldsymbol{\kappa}_A+\boldsymbol{w}_A)\tag{10-22}$$

其中，$\mathrm{diag}(\boldsymbol{a}^s)$ 表示敏感加速度分量的对称矩阵，$\boldsymbol{D}$ 由式（5－69）给出，将坐标从测地坐标系变换为当地笛卡儿坐标系。

导航误差状态变量由下式表示

$$\boldsymbol{\varepsilon}_1 = \begin{bmatrix}\psi_N & \psi_E & \psi_D & \delta\dot{\phi} & \delta\dot{\lambda} & \delta\phi & \delta\lambda\end{bmatrix}^{\mathrm{T}} \tag{10-23}$$

并且假定系统误差参数

$$\boldsymbol{\varepsilon}_2 = \begin{bmatrix}\boldsymbol{d}^{\mathrm{T}} & \boldsymbol{b}^{\mathrm{T}} & \boldsymbol{\kappa}_A^{\mathrm{T}}\end{bmatrix}^{\mathrm{T}} \tag{10-24}$$

均是随机常量，满足式（6－67），扩展误差动态微分方程（10－28）可以给出如下（也可参见 7.5.1 节）

$$\frac{\mathrm{d}}{\mathrm{d}t}\begin{bmatrix}\boldsymbol{\varepsilon}_1\\ \boldsymbol{\varepsilon}_2\end{bmatrix} = \begin{bmatrix}\boldsymbol{F}_1 & \boldsymbol{F}_2\\ \underset{9\times7}{\boldsymbol{0}} & \underset{9\times9}{\boldsymbol{0}}\end{bmatrix}\begin{bmatrix}\boldsymbol{\varepsilon}_1\\ \boldsymbol{\varepsilon}_2\end{bmatrix} + \begin{bmatrix}\boldsymbol{G}\\ \underset{9\times6}{\boldsymbol{0}}\end{bmatrix}\begin{bmatrix}\boldsymbol{w}_G\\ \boldsymbol{w}_A\end{bmatrix} \tag{10-25}$$

其中，$\boldsymbol{F}_1$ 是式（10－20）中的误差动力学矩阵，并且

$$\boldsymbol{F}_2 = \begin{bmatrix}\boldsymbol{C}_s^n & \underset{3\times3}{\boldsymbol{0}} & \underset{3\times3}{\boldsymbol{0}}\\ \underset{2\times3}{\boldsymbol{0}} & \boldsymbol{J}\boldsymbol{D}^{-1}\boldsymbol{C}_s^n & \boldsymbol{J}\boldsymbol{D}^{-1}\boldsymbol{C}_s^n\,\mathrm{diag}(a^s)\\ \underset{2\times3}{\boldsymbol{0}} & \underset{2\times3}{\boldsymbol{0}} & \underset{2\times3}{\boldsymbol{0}}\end{bmatrix}, \boldsymbol{G} = \begin{bmatrix}\boldsymbol{C}_s^n & \underset{3\times3}{\boldsymbol{0}}\\ \underset{2\times3}{\boldsymbol{0}} & \boldsymbol{J}\boldsymbol{D}^{-1}\boldsymbol{C}_s^n\\ \underset{2\times3}{\boldsymbol{0}} & \underset{2\times3}{\boldsymbol{0}}\end{bmatrix}, \boldsymbol{J} = \begin{bmatrix}1 & 0 & 0\\ 0 & 1 & 0\end{bmatrix} \tag{10-26}$$

所有的零矩阵均给出了它们的维数。

由于 GPS 获得的位置坐标用于更新数据，观测方程［比照式（7－52）］给出如下

$$\boldsymbol{y} = \boldsymbol{H}\boldsymbol{\varepsilon} + \boldsymbol{v} \tag{10-27}$$

式中，$\boldsymbol{\varepsilon} = (\boldsymbol{\varepsilon}_1^{\mathrm{T}} \quad \boldsymbol{\varepsilon}_2^{\mathrm{T}})^{\mathrm{T}}$，并且

$$\boldsymbol{H} = \begin{bmatrix}\underset{2\times5}{\boldsymbol{0}} & \underset{2\times2}{\boldsymbol{I}} & \underset{2\times9}{\boldsymbol{0}}\end{bmatrix} \tag{10-28}$$

在前面示例中，使用离散卡尔曼滤波器获得 GPS 观测值 ϕ_{GPS} 和 λ_{GPS}。式（10－27）中的对于滤波器的时间不相关观测噪声的假设难以满足前提条件，最终卡尔曼滤波器（或平滑器）应该在理论上进行扩展，如第 7.5.1 节所示，如果它们的统计特性与已有的误差状态不同，可以将 GPS 误差参数作为扩展项。同样，应当通过最新 GPS 解（闭环操作，见第 7.5.2 节）来重置 INS 的解，其目的是保持误差模型线性近似的精确性。

对于噪声过程 $\boldsymbol{w}_G$ 和 $\boldsymbol{w}_A$ 使用合适的统计信息，同误差状态的先验协方差一样，这些模型和观测值通过离散卡尔曼滤波器（见第 7.3.2.2 节）和一个平滑器（见第 7.3.2.3 节）来获得所关注时刻的估计值 $\hat{\phi}(t)$ 和 $\hat{\lambda}(t)$。那么，从式（7－132）可得所有时刻 t_k 位置坐标的估计值为

$$\begin{aligned}\hat{\phi}(t_k) &= \phi_{\mathrm{INS}}(t_k) - \delta\hat{\phi}(t_k)\\ \hat{\lambda}(t_k) &= \lambda_{\mathrm{INS}}(t_k) - \delta\hat{\lambda}(t_k)\end{aligned} \tag{10-29}$$

通过式（7－73）给出 $\boldsymbol{P}_k$ 求取协方差，协方差的真实性取决于误差模型的精度，包括 GPS 噪声向量 $\boldsymbol{v}$ 的协方差。

在更新历元时，坐标估计值与更加精确 GPS 解导出的坐标值（观测值）接近。这些估计值也用于重置惯性导航系统给出的坐标值。根据更新值估计传感器误差，从而获得校正后的导航解，其他时刻的坐标值就来自与校正后的导航解。换句话说，IMU 的误差已

经被校正过（在一定程度上就是来自于 GPS 的更新值，参见第 8 章）。如图 10－3 所示，将飞行试验数据用于这个松耦合的融合方案，标定后的惯性导航系统纯惯性解替代 GPS 解（在这个阶段内没有 GPS 更新），差值 $\hat{\phi}(t)-\phi_{GPS}(t)$ 和 $\hat{\lambda}(t)-\lambda_{GPS}(t)$ 被计算出来。计算结果如图 10－5 所示，表明标定后比未标定的解提高了一个数量级；相应的卡尔曼滤波平滑解误差进一步降低了 1/2［参见 Wang 和 Jekeli（1998）］。

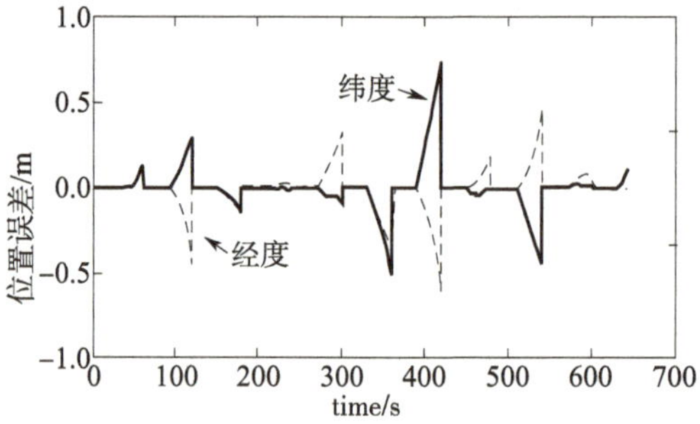

图 10－5　松散耦合、分散式处理和 INS 误差标定在 GPS 信号失效期间，INS 和 GPS 坐标之间的差值

10.3.1.2　集中式组合

第三个示例给出了 IMU 和 GPS 数据集中式组合方案，如图 10－6 所示。因为从处理器到 GPS 接收机跟踪回路没有反馈，所以它表示了一个 GPS 和 INS 接近紧耦合的传统定义。这种组合与图 10－4 给出的分散式配置本质差别在于数据处理。此时，用于 IMU 和 GPS 融合算法数据包括：原始角度增量 $\Delta\theta$ 和原始速度增量 Δv，它们分别来自于 INS 的陀螺仪和加速度计，以及 GPS 接收机的相位和伪距。使用卡尔曼滤波器同时估计出这两个系统所有的位置误差状态和误差参数。将量程和量程差，或相位和伪距及它们的差（见第 9.5.2 节）用于惯性导航解的参数更新，而不使用 GPS 获得的坐标更新惯性解的参数。

IMU 的传感器误差状态（变量）是前述确定的变量；在这个例子中，我们在 e 系中构建了动力学方程，因为集中处理的方法通过三维的 GPS 更新，在本质上提供了垂向 IMU 位置和速度误差的垂向通道衰减。对于捷联惯性测量单元，在 e 系使用简单的误差动态方程，e 系也是 GPS 观测的主要坐标系。此外，我们现在使用附加的状态变量来对传感器误差和未知重力扰动分量来建模（例如高斯-马尔科夫过程，见第 6.6.3 节）。

GPS 误差状态变量包括周期模糊度、电离层和对流层延迟。目前，我们认为模糊度已经通过 INS 辅助的一个动态（on－the－fly，OTF）算法确定，详见下一节。一旦以足够的精度将这些参数估计出来，它们就被赋予固定的值（在双重差分相位的情况下为整数），并且将从系统的状态向量（见第 9.6.4 节）中删除这些变量。此外，对流层延迟被认为在很大程度上是在卡尔曼滤波器之外建模的，并且是以对 GPS 观测修正的形式呈现的（见第 9.4 节）。全部状态向量包括 9 个变量的导航误差状态向量［如式（5－64）］、IMU 传感器参数向量和一个 GPS 相关参数的向量，如下

$$\boldsymbol{\varepsilon}=(\boldsymbol{\varepsilon}_1^{\mathrm{T}}\quad\boldsymbol{\varepsilon}_2^{\mathrm{T}}\quad\boldsymbol{\varepsilon}_3^{\mathrm{T}})^{\mathrm{T}}\tag{10-30}$$

其中

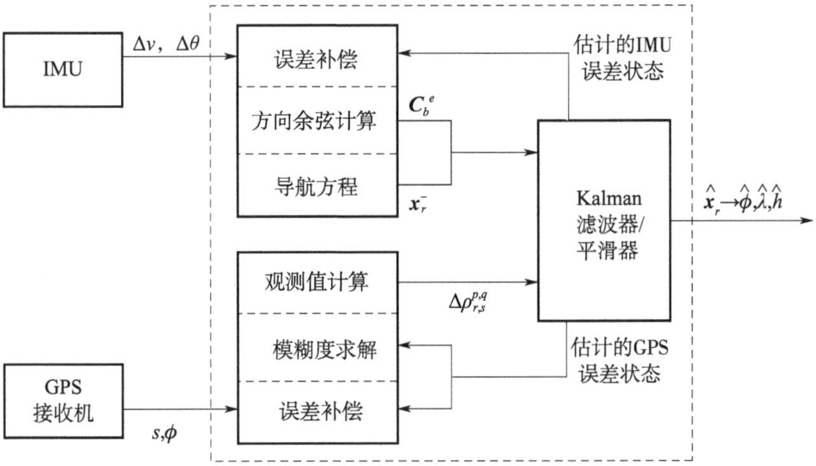

图 10-6　集中式 GPS/INS（捷联）组合

$$\begin{aligned}\boldsymbol{\varepsilon}_1 &= [(\boldsymbol{\psi}^e)^{\mathrm{T}} \quad (\delta\dot{\boldsymbol{x}}^e)^{\mathrm{T}} \quad (\delta\boldsymbol{x}^e)^{\mathrm{T}}]^{\mathrm{T}} \\ \boldsymbol{\varepsilon}_2 &= (\boldsymbol{d}^{\mathrm{T}} \quad \boldsymbol{b}^{\mathrm{T}} \quad \boldsymbol{\kappa}_A^{\mathrm{T}} \quad \boldsymbol{c}^{\mathrm{T}})^{\mathrm{T}} \\ \boldsymbol{\varepsilon}_3 &= (\cdots \quad \Delta I_{1r,s}^{p,q} \cdots)^{\mathrm{T}}\end{aligned} \tag{10-31}$$

式中，已经忽略了位置误差和速度误差上指定坐标系的上标（可能与 GPS 接收点发生物理偏移）。相比于式（10-24）中的状态向量，$\boldsymbol{\varepsilon}_2$ 现在也满足一阶高斯-马尔科夫过程［见式（6-73）］相关误差模型

$$\dot{\boldsymbol{c}} = -\operatorname{diag}(\boldsymbol{\beta})\boldsymbol{c} + \boldsymbol{w}_c \tag{10-32}$$

式中，$\operatorname{diag}(\boldsymbol{\beta})$ 是一个对角矩阵，对角线元素为过程的相关参数 $\boldsymbol{\beta} = (\beta_1^{\mathrm{T}} \quad \beta_2^{\mathrm{T}} \quad \beta_3^{\mathrm{T}})^{\mathrm{T}}$，并为已知量，$\boldsymbol{w}_c$ 是方差已知的白噪声过程向量。

式（10-30）最后一个分量 $\boldsymbol{\varepsilon}_3$ 是动态的，它取决于任意历元时刻跟踪卫星的数目。每个状态变量对应两颗卫星 p 和 q、两个 GPS 接收机 r 和 s 电离层效应的误差，其中一个是漫游的，另外一个是静止的。$\boldsymbol{\varepsilon}_3$ 的维数是 $n_{p,q}$，它是双差分电离层延迟的个数；这些状态中每一个变量可以建模为随机游走（可参见 Grejner-Brzezinska 等，1998）或其他类型的随机过程。考虑随机游走的情况，可得

$$\frac{\mathrm{d}}{\mathrm{d}t}\Delta I_{1r,s}^{p,q} = w_I \tag{10-33}$$

如果其他误差参数也包括在状态向量中，例如对流层延迟，它们的随机模型应当区别于已有的模型，否则它们在统计学上是不可估计的，并且应简单地纳入现有模型。

在这个例子中，状态向量的动态方程为

$$\frac{\mathrm{d}}{\mathrm{d}t}\begin{bmatrix}\boldsymbol{\varepsilon}_1 \\ \boldsymbol{\varepsilon}_2 \\ \boldsymbol{\varepsilon}_3\end{bmatrix} = \begin{bmatrix}\boldsymbol{F}_{11} & \boldsymbol{F}_{12} & \underset{9\times 2n_{p,q}}{\boldsymbol{0}} \\ \underset{12\times 9}{\boldsymbol{0}} & \boldsymbol{F}_{22} & \underset{12\times 2n_{p,q}}{\boldsymbol{0}} \\ \underset{2n_{p,q}\times 9}{\boldsymbol{0}} & \underset{2n_{p,q}\times 12}{\boldsymbol{0}} & \underset{2n_{p,q}\times 2n_{p,q}}{\boldsymbol{0}}\end{bmatrix}\begin{bmatrix}\boldsymbol{\varepsilon}_1 \\ \boldsymbol{\varepsilon}_2 \\ \boldsymbol{\varepsilon}_3\end{bmatrix} + \begin{bmatrix}\boldsymbol{G}_1 \\ \boldsymbol{G}_2 \\ \boldsymbol{G}_3\end{bmatrix}\begin{bmatrix}\boldsymbol{w}_A \\ \boldsymbol{w}_G \\ \boldsymbol{w}_c \\ \boldsymbol{w}_I\end{bmatrix} \tag{10-34}$$

式中，$\boldsymbol{F}_{11}$ 由式（5-51）中的动态矩阵给出，并且

$$\boldsymbol{F}_{12}=\begin{bmatrix}\boldsymbol{C}_b^e & \underset{3\times3}{\boldsymbol{0}} & \underset{3\times3}{\boldsymbol{0}} & \underset{3\times3}{\boldsymbol{0}} \\ \underset{3\times3}{\boldsymbol{0}} & \boldsymbol{C}_b^e & \boldsymbol{C}_b^e\operatorname{diag}(\boldsymbol{a}^S) & \boldsymbol{C}_b^e \\ \underset{3\times3}{\boldsymbol{0}} & \underset{3\times3}{\boldsymbol{0}} & \underset{3\times3}{\boldsymbol{0}} & \underset{3\times3}{\boldsymbol{0}}\end{bmatrix},\boldsymbol{F}_{22}=\begin{bmatrix}\underset{9\times9}{\boldsymbol{0}} & \underset{9\times3}{\boldsymbol{0}} \\ \underset{3\times9}{\boldsymbol{0}} & -\operatorname{diag}(\boldsymbol{\beta})\end{bmatrix} \tag{10-35}$$

同样，从类似于式（10-21）和式（10-22）的模型中，并且在 e 系中，从式（10-32）和式（10-33）中易得

$$\boldsymbol{G}_1=\begin{bmatrix}\boldsymbol{C}_b^e & \underset{3\times3}{\boldsymbol{0}} & \underset{3\times(3+n_{p,q})}{\boldsymbol{0}} \\ \underset{3\times3}{\boldsymbol{0}} & \boldsymbol{C}_b^e & \underset{3\times(3+n_{p,q})}{\boldsymbol{0}} \\ \underset{3\times3}{\boldsymbol{0}} & \underset{3\times3}{\boldsymbol{0}} & \underset{3\times(3+n_{p,q})}{\boldsymbol{0}}\end{bmatrix},\boldsymbol{G}_2=\begin{bmatrix}\underset{9\times6}{\boldsymbol{0}} & \underset{9\times3}{\boldsymbol{0}} & \underset{9\times n_{p,q}}{\boldsymbol{0}} \\ \underset{3\times6}{\boldsymbol{0}} & \underset{3\times3}{\boldsymbol{I}} & \underset{3\times n_{p,q}}{\boldsymbol{0}}\end{bmatrix},\boldsymbol{G}_3=\begin{bmatrix}\underset{n_{p,q}\times9}{\boldsymbol{0}} & \underset{n_{p,q}\times n_{p,q}}{\boldsymbol{I}}\end{bmatrix} \tag{10-36}$$

GPS 的观测量由式（9-61）给出的双差分宽通道相位获得，其中模糊度在滤波器外确定。观测矩阵 $\boldsymbol{H}$ 变为一个 $n_{p,q}\times(21+n_{p,q})$ 的矩阵，类似于式（9-110），每一行给出如下

$$(\boldsymbol{H})_{p,q}=\begin{bmatrix}\underset{1\times6}{\boldsymbol{0}} & -\dfrac{1}{\lambda_w}(\tilde{\boldsymbol{e}}_r^{p,q})^{\mathrm{T}} & \underset{1\times12}{\boldsymbol{0}} & \cdot\cdot 0\cdot\cdot & \dfrac{1-\sqrt{\alpha}}{\lambda_1} & \cdot\cdot 0\cdot\cdot\end{bmatrix} \tag{10-37}$$

式中，类似式（9-98），符号 $\cdot\cdot 0\cdot\cdot$ 代表一串零，其长度取决于卫星对（p，q）的顺序；$\tilde{\boldsymbol{e}}_r^{p,q}$ 由式（9-99）给出。考虑双差分观测相位误差式（9-63）的组合时，协方差矩阵 $\boldsymbol{R}$ 类似于式（9-102）。注意，最终三维位置估计值的笛卡儿坐标用式（1-84）可以很容易变换为大地坐标。

比较分散式和集中式组合，可以发现它们基本体系结构类似，其中惯性测量单元提供参考运动轨迹，而 GPS 作为系统的更新。二者主要差异在于滤波时对 GPS 数据的处理方式，也就是说，将双差分距离而非求解后的坐标作为更新量。如前所述，惯性导航解具有校正传感器数据的优点。原则上，如果两种组合类型的误差模型等效，并且误差统计传播特性严格一致，获得的结果应该相等。例如，从独立式 GPS 滤波器获得的全协方差矩阵应当用于分散式组合（算法），也用于任意历元期间的相关算法。

显然，集中式组合对 GPS 信号丢失具有更好的容错性。在分散式组合中，一个位置解依赖于跟踪卫星数量（至少为 4 颗）。没有这个基本条件，无法获得（位置）解，所以不能更新纯惯性解（除非构建特殊滤波器来计算这种情况下的退化解或低维解）。另一方面，集中式组合可以使用任何 GPS 信号，即使信号仅仅是单一双差（信号）。

基于上述原因，通常采用集中式组合方法。然而，分散式组合方法也有一些优点。如果在任一系统中出现传感器故障或性能下降，由于分散式积分算法本质上基于两个独立的解来工作，所以它更加能够探测这些故障或随之而来的异常值，并且易于采取适当的补救措施。另一个优点涉及组合算法计算复杂度，处理两个级联或分散式组合的低阶状态滤波

器，比处理高阶状态滤波器的计算量要小。然而，在任务后处理中，特别是在高精度的大地测量学应用中，这种优势随着误差统计数据严格传播的潜在损失而逐渐消失，即使在实时处理中，随着计算能力指数级增长，这个优点也变得不重要了。

10.3.2　周期模糊度确定

惯性系统提供移动平台更高分辨率的位置解，辅助 GPS 信号故障的过渡期，也非常适合航路探测和 GPS 观测相位中周期模糊度的恢复。尽管已存在有效算法来确定静态模式和运动模式的这些量，但其性能随着基线长度、大气效应、运载体恶劣的动态环境和高精度 P 码跟踪（防电子欺骗）无效而降低。不但在周跳的情况下需要确定周期模糊度，而且在求取运动定位解时，作为新卫星来补充或替换其他卫星的情况下也需要周期模糊度。

如果使用最小数量卫星可以求解，那么使用运载体和卫星的位置坐标很容易确定任何其他卫星相位信号的周期模糊度。反之，IMU 数据表示的位置可以用于计算、恢复周期数或检测错误的计数（一个周跳），它依赖于纯惯性导航误差的累积水平。使用高精度、标定过的惯性测量，只要 INS 精度误差小于载波波长的一半（对于 L1 来说为 10 cm，对于宽通道信号来说是 43 cm），在几秒内就很容易确定该模糊度。

图 10－7 描述了在组合系统中检测并求解周期模糊度的逻辑流程。双差分相位观测量相对动态 GPS 定位的基本逻辑不同于单个接收机情况下的绝对定位。在每一个历元中，双差分是通过卡尔曼滤波器算法预测运载体位置和从相关卫星及基站的位置来获得，通过式（9－66）计算距离、通过式（9－57）校验完整的双差分相位。这个预测的距离 $(\Delta\rho_{r,s}^{p,q})^-$ 相当于一个双差分相位（观测的 L1，宽通道信号，或无离子相位，包括相位误差）、相应的完整周期数和电离层效应的组合；例如，对于宽通道相位式（9－61），我们有

$$(\Delta\rho_{r,s}^{p,q})^- - \varepsilon_{\Delta\rho} = \lambda_w(\Delta\phi w_{r,s}^{p,q} - \Delta\varepsilon_{\varphi w,r,s}^{p,q}) + \frac{\lambda_w}{\lambda_1}(1-\sqrt{\alpha})\Delta I_{1r,s}^{p,q} + \lambda_w \Delta N w_{r,s}^{p,q} \tag{10-38}$$

式中，$\varepsilon_{\Delta\rho}$ 是预测距离的误差。从观测的相位 $\Delta\phi w_{r,s}^{p,q}$、估计的电离层效应和上一个周期数（假定为常数），再次通过式（9－61）可以计算

$$\Delta\tilde{\rho}_{r,s}^{p,q} = \lambda_w \Delta\phi w_{r,s}^{p,q} + \frac{\lambda_w}{\lambda_1}(1-\sqrt{\alpha})\Delta\hat{I}_{1r,s}^{p,q} + \lambda_w \Delta N w_{r,s}^{p,q}\big|_0 \tag{10-39}$$

假定预测值 $(\Delta\rho_{r,s}^{p,q})^-$ 和估计值 $\Delta\hat{I}_{1r,s}^{p,q}$ 精度足够，$(\Delta\rho_{r,s}^{p,q})^-$ 和 $\Delta\tilde{\rho}_{r,s}^{p,q}$ 之间的主要差为

$$\begin{aligned}\frac{1}{\lambda_w}[(\Delta\rho_{r,s}^{p,q})^- - \Delta\bar{\rho}_{r,s}^{p,q}] &= \frac{\varepsilon_{\Delta\rho}}{\lambda_w} - \Delta\varepsilon_{\phi w,r,s}^{p,q} + \frac{(1-\sqrt{\alpha})}{\lambda_1}(\Delta I_{1r,s}^{p,q} - \Delta\hat{I}_{1r,s}^{p,q}) + \Delta N w_{r,s}^{p,q} - \Delta N w_{r,s}^{p,q}\big|_0 \\ &= T + \Delta N w_{r,s}^{p,q} - \Delta N w_{r,s}^{p,q}\big|_0\end{aligned} \tag{10-40}$$

式中，公差 T 基于估计误差的标准差，由误差 $\Delta N w_{r,s}^{p,q}\big|_0$ 所致。

式（10－40）不但可以探测周跳，如果 T 小于 0.5 个周期，也能立即用于计算模糊度

$\Delta Nw_{r,s}^{p,q}|_0$。T 值的大小很大程度上取决于 $\varepsilon_{\Delta\rho}$ 的标准差，它反映惯性系统输出位置来预测距离的精度。如果 T 大于 0.5 个周期（因为由于 GPS 故障，预测的距离就退化了），应当使用标准搜索技术来找到模糊度的正确值，它们可以在几个历元内收敛。一旦确定模糊度，在时间上落后的周跳和卫星跟踪就是有效的。

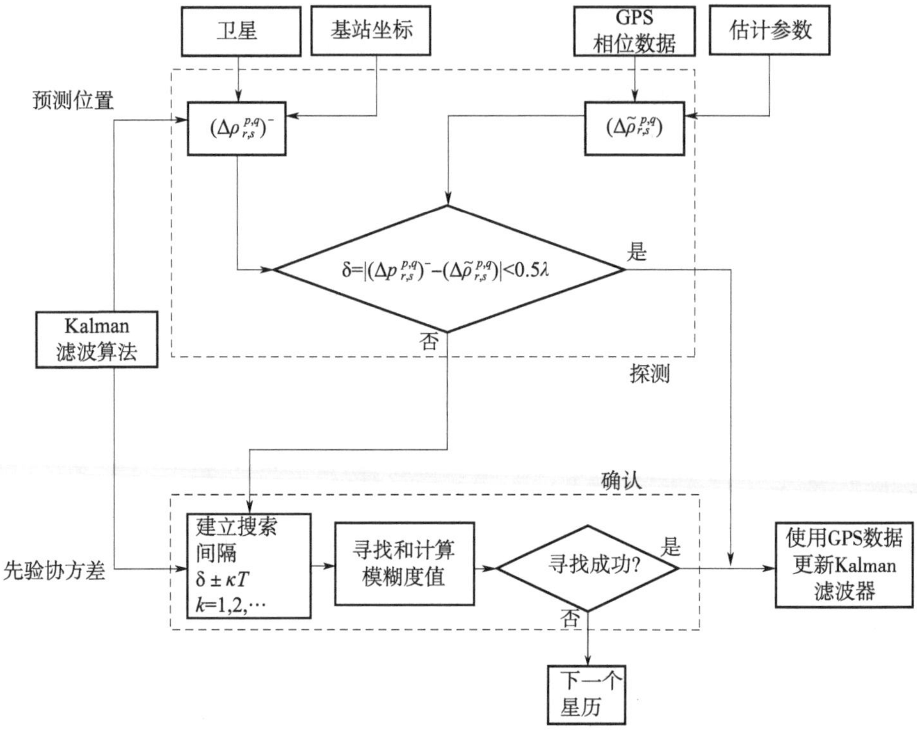

图 10-7　在集中式 GPS/INS 组合中周期模糊度检测和确定

10.4　动基座重力测量方法

如前几节所属，GPS 和 INS 的组合主要用于定位和导航，因为它们具有互补的误差特性和相应的互助能力。还有另一种组合吸引了大地测量学和地球物理学界在测量重力场方面的努力。基于牛顿第二运动定律基本方程式（1-7），并对其稍加整理，可得

$$\boldsymbol{g}^i = \ddot{\boldsymbol{x}}^i - \boldsymbol{a}^i \tag{10-41}$$

上式在 i 系中成立，说明引力向量是总加速度（例如，通过差分 GPS 导出的位置确定）和比力（由加速度计测量）之间的差。实际上，这不是一个 GPS 和 INS 的混合，而是两个不同传感器的配置，二者功能不同是组合的本质，与此同时，它们也受到完全不同误差特性的影响。也就是说，由于两个系统都未能相互辅助，则它们的误差会结合起来。我们知道 INS 误差随着时间积累，这样在长时间范围内它就是主要误差项。假定 GPS 位置误差主要是白噪声，那么在导出加速度中相应的误差在高频部分很大，或者说是短时间内的大误差项。所以，只有一个很小的窗口内才能分辨出引力信号。如图 10-8 所示（也

可以参见 Schwarz 等，1992）根据沿轨迹功率谱密度（每单位频率上的功率）给出了使用 INS 和 GPS 估计重力扰动量的谱窗。这个窗也取决于运载体的速度，当速度下降时，相对于重力信号来说，这个窗就移动到右侧。

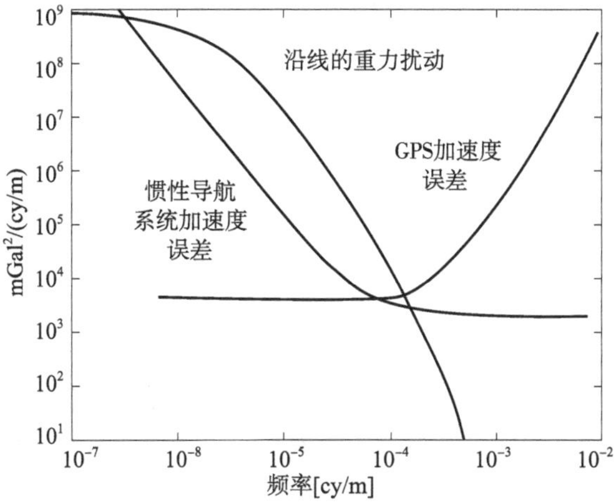

图 10－8　使用 INS 和 GPS 估计重力扰动量的谱窗

无论在静态进行重力测量还是移动平台上进行重力测量，其测量方法都是基于牛顿定律［式（10－41）］推导出来的。在静态测量的情况下，重力仪是精度非常高的垂向加速度计，它敏感静态平台上地球表面由于引力加速度和地球自转离心加速度效应产生的加速度。在移动平台例如飞机上，重力仪敏感施加在飞机机翼上的升力，同时也敏感离心加速度和科里奥利加速度。在这两种情况下，只有独立地获得（移动）平台总加速度 $\ddot{x}$ 垂向分量（在静态的情况下，仅是离心加速度的一个分量），垂向引力才可以从重力仪的测量值中提取出来。由于力再平衡（和振梁）加速度计（见第 3.3.3 节和第 3.3.4 节）相关的测量原理，我们也认识到这些传感器仅获得相对于初始标定值的加速度，因此它们仅适用于相对重力测量。

为了更好地提取略大于系统噪声的小信号而获得相对更高的精度，图 10－9 所示举例说明了沿加拿大落基山脉海拔 4 360 m 的飞行路线，确定的实际 IMU 和 GPS 信号（可参见 Jekeli 和 Serpas，2005）。图的上部给出了 IMU 和 GPS 测量的加速度，表明振幅超过 2×10^4 mGal＝0.2 m/s²。使用信噪比很高的单个传感器，提取（残余）重力信号（图的下部），本质上以式（10－41）为基础，需要专门的滤波技术。

我们从三维角度提出了 INS/GPS 重力测量方法的概念，这样就容易考虑一些特殊情况，例如垂向重力测量方法（使用一个相对重力仪）。相应地，也分析了向量重力测量和标量重力测量之间的区别，向量重力测量是指确定重力的全部向量（或者至少多于一个分量），而标量重力测量是重力向下分量的测量或重力向量幅值的测量。此外，我们区分了基于加速度直接测量的方法和第 10.2 节中已经指出的基于定位的方法，其中惯性系统，例如惯性测量系统，能够用于获取重力向量各分量的估计值。

加速度测量方法是式（10－41）直接的应用。平台的加速度（比力）由惯性传感器

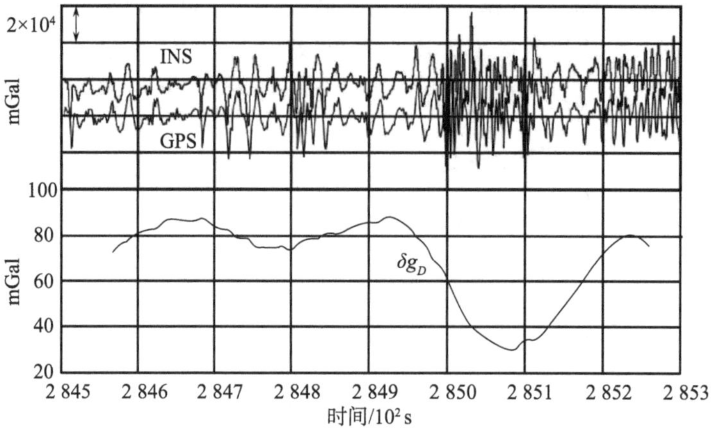

图 10－9　上面两条曲线分别代表 IMU 和 GPS 获得加速度的一个分量，是在加拿大落基山脉上空的重力测量飞行试验中获得的。这两条曲线是特意偏移的，以更好地说明其相似性。底部曲线是在滤除其差异后提取的重力信号（法向场的残余）。注意纵坐标轴上不同的刻度

（加速度计）输出值得到，通过陀螺仪来进行定向。在标量重力测量的情况下，运动加速度必须通过位置相对于时间的数据差分独立获得，而位置可以由 GPS、雷达或者激光测高仪测量确定。所以，能从这两种不同类型加速度的差值中估计得到重力（加速度）分量。

在惯性定位的情况下，加速度计的测量值对时间数值积分获得速度和位置，可得

$$\boldsymbol{x}^{i}(t)=\boldsymbol{x}_{0}^{i}+(t-t_{0})\dot{\boldsymbol{x}}_{0}^{i}+\int_{t_{0}}^{t}\left\{\int_{t_{0}}^{t'}[\boldsymbol{a}^{i}(t'')+\boldsymbol{g}^{i}(t'')]\mathrm{d}t''\right\}\mathrm{d}t' \tag{10-42}$$

这与式（10－41）的基本方程一致。还存在等效的单积分公式（可参见 Jekeli 和 Habana，2019）。无论哪种情况，在 n 系中更加复杂的公式可由式（4－91）导出，但基本原理是相同的。这些由惯性表示的位置或速度与运动位置或速度的外部更新（例如 ZUPT）进行比较，惯性值将与外部更新值不同，因为用于式（10－42）[或者式（4－91）] 的重力值是不准确的。那么，通过合适算法能够将观测的差异估计出正确的引力值，例如卡尔曼滤波器。与加速度测量法相比，这种间接确定重力值的方法突显了惯性仪器重力场估计方法的根本区别。这两种测量方法使用了相同的传感器数据，但是数据处理方式不同，前者情况涉及数字微分，而后者涉及数字积分。这些方法在理论上和数学计算细节上完全不同，实际上，两种方法各有优缺点。

与所有方法一样，矢量重力测量也存在一点，即未补偿的陀螺仪误差与水平加速度分量的强耦合。此处再次给出北向分量的速度误差动态方程（5－71）

$$\frac{\mathrm{d}}{\mathrm{d}t}\delta v_{N}=-2\omega_{e}\sin\phi\delta v_{E}-a_{D}\psi_{E}+a_{E}\psi_{D}+\delta a_{AN}+\delta\bar{g}_{N} \tag{10-43}$$

可以从式（4－101）获得 $\boldsymbol{a}^{n}$ 。此时，有 4 个加速度项施加在速度误差的动力学方程上，所有的加速度有近似的幅值。重力扰动分量幅度的典型值在 40 mGal 的量级上；在中等精度到高精度的系统中，未补偿的加速度偏置更小。在 $-a_{D}\psi_{E}$ 这一项中，东向的动态误差耦合到加速度误差中，其中取 $a_{D}\approx-\hat{g}\approx10\ \mathrm{m/s^{2}}$，即 10^{-6} rad（$\approx0.2''$）的方向误差

导致耦合量大约为 1 mGal。对低动态的运载体情况（$|a_E| \ll \bar{g}$），向下分量的方向误差作用较小。

根据载体速度，仅当重力扰动信号在时域与其他信号特征不同时，就有可能将重力加速度与其他加速度项隔离开来。更精确地说，δg_N 的那些谱分量可以从系统误差中分离而被估计出来。在良好的运载体动态环境下，在导航坐标系中加速度计的偏置本质上仍然保持为偏置。如果稳定运动导致方向误差 ψ_E 的动态特性很大程度上是由陀螺仪漂移引起的[参见式（5－74）和式（5－75）]，那么对应的加速度误差 $-a_D\psi_E$ 类似于一个趋势项。在这种情况下，消除偏置和去趋势技术能估计水平重力的短波长分量。另外，在向量重力测量中，由于 $-a_D\psi_E$ 项（同理，$a_D\psi_N$ 为东向分量）存在，对方向误差的要求极为苛刻，因为陀螺仪误差在惯性导航系统中起决定性作用。

此外，速度误差通过科里奥利项也影响估计精度。例如，式（10－43）中 $\phi=45°$时的值[也可参见式（5－71）]，任何速度分量误差达到 10 cm/s，导致的加速度误差可以达到 1 mGal。

以下讨论动基座陆地系统[此处不包括目前正在研发过程中的空间系统（Jekeli，1999；Fletchner 等，2021），但是包括航空系统]。此外，航空重力测量方法也被看作是地面系统，弥补了易于到达的静态地面测量和仅能由飞机到达的测量区域之间的不足。事实上，由于空间测量系统的速度较大和高度较高，从根本上限制了其仅能精确感知较长的波长，例如长度超过 100 km（可参见 Jekeli，2004）。因此，可以采用航空测量系统，它的速度更小，海拔高度更低，便于调查极地、崎岖山区以及由于货运和成本因素难以到达的其他地区。

现在已经可以精确测量全球长波长，因此可以将讨论限制在确定重力扰动向量上，通常定义为法向重力向量的残差[如式（6－99）]，也很容易参考地球重力场定义类似于式（6－103）的高阶、近似、平面、球谐函数。不论是由正常重力场还是高阶模型，参考重力场总是包括由于地球自转引起的离心加速度，所以重力扰动分量是纯引力加速度（但是为了一致，我们保留了横杠符号）。

10.4.1　惯性定位获得引力加速度

奇怪的是，从与惯性定位相关的误差中推导（水平）重力扰动分量方法的实现，先于使用加速度计直接测量重力扰动分量的方法。原因非常明显，已经存在使用最优估计技术（例如卡尔曼滤波器）来处理 INS 误差的机制，而且，很难或不可能通过微分位置坐标来获得可靠的加速度，即 $\ddot{\boldsymbol{x}}$ 。

第 5.3 节中已经推导出误差动态模型，它将重力扰动量作为系统的误差状态。在 n 系中，根据方程式（5－66），并且速度误差动态强迫项的相关分量 $\boldsymbol{G}^n\boldsymbol{u}$ 是从式（5－65）和式（5－68）获得的，写为

$$(\boldsymbol{G}^n\boldsymbol{u})_{\text{rows}\,4,5,6} = \boldsymbol{D}^{-1}(\boldsymbol{C}_s^n\delta\boldsymbol{a}^s + \delta\bar{\boldsymbol{g}}^n) \tag{10-44}$$

然而，需要注意纯惯性导航在垂直方向（见第 5.2 节）的不稳定性使得使用这种方法

估计垂向重力扰动分量相当困难。根本上来说，我们需要 GPS 和 INS 作为两个相互独立的传感器来提取引力信号，它超出了 GPS 合理服务于该功能的能力（译者：解算垂向运动加速度），并且也提供高精度惯性垂向定位需要的垂向阻尼。因此，我们将垂向位置和速度误差排除在系统状态向量之外，所以限制了重力水平分量的估计。

为了将卡尔曼滤波器用于误差估计，$\delta\boldsymbol{a}^s$ 和 $\delta\bar{\boldsymbol{g}}^n$ 的每个分量进一步表示成随机参数的线性模型。对于加速度误差，我们可以选取式（10－22），重力扰动分量可以表示为高斯-马尔科夫过程。那么，我们可得

$$(\boldsymbol{G}^n\boldsymbol{u})_{\text{rows}4,5}=\boldsymbol{J}\boldsymbol{D}^{-1}\boldsymbol{C}_s^n[\boldsymbol{b}+\text{diag}(\boldsymbol{a}^s)\boldsymbol{\kappa}_A+\boldsymbol{w}_A]+\boldsymbol{J}\boldsymbol{D}^{-1}\delta\bar{\boldsymbol{g}}^n \tag{10-45}$$

式中，$\boldsymbol{J}$ 在式（10－26）中定义，$\boldsymbol{D}$ 在式（5－69）中定义，如果建立的模型为三阶随机过程，$\delta\bar{\boldsymbol{g}}^n$ 的每个分量满足式（6－108）类型的微分方程，并且引入了 2 个新参数。在这种情况下，总状态向量由式（10－23）和式（10－24）给出，通过重力扰动模型状态向量增强为

$$\begin{aligned}\boldsymbol{\varepsilon}_1&=\begin{bmatrix}\psi_N & \psi_E & \psi_D & \delta\dot{\phi} & \delta\dot{\lambda} & \delta\phi & \delta\lambda\end{bmatrix}^{\text{T}}\\ \boldsymbol{\varepsilon}_2&=\begin{bmatrix}\boldsymbol{d}^{\text{T}} & \boldsymbol{b}^{\text{T}} & \boldsymbol{\kappa}_A^{\text{T}}\end{bmatrix}^{\text{T}}\\ \boldsymbol{\varepsilon}_3&=\begin{bmatrix}\delta\bar{g}_N & \delta\bar{g}_E & c_{N1} & c_{E1} & c_{N2} & c_{E2}\end{bmatrix}^{\text{T}}\end{aligned} \tag{10-46}$$

式中，陀螺仪的误差建模为漂移 $\boldsymbol{d}$ 加上白噪声 $\boldsymbol{w}_G$［式（10－21）］，并且参数 c_{N1}，c_{E1}，c_{N2}，c_{E2} 属于三阶高斯-马尔科夫过程［式（6－108）］。显然，传感器误差和重力扰动分量可选的模型能够在系统总状态向量中减少或增加参数个数，必须慎重选择参数以确保如下所述的可估计性。例如，在水平飞行的捷联系统（或水平稳定平台）中，垂向加速度计的偏置和标度系数在以下的步骤中不起作用，因此无法估计它们。

式（10－46）的误差动态方程变成与式（10－25）类似的表达式，写为

$$\frac{\text{d}}{\text{d}t}\begin{bmatrix}\boldsymbol{\varepsilon}_1\\ \boldsymbol{\varepsilon}_2\\ \boldsymbol{\varepsilon}_3\end{bmatrix}=\begin{bmatrix}\boldsymbol{F}_{11} & \boldsymbol{F}_{12} & \boldsymbol{F}_{13}\\ \underset{9\times7}{\boldsymbol{0}} & \underset{9\times9}{\boldsymbol{0}} & \underset{9\times6}{\boldsymbol{0}}\\ \underset{6\times7}{\boldsymbol{0}} & \underset{6\times9}{\boldsymbol{0}} & \boldsymbol{F}_{33}\end{bmatrix}\begin{bmatrix}\boldsymbol{\varepsilon}_1\\ \boldsymbol{\varepsilon}_2\\ \boldsymbol{\varepsilon}_3\end{bmatrix}+\begin{bmatrix}\boldsymbol{G}_1\\ \underset{9\times9}{\boldsymbol{0}}\\ \boldsymbol{G}_3\end{bmatrix}\begin{bmatrix}\boldsymbol{w}_G\\ \boldsymbol{w}_A\\ \boldsymbol{w}_{\delta_g}\end{bmatrix} \tag{10-47}$$

式中，$\boldsymbol{F}_{11}$ 与式（10－25）中的 $\boldsymbol{F}_1$ 相同，是由式（10－20）给出的一个 7×7 的矩阵；$\boldsymbol{F}_{12}$ 与 $\boldsymbol{F}_2$ 相同，由式（10－26）给出，并且

$$\boldsymbol{F}_{13}=\begin{bmatrix}\underset{3\times2}{\boldsymbol{0}} & \underset{3\times4}{\boldsymbol{0}}\\ \boldsymbol{J}\boldsymbol{D}^{-1}\boldsymbol{J}^{\text{T}} & \underset{2\times4}{\boldsymbol{0}}\\ \underset{2\times2}{\boldsymbol{0}} & \underset{2\times4}{\boldsymbol{0}}\end{bmatrix},\boldsymbol{F}_{33}=\begin{bmatrix}\underset{2\times2}{\boldsymbol{0}} & \underset{2\times2}{\boldsymbol{I}} & \underset{2\times2}{\boldsymbol{0}}\\ \underset{2\times2}{\boldsymbol{0}} & \underset{2\times2}{\boldsymbol{0}} & \underset{2\times2}{\boldsymbol{0}}\\ -v^3\text{diag}(\beta_N^3,\beta_E^3) & -3v^3\text{diag}(\beta_N^2,\beta_E^2) & -3\text{diag}(\beta_N,\beta_E)\end{bmatrix} \tag{10-48}$$

式中，运载体速度是 v，具有特定值的两个参数 β_N，β_E 分别对应一个高斯-马尔科夫模型。这些量连同重力扰动分量假定的方差 $\sigma_{\delta\bar{g}_N}^2$ 和 $\sigma_{\delta\bar{g}_E}^2$，产生了白噪声过程的相关方差，它包含在一个 2×1 的向量 $\boldsymbol{w}_{\delta g}$ 中，如式（10－47）所示，在式（6－109）中也给出了。类

似于式（10－26），可表示如下

$$G_1=\begin{bmatrix} C_s^n & \underset{3\times3}{0} & \underset{3\times2}{0} \\ \underset{2\times3}{0} & JD^{-1}C_s^n & \underset{2\times2}{0} \\ \underset{2\times3}{0} & \underset{2\times3}{0} & \underset{2\times3}{0} \end{bmatrix},G_3=\begin{bmatrix} \underset{4\times6}{0} & \underset{4\times2}{0} \\ \underset{2\times6}{0} & \underset{2\times2}{I} \end{bmatrix} \tag{10-49}$$

用于更新的观测值是式（7－51）的差值，即通过积分惯性导航方程得到指示大地测量坐标的值与外部获得大地测量坐标的值（例如从 GPS 获得）之间的差值。类似于式（10－28），观测矩阵可以通过下式给出

$$H=\begin{bmatrix} \underset{2\times5}{0} & \underset{2\times2}{I} & \underset{2\times15}{0} \end{bmatrix} \tag{10-50}$$

如第 10.3.1.1 节中所讨论的，应当考虑 GPS 天线和 INS 之间的位置误差，并进行简单的补偿修正，而修正取决于载体坐标系相对于导航坐标系的方向。我们可以引入这些不同于运载体动态特性的补偿量，作为状态向量中附加的随机参数。

那么，卡尔曼滤波器根据式（7－72）中给出的随机信息确定最优权值，将这些观测的差值分配到不同的误差参数中。这些参数中有两个是重力扰动向量分量，它们的估计值也对应着一个协方差矩阵［式（7－73）中恰当的对角线元素模块］。这个估计步骤的示意如图 10－10 所示。

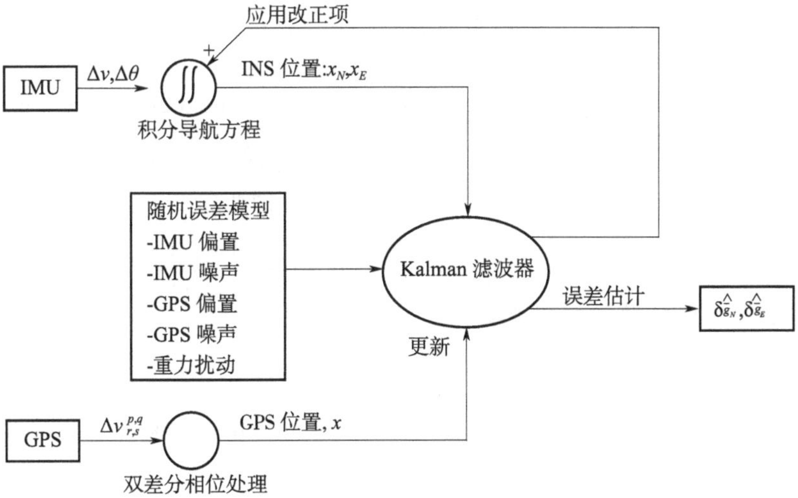

图 10－10　使用惯性定位方法进行重力扰动估计的基本步骤

这个方法的效果取决于指定合理的随机模型，不仅包括惯性传感器常用的系统误差参数模型，也包括重力扰动分量的随机模型。为了获得扰动量的可估计性，这些模型和它们所表示的状态必须截然不同，因为单个“误差”不是与其他误差密不可分的。也就是说，在第 5.4 节中已经验证过加速度计偏置和倾斜误差（由陀螺漂移引起的误差）的不可分离性，这将扩展到重力扰动分量上。后者随机过程的特性必须与传感器随机过程的特性不同，所以滤波器才会产生精确的估计值。

重力扰动估计对随机模型的依赖存在几个缺点（可参见 Schwarz 和 Li，1996）。主要是可以认为有两种方式将重力扰动解释成为一个随机过程。显然这些估计对选定的模型非常敏感（可参见 Jekeli，1995），因此降低了这种方法的鲁棒性。这又符合重力扰动向量随机建模的缺点，如第 6.6.3 节所述。也就是说，由于卡尔曼滤波器是一维的，这两种情况都不适合重力场，所以不能做到完全无误。模型的阶数是有限的，为了简单起见，忽略了不同分量之间的相关性。

然而，它也有诸多优点，首先，更新值以观测位置（或速度）的形式给出，这两种量都能在运动中相对容易地获得。一个经典的例子就是 ZUPT，当然现在 GPS 可以近乎连续地为移动平台提供高精度定位。此外，惯性导航对时间积分的事实表明 IMU 随机误差趋向于更低的频率，因此产生了一个更加平滑的结果。最后，估计是最优的，并且包含了一个确定的协方差，但这些仅在模型合理且有足够精度的情况下才有效。

惯性向量重力测量的演示验证要追溯到 Rose 和 Nash（1972），他们使用船载的惯性导航系统，从 LORAN 系统获得位置和速度更新。因为以 ZUPT 方式的高频率的更新，此方法被研究并主要应用于惯性测量系统（可参见 Schwarz，1980；Huddle，1986）。然而，最严重的阻碍是陀螺仪的漂移误差，它在定位误差中直接与水平重力扰动分量结合，如式（10－43）所示。为了解决这些问题，在控制台站上包括一些“重力更新”［外部测量垂线偏差，式（6－102）］，这样沿着测量轨迹从水平分量中分离出漂移误差。对于固定翼机载系统来说，显然 ZUPT 方法不切实际，这使得诺斯罗普公司（1986）使用一个恒星相机与 INS 搭配，使用相对于已知恒星的观测方向来更新方向角，这样可以连续控制陀螺仪的漂移误差［可参见（Mangold，1997）］。对这种价格昂贵和环境受限方法的另外一个选择，就是通过飞机上加装 3 个或者更多的 GPS 天线测量姿态。然而对于航空向量重力测量来说，测试表明所需要长基线（几米的量级）的弯曲变形会妨碍航空测量获得足够的定向精度。

10.4.2 加速度测量获得引力加速度

对于向量重力测量来说，更直接的方法是使用加速度计（在标量情况下，通常是一款重力仪）测量加速度和精确定位系统观测运动加速度的标量重力测量方法的推广。航空垂向重力测量的成功主要借助于 GPS 以足够的精度和分辨率提供运动定位来计算运动垂向加速度的能力，也可以提供足够精度和分辨率的水平速度（可参考 Brozena 和 Peters，1992；Hein，1995）。其他辅助系统，例如雷达、激光测高仪和 LORAN 系统也能获得很好的结果，但是 GPS 等全球卫星导航系统是当前最主要的应用。重力扰动垂向分量的测量对于平台水平分量 ψ 耦合重力加速度 $\bar{g}_D$ 更加不敏感。在这种情况下，在水平平台上的加速度计测量值是被 ψ 调制的 $\bar{g}_D$，相应的误差仅是二阶的量

$$\bar{g}_D\cos\psi \approx \bar{g}_D - \bar{g}_D\psi^2/2 \tag{10-51}$$

这一事实以及使用 GPS、雷达或激光测高方法精确确定高度，使得机载（标量）重力测量成为可行、可操作的任务，它在世界各地被用于地球物理勘探和科学考察任务

(Lane，2010；NGS，2016)。

显然，根据 GNSS 三维的特性，运动定位很容易地延伸到了通过加速度测量方法进行向量重力测量方面。而且，与第 10.4.1 节中讨论的替代方法不同，它对重力扰动向量的随机解释或建模没有固有的依赖性。但是，我们必须解决方向误差强耦合的问题，即将垂向加速度耦合为一阶的水平加速度误差，如式（10－43）所示的 $a_D\psi$ 。

根据传感器坐标系下加速度计获得的比力 $\boldsymbol{a}^s$ 和 i 系下通过 GNSS 获得的运动加速度 $\ddot{\boldsymbol{x}}^i$ ，在 n 系下的重力向量可以从式（10－41）获得

$$\boldsymbol{g}^n = \boldsymbol{C}_i^n(\ddot{\boldsymbol{x}}^i - \boldsymbol{C}_s^i\boldsymbol{a}^s) \tag{10-52}$$

这是所有使用加速度测量方法进行动基座重力测量的基础，适用于捷联和平台的机械编排，在捷联机械编排中传感器坐标系就是载体坐标系，在平台机械编排中传感器坐标系就是平台坐标系。在详细阐述惯性组件细节之前，需要注意运动加速度分量 $\ddot{\boldsymbol{x}}^i$ 要求相应的准确性，这就要求位置 $\boldsymbol{x}^i$ 的精度很高，加速度是位置的二阶导数

$$\ddot{\boldsymbol{x}}^i = \frac{\mathrm{d}^2}{\mathrm{d}t^2}\boldsymbol{x}^i \tag{10-53}$$

已经存在许多标准数值计算技术来从位置中计算加速度，将以时间为函数的 $\boldsymbol{x}^i$ 每个分量拟合为多样条曲线。位置精度和相应的加速度精度之间的近似关系，可以通过考虑适合伽利略定律的简单的最小二乘来获得

$$x_j^i(t) = \frac{1}{2}a_j t^2; j = 1,2,3; t = \Delta t, 2\Delta t, \cdots, n\Delta t \tag{10-54}$$

式中，a_j 表示在积分（平均）时间 $\tau = n\Delta t$ 估计的加速度向量的第 j 个分量。a_j 未加权最小二乘估计值可以通过式（7－39）给出

$$\hat{a}_j = (\boldsymbol{H}^{\mathrm{T}}\boldsymbol{H})^{-1}\boldsymbol{H}^{\mathrm{T}}\boldsymbol{y}_j \tag{10-55}$$

其中

$$\boldsymbol{H} = \frac{\Delta t^2}{2}(1^2 \quad 2^2 \quad \cdots \quad n^2)^{\mathrm{T}}, \quad \boldsymbol{y}_j = (x_j^i(\Delta t) \quad x_j^i(2\Delta t) \quad \cdots \quad x_j^i(n\Delta t))^{\mathrm{T}} \tag{10-56}$$

估计值的方差由下式给出

$$\begin{aligned}\sigma_{a_j}^2 &= (\boldsymbol{H}^{\mathrm{T}}\boldsymbol{H})^{-1}\boldsymbol{H}^{\mathrm{T}}\mathcal{E}(\boldsymbol{y}_j\boldsymbol{y}_j^{\mathrm{T}})\boldsymbol{H}(\boldsymbol{H}^{\mathrm{T}}\boldsymbol{H})^{-1} = \sigma_{x_j^i}^2(\boldsymbol{H}^{\mathrm{T}}\boldsymbol{H})^{-1} \\ &= \sigma_{x_j^i}^2 \frac{4}{\Delta t^4} - 1\left(\sum_{k=1}^{4}k^4\right)^{-1}\end{aligned} \tag{10-57}$$

其中，假定位置坐标中的误差是不相关的［协方差矩阵 $\mathcal{E}(\boldsymbol{y}_j\boldsymbol{y}_j^{\mathrm{T}})$ 是对角矩阵］，并且均具有相同的方差 $\sigma_{x_j^i}^2$ 。连续整数 q 次幂和的近似公式为

$$\sum_{k=1}^{n}k^q \approx \frac{n^{q+1}}{q+1}, (n \gg 1) \tag{10-58}$$

所以，当 $q = 4$ 时，式（10－57）变成

$$\sigma_{a_j}^2 \approx \frac{20\Delta t}{\tau^5}\sigma^2(x_j^i) \tag{10-59}$$

取 $\Delta t=1\ \mathrm{s}$，平均时间 $\tau=60\ \mathrm{s}$，位置标准偏差为 6 cm，转换成加速度的精度大概是 $1\ \mathrm{mGal}=10^{-5}\mathrm{m/s^2}$。从 GPS 导出位置坐标进行加速度计算的其他例子可以参见 Wei 和 Schwarz（1995）、Jekeli 和 Garcia（1997）、Jekeli（2011）。后者表明式（10－59）相当乐观，并且通常需要沿轨迹进行平滑，位置误差是 GPS（GNSS）导出运动加速度获得 mGal 级精度的主要限制条件。

因为 GPS 天线和 INS 不可能在运载体的同一个位置上，计算加速度和敏感加速度参考空间中不同的点。然而，这些点必须刚性连接，所以这些不同点的加速度是通过杆臂效应联系在一起，第 3.3.1 节已经推导出杆臂效应的关系式。对式（3－98）进行修改以满足当前情况，即在图 3－13 中的壳体是运载体（b 系），并且 $\boldsymbol{b}^b$ 表示 GPS 天线相对于 b 系原点（认为是 IMU 的位置）的坐标向量，我们得出表达式

$$\ddot{\boldsymbol{x}}^i_{\mathrm{antenna}}=\ddot{\boldsymbol{x}}^i_{\mathrm{IMU}}+\boldsymbol{C}^i_s\left[\dot{\boldsymbol{\omega}}^s_{is}\times\boldsymbol{b}^s+\boldsymbol{\omega}^s_{is}\times(\boldsymbol{\omega}^s_{is}\times\boldsymbol{b}^s)\right] \tag{10-60}$$

式中，下标“antenna”和“IMU”分别表示 GPS 天线和 IMU 的位置，显然 $\dot{\boldsymbol{b}}^s=\boldsymbol{0}$。$\ddot{\boldsymbol{x}}^i_{\mathrm{antenna}}$ 是从 GPS 位置坐标计算获得的加速度，$\ddot{\boldsymbol{x}}^i_{\mathrm{IMU}}$ 是式（10－52）中需要的加速度，对于 $\boldsymbol{C}^i_s\boldsymbol{a}^s$ 同样需要 $\ddot{\boldsymbol{x}}^i_{\mathrm{IMU}}$。捷联机械编排下，传感器坐标系相对于惯性坐标系的角速率 $\boldsymbol{\omega}^s_{is}$ 直接由陀螺仪输出获得，由此通过积分获得相应的坐标变换矩阵 $\boldsymbol{C}^i_s$（见第 4.2.3.1 节）；角加速度 $\dot{\boldsymbol{\omega}}^s_{is}$ 可以通过数值微分获得。对于平台稳定系统，类似的公式也成立，例如，如果 s 系是 n 系，$\boldsymbol{\omega}^n_{in}$ 和其导数可以通过 GNSS 获得。在捷联机械编排中（s 系就是 b 系），特别是科里奥利项以及离心项，需要显著的平滑来降低由陀螺仪白噪声产生的高频误差。我们发现，式（3－142）和式（3－143）也产生了这种形式的杆臂效应

$$\begin{aligned}\ddot{\boldsymbol{x}}^i_{\mathrm{antenna}}-\ddot{\boldsymbol{x}}^i_{\mathrm{IMU}}&=\frac{\mathrm{d}^2}{\mathrm{d}t^2}(\boldsymbol{C}^i_b\boldsymbol{b}^b)\\ \ddot{\boldsymbol{x}}^i_{\mathrm{antenna}}-\ddot{\boldsymbol{x}}^i_{\mathrm{IMU}}&=\frac{\mathrm{d}}{\mathrm{d}t}(\boldsymbol{C}^i_b\boldsymbol{\omega}^b_{ib}\times\boldsymbol{b}^b)\end{aligned} \tag{10-61}$$

实际上，式（10－61）等号右侧括号内项的数值微分（使用平滑）能得到更稳定的结果。

10.4.2.1 标量重力测量法

标量重力测量是最常见的机载重力测量系统，主要从静态地面重力仪更改到在动态环境中运行（Valliant，1992；Forsberg 和 Olesen，2010；Heyde，2010；Krasnov 等，2014）。通常，惯性导航系统的垂直加速度计也是重力计，因此可以用于移动重力测量（Wei 和 Tennant，2001；Sander 等，2004）。它们之间测量机理的不同，主要在于惯性检测质量动力学方程是否有阻尼。因为标量重力测量方法意味着测量重力的幅值（因此，与传统的地面测量一致），这些系统通常基于稳定的平台来测量。然而，基于惯性导航系统的捷联系统也在考虑范围内，参见 Glennie 和 Schwarz（1999）和 Czompo 和 Ferguson（1995）。

我们专门研究平台稳定机械编排的公式（10－52）

$$\boldsymbol{g}^n = \boldsymbol{C}_i^n \ddot{\boldsymbol{x}}^i - \boldsymbol{C}_p^n \boldsymbol{a}^p \tag{10-62}$$

式中，平台坐标系（p 系）是通过陀螺仪和加速度计的稳定实现机械保持水平，坐标转换矩阵 $\boldsymbol{C}_p^n$ 表明平台相对于 n 系的倾斜。加速度计测量的加速度直接在 p 系中获得。这里通常使用两种类型的稳定方式。双轴对准是通过陀螺仪和加速度计的组合保持平台水平，即垂直于由重力方向定义的当地垂线，更准确地说是 n' 系，该坐标系通过垂线偏差与 n 系之间的偏转确定（见图 10－11）。平台包括一个已知的方位旋转 α，n' 系的加速度根据公式 $\boldsymbol{a}^{n'} = \boldsymbol{R}_3(-\alpha)\boldsymbol{a}^p$ 从测量加速度中获得。另外一种类型就是保持平台与 n 系一致的舒勒稳定，在这种情况下 $\boldsymbol{C}_p^n = \boldsymbol{I}$ 。LaCoste/Romberg 海空重力仪使用了双轴稳定（Valliant，1992），而桑德尔地球物理公司的 AIRGrav 重力测量系统使用了舒勒调谐稳定系统（Sinkiewicz 等，1997）。

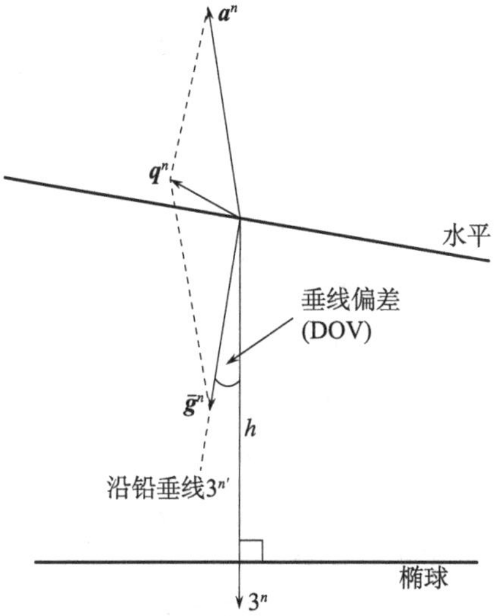

图 10－11　n' 系相对于北东地 n 系的关系。重力向量 $\bar{\boldsymbol{g}}$ 通常在 n 系中具有 3 个非零分量，但是在 n' 系中仅有 1 个非零分量

对于沿当地铅垂线保持垂直的双轴稳定，在理想情况下，垂向加速度计（或重力仪）测量重力加速度总幅值的大小；因此，根据定义这属于标量重力测量的范畴。另一方面，舒勒调谐的稳定提供了测量垂线偏差的能力，因此可以认为它是向量重力测量系统。

由于标量重力测量与获得重力加速度大小有关，因此它便于将离心加速度包括在内。由于地球在任意坐标系 a 中旋转，我们定义的自转速率引起的离心加速度为

$$\boldsymbol{a}_{\text{cent}}^a = \bar{\boldsymbol{g}}^a - \boldsymbol{g}^a \tag{10-63}$$

式中，在 n 系中，根据式（4－89），$\boldsymbol{a}_{\text{cent}}^a = -\boldsymbol{C}_e^n \boldsymbol{\Omega}_{ie}^e \boldsymbol{\Omega}_{ie}^e \boldsymbol{x}^e$ 。这样，我们有

$$\bar{\boldsymbol{g}}^a = \boldsymbol{a}_{\text{cent}}^a + \boldsymbol{g}^a = \boldsymbol{C}_i^a \boldsymbol{a}_{\text{cent}}^i + (\boldsymbol{C}_i^a \ddot{\boldsymbol{x}}^i - \boldsymbol{a}^a) = \boldsymbol{C}_i^a \boldsymbol{q}^i - \boldsymbol{a}^a \tag{10-64}$$

其中

$$\boldsymbol{q}^i = \ddot{\boldsymbol{x}}^i + \boldsymbol{a}_{\text{cent}}^i \tag{10-65}$$

注意，在 i 系中使用式（10－41）和式（10－63）及式（10－65），可得 $\boldsymbol{q}^i = \boldsymbol{a}^i + \bar{\boldsymbol{g}}^i$ ，

这在其他坐标系中也成立（见图 10－11）。

获得重力加速度幅值 $\bar{g}$ 最简单的方法可以通过式（10－64）

$$\bar{g}=|\bar{\boldsymbol{g}}^a|=|\boldsymbol{C}_i^a(\boldsymbol{q}^i-\boldsymbol{C}_p^i\boldsymbol{a}^p)|=|\boldsymbol{q}^i-\boldsymbol{C}_p^i\boldsymbol{a}^p| \tag{10-66}$$

式中，通过 GNSS 数据和平台上 3 个相互垂直的加速度计的 $\boldsymbol{a}^p$，$\boldsymbol{q}^i$ 是可以计算的。这被称为无约束的标量重力测量方法，尤其适合捷联平台。然而，它确实需要知道 p 系全部的方向（坐标转换矩阵 $\boldsymbol{C}_p^i$）。

使用 3 个加速度计输出计算幅值，确实需要特殊方向的方法，被称为旋转不变标量重力测量法（rotation invariant scalar gravimetry，RISG）。我们从专门针对 n' 系的式（10－64）开始，仅用于制定方法（在最终应用中不需要加速度计的特殊方向）

$$\bar{g}=|\bar{\boldsymbol{g}}^{n'}|=g_3^{n'}=(\boldsymbol{q}^{n'}-\boldsymbol{a}^{n'})_3=q_3^{n'}-a_3^{n'} \tag{10-67}$$

这里使用了向量分量下标，考虑到会使用不同的坐标系，下标最终分别从 N，E，D 变为 1，2，3。$a_3^{n'}$ 可以在 p 系中通过首先计算加速度计数据平方幅值来确定，这与在 n' 系中计算的值是相同的

$$a^2=(a_1^p)^2+(a_2^p)^2+(a_3^p)^2=(a_1^{n'})^2+(a_2^{n'})^2+(a_3^{n'})^2 \tag{10-68}$$

现在，$\boldsymbol{a}^{n'}=\boldsymbol{q}^{n'}-\bar{\boldsymbol{g}}^{n'}$［由式（10－64）获得］，可得

$$\begin{aligned} a_3^{n'}&=\sqrt{a^2-(a_1^{n'})^2-(a_2^{n'})^2}=\sqrt{a^2-(q_1^{n'}-\bar{g}_1^{n'})^2-(q_2^{n'}-\bar{g}_2^{n'})^2} \\ &=\sqrt{a^2-(q_1^{n'})^2-(q_2^{n'})^2} \end{aligned} \tag{10-69}$$

式中最后一个等式符合 $\bar{g}_1^{n'}=0=\bar{g}_2^{n'}$；对于 $q_3^{n'}$，可得

$$q_3^{n'}=(\boldsymbol{C}_n^{n'}\boldsymbol{q}^n)_3 \tag{10-70}$$

因此，式（10－67）和式（10－69）中的量 $q_1^{n'}$，$q_2^{n'}$，$q_3^{n'}$ 可以通过 GNSS 的确定量 q_1^n，q_2^n，q_3^n 来严格近似，此处忽略了垂线偏差。

当 $a_3^{n'}$［使用式（10－69）］和 $q_3^{n'}$ 用于计算近似值，$\boldsymbol{q}^{n'}\approx\boldsymbol{q}^n$，为了确定相应的用于式（10－67）的修正，从 n 系到 n' 系的变换为

$$\boldsymbol{C}_n^{n'}\approx\begin{bmatrix}1&0&-\xi\\0&1&-\eta\\\xi&\eta&1\end{bmatrix} \tag{10-71}$$

式中，假定方位角误差 $\delta\alpha$ 是一个二阶影响［与式（10－84）相关］，仅引入垂线偏差分量。对计算值 $\boldsymbol{q}^n$ 的修正可以给出

$$\boldsymbol{q}^{n'}-\boldsymbol{q}^n=(\boldsymbol{C}_n^{n'}-\boldsymbol{I})\boldsymbol{q}^n \tag{10-72}$$

结合式（10－64）和式（4－91），调用式（4－100）和式（4－97），我们发现

$$\boldsymbol{q}^n=\frac{\mathrm{d}\boldsymbol{v}^n}{\mathrm{d}t}+(\boldsymbol{\Omega}_{ie}^n+\boldsymbol{\Omega}_{in}^n)\boldsymbol{v}^n=\begin{bmatrix}\mathrm{d}v_1^n/\mathrm{d}t\\\mathrm{d}v_2^n/\mathrm{d}t\\\mathrm{d}v_3^n/\mathrm{d}t\end{bmatrix}+\begin{bmatrix}v_2^n(\dot{\lambda}+2\omega_e)\sin\phi-\dot{\phi}v_3^n\\-(\dot{\lambda}+2\omega_e)(v_1^n\sin\phi+v_3^n\cos\phi)\\v_1^n\dot{\phi}+v_2^n(\dot{\lambda}+2\omega_e)\cos\phi\end{bmatrix} \tag{10-73}$$

可以给出 $\boldsymbol{q}^n$ 的第三个分量

$$q_3^n = -\ddot{h} + 2\omega_e v_E \cos\phi + \frac{v_N^2}{M+h} + \frac{v_E^2}{N+h} \tag{10-74}$$

式中，等式右边最后三项称为厄特弗斯校正。假定 $|\dot{\lambda}| \ll 2\omega_e$，$|\dot{\phi}| \ll 2\omega_e$，并且 $|v_3^n| \ll |v_{1,2}^n|$，我们可以近似得出

$$\boldsymbol{q}^n \approx \begin{bmatrix} \mathrm{d}v_1^n/\mathrm{d}t \\ \mathrm{d}v_2^n/\mathrm{d}t \\ \mathrm{d}v_3^n/\mathrm{d}t \end{bmatrix} + \begin{bmatrix} 2\omega_e v_2^n \sin\phi \\ -2\omega_e v_1^n \sin\phi \\ 2\omega_e v_2^n \cos\phi \end{bmatrix} \tag{10-75}$$

此外，对于水平速度 $v_{1,2}^n \approx 200$ m/s，我们有 $2\omega_e v_{1,2}^n \approx 3\ 000$ mGal，这比 $\mathrm{d}v^n/\mathrm{d}t$ 的分量任意值都可能小；并且，我们假定 $q_{1,2,3}^n = O(10^4\ \mathrm{mGal})$（见图 10－11）。式（10－72）变为

$$\delta \boldsymbol{q}_{\mathrm{DOV}} = \begin{bmatrix} 0 & 0 & -\xi \\ 0 & 0 & -\eta \\ \xi & \eta & 0 \end{bmatrix} q^n = \begin{bmatrix} -\xi \\ -\eta \\ \xi+\eta \end{bmatrix} O(10^4\ \mathrm{mGal}) \tag{10-76}$$

由于 η，$\xi = O(10^{-5}\ \mathrm{mGal})$，对 $q_{1,2,3}^n$ 计算值的修正值在 0.5 mGal 的量级上，能够从垂线偏差模型来确定，例如 EGM2008 模型，而 $q_{1,2,3}^n$ 的计算值可以通过式（10－73）获得。计算值 $a_3^{n'}$ 的修正值可以通过 $a_3^{n'}$ 相对于 $q_{1,2}^{n'}$ 的微分获得

$$\delta a_3^{n'} = \frac{1}{2} \frac{1}{\sqrt{a^2 - (q_1^{n'})^2 - (q_2^{n'})^2}} (-2q_{1,2}^{n'}) \delta q_{1,2}^{n'} = -\frac{q_{1,2}^{n'}}{a_3^{n'}} \delta q_{1,2}^{n'} \tag{10-77}$$

由于 $a_3^{n'} \approx -10^6$ mGal，所以 $\delta a_3^{n'} = O\left(\frac{10^4\ \mathrm{mGal}}{10^6\ \mathrm{mGal}} 0.5\ \mathrm{mGal}\right) = O(0.005\ \mathrm{mGal})$，可以忽略不计。

在水平稳定平台上使用重力仪进行标量重力测量的情况下，可以直接测量获得式（10－67）中的 $a_3^{n'}$。除了计算校正 $\delta \boldsymbol{q}_{\mathrm{DOV}}$ 外，我们还可以补偿平台倾斜误差的影响，如 Olesen（2003）所述。校正定义见式（5－30）和式（5－34），忽略传感器误差

$$\delta \boldsymbol{a}_{\mathrm{tilt}} = \boldsymbol{a}^{n'} - \tilde{\boldsymbol{a}}^{n'} = -\boldsymbol{\psi}^{n'} \boldsymbol{C}_p^{n'} \tilde{\boldsymbol{a}}^p \tag{10-78}$$

式中，$\tilde{\boldsymbol{a}}^{n'}$，$\tilde{\boldsymbol{a}}^p$ 表示相应的数据值，$\boldsymbol{\psi}^{n'}$ 包含北向、东向和垂向的小角度方向误差 $\psi_1^{n'}$，$\psi_2^{n'}$，$\psi_3^{n'}$

$$\boldsymbol{\psi}^{n'} = \begin{bmatrix} 0 & -\psi_3^{n'} & \psi_2^{n'} \\ \psi_3^{n'} & 0 & -\psi_1^{n'} \\ -\psi_2^{n'} & \psi_1^{n'} & 0 \end{bmatrix} \tag{10-79}$$

假设忽略如上所述的方位误差，那么 $\boldsymbol{C}_p^{n'} = \boldsymbol{I}$。将式（10－64）用于 n' 系，可得

$$\bar{\boldsymbol{g}}^{n'} = \boldsymbol{C}_i^{n'} \boldsymbol{q}^i - (\tilde{\boldsymbol{a}}^{n'} + \delta \boldsymbol{a}_{\mathrm{tilt}}) = \boldsymbol{C}_i^{n'} \boldsymbol{q}^i - (\tilde{\boldsymbol{a}}^{n'} - \boldsymbol{\psi}^{n'} \boldsymbol{C}_p^{n'} \tilde{\boldsymbol{a}}^p) \tag{10-80}$$

并且，由于 $\bar{g}_1^{n'} = 0 = \bar{g}_2^{n'}$，则

$$\begin{bmatrix} 0 \\ 0 \\ \bar{g}_3^{n'} \end{bmatrix} = \begin{bmatrix} q_1^{n'} \\ q_2^{n'} \\ q_3^{n'} \end{bmatrix} - \begin{bmatrix} 1 & \psi_3^{n'} & -\psi_2^{n'} \\ -\psi_3^{n'} & 1 & \psi_1^{n'} \\ \psi_2^{n'} & -\psi_1^{n'} & 1 \end{bmatrix} \begin{bmatrix} \tilde{a}_1^{n'} \\ \tilde{a}_2^{n'} \\ \tilde{a}_3^{n'} \end{bmatrix} \tag{10-81}$$

根据式（10－80）第一个分量和第二个分量可得

$$
\begin{aligned}
q_1^{n'} &= \tilde{a}_1^{n'} + \psi_3^{n'}\tilde{a}_2^{n'} - \psi_2^{n'}\tilde{a}_3^{n'} \approx \tilde{a}_1^{n'} - \psi_2^{n'}\tilde{a}_3^{n'} \\
q_2^{n'} &= \tilde{a}_3^{n'} - \psi_3^{n'}\tilde{a}_1^{n'} + \psi_1^{n'}\tilde{a}_3^{n'} \approx \tilde{a}_2^{n'} + \psi_1^{n'}\tilde{a}_3^{n'}
\end{aligned}
\tag{10-82}
$$

其中，对于几乎水平的平台情况，近似值满足 $|a_{1,2}^{n'}| \ll |a_3^{n'}|$ 。求解角度 $\psi_1^{n'}$，$\psi_2^{n'}$，即 $\psi_1^{n'} = -(\tilde{a}_2^{n'} - q_2^{n'})/\tilde{a}_3^{n'}$ 和 $\psi_2^{n'} = (\tilde{a}_1^{n'} - q_1^{n'})/\tilde{a}_3^{n'}$，使用 $q_{1,2}^{n'} \approx q_{1,2}^{n}$，可得倾斜校正项式（10－78）中的第三个分量

$$
(\delta a_{\text{tilt}})_3 = \frac{\tilde{a}_1^{n'}}{\tilde{a}_3^{n'}}(\tilde{a}_1^{n'} - q_1^{n}) + \frac{\tilde{a}_2^{n'}}{\tilde{a}_3^{n'}}(\tilde{a}_2^{n'} - q_2^{n})
\tag{10-83}
$$

再次假设典型值 $\tilde{a}_{1,2}^{n'} = O(10^4\ \text{mGal})$ 和 $\psi_{1,2}^{n'} = O(20'') = O(1\times10^{-4}\ \text{rad})$，我们可以发现平台倾斜的影响是不能忽略的，误差可以达到 1mGal 的量级，但是可以通过加速度计和 GNSS 的数据进行补偿。

上述分析在一定程度上证实了式（5－52）建模的 INS 误差动态方程，其中使用式（5－59）及式（5－64）～式（5－68），可以给出第三个分量

$$
\begin{aligned}
\delta g_3^n = {} & -\delta\ddot{h} - \delta a_3^n + a_2^n\psi_1^n - a_1^n\psi_2^n + 2\dot{\phi}\delta v_1^n + 2(\dot{\lambda} + \omega_e)\cos\phi\delta v_2^n \\
& - [\bar{\Gamma}_{3,1}^n + \dot{\lambda}(\dot{\lambda} + 2\omega_e)\sin 2\phi]r\delta\phi - \bar{\Gamma}_{3,2}^n r\cos\phi\delta\lambda + (\bar{\Gamma}_{3,3}^n + \dot{\phi}^2 + \dot{\lambda}(\dot{\lambda} + 2\omega_e)\cos^2\phi)\delta h
\end{aligned}
\tag{10-84}
$$

式中，坐标轴的下标 1，2，3 分别代表 N，E，D。这表明北向和东向速度误差效应与方向误差一样，可以确定无方位角误差为二阶项。由于误差动态方程建模仅在 n 系中，而不是在 n' 系中，所以也没有 DOV 效应。东向速度误差 δv_2^n 乘以地球自转速率效应非常明显，例如，在 $\phi = 45°$ 时，0.1 m/s 的速度误差将产生 1 mGal 的厄特弗斯校正项（见式（10－74））。在这种情况下，如果只有总的水平速度可以精确测量，那么航向也非常重要。最后，式（10－84）表明运载体纬度和经度误差一定要达到几个角分（几千米），否则它们将影响加速度达到 1mGal。另外，重力梯度垂向分量 $\bar{\Gamma}_{3,3}^n \approx 0.308\,6\ \text{mGal/m}$，这使得 $\bar{g}_3^n$ 的确定对于垂向位置误差非常敏感。通过 GNSS 定位通常可以获得需要的精度。

重力扰动的最后一个方程，通过 $\delta\bar{g} = |\boldsymbol{g}| - |\boldsymbol{\gamma}|$（可参见 Heiskanen 和 Moritz，1967））来定义，其中 $\gamma = |\boldsymbol{\gamma}|$ 是标称重力向量的幅值（参见第 6.6.1 节），使用式（10－74）

$$
\begin{aligned}
\delta\bar{g} &= q_3^{n'} - a_3^{n'} - \gamma \\
&= q_3^{n} + (\delta q_{\text{DOV}})_3 - [a_3^{p} + (\delta a_{\text{tilt}})_3] - \gamma \\
&= -\ddot{h} - a_3^{p} + \delta g_{\text{Eötvös}} + (\delta q_{\text{DOV}})_3 - (\delta a_{\text{tilt}})_3 - \gamma
\end{aligned}
\tag{10-85}
$$

式中，在 NED 坐标系中 a_3^p 为负值（大约等于 $-\delta\bar{g}$）。需要注意，辅助加速度数据 $a_{1,2}^p$ 进入校正项 $(\delta q_{\text{DOV}})_3$ 和 $(\delta a_{\text{tilt}})_3$，不需要很精确；然而，$a_3^p$（和 $\ddot{h}$）最终决定了移动平台标量重力测量的性能。回顾式（10－67）～式（10－85），可以发现后者对于双轴水平稳定和舒勒调谐平台均成立。

10.4.2.2 矢量重力测量法

如第 10.4 节的引言所述，矢量重力测量是指确定重力（或引力）矢量的所有三个分量；习惯上，通常在指向北和椭球体法线（第 6.6.1 节）的导航坐标系（n 系）中表示这些量。从实际出发，重力扰动向量是最终需要的量，它在 n 系消除了参考重力，主要集中在垂向分量上。在 n 系中，使用定义式（6－99）和式（10－64），可得

$$\delta\bar{\boldsymbol{g}}^n = \bar{\boldsymbol{g}}^n - \boldsymbol{\gamma}^n = \boldsymbol{C}_i^n(\boldsymbol{q}^i - \boldsymbol{C}_s^i\boldsymbol{a}^s) - \boldsymbol{\gamma}^n \tag{10-86}$$

在捷联机械编排中（s 系就是 b 系），式（10－86）右边的所有量是可以通过测量或计算获得的。加速度计获得 $\boldsymbol{a}^b$，从载体坐标系到惯性坐标系的坐标转换矩阵 $\boldsymbol{C}_s^i$ 直接从陀螺仪的输出 $\boldsymbol{\omega}_{ib}^b$ 通过四元数积分对应的微分方程获得［见第 4.2.3.1 节式（4－21）］。陀螺仪误差将影响计算值 $\boldsymbol{C}_b^i\boldsymbol{a}^b$，如第 5.3 节所述。式（10－65）给出的 $\boldsymbol{q}^i$ 计算的最大困难是对位置的数值微分，如第 10.4.2 节的引言所述。最后，通过式（1－87）和式（1－78）给出转换矩阵 $\boldsymbol{C}_i^n = \boldsymbol{C}_e^n\boldsymbol{C}_i^e$，从地球固联的笛卡儿坐标系到大地测量坐标系变换式（1－84）计算运载体的位置，使用该位置计算转换矩阵。这些坐标中的误差表示重力扰动向量的配准误差，这些误差的大小取决于重力扰动分量的梯度，而梯度值足够小（通常小于 0.1 mGal/m），允许几米的位置误差。而且，在标量重力测量中，在计算 $\boldsymbol{\gamma}^n$ 的垂向分量时，高度测定要求更加严格，这是因为重力的垂向梯度大约是 0.31 mGal/m。然而，GNSS 获得的位置精度可以很容易地满足所有计算和估计量对位置的要求。

对于稳定系统（s 系就是 p 系），例如舒勒调谐平台，式（10－86）中的坐标转换矩阵 $\boldsymbol{C}_i^n$ 和 $\boldsymbol{C}_p^i$ 结合 $\boldsymbol{a}^p$ 就可以直接测量 $\boldsymbol{a}^n$。虽然从机械系统的角度来看更加复杂，但 n 系中的稳定性往往会提高加速度计的性能，在这种情况下更不易受到运载体动态环境的影响。对于捷联机械编排来说，$\boldsymbol{C}_i^n\boldsymbol{q}^i$ 向量的计算严格依赖 GNSS，并且更易受到同样误差的干扰。

在这种直接加速度法中，估计与 IMU 相关的主要误差是可取甚至必要的。此处，我们仅考虑捷联机械编排作为稳定系统更可行的替代方案，以突出使用统一的方法从重力扰动参数分离出 IMU 的误差。对舒勒调谐系统的估计也将遵循类似的思路。卡尔曼滤波器可很容易地配置，GNSS 获得的运动加速度可以作为外部更新。现在，系统状态变量包括重力扰动分量，如惯性定位用于重力估计的方法已在第 10.4.1 节中描述，这将陀螺仪误差和加速度计误差关联起来，但仍受限于 IMU 的误差参数和方位误差。举例说明，如式（10－46），我们将传感器误差限定在加速度计偏置、标度系数误差；然而，在实际情况中，根据估计量的不同，可能选择一组不同的参数作为系统状态变量。

这样，设置系统的状态向量为

$$\boldsymbol{\varepsilon} = [(\boldsymbol{\psi}^i)^{\mathrm{T}} \quad \boldsymbol{\varepsilon}_2^{\mathrm{T}} \quad \boldsymbol{\varepsilon}_3^{\mathrm{T}}]^{\mathrm{T}} \tag{10-87}$$

式中，$\boldsymbol{\psi}^i$ 是方向误差向量；在式（10－46）中给出的 $\boldsymbol{\varepsilon}_2$，$\boldsymbol{\varepsilon}_3$ 分别包含传感器误差状态和与重力扰动分量模型相关的状态变量。方位误差的动态方程由式（5－46）的第一个方程给出；并且，假定传感器误差为随机常数，其动态特性由式（6－67）给出。三个重力扰动分量均可由一个三阶高斯-马尔科夫过程表示（通常在 n 系中），满足式（6－85）；也就是说，现在 $\boldsymbol{\varepsilon}_3$ 包含以下 9 个分量

$$\boldsymbol{\varepsilon}_3 = (\delta\bar{g}_N \quad \delta\bar{g}_E \quad \delta\bar{g}_D \quad c_{N1} \quad c_{E1} \quad c_{D1} \quad c_{N2} \quad c_{E2} \quad c_{D2})^{\mathrm{T}} \tag{10-88}$$

使用 $\delta\boldsymbol{\omega}_{ib}^b = \boldsymbol{d} + \boldsymbol{w}_G$ ，类似于式（10－21），我们有

$$\frac{\mathrm{d}}{\mathrm{d}t}\begin{bmatrix}\boldsymbol{\psi}^i \\ \boldsymbol{\varepsilon}_2 \\ \boldsymbol{\varepsilon}_3\end{bmatrix} = \begin{bmatrix}\underset{3\times3}{\mathbf{0}} & \boldsymbol{F} & \underset{9\times9}{\mathbf{0}} \\ \underset{9\times3}{\mathbf{0}} & \underset{9\times9}{\mathbf{0}} & \underset{9\times9}{\mathbf{0}} \\ \underset{9\times3}{\mathbf{0}} & \underset{9\times9}{\mathbf{0}} & \boldsymbol{F}_{33}\end{bmatrix}\begin{bmatrix}\boldsymbol{\psi}^i \\ \boldsymbol{\varepsilon}_2 \\ \boldsymbol{\varepsilon}_3\end{bmatrix} + \begin{bmatrix}\boldsymbol{G}_1 \\ \underset{9\times6}{\mathbf{0}} \\ \boldsymbol{G}_3\end{bmatrix}\begin{bmatrix}\boldsymbol{w}_G \\ \boldsymbol{w}_{\delta c}\end{bmatrix} \tag{10-89}$$

式中

$$\boldsymbol{F} = (-\boldsymbol{C}_b^i \quad \underset{3\times6}{\mathbf{0}}),\boldsymbol{G}_1 = (-\boldsymbol{C}_b^i \quad \underset{3\times3}{\mathbf{0}}),\boldsymbol{G}_3 = \begin{bmatrix}\underset{6\times3}{\mathbf{0}} & \underset{6\times3}{\mathbf{0}} \\ \underset{3\times3}{\mathbf{0}} & \underset{3\times3}{\boldsymbol{I}}\end{bmatrix} \tag{10-90}$$

$\boldsymbol{F}_{33}$ 类似于式（10－48），为

$$\boldsymbol{F}_{33} = \begin{bmatrix}\underset{3\times3}{\mathbf{0}} & \underset{3\times3}{\boldsymbol{I}} & \underset{3\times3}{\mathbf{0}} \\ \underset{3\times3}{\mathbf{0}} & \underset{3\times3}{\mathbf{0}} & \underset{3\times3}{\boldsymbol{I}} \\ -v^3\mathrm{diag}(\beta_N^3,\beta_E^3,\beta_D^3) & -3v^2\mathrm{diag}(\beta_N^2,\beta_E^2,\beta_D^2) & -3v\mathrm{diag}(\beta_N,\beta_E,\beta_D)\end{bmatrix} \tag{10-91}$$

对应于式（7－51），观测值更新通过 IMU 敏感加速度 $\tilde{\boldsymbol{a}}^i$ 和外部观测加速度之差获得。通过式（10－41）的基本关系，在 i 系中，这个外部加速度可以通过运动加速度 $\tilde{\ddot{\boldsymbol{x}}}^i$ 和引力加速度 $\boldsymbol{g}^i$ 获得，根据式（10－86）和式（4－89）可得

$$\boldsymbol{g}^i = \boldsymbol{\gamma}^i + \boldsymbol{\Omega}_{ie}^i\boldsymbol{\Omega}_{ie}^i\boldsymbol{x}^i + \delta\bar{\boldsymbol{g}}^i \tag{10-92}$$

然而，作为外部观测量，我们必须通过已知正常重力 $\boldsymbol{\gamma}^i$ 加上离心加速度来估计 $\boldsymbol{g}^i$ 。所以，外部观测模型为

$$\boldsymbol{y} = \tilde{\boldsymbol{a}}^i - [\tilde{\ddot{\boldsymbol{x}}}^i - (\boldsymbol{\gamma}^i + \boldsymbol{\Omega}_{ie}^i\boldsymbol{\Omega}_{ie}^i\boldsymbol{x}^i)] \tag{10-93}$$

其中，波浪线“～”表示从 GPS（GNSS）获得的观测值或 IMU 传感器的数据。如在第 7.3.2 节所述，符号 $\boldsymbol{y}$ 用于替代 $\delta\boldsymbol{y}$ 。如上所述，使用精确定位后，正常重力加速度（加上离心加速度部分）中的对准误差（由不正确的位置坐标导致的误差）是不用考虑的。其次，计算加速度 $\tilde{\ddot{\boldsymbol{x}}}^i$ 是指 IMU 参考点的加速度，并且应当包括式（10－60）或式（10－61）中所示的杆臂效应。

然而，观测量 $\boldsymbol{y}$ 不仅反映了假定重力加速度中的误差，也反映了敏感加速度和计算加速度之间的误差

$$\delta\boldsymbol{a}^i = \tilde{\boldsymbol{a}}^i - \boldsymbol{a}^i$$

$$\delta\ddot{\boldsymbol{x}}^i = \tilde{\ddot{\boldsymbol{x}}}^i - \ddot{\boldsymbol{x}}^i \tag{10-94}$$

通过式（5－35）中 i 系的加速度、式（10－22）中的 $\delta\boldsymbol{a}^b$ 以及运动加速度的白噪声 $\boldsymbol{w}_K$ 的组合给出这些误差

$$\begin{aligned}\delta\boldsymbol{a}^{i} &= \boldsymbol{C}_{b}^{i}\delta\boldsymbol{a}^{b} - \boldsymbol{\Psi}^{i}\boldsymbol{C}_{b}^{i}\boldsymbol{a}^{b} \\ &= \boldsymbol{C}_{b}^{i}[\boldsymbol{b} + \mathrm{diag}(\boldsymbol{a}^{b})\boldsymbol{\kappa}_{A} + \boldsymbol{w}_{A}] + \boldsymbol{a}^{i} \times \boldsymbol{\psi}^{i}\end{aligned} \tag{10-95}$$

$$\delta\ddot{\boldsymbol{x}}^{i} = \boldsymbol{w}_{K}$$

后者是一种理想情况，即使用足够的平滑来合理地近似，降低由数值微分产生的高频误差。将式（10-94）代入式（10-93），并且结合式（10-41）和式（10-92），观测模型变为

$$\boldsymbol{y} = \delta\boldsymbol{a}^{i} - \delta\ddot{\boldsymbol{x}}^{i} - \delta\bar{\boldsymbol{g}}^{i} \tag{10-96}$$

根据式（10-95），它可以用系统的状态变量表示为

$$\boldsymbol{y} = \boldsymbol{H}\boldsymbol{\varepsilon} + \boldsymbol{v} \tag{10-97}$$

其中，根据式（10-87）并且 $\delta\bar{\boldsymbol{g}}^{i} = \boldsymbol{C}_{n}^{i}\delta\bar{\boldsymbol{g}}^{n}$，3×9 的观测矩阵是

$$\boldsymbol{H} = \begin{bmatrix}[\boldsymbol{a}^{i}\times] & \boldsymbol{0} & \boldsymbol{C}_{b}^{i} & \boldsymbol{C}_{b}^{i}\mathrm{diag}(\boldsymbol{a}^{b}) & -\boldsymbol{C}_{n}^{i} & \boldsymbol{0} & \boldsymbol{0}\end{bmatrix} \tag{10-98}$$

噪声向量是

$$\boldsymbol{v} = \boldsymbol{C}_{b}^{i}\boldsymbol{w}_{A} - \boldsymbol{w}_{K} \tag{10-99}$$

假定误差 $\boldsymbol{w}_{A}$ 和 $\boldsymbol{w}_{K}$ 不相关，并且其协方差矩阵分别为 $\boldsymbol{R}_{A}$ 和 $\boldsymbol{R}_{K}$，$\boldsymbol{v}$ 的协方差矩阵可以通过下式给出

$$\boldsymbol{R} = \boldsymbol{C}_{b}^{i}\boldsymbol{R}_{A}\boldsymbol{C}_{i}^{b} + \boldsymbol{R}_{K} \tag{10-100}$$

状态参数向量 $\boldsymbol{\varepsilon}$ 的估计值，包括了重力扰动分量，可以使用式（7-73）给出的方差矩阵由式（7-72）递归计算。相比于第 10.4.1 节给出的方法，因为这种方法不是基于确定一个惯性导航解，所以它可以得到 $\delta\bar{\boldsymbol{g}}^{i}$ 的 3 个分量。然而，该方法仍然需要一个重力扰动随机模型，如第 10.4.1 节和第 6.6.3 节所述，而重力扰动模型构建存在一些问题。

另一个选择是从误差参数中去掉重力扰动向量，这已被 Jekeli 和 Kwon（1999）成功应用，那么可以由下式表示

$$\hat{\boldsymbol{\varepsilon}} = [(\boldsymbol{\psi}^{i})^{\mathrm{T}} \quad \boldsymbol{\varepsilon}_{2}^{\mathrm{T}}]^{\mathrm{T}} \tag{10-101}$$

动态方程式（10-89）进行相应的简化

$$\frac{\mathrm{d}}{\mathrm{d}t}\begin{bmatrix}\boldsymbol{\psi}^{i} \\ \boldsymbol{\varepsilon}_{2}\end{bmatrix} = \begin{bmatrix}\underset{3\times3}{\boldsymbol{0}} & \boldsymbol{F} \\ \underset{9\times3}{\boldsymbol{0}} & \underset{9\times9}{\boldsymbol{0}}\end{bmatrix}\begin{bmatrix}\boldsymbol{\psi}^{i} \\ \boldsymbol{\varepsilon}_{2}\end{bmatrix} + \begin{bmatrix}\boldsymbol{G} \\ \underset{9\times6}{\boldsymbol{0}}\end{bmatrix}\boldsymbol{w}_{G} \tag{10-102}$$

观测模型（10-97）现在变为

$$\hat{\boldsymbol{y}} = \boldsymbol{y} + \delta\bar{\boldsymbol{g}}^{i} = \hat{\boldsymbol{H}}\hat{\boldsymbol{\varepsilon}} + \boldsymbol{v} \tag{10-103}$$

式中，观测矩阵是

$$\hat{\boldsymbol{H}} = ([\boldsymbol{a}^{i}\times] \quad \underset{3\times3}{\boldsymbol{0}} \quad \boldsymbol{C}_{b}^{i} \quad \boldsymbol{C}_{b}^{i}\mathrm{diag}(a^{b})) \tag{10-104}$$

噪声的协方差矩阵由式（10-100）给出。

将卡尔曼滤波器用于系统状态变量式（10-101），根据式（10-102）动态变化，并用由式（10-93）计算的观测值 $\boldsymbol{y}$ 更新，得到这些状态相应的估计值

$$\hat{\hat{\boldsymbol{\varepsilon}}} = \hat{\boldsymbol{\varepsilon}} + \delta\hat{\boldsymbol{\varepsilon}} \tag{10-105}$$

其中

$$\delta\hat{\boldsymbol{\varepsilon}}=[(\delta\boldsymbol{\psi}^{i})^{\mathrm{T}}\quad\delta\boldsymbol{d}^{\mathrm{T}}\quad\delta\boldsymbol{b}^{\mathrm{T}}\quad\delta\boldsymbol{\kappa}_{A}^{\mathrm{T}}]^{\mathrm{T}}\tag{10-106}$$

是估计值中各个真实误差的向量。参数估计值 $\hat{\boldsymbol{\varepsilon}}$ 产生一个调整后的观测值，给出如下

$$\hat{\boldsymbol{y}}=\widehat{\boldsymbol{H}}\hat{\boldsymbol{\varepsilon}}\tag{10-107}$$

这个调整后的观测值相对于观测值的残差连续使用式（10－107）、式（10－105）、式（10－103）、式（10－99）、式（10－104）和式（10－106）得出

$$\begin{aligned}\boldsymbol{v}&=\boldsymbol{y}-\hat{\boldsymbol{y}}\\&=\boldsymbol{y}-\widehat{\boldsymbol{H}}\hat{\varepsilon}\\&=\boldsymbol{y}-\widehat{\boldsymbol{H}}(\hat{\boldsymbol{\varepsilon}}+\delta\hat{\boldsymbol{\varepsilon}})\\&=\boldsymbol{y}-(\boldsymbol{y}+\delta\bar{\boldsymbol{g}}^{i}-\boldsymbol{v}+\widehat{\boldsymbol{H}}\delta\hat{\boldsymbol{\varepsilon}})\\&=-\delta\bar{\boldsymbol{g}}^{i}-\boldsymbol{C}_{b}^{i}[\delta\boldsymbol{b}+\mathrm{diag}(\boldsymbol{a}^{b})\delta\boldsymbol{\kappa}_{A}]-\boldsymbol{a}^{i}\times\delta\boldsymbol{\psi}^{i}+\boldsymbol{C}_{b}^{i}\boldsymbol{w}_{A}-\boldsymbol{w}_{K}\end{aligned}\tag{10-108}$$

根据式（10－108）的第一个方程，使用式（10－93）和式（10－107）计算残差；但是，如最后一个方程所示，它包含了重力扰动向量，也包括系统参数估计值中的真实误差、IMU 传感器的噪声和观测运动加速度误差（陀螺仪误差通过 $\delta\boldsymbol{\psi}^{i}$ 进入系统）。如果相对于重力扰动向量来说，我们假定后边的项是小量，那么（负的）残差估计值为

$$\boldsymbol{v}\approx-\delta\bar{\boldsymbol{g}}^{i}\tag{10-109}$$

显然，一旦在 i 系中确定 $\delta\bar{\boldsymbol{g}}^{i}$，那么它很容易通过 $\boldsymbol{C}_{b}^{i}$ 变换到导航坐标系中，而坐标变换矩阵可以从运载体的位置坐标获得。总的估计步骤示意图如图 10－12 所示。

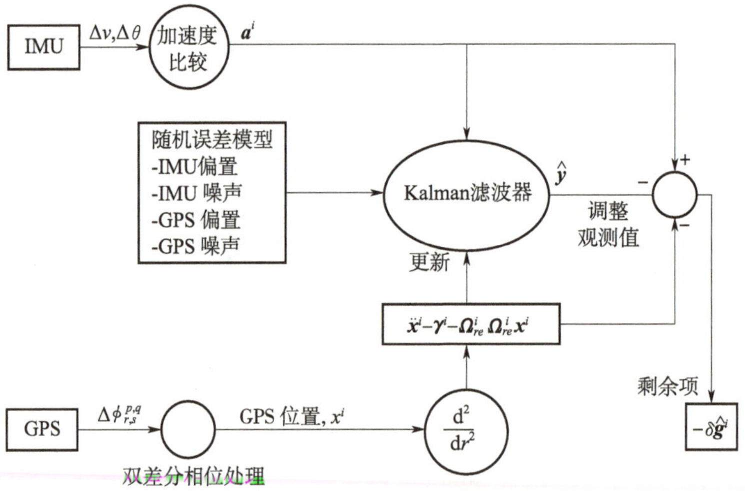

图 10－12　使用加速度方法进行重力扰动向量估计的步骤

当同时估计传感器误差时，这种确定重力扰动向量的非常规方法是基于最小二乘方法校正中检测异常值的常规技术，而最小二乘校正是通过监测对应的调整后观测量的残差来实现的。更加普遍的是，残差中显著的系统特性通常表明了故障或者建模缺陷。在我们的研究中，观测模型近似为式（10－103）右侧的方程。

虽然这种方法避免了重力扰动的随机模型，但它一定伴随着一些严重的挑战，参见(Kwon 和 Jekeli，2002)。这些重力扰动信号（通过运载体的速度转换到时域中）表现出与传感器误差相同的信号特征时，将被卡尔曼滤波中的相应估计值归混在一起。这意味着估计值中的真实误差 $\delta\hat{\boldsymbol{\varepsilon}}$ 可能很大，因此可能会破坏式（10-109）中的结果。本质上，这种方法的可行性在于，将重力扰动信号从影响导航坐标系下加速度测量的传感器误差中分离出来。但是，这些方法都是如此，再次强调了动基座向量重力测量的根本问题。

尝试了其他类型的重力建模（可参见 Salychev，1995，1998)，但是向量重力测量的最终成功，取决于惯性传感器可预测的系统误差和移动平台的低角度和线性动态特性。向量重力测量的其他成功应用，包括舒勒稳定系统（Annecchione 等，2006）和捷联系统(Wang 等，2018)。

参考文献

[1] Abramowitz, M., Stegun, I. A. (eds.). (1972): Handbook of Mathematical Functions. Dover Publications, New York.

[2] Acar, C., Shkel, A. (2009): MEMS Vibratory Gyroscopes, Structural Approaches to Improve Robustness. Springer Science and Business Media, LLC, New York, NY.

[3] Adams, J. R. (1979): Description of the local level inertial survey system and its simulation. Technical Report 59, Geodesy and Geomatics Engineering, University of New Brunswick, Fredericton, New Brunswick, Canada.

[4] AFSC (1992): Specification for USAF Standard Form, Fit, and Function (F3) Medium Accuracy Inertial Navigation Unit. SNU 84-1, Rev. D, Aeronautical Systems Division, Air Force Systems Command, Wright-Patterson AFB, OH.

[5] Altamimi, Z., Rebischung, P., Métivier, L., Collilieux, X. (2017): Analysis and Results of ITRF2014, IERS Technical Note 38, Verlag des Bundesamts für Kartographie und Geodäsie, Frankfurt am Main.

[6] Analog Devices (2013): ADXRS450 Data Sheet. https://www.analog.com/media/en/technical-documentation/data-sheets/ADXRS450.pdf.

[7] Anderson, B. D. O., Moore, J. B. (1979): Optimal Filtering. Prentice-Hall, Englewood Cliffs, NJ. Andrejasic, M. (2008): MEMS accelerometers. Seminar, Department of Physics, University of Ljubljana, Archived (2014). https://web.archive.org/web/20140611054427/http://mafija.fmf.uni-lj.si/seminar/files/2007_2008/MEMS_accelerometers-koncna.pdf.

[8] Annecchione, M. A., Keating, P., Chouteau, M. (2006): Validating airborne vector gravimetry data for resource exploration. Geophysics, 71 (6): 171-180.

[9] Apostolyuk, V. (2006): Theory and design of micromechanical vibratory gyroscopes. In: C. T. Leondes (ed.), MEMS/NEMS. Springer, Boston, MA.

[10] Arfken, G. (1970): Mathematical Methods for Physics. Academic Press, New York.

[11] Babuska, I., Prager, M., Vitasek, E. (1966): Numerical Processes in Differential Equations. John Wiley & Sons, Ltd., London.

[12] Barbour, N., Schmidt, G. (1998): Inertial sensor technology trends. Proceedings of the IEEE Symposium on Autonomous Underwater Vehicle Technology, 20-21 August 1998, Cambridge, Massachusetts, pp. 55-62.

[13] Barbour, N., Hopkins, R., Kourepenis, A., Ward, P. (2010): Inertial MEMS system applications. Report RTOEN-SET-116, Charles Stark Draper Laboratory, Cambridge, Massachusetts.

[14] Bassiri, S., Hajj, G. A. (1993): Higher-order ionospheric effects on the Global Positioning System observables and means of modeling them. Manuscripta Geodaetica, 18 (5): 280-289.

[15] Baziw, J., Leondes, C. T. (1972a): In-flight alignment and calibration of inertial measurement units-Part I: General formulation. IEEE Transactions on Aerospace and Electronic Systems, AES-8 (4):439-449.

[16] Baziw, J., Leondes, C. T. (1972b): In-flight alignment and calibration of inertial measurement units-Part Ⅱ: Experimental results. IEEE Transactions on Aerospace and Electronic Systems, AES-8 (4): 450-465.

[17] Beck, G. E. (1971): Navigation Systems. Van Nostrand Reinhold, London.

[18] Bernstein, J., Cho, S., King, A. T., Kourepenis, A., Maciel, P., Weinberg, W. (1993): A micromachined combdrive tuning fork rate gyroscope. Proceedings IEEE Micro Electro Mechanical Systems, Fort Lauderdale, Florida, pp. 143-148.

[19] Bierman, G. J. (1973): Fixed interval smoothing with discrete measurements. International Journal of Control, 18 (1): 65-75.

[20] Bierman, G. J. (1977): Factorization Methods for Discrete Sequential Estimation. Academic Press, New York.

[21] BIPM (1991): Le Systè me International d" Unité s (SI). Bureau International des Poids et Mesures, Sè vres.

[22] Boas, M. L. (1966): Mathematical Methods in the Physical Sciences. John Wiley and Sons, Inc., New York.

[23] Bock, Y., Abbot, R. I., Counselman, C. C., King, R. W. (1986): A demonstration of 1-2 parts in 10^7 accuracy using GPS. Bulletin Géodésique, 60: 241-254.

[24] Borkowski, K. M. (1989): Accurate algorithms to transform geocentric to geodetic coordinates. Bulletin Géodésique, 63: 50-56.

[25] Bortz, J. E. (1971): A new mathematical formulation for strapdown inertial navigation. IEEE Transactions on Aerospace and Electronic Systems, AES-7 (1): 61-66.

[26] Boyce, W. E., DiPrima, R. C. (1969): Elementary Differential Equations and Boundary Value Problems. John Wiley & Sons, Inc., New York.

[27] Bracewell, R. N. (2000): The Fourier Transform and Its Applications (3rd ed.). McGraw-Hill Science, Engineering & Mathematics, International Edition, Singapore.

[28] Britting, K. R. (1971): Inertial Navigation Systems Analysis. Wiley Interscience, Wiley & Sons, New York.

[29] Brogan, W. L. (1974): Modern Control Theory. Quantum Publ., Inc., New York.

[30] Brown, R. G., Hwang, P. Y. C. (1992): Introduction to Random Signals and Applied Kalman Filtering. John Wiley & Sons, Inc., New York.

[31] Broxmeyer, C. (1964): Inertial Navigation Systems. McGraw Hill Book Company, New York.

[32] Brozena, J. M. (1991): GPS and airborne gravimetry: Recent progress and future plans. Bulletin Géodésique, 65: 116-121.

[33] Burdess, J. S., Harris, A. J., Cruickshank, J., Wood, D., Cooper, G. (1994): Review of vibratory gyroscopes. Engineering Science and Education Journal, 3 (6): 249-254.

[34] Chang, C. B., Dunn, K. P. (2016): Applied State Estimation and Association. M. I. T. Press, Cambridge, Massachusetts.

[35] Chapin, D. (1998): Gravity instruments: Past, present, future. The Leading Edge, 17 (1): 100 - 112.

[36] Chatfield, A. B. (1997): Fundamentals of High Accuracy Inertial Navigation. American Institute of Aeronauticsand Astronautics, Inc., Reston, Virginia.

[37] Chow, W. W., Gea - Banacloche, J., Pedrotti, L. M., Sanders, V. E., Schleich, W., Scully, M. O. (1985): The ring laser gyro. Reviews of Modern Physics, 57 (1): 61 - 104.

[38] Conte, S. D., de Boor, C. (1965): Elementary Numerical Analysis. McGraw - Hill Book Co., New York.

[39] Craig, R. J. G. (1972a): Theory of operation of an elastically supported, tuned gyroscope. IEEE Transactions onAerospace and Electronic Systems, AES - 8 (3): 280 - 288.

[40] Craig, R. J. G. (1972b): Theory of errors of a multigimbal, elastically supported, tuned gyroscope. IEEE Transactions on Aerospace and Electronic Systems, AES - 8 (3): 289 - 297.

[41] Cressie, N. A. C. (1993): Statistics for Spatial Data. John Wiley and Sons, Inc., New York.

[42] Czompo, J., Ferguson, S. T. (1995): Design considerations for a new scalar gravity meter for airborne surveys. In: K. P. Schwarz, et al. (eds.), Airborne Gravimetry. IAG Symposium G4, IUGG XXI General Assembly, 2 - 14 July 1995, Boulder, Colorado.

[43] Dehant, V., Mathews, P. M. (2015): Precession, Nutation, and Wobble of the Earth. Cambridge University Press, Cambridge, U. K.

[44] Dudewicz, E. J. (1976): Introduction to Statistics and Probability. Holt, Rinehart, and Winston, New York.

[45] Elhashash, M., Albanwan, H., Qin, R. (2022): A review of mobile mapping systems: From sensors to applications. Sensors, 22: 4262.

[46] El - Sheimy, N., Schwarz, K. P. (1998): Navigating urban areas by VISAT - A mobile mapping system integrating GPS/INS/Digital cameras for GIS applications. Navigation, Journal of the Institute of Navigation, 45 (4): 275 - 285.

[47] Eissfeller, B., Spietz, P. (1989): Shaping filter design for the anomalous gravity field by means of spectral factorization. Manuscripta Geodaetica, 14: 183 - 192.

[48] ESA (1997): The Hipparcos and Tycho Catalogues. SP 1200, ESA Publications Division, c/o ESTEC, Noordwijk, The Netherlands.

[49] Everitt, C. W. F. (1988): The Stanford relativity gyroscope experiment (A): History and overview. In: J. D. Fairbanks, et al. (eds.), Near Zero: New Frontiers of Physics. W. H. Freeman and Co., New York.

[50] Everitt, C. W. F., et al. (2011): Gravity probe B: Final results of a space experiment to test general relativity. Physical Review Letters, 106 (22): 221101. doi: 10.1103/PhysRevLett.106.221101.

[51] Flechtner, F., Reigber, C., Rummel, R., Balmino, G. (2021): Satellite gravimetry: A review of its realization. Surveys in Geophysics, 42: 1029 - 1074.

[52] Forsberg, R. (1987): A new covariance model for inertial gravimetry and gradiometry. Journal of Geophysical Research, 92 (B2): 1305 - 1310.

[53] Forsberg, R., Olesen, A. (2010): Airborne gravity field determination. In: G. Xu (ed.), Sciences of Geodesy - I, Advances and Future Directions, pp. 83 - 104. Springer Verlag, Berlin.

[54] Fraser, D. C. (1967): A new technique for the optimal smoothing of data. Report No. T - 474, M. I. T. Instrumentation Lab, Cambridge, Massachusetts.

[55] Gao, Y., Krakiwsky, E. J., Abousalem, M. A. (1993): Comparison and analysis of centralized, decentralized, and federated filters. Navigation, Journal of the Institute of Navigation, 40 (1): 69 - 86.

[56] Gear, C. W. (1971): Numerical Initial Value Problems in Ordinary Differential Equations. Prentice - Hall, Inc., Englewood, NJ.

[57] Gelb, A. (1974): Applied Optimal Estimation. M. I. T. Press, Cambridge, Massachusetts.

[58] Glennie, C., Schwartz, K. P. (1999): A comparison and analysis of airborne gravimetry results from two strapdown inertial DGPS systems. Journal of Geodesy, 73 (6): 311 - 321.

[59] Goldstein, H. (1950): Classical Mechanics. Addison - Wesley Pub. Co., Reading, MA.

[60] Goursat, E. (1945): Differential Equations. Dover Pub, New York.

[61] Gradshteyn, I. S., Ryzhik, I. M. (1980): Table of Integrals, Series, and Products. Academic Press, New York.

[62] Greenspan, R. L. (1995): Inertial navigation technology from 1970 - 1995. Navigation, Journal of the Institute of Navigation, 42 (1): 165 - 185.

[63] Greenspan, R. L. (1996): GPS and inertial integration. In: B. W. Parkinson and J. J. Spilker (eds.), Global Positioning System: Theory and Practice, vol. II, pp. 187 - 220. American Institute of Aeronautics and Astronautics, Inc., Washington, DC.

[64] Grejner - Brzezinska, D. A., Da, R., Toth, C. (1998): GPS error modeling and OTF ambiguity resolution for high - accuracy GPS/INS integrated system. Journal of Geodesy, 72 (11): 626 - 638.

[65] Grejner - Brzezinska, D. A. (1999): Direct exterior orientation of airborne imagery with GPS/INS system: Performance analysis. Navigation, Journal of the Institute of Navigation, 46 (4): 261 - 270.

[66] Grewal, M. S., Andrews, A. P., Bartone, C. G. (2020): Global Navigation Satellite Systems, Inertial Navigation, and Integration (4th ed.). John Wiley & Sons, Inc., New York.

[67] Groves, P. D. (2008): Principles of GNSS, Inertial, and Multisensor Integrated Navigation Systems. Artech House, Boston.

[68] Hadfield, M. J. (1978): Location, navigation and survey - adaptability of high precision ESG inertial systems in the 1980's. IEEE PLANS 1978, Position, Location and Navigation Symposium, 6 - 9 November, San Diego.

[69] Hagglund, J. E., Hittel, A. (1977): Evolution of the Ferranti Inertial Survey System. Proceedings of the First International Symposium on Inertial Technology for Surveying and Geodesy, 12 - 14 October 1977, Ottawa, pp. 257 - 277.

[70] Hannah, J. (1982a): The development of comprehensive error models and network adjustment techniques for inertial surveys. Report No. 330, Department of Geodetic Science and Surveying, Ohio State University, Columbus.

[71] Hannah, J. (1982b): Inertial Rapid Geodetic Survey System (RGSS) error models and network adjustment. Report No. 332, Department of Geodetic Science and Surveying, Ohio State University, Columbus.

[72] Hartmann, G. K., Leitinger, R. (1984): Range errors due to ionospheric and tropospheric effects for signal frequencies above 100 MHz. Bulletin Géodésique, 58 (2): 109 - 136.

[73] Hein, G. W. (1995): Progress in airborne gravimetry: Solved, open and critical problems. Proceedings of IAG Symposium on Airborne Gravity Field Determination, IUGG XXI General Assembly, Boulder, CO, 2 - 14 July 1995, pp. 3 - 11.

[74] Heiskanen, W. A., Moritz, H. (1967): Physical Geodesy. W. H. Freeman, San Francisco.

[75] Heller, W. G., Jordan, S. K. (1979): Attenuated white noise statistical gravity model. Journal of Geophysical Research, 84 (B9): 4680 - 4688.

[76] Helmert, F. R. (1880): Die Mathematischen und Physikalischen Theorien der Höheren Geodäsie. Teubner, Leipzig.

[77] Henderson, H. V., Searle, S. R. (1981): On deriving the inverse of a sum of matrices. SIAM Review, 23 (1): 53 - 60.

[78] Heyde, I. (2010): Aerogravity Survey of the German Bight (North Sea). In: S. P. Mertikas (ed.), Gravity, Geoid and Earth Observation, IAG Symposia, vol. 135, pp. 37 - 46. Springer - Verlag, Berlin.

[79] Hobson, E. W. (1965): The Theory of Spherical and Ellipsoidal Harmonics. Chelsea Publishing, New York.

[80] Hofmann - Wellenhof, B., Lichtenegger, H., Collins, J. (1994): Global Positioning System, Theory and Practice. Springer - Verlag, Wien.

[81] Hotate, K. (1997): Fiber - optic gyros. In: J. Dakin and B. Culshaw (eds.), Optical Fiber Sensors, vol. 4, Applications, Analysis, and Future Trends, pp. 167 - 206. Artech House, Inc., Boston.

[82] Huddle, J. R. (1985): Historical perspective and potential directions for estimation in inertial surveys. Proceedings of the Third International Symposium on Inertial Technology for Surveying and Geodesy, 16 - 20 September 1985, Banff, Canada, pp. 215 - 239.

[83] Huddle, J. R. (1986): Historical perspective on estimation techniques for position and gravity survey with inertial systems. Journal of Guidance and Control, 9 (3): 257 - 267.

[84] Huddle, J. R., Maughmer, R. W. (1972): The application of error control techniques in the design of an advanced inertial surveying system. Presented at the 28th Annual Meeting of the Institute of Navigation, West Point, New York, June 1972.

[85] Hursh, J. W., Mamon, G., Stolz, J. A. (1977): Aerial profiling of terrain. Proceedings of the First International Symposium on Inertial Technology for Surveying and Geodesy, 12 - 14 October 1977, Ottawa, pp. 121 - 130.

[86] IAG (2021): Geodesists' Handbook 2020; Inventory of Standards and Conventions. https://www.iag - aig.org/geodesists - handbook/GH2020, retrieved 2022 - 03 - 02.

[87] IEEE (1984): IEEE Standard Inertial Sensor Terminology. IEEE Std 528 - 1984, New York.

[88] Ignagni, M. B. (1990): Optimal strapdown attitude integration algorithms. Journal of Guidance, 13 (2): 363 - 369.

[89] Ignagni, M. B. (1998): Duality of optimal strapdown sculling and coning compensation algorithms. Navigation, 45 (2): 85 - 96.

[90] Jekeli, C. (1995): Airborne vector gravimetry using precise, position - aided inertial measurement units. Bulletin Géodésique, 69 (1): 1 - 11.

[91] Jekeli, C. (1999): The determination of gravitational potential differences from satellite - to -

satellite tracking. Celestial Mechanics and Dynamical Astronomy, 75 (2): 85 - 100.

[92] Jekeli, C. (2004): High - resolution gravity mapping: The next generation of sensors. In: R. S. J. Sparks (ed.), The State of the Planet: Frontiers and Challenges in Geophysics. Geophysical Monograph 150, IUGG, vol. 19, pp. 135 - 146.

[93] Jekeli, C. (2006): Precision free - inertial navigation with gravity compensation by an on - board gradiometer. Journal of Guidance, Control, and Dynamics, 29 (3): 704 - 713.

[94] Jekeli, C. (2011): On precision kinematic accelerations for airborne gravimetry. Journal of Geodetic Science, 1 (4): 367 - 378.

[95] Jekeli, C. (2013). Correlation Modeling of the Gravity Field in Classical Geodesy. In: W. Freeden, M. Nashed, and T. Sonar (eds.), Handbook of Geomathematics. Springer, Berlin, Heidelberg.

[96] Jekeli, C. (2016): Geometric Reference Systems in Geodesy. http: //hdl. handle. net/1811/77986.

[97] Jekeli, C. (2017): Spectral Methods in Geodesy and Geophysics. CRC Press, Boca Raton.

[98] Jekeli, C., Garcia, R. (1997): GPS phase accelerations for moving - base vector gravimetry. Journal of Geodesy, 71: 630 - 639.

[99] Jekeli, C., Kwon, J. H. (1999): Results of airborne vector (3 - D) gravimetry. Geophysical Research Letters, 26 (23): 3533 - 3536.

[100] Jekeli, C., Serpas, J. G. (2005): Local geoid determination from airborne vector gravimetry. Journal of Geodesy, 78: 577 - 587.

[101] Jekeli, C., Habana, N. (2019). On the numerical implementation of a perturbation method for satellite gravity mapping. In: P. Novák, M. Crespi, N. Sneeuw, and F. Sansò (eds.), IX Hotine - Marussi Symposium on Mathematical Geodesy, International Association of Geodesy Symposia, vol. 151. Springer, Cham.

[102] Jiang, Y. F., Lin, Y. P. (1992): Improved strapdown coning algorithms. IEEE Transactions on Aerospace and Electronic Systems, 28 (2): 484 - 489.

[103] Jordan, S. K. (1972): Self - consistent statistical models for the gravity anomaly, vertical deflection, and undulation of the geoid. Journal of Geophysical Research, 77 (20): 3660 - 3670.

[104] Kalman, R. E. (1960): A new approach to linear filtering and prediction problems. Transactions of the ASME, Journal of Basic Engineering, 82: 34 - 45.

[105] Kalman, R. E., Bucy, R. S. (1961): New results in linear filtering and prediction theory. Transactions of the ASME, Journal of Basic Engineering, 83: 95 - 108.

[106] Kayton, M., Fried, W. R. (1969): Avionics Navigation Systems. John Wiley & Sons, Inc., New York.

[107] Kayton, M., Fried, M. R. (1997): Avionics Navigation Systems (2nd ed.). John Wiley & Sons, Inc., New York.

[108] Kim, B. Y., Shaw, H. J. (1986): Fiber - optic gyroscopes. IEEE Spectrum, 23 (3): 54 - 60.

[109] King, D. W. (1989): Design and analysis of a micromechanical tuning fork gyroscope. M. S. Thesis, Department of Aeronautics and Astronautics, Massachusetts Institute of Technology, Cambridge, Massachusetts.

[110] Klobuchar, J. A. (1987): Ionospheric time - delay algorithm for single - frequency GPS users. IEEE Transactions on Aerospace and Electronic Systems, AES - 23 (3): 325 - 331.

[111] Koch, K. R. (1987): Parameter Estimation and Hypothesis Testing in Linear Models. Springer Verlag, Berlin.

[112] Kraft, M., White, N. M. (eds.). (2013): MEMS for Automotive and Aerospace Applications. Woodhead Publishing Limited, Oxford, U. K.

[113] Krasnov, A. A., Sokolov, A. V., Elinson, L. S. (2014): A new air - sea Shelf gravimeter of the Chekan Series. Gyroscopy and Navigation, 5 (3): 131 - 137.

[114] KVH Industries. (2014): Guide to Comparing Gyro and IMU Technologies - Micro - Electro - Mechanical Systems and Fiber Optic Gyros. White paper, KVH Industries, Inc., Middletown, Rhode Island. https://caclase.co.uk/wp - content/uploads/2016/11/Guide - to - Comparing - Gyros - 0914. pdf.

[115] Kwon, J. H., Jekeli, C. (2002): The effect of stochastic gravity models in airborne vector gravimetry. Geophysics, 67 (3): 770 - 776.

[116] Lane, R. J. L. (ed.), 2010, Airborne Gravity 2010 - Abstracts from the ASEG - PESA Airborne Gravity 2010 Workshop: Published jointly by Geoscience Australia and the Geological Survey of New South Wales, Geoscience Australia Record 2010/23 and GSNSW File GS2010/0457.

[117] Lang, S. (1971): Linear Algebra. Addison - Wesley Pub. Co., Reading, MA.

[118] Langley, R. B. (1998): GPS receivers and the observables. In: P. J. G. Teunissen and A. Kleusberg (eds.), GPS for Geodesy (2nd ed.), pp. 151 - 185. Springer - Verlag, Berlin.

[119] Lawrence, A. (1998): Modern Inertial Technology: Navigation, Guidance, and Control. Springer - Verlag, New York.

[120] Lee, J. C., Cho, H. J., Yang, H. S. (2021): Zero lock - in implementation by phase wrapping/unwrapping in a ring laser gyroscope. Applied Optics, 60: 10529 - 10538.

[121] Lefèvre, H. (1993): The Fiber - Optic Gyroscope. Artech House, Boston.

[122] Leick, A. (1995): GPS Satellite Surveying. John Wiley & Sons, Inc., New York.

[123] Leick, A., Rapoport, L., Tatarnikov, D. (2015): GPS Satellite Surveying (4th ed.). John Wiley & Sons, Inc., New York.

[124] Lemoine, F. G., et al. (1998): The development of the joint NASA GSFC and the National Imagery Mapping Agency (NIMA) geopotential model EGM96. NASA Technical Report NASA/TP - 1998 - 206861, Goddard Space Flight Center, Greenbelt, Maryland.

[125] Leondes, C. T. (ed.). (1963): Guidance and Control of Aerospace Vehicles. McGraw - Hill Book Company, New York.

[126] Linkwitz, K., Hangleiter, U. (eds.). (1995): High Precision Navigation 95. Proceedings of the Third International Workshop on High Precision Navigation. Dümmler Verlag, Bonn.

[127] Lipa, J. A., Keiser, G. M. (1988): The Stanford relativity gyroscope experiment (B): Gyroscope development. In: J. D. Fairbanks, et al. (eds.), Near Zero: New Frontiers of Physics, pp. 640 - 658. W. H. Freeman and Co., New York.

[128] Mader, G. L. (1992): Rapid static and kinematic Global Positioning System solutions using the ambiguity function technique. Journal of Geophysical Research, 97 (B3): 3271 - 3283.

[129] Madsen, S. N., Zebker, H. A., Martin, J. (1993): Topographic mapping using radar interferometry: Processing techniques. IEEE Transactions on Geoscience and Remote Sensing, 31

(1): 246 - 256.

[130] Malys, S., Seago, J. H., Pavlis, N. K., Seidelmann, P. K., Kaplan, G. H. (2015): Why the Greenwich meridian moved. Journal of Geodesy, 89: 1263 - 1272.

[131] Mangold, U. (1997): Theory and performance prediction for continuous vector gravimetry based on a DGPS augmented rate bias inertial navigation system and a star tracker. Navigation, Journal of the Institute of Navigation, 44 (3): 329 - 345.

[132] Mansour, W. M., Lacchini, C. (1993): Two - axis dry tuned - rotor gyroscopes: Design and technology. Journal of Guidance, Control, and Dynamics, 16 (3): 417 - 425.

[133] Marple, S. L. (1987): Digital Spectral Analysis with Applications. Prentice - Hall, Inc., Englewood Cliffs, New Jersey.

[134] Martin, J. L. (1988): General Relativity, A Guide to Its Consequences for Gravity and Cosmology. Ellis Horwood Ltd., Chichester.

[135] Maybeck, P. S. (1979): Stochastic Models, Estimation, and Control (vol. Ⅰ). Academic Press, New York.

[136] Maybeck, P. S. (1982): Stochastic Models, Estimation, and Control (vol. Ⅱ). Academic Press, New York.

[137] McCarthy, D. D. (1996): IERS Conventions 1996. IERS Tech. Note 21, Observatoire de Paris, Paris.

[138] McCarthy, D. D., Petit, G. (2003): IERS Conventions 2003. IERS Technical Note 32, U. S. Naval Observatory, Bureau International des Poids et Mesures.

[139] Meditch, J. S. (1973): A survey of data smoothing for linear and nonlinear dynamic systems. Automatica, 9: 151 - 162.

[140] Menéndez, R. J. P. (2019): IFOG and IORG Gyros: A study of comparative performance. In: X. Zhuang and L. Zhou (eds.), Gyroscopes - Principles and Applications. IntechOpen. https://doi.org/10.5772/intechopen.89957.

[141] Meydan, T. (1997): Recent trends in linear and angular accelerometers. Sensors and Actuators A: Physical, 59 (1 - 3): 43 - 50.

[142] Moritz, H. (1980): Advanced Physical Geodesy. H. Wichmann Verlag, Heidelberg.

[143] Moritz, H. (1992): Geodetic reference system 1980. Bulletin Géodésique, 66 (2): 187 - 192.

[144] Moritz, H., Mueller, I. I. (1987): Earth Rotation, Theory and Observation. Ungar Pub. Co., New York.

[145] Morse, P. M., Feschbach, H. (1953): Methods of Theoretical Physics. McGraw - Hill Book Company, Inc., New York.

[146] Mustafazade, A., Pandit, M., Zhao, C., et al. (2020): A vibrating beam MEMS accelerometer for gravity and seismic measurements. Scientific Reports, 10: 10415. https://doi.org/10.1038/s41598 - 020 - 67046 - x.

[147] Nerem, R. S., Jekeli, C., Kaula, W. M. (1995): Gravity field determination and characteristics: Retrospective and prospective. Journal of Geophysical Research, 100 (B8): 15053 - 15074.

[148] NIMA (1997): Department of Defense World Geodetic System 1984. Tech. Report TR - 8350.2 (3rd ed.). National Imagery and Mapping Agency, Bethesda, MD.

[149] NGS (2016): 2016 Airborne Gravimetry for Geodesy Summer School. National Geodetic Survey, Silver Spring, 23 – 27 May 2016. https: //www. ngs. noaa. gov/GRAV – D/2016SummerSchool/

[150] NGSP (1977): National Geodetic Satellite Program, Parts I and II. Report SP – 365, Scientific and Technical Information Office, NASA, Washington, DC.

[151] Northrop Corporation, Electronics Division (1986): Gravity Compensation for INS Demonstration Program, Volume 4 – Operational Testing, Report No. AFWAL TR – 85 – 1156, AF Wright Aeronautical Laboratories, Wright – Patterson AFB, Ohio.

[152] O'Donnell, C. F. (ed.). (1964): Inertial Navigation, Analysis and Design. McGraw – Hill Book Company, New York.

[153] Olesen, A. V. (2003): Improved airborne scalar gravimetry for regional gravity field mapping and geoid determination. PhD dissertation, University of Copenhagen.

[154] Paik, H. J. (1996): Superconducting accelerometers, gravitational – wave transducers, and gravity gradiometers. In: H. Weinstock (ed.), SQUID Sensors: Fundamentals, Fabrication and Applications, pp. 569 – 598. Kluwer Academic, Dordrecht.

[155] Papoulis, A. (1962): The Fourier Integral and Its Applications. McGraw – Hill Book Co., New York.

[156] Papoulis, A. (1991): Probability, Random Variables, and Stochastic Processes. McGraw Hill, New York.

[157] Parkinson, B. W. (2016): Radio Waves – Marconi to GPS. Presentation Video, 2016 PNT Symposium, Stanford University, Stanford, California. https: //scpnt. stanford. edu/gallery/video – albums/2016 – pntsymposium – presentation – videos/video – 2016 – pnt – symposium – brad – 0.

[158] Parkinson, B. W., Spilker, J. J. (eds.). (1996): Global Positioning System: Theory and Application, Volumes I and Ⅱ. American Institute of Aeronautics and Astronautics, Inc., Washington, DC.

[159] Pavlis, N. K., Holmes, S. A., Kenon, S. C., Factor, J. F. (2012): The development and evaluation of Earth Gravitational Model (EGM2008). Journal of Geophysical Research, 117: B04406. doi: 10.1029/2011JB008916.

[160] Percival, D. B., Walden, A. T. (1993): Spectral Analysis for Physical Applications. Cambridge University Press, Cambridge, U. K.

[161] Petit, G., Luzum, B. (2010): IERS Conventions 2010. IERS Technical Note No. 36, Verlag des Bundesamts für Kartographie und Geodäsie, Frankfurt am Main.

[162] Post, E. J. (1967): Sagnac effect. Reviews of Modern Physics, 39 (2): 475 – 493.

[163] Priestley, M. B. (1981): Spectral Analysis and Time Series Analysis. Academic Press, New York.

[164] Rasras, M., Elfadel, I. M., Ngo, H. D. (eds.). (2019): MEMS accelerometers. Printed edition of the Special Issue of the journal, Micromachines, containing articles published from 2018 to 2019.

[165] Rauch, H. E., Tung, F., Striebel, C. T. (1965): Maximum likelihood estimates of linear dynamic systems. AIAA Journal, 3: 1445 – 1450.

[166] Richtmyer, F. K., Kennard, E. H., Cooper, J. N. (1969): Introduction to Modern Physics. McGraw – Hill Book Company, New York.

[167] Rose, R. C., Nash, R. A. (1972): Direct recovery of deflections of the vertical using an inertial

navigator. IEEE Transactions on Geoscience and Electronics, GE-10 (2): 85-92.

[168] Ruffin, P. B. (2002): MEMS-based sensor arrays for military applications. Proceedings of the SPIE 4700, Smart Structures and Materials 2002: Smart Electronics, MEMS, and Nanotechnology. doi: 10.1117/12.475022.

[169] Sagnac, G. (1913): L'éther lumineux démontré par l'effet du vent relatif d'éther dans un interféromètre enrotation uniforme. Compte-rendus de l'Académie des Sciences, 157: 708-710.

[170] Salychev, O. S. (1995): Inertial Surveying: ITC Ltd. Experience. Bauman MSTU Press, Moscow.

[171] Salychev, O. S. (1998): Inertial Systems in Navigation and Geophysics. Bauman MSTU Press, Moscow.

[172] Sander, S., Argyle, M., Elieff, S., Ferguson, S., Lavoie, V., Sander, L. (2004): The AIRGrav airborne gravity system. In: R. J. L. Lane (ed.), Airborne Gravity 2004 - Abstracts from the ASEG-PESA Airborne Gravity 2004 Workshop, Geoscience Australia Record 2004/18, pp. 49-53.

[173] Savage, P. G. (1978): Strapdown sensors. In: Strapdown Inertial Systems. AGARD Lecture Series 95. NATO, Neuilly-sur-Seine, France.

[174] Savet, P. H. (ed.). (1961): Gyroscopes: Theory and Design. McGraw-Hill Book Co., Inc., New York.

[175] Schaffrin, B., Grafarend, E. (1986): Generating classes of equivalent linear models by nuisance parameter elimination. Manuscripta Geodaetica, 11: 262-271.

[176] Schuler, H. (1923): Die Störung eines Pendels und eines Kreiselgerätes infolge Beschleunigung des Fahrzeugs, Physkalische Zeitschrift, Band 24, Kiel.

[177] Schwarz, K. P. (1980): Gravity field approximations using inertial survey systems. The Canadian Surveyor, 34 (4): 383-395.

[178] Schwarz, K. P. (1981): A comparison of models in inertial surveying. Proceedings of the Second International Symposium on Inertial Technology for Surveying and Geodesy, 1-5 June 1981, Banff, Canada, pp. 61-76.

[179] Schwarz, K. P. (1985): A unified approach to post-mission processing of inertial data. Bulletin Géodésique, 59: 33-54.

[180] Schwarz, K. P., Gonthier, M. (1981): Analysis of the heading sensitivity in the Litton Inertial Survey System. Proceedings of the Second International Symposium on Inertial Technology for Surveying and Geodesy, 1-5 June 1981, Banff, Canada, pp. 399-413.

[181] Schwarz, K. P., Arden, D. A. G. (1985): A comparison of adjustment and smoothing methods for inertial networks. Proceedings of Third International Symposium on Inertial Technology for Surveying and Geodesy, 16-20 September 1985, Banff, Canada, pp. 257-272.

[182] Schwarz, K. P., Cannon, M. E., Wong, R. V. C. (1989): A comparison of GPS kinematic models for the determination of position and velocity along a trajectory. Manuscripta Geodaetica, 14: 345-353.

[183] Schwarz, K. P., Colombo, O. L., Hein, G., Knickmeyer, E. T. (1992): Requirements for airborne vector gravimetry. Proceedings of the IAG Symposium, From Mars to Greenland: Charting Gravity with Space and Airborne Instruments, General Assembly of the IUGG, Vienna, 1991,

pp. 273 – 283. Springer Verlag, New York.

[184] Schwarz, K. P., Chapman, M. A., Cannon, M. W., Gong, P. (1993): An integrated INS/GPS approach to the georeferencing of remotely sensed data. Photogrammetric Engineering and Remote Sensing, 59 (11): 1667 – 1674.

[185] Schwarz, K. P., Li, Z. (1996): An introduction to airborne gravimetry and its boundary value problems. International Summer School of Theoretical Geodesy, Como, 26 May – 7 June 1996.

[186] SciNews (2020): ESA's Gaia mission releases data on more than 1. 8 billion stars. Breaking Science News | Sci – News. com. http: //www. sci – news. com/astronomy/gaia – early – third – release – 09116. html, retrieved 2022 – 3 – 2.

[187] Seeber, G. (2003): Satellite Geodesy (2nd ed.). Walter de Gruyter & Co., Berlin.

[188] Sennott, J., Ahn, I. S., Pietraszewski, D. (1996): Marine applications. In: B. W. Parkinson and J. J. Spilker (eds.), Global Positioning System: Theory and Practice, vol. II, pp. 303 – 325. American Institute of Aeronautics and Astronautics, Inc., Washington, DC.

[189] Shan, J., Toth, C. K. (eds.). (2018): Topographic Laser Ranging and Scanning: Principles and Processing (2nd ed.). CRC Press, Boca Raton, Florida.

[190] Shortley, G., Williams, D. (1971): Elements of Physics. Prentice – Hall, Inc., Englewood Cliffs, New Jersey.

[191] Sinkiewicz, J. S., Hartl, D. A., Staley, D. A., Vinnins, M. (1997): A gyro stabilized airborne gravimetry platform. Canadian Aeronautics and Space Journal, 43: 123 – 125.

[192] Stein, E. M., Shakarchi, R. (2003): Fourier Analysis, An Introduction. Princeton University Press, Princeton, New Jersey.

[193] Stieler, B., Winter, H. (1982): Gyroscopic Instruments and their Application to Flight Testing. AGARD – AG – 160, vol. 15, Advisory Group for Aerospace Research and Development, NATO, Neuilly sur Seine, France.

[194] Tapley, B. D., Bettadpur, S., Watkins, M., Reigber, C. (2004): The gravity recovery and climate experiment: Mission overview and early results. Geophysical Research Letters, 31 (9). doi: 10. 1029/2004GL019920.

[195] Teunissen, P. J. G. (1998): GPS carrier phase ambiguity fixing concepts. In: P. J. G. Teunissen and A. Kleusberg (eds.), GPS for Geodesy (2nd ed.), pp. 319 – 388. Springer – Verlag, Berlin.

[196] Teunissen, P. J. G., Kleusberg, A. (eds.). (1998): GPS for Geodesy (2nd ed.). Springer – Verlag, Berlin.

[197] Teunissen, P. J. G., Montenbruck, O. (eds.). (2017): Springer Handbook of Global Navigation Satellite Systems. Springer International Publishing, Cham, Switzerland.

[198] Thomson, W. T. (1960): Laplace Transformation. Prentice – Hall, Inc., Englewood, NJ.

[199] Titterton, D. H., Weston, J. L. (2004): Strapdown Inertial Navigation Technology. American Institute of Aeronautics and Astronautics, Inc., Reston, Virginia.

[200] Todd, M. S. (1981): Rapid Geodetic Survey System (RGSS) White Sands tests for position, height, and the anomalous gravity vector components. Proceedings of the Second International Symposium on Inertial Technology for Surveying and Geodesy, 1 – 5 June 1981, Banff, Canada, pp. 373 – 385.

[201] Torge, W. (1989): Gravimetry. Walter de Gruyter, Berlin.

[202] Torge, W. (1991): Geodesy (2nd ed.) . Walter de Gruyter, Berlin.

[203] Tralli, D. M. , Lichten, S. M. (1990): Stochastic estimation of tropospheric path delays in Global Positioning System geodetic measurements. Bulletin Géodésique, 64 (2): 127 - 159.

[204] Tscherning, C. C. , Rapp, R. H. (1974): Closed covariance expressions for gravity anomalies, geoid undulations, and deflections of the vertical implied by anomaly degree variance models. Report no. 208, Department of Geodetic Science, Ohio State University, Columbus, Ohio.

[205] Valliant, H. D. (1992): LaCoste & Romberg air/sea gravity meter: An overview. In: R. A. Geyer (ed.), CRC Handbook of Geophysical Exploration at Sea (2nd ed.) . Hydrocarbons, Ch. 7, pp. 141 - 176. Boca Raton, Ann Arbor.

[206] Van Dierendonck, A. J. (1996): GPS receivers. In: B. W. Parkinson and J. J. Spilker (eds.), Global Positioning System: Theory and Practice, vol. I, pp. 329 - 407. American Institute of Aeronautics and Astronautics, Inc. , Washington, DC.

[207] Vassiliou, A. A. , Schwarz, K. P. (1987): Study of the high - frequency spectrum of the anomalous gravity potential. Journal of Geophysical Research, 92 (B1): 609 - 617.

[208] Walter, P. L. (1997): History of the accelerometer. Sound and Vibration, 31 (3): 16 - 22.

[209] Walter, P. L. (1999): Trends in accelerometer design for military and aerospace applications. Sensors (Peterborough, NH), 16 (3): 44 - 51.

[210] Wang, J. , Jekeli, C. (1998): Statistic model versus deterministic model in INS/GPS positioning. Presented at ISPRS Commission III Symposium, 6 - 10 July, 1998, Ohio State University, Columbus, OH.

[211] Wang, M. , Cao, J. , Cai, S. , Wu, M. , Zhang, K. , Yu, R. (2018): Improving the strapdown airborne vector gravimetry by a backward inertial navigation algorithm. Sensors (Basel), 18 (12): 4432. doi: 10. 3390/s18124432.

[212] Wei, M. , Schwarz, K. P. (1995): Analysis of GPS - derived accelerations from airborne tests. In: K. P. Schwarz, J. M. Brozena, and G. W. Hein (eds.), Airborne Gravimetry. Proceedings of IAG Symposium G4, XXI General Assembly of IUGG, pp. 175 - 188.

[213] Wei, M. , Tennant, J. K. (2001) . STAR - 3i Airborne Gravity and Geoid Mapping System. In: M. G. Sideris (ed.), Gravity, Geoid and Geodynamics 2000. International Association of Geodesy Symposia, vol. 123. Springer, Berlin.

[214] Weinberg, M. , Bernstein, J. , Cho, S. , King, A. T. , Kourepenis, A. , Ward, P. , Sohn, J. (1994): A micromachined comb - drive tuning fork gyroscope for commercial applications. Proceedings of Sensor Expo, Cleveland, Ohio, 1994, pp. 187 - 193.

[215] Wilson, H. K. (1971): Ordinary Differential Equations. Addison - Wesley Pub. Co. , Reading, MA.

[216] Yazdi, N. , Ayazi, F. , Najafi, K. (1998): Micromachined inertial sensors. Proceedings of the IEEE, 86 (8): 1640 - 1658.

[217] Zumberge, J. F. , Watkins, M. M. , Webb, F. H. (1998): Characteristics and applications of precise GPS clock solutions every 30 seconds. Navigation, Journal of the Institute of Navigation, 44 (4): 449 - 456.